U0096107

[推薦序]

到現在仍清晰記得初見銘霖兄時，他儒雅、謙遜，令人印象非常深刻，而我其實早在此之前就拜讀過銘霖兄的著作。現在回想起來，我不由得對那本書有了更加深刻的了解。

記得那是在 2015 年年末，當時我們正在策劃規模約 1000 多個課時的系統核心安全課程，教研部的負責人向我推薦了一本集大成之作，並準備以此書為範本策劃課程的大部分內容，而負責重新整理編輯以前核心領域兩本大作的編者正是銘霖兄。

當時的課程研發工作從 2015 年年末一直持續到了 2017 年年初，雖然在此之前我們教研組的老師以及課程研發的負責人都做過核心安全相關的研究，但仍然被其中冗雜的規則與部分諱莫如深的非公開技術細節拖住了腳步，整個研發工作的進展頗為艱辛，而正是銘霖兄的那本著作，為我們艱難的研發之旅點亮了一盞明燈，大幅加快了我們課程研發的步伐。

後來在一次偶然的機會下，得知銘霖兄正在寫一本新的與 Windows 核心程式設計相關的書籍，頓時激起了我的好奇心，由於我也曾出版過兩本書籍，深知耕耘文字不易，像系統核心程式設計這種前後依存關係緊密、內部基礎知識交織複雜的書籍更是難以掌控，除了要能統領此領域內各技術細節外，還要有一種不為功利、默默耕耘的精神追求，這在目前的技術領域內是非常寶貴且罕見的。

然而緣分是個奇怪的東西，經過一位摯友的介紹，有幸與銘霖兄相識，我們初見便長談了近 6 個小時。在我們談到要出版的新著作時，其實我內心是有所疑慮的，雖然銘霖兄有過出版經歷，並且在騰訊、深信服科技等頂級安全實驗室的多年工作中累積了大量的寶貴經驗，但當時銘霖兄也正值創業初期，如何能在繁忙且高壓的創業工作之餘照顧好家人，還要再安排出如此極大的精力去沉澱整理自己的所思所想，我不由得替銘霖兄默默擔憂。

而一切憂慮在銘霖兄邀請我檢視其書稿時瞬間煙消雲散，當我看到這本 800 多頁的「大部頭」時，不由得替銘霖兄高興，也不由得替核心開發從業者們高興。

這是一本從初學者角度出發，以核心安全高度為終點的書，本書從最基本的 Windows 核心級基本概念開始介紹，只要讀者具備 C 語言基礎就可以讀懂，並在第二篇中由易到難地介紹了各種核心程式設計中的過濾技術，最後提高到核心安全，不誇張地說，如果讀者想要學習 Windows 核心安全，有這本書基本就夠了。

隨著網路空間安全的逐步發展以及對個人隱私的逐步重視，這幾年略微降溫的核心程式設計在個人隱私保護以及防洩密等領域漸漸升溫，核心程式設計即將迎來第二春，而這本書不失為各位讀者把握住這一技術潮流的最有利武器。

最後，在有幸作序之餘，祝願這本書能有更多的讀者，能獲得更多的認可，能發揮更多的作用，希望這本書能成為 Windows 核心程式設計領域的經典著作。

任曉琿

十五派資訊安全教育創始人
《駭客免殺攻防》作者
駭客防毒組織創始人

［前言］

Windows 是目前主流的封閉原始碼作業系統，從第一個 NT 核心的 Windows 2000 至今，已經有 20 年左右的歷史。在這漫長的 20 年內，為了滿足日益變化的業務需求，以及應對不斷升級的安全挑戰，Windows 作業系統核心一直不斷升級與增強，其主要表現是核心中增加了新的邏輯模組與安全機制，其中最為典型的是 64 位元的 Windows 作業系統核心比較 32 位元核心增加了 Patch Guard" 模組，這個模組的主要作用是檢查核心是否被協力廠商核心模組「污染」，目的是防止病毒木馬使用核心掛鉤或綁架的技術篡改核心。新的安全機制常常會對安全開發者帶來一定的影響，其原因是一些軟體過度依賴系統未公開的底層技術，而正確的做法是開發者需緊密依賴系統提供的公開機制，利用可利用的機制完成相同的功能，這要求開發者對整個 Windows 核心機制有深入的了解。作者撰寫本書的目的之一，正是希望讀者能對 Windows 核心有更全面、更深入的認識。

本書的前身是《Windows 核心程式設計與驅動開發》，本書在前者的基礎上，刪除了部分過時的章節，重新定義了大部分基礎章節並新增了部分目前較為熱門的技術，同時為了使本書內容更為聚焦，刪除了與 Windows 核心連結性不強的內容。

本書針對的讀者群主要有以下幾種。

- 有一定 C 語言基礎，有興趣了解 Windows 核心的讀者。
- 有一定 C 語言基礎，並且希望從事 Windows 核心開發的讀者。
- 有一定基礎的 Windows 核心開發者，有意願進一步加強的讀者。

本書共分為三篇。第一篇為基礎篇（第 1 章～第 6 章），從初學者的角度出發，介紹 Windows 核心的基本概念、開發環境的架設、系統機制以及核心程式設計的技巧。第 1 章與第 2 章是本書最為基礎的部分，介紹了核心程式設計的基本概念與開發環境架設，初學者應該首先學習這部分內容。第 3 ～第 5 章重點介紹了系統的常用機制，這些機制的使用會貫穿本書所有章節，掌握這些常用機制是核心開發者最基本的要求。第 6 章介紹了核心程式設計的注意事項與技巧，這些注意事項與技巧可以幫助初學者少走冤枉路，快速入門。

第二篇為過濾篇（第 7 章～第 18 章），是本書的核心內容，由易到難詳細介紹了 Windows 系統的過濾機制。首先以最簡單的序列埠過濾驅動開始，剖析了一個過濾驅動的最基本要素，然後分別介紹了鍵盤過濾、磁碟過濾、檔案過濾以及網路過濾。對於網路過濾，本篇從不同的網路層次與角度介紹了 TDI、WFP 以及 NDIS 等機制。本篇內容涵蓋了目前 Windows 系統絕大部分主流的過濾技術。

第三篇為應用篇（第 19 章～第 23 章），結合前兩篇的基礎知識，本篇綜合介紹了 Windows 安全領域所需的其他技術，透過對本篇的學習，讀者將發現安全技術並不侷限於系統提供的現成機制。本篇選取了目前主流安全軟體所使用到的典型技術，深入淺出，首先介紹了 CPU 的基本基礎知識，然後基於上述基礎知識，第 20 章重點介紹了 Windows 下的掛鉤技術，掛鉤技術常被用於安全軟體的檢測、稽核、攔截等技術；第 22 章和第 23 章從守護的角度，介紹了自我保護技術。

筆者擁有十餘年的 Windows 開發經驗，主導過資料安全、主機安全、伺服器安全等專案，有關 To C（針對消費者群眾）和 To B（針對企業使用者群眾）企業，深知 Windows 核心的複雜性，由於企業的特殊環境，To C 和 To B 的核心技術方案選型不盡相同，因為不同的使用者群眾，其主機上軟體存在參差不齊的同類安全軟體，安全軟體之間也存在大量的相容性問題，這些問題的引用使得原本並不簡單的核心程式設計更為複雜化。記得有很多讀者問過我一個相同的問題：如何撰寫一個穩定的核心模組。這個問題其實沒有標準答案，以筆者的經驗來看，讀者首先應該養成良好的程式設計習慣，然後深入了解系統的各種安全機制以及攔截方法，在撰寫程式時，請思考以下幾個問題：①這行程式碼是否會被其他軟體攔截導致失敗；②這行程式碼是否會觸發一些協力廠商的回呼函數；③這行程式碼失敗後應該怎麼處理。本書在介紹技術的同時，也介紹了筆者的核心開發心得體會與技巧，希望這些體會與技巧可以為讀者帶來更多的思考。核心程式設計類似於武林秘笈的內功修煉，需要時間沉澱，並非一蹴而就，請讀者要有更多的耐心，「成功之道，貴在堅持」。

本書原始程式碼請至本公司官網 https://deepmind.com.tw 搜尋本書後下載。作者亦有針對本書程式碼，維護一個 github 的專案，網址為 https://github.com/minglinchen/WinKernelDev。讀者可以隨時造訪這個網址下載最新的程式碼。

寫作是一項工作量極大而繁雜的工作，而對技術書籍來說更是如此。由於我個人工作的緣故，寫作只能在晚上或週末進行，有時為了整章內容的想法連貫而需要挑燈夜戰，通宵達旦。一路走來，感謝我的父母、妻子和女兒，在每天有限的時間裡，我需要投入更多的時間精力專注在寫作上而缺少對他們的陪伴，尤其是我的女兒淇淇，在深感愧疚的同時，也感謝他們的了解與支援。

感謝我的摯友黃瀚，在本書寫作過程中一直支援我，並為我提供了大量的技術性資源。感謝李冰和馮琦二位編輯，她們確保了本書所有文字內容嚴謹與通暢。

感謝「安全圈」內朋友們的支援，尤其感謝數篷科技的科學家吳燁、CTO 楊一飛以及架構師王柏達，他們在工作中為我提供大量的幫助。感謝上一本書籍熱心的讀者，他們回饋的問題更進一步地加強本書的內容。

最後，希望本書能為「安全圈」內的讀者或即將進入「安全圈」的讀者帶來更大的收穫。

陳銘霖

於深圳

[本書的作者和貢獻者]

除了直接撰寫的作者，還有業內技術人士協作撰寫了部分章節，所有作者一併介紹如下。

譚文，網名楚狂人，已有十七年用戶端安全軟體開發經驗。先後在 NEC、英特爾亞太研發有限公司、騰訊科技任職。曾從事過企業安全軟體、x86 版 Android 的 houdini 專案、騰訊電腦管家、騰訊遊戲安全等開發工作。對 Windows 核心有深入研究，現任騰訊科技遊戲安全團隊驅動程式開發負責人，專家工程師。指導了本書的主題思維，撰寫了核心過濾章節，並審核了所有新章節。

陳銘霖，現任職數蓬科技終端安全負責人，負責終端安全開發。曾任騰訊科技進階工程師，主導騰訊電腦管家用戶端安全專案；深信服科技 Windows 架構師，以及虛擬化產品架構師。有十餘年終端安全開發經驗，覆蓋 To C、To B 及 To G 企業，具有千萬級 DAU 安全產品的研發經驗。主導了全書內容，重新定義了大部分章節，以及新增了部分章節。

張佩，Windows 驅動開發技術專家，長期從事音效卡、顯示卡等硬體驅動程式的開發、偵錯工作。目前在英特爾亞太研發有限公司平板電腦相關部門工作。曾著有《竹林蹊徑——深入淺出 Windows 驅動開發》一書。為本書貢獻了許多個網路驅動相關的章節。

楊瀟，曾任 Windows 用戶端安全工程師，先後在上海貝爾和北京 Comodo 工作。後來離職創業，目前為西安一家醫療科技公司的 CEO。撰寫了本書「磁碟驅動」相關章節。

邵堅磊，網名 wowocock，業內著名的 Windows 安全技術專家。長期從事 Windows 安全相關的核心開發工作。目前在奇虎 360 任職。撰寫了本書部分章節並提供了部分程式實例。

盧冠豪，畢業於台北輔仁大學資訊工程學系。長期從事 C、C++、網路與通訊程式設計工作，參與過「端點安全」「資產管理」「網路流量分析」等專案的開發與維護，擅長 Windows 專案開發。撰寫了本書「檔案系統微通訊埠過濾」一章。

本書讀者回饋的 QQ 群是 4088102，想了解更多資訊也可以關注微信公眾號：終端安全程式設計。

[特別致謝]

在本書的著作過程中，獲得了安全界內熱心朋友們的鼎力支援，他們的專業知識能力分佈在國內不同的安全領域，為本書的基礎定位、技術重點以及應用方向列出了科學的最佳化性建議。

下面是為本書提供過幫助的專家們。

任曉珲（A1Pass），十五派資訊安全教育 CEO，《駭客免殺攻防》作者，一位具有遠大理想抱負的技術專家，筆者的摯友，他的價值觀深深影響著筆者，受邀為本書作序，並且審稿了本書的主體脈絡，結合目前企業形勢為本書定位列出了寶貴的建議。

李常坤，奇安信技術總監，審稿了全書的主體脈絡，為本書的技術組成列出寶貴的建議。

黃瀚（EvilKnight），安全技術專家，筆者的摯友，在本書最開始進行技術選型時提供了大量的安全人脈資源，使本書的技術選型可以極佳地滿足企業內的不同需要。在本書撰寫的後期，審稿了本書的主要章節，提出了很多寶貴的建議。

楊一飛，數篷科技 CTO，百度前安全專家，筆者工作中的夥伴，生活上的摯友，行事低調卻對技術具有狂熱追求，在工作中為筆者提供了大量的幫助以及先進的技術理念，部分先進理念提煉後也被撰寫到本書中。

豐生強（@ 非蟲），《Android 軟體安全與逆向分析》、《macOS 軟體安全與逆向分析》書籍作者，審稿了本書的主要章節，站在跨緯度的系統角度為本書列出了寶貴的意見。

胡訓國，准動網路科技首席技術專家，前騰訊進階安全工程師，審稿了本書第三篇，幫忙勘正內容中的一些錯誤。

祁偉，華為終端安全專家，騰訊前進階安全工程師，審稿了本書的第一篇，幫忙勘正了內容中的一些錯誤。

王淙，Windows 核心驅動專家，審稿了本書第二篇的部分章節，幫忙勘正了內容中的一些錯誤。

鄒冠群，資深軟體安全專家，為本書的技術細節提供了部分參考資料。

張天鬱，數篷科技 Windows 驅動專家，上海 2345 前核心進階工程師，受邀幫忙整理了本書的部分程式，以及更正了程式中的部分錯誤。

周子淇，軟體安全專家，為本書的技術細節提供了部分參考資料。

丁健海，進階安全研究員，軟體安全專家，為本書的技術細節提供了部分參考資料。

[目錄]

05 64 位元和 32 位元核心開發差異

06 核心程式設計技巧

07 序列埠的過濾

08 鍵盤的過濾

09　磁碟的虛擬

10　磁碟的過濾

11 檔案系統的過濾與監控

12 檔案系統透明加密

13 檔案系統微過濾驅動

14 網路傳輸層過濾

17 NDIS 迷你通訊埠驅動

18 NDIS 中間層驅動

第三篇　應用篇

19　IA-32 組合語言基礎

20　Windows 核心掛鉤

第一篇 ／ 基礎篇

本篇從初學者角度出發，介紹 Windows 核心的基本概念、開發環境的架設、系統機制以及核心程式設計的技巧。

第 1 章與第 2 章是本書最為基礎的部分，介紹了核心程式設計的基本概念與開發環境架設，初學者應該首先學習這部分內容。

第 3 ～ 5 章重點介紹了系統的常用機制，這些機制的使用會貫穿本書所有章節，掌握這些常用機制是對核心開發者最基本的要求。

第 6 章介紹了核心程式設計的注意事項與技巧，這些注意事項與技巧可以幫助初學者少走冤枉路，快速入門。

核心程式設計環境

歡迎選擇核心程式設計這門技術，這是一個充滿神奇色彩與挑戰的領域，在閱讀本書前，需要進行術語約定與名詞解釋，以確保讀者在後面的閱讀中可以暢通無阻。

請注意，因為大部分 Windows 驅動程式都是核心驅動（Kernel Driver），所以本書中，不區分「驅動程式設計」與「核心程式設計」。同時，也不區分「核心模組」（Kernel Module）、「驅動程式」（Driver）與「核心程式」，這三個詞彙都指本書中編譯出的副檔名為 ".sys" 的可執行檔（注意，核心模組的副檔名一般是 .sys，但是這個是非強制的，可以是其他副檔名，也可以沒有副檔名）。同理，本書也不區分「應用層」與「使用者態」。

本書和一般「驅動開發」書籍不同的是，本書專注於對較通用的核心程式的開發，並不介紹針對某種硬體，例如音效卡、顯示卡、USB 等的驅動程式的開發。

本書的許多內容有關各種不同的核心驅動程式，例如檔案系統驅動（File System Driver）、硬體裝置過濾驅動（Filter Driver）及網路驅動（Network Driver）。但是開發目的，並不是為了驅動某個硬體，而是要在通用的 Windows 上實現某種功能。

驅動可以分為不同的類型，如 NT 驅動、WDM 驅動、WDF 驅動等。簡單來說，NT 驅動是最簡單的驅動模型，不支援硬體特性；WDM 驅動是在 NT 驅動基礎上引用的一套驅動模型，支援隨插即用、電源事件等特性；WDF 驅動是對 WDM 驅動的封裝與升級，隱藏了部分細節，簡化了大量介面。這三種類型的驅動大同小異，但 NT 驅動是所有驅動類型中的基礎，本書後面章節的內容基本上也是基於 NT 驅動，所以除非特殊說明，否則本書所提及的驅動都泛指 NT 驅動。

Windows 上核心態（Kernel Mode）程式設計和使用者態（User Mode）應用程式設計有很多不同的地方。初次學習，很多讀者會關心如何開始動手實作。為此，本章首先重點介紹如何在 Windows 平台上架設核心程式設計環境，其中包含 Visual Studio 的下載，WDK 的下載以及編譯環境設定。

對實際上機暫時沒有興趣，或已經做過驅動開發的讀者，可以跳過第 1 章。

1.1 下載開發編譯環境

1.1.1 編譯環境介紹

在許多年前，驅動程式的撰寫和編譯是兩道獨立的工序，開發者可以在 Visual Studio 或其他程式編輯工具上撰寫驅動程式，然後透過 WDK（Windows Driver Kit）來編譯驅動。WDK 是微軟公司專為驅動開發者提供的一套開發套件，裡面包含了驅動開發所需要的標頭檔、程式庫檔案，以及核心驅動的編譯器。

WDK 有不同的版本，一般來說，WDK 的版本會跟隨作業系統的版本而變化，不同版本的 WDK 對應著不同版本的 Windows 作業系統。如 WDK 7600 版本，其中 7600 表示作業系統的 Build 號；但有些 WDK 版本沒有 Build 號，如 WDK8.0 版本，其中 8 表示 Windows 8；再例如 WDK10 版本，10 表示 Windows 10，由於微軟的更新策略，Windows 10 作為最後一個 Windows 大版本，後面不會再出現類似 Windows 11 之類的版本，所以對於 Windows 10 版本的 WDK，後面還會跟隨著系統的版本編號，如 WDK 101709，其中 10 表示 Windows 10，1709 表示 Windows 10 的版本。

讀者可能已經被上面的版本編號搞昏了，不用擔心，筆者下面為讀者整理清楚微軟的版本編號。上面提及的版本編號無非有三種，例如 Windows 10170916299 這個版本的系統，其中 10 表示作業系統的代號，類似 Windows XP 中的 XP，Windows 7 中的 7；1709 是系統的版本編號，用於標識系統的實際版本，最後的 16299 是 build 號，讀者可以將 build 號簡單地了解成作業系統被編譯建置時的號碼，這個號碼隨著系統被編譯建置的次數遞增。

這裡讀者可能會有一個疑問，這麼多的 WDK 版本，簡直太混亂了，究竟應該下載哪一個版本呢？一般來說，每個版本的作業系統，都會對應一個版本的 WDK，如果讀者只是為某一個實際版本的作業系統開發驅動，如 Windows 10，那可以選擇對應的 WDK 10；但如果讀者開發的驅動需要執行在 Windows XP 至 Windows 10 系列的系統上，則需要使用低版本的 WDK，如 WDK 7600，因為 WDK 7600 可以支援 Windows XP 系統，並且低版本 WDK 編譯出來的驅動，可以在新版本的作業系統上執行。看到這裡，讀者可能會問，既然 WDK 7600 編譯出來的驅動，可以執行在 Windows XP 至 Windows 10 系統上，那只需要使用 WDK 7600 就可以了，為什麼還需要使用新版 WDK 呢？這是因為不同版本的系統，核心提供的 API（Application Programming Interface）有差異，在一般情況下，新版本的作業系統會比舊版本的作業系統新增一些核心 API，而使用新版本 WDK，在程式設計過程中可以直接方便地使用這些新增的 API，此外，新版本 WDK 在一些安全驗證方面，也比舊版本有所增強。

總之，讀者在開發驅動前，務必考慮清楚驅動所需要支援的作業系統範圍，選擇合適的 WDK 版本。對於筆者而言，如果需要考慮支援 Windows XP 系統，則考慮使用 WDK 7600，否則要使用其他更新版本 WDK。

WDK 包含了一系列驅動開發所需要的標頭檔、程式庫以及編譯工具，然而，從 WDK 8.0 版本開始，WDK 中不再提供單獨的編譯工具，開發者需要使用 Visual Studio 的 MSBuild.exe 來進行編譯。也就是說，如果開發者需要使用 WDK8.0 或更新版本的 WDK，必須「配合」Visual Studio 來一起工作。所謂「配合」，實際上是指 WDK 作為一個工具擴充的形式，整合到 Visual Studio 中，這是微軟的一種進步，WDK 整合到 Visual Studio 後，開發者可以在 Visual Studio 上撰寫核心驅動程式、直接編譯並偵錯核心驅動程式，非常簡單方便。

請讀者務必弄清楚，只有在使用 WDK8.0 或更新版本 WDK 的情況下，才需要配合 Visual Studio 來開發驅動，如果使用 8.0 之前的 WDK 版本，由於這些版本 WDK 附帶了編譯工具，讀者可以使用 WDK 附帶的編譯工具對驅動程式進行編譯而無須使用 Visual Studio。

考慮到目前依然有不少公司與開發者在使用 8.0 以下的 WDK 版本，所以下面章節會介紹驅動的兩種編譯方法。

1.1.2 下載 Visual Studio 與 WDK

以筆者的電腦為例，在撰寫本書時，使用的 WDK 版本為 WDK 10（1709），對應的作業系統是 Windows 10（1709）版本，其中 10 表示作業系統代號，1709 對應作業系統的版本。筆者準備了一台 64 位元 Windows 10 的開發機，系統版本資訊如圖 1-1 所示。

圖 1-1 系統版本資訊

根據系統版本資訊，從微軟官方網站下載對應的 Visual Studio 軟體以及 WDK，在撰寫本書期間，Visual Studio 與 WDK 下載網址為 https://docs.microsoft.com/en-us/windows-hardware/drivers/ download-the-wdk，但這個位址會隨著時間變化而更新，讀者務必要以微軟官網的最新資訊為準。另外，不同版本的 Visual Studio 對作業系統版本的要求不同，實際要求以微軟官方網站公佈的為準。

下面介紹 Visual Studio 的安裝步驟，首先在上述網址中下載 Visual Studio 2017 線上安裝工具並執行，如圖 1-2 所示。

圖 1-2 Visual Studio 2017 的安裝

請讀者選取「使用 C++ 的桌面開發」選項，該選項為驅動開發的必選專案，其他選項請讀者根據需要自由選取。在完成選取後，點擊右下角的「安裝」按鈕，安裝過程為線上安裝，安裝速度取決於目前的網路情況。

經過漫長的等待後，Visual Studio 終於安裝完畢，接下來需要下載安裝WDK，由於後面章節需要介紹兩種驅動程式的編譯方法，所以筆者的電腦上同時下載了 WDK 7600 版本，以及 WDK 10（1709）兩個版本，WDK 的安裝過程非常簡單，讀者直接按照提示進行即可，WDK 10（1709）的安裝介面如圖 1-3 所示。

圖 1-3 WDK 10（1709）的安裝介面

注意，如果在一台沒有安裝 Visual Studio 的電腦上安裝 WDK8 或更新版本的WDK，在安裝前會有如圖 1-4 所示的提示。

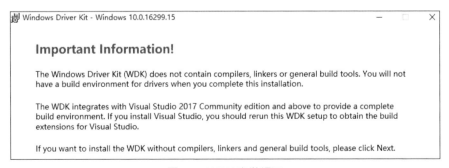

圖 1-4 WDK 安裝提示

這個提示的意思是說，該版本的 WDK 沒有包含編譯工具，安裝後不能進行驅動程式編譯，需要配合 Visual Studio。如果讀者已經安裝了 Visual Studio，則不會有以上提示。

安裝完 WDK 10（1709）後，會出現一個提示框，詢問是否安裝 WDK Visual Studio 擴充，按照提示點擊「安裝」即可，如圖 1-5 所示。

圖 1-5　安裝 WDK 擴充

上面步驟完成後，開啟 Visual Studio，檢查驅動外掛程式是否安裝成功。如圖 1-6 所示，如果 Visual Studio 上面的選單中出現 "Driver" 選單，則說明 WDK 已經成功整合到了 Visual Studio 中。

圖 1-6　Visual Studio 開發介面

1.2　撰寫第一個 C 檔案

1.2.1　透過 Visual Studio 新增專案

核心驅動開發常用語言為 C 語言，撰寫核心 C 語言檔案不一定要求使用 Visual Studio，但是 Visual Studio 功能強大，強烈建議讀者安裝。下面將介紹如何透過 Visual Studio 來撰寫驅動。

請開啟 Visual Studio，在左上角的選單中選中「檔案（F）」→「新增（N）」→
「專案（P）」，在出現的對話方塊中的左側，找到並選取 "Windows Drivers"，
在右側的專案範本中選擇 "Empty WDM Driver"，專案名稱輸入：FirstDriver，
如圖 1-7 所示。

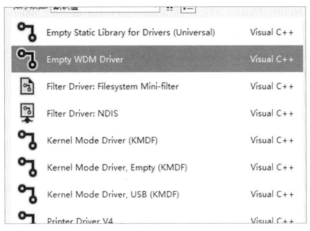

圖 1-7 選擇專案範本

點擊「確定」按鈕後完成專案的新增，然後在選單中找到「專案 (P)」→「增
加新項」，在出現的對話方塊中選擇「C++ 檔案 (.cpp)」，在下方的名稱 (N) 中
輸入 "First.c"，最後點擊「增加」，如圖 1-8 所示。

圖 1-8 增加 C 檔案

操作過程比較簡單，現在已經可以看到專案記憶體在一個空白的 First.c 檔案，
開發者可以往這個空白檔案中增加核心程式，但在增加程式前，需要包含驅動
開發的標頭檔 ntddk.h。

1.2.2 核心入口函數

具有 Windows 應用層（使用者態）開發經驗的讀者應該清楚，Windows 應用
層程式有統一的 WinMain 入口函數，類似於應用層，核心驅動也有一個統一
的入口函數，名字叫 DriverEntry，DriverEntry 函數的原型如下：

```
NTSTATUS DriverEntry(
    PDRIVER_OBJECT          DriverObject,
    PUNICODE_STRING         RegistryPath )
```

首先介紹 DriverEntry 的參數，一共有兩個。

第一個參數為 DriverObject，表示一個驅動物件的指標，剛接觸核心程式設計的讀者可能不太了解什麼是驅動物件，沒有關係，這個暫時不影響讀者學習，讀者可以先簡單認為，一個驅動檔案（sys）執行之後，作業系統在記憶體中為該驅動分配了一個類型為 DRIVER_OBJECT 的資料結構，用於記錄該驅動的詳細資訊，DriverEntry 的第一個參數，就表示目前驅動所對應的驅動物件指標。

第二個參數 RegistryPath 是一個類型為 UNICODE_STRING 的指標，表示目前驅動所對應的登錄檔位置。UNICODE_STRING 是核心中表示字串的結構，對應定義如下：

```
typedef struct _UNICODE_STRING {
  USHORT Length;
  USHORT MaximumLength;
  PWSTR  Buffer;
} UNICODE_STRING, *PUNICODE_STRING;
```

其中 Buffer 為一個指標，指向一個 UNICODE 類型的字串緩衝區；MaximumLength 表示 Buffer 所指向緩衝區的總空間大小，一般等於 Buffer 被分配時的記憶體大小，單位為位元組；Length 表示 Buffer 所指向緩衝區中字串的長度，單位也是位元組。請注意，Buffer 指向的字串，並不要求以 '\0' 作為結束，在大多數情況下，Buffer 指向的字串沒有以 '\0' 結尾。關於 UNICODE_STRING 的實際內容，請看下面的實例，筆者使用 WINDBG 偵錯工具，列印了一個 UNICODE_STRING 的值：

```
kd> dt nt!_UNICODE_STRING  0x00000000`0027f220
 "\??\VMCI"
   +0x000 Length               : 0x10
   +0x002 MaximumLength         : 0x21a
   +0x008 Buffer                : 0x00000000`003b0fa0  "\??\VMCI"
```

在這個實例中，0x00000000`0027f220 是 UNICODE_STRING 的位址，讀者可以忽略，在 UNICODE_STRING 這個結構中，Buffer 的值是 0x00000000`

003b0fa0，表示一個緩衝區的啟始位址，緩衝區內的字串內容是 "\??\VMCI"，這個緩衝大小是 MaximumLength，即 0x21a 位元組，其中緩衝區內的字串大小為 0x10 位元組（不包含 '\0'），讀者可以自行驗證一下。

回到原先的話題，RegistryPath 為 PUNICODE_STRING 類型的參數，表示的是這個驅動所對應登錄檔的位置，這是什麼意思呢？這是因為核心驅動是作為 Windows 系統服務（Service）存在的，Windows 系統有許多服務，如果從服務執行的環境來分區，服務分為使用者態服務（如 Windows 更新服務、DHCP 服務），以及核心態服務，但無論何種服務，都統稱為「服務（Service）」，不同服務透過服務的名字來識別，服務的名字簡稱「服務名稱」。在安裝作業系統後，系統會內建一系列服務，這些服務稱為系統服務，開發者可以開發屬於自己的服務，稱為協力廠商服務。一個驅動 SYS 檔案需要執行（載入到核心中），首先需要把這個驅動檔案註冊（建立）成一個服務（協力廠商服務），註冊成功後，系統會把該服務資訊寫入到登錄檔 HKEY_LOCAL_MACHINE\ SYSTEM\CurrentControlSet\Services 下，以服務的名字作為一個登錄檔的鍵名，如圖 1-9 所示。

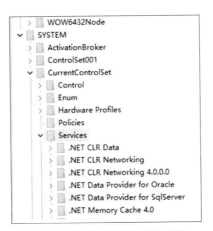

圖 1-9　服務對應登錄檔的位置

關於服務如何安裝、啟動、停止以及移除，在後面章節會有詳細的介紹，現階段請讀者務必了解清楚驅動檔案、服務，以及服務對應登錄檔三者之間的關係。在本例中，假設驅動對應的服務名字為 FirstDriver，那麼 RegistryPath 的路徑應該為 "HKEY_LOCAL_MACHINE\ SYSTEM\ CurrentControlSet\Services\

FirstDriver"，但是在實際情況下，RegistryPath 的字串值和上述字串值會有些偏差，這是因為核心態與使用者態對登錄檔路徑的表示法有差異。

上面已經介紹了 DriverEntry 的參數含義，下面介紹 DriverEntry 的傳回值，DriverEntry 的傳回數值型態為 NTSTAUTS，而 NTSTAUTS 定義為：

```
typedef  LONG  NTSTATUS;
```

由此可見，DriverEntry 的傳回值實際上是一個 LONG 類型，Windows 作業系統規定 DriverEntry 傳回 STATUS_SUCCESS 表示成功，傳回其他值表示失敗。STATUS_SUCCESS 實際上是一個巨集定義，實際定義為：

```
#define STATUS_SUCCESS                  ((NTSTATUS)0x00000000L)
```

對剛接觸核心驅動的讀者來說，可能不太了解上述的成功與失敗的深層含義，簡單來說，核心驅動作為 Windows 服務執行，在執行實際程式前，驅動 SYS 檔案首先會被對映到核心位址空間，作為核心的驅動模組（MODULE），接著系統對這個驅動模組執行匯入表初始化、修正重定位表中對應的資料偏移等操作，最後系統會呼叫該驅動模組的 DriverEntry 入口函數，如果這個入口函數傳回 STATUS_SUCCESS，系統認為這個驅動初始化成功；如果這個入口函數傳回除 STATUS_SUCCESS 以外的其他值，系統認為驅動初始化失敗，系統執行一系列的清理工作，並把驅動模組從核心空間中移除，從使用者態角度看，就是服務啟動失敗。

1.2.3 撰寫入口函數本體

下面列出一個最簡單的 DriverEntry 的撰寫實例：

```
#include "ntddk.h"
VOID DriverUnload(PDRIVER_OBJECT DriverObject)
{
  if (DriverObject != NULL)
  {
    DbgPrint("[%ws]Driver Upload,Driver Object Address:%p", __FUNCTIONW__,
    DriverObject);
  }
  return;
}
```

```
NTSTATUS DriverEntry( PDRIVER_OBJECT DriverObject,PUNICODE_STRING RegistryPath)
{
  DbgPrint("[%ws]Hello Kernel World\n",__FUNCTIONW__);
  if (RegistryPath != NULL)
  {
    DbgPrint("[%ws]Driver RegistryPath:%wZ\n", __FUNCTIONW__,RegistryPath);
  }
  if (DriverObject != NULL)
  {
    DbgPrint("[%ws]Driver Object Address:%p\n", __FUNCTIONW__,DriverObject);
    DriverObject->DriverUnload = DriverUnload;
  }
  return STATUS_SUCCESS;
}
```

在上面的程式中，第一行包含了核心開發所需的標頭檔 ntddk.h，接下來是一個 DriverUnload 函數，最後是驅動的入口函數 DirverEntry。

首先分析 DriverEntry 函數，該函數內部使用 DbgPrint 函數列印一筆記錄檔，DbgPrint 函數是 WDK 提供的 API（應用程式設計發展介面），類似應用層的 OutputDebugString。DbgPrint 與 C 語言的 printf 使用基本一樣。

與 DbgPrint 函數功能類似的是 KdPrint 函數，但 KdPrint 函數只是針對 DEBUG 版本的驅動有效，關於驅動 DEBUG 版本的介紹，請參考下一節。

在第一個 DbgPrint 呼叫函數中，"[%ws]Hello Kernel World\n " 為格式化字串，表示輸出的實際記錄檔內容，該字串包含了需要格式化的欄位，其中 %ws 表示列印一個以 '\0' 結束的 UNICODE 的字串（注意，不是 UNICODE_STRING）；__FUNCTIONW__ 是以 '\0' 結束的 UNICODE 字串，表示目前函數的名字，對應格式化字串中的 %ws。

DriverEntry 函數接下來判斷兩個參數值是否為 NULL，不為 NULL 的情況下列印兩個參數值，請讀者注意，由於 RegistryPath 是 UNICODE_STRING 類型，列印該類型字串需要用 %wZ 的方式來列印，特別指出，不能透過以下方式列印 UNICODE_STRING：

```
DbgPrint("[%ws]Driver RegistryPath:%ws\n", __FUNCTIONW__,RegistryPath->Buffer);
```

原因上面已經提及，UNICODE_STRING 結構內 Buffer 指向的字串，結尾不一定有 '\0'，而對 %ws 類型來説，會一直尋找 Buffer 字串的 '\0'，在這種情況下，行為是不可預料的。

DriverEntry 函數除了列印一系列資訊，還有一個重要的操作：

```
DriverObject->DriverUnload = Unload;
```

DriverUnload 是 DriverObject 結構中的成員，相信讀者對 DriverObject 已經不陌生了，DriverObject 表示目前的驅動物件，記錄了目前驅動的詳細資訊，DriverUnload 為驅動物件結構內的函數指標。

前面提過，驅動是作為服務方式執行的，服務可以被啟動，也可以被停止，停止的實質就是系統把該驅動模組對應在核心位址空間中的程式以及資料移除。當一個核心驅動被要求停止時，DriverObject → DriverUnload 指向的函數就會被系統呼叫，開發者可以在這個函數中執行一些清理相關的工作。舉一個實例，假設驅動 A 內部啟動了一個執行緒 B，當驅動 A 被要求停止時，如果開發者沒有在 DriverUnload 函數中停止執行緒 B，一旦驅動 A 被停止，執行緒 B 對應驅動 A 的程式已被系統刪除，執行緒 B 在執行過程會觸發缺頁例外，最後導致系統例外。

DriverUnload 函數非常重要，但重要並不等於必須，DriverUnload 函數是可選的，開發者可以不提供 DriverUnload 函數，這樣做的結果是該驅動不支援停止，也就是説，只要開發者不提供 DriverUnload 函數，這個驅動對應的服務一旦啟動後，再也無法停止。該特性被很多安全軟體利用，刻意不提供 DriverUnload 函數，避免驅動被惡意停止。

DriverEntry 函數執行一系列操作後，最後傳回 STATUS_SUCCESS，表示驅動初始化成功。本章前面介紹過，DriverEntry 函數傳回除 STATUS_SUCCESS 以外的其他值時，表示驅動初始化失敗，系統發現驅動初始化失敗會移除核心位址空間的驅動程式與資料，這個操作看起來與驅動服務的停止非常類似，但是請讀者注意：驅動初始化失敗不會觸發 DriverUnload 函數的呼叫，DriverUnload 只有在驅動服務成功啟動（初始化）後，被要求停止時才會觸發，請讀者謹記。

1.3 編譯第一個驅動

1.3.1 透過 Visual Studio 編譯

如果讀者已經按照前面章節的介紹，把 WDK 整合到了 Visual Studio 中，則編譯驅動是一件很簡單的事情。

在編譯前，首先在 Visual Studio 的工具列選擇好所需編譯的平台以及版本。平台分 x86、x64 以及 ARM，版本可以分為 Debug 版本以及 Release 版本。如果驅動需要執行在 32 位元 Windows 作業系統上，請選擇 x86 平台；如果驅動需要執行在 64 位元 Windows 作業系統上，請選擇 x64 平台。提醒一下，64 位元的 Windows 作業系統不能執行 32 位元的驅動程式，這有別於應用層（使用者態），對應用層的 EXE 來說，64 位元的 Windows 作業系統可以執行 32 位元的 EXE 程式。如果讀者開發的驅動需要同時工作在 32 位元和 64 位元 Windows 下，請分別選擇 x86 與 x64 進行編譯。至於 Debug 版本與 Release 版本，這個非常好了解，Debug 版本驅動包含了較為豐富的偵錯資訊且沒有對程式進行最佳化，Release 版本驅動對程式空間和執行效率進行了最佳化。如果驅動目前處於偵錯階段，請選擇 Debug 版本，當需要發佈驅動時，請選擇 Release 版本。

由於筆者在下一章需要介紹驅動的執行與偵錯，執行環境為 64 位元 Windows 10 系統，所以筆者選擇了 x64 Debug 版進行編譯，如圖 1-10 所示。

圖 1-10 編譯版本選擇

在 FirstDriver 專案中，按下 F7 鍵，或在 Visual Studio 的選單中選擇「產生 (B)」→「產生解決方案 (B)」，Visual Studio 開始編譯，編譯成功後，讀者可以在專案的資料夾目錄中找到一個 x64 的資料夾，在 x64 目錄下找到 Debug 資料夾，該資料夾下的 FirstDriver.sys 檔案就是編譯好的驅動檔案，對應的還有 FirstDriver.pdb 檔案，FirstDriver.pdb 檔案包含了驅動對應的偵錯資訊，如結構定義、函數名稱等，在驅動偵錯中非常重要。該資料夾下還有其他檔案，如 FirstDriver.cer 以及 FirstDriver.inf，讀者可以暫時忽略。

1.3.2 透過 WDK 直接編譯

如果讀者安裝的是舊版本的 WDK（如 WDK 7600），需要透過 WDK 附帶的編譯器來進行編譯。在編譯前，還需要準備一個 Sources 檔案，Sources 檔案實際上是一個文字檔，檔案名稱為 Sources，該檔案主要描述了需要編譯的 C 檔案清單，以及需要連結的 LIB 函數庫等資訊，針對本例，Sources 檔案的內容撰寫如下：

```
TARGETNAME=FirstDriver
TARGETTYPE=DRIVER
SOURCES=First.c
```

TARGETNAME 表示編譯出來的目標名字；TARGETTYPE 表示編譯出來的二進位類型是 DRIVER，而非 LIB 或其他；SOURCES 後面是需要編譯的 C 檔案，本例中只有一個 First.c，如果有多個 C 檔案需要編譯，可以寫成；

```
SOURCES= First.c \
        Second.c
```

請讀者自行建立一個 Sources 檔案，並把 Sources 檔案放到與 First.c 檔案同層的資料夾下。

根據 MSDN 的描述，還需要準備一個 MAKEFILE 檔案，MAKEFILE 檔案的內容是固定的。但經過筆者測試，使用 7600 版的 WDK，可以不提供MAKEFILE。

由於筆者計畫在 64 位元 Windows 10 下執行與偵錯驅動，所以需要在開始選單中找到 Windows Driver Kit →選擇 Windows 7 的 x64 Checked Build Environment。在 WDK 編譯工具的命令列中，使用 cd 指令進入 First.c 檔案所在的目錄，然後在命令列中輸入 "build" 指令開始編譯。注意，輸入的 build 指令不帶引號。

意外的是，在編譯過程中會出現以下錯誤：

```
1>errors in directory d:\winkerneldev\firstdriver\firstdriver
1>d:\winkerneldev\firstdriver\firstdriver\first.c(6) : error C2065:
'__FUNCTIONW__' : undeclared identifier
1>d:\winkerneldev\firstdriver\firstdriver\first.c(12) : error C2065:
'__FUNCTIONW__' : undeclared identifier
1>d:\winkerneldev\firstdriver\firstdriver\first.c(15) : error C2065:
```

```
'__FUNCTIONW__' : undeclared identifier
1>d:\winkerneldev\firstdriver\firstdriver\first.c(19) : error C2065:
'__FUNCTIONW__' : undeclared identifier
```

這是因為舊版本的 WDK 不支援 __FUNCTIONW__ 標識。這裡給讀者一個建議，如果撰寫的驅動程式需要支援不同版本的 WDK 編譯，請不要使用新版本 WDK 獨有的特性。針對上面的問題，請讀者修改程式，去掉 __FUNCTIONW__ 以及搭配的 %ws，或簡單地把 DbgPrint 註釋起來，當然，更好的做法是根據不同 WDK 版本進行條件編譯。修改後重新編譯。成功產生驅動檔案，如圖 1-11 所示。

```
Windows Win7 x64 Checked Build Environment
     1 executable built - 1 Error

D:\WinKernelDev\FirstDriver\FirstDriver>build
BUILD: Compile and Link for AMD64
BUILD: Loading d:\winddk\7600.16385.1\build.dat...
BUILD: Computing Include file dependencies:
BUILD: Start time: Thu May 10 16:46:15 2018
BUILD: Examining d:\winkerneldev\firstdriver\firstdriver directory for files to compile.
   d:\winkerneldev\firstdriver\firstdriver Invalidating OACR warning log for 'root:amd64chk'
BUILD: Saving d:\winddk\7600.16385.1\build.dat...
BUILD: Compiling and Linking d:\winkerneldev\firstdriver\firstdriver directory
Configuring OACR for 'root:amd64chk' - <OACR on>
Compiling - first.c
Linking Executable - objchk_win7_amd64\amd64\firstdriver.sys
BUILD: Finish time: Thu May 10 16:46:16 2018
BUILD: Done

     3 files compiled
     1 executable built
```

圖 1-11 WDK 工具編譯驅動

成功編譯後，在 First.c 的資料夾內會產生一個 objchk_win7_amd64 資料夾，這個資料夾的命名包含了驅動編譯的版本資訊，其中 chk 表示 Debug 版本，Win7 表示使用的是 Windows 7 版本 WDK 編譯環境，amd64 表示 64 位元驅動程式，在 objchk_win7_amd64\amd64\ 資料夾下，產生了 FirstDriver.sys 檔案以及 FirstDriver.pdb 檔案。

本章首先介紹了核心程式設計環境，其中包含 WDK 版本的選擇、驅動開發環境的安裝及部署，讀者可以根據這些步驟來部署核心開發環境；接下來介紹了核心程式設計的入口函數，剖析了一個最精簡的核心程式，讓讀者對核心開發的架構有一個最基本的認識；本章最後介紹了兩種編譯核心程式的方法，讀者可以根據本身需要進行選擇。

閱讀本章後，讀者應該具備以下能力：

（1）選擇合適的 WDK 版本進行開發。

（2）Visual Studio 與 WDK 的安裝與整合。

（3）撰寫一個最精簡的核心程式並編譯成功。

以上三點為基本功，請讀者熟練掌握，下一章將介紹驅動的執行與偵錯。

核心驅動執行與偵錯

第1章介紹了核心驅動開發環境的部署、簡單的驅動程式以及編譯，本章
重點介紹核心驅動的執行與偵錯。

本章的學習路線是，首先介紹如何透過 Windows 的命令列執行一個驅動，然
後介紹透過程式設計的方式安裝、執行驅動，最後介紹驅動的偵錯。

▌ 2.1 驅動的執行

驅動的執行透過服務來實現，由於服務操作較為煩瑣，這裡首先介紹以命令列
的方式執行一個驅動，在本章後面將介紹與服務相關的內容。

微軟規定，驅動檔案必須經過微軟的數位簽章後，才可以執行在 64 位元系統
上，這個規定雖然在某種程度上加強了驅動載入的門檻，攔截了一部分核心病
毒，但給驅動測試帶來了一點小麻煩，讀者如果把一個沒有簽名（或只有測試
憑證的簽名）的驅動 FirstDriver.sys 直接放到 64 位元作業系統中執行，其結果
是驅動載入失敗，失敗原因是驅動沒有簽名（或簽名非法），對於這個問題，
下面介紹兩種解決方法。

方法 1：把作業系統設定成偵錯模式（將在下面章節介紹），偵錯模式的系統，
預設允許未簽名的驅動執行。

方法 2：臨時關閉系統驅動簽名驗證，在開機時修改啟動參數，如對 Windows
7 作業系統來說，開機時可以在鍵盤上按下 F8 鍵，選擇禁用驅動程式簽名強
制，如圖 2-1 所示。

對 Windows 10 系統來說，可以在進階重新啟動中設定，實際操作為：「開始選
單」→「設定」→「更新與安全」→「恢復」，在進階啟動下點擊「立即重新

啟動」按鈕，然後在出現的介面中選擇「疑難排解」→「進階選項」→「啟動設定」，點擊「重新啟動」按鈕，系統開始重新啟動，在重新啟動過程中會顯示啟動選項，在鍵盤上輸入數字 7，即選擇「禁用驅動程式強制簽名」，如圖 2-2 所示。

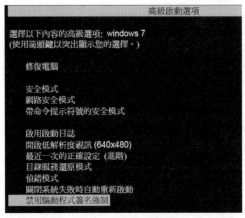

圖 2-1 Windows 7 禁用驅動簽名

圖 2-2 Windows 10 禁用驅動簽名

除了上面介紹的兩種方法，還可以把系統驅動程式強制簽名永久去掉，但是這樣會大幅降低系統的安全性，筆者並不建議採用這個做法。有興趣的讀者可以自行研究。

在本章節中，筆者選擇了 WDK 10 版本來對第 1 章的 FirstDriver 專案程式進行編譯，然後使用 VMWare 14 版本安裝一個 Windows 10 作業系統，系統版本為 15063，讀者可以根據本身需要來部署環境。關於如何部署驅動開發環境，請參考第 1 章。

虛擬機器安裝完畢之後，首先根據上面介紹的方法 2，臨時禁用虛擬機器系統的驅動程式簽名驗證，然後把 FirstDriver.sys 驅動放到虛擬機器系統的 C 磁碟下，接著在虛擬機器系統內使用管理員許可權執行 cmd（命令提示字元），在 cmd 中輸入註冊驅動的指令：

```
sc create FirstDriver binPath= "C:\FirstDriver.sys" type= kernel start= demand
```

其中 sc create 表示建立一個服務，binPath 指驅動檔案所在的磁碟位置，type 表示驅動的類型，start 表示該服務的啟動類型，demand 表示手動啟動。請注意，在上面的指令中，等號 (=) 後面需要有一個空格。

sc 指令內部也是透過服務的 API 對服務進行註冊的，與直接透過 API 建立服
務的效果相同，透過 sc 指令，可以省去撰寫註冊服務的程式。

成功建立服務後，使用 sc 指令來啟動服務，指令如下：

```
sc start FirstDriver
```

其中 FirstDriver 為服務名稱，對應 sc create 後面的名字，這個指令的功能等於
StartService 函數，服務成功執行後，命令列上顯示建立的資訊，如圖 2-3 所示。

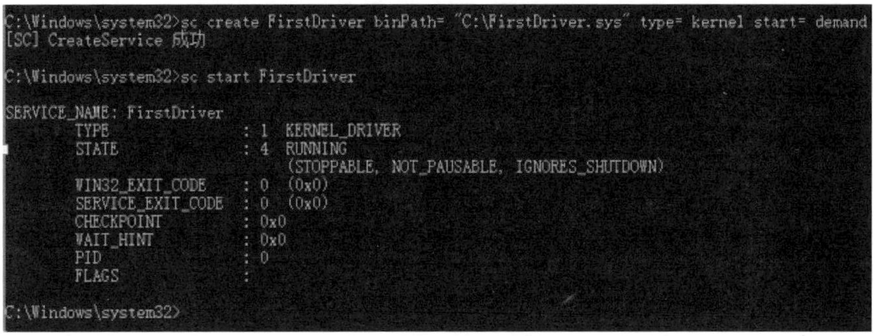

圖 2-3　建立與執行服務

在第 1 章介紹的 FirstDriver 程式中，筆者在 DriverEntry 入口函數中透過
DbgPrint 函數列印了一系列記錄檔，那這個記錄檔應該在哪裡檢視呢？筆者介
紹一個工具：Dbgview.exe，這是一個綠色的小程式，下載網址為：https://docs.
microsoft.com/en-us/sysinternals/downloads/debugview，透過這個小程式，可以
很方便地觀察 DbgPrint 的記錄檔。

在虛擬機器中以管理員許可權執行 Dbgview.exe，在選單上選擇 Capture，依次
選取 "Capture Kernel" 以及 "Enable Verbose Kernel Output"，如圖 2-4 所示。

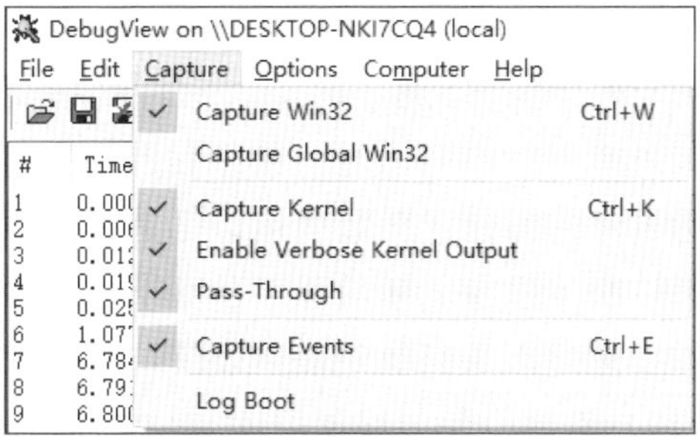

圖 2-4　DbgView 設定

由於 FirstDriver 已經執行，如果需要觀察 DriverEntry 的記錄檔，首先需要停止驅動服務，然後再次啟動驅動服務，停止驅動服務的指令為：

```
sc stop FirstDriver
```

成功執行停止指令後，保持 DbgView 不關閉，再次執行 sc start FirstDriver，可以在 DbgView 的視窗中看到以下記錄檔，如圖 2-5 所示。

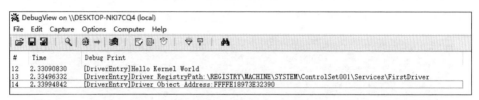

圖 2-5　DbgView 中的記錄檔

此外，還可以透過 sc delete FirstDriver 指令刪除先前已註冊和建立的服務。

關於驅動的執行，介紹到此為止，讀者需要重點掌握的是本章下一節的內容。

▌ 2.2　服務的基本操作

驅動（指 NT 驅動，下同）以 Windows 服務的方式存在，本節重點介紹服務的操作，對服務的操作，實際上就是對驅動的操作。為了避免不必要的概念干擾，在本章內，讀者可以把驅動等同為服務，但請務必注意，服務有不同的類型，驅動只是其中一種類型的服務。

一般來說，服務的基本操作有註冊（建立）、啟動、暫停、停止、移除操作，但核心驅動類型的服務不支援暫停操作。下面分別介紹服務的註冊（建立）、啟動、停止以及移除操作。

在介紹服務的基本操作前，不得不提一個概念，即服務管理員，服務管理員的主要工作是管理作業系統上的所有服務，其中包含追蹤、維護服務的各種狀態，以及對服務發起實際的操作。開發者可以透過服務管理員來查詢服務狀態、修改服務設定、註冊（建立）新服務、啟動服務等。而實際上，上面提及到的服務基本操作，都是以服務管理員為基礎的操作，換句話說，開發者透過 API（應用程式設計發展介面）操作服務，API 內部首先會透過一個稱為

"LPC"（本機方法呼叫）的方式，把請求發送給服務管理員，服務管理員再處理實際的請求。

2.2.1 開啟服務管理員

系統提供了一個 API 用來開啟服務管理員，讀者可能暫時不明白開啟服務管理員的意義何在，沒有關係，後面的章節會使用到這個開啟的服務管理員。

開啟服務管理員的函數為 OpenSCManager，原型如下：

```
SC_HANDLE WINAPI OpenSCManager(
     LPCTSTR lpMachineName,
 LPCTSTR lpDatabaseName,
     DWORD   dwDesiredAccess);
```

第一個參數比較簡單，為一個字串常數，表示機器的名字，讀者可以簡單傳遞一個 NULL，表示開啟的是本機器的服務管理員。

第二個參數也是一個字串常數，表示資料庫的名字，讀者也可以簡單傳遞一個 NULL，表示開啟的是一個活動（Active）資料庫。

第三個參數比較關鍵，為一個 DWORD 類型的值，表示許可權。開發者透過服務管理員去操作服務時，不同的操作需要不同的許可權。常用的服務管理員許可權有：

- SC_MANAGER_CREATE_SERVICE：表示擁有註冊（建立）服務的許可權。
- SC_MANAGER_ENUMERATE_SERVICE：表示擁有列舉系統服務的許可權。
- SC_MANAGER_ALL_ACCESS：表示擁有一切許可權。

可以簡單地傳遞一個 SC_MANAGER_ALL_ACCESS，表示開啟的服務管理員擁有一切許可權，但是從良好習慣的角度來看，建議需要什麼操作就申請什麼許可權。

OpenSCManager 函數傳回一個類型為 SC_HANDLE 的控制碼，表示服務管理員的控制碼，開發者可以透過這個控制碼，結合其他 API 來操作服務。當這個服務管理員控制碼不再需要使用，開發者需要呼叫 CloseServiceHandle 函數來關閉控制碼。CloseServiceHandle 函數只有一個參數，使用非常簡單，請讀者自行查閱 WDK 說明文件。

2.2.2 服務的註冊

註冊（建立）一個服務使用的函數為 CreateService，該函數原型如下：

```
SC_HANDLE WINAPI CreateService(
  SC_HANDLE hSCManager,
  LPCTSTR   lpServiceName,
  LPCTSTR   lpDisplayName,
  DWORD     dwDesiredAccess,
  DWORD     dwServiceType,
  DWORD     dwStartType,
  DWORD     dwErrorControl,
  LPCTSTR   lpBinaryPathName,
  LPCTSTR   lpLoadOrderGroup,
  LPDWORD   lpdwTagId,
  LPCTSTR   lpDependencies,
  LPCTSTR   lpServiceStartName,
  LPCTSTR   lpPassword
);
```

這個函數的參數很多，下面逐一介紹：

■ hSCManager 表示「服務管理員」控制碼，關於如何開啟服務管理員取得控制碼，上一節已經介紹，這裡需要提醒的是，由於本操作是註冊（建立）服務，所以在開啟服務管理員的時候，需要使用 SC_MANAGER_CREATE_SERVICE 許可權。

■ lpServiceName 表示需要建立服務的名字，這個名字不能與其他存在服務的名字相同。服務名字是服務的唯一標識。

■ lpDisplayName 為服務的顯示名字，請讀者不要混淆服務名稱和服務的顯示名，前者是服務的唯一表示，後者主要用於顯示。

■ dwDesiredAccess 表示服務的許可權，讀者可能會有疑問：這個函數的功能是（建立）一個服務，為什麼還需要指定服務的許可權？這是因為 CreateService 函數內部註冊（建立）服務成功後，還會開啟這個建立好的服務。常見的場景是：開發者註冊（建立）服務後，還會透過這個函數傳回的服務控制碼來啟動服務，這個時候就需要指定 SERVICE_START 許可權。常見的許可權有：

  • SERVICE_START：擁有啟動服務的許可權。

- SERVICE_STOP：擁有停止服務的許可權。
- SERVICE_QUERY_STATUS：擁有查詢服務狀態的許可權。
- SERVICE_ALL_ACCESS：擁有一切許可權。

- dwServiceType 表示需要建立何種類型的服務，服務的類型有 SERVICE_ FILE_ SYSTEM_DRIVER（檔案系統服務）、SERVICE_KERNEL_DRIVER（核心驅動服務）、SERVICE_WIN32_OWN_PROCESS（應用層服務），以及 SERVICE_WIN32_SHARE_ PROCESS（應用層共用 EXE 服務）。對於註冊（建立）驅動類型的服務，需要指定 SERVICE_KERNEL_DRIVER，其他類型的服務，不在本書探討範圍內。

- dwStartType 表示服務的啟動方式，這個啟動方式是以作業系統的啟動順序來劃分的，常見的有（按照啟動順序）：
  - SERVICE_BOOT_START：作業系統啟動階段啟動的服務，一般由 Winload 模組負責載入服務對應的可執行檔到記憶體。
  - SERVICE_SYSTEM_START：作業系統啟動階段啟動的服務，由系統 NT 模組負責載入服務對應的可執行檔到記憶體。
  - SERVICE_AUTO_START：作業系統啟動完畢後啟動的服務。
  - SERVICE_DEMAND_START：需要手動啟動的服務。

- dwErrorControl 表示錯誤控制，實際是指服務啟動失敗的情況下，作業系統需要執行何種操作，常見的有 SERVICE_ERROR_CRITICAL、SERVICE_ ERROR_IGNORE、SERVICE_ERROR_NORMAL 及 SERVICE_ERROR_ SEVERE，本書主要介紹軟體驅動，對軟體驅動來説，簡單指定 SERVICE_ ERROR_IGNORE 即可，表示系統忽略這個驅動啟動失敗資訊。

- lpBinaryPathName 表示該服務對應可執行檔的全路徑，對驅動類型的服務來説，這裡指定的就是 sys 檔案所在的路徑。

- lpLoadOrderGroup 服務所在分組的名字。作業系統內建了一系列服務的分組，開發者也可以建立新的分組。一個分組裡面可以有多個服務，但是一個服務最多只能連結一個分組；不同分組的啟動順序不同。如果開發者關心服務的啟動順序，可以透過這個參數來設定分組。如果不關心啟動順序，可以簡單地把該參數設定為 NULL，表示不連結任何分組。分組資訊在登錄檔中的位置為 HKEY_LOCAL_MACHINE\System\CurrentControlSet\ Control\ ServiceGroupOrder，名字為 list 的值儲存了所有分組的資訊。

- lpdwTagId 表示服務在分組內的標識，針對 SERVICE_BOOT_START，以及 SERVICE_SYSTEM_STAR 類型的服務。前面提到，服務的啟動順序由所屬的分組決定，但同一分組內的服務啟動順序怎麼決定呢？答案是透過 lpdwTagId 參數來指定。同樣地，如果開發者不關心服務啟動順序，可以把該參數設定為 0。該標識對應登錄檔的位置為 HKEY_LOCAL_MACHINE\ System\CurrentControlSet\Control\ GroupOrderList。

- lpDependencies 表示目前所註冊的服務，需要依賴其他服務名稱的清單。舉個實例，開發者開發了服務 A 和服務 B，服務 A 在執行時需要使用服務 B 的功能，那麼開發者可以在註冊（建立）服務 A 的時候透過 lpDependencies 參數指定服務 B，這樣在啟動服務 A 前，系統會先啟動服務 B。

- lpServiceStartName 與 lpPassword 表示目前以什麼使用者身份啟動服務，對於驅動類型的服務，簡單指定 NULL 即可。

CreateService 函數的傳回值為一個服務的控制碼，前面提到服務成功建立後，CreateService 函數內部會開啟這個服務，開發者可以透過 CreateService 傳回的服務控制碼來操作服務，使用完畢後需要呼叫 CloseServiceHandle 函數關閉控制碼。

在很多情況下，開發者需要操作服務，但服務已經存在，開發者不需要重新註冊（建立）服務，在這種情況下，開發者需要「開啟」已經存在的服務，透過 OpenService 函數開啟服務，OpenService 函數的原型如下：

```
SC_HANDLE WINAPI OpenService(
    SC_HANDLE hSCManager,
    LPCTSTR   lpServiceName,
    DWORD     dwDesiredAccess);
```

hSCManager 的含義與 CreateService 函數 hSCManager 的含義相同，表示服務管理員控制碼，lpServiceName 表示需要開啟的服務名字（切記，服務名稱是服務的唯一標識），dwDesiredAccess 含義與 CreateService 函數的 dwDesiredAccess 含義相同，表示需要以何種許可權開啟服務。OpenService 成功開啟服務後傳回服務的控制碼，開發者可以透過這個控制碼操作服務，使用完畢後需要呼叫 CloseServiceHandle 函數關閉控制碼。

2.2.3 服務的啟動與停止

服務建立完成後，下一步是啟動服務，啟動服務使用 StartService 函數，這個函數比 CreateService 簡單，原型如下：

```
BOOL WINAPI StartService(
    SC_HANDLE hService,
    DWORD     dwNumServiceArgs,
    LPCTSTR   *lpServiceArgVectors);
```

其中 hService 為服務的控制碼，表示需要啟動的服務，dwNumServiceArgs 與 lpServiceArgVectors 表示服務啟動時所需要傳遞的參數，對核心驅動類型的服務來說，可以忽略這兩個參數，設定為 NULL 即可。

對核心驅動服務來說，StartService 操作表示把磁碟的 sys 檔案載入到核心中，實際過程為：StartService 函數內部透過服務管理員，讓系統 SYSTEM 處理程序載入驅動並呼叫核心驅動的 DriverEntry 入口函數，這一系列操作都是同步的。此外，StartService 函數內部還會等待 DriverEntry 入口函數執行傳回，取得其傳回值，如果 DriverEntry 函數傳回成功（STATUS_SUCCESS，請參考第 1 章），StartService 函數對應地也傳回成功，否則傳回失敗。

雖然説 DriverEntry 的傳回值會影響該服務啟動的成敗，但是這並不是唯一的影響因素，StartService 函數傳回失敗的情況很多，如服務已經被刪除、hService 參數沒有對應地啟動服務許可權、服務已經在執行等。

作為一個完整生命週期的服務來說，啟動後也會有對應的停止操作。停止一個核心驅動類型的服務表示驅動模組從記憶體中刪除，站在開發者的角度來看，當核心類型服務停止時，必須清理掉所使用的資源，避免造成資源洩露或系統例外。對驅動來説，如何感知本身要被停止呢？答案是驅動物件的 DriverUnload 函數，請讀者回憶第 1 章。

停止服務所使用的函數為 ControlService，ControlService 函數除了可以停止服務，還可以暫停服務、恢復服務等，但大部分操作都是針對使用者態服務來説的，ControlService 函數的原型如下：

```
BOOL WINAPI ControlService(
  SC_HANDLE          hService,
  DWORD              dwControl,
  LPSERVICE_STATUS   lpServiceStatus
);
```

其中 hService 為服務的控制碼,表示需要操作的服務。

dwControl 為控制碼,表示需要對服務進行何種操作,系統定義了一系列值,如 SERVICE_CONTROL_PAUSE、SERVICE_CONTROL_STOP、SERVICE_CONTROL_CONTINUE 等,如果需要停止服務,請傳入 SERVICE_CONTROL_STOP。

lpServiceStatus 參數是一個傳回參數,表示服務目前最新的狀態,這些狀態儲存在 SERVICE_STATUS 結構中。SERVICE_STATUS 比較簡單,請讀者自行查閱微軟的相關文件。

2.2.4 服務的刪除

最後介紹服務的刪除,服務的刪除非常簡單,使用 DeleteService 函數可以刪除一個指定的服務,函數原型如下:

```
BOOL WINAPI DeleteService( SC_HANDLE  hService );
```

這個函數只有一個參數 hService,為服務的控制碼,表示需要刪除的服務。常見的操作是:開發者呼叫 OpenService 函數(dwDesiredAccess 為 DELETE 許可權)開啟一個需要刪除的服務,成功開啟後取得需要刪除的服務控制碼,然後把服務控制碼傳遞給 DeleteService 函數。

2.2.5 服務的實例

下面透過一個實例,把上面服務的實際操作串合在一起,讓讀者對服務操作有一個整體的認識。

假設第 1 章所介紹的驅動 FirstDriver.sys 檔案儲存在 C 磁碟下,實例程式中需要把這個驅動註冊成服務,並且執行,實際程式為:

```
#include "stdafx.h"
#include "windows.h"
```

```
#define SER_NAME  _T("FirstDriver")

int main()
{
  SC_HANDLE hSCM = NULL;
  SC_HANDLE hSer = NULL;
  do
  {
    hSCM = OpenSCManager( NULL , NULL , SC_MANAGER_CREATE_SERVICE );
    if( hSCM == NULL )
    {
      break;
    }
    //TCHAR *p = SER_NAME;
    hSer = CreateService(
      hSCM ,                      //控制碼
      SER_NAME,                   //服務名稱
      SER_NAME,                   //服務顯示的名字
      SERVICE_ALL_ACCESS,         //所有權限開啟
      SERVICE_KERNEL_DRIVER ,     //核心類型的服務
      SERVICE_DEMAND_START ,      //服務啟動類型，這裡是手動啟動
      SERVICE_ERROR_IGNORE ,      //錯誤類型
      _T("C:\\FirstDriver.sys"),  //sys檔案所在的磁碟目錄
      NULL,                       //服務所在的組，不關心順序，傳遞NULL
      NULL,                       //服務的Tag，這裡不關心，傳遞NULL
      NULL,                       //服務的依賴，這裡沒有依賴，傳遞NULL
      NULL,                       //服務的啟動使用者名稱，傳遞NULL
      NULL);                      //服務啟動使用者名稱對應的密碼，傳遞NULL
    if( hSer == NULL )
    {
      DWORD dwErrorCode = GetLastError();
      if( dwErrorCode  == ERROR_SERVICE_EXISTS )
      {
        // ERROR_SERVICE_EXISTS表示服務已經存在，不能重複註冊，屬於正常
          的情況
        hSer = OpenService( hSCM , SER_NAME , SERVICE_ALL_ACCESS );
        if( hSer == NULL )
        {
          //開啟失敗
          break;
        }
      }
```

```
        else
        {
            break;
        }
    }
    printf("CreateService or OpenService succ \n");
    getchar();
    //準備啟動服務
    BOOL bSucc = StartService( hSer , NULL , NULL );
    printf("StartService:%u\n",bSucc );
    getchar();
    //停止服務
    SERVICE_STATUS SerStatus = {0};
    bSucc = ControlService( hSer , SERVICE_CONTROL_STOP  , &SerStatus );
    printf("ControlService:%u\n",bSucc );
    getchar();
    //下面開始刪除服務
    DeleteService( hSer );
}
while( FALSE );
if( hSCM != NULL )
{
    CloseServiceHandle( hSCM );
    hSCM = NULL;
}
if( hSer != NULL )
{
    CloseServiceHandle( hSer );
    hSer = NULL;
}
    return 0;
}
```

實例的程式比較簡單，這裡不再一一分析，請讀者自行閱讀。如果讀者想執行該實例，請在虛擬機器中執行。

2.2.6 服務小結

本節介紹了服務的建立、啟動、停止以及刪除操作。讀者不難發現，這幾個操作分別對應了本章第一節所介紹的指令：sc create、sc start、sc stop 以及 sc delete，實際上，這幾個指令內部也是透過上述服務 API 實現的。

本書主要介紹核心驅動開發，介紹服務相關操作的目的是讓讀者了解核心驅動的生命週期以及操作過程，由於篇幅有限，對服務操作的整體介紹到此為止。

2.3 驅動的偵錯

雖然在驅動程式中透過 DbgPrint 函數列印的記錄檔可以反映出驅動的執行情況，但對程式的錯誤診斷是遠遠不夠的，在實際的偵錯中，還需結合單步執行程式、設定程式中斷點、觀察記憶體等多種方式。下面介紹如何單步偵錯驅動。

為了安全起見，驅動偵錯應該在虛擬機器中進行，本書中所有提及的驅動偵錯，都是指透過 VMWare（或其他虛擬機器）執行一個虛擬機器作業系統，在該作業系統中執行被偵錯的驅動，開發者在物理機器上使用核心偵錯工具（如 Windbg），透過網路、USB、序列埠、1394 等方式連接到虛擬機器作業系統，進行驅動偵錯。為了表述清晰，下面把物理機器稱為偵錯機器，把執行被偵錯驅動的虛擬機器稱為被偵錯機器。

本書第 1 章中提到，驅動開發可以使用新版的 Visual Studio+WDK 搭配的開發環境（如 Visual Studio 2017，下面簡稱 Visual Studio 為 VS），也可以使用舊版本帶獨立編譯環境的 WDK 開發環境，這兩種環境在偵錯核心驅動的方式上存在一些差異。下面對這兩種方式重點介紹。

2.3.1 基於 VS+WDK 環境偵錯

對在 VS+WDK 整合環境中開發驅動的讀者來說，驅動偵錯變的尤其簡單，原因是微軟已經最佳化了一系列的操作設定，使得驅動偵錯與使用者態 EXE 程式偵錯的操作大致相同。

在介紹實際的偵錯前，首先介紹一下偵錯的環境，筆者物理機器的系統為 Windows 10，Visual Studio 的版本為 2017，配合 WDK 10 版本。由於偵錯需要透過虛擬機器進行，所以筆者在電腦上安裝了 VMWare 14，VMWare 虛擬機器內安裝一個 Windows 10 作業系統，虛擬機器的網路卡使用 NAT 方式，實際情況如下所示。

- 偵錯機器：Windows 10
- 偵錯機器 IP：192.168.116.1
- 虛擬機器：VMWare 14
- 被偵錯機器：Windwos 10
- 被偵錯機器 IP：192.168.116.139

讀者沒有必要照搬上面的設定，根據本身需要設定即可。本次偵錯準備使用網路作為偵錯機器與被偵錯機器之間的連接方式，眾所皆知，Windows 系統內建了一個防火牆，這個防火牆可能會對偵錯所用的網路進行攔截，為了避免不必要的麻煩，建議讀者關閉偵錯機器的防火牆，或設定特殊的防火牆放行規則，不管怎樣，開發者都要確保偵錯機器與被偵錯機器之間的網路暢通。

下面介紹如何設定被偵錯機器，在被偵錯機器中：以管理員許可權執行 cmd（命令提示字元），在指令中輸入：bcdedit /debug on，然後確認。這行指令的作用是把被偵錯機器設定成偵錯模式。

在命令列中輸入：bcdedit /dbgsettings net hostip:192.168.116.1 port:50010 並確認，這行指令的意思是使用網路進行偵錯的連接方式，hostip 指偵錯機器的 IP，在筆者電腦上是 192.168.116.1，port 表示所使用網路的通訊埠，建議範圍是 49152 至 65535，筆者指定的通訊埠為 50010。在上面的指令執行完之後，cmd 命令列上會顯示一個 Key，讀者需要儲存這個 Key，用於後面偵錯機器的設定。如圖 2-6 所示是筆者的被偵錯機器執行指令後的畫面。

圖 2-6 被偵錯機器的設定

以上就是被偵錯機器的設定，下面介紹偵錯機器的設定，首先開啟 VS，在 VS 功能表列中找到 "Driver"，在 "Driver" 的下拉式功能表中找到 "Test" → "Configure Devices"，如圖 2-7 所示。

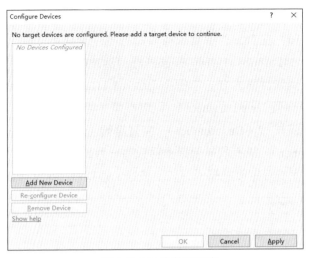

圖 2-7　VS 的裝置設定

點擊 "Add New Device" 出現的設定對話方塊，在 "Display name" 下面輸入
裝置的名字，例如：MyFirstDevice；在 "Device Type" 下面的下拉清單中選
擇 "Computer"；在 Network host name 下面輸入被偵錯機器的 hostname，也可
以輸入 IP，在本例中，筆者輸入被偵錯機器的 IP；在最後一項 Provisioning
Options 中，選擇第二項 "Manually configure debuggers and do not provision"，
意思是說手動設定被偵錯機器的偵錯選項以及手動分發驅動檔案。整體設定完
成後如圖 2-8 所示。

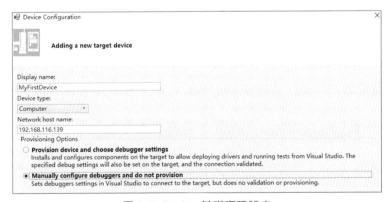

圖 2-8　Device 基礎資訊設定

完成設定後請點擊「下一步」按鈕，進入 "configure debugger settings" 設定
頁，在 "Windows Debugger –Kernel Mode" 下面，找到 "Connection Type"，

在下拉清單中選擇 "Network"；在 "Port Number" 中填入被偵錯機器中設定的通訊埠值 50010；在 "Key" 中填入被偵錯機器中產生的 Key，參考圖 2-6，本例中 Key 為 34kqi8ifbxa1x.1npyzog63k8tg.18s7l0a2v59z3.iy8og23m26m5；在 HostIp 中填入偵錯機器的 IP，本例為 192.168.116.1；如果被偵錯機器只有一個網路卡，最後一個 "bus Parameters" 可以不填，否則需要根據 PCI 標準，填入對應裝置的匯流排號（Bus number）、裝置編號（Device Number）以及功能號（Function number），筆者的被偵錯機器只有一片網路卡，所以這個值留空，如圖 2-9 所示。完成設定後點擊「完成」按鈕。這樣就完成了 VS 的設定。

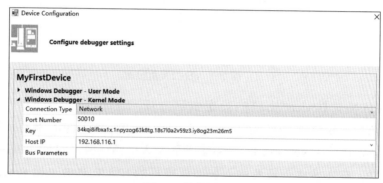

圖 2-9　偵錯器設定

一切準備妥當後，下面準備以第 1 章的 FirstDriver 驅動來作為偵錯物件，開始偵錯前，首先修改一下 FirstDriver 驅動的入口函數，在 DriverEntry 入口函數中加入一個中斷點 KdBreakPoint()，這樣當 FirstDriver 執行的時候，就會在 DriverEntry 觸發這個中斷點而停止下來，這是一個常用的技巧。

請注意，KdBreakPoint 只對 Debug 版的驅動有效，如果需要對 Release 版本的驅動放置中斷點程式，請使用 DbgBreakPoint。修改後的 DriverEntry 函數如下：

```
NTSTATUS DriverEntry( PDRIVER_OBJECT DriverObject,PUNICODE_STRING  RegistryPath)
{
  KdBreakPoint();
  DbgPrint("[%ws]Hello Kernel World\n",__FUNCTIONW__);
  if (RegistryPath != NULL)
  {
     DbgPrint("[%ws]Driver RegistryPath:%wZ\n", __FUNCTIONW__,RegistryPath);
  }
  if (DriverObject != NULL)
```

```
{
    DbgPrint("[%ws]Driver Object Address:%p\n", __FUNCTIONW__,DriverObject);
    DriverObject->DriverUnload = DriverUnload;
}
return STATUS_SUCCESS;
}
```

首先對 FirstDriver 專案進行編譯，產生 FirstDriver.sys 檔案，然後在 VS 選單中，找到「偵錯」→「附加到處理程序」，在出現的對話方塊中，選擇「連接類型」為 "Windows Kernel Mode Debugger"，「連接目標」選擇為剛才我們設定好的 MyFirstDevice，在「可用處理程序」中選擇 "Kernel"，如圖 2-10 所示。

圖 2-10 附加到核心偵錯器

點擊「附加」按鈕後，會在 VS 介面上出現一個 "Debugger Immediate Window" 介面，介面上顯示：

```
Using NET for debugging
Opened WinSock 2.0
Waiting to reconnect...
```

這表示目前偵錯器使用網路連接方式，正在等待被連接。接下來重新啟動被偵錯機器，讓被偵錯機器的偵錯設定生效。

被偵錯機器在重新啟動過程中，會主動連接設定的 50010 通訊埠，連接建立好之後，可以在 VS 的 "Debugger Immediate Window" 中看到如圖 2-11 所示的資訊。

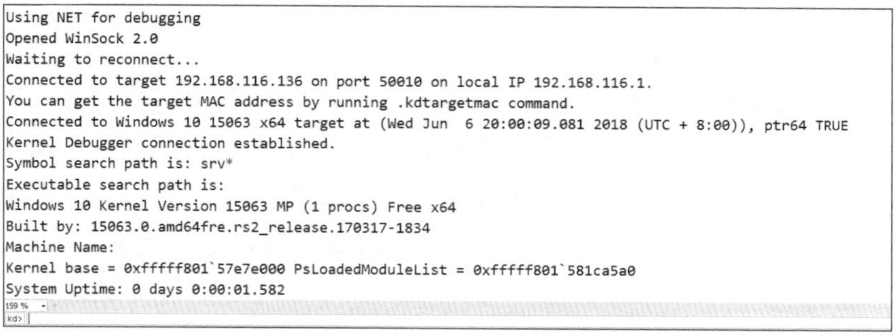

```
Using NET for debugging
Opened WinSock 2.0
Waiting to reconnect...
Connected to target 192.168.116.136 on port 50010 on local IP 192.168.116.1.
You can get the target MAC address by running .kdtargetmac command.
Connected to Windows 10 15063 x64 target at (Wed Jun  6 20:00:09.081 2018 (UTC + 8:00)), ptr64 TRUE
Kernel Debugger connection established.
Symbol search path is: srv*
Executable search path is:
Windows 10 Kernel Version 15063 MP (1 procs) Free x64
Built by: 15063.0.amd64fre.rs2_release.170317-1834
Machine Name:
Kernel base = 0xfffff801`57e7e000 PsLoadedModuleList = 0xfffff801`581ca5a0
System Uptime: 0 days 0:00:01.582
159 %
kd>
```

圖 2-11　成功建立連接

最後請把 FirstDriver.sys 檔案放入被偵錯機器中，如筆者把該檔案放置在被偵錯機器中的 C 磁碟下，然後根據前面介紹的 sc create、sc start 等指令執行該驅動，由於驅動的 DriverEntry 函數中被放置了中斷點 KdBreakPoint，所以在執行到 KdBreakPoint 時偵錯器會中斷下來，如圖 2-12 所示。

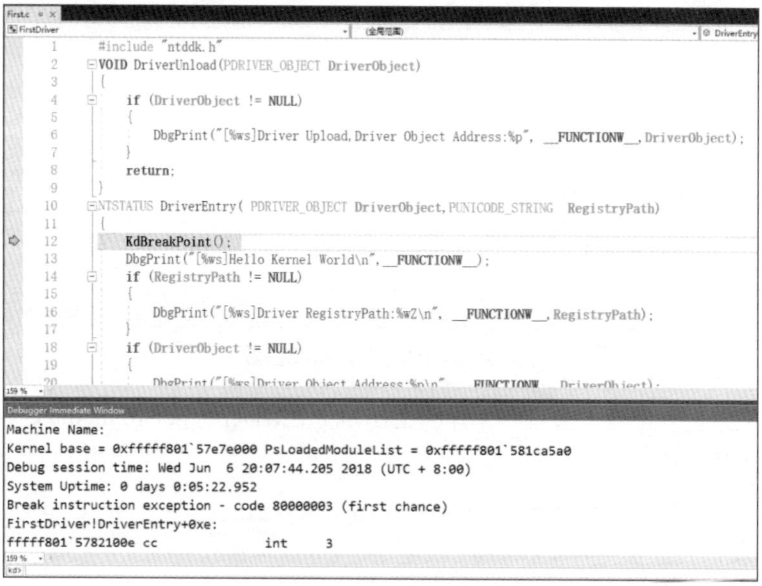

圖 2-12　VS 入口函數中斷點

讀者可以在上圖介面中按下 F10 單步偵錯驅動程式，非常方便。

以上是 VS 偵錯驅動的基本步驟，請讀者務必親自操作一遍。在圖 2-8 的設定當中，筆者選擇的是 "Manually configure debuggers and do not provision" 方式，另外一種方式為 "Provision device and choose debugger settings"，這種方式需要在被偵錯機器中安裝一套偵錯工具，設定起來相對麻煩，由於篇幅有限，這裡不再贅述，請有興趣的讀者自行研究。

2.3.2 基於 Windbg 偵錯

下面介紹另外一種偵錯方法：基於 Windbg 工具。實際上透過 VS 偵錯驅動，內部也是以 Windbg 為基礎的核心。

如果讀者安裝較新版的 WDK，可以在 WDK 的安裝目錄中找到 Windbg，筆者把 WDK 安裝在 C:\Program Files (x86)\Windows Kits 目錄下，則 64 位元的 Windbg 位置為：C:\Program Files (x86)\Windows Kits\10\Debuggers\x64\Windbg.exe；32 位元的 Windbg 位置為：C:\Program Files (x86)\Windows Kits\10\Debuggers\x86\Windbg.exe。

如果讀者安裝較舊版本的 WDK，WDK 內不包含 Windbg，可能需要到微軟的官方網站下載獨立的 Windbg 安裝套件。

假設讀者已經成功部署了 Windbg，下面介紹如何透過 Windbg 來偵錯驅動，上面介紹了如何透過網路作為媒體連接偵錯機器與被偵錯機器，下面換一個方式，選用序列埠（COM 埠）作為連接媒體。

與 VS 偵錯驅動類似，筆者準備了一台 Windows 10 的被偵錯機器（虛擬機器）。在被偵錯機器內，以管理員許可權開啟 cmd（命令提示字元），然後輸入：bcdedit /debug on 並按「確認」鍵，接著輸入：bcdedit /dbgsettings serial baudrate:115200 debugport:2 並按「確認」鍵。第一行指令讀者應該很熟悉了，表示把機器設定成偵錯模式，第二行指令是設定透過序列埠 2 來作為連接媒體，序列埠的串列傳輸速率為 115200。指令執行完之後如圖 2-13 所示。

圖 2-13 設定序列埠偵錯

使用 bcdedit 的方法設定偵錯，只適用於 Vista 及以上系統，對於 Vista 以下的
系統（如 XP），需要透過修改 boot.ini 檔案，在系統磁碟（一般是 C 磁碟）中
找到 boot.ini 檔案，以記事本的方式開啟，在 [operating system] 下面直接修改
啟動參數，下面列出一個範例：

```
[boot loader]
timeout=30
default=multi(0)disk(0)rdisk(0)partition(1)\WINDOWS
[operating systems]
multi(0)disk(0)rdisk(0)partition(1)\WINDOWS="WINDOWS XP Debug" /fastdetect /
debug /debugport=com2 /baudrate=115200
```

上面介紹的是在現有的啟動項上修改啟動參數，在某些場景下，還可以透過
bcdedit（XP 下是 boot.ini 檔案）增加一個啟動項，新增的啟動項用於偵錯。由
於本例中的虛擬機器的直接用途就是偵錯，所以直接修改現有的啟動項即可。

設定完成後，請關閉虛擬機器內的作業系統，然後在 VMWare 的設定介面，
新增一個序列埠裝置，設定該序列埠使用「具名管線」，名字為：\\.\pipe\
com_2，實際設定如圖 2-14 所示。

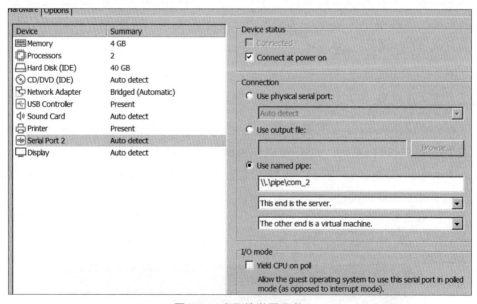

圖 2-14 序列埠裝置參數

到此為止，被偵錯機器所需的設定已經全部完成。接下來開始設定 Windbg，首先找到 Windbg.exe 檔案所在的目錄，請參考本節前面所提及的位置，在筆者電腦上是 C:\Program Files (x86)\Windows Kits\10\Debuggers\x64\Windbg.exe，然後右鍵點擊 Windbg.exe 檔案，選擇「發送到」→「桌面捷徑」。在桌面上找到 Windbg 的捷徑，點擊右鍵，選擇「屬性」，在「捷徑」分頁下，找到「目標」，填入："C:\Program Files (x86)\Windows Kits\10\Debuggers\x64\Windbg.exe" -b -k com:pipe,port=\\.\pipe\com_2,resets=0。Windbg 啟動後會去連接 \\.\pipe\com_2 管線。

一切準備就緒後，首先開啟虛擬機器，然後開啟桌面的 Windbg 捷徑，稍微等待一下，Windbg 就可以連接上被偵錯機器了，如圖 2-15 所示。

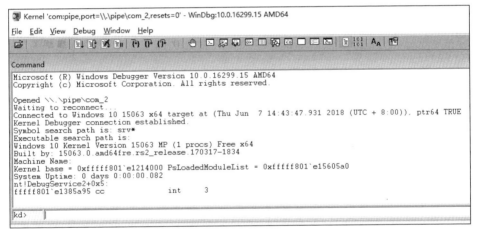

圖 2-15 Windbg 偵錯

與 VS 偵錯驅動類似，請讀者把 FirstDriver.sys 放在被偵錯機器的系統中，如 C:\FirstDriver.sys，然後透過 sc create、sc start 指令啟動驅動，驅動執行入口函數中的 KdBreakPoint 會中斷到 Windbg 中，如圖 2-16 所示。

上面介紹了兩種核心偵錯的方法，細心的讀者應該可以發現，這兩種方式大同小異，無論是透過 VS 偵錯還是透過 Windbg 偵錯，偵錯的指令都是相同的，讀者可以選擇適合自己操作習慣的方式。筆者更喜歡透過 Windbg 偵錯，原因是筆者一般會使用多個虛擬機器同時偵錯，Windbg 介面清爽，記憶體佔用低，啟動速度更快。

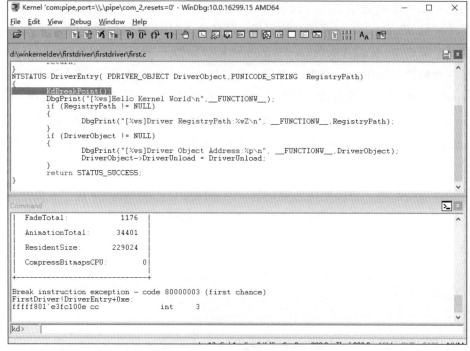

圖 2-16 Windbg 入口函數中斷點

驅動偵錯是驅動開發環節中最基本的一環,請讀者務必掌握。另外,核心偵錯
以及偵錯技巧隸屬於偵錯範圍,讀者需要在實作中不斷學習與累積,本書重點
是核心驅動開發,對偵錯技巧有迫切需求的讀者,請查閱其他資料。

核心程式設計基礎

本章重點介紹常用的驅動程式設計機制，所謂程式設計機制，讀者可以了解成是系統約定好的一套規則或標準，開發者在開發時必須遵守，否則會造成系統例外。

本章對驅動程式設計中常見的以及最基礎的機制介紹，這些基礎的機制組成了更為進階的機制或複雜驅動程式系統。

▌ 3.1 上下文環境

應用層 EXE 程式工作在使用者態，核心驅動程式工作在核心態。所謂使用者態與核心態，是以 CPU 為基礎的特權環來定義的，CPU 提供了 0 環 ~3 環（ring 0 ~ ring 3）共四個特權環，Windows 作業系統使用了其中的 0 環和 3 環，0 環為核心態，3 環為使用者態。不同環之間程式特權不同，造訪網址空間也不同，如對 0 環的指令來說，可以執行特權指令，存取核心態的位址空間範圍。

應用層 EXE 有獨立處理程序的概念，例如開發者開發一個 EXE 程式，當這個 EXE 執行的時候，開發者可以很清楚地知道程式的程式執行在哪一個執行緒中。對核心驅動開發來說，處理程序的概念顯得相當模糊，初學者常常不清楚自己的驅動程式實際執行在什麼處理程序或執行緒中，但弄清楚這些細節是驅動入門的重要途徑。

這就是後面需要介紹的上下文（Context）概念，上下文（Context）泛指 CPU 在執行程式時，該程式所處的環境與狀態。一般來說，這些環境狀態包含（不僅限）：目前程式所屬執行緒、插斷要求等級、CPU 暫存器各狀態等。

還記得第 1 章與第 2 章介紹的 FirstDriver 專案嗎？這個專案裡面有兩個函數，一個是驅動的入口函數 DriverEntry，另一個是回應驅動停止的 DriverUnload 函數，這兩個函數都是由系統呼叫的，那麼這兩個函數被呼叫時處於哪一個處理程序中呢？

筆者透過在這兩個函數中呼叫 PsGetCurrentProcessId，取得目前處理程序的 ID，並且列印出來，實際程式如下：

```
VOID DriverUnload(PDRIVER_OBJECT DriverObject)
{
  if (DriverObject != NULL)
  {
    DbgPrint("[%ws]Driver Upload,Driver Object Address:%p,CurrentProcessId =
        0x%p\n", __FUNCTIONW__,DriverObject,PsGetCurrentProcessId());
  }
  return;
}
NTSTATUS DriverEntry( PDRIVER_OBJECT DriverObject,PUNICODE_STRING  RegistryPath)
{
  KdBreakPoint();
  DbgPrint("[%ws]Hello Kernel World，CurrentProcessId = 0x%p\n",
              __FUNCTIONW__,PsGetCurrentProcessId());
//……後面的程式省略
}
```

驅動啟動時記錄檔如下：

```
[DriverEntry]Hello Kernel World，CurrentProcessId = 0x0000000000000004
```

驅動移除時記錄檔如下：

```
[DriverUnload]Driver Upload,Driver Object Address:FFFFE78C3E3CDE60,
CurrentProcessId = 0x0000000000000004
```

從記錄檔可以看出，無論是驅動入口函數，還是驅動移除函數，都隸屬於處理程序 ID 為 4 的處理程序，在筆者的 Windows 10 測試環境中，處理程序 ID 為 4 的處理程序為 SYSTEM 處理程序，如圖 3-1 所示。

```
kd> !dml_proc
Address            PID   Image file name
ffffe78c`3944f680  4     System
fffte78c`3d6887c0  204   smss.exe
```

圖 3-1 SYSTEM 處理程序 ID

SYSTEM 處理程序其實是作業系統虛擬出來的處理程序，代表系統核心。一般來說，核心程式都處於 SYSTEM 處理程序空間中，但是驅動物件（DRIVER_OBJECT）的派遣常式一般工作在發起請求的處理程序中，關於驅動物件的派遣常式，後面會有專門的章節介紹。

與上下文概念相連結的是位址空間，對 32 位元系統來說，應用層程式有獨立的 2GB 低位址空間，這 2GB 位址是虛擬位址，不同處理程序之間相互獨立，互不影響，而高位址的 2GB 是核心共用的位址空間。64 位元系統與 32 位元系統類似，在 64 位元 Windows 中，虛擬位址空間的理論大小為 2^{64} 位元組，但實際上僅使用 2^{64} 位元組範圍的一小部分，範圍從 0x000'00000000 至 0x7FF'FFFFFFFF 的 8 TB 用於應用層空間，範圍從 0xFFFF0800'00000000 至 0xFFFFFFFF'FFFFFFFF 的 248 TB 用於核心空間。

關於獨立的應用層位址空間與共用的核心位址空間的區別，舉一個通俗的實例來說明：例如處理程序 P1 與 P2，在各自處理程序空間內修改 0x6abb0000 位址處的內容，那麼 P1 只能看到自己修改後的內容，P2 也只能看到自己修改後的內容，相互不影響；而對核心空間來說，由於核心空間是共用的（提醒一下，並非全部核心位址空間都是共用的，但讀者初期可以暫時認為是全部），所以對兩個驅動程式來說，驅動 D1 修改核心某個位址的內容，驅動 D2 可以讀取到驅動 D1 修改後的內容。

一名合格的驅動開發者，必須清楚自己的程式在執行時所對應的上下文，以免造成驅動例外。下面是一個由上下文不正確導致出現錯誤的實例：驅動程式需要存取 P1 處理程序的應用層位址空間 A，但目前驅動程式工作在處理程序 P2，當驅動存取 A 時，實際上存取到的卻是 P2 處理程序的 A，這個後果是不可預料的。

▌ 3.2 插斷要求等級

在應用層開發中，執行緒有「優先順序」的概念，系統排程器以時間切片作為粒度，根據執行緒的優先順序來排程執行緒，執行緒優先順序越高，獲得排程的機會越大。與執行緒優先順序概念類似，CPU 提供了一個被稱為 IRQL

（插斷要求等級）的概念，並且規定，高 IRQL 的程式，可以中斷（先佔）低 IRQL 的程式的執行過程，進一步獲得執行機會。

不同等級的 IRQL 對應不同的數值，軟體驅動常見的 IRQL 及其數值如表 3-1 所示，數值越大，表示等級越高。

表 3-1　軟體驅動常見的 IRQL

IRQL	IRQL 數值			描述
	X86	AMD64	IA64	
PASSIVE_LEVEL	0	0	0	應用層執行緒以及大部分核心函數處於該 IRQL，可以無限制使用所有核心 API，可以存取分頁及非分頁式記憶體
APC_LEVEL	1	1	1	非同步方法呼叫（APC）或頁錯誤時處於該 IRQL。可以使用大部分核心 API，可以存取分頁及非分頁式記憶體
DISPATCH_LEVEL	2	2	2	延遲方法呼叫（DPC）時處於該 IRQL，可以使用特定的核心 API，只能存取非分頁式記憶體

請讀者注意，上表中只列出了軟體驅動所需要使用到的 IRQL，並不代表 IRQL 只有這三個值。不同系統 CPU 對 IRQL 的分級大同小異，為了簡單起見，下面的描述中不額外區分 CPU 系統。

不同 IRQL 的限制不同：

- 對 PASSIVE_LEVEL 來說，作為等級最低的 IRQL，在這個 IRQL 中可以無限制使用系統提供的 API（每個核心 API 對 IRQL 有不同的要求），並且可以存取分頁記憶體（Paged）和非分頁（NonPaged）記憶體；

- 對 APC_LEVEL 來說，這個中斷等級可以中斷 PASSIVE_LEVEL 的程式，主要用於 APC（非同步方法呼叫），在使用系統 API 時有一定的限制，在記憶體存取方面，處於 APC 等級的程式可以存取分頁以及非分頁式記憶體；

- 對 DISPATCH_LEVEL 來說，存在的限制更多，只有很少一部分 API 函數可以在這個等級下使用，在記憶體存取方面，只能使用非分頁式記憶體。

讀者可能對分頁和非分頁式記憶體不太了解，在 CPU 保護模式分頁機制開啟的情況下，驅動所面對的記憶體位址都是虛擬位址（指常態下），虛擬位址需要透過分頁轉換獲得實際的物理位址，這個位址轉換過程即由 CPU 完成。這看上去非常簡單，虛擬位址對應著物理位址，似乎是一一對應的關係，但事實上虛擬位址與物理位址是多對一的關係，不同的虛擬位址可以對應著某一個相同的物理位址，當這個情況發生的時候，這個物理位址所存的內容會被作業系統置換到磁碟上。舉一個簡單的實例，虛擬位址 A1 與 A2 均指向物理位址 P，目前 P 儲存的是 A1 位址要求儲存的內容，由於 P 沒有儲存 A2 的內容（已經置換到硬碟），A2 位址在分頁中的資訊被標記為「缺頁」，當程式透過 A2 位址存取內容的時候會觸發缺頁例外，系統捕捉該例外後，首先會從磁碟中把原來 A2 位址的內容重新放置回 P 中，然後恢復程式對 A2 位址的存取，這個過程對程式來說是透明的，程式也不需要知道這個置換過程。

Windows 作業系統定義了兩大類記憶體類型：分頁記憶體與非分頁式記憶體。分頁是指這些記憶體的內容可以被置換到磁碟上（也可以是其他媒體），而非分頁式記憶體是指記憶體的內容不會被系統置換到磁碟上。

再次提醒讀者，在 DISPATCH_LEVEL 的程式不能存取分頁記憶體。

既然不同 IRQL 的限制不同，作為開發者來說，就必須清楚地了解自己的程式所處於的 IRQL，並且確保程式行為邏輯符合目前 IRQL 的要求。

判斷程式所在的 IRQL 有兩種方法，一種為靜態方法，這種方法更多是根據微軟 WDK 說明文件來判斷，比如說驅動的入口函數 DriverEntry，系統在呼叫這個入口函數時，IRQL 為 PASSIVE_LEVEL，這個是由系統保證的，WDK 對這點也有明確的說明；另外一種方法為動態判斷方法，如某些回呼函數（檔案微過濾驅動的回呼函數，將在後面章節中介紹）在被系統呼叫時，IRQL 可能是 PASSIVE_LEVEL 至 DISPATCH_LEVEL 等級範圍，對於這種情況，開發者可以在該回呼函數中，透過呼叫 KeGetCurrentIrql 函數來取得目前的 IRQL，下面列出了一個使用該方法的實例，這個實例依然是以 FirstDriver 為基礎的：

```
VOID DriverUnload(PDRIVER_OBJECT DriverObject)
{
  if (DriverObject != NULL)
  {
```

```
    DbgPrint("[%ws]Driver Upload,Driver Object Address:%p,CurrentIRQL = 0x%u\n",
          __FUNCTIONW__,DriverObject,KeGetCurrentIrql());
  }
  return;
}
NTSTATUS DriverEntry( PDRIVER_OBJECT DriverObject,PUNICODE_STRING  RegistryPath)
{
  KdBreakPoint();
  DbgPrint("[%ws]Hello Kernel World，CurrentIRQL = 0x%u\n",__FUNCTIONW__,
KeGetCurrentIrql());
//……後面的程式省略
```

執行結果如下：

```
[DriverEntry]Hello Kernel World，CurrentIRQL = 0x0
[DriverEntry]Driver RegistryPath:\REGISTRY\MACHINE\SYSTEM\ControlSet001\
    Services\FirstDriver
[DriverEntry]Driver Object Address:FFFFE78C3DB9C4B0
[DriverUnload]Driver Upload,Driver Object Address:FFFFE78C3DB9C4B0,CurrentIRQL
    = 0x0
```

從記錄檔可以看到，DriverEntry 與 DriverUnload 函數獲得的 IRQL 都是 0，對照上表，0 代表 PASSIVE_LEVEL。

最後需要提及的是核心 API 的中斷等級，不同 API 所能支援的 IRQL 不同，開發者在使用 API 前，務必了解清楚這個 API 所能支援的 IRQL。回看上面的實例，在 DriverEntry 中呼叫 DbgPrint 函數列印了 Unicode 字串（__FUNCTIONW__ 為 Unicode 字串），對於 DbgPrint 列印 Unicode 的情況，WDK 說明文件中有明確的說明："DbgPrint and DbgPrintEx can be called at IRQL<=DIRQL. However, Unicode format codes (%wc and %ws) can be used only at IRQL=PASSIVE_LEVEL"。

這句話的意思是說：如果使用 DbgPrint/ DbgPrintEx 函數透過 %wc/%ws 列印 Unicode 記錄檔，這個函數只能在 PASSIVE_LEVEL 下使用。由於 DriverEntry 以及 DriverUnload 函數都處於 PASSIVE_LEVEL，所以在 DriverEntry 以及 DriverUnload 函數內使用 DbgPrint 列印 Unicode 是安全的，也符合 DbgPrint 函數的要求。

■ 3.3 驅動例外

初學者開發驅動時，難免會遇到由於程式撰寫不符合規範而引發系統當機的情況，系統當機實際表現為當機（BSOD），當機是 Windows 系統遇到無法處理的例外或錯誤時，為了避免錯誤進一步擴大而觸發的保護機制。當機發生時系統將無法繼續執行，業務中斷，還可能會產生磁碟檔案被破壞（資料不完整）等一系列問題。

驅動例外的原因有很多，常見的有：高 IRQL 鎖死、記憶體存取違例、函數堆疊不平衡等等，不管是由哪種原因導致的，在例外當機的時候，系統都會報告一個例外碼，圖 3-2 為一個當機實例。

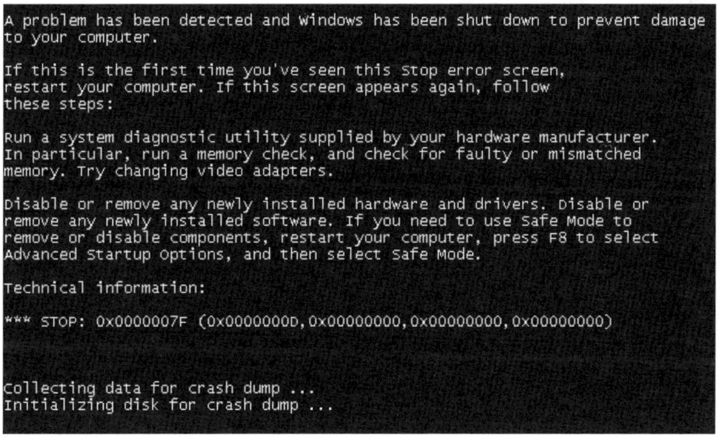

```
A problem has been detected and Windows has been shut down to prevent damage
to your computer.

If this is the first time you've seen this Stop error screen,
restart your computer. If this screen appears again, follow
these steps:

Run a system diagnostic utility supplied by your hardware manufacturer.
In particular, run a memory check, and check for faulty or mismatched
memory. Try changing video adapters.

Disable or remove any newly installed hardware and drivers. Disable or
remove any newly installed software. If you need to use Safe Mode to
remove or disable components, restart your computer, press F8 to select
Advanced Startup Options, and then select Safe Mode.

Technical information:

*** STOP: 0x0000007F (0x0000000D,0x00000000,0x00000000,0x00000000)


Collecting data for crash dump ...
Initializing disk for crash dump ...
```

圖 3-2 當機介面

在圖 3-2 的當機介面中共有五個資訊，其中 0x0000007F 為例外碼，0x0000007F 後面括號內的四個值為附加參數，不同例外碼和附加參數的含義不同，開發者可以根據這些資訊來初步定位例外的類型與發生的大致原因。附加參數的實際含義請讀者參考 WDK 的說明文件。

除了當機介面顯示的例外碼，若條件允許，系統會在系統目錄產生一個 DUMP 檔案，這個 DUMP 檔案內部儲存著當機時刻的例外資訊，包含記憶體、暫存器、例外記錄等，開發者可以根據 DUMP 檔案中提供的蛛絲馬跡來回溯問題。

最後介紹一個主動引發當機的函數：KeBugCheckEx，這個函數的原型如下：

```
VOID   KeBugCheckEx(
ULONG      BugCheckCode,
ULONG_PTR BugCheckParameter1,
ULONG_PTR BugCheckParameter2,
ULONG_PTR BugCheckParameter3,
ULONG_PTR BugCheckParameter4);
```

該函數有五個參數,第一個為例外碼,後面四個參數是這個例外碼的附加參數,這五個參數資訊對應著當機介面的五個資訊。讀者可以自訂一個例外碼,表示一個特定的錯誤,根據本身需要設定四個附加參數。

KeBugCheckEx 函數呼叫後,系統進入當機介面並停止執行,當機介面會顯示 BugCheckCode 的值以及後面的四個參數,不過對 Windows 10 系統來說,當機介面經過最佳化,不再顯示實際參數。

讀者可能比較好奇,在什麼情況下需要主動觸發當機,考慮這樣的場景:驅動程式處於測試階段,開發者可以在驅動程式的一些出錯處理分支,或在一些開發者認為不可能出現某種情況的程式分支內增加 KeBugCheckEx,在長時間無人工操作的測試過程中,一旦發現程式主動觸發當機,開發者可以根據當機的資訊重新檢查程式邏輯,及時發現問題。另外,發佈版本的驅動在發生嚴重錯誤的情況下,也會透過 KeBugCheckEx 觸發一個當機,避免錯誤進一步擴大。

3.4 字串操作

無論是應用層程式設計還是核心層程式設計,字串都是最基本的資料結構,在應用層程式設計中,開發者所使用的字串類型主要是 Unicode 與 Ascii,在核心程式設計中,大部分情況下使用 Unicode,但與應用層不同的是,核心層程式設計一般不直接使用 WCHAR 類型的 Unicode 字串,而是使用 UNICODE_STRING 類型來表示 Unicode,關於 UNICODE_STRING 類型,本書已經在第 1 章中進行了介紹。

再次提醒讀者,UNICODE_STRING 結構內的 Buffer 指標所指向的字串緩衝區的字串結尾不一定包含 '\0',開發者應該根據 UNICODE_STRING 結構中的 Length 成員來確定字串長度。不依賴 '\0' 作為結束標示將更為安全,可以較好地防止由緩衝區溢位後覆蓋掉 '\0' 而導致的存取違例,這也是核心選用 UNICODE_STRING 而非 WCHAR 的原因。

下面介紹 UNICODE_STRING 的常用操作,首先介紹 UNICODE_STRING 的初始化,常用的初始化函數為 RtlInitUnicodeString,這個函數的作用是把一個以 '\0' 結尾的 WCHAR 類型的 Unicode 字串初始化成 UNICODE_STRING 類型的字串。函數原型如下:

```
VOID RtlInitUnicodeString(
PUNICODE_STRING DestinationString,
PCWSTR SourceString);
```

RtlInitUnicodeString 函數有兩個參數,第一個參數為傳回類型,表示需要初始化的 UNICODE_STRING 結構,第二個參數為傳導入參數,表示被用來初始化 DestinationString 的常數 WCHAR* 類型字串,這個字串以 '\0' 為結束符號。如果 DestinationString 指向的記憶體為非分頁式記憶體,那麼 RtlInitUnicodeString 可以工作在 IRQL<= DISPATCH_LEVEL 下,否則只能工作在 IRQL<=APC_LEVEL 下;下面是使用一個 RtlInitUnicodeString 的實例:

```
UNICODE_STRING  uFirstString = { 0 };
RtlInitUnicodeString( &uFirstString ,L"HelloKernel\n");
DbgPrint("String:%wZ",&uFirstString);
```

程式首先定義了一個 uFirstString 結構,然後使用 RtlInitUnicodeString 函數把字串 L"Hello Kernel\n" 初始化到 uFirstString 結構中,最後透過 DbgPrint 列印 uFirstString。

RtlInitUnicodeString 函數的使用非常簡單,但需要注意的是,RtlInitUnicodeString 函數並沒有為 uFirstString.Buffer 申請記憶體,而是令 uFirstString.Buffer 指向字串 L"Hello Kernel\n" 的啟始位址,所以開發者使用 RtlInitUnicodeString 初始化 DestinationString 後,在使用 DestinationString 期間,必須確定 SourceString 有效,請看下面的程式:

```
UNICODE_STRING uFirstString = { 0 };
WCHAR str[] = L"Hello Kernel\n";
RtlInitUnicodeString( &uFirstString ,str );
str[ 0 ] = 0;
DbgPrint("String:%wZ",&uFirstString);
```

由於 uFirstString.Buffer 指向的是 str 位址，所以 str 元素值的改變也影響著 uFirstString 的值。

下面介紹 UNICODE_STRING 的拷貝操作，拷貝操作可以使用 RtlUnicodeString CopyString 函數，原型如下：

```
NTSTATUS  RtlUnicodeStringCopyString(
PUNICODE_STRING  DestinationString,
NTSTRSAFE_PCWSTR pszSrc);
```

RtlUnicodeStringCopyString 函數把以 '\0' 結尾的字串 pszSrc 拷貝到 Destination String 中。雖然這個函數的功能看起來與前面的 RtlInitUnicodeString 函數功能類似，但是兩者存在本質上的區別：RtlInitUnicodeString 函數內部只是簡單地使 DestinationString.Buffer 指向函數的第二個參數 SourceString，沒有任何的拷貝操作，而 RtlUnicodeStringCopyString 會把函數第二個參數 pszSrc 字串拷貝到 DestinationString 所指向的記憶體中。下面列出一個 RtlUnicodeStringCopyString 的使用實例：

```
WCHAR strBuf[128] = { 0 };
UNICODE_STRING uFirstString = { 0 };
RtlInitEmptyUnicodeString( &uFirstString , strBuf , sizeof( strBuf ) );
RtlUnicodeStringCopyString( &uFirstString , L"Hello Kernel\n");
DbgPrint("String:%wZ",&uFirstString);
```

程式中首先使用 RtlInitEmptyUnicodeString 初始化一個空的 UNICODE_STRING，然後透過 RtlUnicodeStringCopyString 函數，把字串 L"Hello Kernel\n" 拷貝到 uFirstString 中，最後使用 DbgPrint 列印。

使用 RtlUnicodeStringCopyString 函數還必須增加對應的標頭檔 "Ntstrsafe.h"，否則編譯會顯示出錯，另外還需要增加引用函數庫 Ntstrsafe.lib 檔案，開發者可以在 Sources 檔案中增加一行：TARGETLIBS = $(DDK_LIB_PATH)\ntstrsafe.lib。

RtlUnicodeStringCopyString 函數的傳回值為 NTSTATUS 類型，讀者會在後面發現，大多數核心 API 的傳回值都為 NTSTATUS 類型，RtlUnicodeString CopyString 函數成功傳回 STATUS_SUCCESS。

最後一點是關於 RtlUnicodeStringCopyString 函數的 IRQL，這個函數只能在 PASSIVE_LEVEL 下使用，請讀者注意。

上面介紹的是字串最基本的操作，除此之外，系統還提供了其他功能強大的字串操作函數，這些函數在用法上與上面的函數大同小異，本章不一一說明，請讀者自行查閱 WDK 說明文件。

▌ 3.5 鏈結串列

鏈結串列作為核心開發中常見的資料結構，主要分為單向鏈結串列與雙向鏈結串列，單向鏈結串列的鏈結串列節點中只有一個鏈結串列節點指標，該指標指向後面一個鏈結串列節點。對應地，雙向鏈結串列指鏈結串列節點中有兩個鏈結串列節點指標，分別指向前一個鏈結串列節點以及後一個鏈結串列節點。由於雙向鏈結串列的節點指標分別指向了前後兩個節點，所以雙向鏈結串列在插入、移除等操作上比單向鏈結串列更為方便。

下面為讀者重點介紹雙向鏈結串列，單向鏈結串列作為雙向鏈結串列的子集，請讀者自行研究。在下面的篇幅中，所提及的「鏈結串列」均指雙向鏈結串列。

WDK 對鏈結串列的定義為：

```
typedef struct _LIST_ENTRY
{
struct _LIST_ENTRY  *Flink;
struct _LIST_ENTRY  *Blink;
} LIST_ENTRY, *PLIST_ENTRY;
```

LIST_ENTRY 表示一個鏈結串列的節點，其中 Flink 成員指向目前節點的後一個節點，Blink 成員指向目前節點的前一個節點。

剛接觸 LIST_ENTRY 結構的讀者可能會有疑問：該結構只是定義了前後兩個指標，並沒有其他實質性的內容，那麼其他內容存在什麼位置呢？ LIST_ENTRY 應該怎麼使用呢？下面透過一個實例來為讀者解答：

```
typedef struct _TestListEntry
{
ULONG m_ulDataA;
ULONG m_ulDataB;
ULONG m_ulDataC;
ULONG m_ulDataD;
}TestListEntry,*PTestListEntry;
```

筆者定義了一個 TestListEntry 結構，結構裡面有 4 個資料成員，現在需要把
這個結構作為鏈結串列的節點，實際做法是：把上面介紹的鏈結串列 LIST_
ENTRY 作為 TestListEntry 結構的成員，如：

```
typedef struct _TestListEntry
{
ULONG m_ulDataA;
ULONG m_ulDataB;
LIST_ENTRY m_ListEntry;       //雙向鏈結串列節點的結構
ULONG m_ulDataC;
ULONG m_ulDataD;
}TestListEntry,*PTestListEntry;
```

讀者請注意，m_ListEntry 可以放在結構的任意位置，沒有強制的要求，上面
的實例 m_ListEntry 處於結構的中間部分，讀者完全可以把這個 m_ListEntry 放
在結構的開頭或其他位置。在 64 位元系統下，TestListEntry 結構的記憶體分
配如圖 3-3 所示。

從圖中可以看到，m_ulDataA 成員處於最低位址，m_ulDataD 處於最高位址，
而鏈結串列節點 LIST_ENTRY 的兩個成員展開後在結構中分別為 Flink 與
Blink，其中 Flink 處於低位址，Blink 處於高位址。

注意：Flink 成員所在的位址實際上就是 m_ListEntry 的位址。多個 TestListEntry
組成鏈結串列時的結構如圖 3-4 所示。

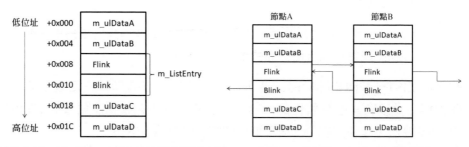

圖 3-3 TestListEntry 在 X64 下的記憶體分配　　圖 3-4 多個 TestListEntry 的關係

上圖只畫出了鏈結串列中的兩個節點，假設為節點 A 與節點 B，節點 A 的
Blink 指向前一個節點的 Flink 成員所在位址（圖中未畫出），節點 A 的 Flink
指向節點 B 的 Flink 所在位址；節點 B 的 Flink 指向節點 B 後一個節點的 Flink
成員所在位址（圖中未畫出），節點 B 的 Blink 指向節點 A 的 Flink 所在位址。

從圖中的關係可知，無論是 Flink 成員還是 Blink 成員，都指向後一個（或前一個）節點的 Flink 成員所在位址，而 Flink 成員所在位址，即是節點中 LIST_ENTRY 成員所在位址（在本例中為 m_ListEntry）。

在實際情況下，為了方便操作，會定義一個鏈結串列頭節點，頭節點不包含任何內容，只是一個 LIST_ENTRY 結構。對於帶頭節點的鏈結串列，頭節點與節點之前的關係如圖 3-5 所示。

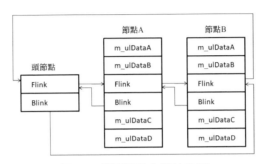

圖 3-5 帶頭節點的鏈結串列

上面介紹了 LIST_ENTRY 與結構之間的關係，相信讀者對 WDK 提供的鏈結串列結構有了大致的認識與了解。下面介紹 LIST_ENTRY 的實際操作，所介紹的操作均以鏈結串列具有頭節點為基礎的大前提。

3.5.1 頭節點初始化

鏈結串列頭節點不攜帶任何內容，只表示鏈結串列的表頭，對鏈結串列的所有操作都是從表頭開始的，當鏈結串列只有一個頭節點而沒有其他節點時，該鏈結串列就是一個空的鏈結串列，頭節點的 Flink 與 Blink 指向頭節點本身。

下面的程式定義了一個頭節點，並對頭節點進行初始化：

```
LIST_ENTRY ListHeader = { 0 };
InitializeListHead( &ListHeader );
```

InitializeListHead 函數初始化一個頭節點，這裡的初始化，實際上就是修改頭節點的 Flink 以及 Blink 成員，使其指向本身。

InitializeListHead 函數的原型如下：

```
VOID InitializeListHead( _Out_ PLIST_ENTRY ListHead );
```

函數只有一個參數 ListHead，表示需要被初始化的頭節點，從 WDK 的標頭檔中可以找到 InitializeListHead 函數的實現：

```
VOID InitializeListHead( _Out_ PLIST_ENTRY ListHead )
{
ListHead->Flink = ListHead->Blink = ListHead;
return;
}
```

InitializeListHead 函數的實現非常簡單，請讀者自行閱讀了解。

3.5.2 節點插入

常見的節點插入操作有兩種，一種是把節點插入到鏈結串列的第一個位置，另外一種是把節點插入到鏈結串列的最後一個位置。請注意，把節點插入到鏈結串列的第一個位置，準確來說是指把該節點插入到鏈結串列頭節點的後面、第一個節點的前面。頭節點只表示一個鏈結串列表頭，並非鏈結串列「身體（BODY）」，所有鏈結串列的操作，都是基於鏈結串列「身體（BODY）」而言的。

InsertHeadList 函數的作用是把一個節點插入到鏈結串列的第一個位置，對應地，InsertTailList 函數的作用是把一個節點插入到鏈結串列的最後一個位置，兩個函數的參數相同：

```
VOID InsertHeadList(PLIST_ENTRY ListHead, PLIST_ENTRY Entry);
VOID InsertTailList(PLIST_ENTRY ListHead,PLIST_ENTRY Entry);
```

其中 ListHead 表示鏈結串列的頭節點，即為需要被插入節點的鏈結串列頭節點，Entry 表示需要插入的鏈結串列節點。下面用一段程式來示範鏈結串列節點的插入：

```
LIST_ENTRY ListHeader = { 0 };
TestListEntry EntryA = { 0 };
TestListEntry EntryB = { 0 };
TestListEntry EntryC = { 0 };
EntryA.m_ulDataA = 'A';
EntryB.m_ulDataA = 'B';
EntryC.m_ulDataA = 'C';
InitializeListHead( &ListHeader );
InsertHeadList( &ListHeader , &EntryB.m_ListEntry );
```

```
InsertHeadList( &ListHeader , &EntryA.m_ListEntry );
InsertTailList( &ListHeader , &EntryC.m_ListEntry );
```

上面的程式定義了一個頭節點以及三個鏈結串列節點,首先對三個節點進行設定值,用於標識三個節點,然後透過 InitializeListHead 函數初始化鏈結串列頭節點,接著使用 InsertHeadList 函數,把節點 B 插入到鏈結串列中,在插入前鏈結串列為空,插入後鏈結串列中存在一個節點 B,緊接著使用 InsertHeadList 函數把節點 A 插入到鏈結串列最前面,此時鏈結串列中的節點為:頭節點→節點 A→節點 B,最後使用 InsertTailList 函數,把節點 C 插入到鏈結串列的最後面,插入完成後的鏈結串列:頭節點→節點 A→節點 B→節點 C。

3.5.3　鏈結串列檢查

在大部分情況下,開發者需要在鏈結串列中尋找某一個實際的節點,這個操作需要對鏈結串列進行檢查。鏈結串列檢查可以透過 Flink 指標從前往後檢查,也可以透過 Blink 從後往前檢查。如無特殊邏輯要求,一般是從前往後檢查,這樣比較符合習慣。

下面的程式銜接 3.5.2 節的程式,透過檢查 ListHeader 鏈結串列,把鏈結串列中每一個節點資訊列印出來:

```
PLIST_ENTRY pListEntry = NULL;
pListEntry = ListHeader.Flink;
while (pListEntry != &ListHeader)
{
PTestListEntry pTestEntry =
CONTAINING_RECORD( pListEntry , TestListEntry , m_ListEntry );
DbgPrint("ListPtr = %p,Entry = %p,Tag = %c\n",
pListEntry,pTestEntry,(CHAR)pTestEntry->m_ulDataA);
pListEntry = pListEntry->Flink;
}
```

上面的程式定義了 pListEntry 指標變數用於檢查,把 ListHeader.Flink 的值指定給 pListEntry,此時 pListEntry 指向鏈結串列中的第一個節點。在 while 循環中,首先存取節點的實際資訊,然後 pListEntry 指向下一個節點,循環結束的條件是 pListEntry == &ListHeader,讀者可以結合圖 3-5 進行程式閱讀。

還需要提及的一點是 pTestEntry 指標的取得，在 while 循環區塊中，是透過 pListEntry 指標進行檢查的，pListEntry 指向的位址是 TestListEntry 結構中的 m_ListEntry 位址，而 m_ListEntry 成員的位址並不是這個結構的啟始位址，所以需要透過一個巨集 CONTAINING_RECORD 把 m_ListEntry 的位址轉換成結構 TestListEntry 的啟始位址，CONTAINING_RECORD 巨集的用法如下：

```
PCHAR CONTAINING_RECORD( PCHAR Address, TYPE Type, PCHAR Field);
```

其中 Address 表示 LIST_ENTRY 的位址，在本例中，就是 pListEntry 指向的位址（pListEntry 指向的是結構中 m_ListEntry 位址），Type 表示類型，在本例中為 TestListEntry，最後的 Field 表示結構中 LIST_ENTRY 成員的名字，在本例中為 m_ListEntry。

CONTAINING_RECORD 巨集透過 Type 與 Field 這兩個成員，計算出 Field 成員距離結構頂部的記憶體距離，然後結合實際的 Address 成員，算出最後的結構啟始位址，WDK 對 CONTAINING_ RECORD 巨集的定義如下：

```
#define CONTAINING_RECORD(address, type, field) ((type *)( \
(PCHAR)(address) - \
(ULONG_PTR)(&((type *)0)->field)))
```

有興趣的讀者可以深入研究該巨集的的實現原理。

對於本例程式，驅動執行後輸出：

```
ListPtr = FFFF9E81104538E8,Entry = FFFF9E81104538E0,Tag = A
ListPtr = FFFF9E81104538C8,Entry = FFFF9E81104538C0,Tag = B
ListPtr = FFFF9E8110453908,Entry = FFFF9E8110453900,Tag = C
```

從輸出的記錄檔可以知道，ListPtr 與 Entry 的距離，即 m_ListEntry 與結構啟始位址的記憶體差距為 8 位元組，與圖 3-3 一致。

3.5.4 節點移除

移除節點有三種方式：移除鏈結串列中的第一個節點、移除鏈結串列中的最後一個節點、移除鏈結串列中特定的節點。

移除鏈結串列中第一個節點與最後一個節點分別使用 RemoveHeadList 以及 RemoveTailList 函數，這兩個函數的用法基本一致：

```
PLIST_ENTRY RemoveHeadList(PLIST_ENTRY ListHead);
PLIST_ENTRY RemoveTailList(PLIST_ENTRY ListHead);
```

函數僅有一個參數，表示所需要移除的鏈結串列頭節點指標，這兩個函數的傳回值均為 PLIST_ENTRY，成功移除則傳回從鏈結串列移除的節點指標，如果無節點可以移除（如鏈結串列為空）則傳回 NULL。

在某些情況下，開發者需要移除某個特定節點，即可使用 RemoveEntryList 函數，函數原型如下：

```
BOOLEAN RemoveEntryList(PLIST_ENTRY Entry);
```

Entry 表示需要移除的鏈結串列節點指標，RemoveEntryList 函數的傳回數值型態為 BOOLEAN，節點被移除後，若鏈結串列變為空鏈結串列，RemoveEntryList 傳回 TRUE，否則傳回 FALSE。

最後介紹一下鏈結串列狀態的判斷方法，當鏈結串列中只有頭節點，沒有其他節點時，這個鏈結串列就是一個空鏈結串列，用 IsListEmpty 可以判斷一個鏈結串列是否為空：

```
BOOLEAN IsListEmpty( const LIST_ENTRY *ListHead );
```

ListHead 表示鏈結串列的頭節點指標，IsListEmpty 傳回 TRUE 表示鏈結串列為空鏈結串列，傳回 FALSE 表示鏈結串列不可為空。

3.6 迴旋栓鎖

3.6.1 使用迴旋栓鎖

鏈結串列之類的結構總是有關惱人的多執行緒同步問題，這時候就必須使用鎖。這裡只介紹最簡單的迴旋栓鎖。

有些讀者可能疑惑鎖存在的意義。這和多執行緒操作有關。在驅動開發的程式中，大多是存在多執行緒執行環境的，也就是說，可能有幾個執行緒在同時呼叫目前函數。

迴旋栓鎖是核心中提供的一種高 IRQL 鎖，用同步以及獨佔的方式存取某個資源。

以下的程式可初始化取得一個迴旋栓鎖：

```
KSPIN_LOCK my_spin_lock;
KeInitializeSpinLock(&my_spin_lock);
```

KeInitializeSpinLock 函數沒有傳回值。下面的程式展示了如何使用迴旋栓鎖。在 KeAcquireSpinLock 和 KeReleaseSpinLock 之間的程式是只有單執行緒執行的，其他的執行緒會停留在 KeAcquireSpinLock 等候，直到 KeReleaseSpinLock 被呼叫。換句話說，只有一個執行緒能夠獲得迴旋栓鎖。此外，KIRQL 是中斷等級。KeAcquireSpinLock 會加強目前中斷等級，將舊的中斷等級儲存到這個參數中。

```
KIRQL irql;
KeAcquireSpinLock(&my_spin_lock,&irql);
// To do something …
KeReleaseSpinLock(&my_spin_lock,irql);
```

讀者要注意的是，像下面這樣的「加鎖」程式是沒有意義的，相當於沒有加鎖。

```
void MySafeFunction()
{
    KSPIN_LOCK my_spin_lock;
    KIRQL irql;
    KeInitializeSpinLock(&my_spin_lock);
    KeAcquireSpinLock(&my_spin_lock,&irql);
    // To do something …
    KeReleaseSpinLock(&my_spin_lock,irql);
}
```

原因是 my_spin_lock 這個變數在堆疊中，每個執行緒來執行的時候都會重新初始化一個鎖。只有所有的執行緒共用一個鎖，鎖才有意義。所以，鎖一般不會定義成區域變數，可以使用靜態變數、全域變數，或分配在池（POOL）中（請參考本章的「記憶體分配」），下面列出一個正確寫法的實例：

```
KSPIN_LOCK my_spin_lock = {0};
void InitSpinLock()
{
    KeInitializeSpinLock(&my_spin_lock);
}
void MySafeFunction()
```

```
{
    KIRQL irql;
    KeAcquireSpinLock(&my_spin_lock,&irql);
    // To do something …
    KeReleaseSpinLock(&my_spin_lock,irql);
}
```

3.6.2 在雙向鏈結串列中使用迴旋栓鎖

最後需要提及的是本章前面介紹過的雙向鏈結串列。鏈結串列本身並不保證多執行緒安全性，所以常常需要用到迴旋栓鎖。從理論上講，應該為鏈結串列準備迴旋栓鎖，並且在操作鏈結串列之前，呼叫 KeAcquireSpinLock 來取得鎖，在操作完成之後，呼叫 KeReleaseSpinLock 來釋放鎖。但是 LIST_ENTRY 有一系列操作，這些操作並不需要使用者自己呼叫取得與釋放鎖，只需要為每個鏈結串列定義並初始化一個鎖即可。

```
typedef struct _FILE_INFO
{
    LIST_ENTRY m_ListEntry;
    WCHAR       m_strFileName[260];
    //other member
}FILE_INFO,*PFILE_INFO;

LIST_ENTRY my_list_head;   // 鏈結串列頭
KSPIN_LOCK my_list_lock;   // 鏈結串列的鎖

// 鏈結串列初始化函數
void MyFileInforInilt()
{
    InitializeListHead(&my_list_head);
    KeInitializeSpinLock(&my_list_lock);
}
```

鏈結串列一旦完成了初始化，之後就可以採用一系列加鎖的操作來代替普通操作。例如插入一個節點，普通操作的程式如下：

```
FILE_INFO my_file_infor = {0};
//對my_file_infor進行初始化
InsertHeadList(&my_list_head, (PLIST_ENTRY)& my_file_infor);
```

換成加鎖的操作方式如下：

```
ExInterlockedInsertHeadList(
&my_list_head,
(PLIST_ENTRY)& my_file_infor,
&my_list_lock);
```

注意不同之處，這裡增加了一個迴旋栓鎖類型的指標作為參數。在 ExInterlockedInsertHeadList 中，會自動使用這個迴旋栓鎖進行加鎖。類似的還有一個加鎖的 Remove 函數，用來移除一個節點，呼叫方式如下：

```
PLIST_ENTRY pRemoveEntry = NULL;
pRemoveEntry = ExInterlockedRemoveHeadList (
&my_list_head,
&my_list_lock);
```

這個函數從鏈結串列中移除第一個節點，並傳回到 pRemoveEntry 中。

3.6.3 使用佇列迴旋栓鎖提高性能

上面介紹了如何使用迴旋栓鎖，相信讀者已經對迴旋栓鎖的使用方法有了一定的了解，在此基礎上，本節為讀者再介紹另外一種迴旋栓鎖，稱為「佇列迴旋栓鎖」（Queued spin lock）。

佇列迴旋栓鎖在 Windows XP 系統之後被引用，和普通迴旋栓鎖相比，佇列迴旋栓鎖在多 CPU 平台上具有更好的效能表現，並且遵守 "first-come first-served" 原則，即：佇列迴旋栓鎖遵守「誰先等待，誰先取得迴旋栓鎖」的原則。其過程和佇列的 "First in First out" 特點非常類似，正是由於這個原因，這種迴旋栓鎖被稱為「佇列迴旋栓鎖」。

佇列迴旋栓鎖的使用和普通迴旋栓鎖的使用方法基本一樣，初始化迴旋栓鎖也是使用 KeInitializeSpinLock 函數，唯一不同的地方是在取得和釋放迴旋栓鎖時需要使用新的函數：

```
VOID KeAcquireInStackQueuedSpinLock(
IN PKSPIN_LOCK SpinLock,
IN PKLOCK_QUEUE_HANDLE LockHandle);

VOID KeReleaseInStackQueuedSpinLock(
IN PKLOCK_QUEUE_HANDLE LockHandle);
```

下面介紹佇列迴旋栓鎖的實際用法。佇列迴旋栓鎖的初始化：

```
KSPIN_LOCK my_Queue_SpinLock = {0};
KeInitializeSpinLock( &my_Queue_SpinLock  );
```

佇列迴旋栓鎖的取得和釋放：

```
KLOCK_QUEUE_HANDLE  my_lock_queue_handle;
KeAcquireInStackQueuedSpinLock( &my_Queue_SpinLock,&my_lock_queue_handle );
//do something
KeReleaseInStackQueuedSpinLock(&my_lock_queue_handle);
```

從上面的程式可以看出，佇列迴旋栓鎖的使用增加了一個 KLOCK_QUEUE_ HANDLE 資料結構，這個資料結構唯一地表示一個佇列迴旋栓鎖。

請讀者務必牢記，普通迴旋栓鎖和佇列迴旋栓鎖雖然都是使用 KeInitialize SpinLock 函數來初始化的，但是對於一個初始化後的迴旋栓鎖，不是按普通迴旋栓鎖方式來使用，就是按佇列迴旋栓鎖方式來使用，絕對不能混用。

3.7 記憶體分配

3.7.1 常設記憶體分配

對應用層程式設計，C/C++ 函數庫提供了 malloc 函數以及 new 運算符號在堆積上分配記憶體，初學者常常搞不清楚堆積與虛擬記憶體的關係，簡單來說，堆積記憶體是以虛擬記憶體上更小粒度為基礎的分割，這個分割由堆積管理員管理。根據開發者的需要，堆積管理員會申請一頁（或多頁）虛擬記憶體，然後對這塊虛擬記憶體進行更小粒度的記憶體分割與管理，以滿足開發者對記憶體的需求。

與應用層的堆積概念類似，在核心中有一種稱為「池（Pool）」的概念，開發者可以從 Pool 中申請記憶體，WDK 提供了一系列記憶體分配函數，其中最基本的是 ExAllocatePoolWithTag，函數原型如下：

```
PVOID ExAllocatePoolWithTag(
POOL_TYPE  PoolType,
SIZE_T  NumberOfBytes,
ULONG  Tag);
```

PoolType 表示需要申請何種類型的記憶體，PoolType 為 POOL_TYPE 列舉類型，常用的值是 NonPagedPool 與 PagedPool；其中 NonPagedPool 表示非分頁式記憶體，PagedPool 表示分頁記憶體；這裡重新強調一下，非分頁式記憶體是指這塊記憶體的內容不會被置換到磁碟上，非分頁式記憶體非常寶貴，一般用於高 IRQL（大於等於 DISPATCH_LEVEL）的程式中。當然，非分頁式記憶體也可以用於低 IRQL（小於 DISPATCH_LEVEL）的程式中，但這種做法完全沒有必要，對於低 IRQL 程式，開發者完全可以使用分頁記憶體。開發者必須確認清楚程式所執行的 IRQL，選擇合適的記憶體類型。

除了 NonPagedPool 與 PagedPool 這兩種記憶體，WDK 還定義了其他一系列的記憶體類型：

```c
typedef enum _POOL_TYPE {
  NonPagedPool,
  NonPagedPoolExecute,
  PagedPool,
  NonPagedPoolMustSucceed,
  DontUseThisType,
  NonPagedPoolCacheAligned,
  PagedPoolCacheAligned,
  NonPagedPoolCacheAlignedMustS,
  MaxPoolType,
  NonPagedPoolBase,
  NonPagedPoolBaseMustSucceed,
  NonPagedPoolBaseCacheAligned,
  NonPagedPoolBaseCacheAlignedMustS,
  NonPagedPoolSession,
  PagedPoolSession,
  NonPagedPoolMustSucceedSession,
  DontUseThisTypeSession,
  NonPagedPoolCacheAlignedSession,
  PagedPoolCacheAlignedSession,
  NonPagedPoolCacheAlignedMustSSession,
  NonPagedPoolNx,
  NonPagedPoolNxCacheAligned,
  NonPagedPoolSessionNx
} POOL_TYPE;
```

從上面的定義可以看到，POOL_TYPE 的列舉值較多，但很多是保留給系統使用的，除了上面介紹的 NonPagedPool 與 PagedPool，開發者還需要關心的類型是 NonPagedPoolExecute 與 NonPagedPoolNx。

NonPagedPool 類型的記憶體屬性為「可執行」，表示開發者可以將這塊記憶體寫入二進位指令然後執行，這個機制雖然很靈活，但存在一定的安全隱憂：對一些存在漏洞的程式來説，攻擊者可以使用「快取區溢位攻擊」技術，在目標記憶體（緩衝區）中寫入可執行指令，由於這塊記憶體具有「可執行」屬性，所以攻擊者可以成功實施攻擊。

從 Windows 8 開始，微軟建議開發者使用 NonPagedPoolNx 類型的記憶體來取代不需要「可執行」屬性的非分頁式記憶體，即使用 NonPagedPoolNx 來替代 NonPagedPool。NonPagedPoolNx 類型是指分配出來的非分頁式記憶體不具備「可執行」屬性。安全起見，如果開發者只需要對非分頁式記憶體進行讀寫而不需要進行程式或指令執行，那麼可以使用 NonPagedPoolNx 類型的記憶體；反之可使用 NonPagedPool 或 NonPagedPoolExecute。NonPagedPoolExecute 類型與 NonPagedPool 類型相等。

ExAllocatePoolWithTag 函數的 NumberOfBytes 參數表示需要申請記憶體大小，單位是位元組。

ExAllocatePoolWithTag 函數的 Tag 參數是一個 4 個位元組的標示，用於標示一塊記憶體的使用者，這個 Tag 一般用於問題排除，如記憶體洩露，系統當機等。對於記憶體洩露的情況，可以透過 Windbg 或 PoolMon 等一些小工具，檢視系統中各 Tag 標示對應的記憶體大小，找到最大的或持續增長的區塊。

如果開發者不關心 Tag 標示，可以傳遞 0，或呼叫 ExAllocatePool 函數。

ExAllocatePoolWithTag 函數成功執行後傳回分配記憶體的啟始位址，失敗傳回 NULL。開發者務必對該函數傳回值進行判斷。

記憶體使用完畢後需要釋放，釋放使用 ExFreePoolWithTag 函數，ExFreePoolWithTag 函數原型如下：

```
VOID ExFreePoolWithTag( PVOID P, ULONG Tag );
```

其中參數 P 表示需要釋放的區塊位址，Tag 對應記憶體申請時的標記。如果分配記憶體使用的是 ExAllocatePool 函數，釋放時請使用對應的 ExFreePool 函數。

記憶體的分配與釋放在操作上比較簡單，請讀者自行撰寫程式練習。

3.7.2 旁視列表

在某些場景下，開發者需要高頻率從系統 Pool 中申請大小固定的記憶體，用於儲存大小固定的資料。當然，在這種場景下開發者可以使用前面介紹的 ExAllocatePoolWithTag 函數進行記憶體分配，但這種方法的效率並不高，而且高頻率的記憶體分配容易造成「記憶體碎片」。

針對上述場景，為了提高性能，系統提供了一種被稱為「旁視清單」的記憶體分配方法。「旁視清單」記憶體分配方式，相對 ExAllocatePoolWithTag 分配方式要稍微複雜一些。「旁視清單」的一般操作順序是：開發者首先初始化一個「旁視列表」物件，在初始化時，需要設定「旁視清單」中區塊的大小，如果開發者每次需要從「旁視清單」物件中申請 128 位元組大小的記憶體，那麼在初始化「旁視列表」時可以指定大小為 128；接著開發者在需要使用記憶體的時候，直接向「旁視清單」物件申請記憶體，在記憶體使用完畢後，需要透過「旁視清單」物件來回收這些記憶體；最後，當不再需要使用「旁視清單」物件時將其刪除。

「旁視清單」物件內部會維護記憶體的使用狀態，一塊記憶體使用結束後，會釋放回「旁視列表」物件內，但這塊記憶體不會馬上被釋放到作業系統的 Pool 中。如果這個時候開發者向「旁視清單」物件申請記憶體，「旁視清單」物件會把剛才回收的區塊傳回給申請者。關於這點，讀者可以從下面範例程式的輸出記錄檔中確認。透過這種類似「快取」的機制，「旁視清單」物件對記憶體進行了二次管理，減少了向系統 Pool 申請或釋放的次數，加強了效能。

根據記憶體的類型，「旁視列表」可分為分頁與非分頁兩種類型，雖然這兩種類型的 API 不同，但其用法以及參數近乎一致，由於篇幅限制，下面只介紹非分頁類型的「旁視列表」操作。

首先，開發者需要初始化一個「旁視列表」物件，初始化透過 ExInitialize NPagedLookasideList 函數實現，原型如下：

```
void ExInitializeNPagedLookasideList(
        PNPAGED_LOOKASIDE_LIST          Lookaside,
        PALLOCATE_FUNCTION              Allocate,
        PFREE_FUNCTION                  Free,
        ULONG                           Flags,
```

```
SIZE_T                    Size,
ULONG                     Tag,
USHORT                    Depth );
```

參數 Lookaside 表示被初始化的「旁視列表」物件的指標，在 64 位元系統下，這個指標必須以 16 位元組對齊。ExInitializeNPagedLookasideList 執行後，Lookaside 會被初始化。

參數 Allocate 是一個函數指標，當開發者需要從已初始化的「旁視清單」物件分配記憶體時，系統會呼叫開發者設定的 Allocate 函數，Allocate 函數的原型如下：

```
PVOID XxxAllocate(
        POOL_TYPE  PoolType,
        SIZE_T  NumberOfBytes,
        ULONG  Tag);
```

讀者可以發現，Allocate 函數原型與 ExAllocatePoolWithTag 函數原型一致，開發者可以自己實現一個 Allocate 函數，或設定 Allocate 參數為 NULL，如果設定為 NULL，系統則使用預設的記憶體分配函數。這裡需要提醒一下，如果開發者對記憶體分配沒有特殊要求，則應該設定 Allocate 參數為 NULL。

參數 Free 也是一個函數指標，與 Allocate 數指標的操作相反。當開發者刪除從「旁視列表」物件中申請出來的區塊時，系統就會呼叫 Free 參數指向的函數。Free 函數原型如下：

```
VOID XxxFree( PVOID  Buffer );
```

如果開發者沒有特殊的釋放要求，可以把 Free 參數設定為 NULL，在這種情況下，系統使用預設的釋放函數。

參數 Flags 控制「旁視清單」物件的記憶體分配行為，這個參數只有在 Windows 8 以及後續系統中才有意義。可以設定的值有：

POOL_NX_ALLOCATION：表示分配的非分頁式記憶體的屬性為「不可執行」，類似上一節介紹的 NonPagedPoolNx 標示。

POOL_RAISE_IF_ALLOCATION_FAILURE：表示如果記憶體失敗，將拋出一個例外。

如果沒有特殊要求，可以把 Flags 參數設定為 0。

Size 參數表示每次從「旁視清單」物件中申請記憶體的固定大小，單位是位元組，這個值不能小於 LOOKASIDE_MINIMUM_BLOCK_SIZE，LOOKASIDE_MINIMUM_BLOCK_SIZE 是 WDK 定義的巨集，定義如下：

```
#define LOOKASIDE_MINIMUM_BLOCK_SIZE  (RTL_SIZEOF_THROUGH_FIELD (SLIST_ENTRY,
Next))
```

其中，RTL_SIZEOF_THROUGH_FIELD 定義如下：

```
#define RTL_SIZEOF_THROUGH_FIELD(type, field) \
   (FIELD_OFFSET(type, field) + RTL_FIELD_SIZE(type, field))
```

FIELD_OFFSET 以及 RTL_FIELD_SIZE 的定義如下：

```
#define RTL_FIELD_SIZE(type, field) (sizeof(((type *)0)->field))
#define FIELD_OFFSET(type, field)     ((LONG)(LONG_PTR)&(((type *)0)->field))
```

從上面的定義來看，RTL_SIZEOF_THROUGH_FIELD 巨集計算的是 type 結構中 field 成員距離結構啟始位址的偏移大小，加上 field 成員本身的大小。對 LOOKASIDE_MINIMUM_ BLOCK_SIZE 巨集來說，計算的是 Next 成員與 SLIST_ENTRY 啟始位址的距離加上 Next 成員本身的大小，SLIST_ENTRY 定義如下：

```
typedef struct _SLIST_ENTRY {
    struct _SLIST_ENTRY *Next;
} SLIST_ENTRY, *PSLIST_ENTRY;
```

由上面的定義可知，Next 與 SLIST_ENTRY 啟始位址的距離為 0，Next 為一個指標，對 64 位元系統來說，大小為 8 位元組，所以在 64 位元系統下，LOOKASIDE_MINIMUM_BLOCK_SIZE 巨集的值為 8；

Tag 參數表示分配記憶體時所使用的標記，與 ExAllocatePoolWithTag 函數中的 Tag 參數函數一樣。

Depth 參數是一個保留參數，沒有意義，傳遞 0 即可；

「旁視列表」物件初始化後，開發者就可以從這個物件中申請記憶體，申請記憶體的函數為 ExAllocateFromNPagedLookasideList，該函數的原型非常簡單：

```
PVOID ExAllocateFromNPagedLookasideList( PNPAGED_LOOKASIDE_LIST Lookaside);
```

開發者只需把「旁視列表」物件的位址傳入到上述函數，即可分配記憶體，記憶體大小為 ExInitializeNPagedLookasideList 函數所指定的 Size。如果 ExAllocateFromNPagedLookasideList 函數執行成功則傳回對應的區塊，否則傳回 NULL。

ExAllocateFromNPagedLookasideList 函 數 傳 回 的 區 塊， 需 要 使 用 ExFreeToNPagedLookasideList 函數釋放。ExFreeToNPagedLookasideList 函數的原型如下：

```
void ExFreeToNPagedLookasideList(
        PNPAGED_LOOKASIDE_LIST Lookaside,
        PVOID                  Entry);
```

其中 Lookaside 為「旁視列表」物件指標，Entry 指標表示需要釋放的區塊，也就是 ExAllocateFromNPagedLookasideList 的傳回值。

最後介紹「旁視列表」的刪除操作，當一個「旁視清單」不再需要使用時，可以呼叫 ExDeleteNPagedLookasideList 函數來刪除，ExDeleteNPagedLookasideList 函數的原型如下：

```
void ExDeleteNPagedLookasideList( PNPAGED_LOOKASIDE_LIST Lookaside);
```

參數 Lookaside 表示需要刪除的「旁視列表」物件。

上述是對非分頁類型「旁視列表」操作的介紹，分頁類型的「旁視列表」操作與此操作高度雷同，請讀者自行查閱 WDK 說明文件。

另外，Vista 及以後的系統引用了一套 Ex 版本的「旁視清單」操作函數，該函數為 ExInitializeLookasideListEx，原型如下：

```
NTSTATUS ExInitializeLookasideListEx(
  PLOOKASIDE_LIST_EX      Lookaside,
  PALLOCATE_FUNCTION_EX   Allocate,
  PFREE_FUNCTION_EX       Free,
  POOL_TYPE               PoolType,
  ULONG                   Flags,
  SIZE_T                  Size,
  ULONG                   Tag,
  USHORT                  Depth);
```

從原型上看，這個函數支援分頁記憶體類型與非分頁式記憶體類型的「旁視清單」，不再需要使用兩套不同的 API。該 API 的用法與上面介紹的非分頁「旁視列表」操作非常類似，讀者可以自行閱讀 WDK 文件學習。

針對上面介紹的非分頁「旁視列表」，下面列出了一個使用實例：

```
BOOLEAN UseLookasideDemoCode()
{
  PNPAGED_LOOKASIDE_LIST    pLookAsideList = NULL;
  BOOLEAN bSucc = FALSE;
  BOOLEAN bInit = FALSE;
  PVOID pFirstMemory = NULL;
  PVOID pSecondMemory = NULL;
  do
  {
    pLookAsideList = (PNPAGED_LOOKASIDE_LIST)ExAllocatePoolWithTag(
      NonPagedPool, sizeof( NPAGED_LOOKASIDE_LIST ) , 'tset' );
    if( pLookAsideList == NULL )
    {
      break;
    }
    memset( pLookAsideList , 0 ,sizeof( NPAGED_LOOKASIDE_LIST ) );
    //初始化旁視列表物件
    ExInitializeNPagedLookasideList(pLookAsideList,NULL, NULL , 0 , 128 ,
      'tset', 0);
    bInit = TRUE;
    //開始分配
    pFirstMemory = ExAllocateFromNPagedLookasideList(pLookAsideList);
    if( pFirstMemory == NULL )
    {
      break;
    }
    pSecondMemory = ExAllocateFromNPagedLookasideList(pLookAsideList);
    if( pSecondMemory == NULL )
    {
      break;
    }
    DbgPrint("First : %p , Second  : %p\n",pFirstMemory,pSecondMemory);
    //釋放pFirstMemory
    ExFreeToNPagedLookasideList( pLookAsideList , pFirstMemory );
    pFirstMemory = NULL;
    //再次分配
```

```
    pFirstMemory = ExAllocateFromNPagedLookasideList(pLookAsideList);
    if( pFirstMemory == NULL )
    {
        break;
    }
    DbgPrint("ReAlloc First : %p \n",pFirstMemory);
    bSucc = TRUE;
}
while( FALSE );
if( pFirstMemory != NULL )
{
    ExFreeToNPagedLookasideList( pLookAsideList , pFirstMemory );
    pFirstMemory = NULL;
}
if( pSecondMemory != NULL )
{
    ExFreeToNPagedLookasideList( pLookAsideList , pSecondMemory );
    pSecondMemory = NULL;
}
if( bInit == TRUE )
{
    ExDeleteNPagedLookasideList( pLookAsideList );
    bInit = FALSE;
}
if( pLookAsideList != NULL )
{
    ExFreePoolWithTag( pLookAsideList , 'tset' );
    pLookAsideList = NULL;
}
return bSucc;
}
```

列印的結果為：

```
First : FFFFD18979B02EC0 , Second  : FFFFD18979B04470
ReAlloc First : FFFFD18979B02EC0
```

讀者可以發現，pFirstMemory 最開始的值為 FFFFD18979B02EC0，使用
ExAllocateFromNPagedLookasideList 函數對該記憶體進行刪除，重新申請記憶
體後，pFirstMemory 的值還是 FFFFD18979B02EC0。

▌3.8 物件與控制碼

Windows 作業系統把一切都作為物件（OBJECT）來管理，處理程序是物件，執行緒是物件，本書第 1 章提到的驅動也是物件，物件可以有名字，也可以沒有名字，如果根據是否有名字來劃分的話，物件可以分為命名物件與匿名物件，如在應用層建立一個 EVENT 或 MUTEX 時，就可以根據需求來決定建立的是命名物件還是匿名物件。

絕大部分物件在核心中產生，在核心中銷毀，由核心組織與維護，這些物件被稱為核心物件。前面提到的處理程序物件、執行緒物件、EVENT 物件、MUTEX 物件，都是核心物件。在下文中提及的物件，如沒有特別説明，全部指核心物件。

不同類型的核心物件，擁有不同的屬性內容，如檔案類型的物件儲存了檔案的名字、卷冊裝置資訊、檔案讀寫偏移等等；處理程序物件儲存了處理程序的 ID、執行緒資訊、優先順序等等。

考慮這樣一個場景，使用者態處理程序需要建立一個 EVENT 物件並操作，但是這個物件由核心建立，物件所在的記憶體位址也屬於核心態位址空間，使用者態處理程序無法存取這個物件位址怎麼辦呢？

為了解決這個問題，系統提供了「控制碼」（HANDLE），簡單來説，每個處理程序都有一個表，這個表中的每一項儲存著需要存取的核心物件資訊，系統為使用者態應用程式提供一個「控制碼」值，這個控制碼值實際上是這個表的某種索引，透過這個值，可以在表中定位到實際需要存取的核心物件資訊。使用者態程式透過 API 建立或開啟一個核心物件時，這個表中的資訊會增加一項，用來描述這個核心物件的資訊，並產生一個對應的控制碼值，使用者態程式把這個控制碼傳遞到對應 API，API 進入核心後，透過這個控制碼值定位到需要操作的核心物件，對核心物件進行對應的操作。

控制碼有如是核心物件的憑證，透過這個憑證，使用者態程式可以間接操作核心物件。一般來説，把處理程序中儲存核心物件資訊的表稱為「控制碼表」，實際上，控制碼表並不是一維的單表結構，而是一個二維甚至 3D 的多表結構，但不管怎麼樣，控制碼值與控制碼表中記錄的對映關係是存在的，透過一個控制碼值，可以唯一地定位到表中實際的一項。

在使用者態中，控制碼值只在目前處理程序中有意義，這是由於不同處理程序有各自的控制碼表，控制碼值只針對本身控制碼表有意義。在核心態中，這個概念依然適用，但是除了處理程序各自的控制碼表，還會有一個系統的控制碼表，這個系統的控制碼表存在於 SYSTEM 處理程序中。前面曾經介紹過，對核心態來說，位址空間是共用、非隔離的（絕大部分情況），也就是説，對核心態的驅動程式來說，系統的控制碼表只有一個，所有核心驅動程式都可以使用核心控制碼表。為了表述清晰，本書後面把系統控制碼表中的控制碼，稱為「核心控制碼」。

多年前筆者剛接觸系統控制碼表時曾有個疑問，既然每個處理程序都有一個控制碼表，為何系統還額外提供一個系統控制碼表？這不是多此一舉嗎？請讀者複習一下本章開頭提到的「上下文」概念，並假設存在這樣一個場景：驅動程式的函數 F1 在處理程序 P1 上下文中執行，建立或開啟一個 EVENT 物件，並取得控制碼值，假設控制碼值為 0x8，這個控制碼值是相對於處理程序 P1 的控制碼表；驅動程式另外一個函數 F2 在處理程序 P2 上下文中執行，F2 函數需要透過先前建立的控制碼（控制碼值為 0x8）來操作物件，由於函數 F2 處於處理程序 P2 上下文，透過值為 0x8 的控制碼去操作物件時，實際上操作的是處理程序 P2 控制碼表中控制碼值為 0x8 的核心物件，出現了張冠李戴現象。對於這種錯誤，驅動程式雖然可以透過修改函數 F2 的上下文來避開問題，但這並不是一個最好的解決方法，正確的做法是，函數 F1 在建立或開啟 EVENT 時，指定控制碼類型為「核心控制碼」，由於核心控制碼存在於系統控制碼表中，無論函數 F1 與函數 F2 處於哪個處理程序上下文，存取該控制碼都不會出現問題。

在 WDK 中，控制碼的定義為 HANDLE，實際為：

```
typedef void *HANDLE;
typedef HANDLE *PHANDLE;
```

最後介紹核心物件的參考計數，與使用者態的 COM 模型類似，每個核心物件存在兩個計數，一個稱為「控制碼計數」，另一個稱為「指標計數」，控制碼計數是指這個核心物件被多少個控制碼值所指向，如在使用者態中建立一個命名的 EVENT 物件，取得一個控制碼，那麼這個 EVENT 的控制碼計數就是 1，當其他程式透過該 EVENT 名字開啟該 EVENT 時，會取得另外一個控制碼，這時候，控制碼計數等於 2。指標計數是在控制碼計數基礎上遞增的計數，在剛才所提的實例中，控制碼計數等於 2，指標計數也等於 2，控制碼計數的增加，會對應導致指標計數增加，同理，控制碼計數的減少，會對應導致指標計數減少，但指標計數可以獨立增加與減少而不影響控制碼計數。當一個物件的指標計數等於 0 的時候，這個物件會被系統釋放。請注意，不同作業系統，系統對引用計數值的管理稍有不同，上面只是列舉了一個簡單的實例，實際情況還需要以實際的作業系統為準。

下面以 EVENT 作為實例，為讀者展示一段控制碼的操作：

```
BOOLEAN EventOperationSample()
{
  BOOLEAN   bSucc = FALSE;
  HANDLE    hCreateEvent = NULL;
  PVOID     pCreateEventObject = NULL;
  HANDLE    hOpenEvent = NULL;
  PVOID     pOpenEventObject = NULL;
  do
  {
    OBJECT_ATTRIBUTES ObjAttr = {0};
    UNICODE_STRING uNameString = {0};
    RtlInitUnicodeString( &uNameString , L"\\BaseNamedObjects\\TestEvent");
    InitializeObjectAttributes( &ObjAttr , &uNameString ,
OBJ_KERNEL_HANDLE | OBJ_CASE_INSENSITIVE , NULL , NULL );
    ZwCreateEvent( &hCreateEvent ,
EVENT_ALL_ACCESS ,
&ObjAttr , SynchronizationEvent , FALSE );
    if( hCreateEvent == NULL )
    {
        break;
    }
    ObReferenceObåjectByHandle( hCreateEvent ,
EVENT_ALL_ACCESS ,
*ExEventObjectType , KernelMode , &pCreateEventObject, NULL );
    if( pCreateEventObject == NULL )
    {
        break;
```

```
        }
        ZwOpenEvent(&hOpenEvent,EVENT_ALL_ACCESS,&ObjAttr);
        if(hOpenEvent == NULL)
        {
            break;
        }
        ObReferenceObjectByHandle( hOpenEvent ,
EVENT_ALL_ACCESS ,
*ExEventObjectType , KernelMode , &pOpenEventObject, NULL );
        if( pOpenEventObject == NULL )
        {
            break;
        }
        DbgPrint("Create Handle : %p, Create Pointer = %p\n",hCreateEvent,
pCreateEventObject);
        DbgPrint("Open Handle : %p, Open Pointer = %p\n",hOpenEvent,
pOpenEventObject);
        bSucc = TRUE;
    }
    while( FALSE );
    if( pCreateEventObject != NULL )
    {
        ObDereferenceObject( pCreateEventObject );
        pCreateEventObject = NULL;
    }
    if( hCreateEvent != NULL )
    {
        ZwClose( hCreateEvent );
        hCreateEvent = NULL;
    }
    if( pOpenEventObject != NULL )
    {
        ObDereferenceObject( pOpenEventObject );
        pOpenEventObject = NULL;
    }
    if( hOpenEvent != NULL )
    {
        ZwClose( hOpenEvent );
        hOpenEvent = NULL;
    }
    return bSucc;
}
```

程式中首先使用 ZwCreateEvent 函數建立一個 EVENT 物件，該函數原型如下：

```
NTSTATUS ZwCreateEvent(
    PHANDLE             EventHandle,
    ACCESS_MASK         DesiredAccess,
    POBJECT_ATTRIBUTES  ObjectAttributes,
    EVENT_TYPE          EventType,
    BOOLEAN             InitialState);
```

參數 EventHandle 用於儲存 EVENT 的控制碼；參數 DesiredAccess 表示 EVENT 的許可權；參數 ObjectAttributes 表示建立 EVENT 的屬性資訊；參數 EventType 表示 EVENT 的類型，設定值為 SynchronizationEvent 或 NotificationEvent，分別表示同步類型 EVENT 以及通告類型的 EVENT；參數 InitialState 表示 EVENT 的初始狀態，TRUE 表示 EVENT 被建立後的狀態為「有訊號」，否則為「無訊號」。

在上面的參數中，ObjectAttributes 參數的用法最為重要，ObjectAttributes 描述了需要開啟或建立的核心物件屬性，大部分有關開啟或建立核心物件的 API 都會有 ObjectAttributes 參數。核心物件的屬性用 OBJECT_ATTRIBUTES 結構描述，屬性包含物件的名字、根目錄控制碼、物件的安全性描述元等，該結構定義如下：

```
typedef struct _OBJECT_ATTRIBUTES
{
ULONG               Length;
HANDLE              RootDirectory;
PUNICODE_STRING     ObjectName;
ULONG               Attributes;
PVOID               SecurityDescriptor;
 PVOID              SecurityQualityOfService;
} OBJECT_ATTRIBUTES, *POBJECT_ATTRIBUTES;
```

Length 成員表示結構的大小，一般等於 sizeof(OBJECT_ATTRIBUTES)，RootDirectory 表示物件的根目錄控制碼，可以為 NULL。ObjectName 是一個 UNICODE_STRING 的指標，表示物件的路徑或名字，RootDirectory 與 ObjectName 共同組成了一個完整的物件全路徑名字。Attributes 表示物件開啟或建立時的實際屬性，常見的有：

- OBJ_INHERIT 表示核心物件的控制碼可以被繼承。
- OBJ_CASE_INSENSITIVE 表示核心物件的名字不區分大小寫。
- OBJ_KERNEL_HANDLE 表示使用核心控制碼，即控制碼存在於系統控制碼表中。
- SecurityDescriptor 以及 SecurityQualityOfService 與安全性相關，可以暫設定成 NULL。

在上述程式中，ZwCreateEvent 成功後，控制碼會儲存在 hCreateEvent 變數中，這個控制碼是一個核心控制碼。接著程式中呼叫 ObReferenceObåject ByHandle 函數，取得 hCreateEvent 控制碼對應的 EVENT 物件指標。ObReferenceObåjectByHandle 函數原型如下：

```
NTSTATUS ObReferenceObjectByHandle(
    HANDLE                      Handle,
    ACCESS_MASK                 DesiredAccess,
    POBJECT_TYPE                ObjectType,
    KPROCESSOR_MODE             AccessMode,
    PVOID                       *Object,
    POBJECT_HANDLE_INFORMATION HandleInformation);
```

這個函數雖然參數較多，但相對簡單：

- 參數 Handle 表示控制碼值。
- 參數 DesiredAccess 表示需要取得此物件的許可權，針對不同類型的物件，這個許可權的值不同，對本例的 EVENT 物件來説，這個值可以傳遞 EVENT_ALL_ACCESS，表示 EVENT 的所有權限。
- 參數 ObjectType 表示物件的類型，不同的物件用不同的「物件類型」來表示，WDK 定義了一系列的「物件類型」，如 *ExEventObjectType、*ExSemaphoreObjectType、*IoFileObjectType、*PsProcessType、*PsThreadType 等等。在本例中參數應使用的類型是 *ExEventObjectType，表示 EVENT 類型的物件。順便提一下，上面列舉的「物件類型」本身也是一種物件，這種物件的類型為 "TYPE" 類型，有興趣的讀者可以自行研究。

參數 AccessMode 表示存取模式，可以是 KernelMode 或 UserMode，分別表示使用者態與核心態。如果參數 Handle 是核心控制碼，則應該傳遞 KernelMode。

參數 Object 是傳回參數，若函數執行成功則該參數儲存物件的指標。

HandleInformation 參數暫時沒用，可以設定為 NULL。

ObReferenceObjectByHandle 函數成功則傳回 STATUS_SUCCESS，失敗則傳回錯誤。

實例程式在呼叫 ObReferenceObjectByHandle 函數成功後，使用 ZwOpenEvent 函數再次開啟剛才建立的 EVENT 並取得一個控制碼，儲存在 hOpenEvent 變數中；接著透過 hOpenEvent 的值，使用 ObReferenceObjectByHandle 取得 EVENT 的物件指標，儲存在 pOpenEventObject 變數中。至此，程式中已經存有兩個控制碼以及兩個物件指標，程式透過 DbgPrint 函數把這些資訊輸出：

```
Create Handle : FFFFFFFF80000B90, Create Pointer = FFFFD1898059C260
Open Handle : FFFFFFFF80003648, Open Pointer = FFFFD1898059C260
```

從輸出中可以看到，兩個控制碼的值是不同的，但是物件的指標是同一個，說明這兩個控制碼指向的是同一個核心物件。

控制碼與物件指標使用完畢後，需要將其關閉，關閉控制碼使用 ZwClose 函數；釋放物件指標可以使用 ObDereferenceObject 函數，這兩個函數均只有一個參數，表示需要關閉 / 釋放的控制碼 / 物件指標。

▌ 3.9 登錄檔

登錄檔是 Windows 系統中重要的資料設定儲存結構，儲存著系統絕大部分的核心設定資訊。登錄檔實際上也是一種檔案，這些檔案大多數儲存在系統磁碟 system32\config 目錄下，如筆者系統安裝在 C 磁碟，那這個目錄就是 C:\Windows\System32\config。在該資料夾下可以看到 SOFTWARE、SYSTEM、SAM 等檔案，這些檔案被以記憶體對映的方式對映到核心空間，然後以一種被稱為 "HIVE" 的方式組織起來，登錄檔 API 實際上操作的是這份 HIVE 記憶體資料，對 HIVE 資料的改動，最後會被回寫到 config 目錄下對應的檔案中。讀者如果只是想單純使用登錄檔做資料讀取或儲存，可以沒有必要深入去研究核心對登錄檔的實現方式。

由於登錄檔操作較多且參數含義基本雷同，所以本節選取了一些常用以及典型的操作介紹。

3.9.1 登錄檔的開啟與關閉

操作登錄檔前，一般都需要開啟或建立一個登錄檔鍵，可使用 ZwCreateKey 函數，函數原型如下：

```
NTSTATUS ZwCreateKey(
PHANDLE            KeyHandle,
ACCESS_MASK        DesiredAccess,
POBJECT_ATTRIBUTES ObjectAttributes,
ULONG              TitleIndex,
PUNICODE_STRING    Class,
ULONG              CreateOptions,
PULONG             Disposition);
```

參數 KeyHandle 是一個 PAHDNLE 類型，即控制碼的指標，這個參數是一個傳回參數，ZwCreateKey 成功開啟或建立登錄檔鍵後，KeyHandle 儲存登錄檔鍵的控制碼。

第二個參數 DesiredAccess 表示許可權，這個許可權值需要根據後面實際的操作來決定，如開發者開啟登錄檔後需要修改鍵值，則需要傳遞 KEY_SET_VALUE，如果為了方便，可以傳遞 KEY_ALL_ACCESS 以表示所有權限，但這並非是一個好習慣。

第三個參數 ObjectAttributes 在上一小節已經介紹過，表示物件的屬性。

ZwCreateKey 函數第四個參數與第五個參數可以設定成 NULL。

第六個參數 CreateOptions 表示開啟或建立登錄檔鍵的選項，常用的選項有：

- REG_OPTION_VOLATILE 表示新增的登錄檔鍵在系統重新啟動後不保留。
- REG_OPTION_NON_VOLATILE 表示新增的登錄檔鍵在系統重新啟動後依然保留。

ZwCreateKey 函數的最後一個參數 Disposition 是一個傳回的參數，為 ULONG 指標，函數成功執行後，Disposition 等於 REG_CREATED_NEW_KEY 或 REG_OPENED_EXISTING_KEY，前者表示 ZwCreateKey 函數建立了一個新的登錄檔鍵，後者表示開啟了一個已存在的登錄檔鍵。

ZwCreateKey 傳回 STATUS_SUCCESS 則表示成功，否則傳回一個錯誤，讀者應該可以發現，對於核心大多數 API，傳回 STATUS_SUCCESS 則表示成功。

下面透過一段程式為讀者展示 ZwCreateKey 的用法：

```
NTSTATUS DriverEntry( PDRIVER_OBJECT DriverObject,PUNICODE_STRING  RegistryPath)
{
    OBJECT_ATTRIBUTES  ObjAttr = { 0 };
    HANDLE  hKey = NULL;
    ULONG  ulDisposition = 0;
    NTSTATUS nStatus = STATUS_SUCCESS;
    UNREFERENCED_PARAMETER( DriverObject );
    InitializeObjectAttributes(
        &ObjAttr ,
        RegistryPath ,
        OBJ_KERNEL_HANDLE | OBJ_CASE_INSENSITIVE ,
        NULL ,
        NULL );
    nStatus = ZwCreateKey(
        &hKey,
        KEY_WRITE,
        &ObjAttr,
        0,
        NULL,
        REG_OPTION_NON_VOLATILE,
        &ulDisposition);
    if (hKey != NULL)
    {
        ZwClose( hKey );
        hKey = NULL;
    }
    DriverObject->DriverUnload = DriverUnload;
    return STATUS_SUCCESS;
}
```

值得注意的是，程式中使用了 InitializeObjectAttributes 巨集來初始化 OBJECT_
ATTRIBUTES 結構，InitializeObjectAttributes 巨集的定義如下：

```
#define InitializeObjectAttributes( p, n, a, r, s ) { \
(p)->Length = sizeof( OBJECT_ATTRIBUTES ); \
(p)->RootDirectory = r; \
(p)->Attributes = a; \
(p)->ObjectName = n; \
(p)->SecurityDescriptor = s; \
(p)->SecurityQualityOfService = NULL; \
}
```

從 InitializeObjectAttributes 巨集的實現可知，巨集的每一個參數都對應著結構中的一項成員。程式在呼叫 InitializeObjectAttributes 時，第三個參數傳遞的是 OBJ_KERNEL_HANDLE | OBJ_CASE_INSENSITIVE，表示使用核心控制碼以及物件名稱不區分大小寫。

最後需要提醒讀者注意 ZwCreateKey 函數的 IRQL，該函數只能在 PASSIVE_LEVEL 下執行。這裡有一個小技巧，一般來說，以 Zw 開頭的核心函數，IRQL 都要求執行在 PASSIVE_LEVEL 下。

ZwCreateKey 函數成功執行後，開發者可以取得一個登錄檔鍵的控制碼，開發者可以透過這個控制碼去操作（如刪除、增加一個新鍵值）這個登錄檔鍵。當這個控制碼使用完畢後，需要對該控制碼進行關閉，在核心中，關閉控制碼都是使用同一個函數 ZwClose，該函數原型很簡單：

```
NTSTATUS  ZwClose( HANDLE Handle );
```

其中 Handle 參數表示需要關閉的控制碼，控制碼關閉成功，ZwClose 函數傳回 STATUS_SUCCESS。

使用先前提到的小技巧，以 Zw 開頭的核心函數，IRQL 要求是 PASSIVE_LEVEL，事實上，WDK 對 ZwClose 函數 IRQL 的描述確實如此。

3.9.2 登錄檔的修改

本節介紹登錄檔的修改，修改登錄檔的鍵值（VALUE）需要透過 ZwSetValueKey 函數，ZwSetValueKey 函數原型如下：

```
NTSTATUS ZwSetValueKey(
HANDLE          KeyHandle,
PUNICODE_STRING ValueName,
ULONG           TitleIndex,
ULONG           Type,
PVOID           Data,
ULONG           DataSize);
```

KeyHandle 表示需要修改的登錄檔鍵的控制碼。

ValueName 為一個 UNICODE_STRING 指標，表示需要修改的登錄檔鍵值的名字。

TitleIndex 參數為保留參數，設定為 0 即可。

Type 參數表示鍵值的類型，常見的類型有 REG_BINARY（二進位類型）、REG_DWORD（雙字類型）、REG_MULTI_SZ（多字串類型）、REG_SZ（字串類型）等。

Data 參數為一個 PVOID 指標，表示需要把該 Data 指向的資料寫入到鍵值中。

最後一個參數 DataSize 為 Data 指向緩衝區的大小，單位是位元組。

下面在上一小節範例程式的基礎上，增加一個修改登錄檔鍵值的功能：

```
NTSTATUS DriverEntry( PDRIVER_OBJECT DriverObject,PUNICODE_STRING  RegistryPath)
{
  OBJECT_ATTRIBUTES  ObjAttr = { 0 };
  HANDLE hKey = NULL;
  ULONG ulDisposition = 0;
  NTSTATUS nStatus = STATUS_SUCCESS;
  UNREFERENCED_PARAMETER( DriverObject );
  InitializeObjectAttributes(
      &ObjAttr ,
      RegistryPath ,
      OBJ_KERNEL_HANDLE | OBJ_CASE_INSENSITIVE ,
      NULL ,
      NULL );
  nStatus = ZwCreateKey(
      &hKey,
      KEY_WRITE,
      &ObjAttr,
      0,
      NULL,
      REG_OPTION_NON_VOLATILE,
      &ulDisposition);
  if (hKey != NULL)
  {
    UNICODE_STRING usValueName = { 0 };
    ULONG ulNewStartValue = 2;
    RtlInitUnicodeString( &usValueName , L"Start");
    nStatus = ZwSetValueKey(
        hKey ,
        &usValueName ,
        0 ,
        REG_DWORD ,
        (PVOID)&ulNewStartValue,
        sizeof(ulNewStartValue));
```

```
    ZwClose( hKey );
    hKey = NULL;
  }
  DriverObject->DriverUnload = DriverUnload;
  return STATUS_SUCCESS;
}
```

上面程式的作用是驅動程式載入後修改本身的啟動方式為「自動啟動」，請讀者自行閱讀。

3.9.3 登錄檔的讀取

使用 ZwQueryValueKey 函數讀取登錄檔鍵值的內容，ZwQueryValueKey 函數原型如下：

```
NTSTATUS ZwQueryValueKey(
HANDLE                       KeyHandle,
PUNICODE_STRING              ValueName,
KEY_VALUE_INFORMATION_CLASS  KeyValueInformationClass,
PVOID                        KeyValueInformation,
ULONG                        Length,
PULONG                       ResultLength);
```

相對於登錄檔鍵值的修改，登錄檔鍵值的讀取要複雜一些，主要表現在 ZwQueryValueKey 函數的使用上，ZwQueryValueKey 函數除了可以查詢指定鍵值的內容，還可以查詢指定鍵值的類型、名字等。

在使用 ZwQueryValueKey 函數取得相關資訊前，必須確定所取得資訊的記憶體大小，下面詳細介紹 ZwQueryValueKey 各參數的含義。

- KeyHandle 為需要被查詢的登錄檔鍵控制碼。
- ValueName 是 UNICODE_STRING 指標，表示需要被查詢的鍵值名字。
- KeyValueInformationClass 是一個列舉值，表示查詢的類型，如果想查詢鍵值的內容，可以傳遞 KeyValuePartialInformation；如果想查詢鍵值所有資訊，可以傳遞 KeyValueFullInformation。
- KeyValueInformation 表示用於接收鍵值資訊的緩衝區。KeyValueInformation 緩衝區的結構由 KeyValueInformationClass 的類型決定，如 KeyValuePartialInformation 類型要求 KeyValueInformation 指向 KEY_VALUE_PARTIAL_INFORMATION 結構。

- Length 表示 KeyValueInformation 緩衝區大小的，單位是位元組。
- ResultLength 是一個傳回參數，函數執行成功後，ResultLength 傳回的是 KeyValueInformation 緩衝區中實際鍵值資訊大小，單位是位元組。

與 ZwSetValueKey 函數不同，ZwQueryValueKey 函數的傳回值除了傳回 STATUS_SUCCESS 表示成功，還有兩個重要的傳回值需要關註：

STATUS_BUFFER_OVERFLOW：表示 KeyValueInformation 緩衝區太小，只有一部分鍵值的資訊資料被複製到 KeyValueInformation 緩衝區中。

STATUS_BUFFER_TOO_SMALL：表示 KeyValueInformation 緩衝區太小，沒有任何資訊資料被複製到 KeyValueInformation 緩衝區中。

利用 ResultLength 參數以及 STATUS_BUFFER_TOO_SMALL 傳回值，可以取得目前所查詢鍵值資訊大小，程式如下：

```
NTSTATUS nStatus = STATUS_SUCCESS;
UNICODE_STRING usValueName = { 0 };
ULONG ulRetSize = 0;
RtlInitUnicodeString(&usValueName, L"Start");
nStatus = ZwQueryValueKey(
  hKey,
  &usValueName,
  KeyValuePartialInformation,
  NULL,
  0,
  &ulRetSize);
if (nStatus == STATUS_BUFFER_TOO_SMALL && ulRetSize != 0)
{
  //ulRetSize儲存的是所需要取得的資訊大小
}
```

上述程式 ZwQueryValueKey 函數的 KeyValueInformation 傳遞 NULL，Length 傳遞 0，ZwQueryValueKey 函數會由於空間不足傳回 STATUS_BUFFER_TOO_SMALL，並設定 ResultLength 為所需大小。另外 ZwQueryValueKey 函數的第三個參數為 KeyValuePartialInformation，表示取得鍵值的內容，KeyValueInformation 所對應的結構是 KEY_VALUE_PARTIAL_INFORMATION，定義如下：

```
typedef struct _KEY_VALUE_PARTIAL_INFORMATION
```

```
{
ULONG TitleIndex;
ULONG Type;
ULONG DataLength;
UCHAR Data[1];
} KEY_VALUE_PARTIAL_INFORMATION, *PKEY_VALUE_PARTIAL_INFORMATION;
```

這個結構的 Data 陣列儲存鍵值的內容，Data 是一個長度不固定的陣列，長度
由 DataLength 決定，也 就 是 說 KEY_VALUE_PARTIAL_INFORMATION 是
一個變長結構，這就是為什麼首先需要透過 ResultLength 參數以及 STATUS_
BUFFER_TOO_SMALL 傳回值確定鍵值資訊大小。

下面程式展示了完整的取得鍵值的過程：

```
NTSTATUS DriverEntry( PDRIVER_OBJECT DriverObject,PUNICODE_STRING  RegistryPath)
{
  OBJECT_ATTRIBUTES  ObjAttr = { 0 };
  HANDLE hKey = NULL;
  ULONG ulDisposition = 0;
  NTSTATUS nStatus = STATUS_SUCCESS;
  UNREFERENCED_PARAMETER( DriverObject );
  InitializeObjectAttributes(
      &ObjAttr ,
      RegistryPath ,
      OBJ_KERNEL_HANDLE | OBJ_CASE_INSENSITIVE ,
      NULL ,
      NULL );
  nStatus = ZwCreateKey(
      &hKey,
      KEY_WRITE,
      &ObjAttr,
      0,
      NULL,
      REG_OPTION_NON_VOLATILE,
      &ulDisposition);
  if (hKey != NULL)
  {
      UNICODE_STRING usValueName = { 0 };
      ULONG ulRetSize = 0;
      RtlInitUnicodeString(&usValueName, L"Start");
      //第一次查詢取得所需長度
      nStatus = ZwQueryValueKey(
          hKey,
```

```
            &usValueName,
            KeyValuePartialInformation,
            NULL,
            0,
            &ulRetSize);
    if (nStatus == STATUS_BUFFER_TOO_SMALL && ulRetSize != 0)
    {
        //ulRetSize儲存的是所需要取得的資訊大小
        ULONG ulStartValue = 0;
        PKEY_VALUE_PARTIAL_INFORMATION pData = (PKEY_VALUE_PARTIAL_INFORMATION)
        ExAllocatePoolWithTag( PagedPool , ulRetSize , 'DriF' );
        if (pData != NULL)
        {
            memset( pData , 0 , ulRetSize );
            //再次查詢
            nStatus = ZwQueryValueKey(
                hKey,
                &usValueName,
                KeyValuePartialInformation,
                (PVOID)pData,
                ulRetSize,
                &ulRetSize);
            if (nStatus == STATUS_SUCCESS)
            {
                //取得Start的值
                ulStartValue = *((ULONG*)pData->Data);
                DbgPrint("Key:%wZ,ValueName:%wZ,Value:%u\n",
                        RegistryPath,&usValueName,ulStartValue);
            }
            ExFreePoolWithTag( pData , 'DriF' );
            pData = NULL;
        }
    }
    ZwClose( hKey );
    hKey = NULL;
}
DriverObject->DriverUnload = DriverUnload;
return STATUS_SUCCESS;
}
```

執行後，記錄檔如下：

```
Key:\REGISTRY\MACHINE\SYSTEM\ControlSet001\Services\FirstDriver,
    ValueName:Start,Value:3
```

▌3.10 檔案操作

在使用者態使用正常 IO 方式讀寫一個檔案的一般步驟是：首先開啟或建立一個檔案，取得檔案的控制碼，然後透過這個控制碼呼叫 ReadFile/WriteFile 函數去讀寫檔案，所有操作完成後關閉控制碼。

在核心態中，檔案操作的流程與使用者態如出一轍，但需要注意的是，核心 API 有更為嚴格的呼叫要求，如 IRQL。下面將根據上面檔案的操作步驟，介紹核心態下的檔案操作。

3.10.1 檔案的開啟與關閉

下面的函數用於開啟一個檔案。

```
NTSTATUS ZwCreateFile(
  OUT PHANDLE FileHandle,
  IN ACCESS_MASK DesiredAccess,
  IN POBJECT_ATTRIBUTES Object_Attribute,
  OUT PIO_STATUS_BLOCK IoStatusBlock,
  IN PLARGE_INTEGER AllocationSize OPTIONAL,
  IN ULONG FileAttributes,
  IN ULONG ShareAccess,
  IN ULONG CreateDisposition,
  IN ULONG CreateOptions,
  IN PVOID EaBuffer OPTIONAL,
  IN ULONG EaLength);
```

這個函數的參數例外複雜，下面一個一個説明其參數。

FileHandl 參數表示控制碼的指標。如果這個函數呼叫傳回成功（STATUS_SUCCESS），那麼開啟的檔案控制代碼就傳回在這個位址內。

DesiredAccess 參數表示申請的許可權。如果開啟寫入檔案內容，請使用 FILE_WRITE_DATA；如果需要讀取檔案內容，請使用 FILE_READ_DATA；如果需要刪除檔案或給檔案改名，請使用 DELETE；如果想設定寫入檔案屬性，請使用 FILE_WRITE_ATTRIBUTES；反之，設定讀取檔案屬性則使用 FILE_READ_ATTRIBUTES。這些條件可以用 |（位元或）來組合。有兩個巨集分別組合了常用的讀許可權和常用的寫入許可權，分別為 GENERIC_READ 和 GENERIC_WRITE。還有一個巨集代表全部許可權，即 GENERIC_ALL。此

外，如果想同步開啟檔案，請加上 SYNCHRONIZE。同步開啟檔案詳見後面對 CreateOptions 的說明。

Object_Attribute 參數表示物件屬性。這個參數在上面章節中已經介紹過。

IoStatusBlock 也是一個結構。這個結構在核心開發中經常會用到，它常常用於表示一個操作的結果。這個結構在文件中是公開的，如下：

```
typedef struct _IO_STATUS_BLOCK {
  union {
    NTSTATUS Status;
    PVOID Pointer;
  };
  ULONG_PTR Information;
} IO_STATUS_BLOCK, *PIO_STATUS_BLOCK;
```

在實際程式設計中很少會用到 Pointer。一般傳回的結果在 Status 中，成功則為 STATUS_SUCCESS；否則是一個錯誤碼。進一步的資訊在 Information 中，在不同的情況下傳回的 Information 資訊意義不同。針對 ZwCreateFile 呼叫的情況，Information 的傳回值有以下幾種可能：

- FILE_CREATED：檔案被成功地新增了。
- FILE_OPENED：檔案被開啟了。
- FILE_OVERWRITTEN：檔案被覆蓋了。
- FILE_SUPERSEDED：檔案被替代了。
- FILE_EXISTS：檔案已存在。
- FILE_DOES_NOT_EXIST：檔案不存在（因而開啟失敗了）。

AllocationSize 參數是一個指標，指向 64 位元整數，該參數定義了檔案初始分配的大小。該參數僅關係到建立或重新定義檔案操作，如果忽略它，那麼檔案長度從 0 開始，並隨著寫入而增長。

FileAttributes 參數控制新建立的檔案屬性，一般地，設定為 0 或 FILE_ATTRIBUTE_NORMAL 即可。在實際程式設計中，筆者未嘗試過其他的值。

ShareAccess 是一個非常容易被人誤解的參數。實際上，這是在本程式開啟這個檔案時，允許別的程式同時開啟這個檔案所持有的許可權，所以稱為共用存取。一共有三種共用標示可以設定：FILE_SHARE_READ、FILE_SHARE_

WRITE 和 FILE_SHARE_ DELETE。這三種標示可以用 |（位元或）來組合。舉例如下：如果本次開啟只使用了 FILE_SHARE_READ，那麼這個檔案在本次開啟之後、關閉之前，別的程式試圖以讀許可權開啟，則被允許，可以成功開啟；否則一定失敗，傳回共用衝突。

同時，如果本次開啟只使用了 FILE_SHARE_READ，而之前這個檔案已經被另一次用寫入許可權開啟著，那麼本次開啟一定失敗，傳回共用衝突。其中的邏輯關係似乎比較複雜，讀者應耐心了解。

CreateDisposition 參數說明了這次開啟的意圖。可能的選擇如下（請注意這些選擇不能組合）。

- FILE_CREATE：新增檔案。如果檔案已經存在，則請求失敗。
- FILE_OPEN：開啟檔案。如果檔案不存在，則請求失敗。
- FILE_OPEN_IF：開啟或新增檔案。如果檔案存在，則開啟；如果不存在，則新增檔案。
- FILE_OVERWRITE：覆蓋。如果檔案存在，則開啟並覆蓋其內容；如果檔案不存在，則請求傳回失敗。
- FILE_OVERWRITE_IF：新增或覆蓋。如果要開啟的檔案已存在，則開啟它，並覆蓋其內容；如果不存在，則簡單地新增檔案。
- FILE_SUPERSEDE：新增或取代。如果要開啟的檔案已存在，則產生一個新檔案替代之；如果不存在，則簡單地產生新檔案。

請參考上面 IoStatusBlock 參數中 Information 的說明。

最後一個重要的參數是 CreateOptions。在慣常的程式設計中，筆者使用 FILE_NON_ DIRECTORY_FILE | FILE_SYNCHRONOUS_IO_NONALERT。此時，檔案被同步地開啟，而且開啟的是檔案（而非目錄，建立目錄請用 FILE_DIRECTORY_ FILE）。所謂同步地開啟的意義在於，以後每次操作檔案時，例如寫入檔案，呼叫 ZwWriteFile，在 ZwWriteFile 傳回時，檔案寫入操作已經完成了，而不會有傳回 STATUS_PENDING（未決）的情況。在非同步檔案的情況下，傳回未決是常見的，此時檔案請求沒有被完成，使用者需要等待事件來等待請求的完成。當然，好處是使用者可以先去做別的事情。

要同步開啟，前面的 DesiredAccess 參數必須含有 SYNCHRONIZE。

此外還有一些其他的情況，例如不通過緩衝操作檔案，希望每次讀取／寫入檔案都是直接往磁碟上操作的。此時 CreateOptions 應該帶有標示 FILE_NO_INTERMEDIATE_ BUFFERING。帶了這個標示後，請注意操作檔案每次讀／寫都必須以磁碟磁區大小（最常見的是 512 位元組）對齊，否則會傳回錯誤。

這個函數是如此的煩瑣，以至於再多的文件也不如一個可以利用的實例。早期筆者呼叫這個函數時常常因為參數設定不對而導致開啟失敗，非常渴望找到一個實際可以使用的參數的範例。現在舉例如下：

```c
// 要傳回的檔案控制代碼
HANDLE file_handle = NULL;
// 傳回值
NTSTATUS status = STATUS_SUCCESS;
// 首先初始化含有檔案路徑的OBJECT_ATTRIBUTES
OBJECT_ATTRIBUTES object_attributes;
UNICODE_STRING ufile_name = RTL_CONSTANT_STRING (L"\\??\\C:\\a.dat");
InitializeObjectAttributes(
  &object_attributes,
  &ufile_name,
  OBJ_CASE_INSENSITIVE|OBJ_KERNEL_HANDLE,
  NULL,
  NULL);
// 以FILE_OPEN_IF方式開啟檔案
status = ZwCreateFile(
  &file_handle,
  GENERIC_READ | GENERIC_WRITE,
  &object_attributes,
  &io_status,
  NULL,
  FILE_ATTRIBUTE_NORMAL,
  FILE_SHARE_READ,
  FILE_OPEN_IF,
  FILE_NON_DIRECTORY_FILE |
  FILE_RANDOM_ACCESS |
  FILE_SYNCHRONOUS_IO_NONALERT,
  NULL,
  0);
```

值得注意的是路徑的寫法，並不是像應用層一樣直接寫成 "C:\\a.dat"，而是寫成了 "\\??\\C:\\a.dat"。這是因為 ZwCreateFile 使用的是物件路徑，"C:" 是一個符號連結化物件，符號連結化物件一般都在 "\\??\\" 路徑下。

RTL_CONSTANT_STRING 是一個巨集，這個巨集的作用是初始化一個 UNICODE_STRING 結構。

關閉檔案控制代碼使用 ZwClose 函數，由於開啟檔案時使用了 OBJ_KERNEL_ HANDLE 標示，所以開啟的檔案控制代碼是核心控制碼，核心控制碼的關閉不需要和開啟在同一處理程序上下文中。範例如下：

```
ZwClose(file_handle);
```

3.10.2 檔案的讀寫

開啟檔案之後，最重要的操作是對檔案的讀 / 寫。讀與寫的方法是對稱的，只是參數輸入與輸出的方向不同。讀取檔案內容一般使用 ZwReadFile，寫入檔案一般使用 ZwWriteFile。

```
NTSTATUS ZwReadFile(
  IN HANDLE  FileHandle,
  IN HANDLE  Event  OPTIONAL,
  IN PIO_APC_ROUTINE  ApcRoutine  OPTIONAL,
  IN PVOID  ApcContext  OPTIONAL,
  OUT PIO_STATUS_BLOCK  IoStatusBlock,
  OUT PVOID  Buffer,
  IN ULONG  Length,
  IN PLARGE_INTEGER  ByteOffset  OPTIONAL,
  IN PULONG  Key  OPTIONAL);
```

FileHandle 參數是前面 ZwCreateFile 成功後所得到的 FileHandle。如果是核心控制碼，ZwReadFile 和 ZwCreateFile 並不需要在同一個處理程序中。控制碼是各處理程序通用的。

Event 參數是一個事件物件的控制碼，用於非同步完成讀時。下面的舉例始終用同步讀，所以忽略這個參數，請始終填寫 NULL。

ApcRoutine 參數是回呼常式，用於非同步完成讀時。下面的舉例始終用同步讀，所以忽略這個參數，請始終填寫 NULL。

IoStatusBlock 參數表示傳回結果狀態。同 ZwCreateFile 中的名稱相同參數。

Buffer 參數是緩衝區。如果讀取檔案內容成功，則內容被讀到這個緩衝區裡。

Length 參數描述緩衝區的長度。這個長度也就是試圖讀取檔案的長度。

ByteOffset 參數表示要讀取的檔案的偏移量,也就是要讀取的內容在檔案中的位置。一般不要設定為 NULL。檔案控制代碼不一定支援直接讀取目前偏移量。

Key 參數表示讀取檔案時使用的一種附加資訊,一般不使用,設定為 NULL。

ZwReadFile 為函數傳回值,成功的傳回值是 STATUS_SUCCESS。只要讀取到任意個位元組(不管是否符合輸入的 Length 的要求),傳回值都是 STATUS_SUCCESS,即使試圖讀取的長度範圍超出了檔案本來的大小。但是,如果僅讀取檔案長度之外的部分,則傳回 STATUS_END_OF_FILE。

ZwWriteFile 的參數與 ZwReadFile 完全相同。當然,除了讀 / 寫入檔案,有的讀者可能會問是否提供了一個 ZwCopyFile 用來拷貝檔案。這個需求未能被滿足。如果有這個需求,這個函數必須自己來撰寫。下面是一個實例,用來拷貝一個檔案,使用到了 ZwCreateFile、ZwReadFile 和 ZwWriteFile 三個函數。不過本節的實例只列出 ZwReadFile 和 ZwWriteFile 的部分。

```
NTSTATUS MyCopyFile(
  PUNICODE_STRING target_path,
  PUNICODE_STRING source_path)
{
    // 來源和目標的檔案控制代碼
    HANDLE target = NULL;
    HANDLE source = NULL;
    // 用來拷貝的緩衝區
    PVOID buffer = NULL;
    LARGE_INTEGER offset = { 0 };
    IO_STATUS_BLOCK io_status = { 0 };

    do {
        // 這裡請用前一節說到的實例開啟target_path和source_path所對應的
        // 控制碼target和source,並為buffer分配一個頁面,也就是4KB的記憶體
        //……
        // 然後用一個循環來讀取檔案。每次從原始檔案中讀取4KB的內容,然後往
        // 目的檔案中寫入4KB,直到拷貝結束為止
        while(1) {
            length = 4*1024;        // 每次讀取4KB
            // 讀取舊檔案。注意status
            status = ZwReadFile (
                source,NULL,NULL,NULL,
```

```
                    &io_status,buffer, length,&offset,
                    NULL);
            if(!NT_SUCCESS(status))
            {
                // 如果狀態為STATUS_END_OF_FILE，則說明文件
                // 的拷貝已經成功地結束了
                if(status == STATUS_END_OF_FILE)
                    status = STATUS_SUCCESS;
                break;
            }
            // 獲得實際讀取到的長度
            length = IoStatus.Information;

            // 現在讀取了內容。讀出的長度為length，那麼寫入
            // 的長度也應該是length。寫入必須成功，如果失敗，則傳回錯誤
            status = ZwWriteFile(
                target,NULL,NULL,NULL,
                &io_status,
                buffer,length,&offset,
                NULL);
            if(!NT_SUCCESS(status))
                break;

            // offset移動，然後繼續，直到出現
            // STATUS_END_OF_FILE的時候才結束
            offset.QuadPart += length;
        }
    } while(0);

    // 在退出之前，釋放資源，關閉所有的控制碼
    if(target != NULL)
        ZwClose(target);
    if(source != NULL)
        ZwClose(source);
    if(buffer != NULL)
        ExFreePool(buffer);
    return STATUS_SUCCESS;
}
```

除了讀/寫，檔案還有很多其他操作，例如刪除、重新命名、列舉，在後面實例中用到時，再詳細説明這些操作。

3.11 執行緒與事件

3.11.1 使用系統執行緒

有時候需要使用執行緒來完成一個或一組工作，這些工作可耗電時過長，而開發者又不想讓目前系統停止下來等待。在驅動中停止等待很容易使整個系統陷入「停頓」，最後可能只能重新啟動電腦。但一個單獨的執行緒長期等待，還不至於對系統造成致命的影響。還有一些工作是希望長期、不斷地執行，例如不斷地寫入記錄檔，為此啟動一個特殊的執行緒來執行它們是最好的方法。

在驅動中產生的執行緒一般是系統執行緒。系統執行緒所在的處理程序名為 "System"，用到的核心 API 函數原型如下：

```
NTSTATUS
  PsCreateSystemThread(
  OUT PHANDLE  ThreadHandle,
  IN ULONG  DesiredAccess,
  IN POBJECT_ATTRIBUTES  ObjectAttributes  OPTIONAL,
  IN HANDLE  ProcessHandle  OPTIONAL,
  OUT PCLIENT_ID  ClientId  OPTIONAL,
  IN PKSTART_ROUTINE  StartRoutine,
  IN PVOID  StartContext);
```

這個函數的參數也很多，筆者的使用經驗是：ThreadHandle 用來傳回控制碼，放入一個控制碼指標即可。DesiredAccess 總是填寫 0；接下來的三個參數都填寫 NULL；最後的兩個參數中一個用於該執行緒啟動時執行的函數，另一個用於傳入該函數的參數。

下面要關心的就是那個啟動函數的原型：

```
VOID CustomThreadProc(IN PVOID context)
```

可以傳入一個參數，即 context，context 就是 PsCreateSystemThread 中的 StartContext。值得注意的是，執行緒的結束應該在執行緒中自己呼叫 PsTerminateSystemThread 來完成，此外獲得的控制碼也必須要用 ZwClose 來關閉。但是請注意，關閉控制碼並不結束執行緒。

下面舉一個實例。這個實例傳遞一個字串指標到一個執行緒中列印，然後結束該執行緒。當然，列印字串這種事情沒有必要單獨開一個執行緒來做，這裡只是一個簡單的範例。請注意，這個程式中有一個隱藏的錯誤，請讀者指出這個錯誤。

```
// 執行緒函數。傳入一個參數，這個參數是一個字串
VOID MyThreadProc(IN PVOID context)
{
  PUNICODE_STRING str = (PUNICODE_STRING)context;
  // 列印字串
  DbgPrint("PrintInMyThread:%wZ\r\n",str);
  // 結束自己
  PsTerminateSystemThread(STATUS_SUCCESS);
}

VOID MyFunction()
{
  UNICODE_STRING str = { 0 };
  RtlInitUnicodeString (&str,L"Hello!");
  HANDLE thread = NULL;
  NTSTATUS status = STATUS_SUCCESS;

  status = PsCreateSystemThread(
      &thread,0,NULL,NULL,NULL,MyThreadProc,(PVOID)&str);
  if(!NT_SUCCESS(status))
  {
      // 錯誤處理
      //……
  }
  // 如果成功，則可以繼續做自己的事情。之後獲得的控制碼要關閉
  ZwClose(thread);
}
```

以上錯誤之處是：MyThreadProc 即時執行，MyFunction 可能已經執行完畢了。執行完畢之後，堆疊中的 str 已經無效，此時再執行 KdPrint 去列印 str 一定會當機。這是一個非常隱蔽，但是非常容易犯的錯誤。

合理的方法是在堆積中分配 str 的空間，或說 str 必須在全域空間中。請讀者自己寫出正確的方法。

但是讀者會發現，以上的寫法在正確的程式中也是常見的。如果這樣做，在 PsCreateSystemThread 結束之後，開發者會在後面加上一個等待中的執行緒結束的敘述。

這樣就沒有任何問題了，因為在這個執行緒結束之前，函數都不會執行完畢，所以堆疊記憶體空間不會故障。

這樣做的目的一般不是為了讓工作平行處理，而是為了利用執行緒上下文環境而進行特殊處理，例如防止重入等。

3.11.2　使用同步事件

一些讀者可能熟悉「事件驅動」程式設計技術，但是這裡的「事件」與之不同。核心中的事件是一個資料結構，這個結構的指標可以當作一個參數傳入一個等待函數中。如果這個事件不被「設定」，那麼這個等待函數就不會傳回，這個執行緒將被阻塞；如果這個事件被「設定」，那麼等待結束即可繼續下去。

事件常常用於多個執行緒之間的同步。如果一個執行緒需要等待另一個執行緒完成某事後才能做某事，則可以使用事件等待，另一個執行緒完成後設定事件即可。

其資料結構是 KEVENT，讀者沒有必要去了解其內部結構，該結構總是用 KeInitlizeEvent 初始化。函數的原型如下：

```
VOID  KeInitializeEvent(
IN PRKEVENT  Event,
IN EVENT_TYPE  Type,
IN BOOLEAN  State );
```

第一個參數是要初始化的事件；第二個參數是事件類型，詳見後面的解釋；第三個參數是初始化狀態，一般設定為 FALSE，也就是未設定狀態，這樣等待者需要等待設定之後才能通過。

該事件物件不需要銷毀。

設定事件使用函數 KeSetEvent。該函數的原型如下：

```
LONG KeSetEvent(
IN PRKEVENT  Event,
IN KPRIORITY  Increment,
IN BOOLEAN  Wait
);
```

Event 是要設定的事件；Increment 用於提升優先權，目前設定為 0 即可；Wait 表示是否後面馬上緊接著一個 KeWaitSingleObject 來等待這個事件，一般設定為 TRUE（事件初始化之後，一般就要開始等待了）。

使用事件的簡單程式如下：

```
// 定義一個事件
KEVENT event;
// 事件初始化
KeInitializeEvent(&event,SynchronizationEvent,TRUE);
//……
// 事件初始化之後就可以使用了。在一個函數中，可以等待某
// 個事件。如果這個事件沒有被設定，那麼就會阻塞在這裡繼續等待
KeWaitForSingleObject(&event,Executive,KernelMode,0,0);
//……

// 這是另一個地方，設定了這個事件。只要一設定這個事件
// 前面等待的地方將繼續執行
KeSetEvent(&event,0,FALSE);
```

由於在 KeInitializeEvent 中使用了 SynchronizationEvent，導致了這個事件成為所謂的「同步」事件。一個「同步」事件如果被設定（有訊號狀態），只有 KeWaitForSingleObject 函數可以等待到該事件，函數內部自動重設事件（無訊號狀態）。當 KeInitializeEvent 中的第二個參數被設定為 NotificationEvent 時，這個事件被稱為「通告」事件，當「通告」事件被設定後（有訊號狀態），所有 KeWaitForSingleObject 函數都可以等待到該事件，另外，開發者必須要手動呼叫 API 重設事件（無訊號狀態）。手動重設使用函數 KeResetEvent。

```
LONG  KeResetEvent( IN PRKEVENT  Event);
```

Event 表示需要重設的事件物件指標。

「同步」事件一般被用來作為多執行緒之間的鎖，因為某一時刻只有一個 KeWaitForSingleObject 可以等待到該事件；而「通告」事件一般被用來做廣播方式的通知。

回憶前面小節「使用系統執行緒」中最後的實例。在那裡曾經有一個需求，就是等待中的執行緒中的函數 DbgPrint 結束之後，外面產生執行緒的函數再傳回。這可以透過一個事件來實現：執行緒中列印結束之後，設定事件，外面的

函數再傳回。為了程式開發簡單，筆者使用了一個靜態變數作事件，這種方法在執行緒同步中用得極多，請務必熟練掌握。

```
static KEVENT s_event;

// 執行緒函數。傳入一個參數，這個參數是一個字串
VOID MyThreadProc(PVOID context)
{
    PUNICODE_STRING str = (PUNICODE_STRING)context;
    DbgPrint("PrintInMyThread:%wZ\r\n",str);
    KeSetEvent(&s_event, 0, TRUE);       // 在這裡設定事件
    PsTerminateSystemThread(STATUS_SUCCESS);
}

// 產生執行緒的函數
VOID MyFunction()
{
    UNICODE_STRING str = RTL_CONSTANT_STRING(L"Hello!");
    HANDLE thread = NULL;
    NTSTATUS status;

    KeInitializeEvent(&event,SynchronizationEvent,TRUE); // 初始化事件
    status = PsCreateSystemThread(
        &thread,0,NULL,NULL,NULL,MyThreadProc,(PVOID)&str);
    if(!NT_SUCCESS(status))
    {
        // 錯誤處理
        //……
    }
    ZwClose(thread);
    // 等待事件結束後再傳回
    KeWaitForSingleObject(&s_event,Executive,KernelMode,0,0);
}
```

實際上，等待中的執行緒結束並不一定要用事件，執行緒物件本身也可以當作一個事件來等待，但是這裡為了示範事件的用法而使用了事件。使用以上的方法呼叫執行緒不必擔心 str 的記憶體空間會無效，因為這個函數在執行緒執行完 KdPrint 之後才傳回。缺點是這個函數不能造成平行處理執行的作用。

應用與核心通訊

在前面章節的內容中，筆者介紹了一系列使用 WDK 開發的核心驅動程式。但是核心程式既沒有視窗，也沒有主控台，所以難以讓使用者「看到」些什麼。前面介紹的唯一讓讀者能夠看到結果的是偵錯記錄檔。這顯然不能提供給最後使用者。

除了讓使用者能夠觀察到驅動的行為，很多情況下，核心需要與應用層通訊。一方面，一些軟體的某些功能必須要透過核心程式才能實現，但是又必須在軟體介面上有所展示；另一方面，有些核心程式的功能，需要提供方便使用者來操作的方法，這又必須表現在軟體介面上。目前據筆者所知，所有的軟體使用者操作介面都是用使用者態應用程式來實現的。為此，核心程式必須要用某種方式和應用軟體互通資訊。下面是一個很典型的安全軟體的介面，如圖 4-1 所示。

圖 4-1　一個安全軟體介面的實例

實現這個介面的顯然是一個普通的 Windows 視窗，而一些功能則很可能是用核心驅動來實現的。這個軟體介面不但能取得這些核心驅動的資訊（獲知某個功能是否已經開啟），還能控制這些功能的開啟與關閉（將滑鼠移動到字型上可以開啟或關閉對應的功能）。可見，這個軟體介面可以用某種方式與核心驅動通訊。

讀者在做自己的軟體時很可能也希望提供一個足夠酷的介面，而不僅是一個無人知道起了什麼作用的驅動程式（當然病毒作者除外）。所以相信這一章的內容對讀者來說會很有用。

此外，本章的一些內容也重點介紹了設計安全的通訊介面的重要性，防止核心驅動因為來自使用者態的通訊輸入而被感染或當機。

考慮到通用性，從本章開始，所有驅動程式均支援舊版本的 WDK 編譯，本章程式實例在 /source/coworker 目錄下。coworker 下有兩個子目錄，其中一個是 coworker_sys，裡面包含用來通訊的核心驅動程式；另一個是 coworker_user，裡面含有應用程式碼。如果文中提到某個程式檔案，請到對應目錄下尋找。

▌ 4.1 核心方面的程式設計

4.1.1 產生控制裝置

如果一個驅動需要和應用程式通訊，那麼首先要產生一個裝置物件（Device Object）。在 Windows 驅動開發系統中，裝置物件是非常重要的元素。裝置物件和分發函數組成了整個核心系統的基本架構。裝置物件可以在核心中曝露出來給應用層，應用層可以像操作檔案一樣操作它。這些細節將在後面說明。一般而言，用於和應用程式通訊的裝置常常用來「控制」這個核心驅動（這裡所謂的控制就是設定、開啟或關閉某些功能，建議參考本章開頭圖 4-1 所示的實例），所以常常稱之為「控制裝置物件」（Control Device Object，CDO）。下面請讀者先看產生控制裝置的實例。

產生裝置可以使用函數 IoCreateDevice。這個函數的原型如下：

```
NTSTATUS
  IoCreateDevice(
```

```
    IN PDRIVER_OBJECT  DriverObject,
    IN ULONG  DeviceExtensionSize,
    IN PUNICODE_STRING  DeviceName  OPTIONAL,
    IN DEVICE_TYPE  DeviceType,
    IN ULONG  DeviceCharacteristics,
    IN BOOLEAN  Exclusive,
    OUT PDEVICE_OBJECT  *DeviceObject
    );
```

第一個參數是 DriverObject，它可以直接從 DriverEntry 的參數中獲得。第二個參數表示裝置擴充的大小，在後面的「應用裝置擴充」中會專門說明。DeviceName 是裝置名稱，可以為空。作為控制裝置，一般要提供一個裝置名稱，以方便應用程式開啟它。DeviceType 是裝置類型。Windows 已經規定了一系列裝置類型。DeviceCharacteristics 是一組裝置屬性。至於如何填寫，讀者會在後面看到實例。Exclusive 表示是否是一個獨佔裝置。設定為獨佔裝置的話，這個裝置將在同一時刻只能被開啟一個控制碼。一般驅動都不會設定為獨佔裝置。不過有時候這會有好處。作為控制裝置，可能不希望別的處理程序能夠開啟這個裝置，而只允許自己的處理程序開啟（例如安全軟體顯然不希望被病毒所控制），那麼設定為獨佔裝置並由某個處理程序開啟著永不關閉，應該可以提供某種程度的安全性。不過，這點筆者並未自己嘗試過，讀者有興趣的話可以試試。最後一個參數 DeviceObject 是用來傳回結果的。如果函數執行成功（傳回值為 STATUS_SUCCESS），那麼 *DeviceObject 就是產生的裝置物件的指標。

使用 IoCreateDevice 來產生控制裝置對初學者來說會碰到一個潛在的問題，那就是這個函數產生的裝置具有預設的安全屬性，其結果就是只有具有管理員許可權的處理程序才能開啟它。這可能會讓某些讀者在用自己的應用程式與之通訊時遇到麻煩：如果目前使用者只是一個普通使用者，就會發現無法開啟裝置。為此，筆者使用另一個函數來強迫產生一個任何使用者都可以開啟的裝置。當然，作為商務軟體而言，這顯然是不安全的。這樣做的目的僅是為了讀者使用程式方便。

```
NTSTATUS
  IoCreateDeviceSecure(
    IN PDRIVER_OBJECT  DriverObject,
    IN ULONG  DeviceExtensionSize,
```

```
    IN PUNICODE_STRING DeviceName OPTIONAL,
    IN DEVICE_TYPE DeviceType,
    IN ULONG DeviceCharacteristics,
    IN BOOLEAN Exclusive,
    IN PCUNICODE_STRING DefaultSDDLString,
    IN LPCGUID DeviceClassGuid,
    OUT PDEVICE_OBJECT *DeviceObject,
    );
```

這個函數的大多數參數和上面的 IoCreateDevice 函數是一樣的，只是增加了兩個參數，其中一個是 DefaultSDDLString，這個特殊格式的字串能表示這個裝置物件的安全設定；另一個參數是 DeviceClassGuid，它是這個裝置的 GUID，是所謂的全球唯一識別碼。

對於 DefaultSDDLString，筆者並未深究，只是從 WDK 的説明中拷貝了一個自稱支援任何使用者直接開啟裝置的字串（讀者可以在下面的實例中見到）。至於 DeviceClassGuid，理論上需要用微軟提供的函數 CoCreateGuid 來產生（注意是指呼叫這個函數一次，獲得一個裝置的 GUID，以後就一直使用這個GUID，而非每次執行驅動都產生一個）。所以，請讀者在開發自己的驅動時，切記不要拷貝筆者實例中的 GUID，以免同一個 GUID 被用到多個裝置中造成潛在的衝突。

最後產生控制裝置的程式如下（讀者可以在 coworker_sys.c 下找到）：

```
// 在DriverEntry之外定義一個全域變數
PDEVICE_OBJECT g_cdo = NULL;

NTSTATUS DriverEntry(PDRIVER_OBJECT driver,PUNICODE_STRING reg_path)
{
// 產生一個控制裝置，然後產生符號連結
  UNICODE_STRING sddl = RTL_CONSTANT_STRING(L"D:P(A;;GA;;;WD)");
  UNICODE_STRING cdo_name =
  RTL_CONSTANT_STRING(L"\\Device\\slbk_3948d33e");

...

// 產生一個控制裝置物件
    status = IoCreateDeviceSecure(
        driver,
        0,&cdo_name,
```

```
            FILE_DEVICE_UNKNOWN,
            FILE_DEVICE_SECURE_OPEN,
            FALSE,&sddl,
            (LPCGUID)&SLBKGUID_CLASS_MYCDO,
            &g_cdo);
                if(!NT_SUCCESS(status))
            return status;

...

    }
```

上面的字串 "D:P(A;;GA;;;WD)" 就是允許任何使用者存取該裝置的萬能安全設定字串（當然所謂的萬能就是完全不安全）。另外一個字串 cdo_name 是裝置的名字，將在下一節中詳細介紹。

另外，值得注意的是上面的 g_cdo，這是一個全域變數。一般而言，控制裝置產生之後都儲存在全域變數中。這是因為一個驅動程式只有一個控制裝置，簡單地保存在全域變數裡容易在其他函數中（例如移除或分發函數中）識別。

4.1.2 控制裝置的名字和符號連結

裝置物件是可以沒有名字的。但是控制裝置需要有一個名字，這樣它才會被曝露出來，供其他程式開啟與之通訊。裝置的名字可以在呼叫 IoCreateDevice 或 IoCreateDeviceSecure 時指定。此外，應用層是無法直接透過裝置的名字來開啟物件的，為此必須要建立一個曝露給應用層的**符號連結**。符號連結就是記錄一個字串對應到另一個字串的一種簡單結構。產生符號連結的函數是：

```
NTSTATUS
  IoCreateSymbolicLink(
    IN PUNICODE_STRING  SymbolicLinkName,
    IN PUNICODE_STRING  DeviceName
    );
```

讀者可以看到這個函數非常簡單，只有兩個參數：一個是符號連結名，一個是裝置名稱。一般而言，這個函數都會成功。不過，如果一個符號連結的名字已經在系統裡存在了（注意，符號連結是在 Windows 中全域存在的），那麼這個函數會傳回失敗。

所以，用符號連結是不太穩妥的方式，因為符號連結就是一個字串，就算字串再長，也不可能完全避免某個驅動產生的符號連結的名字與另一個廠商的符號連結的名字發生衝突。所以，最穩妥地是使用 GUID 的方式來存取裝置。不過，這對本書來說並非一個關鍵問題。要詳細了解裝置物件的存取方式，請參考專業的硬體驅動開發書籍。

在這方面筆者的方式比較粗暴，就是先嘗試刪除該符號連結，然後再產生。這樣萬一有衝突，也被消弭於無形了。當然，這只是表面上的。如果另一個驅動真的需要用到名稱相同的符號連結，那麼應該會因為把請求發給錯誤的裝置物件而當機。筆者寫的程式如下：

```
#define CWK_CDO_SYB_NAME      L"\\??\\slbkcdo_3948d33e"
...

NTSTATUS DriverEntry(PDRIVER_OBJECT driver,PUNICODE_STRING reg_path)
{
...

  UNICODE_STRING cdo_name = RTL_CONSTANT_STRING(L"\\Device\\cwk_3948d33e");
  UNICODE_STRING cdo_syb = RTL_CONSTANT_STRING(CWK_CDO_SYB_NAME);

...

  // 產生符號連結
  IoDeleteSymbolicLink(&cdo_syb);
  status = IoCreateSymbolicLink(&cdo_syb,&cdo_name);
  if(!NT_SUCCESS(status))
  {
    // 一旦失敗了，要記得之前已經產生過裝置物件，所以刪除
    IoDeleteDevice(g_cdo);
    return status;
  }

...
```

注意這個裝置名稱是 cdo_name，而符號連結名是 cdo_syb。這兩個字串有一定的講究。Windows 的裝置都像檔案一樣位於一個物件樹的管理之下。一般而言，裝置都位於 \Device\ 路徑下（但這不是絕對的），而產生的符號連結則一般位於 \??\ 這個路徑下（這的確是兩個問號，並非亂碼）。這兩個字串其實是路徑名稱。

筆者故意把這兩個字串弄得很古怪，後面加了很長的數字，就是為了避免和其他驅動程式衝突。當然，如果最後有多位讀者直接拷貝了這些程式並用到了商業的軟體中，而且最後產生了衝突，筆者也不會吃驚。

如何在應用程式中開啟這個裝置，將在後面的內容中介紹。

4.1.3 控制裝置的刪除

既然在驅動中產生了控制裝置及其符號連結，那麼在驅動移除時就應該刪除它們；否則符號連結就會一直存在。應用程式還可能會嘗試開啟操作。程式如下，非常簡單，依次刪除符號連結和控制裝置。

```
#define CWK_CDO_SYB_NAME      L"\\??\\slbkcdo_3948d33e"

NTSTATUS DriverEntry(PDRIVER_OBJECT driver,PUNICODE_STRING reg_path)
{
...
// 在DriverEntry中，設定了cwkUnload就是移除函數
driver->DriverUnload = cwkUnload;
}

void cwkUnload(PDRIVER_OBJECT driver)
{
  UNICODE_STRING cdo_syb = RTL_CONSTANT_STRING(SLBKCDO_SYB_NAME);
  ASSERT(g_cdo != NULL);
  IoDeleteSymbolicLink(&cdo_syb);
  IoDeleteDevice(g_cdo);
}
```

4.1.4 分發函數

分發函數是一組用來處理發送給裝置物件（當然也包含控制裝置）的請求的函數。這些函數由核心驅動的開發者撰寫，以便處理這些請求並傳回給 Windows。分發函數是設定在驅動物件（Driver Object）上的。也就是說，每個驅動都有一組自己的分發函數。Windows 的 IO 管理員在收到請求時，會根據請求發送的目標，也就是一個裝置物件，來呼叫這個裝置物件所從屬的驅動物件上對應的分發函數。

不同的分發函數處理不同的請求。當然，開發者也可以令所有的請求都由一個

分發函數來處理，只是在分發函數中自己區別各種請求即可。請求有許多種，在本章中，筆者只用到三種請求。

- 開啟（Create[1]）：在試圖存取一個裝置物件之前，必須先用開啟請求「開啟」它。只有獲得成功的傳回，才可以發送其他的請求。
- 關閉（Close）：在結束存取一個裝置物件之後，發送關閉請求將它關閉。關閉之後，就必須再次開啟才能存取。
- 裝置控制（Device Control）：裝置控制請求是一種既可以用來輸入（從應用到核心），又可以用來輸出（從核心到應用）的請求。因此很適合本節的需求。

一個標準的分發函數原型如下：

```
NTSTATUS cwkDispatch(
                    IN PDEVICE_OBJECT dev,
                    IN PIRP irp)
```

其中的 dev 就是請求要發送給的目標物件；irp 則是代表請求內容的資料結構的指標。無論如何，分發函數必須首先設定給驅動物件，這個工作一般在 DriverEntry 中完成。筆者的 DriverEntry 中相關的程式如下：

```
NTSTATUS DriverEntry(PDRIVER_OBJECT driver,PUNICODE_STRING reg_path)
{
ULONG i;

...

// 所有的分發函數都設定成一樣的
for(i=0;i<IRP_MJ_MAXIMUM_FUNCTION;i++)
{
    driver->MajorFunction[i] = cwkDispatch;
}
}
```

---

1 注意：對應的英文是 Create 而非 Open。因為在檔案系統中，常常將 Create 和 Open 視為同一個請求。Create 意味著產生新檔案並開啟，而 Open 意味著開啟已經存在的檔案。在很多情況下請求的意圖是，如果檔案已存在就開啟，如果檔案不存在則新增一個並開啟。所以用同一個請求 Create 來表示，只是用參數表示意圖的不同（要不要新增、覆蓋、開啟已存在的檔案等）。在本章中開啟控制裝置的情況下，控制裝置是本來就存在的，所以意圖是「開啟」而非「產生」。

注意，上面的片段中將所有的分發函數（實際上 MajorFunction 是一個函數指標陣列，儲存所有分發函數的指標）都設定成同一個函數，這是一種簡單的處理方案。讀者可以為每種請求設定不同的分發函數。如果有很多種請求要處理，而且每種請求的處理還都很複雜，那麼放在同一個函數裡做就會導致那個函數非常龐大且複雜。本節中只處理三種請求，而且都不複雜，所以採用這種簡便的方式。

剛接觸核心開發的讀者可能對 IRP 這個概念上不太了解，IRP 是 I/O request packet 的縮寫，即 IO 請求封包。在核心中，如需對某個裝置進行功能請求，大部分情況下是透過發送 IRP 實現的，如對於檔案系統的裝置，當需要寫入某一個檔案時，核心的 IO 管理員會產生一個用於描述「寫入操作」的 IRP，然後發送給對應的檔案裝置。

IRP 的結構非常龐大，微軟公開了該結構中的某些成員，關於這些成員的實際含義與用法，在本書後面的章節中會介紹。

4.1.5 請求的處理

在分發函數中處理請求的第一步是獲得請求的目前堆疊空間（Current Stack Location)。請求的堆疊空間結構是適應於 Windows 核心驅動中裝置物件的堆疊結構的。但是這不是本書的重點，本書僅利用目前堆疊空間指標來獲得主功能號。每種請求都有一個主功能號來說明這是一個什麼請求。

- 開啟請求的主功能號是 IRP_MJ_CREATE。
- 關閉請求的主功能號是 IRP_MJ_CLOSE。
- 裝置控制請求的主功能號是 IRP_MJ_DEVICE_CONTROL。

請求的目前堆疊空間可以用 IoGetCurrentIrpStackLocation 取得，然後可以根據主功能號做不同的處理。程式如下：

```
NTSTATUS cwkDispatch(
            IN PDEVICE_OBJECT dev,
            IN PIRP irp)
{
    PIO_STACK_LOCATION  irpsp = IoGetCurrentIrpStackLocation(irp);
```

```
// 判斷請求發給誰，是否是之前產生的控制裝置
if(dev != g_cdo)
...

// 判斷請求的種類
  if(irpsp->MajorFunction == IRP_MJ_CREATE || irpsp->MajorFunction ==
    IRP_MJ_CLOSE)
  {
...
  }

  if(irpsp->MajorFunction == IRP_MJ_DEVICE_CONTROL)
  {
...
    }
...
}
```

讀者會注意到前面需要判斷請求是發給哪個裝置的。這個很簡單，只要判斷參數 dev 是否是之前產生控制裝置之後儲存的全域變數 g_cdo 即可。如果請求不是發給這個裝置的，那麼直接傳回錯誤即可。在分發函數中傳回請求，需要以下 4 行程式：

```
NTSTATUS cwkDispatch(
            IN PDEVICE_OBJECT dev,
            IN PIRP irp)
{

...

irp->IoStatus.Information = ret_len;
  irp->IoStatus.Status = status;
  IoCompleteRequest(irp,IO_NO_INCREMENT);
  return status;
}
```

設定 irp → IoStatus.Information 主要用於傳回輸出時。傳回輸出時請求的發起者應該已經提供了一個用於接收請求的緩衝區，這個 Information 用來記錄這次傳回到底使用了多少輸出的空間，也就是說，傳回的輸出長度是多少。但是這個長度一定小於或等於輸出緩衝區的長度。

irp → IoStatus.Status 用於記錄這個請求的完成狀態。這和後面分發函數的傳回值是一樣的。不過這只是一般情況，並不是所有的情況都一致。

IoCompleteRequest 用於結束這個請求。

實際的如何處理裝置控制請求的分發函數會在本章稍後的內容中列出。

4.2 應用方面的程式設計

4.2.1 基本的功能需求

本章前面的內容中介紹了在核心驅動中需要增加的部分。但是到此為止，在本章的實例中都沒有說明應用和核心之間要進行怎樣的通訊。這一點將在這裡說明。本節的實例將實現一個極為簡單的通訊需求：應用程式可以隨時發送字串給核心驅動，而核心驅動將把這些字串儲存在自己的緩衝區中；同時應用程式也可以隨時發送請求將這些核心驅動緩衝的字元讀取出來。

這看似簡單，但是實際上它給處理程序之間的通訊提供了一種通道。因為一個普通的應用，也就是執行在 r3 等級的處理程序實際上是沒有許可權主動和其他處理程序進行通訊的（除非透過作業系統提供的介面）。而本節的實例在作業系統核心中提供了這樣一個實現：一個處理程序可以向這個核心驅動中發送一些字串，而另一個處理程序可以從這個核心驅動中接收這些字串（因為在筆者的實例中的控制裝置並不禁止任何處理程序開啟它）。這也是作業系統的處理程序間通訊的一種實現方式。

另外，既然應用和核心之間可以互相傳遞字串，那麼自然也可以傳遞其他的資訊。這就看讀者各自的需求了。字串也可以改成其他的資料結構，用來傳遞任何可能的資訊。

4.2.2 在應用程式中開啟與關閉裝置

在應用程式中開啟裝置和開啟檔案沒有什麼不同，除了路徑有點特殊。筆者用 VS 建立了一個簡單的 Windows 主控台專案。大部分程式很簡單地寫在了 _tmain 函數中。開啟裝置使用 API 函數 CreateFile。檔案的路徑就是符號連結的路徑，但是符號連結的路徑在應用層看來，是以 "\\.\" 開頭的。注意，這些 "\"

在 C 語言中要使用 "\\" 來逸出,所以在 C 程式中,上節產生的符號連結就變成了這個樣子:

```
#define CWK_DEV_SYM L"\\\\.\\slbkcdo_3948d33e"
```

接下來是在 _tmain 中開啟裝置的程式:

```
int _tmain(int argc, _TCHAR* argv[])
{
  HANDLE device = NULL;

...

  // 開啟裝置。每次要操作驅動時,先以此為實例開啟裝置
  device=CreateFile(CWK_DEV_SYM,GENERIC_READ|GENERIC_WRITE,0,0,OPEN_EXISTING,
      FILE_ATTRIBUTE_SYSTEM,0);
  if (device == INVALID_HANDLE_VALUE)
  {
    printf("coworker demo: Open device failed.\r\n");
    return -1;
  }
  else
    printf("coworker demo: Open device successfully.\r\n");

...
```

CreateFile 中最重要的參數就是第一個:用一個字串來表示裝置的路徑。後面的參數讀者可以直接拷貝筆者的程式。CreateFile 的參數非常複雜,有興趣的讀者請參考 MSDN 的說明。

注意,如果失敗了並不是傳回 NULL,而是傳回 INVALID_HANDLE_VALUE,而且 INVALID_HANDLE_VALUE 並不是 NULL。這是一個實際寫程式時容易出現隱藏錯誤的地方。

關閉裝置非常簡單,呼叫 CloseHandle 即可。程式如下:

```
CloseHandle(device);
```

4.2.3 裝置控制請求

裝置控制請求可以進行輸入,也可以進行輸出。無論輸出還是輸入都可以利用一個簡單的自訂結構和長度緩衝區,所以讀者可以根據自己的需要來設計非常

複雜的通訊協定。在這裡筆者做一個簡單的設計：定義一個叫作「發送字串」的功能號。每個裝置控制請求會有一個功能號，以便區分不同的裝置控制請求。

```
// 從應用層給驅動發送一個字串
#define  CWK_DVC_SEND_STR \
(ULONG)CTL_CODE( \
FILE_DEVICE_UNKNOWN, \
0x911,METHOD_BUFFERED, \
FILE_WRITE_DATA)
```

這裡的 CTL_CODE 是一個巨集，是 SDK 裡的標頭檔提供的。讀者要做的是直接利用這個巨集來產生一個自己的裝置控制請求功能號。CTL_CODE 有 4 個參數，其中第一個參數是裝置類型。筆者產生的這種控制裝置和任何硬體都沒有關係，所以直接定義成未知類型（FILE_DEVICE_ UNKNOWN）即可。第二個參數是產生這個功能號的核心數字，這個數字直接用來和其他參數「合成」功能號。0x0~0x7ff 已經被微軟預留，所以筆者只能使用大於 0x7ff 的數字。同時，這個數字不能大於 0xfff。如果要定義超過一個的功能號，那麼不同的功能號就靠這個數字進行區分。第三個參數 METHOD_BUFFERED 表示用緩衝方式[2]。用緩衝方式的輸入 / 輸出緩衝會在使用者和核心之間拷貝。這是比較簡單和安全的一種方式。最後一個參數是這個操作需要的許可權。當筆者需要將資料發送到裝置時，相當於往裝置上寫入資料，所以標示為擁有寫入資料許可權（FILE_WRITE_DATA）。

筆者另外定義了一個從核心接收字串的功能號如下：

```
// 從驅動讀取一個字串
#define  CWK_DVC_RECV_STR \
  (ULONG)CTL_CODE( \
  FILE_DEVICE_UNKNOWN, \
  0x912,METHOD_BUFFERED, \
  FILE_READ_DATA)
```

下面就是發送請求的過程。除了之前的開啟裝置和關閉裝置，中間增加了使用 DeviceIoControl 發送請求的過程。

---

2 除了緩衝方式（Buffered），還有直接方式（DirectIO，用 MDL 鎖定使用者記憶體）和原始方式（使用 irp->UserBuffer，無標示定義）。

```
int _tmain(int argc, _TCHAR* argv[])
{
...

    char *msg = {"Hello driver, this is a message from app.\r\n"};

...

    if(!DeviceIoControl(device, CWK_DVC_SEND_STR, msg, strlen(msg) + 1, NULL,
        0, &ret_len, 0))
    {
        printf("coworker demo: Send message failed.\r\n");
        ret = -2;
    }
    else
        printf("coworker demo: Send message successfully.\r\n");

...

}
```

msg 在這裡是一個普通的字串，當作緩衝區使用 DeviceIoControl 傳送。當然，僅是為了簡單而這樣做，事實上這是極不安全的，等於在核心中敞開了一個不限長度的緩衝區用來進行攻擊。DeviceIoControl 函數會導致核心中的裝置物件收到一個裝置控制請求。下一節中筆者會修改核心驅動的部分，來處理這個請求。

4.2.4 核心中的對應處理

在目前的情況下，應用中呼叫 DeviceIoControl 一定會傳回錯誤，因為核心驅動中還沒處理。現在回到核心程式設計中來修改。在處理開啟和關閉 IRP 時，比較簡單，直接傳回成功即可。但是在處理裝置控制請求時，還有以下的工作要完成。

- 獲得功能號。
- 如果有輸入緩衝區，則必須獲得輸入緩衝區的指標以及長度。
- 如果有輸出緩衝區，則必須獲得輸出緩衝區的指標以及長度。

這些工作可以用下面的程式來完成。

```
...
if(irpsp->MajorFunction == IRP_MJ_DEVICE_CONTROL)
{
  // 獲得緩衝區
   PVOID buffer = irp->AssociatedIrp.SystemBuffer;
  // 獲得輸入緩衝區的長度
   ULONG inlen = irpsp->Parameters.DeviceIoControl.InputBufferLength;
  // 獲得輸出緩衝區的長度
   ULONG outlen = irpsp->Parameters.DeviceIoControl.OutputBufferLength;
...
```

注意，緩衝區是 irp → AssociatedIrp.SystemBuffer 的前提是，這是一個緩衝方式的裝置控制請求。其他方式的裝置控制請求取得緩衝區位址的方式也不同，在本書中不做介紹。這裡只説緩衝區，沒有説是輸入緩衝區還是輸出緩衝區，是因為在裝置控制請求中，輸入緩衝區和輸出緩衝區是共用的，是同一個指標。

下面是筆者寫的完整的分發函數。筆者使用了 while 代替 if，是希望在發現錯誤時，可以用 break 直接跳到傳回的地方。其中關於緩衝區的處理，非常簡單地呼叫了 DbgPrint((char *)buffer)。也就是説，只要應用程式發送一個字串，核心驅動就把它列印出來。

```
NTSTATUS cwkDispatch(
             IN PDEVICE_OBJECT dev,
             IN PIRP irp)
{
   PIO_STACK_LOCATION  irpsp = IoGetCurrentIrpStackLocation(irp);
   NTSTATUS status = STATUS_SUCCESS;
   ULONG ret_len = 0;
   while(dev == g_cdo)
   {
       // 如果這個請求不是發給g_cdo的，那就非常奇怪了
       // 因為這個驅動只產生過這一個裝置，所以可以直接傳回失敗

      if(irpsp->MajorFunction == IRP_MJ_CREATE || irpsp->MajorFunction ==
       IRP_MJ_CLOSE)
      {
           // 產生和關閉請求。一律簡單地傳回成功即可
           //無論何時開啟和關閉都可以成功
```

```
        break;
    }

    if(irpsp->MajorFunction == IRP_MJ_DEVICE_CONTROL)
    {
    // 處理DeviceIoControl。
        PVOID buffer = irp->AssociatedIrp.SystemBuffer;
        ULONG inlen = irpsp->Parameters.DeviceIoControl.InputBufferLength;
        ULONG outlen = irpsp->Parameters.DeviceIoControl.OutputBufferLength;
      switch(irpsp->Parameters.DeviceIoControl.IoControlCode)
      {
        case CWK_DVC_SEND_STR:
            ASSERT(buffer != NULL);
            ASSERT(inlen > 0);
            ASSERT(outlen == 0);
            DbgPrint((char *)buffer);
            // 已經列印過了，那麼現在就可以認為這個請求已經成功
            break;
        case CWK_DVC_RECV_STR:
        default:
            // 到這裡的請求都是不接受的請求。未知的請求一律傳回非法
            // 參數錯誤
            status = STATUS_INVALID_PARAMETER;
            break;
      }
    }
    break;
  }
  // 到這裡的請求都是不接受的請求。未知的請求一律傳回非法參數錯誤
  irp->IoStatus.Information = ret_len;
  irp->IoStatus.Status = status;
  IoCompleteRequest(irp,IO_NO_INCREMENT);
  return status;
}
```

這樣的處理方式非常簡單，但是有一個缺點，就是沒有規定緩衝區的最大長度。換句話說，緩衝區的長度是由使用者態的應用程式發起呼叫時決定的。

一般而言，在處理緩衝區的時候，核心中的記憶體是有限的，因此程式設計中很容易出現使用一個有限的空間去處理資料，結果卻被攻擊者輸入了一個更長的緩衝區的情況。結果就是緩衝區溢位。

緩衝區溢位會使核心驅動本身被修改,跑去執行可能由攻擊者從使用者態寫入的程式。這遠比應用程式本身的漏洞要嚴重。這樣的核心驅動安裝在系統上,等於給攻擊者大開方便之門,攻擊者可以利用核心驅動的漏洞直接從使用者態獲得核心態許可權。

因此,在應用層和核心層之間進行通訊時,必須嚴格地設計通訊介面,避免各種緩衝區溢位的可能。首要就是限制緩衝區的最大長度,一旦發現緩衝大於這個長度,就可以不加處理,直接傳回失敗。

4.2.5 結合測試的效果

筆者對以上的範例程式進行了測試,相關的程式在 /source/coworker 目錄下。

筆者在虛擬機器裡啟動了 Windows 系統,連接上 WinDbg,然後安裝了 coworker_sys.sys 並手動載入。

接下來在虛擬機器上執行 coworker_user.exe,執行結果如圖 4-2 所示,該結果說明一切都顯示成功,沒有錯誤訊息。

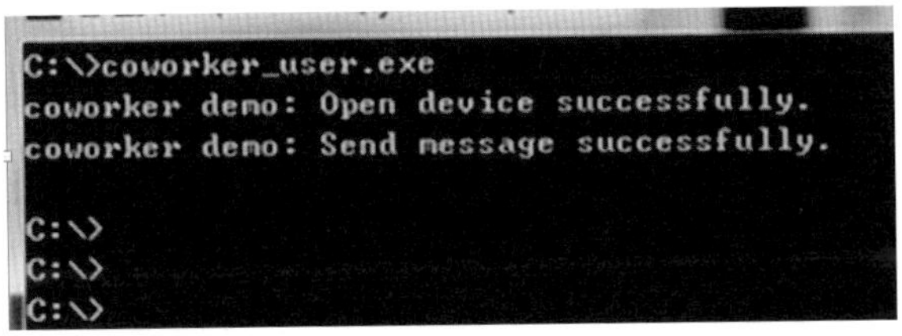

圖 4-2 coworker_user.exe 執行輸出的資訊

當然,另一個重要的問題是核心中的確收到了 coworker_user.exe 所發出的資訊。這一點可以透過 WinDbg 看出來,如圖 4-3 所示。

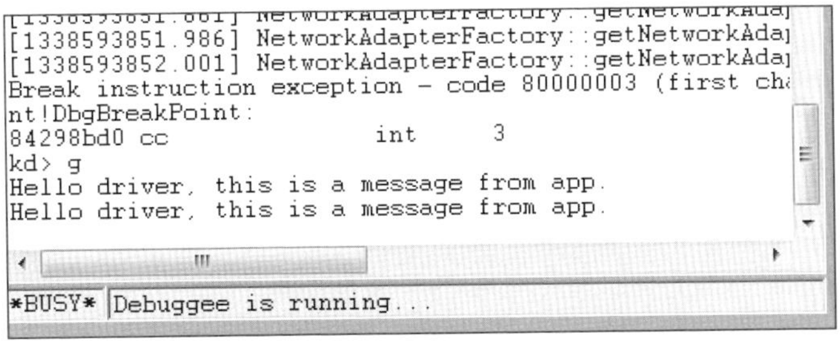

圖 4-3 WinDbg 中 coworker.sys 所輸出的資訊

這裡看到兩筆資訊是因為筆者執行了兩次 coworker_user.exe 的緣故。從這裡看，核心的確收到了從應用層發來的資訊。至於如何利用這些資訊，就看讀者自己的需求了。

64 位元和 32 位元核心開發差異

隨著 64 位元系統的普及，開發者開發核心模組需要同時在 32 位元和 64 位元系統上執行，對現有程式來說，可能需要經過一些調整才可以在 64 位元系統上正確執行，而對於新寫的程式，一開始就要考慮好 32 位元和 64 位元的程式相容；不管是修改舊程式，還是新增程式，了解 64 位元和 32 位元系統的程式設計差異非常有必要。

本章在介紹 64 位元和 32 位元系統程式設計差異之前，先介紹 64 位元系統的新增機制，然後結合這些新機制來了解程式設計的差異。

▍5.1 64 位元系統新增機制

5.1.1 WOW64 子系統

剛剛接觸 Windows 64 位元系統的讀者可能都會有一個疑問：在 64 位元系統上，之前的 32 位元應用程式還能正常執行嗎？答案是一定的；那麼系統是如何確保這點的呢？這就是接下來要介紹的 WOW64 子系統。

WOW64 子系統（Windows-on-Windows 64-bit），是 64 位元 Windows 系統為了相容 32 位元應用程式而新增的子系統。簡單來說，讀者可以先把它了解成一個輕量級的相容層，這個相容層主要工作在應用層，由三個 DLL 實現，分別為 Wow64.dll、Wow64Win.dll 和 Wow64Cpu.dll；三個 DLL 的功能和本章節內容關係不大，讀者可以自行閱讀 MSDN 資料，這裡不詳細介紹了。

當一個 32 位元應用程式發起系統呼叫時，WOW64 子系統攔截到這個系統呼叫，如果這個系統呼叫的參數包含指標，WOW64 子系統就會先把這些指標的長度轉換成合適的長度，然後再把系統呼叫請求提交給核心。通常把這個

「攔截─轉換」的過程稱為 "thunking"。試想一下，如果 WOW64 子系統沒有 thunking 過程，當 32 位元應用程式發起系統呼叫時，32 位元程式指標長度為 4 位元組，而系統核心為 64 位元，規定指標長度為 8 位元組，這樣核心在取得系統呼叫參數時，就會亂套。所以說 thunking 的存在，是 32 位元應用程式能夠執行在 64 位元系統下的關鍵。

WOW64 子系統有兩個重要的模組，分別為檔案系統重新導向器（File System Redirector）模組和登錄檔重新導向器（Registry Redirector）模組。

Windows 64 位元系統存在兩個 System32 目錄，分別為 %windir%\System32 和 %windir%\SysWOW64 目錄；第一個目錄下主要包含 64 位元系統二進位檔案，第二個目錄下主要包含 32 位元系統二進位檔案。一般來說，32 位元應用程式只能載入 32 位元的 DLL，64 位元應用程式只能載入 64 位元的 DLL；讀者可以考慮一下這種情況：一個 32 位元應用程式在 32 位元系統下執行時需要到 System32 目錄下載入所依賴的系統 DLL，當把這個 32 位元應用程式放在 64 位元系統下執行時，這個 32 位元應用程式同樣會到 System32 目錄下載入所需的系統 DLL，而 64 位元系統的 System32 目錄下包含的是 64 位元的系統 DLL 檔案，這樣會導致 32 位元應用程式無法啟動。為了解決這個問題，WOW64 子系統的檔案系統重新導向器對 System32 目錄做了透明的重新導向。在絕大多數情況下，32 位元應用程式存取 %windir%\System32 目錄會被 WOW64 子系統重新導向到 %windir%\SysWOW64 目錄。請看下列範例程式。

```
HANDLE hFile = CreateFile(_T("C:\\windows\\system32\\testfile.txt"),
GENERIC_READ,0,NULL,CREATE_ALWAYS,0,NULL);
if( hFile != INVALID_HANDLE_VALUE )
{
CloseHandle(hFile);
hFile = INVALID_HANDLE_VALUE;
}
```

上面程式用 CreateFile 函數在 System32 目錄下建立了一個 testfile.txt 檔案，如果程式被編譯成 32 位元應用程式，那麼由於 WOW64 機制的存在，32 位元應用程式建立的 testfile.txt 會被重新導向到 SysWOW64 目錄下；如果程式被編譯成 64 位元應用程式，testfile.txt 會在真正的 System32 目錄下被建立。由此可見，相同的一份程式，編譯成不同的平台應用，其最後效果也不　樣。

一般來說，32 位元應用程式使用 %windir%\SysWOW64 目錄，64 位元應用程式使用 %windir%\System32 目錄，兩個目錄下的資料相互獨立和隔離。

如果 32 位元應用程式需要存取真實的 System32 目錄，則需要呼叫系統 API 來關閉檔案重新導向功能：

```
BOOL WINAPI Wow64DisableWow64FsRedirection(
    _Out_  PVOID *OldValue);
```

Wow64DisableWow64FsRedirection 函數只有一個參數，用於儲存原來檔案重新導向器的狀態，當需要恢復重新導向器的狀態時，可以使用 Wow64RevertWow64FsRedirection 函數：

```
BOOL WINAPI Wow64RevertWow64FsRedirection(
    _In_   PVOID OldValue);
```

Wow64RevertWow64FsRedirection 函數根據 OldValue 參數來恢復檔案重新導向器的狀態，而這個參數就是 Wow64DisableWow64FsRedirection 傳回的參數。

請看下列範例程式。

```
PVOID pOldValue = NULL;
BOOL bRet = Wow64DisableWow64FsRedirection(&pOldValue);
if( bRet == TRUE )
{
  HANDLE hFile=CreateFile(
        _T("C:\\windows\\system32\\testfile.txt"),
        GENERIC_READ,0,NULL,CREATE_ALWAYS,0,NULL);
  if( hFile != INVALID_HANDLE_VALUE )
  {
    CloseHandle(hFile);
    hFile = INVALID_HANDLE_VALUE;
  }
  Wow64RevertWow64FsRedirection(pOldValue);
}
```

上面的程式在建立檔案前先關閉了檔案重新導向功能，所以無論程式設計成 32 位元應用程式還是 64 位元應用程式，行為都是在 System32 目錄下建立 testfile.txt 檔案。

讀者需要注意一點，檔案重新導向器並非把所有 %windir%\System32 下的目錄和檔案都重新導向，有一些特殊目錄是不重新導向的，它們分別是：

- %windir%\System32\catroot
- %windir%\System32\catroot2
- %windir%\System32\drivers\etc
- %windir%\System32\logfiles
- %windir%\System32\spool

登錄檔重新導向器（Registry Redirector）和檔案系統重新導向器功能類似，但是登錄檔重新導向器提供的功能更為複雜，除了提供重新導向功能，還提供登錄檔反射功能（Registry Reflection）。反射功能與本章關係不大，不做介紹。和檔案系統重新導向器類似，在一般情況下，32 位元應用程式存取 HKEY_LOCAL_MACHINE\SOFTWARE 會被重新導向到 HKEY_LOCAL_MACHINE\SOFTWARE\ Wow6432Node。 讀 者 可 以 做 一 個 小 實 驗， 在 %windir%\SysWOW64 目錄下找到 regedit.exe 程式，這是 32 位元的登錄編輯程式，執行 regedit 後，在 HKEY_LOCAL_MACHINE\SOFTWARE 下建立一個 hello 項，關閉登錄編輯程式，接著在 %windir%\System32 目錄下開啟 64 位元登錄編輯程式 regedit.exe 檢視，讀者可以發現，剛才建立的 hello 的登錄檔項存在於 HKEY_LOCAL_ MACHINE\SOFTWARE\Wow6432Node 下。

和檔案重新導向類似，操作登錄檔的 API 也提供了類似於開啟和關閉重新導向的功能。請看下列程式。

```
HKEY hKey = NULL;
RegCreateKeyEx(HKEY_LOCAL_MACHINE,
_T("Software\\Hello"),0,NULL,0,KEY_READ,NULL,&hKey,NULL);
if( hKey != NULL )
{
RegCloseKey(hKey);
}
```

如果上面的程式編譯成 32 位元應用程式，那麼程式會在 HKEY_LOCAL_MACHINE\ SOFTWARE\Wow6432Node 下建立 hello 子項；如果編譯成 64 位元應用程式，那麼程式會在 HKEY_LOCAL_MACHINE\SOFTWARE 下建立 hello 子項。如果想明確在指定的位置下建立子項，那麼 32 位元應用程式可以這樣實現：

```
HKEY hKey = NULL;
RegCreateKeyEx(HKEY_LOCAL_MACHINE,_T("Software\\Hello"),
0,NULL,0,KEY_READ | KEY_WOW64_64KEY ,NULL,&hKey,NULL);
if( hKey != NULL )
{
RegCloseKey(hKey);
hKey = NULL;
}
```

使用 KEY_WOW64_64KEY 標示，可以通知 WOW64 子系統目前開啟的為 64
位元登錄檔，WOW64 子系統不再對這個路徑進行重新導向。同理，如果 64
位元應用程式想開啟 32 位元登錄檔，則可以使用 KEY_WOW64_32KEY 標
示：對於 KEY_WOW64_64KEY 和 KEY_WOW64_32KEY 標示的使用，建議
讀者親自程式設計測試，以加深了解。

5.1.2 PatchGuard 技術

對 32 位元系統來説，驅動程式模組可以對核心的資料結構或關鍵的函數進行
掛鉤和修改，但這種技術不再適用於 Windows 64 位元系統，原因是微軟在 64
位元系統中引用了 PatchGuard 機制。

簡單來説，PatchGuard 機制就是系統會定時檢查系統關鍵的位置，如 SSDT
（系統服務描述表）、GDT（全域描述表）、IDT（中斷描述表）、系統模組（如
ntoskrnl.exe、hal.dll）等，一旦發現這些關鍵位置的資料或程式被篡改，系統
就會被觸發當機（BSOD）。正是因為如此，一些在 32 位元系統上能使用的
SSDT HOOK、INLINE HOOK、IDT HOOK 等技術，在 64 位元系統下全部不
再適用。

引用 PatchGuard 的初衷是為了避免一些惡意的核心模組破壞系統核心。但凡
事具有兩面性，雖然 PatchGuard 可以避免系統核心被破壞，但是也阻礙了核
心模組很多功能的實現。

初學者可以先簡單了解 PatchGuard 機制給程式設計帶來的限制，對於
PatchGuard 實際的實現和如何繞開，有興趣的讀者可以在網上尋找相關資料。

5.1.3 64 位元驅動的編譯、安裝與執行

本節結合 64 位元系統的機制,深入介紹 64 位元驅動的編譯、安裝和執行的注意事項。64 位元驅動的編譯和 32 位元驅動的編譯類似,在 WDK 的開始選單中,找到 64 位元編譯環境的命令列工具,如 x64 Checked Build Environment,開啟後,切換到驅動程式 Sources 檔案目錄,和編譯 32 位元驅動相同,執行 build 指令即可開始編譯;使用 VS 編譯方式更為簡單,直接在工具列上選擇 x64,然後進行編譯即可。

當使用 32 位元應用程式來安裝 64 位元驅動,並且希望把驅動檔案放在 %windir%\System32\ drivers 目錄下時,需要考慮前面討論的檔案重新導向機制。因為在預設情況下,32 位元應用程式把驅動檔案複製到 %windir%\System32\drivers 目錄,實際上是複製到 %windir%\SysWOW64\drivers 目錄下,這時如果驅動的對應登錄檔項的 ImagePath 值設定成 System32\drivers 目錄,其結果會導致驅動啟動失敗,原因是找不到對應檔案。解決這個問題的方法很簡單,只要在將驅動檔案拷貝到 driver32 目錄前,關閉檔案重新導向功能,確保檔案真實被拷貝的路徑和登錄檔中 ImagePath 設定的路徑一致即可。

此外,從 Windows Vista 64 位元系統開始,要求驅動檔案必須經過微軟指定的憑證授權頒發的微軟程式簽章憑證簽名,只有被簽名的驅動檔案才可以被載入執行,其目的有兩個:一是確保驅動程式沒有被非法篡改;二是確保驅動程式來源的可用性,進一步保護驅動程式的完整性。然而在開發偵錯驅動時,驅動檔案常常是沒有簽名的,對於如何解決該問題,請讀者複習第 2 章。

▌ 5.2 程式設計差異

5.2.1 組合語言嵌入變化

很多驅動開發者,之前習慣使用 32 位元驅動開發,對於 32 位元驅動開發,為了方便偵錯,可以在 DriverEntry 函數內部增加一個軟體中斷,以便在偵錯時能在 DriverEntry 中中斷下來。程式如下:

```
NTSTATUS DriverEntry(
  __in struct _DRIVER_OBJECT *DriverObject,
```

```
__in PUNICODE_STRING RegistryPath )
{
#if DBG
    _asm int 3;
#endif
  return STATUS_SUCCESS;
}
```

讀者很快會發現上述程式用 WDK 編譯 64 位元驅動時會顯示出錯：
nonstandard extension used: '__asm' keyword not supported on this architecture。
這是為什麼呢？原因是 WDK 編譯器不再允許在 64 位元模式下嵌入組合語
言。如果需要使用組合語言，可以把組合語言程式碼寫成函數放到一個單獨的
asm 檔案中，然後透過函數的方式呼叫。

但是對於上面的實例，這個未免太小題大作了，實例程式在 DriverEnty 中加入
_asm int 3 組合語言的目的只是為了方便偵錯。幸運的是，WDK 提供了一個現
成的函數可以幫助開發者完成這件事情：

```
VOID NTAPI DbgBreakPoint(VOID );
```

這個函數的功能和直接寫成 int 3 的功能是一樣的，讀者不妨透過 IDA 工具檢
視這個函數的實現：

```
.text:0000000140067880 ; void DbgBreakPoint(void)
.text:0000000140067880                 public DbgBreakPoint
.text:0000000140067880 DbgBreakPoint   proc near
.text:0000000140067880                 int     3               ; Trap to Debugger
.text:0000000140067881                 retn
.text:0000000140067881 DbgBreakPoint   endp
.text:0000000140067881
```

從 IDA 反組譯的結果可以看到，這個函數的確和 int 3 的作用是相等的。使用
這個函數替代 int 3 之後，程式如下：

```
NTSTATUS DriverEntry(
__in struct _DRIVER_OBJECT *DriverObject,
__in PUNICODE_STRING RegistryPath )
{
#if DBG
    DbgBreakPoint();
#endif
  return STATUS_SUCCESS;
}
```

或

```
NTSTATUS DriverEntry(
__in struct _DRIVER_OBJECT *DriverObject,
__in PUNICODE_STRING RegistryPath )
{
KdBreakPoint();
return STATUS_SUCCESS;
}
```

如果讀者在開發過程中確實需要使用組合語言指令，而 WDK 又沒有提供功能相等的函數，那麼開發者只能按照上面介紹的方法，把組合語言程式碼寫成一個函數，並把這個函數放置到一個單獨的 asm 檔案中，在 Sources 檔案中指定 asm 檔案。

5.2.2 前置處理與條件編譯

在驅動開發過程中，有時候程式邏輯需要區分不同的平台編譯不同的程式分支。例如需要開發一個登錄檔監控驅動，按照以往 32 位元系統的正常做法，是透過掛鉤系統服務描述表（SSDT）中登錄檔相關 API 而實現的，但在 64 位元系統下，正如本章前面提到的 PatchGuard 機制的存在，導致掛鉤 SSDT 方案不再適用，所以在程式中必須針對不同的系統平台編譯不同方案的程式。

WDK 中預置了一些巨集來幫助開發者實現對不同的系統平台進行條件編譯。

- _M_AMD64：當 _M_AMD64 被定義時，表示目前編譯環境是 AMD64。
- _M_IX64：當 _M_IX64 被定義時，表示目前編譯環境是 IA64。

一般情況下，核心程式只需要區分是 32 位元平台還是 64 位元平台，不需要精細到區分是 AMD64 平台還是 IA64 平台。如果只是區分 32 位元和 64 位元平台，則可以使用 _WIN64 巨集，當 _WIN64 巨集被定義，表示目前編譯環境是 64 位元（不區分是 AMD64 還是 IA64）。

回看剛才的實例，實例中需要對不同的平台編譯不同的登錄檔監控程式，借助 _WIN64 巨集可以這樣實現：

```
#ifdef _WIN64
// 64位元環境，使用其他方案監控登錄檔
#else
```

```
// 32位元環境，使用SSDT HOOK來監控登錄檔
#endif
```

5.2.3 資料結構調整

本章開頭介紹了 thunking 技術，考慮一下這種情況：當一個 32 位元應用程式透過 IOCTL 控制碼的方式（DeviceIoControl）與 64 位元驅動程式通訊時，如果通訊的資料結構裡面包含指標，thunking 是不會發生的。深入分析一下，在沒有 thunking 的情況下，會遇到什麼問題。請看下面的實例。

```
typedef struct _DRIVER_DATA
{
HANDLE          Event;
UNICODE_STRING  ObjectName;
} DRIVER_DATA,*PDRIVER_DATA;
```

ObjectName 為 UNICODE_STRING 類型，實際定義為：

```
typedef struct _UNICODE_STRING
{
USHORT Length;
USHORT MaximumLength;
PWSTR Buffer;
}UNICODE_STRING, *PUNICODE_STRING;
```

對 32 位元應用程式來說，DRIVER_DATA 結構的大小為 12 位元組，因為 Event 為 4 位元組（sizeof(HANDLE) = 4），ObjecName 為 8 位元組（sizeof(UNICODE_STRING) = 8）。如表 5-1 所示。

表 5-1　32 位元下結構大小

HANDLE Event	UNICODE_STRING ObjectName		
	Length	MaximumLength	Buffer
4 位元組	2 位元組	2 位元組	4 位元組

而對 64 位元驅動程式來說，由於指標長度被擴充到 8 位元組，且預設對齊方式也為 8 位元組，所以對 DRIVER_DATA 結構來說，大小變成了 24 位元組。實際計算方法為：Event 為 HANDLE 類型，HANDLE 其實是一個 void*，佔用 8 位元組空間，而對 UNICODE_STRING 結構來說，前面的 Length 和 MaximumLength 各佔 2 位元組，後面的 Buffer 為指標類型，佔用 8 位元組；

由於預設對齊方式為 8 位元組，所以在 MaximumLength 成員後面有 4 位元組作為資料對齊（Padding）佔位沒有被使用，因此結構 UNICODE_STRING 的大小為 16 位元組，整個 DRIVER_DATA 的大小為 24 位元組。如表 5-2 所示。

表 5-2　64 位元下結構大小

HANDLE Event	UNICODE_STRING ObjectName			
	Length	MaximumLength	Padding(結構對齊)	Buffer
8 位元組	2 位元組	2 位元組	4 位元組	8 位元組

當 32 位元應用程式用 DRIVER_DATA 結構和 64 位元驅動程式通訊時，驅動程式期望資料大小為 24 位元組，而實際資料大小只有 12 位元組，最後會導致驅動程式驗證資料大小失敗。

為了解決上述問題，在定義 DRIVER_DATA 結構的時候，需要使用固定長度的類型來定義結構成員，如使用 VOID * POINTER_32 來定義 Event，使用 UNICODE_STRING32 來定義 ObjectName：

```
typedef struct _DRIVER_DATA
{
void * POINTER_32   Event;
UNICODE_STRING32    ObjectName;
} DRIVER_DATA,*PDRIVER_DATA;
```

使用固定長度的類型來定義成員變數之後，在不同平台下大小不再有問題，這時應用程式和驅動程式都認為 DRIVER_DATA 的大小為 12 位元組。

核心程式設計技巧

前面章節介紹了核心開發所需的環境以及程式設計機制，在掌握這些知識後，相信讀者可以較為完整地撰寫出一套核心程式。但相對於應用層程式，核心程式在錯誤處理與容錯性、穩定性等方面的要求更高。

很多初學者在撰寫核心程式時，常常由於對各種例外處理不足而導致系統當機，本章作為第一篇的最後一章，將介紹核心撰寫的常用技巧，透過這些技巧，開發者可以避開掉一些正常性的錯誤，同時筆者希望讀者可以從這些技巧中有更多思考、歸納與提煉。

▌ 6.1 初始化設定值問題

初始化其實是一個簡單的問題，但是筆者發現很多開發者在定義核心變數時，不會主動去初始化這些變數，這是一個壞習慣。

```
NTSTATUS DriverEntry( PDRIVER_OBJECT  DriverObject,
                 PUNICODE_STRING RegistryPath)
{
  WCHAR strNameBuf[260];
  memcpy( strNameBuf , RegistryPath->Buffer , RegistryPath->Length );
  UNREFERENCED_PARAMETER( DriverObject );
  UNREFERENCED_PARAMETER( RegistryPath );
  // ......
  return STATUS_SUCCESS;
}
```

上面的程式定義了一個 strNameBuf 變數，這個變數用於儲存驅動對應登錄檔的資訊，程式中使用 memcpy 函數，把 RegistryPath 裡面的字串複製到 strNameBuf 緩衝區中，由於 strNameBuf 緩衝區定義時沒有被初始化 0，且 RegistryPath → Buffer 所指向的字串也沒有以 0 結尾，所以在 memcpy 操作後，strNameBuf 中的字串並沒有 0 結尾。若透過字串相關 API 使用 strNameBuf，會存在越界風險。

所以，較好的格式應該是：WCHAR　strNameBuf[260] = { 0 };。

另外，在初始化、設定值問題上，請讀者遵守一個規則：有效資源的變數值為不可為空，否則為 NULL。什麼意思呢？請看下面程式：

```
PVOID pData = NULL;
pData = ExAllocatePoolWithTag( NonPagedPool , 1024, 0 );
// ......
ExFreePoolWithTag( pData , 0 );
```

上面的程式申請了一塊非分頁式記憶體，設定值到 pData 變數中，pData 被使用完畢後，透過 ExFreePoolWithTag 函數釋放，這裡存在一個隱憂，由於 pData 被釋放後，所指向的記憶體已經「無效」，所以最好的做法是把 pData 設定值為 NULL，表明這個指標沒有指向任何記憶體。這樣做的好處是萬一後面的程式誤使用了 pData，會馬上觸發一個空指標例外，這種錯誤可以在偵錯過程中發現。上面的程式可以改成：

```
PVOID pData = NULL;
pData = ExAllocatePoolWithTag( NonPagedPool , 1024, 0 );
...
ExFreePoolWithTag( pData , 0 );
pData = NULL ;
```

讀者也許會疑惑，對上面的實例，pData 被釋放後，即使沒有把 pData 設定為 NULL，但 pData 所指向的記憶體已經是無效了，後面的程式誤存取 pData 所指向的記憶體同樣會觸發例外。事實上，在某些環境下，pData 被釋放後記憶體依然是有效的，存取這塊記憶體並不會觸發例外，考慮一個極端的場景：這塊記憶體被釋放後，剛好被其他驅動申請下來，如果程式誤使用這塊記憶體，如修改記憶體資料，會導致其他驅動資料例外！另外，對於系統的 POOL 管理來說，釋放一塊記憶體，可能只是標記這塊記憶體為「空閒」，並非真正刪除這塊記憶體，所以操作一塊被釋放的記憶體，大機率不會馬上發生例外。但例外一定會發生，發生的時間不確定，可能是系統執行一段時間後當機，而當機的堆疊，可能是其他驅動模組的函數堆疊，這種問題就是典型的「POOL 資料破壞」，類似應用層的「堆積破壞」。定位這種問題非常困難，所以最好的方式是，在程式層面中盡可能避開這種問題，或讓問題在偵錯中馬上曝露出來。

對應地，對於其他資源的使用，如控制碼、物件指標等，在釋放後，都必須對應地把該變數設定為「空」。尤其是控制碼，眾所皆知，控制碼的值是重複使用的，如一個 EVENT 的控制碼值是 0x8000004C，這個控制碼值被關閉後，其他程式透過 API 申請控制碼時，會大機率重複使用這個控制碼值，所以一旦控制碼誤操作，其後果也是災難性的。

上面大篇幅敘述資源誤操作所帶來的危害以及定位問題的成本。開發者只要遵守上面提到的規則，可以在某種程度上避免這種低階錯誤帶來的高成本問題。

▌ 6.2 有效性判斷

在核心程式設計過程中，一定需要向系統申請某些資源，常見的資源有記憶體、檔案、事件物件、執行緒物件等。在理想的情況下，這些資源申請均可成功，但是在系統資源不足的情況下，資源申請可能會失敗。

最常見的實例是記憶體申請失敗，請看下面實例：

```
PVOID pData = NULL;
pData = ExAllocatePoolWithTag( NonPagedPool , 1024, 0 );
memset( pData , 0 ,1024 );
```

在絕大多數情況下，上面的申請操作不會失敗，但是一旦失敗，由於缺乏錯誤處理，memset 函數存取空指標會直接導致當機。

再看一個實例：

```
NTSTATUS DriverEntry(  PDRIVER_OBJECT  DriverObject,
PUNICODE_STRING RegistryPath)
{
DriverObject->MajorFunction[ IRP_MJ_CREATE ] = IrpCreateDispatch;
...
}
```

上面的程式很簡單，在核心驅動的入口函數中，設定一個 Create 的派遣函數，上述程式在 99.9% 的情況下執行良好，但是筆者卻遇到過這段程式當機！

後來透過偵錯發現，這個驅動是被一個協力廠商驅動載入的，並非被系統載入，而這個協力廠商驅動模擬了系統載入驅動的行為，透過這種方式載入的驅動，沒有實體的驅動物件對應，所以 DriverEntry 函數中的 DriverObject 為 NULL。上述程式沒有對 DriverObject 進行 NULL 判斷就直接使用，觸發了一個空指標例外。

透過這個極端的實例，筆者想傳遞一個理念給讀者：在核心態中，所有資源都必須被認為是「不可信」的，開發者在使用一個外部資源時，必須有效性的判斷。

對上面這個實例，讀者可能比較好奇，為什麼需要一個協力廠商驅動載入另外一個驅動？在實際的專案中，從 Windows 1014393 版本開始，驅動需要打 EV（Extended Validation）簽名，為了減少打 EV 簽名所帶來的時間或金錢成本，有些公司會開發一套驅動，這個驅動被打上 EV 簽名，該驅動本身沒有任何業務邏輯，只負責載入其他驅動，而這些其他驅動，本身沒有任何簽名。這樣的好處是：對於小公司來說，永遠只需要打一次 EV 簽名，其他驅動都透過這個 EV 簽名驅動載入。

請讀者謹記一點，在核心中，無論是存取本身申請的資源，還是存取外部傳遞進來的資源，都必須進行有效性判斷。

▌6.3 即時申請

在低資源環境下，核心中申請的資源很有可能失敗，對一些邏輯來說，一旦資源申請失敗將無法繼續往下執行，或往下執行一定會當機。請看下面這個實例：

```
#define TASK_THREAD_COUNT  ( 16 )

BOOLEAN StartTaskThread()
{
  BOOLEAN bSucc = FALSE;
  do
  {
    ULONG ulIndex = 0;
```

```
    for( ulIndex = 0; ulIndex < _countof(g_hTaskThreadArray); ++ulIndex )
    {
        NTSTATUS nStatus = STATUS_SUCCESS;
        OBJECT_ATTRIBUTES ObjAttr = {0};
        InitializeObjectAttributes( &ObjAttr, NULL ,
            OBJ_KERNEL_HANDLE | OBJ_CASE_INSENSITIVE , NULL , NULL );
        nStatus = PsCreateSystemThread(
                g_hTaskThreadArray + ulIndex ,
                GENERIC_ALL ,
                &ObjAttr,
                NULL ,
                NULL ,
                TaskThreadProc ,
                NULL );
        if( g_hTaskThreadArray[ ulIndex ] == NULL )
        {
            break;
        }
    }
    if( ulIndex < _countof(g_hTaskThreadArray) )
    {
        break;
    }
    bSucc = TRUE;
  }
  while( FALSE );
  return bSucc;
}
```
上面的StartTaskThread函數建立了16個執行緒，在DriverEntry函數中呼叫該函數：
```
NTSTATUS DriverEntry(
PDRIVER_OBJECT DriverObject,
PUNICODE_STRING  RegistryPath )
{
  NTSTATUS nStatus = STATUS_UNSUCCESSFUL;
  do
  {
  // ……
    if( StartTaskThread() == FALSE )
    {
        break;
    }
    // ……}
```

```
  while( FALSE );
  // ……return nStatus;
}
```

請讀者思考一下,當驅動需要移除的時候,目前驅動所建立的執行緒是否必須停止呢?答案是肯定的,而很多開發者把停止執行緒的工作放到了驅動的移除函數,即 DriverUnload 函數中,如果讀者對此基礎知識有遺忘,請參考本書前面章節。

驅動移除函數大概是下面這個樣子:

```
VOID DriverUnLoad( PDRIVER_OBJECT pDriObj )
{
UNREFERENCED_PARAMETER( pDriObj );
StopTaskThread();
return;
}
```

關鍵的 StopTaskThread 實現如下:

```
BOOLEAN StopTaskThread()
{
  BOOLEAN bSucc = FALSE;
  PVOID pWaitBlockArrary = NULL;
  do
  {
    PVOID ThreadObjectArray[ TASK_THREAD_COUNT ] = {0};
    ULONG ulCurrentThreadCount = 0;
    ULONG ulIndex = 0;
    NTSTATUS nStatus = STATUS_SUCCESS;
    //通知執行緒結束
    //……
    //取得執行緒物件
    for( ulIndex  = 0; ulIndex < _countof(g_hTaskThreadArrary); ++ulIndex )
    {
      NTSTATUS nRet = STATUS_SUCCESS;
      if( g_hTaskThreadArrary[ ulIndex ] == NULL )
      {
        continue;
      }
      nRet = ObReferenceObjectByHandle(
              g_hTaskThreadArrary[ ulIndex ] ,
```

```
                    GENERIC_ALL ,
                    *PsThreadType ,
                    KernelMode ,
                    ThreadObjectArray + ulCurrentThreadCount,
                    NULL);
        ZwClose( g_hTaskThreadArray[ ulIndex ] );
        g_hTaskThreadArray[ ulIndex ] = NULL;
        ...
    }
    pWaitBlockArray = ExAllocatePoolWithTag(
                    NonPagedPool ,
                    TASK_THREAD_COUNT * sizeof( KWAIT_BLOCK) ,
                    'test' );
    if( pWaitBlockArray == NULL )
    {
        break;
    }
    //等待中的執行緒退出
    nStatus = KeWaitForMultipleObjects(
        ulCurrentThreadCount ,
        ThreadObjectArrary ,
        WaitAll ,
        Executive ,
        KernelMode ,
        FALSE ,
        NULL ,
        pWaitBlockArray );
    //...
}
while( FALSE );
//...
return bSucc;
}
```

上面的程式在絕大部分環境下工作良好，但是一旦發佈此驅動，量級到達千萬時，就會陸續收到當機客訴。

觀察上面的程式，使用了 KeWaitForMultipleObjects 函數來等待 16 個執行緒退出，而這個等待函數本身需要一個非分頁的區塊，即程式中的 pWaitBlockArray，試想一下，一旦在非分頁式記憶體不足的情況下，ExAllocatePoolWithTag 函數分配失敗，那麼 StopTaskThread 函數實際並沒有等待中的執行緒退出，而在 DriverUnLoad 函數中，對失敗是不可容忍的，系統一旦呼叫 DriverUnLoad 函數，表示驅動馬上要被從記憶體中移除，這個行為是不可取消的，如果執行緒沒有退出或退出失敗，驅動移除後一定會發生當機。

對上面的實例，較好的解決方法是在 DriverEntry 中把 KeWaitForMultipleObjects 所需要的資源申請好，即「即時申請」合格。一般來説，就是需要把這種情況全部整理出來，這些記憶體或資源對本身驅動來説是「性命攸關」的資源，應該放在 DriverEntry 中申請，一旦申請失敗，驅動 DriverEntry 也應傳回失敗。

上面關於記憶體的實例是一個特例，請讀者放眼於所有資源，因為對系統來説，所有資源的申請都存在失敗的機率。

▌6.4 獨立性與最小化原則

在核心程式設計中，有時候需要借助一些協力廠商或系統提供的現成機制來完成本身邏輯，如系統提供的一些 IO 佇列、工作隊列等。

這些機制使用起來確實非常方便，但是根據筆者的經驗，過度依賴這些機制，會使核心程式列為變得不可控。

下面以工作佇列為實例，"WorkItem" 在核心程式設計中非常常見，如果核心驅動程式需要延遲時間處理一些邏輯，這些邏輯可以放到 WorkItem 中處理，常用的 WorkItem 的函數有 IoAllocateWorkItem/ IoQueueWorkItem，讀者可以透過 WDK 説明文件查閱 WorkItem 的相關資訊。

對 WorkItem 來説，每個 WorkItem 對應一個回呼函數指標，系統執行緒池的執行緒會一個一個呼叫 WorkItem 中的回呼函數。考慮這樣一個情況：如果目前驅動的 WorkItem，對應回呼函數中的邏輯非常複雜，或有關 IO 耗時操作，一旦這種 WorkItem 插入到工作隊列後，會導致回呼函數執行時間過長，影響到其他驅動的 WorkItem 即時執行機，反過來，如果其他驅動撰寫的 WorkItem 回呼函數執行時間過長，也會影響本身驅動的 WorkItem 即時執行機，這種情況是不可控的。

作為一名經驗豐富的核心驅動開發人員，應該要盡可能考慮到外界因素對本身驅動的影響。在方案選型時，如果選擇了系統提供的機制，不妨從可用性、穩定性、可替代性等幾個方面來對方案進行評估。對於上面 WorkItem 的實例，在可用性方面來看，WorkItem 並非一個 100% 可靠的方案，開發者其實可以透過自己建立系統執行緒來執行需要延遲處理的邏輯。

請記住，驅動程式對外界依賴越大，所帶來的風險也越高，不可控因素也越多。這就是建議核心驅動「獨立性」的原因。

下面介紹驅動的「最小化原則」。所謂最小化原則，實際是指核心驅動使用最少的資源來完成本身邏輯。

「最小化原則」提出的原因在於核心中的一些資源相當珍貴，如非分頁式記憶體。從前面的章節介紹中可知，在 IRQL 處於 DISPATCH_LEVEL 或更進階別的時候，只能存取非分頁式記憶體，很多開發者為了簡單起見，在所有需要申請記憶體的地方都使用了非分頁式記憶體，這樣做的好處是開發者可以不用擔心 IRQL 的問題，壞處是造成了非分頁式記憶體浪費，在一些可以使用分頁記憶體的地方使用了非分頁式記憶體，一旦記憶體不足，很有可能導致非分頁式記憶體申請失敗，最後導致邏輯處理失敗。所以這個做法加強了邏輯處理的失敗率。

下面再舉一個實例，執行緒同步在核心開發中也非常常見，常用的同步方式有：迴旋栓鎖、事件物件、資源鎖等。不同的同步機制所適合的場景、對應的 IRQL 不同，但迴旋栓鎖適用於任何一種場景。由於迴旋栓鎖使用簡單，很多初學者不管在什麼場景，一律使用迴旋栓鎖，這雖然是一個可行的方案，但是對迴旋栓鎖來說，加鎖後，IRQL 會提升到 DISPATCH_LEVEL，在這個 IRQL，目前 CPU 被獨佔，不能排程其他執行緒，從這個角度來看，對系統性能的影響是極大的，也違背了「最小化原則」。所以，開發者應該根據不同的 IRQL 要求，選擇可用的同步方案，做到最小效能犧牲。

關於「最小化原則」，最後要介紹的是本身邏輯「最小化」，請讀者考慮這樣一個場景：系統處於低資源或中毒狀態，本身驅動模組載入時，會遇到一些操作失敗的情況，如建立執行緒失敗、寫入檔案失敗等。如果驅動模組遇到一個「小錯誤」就認為全部執行失敗，明顯是不合理的。開發者應該對驅動的邏輯進行分類，標識出哪些邏輯是「關鍵邏輯」，哪些邏輯是「非關鍵邏輯」，「非關鍵邏輯」的失敗不影響整體驅動執行流程，只有當「關鍵邏輯」失敗時，整體驅動才宣告失敗。這樣的做法可以確保驅動能夠在惡劣的環境下，大幅地完成邏輯處理。這就是所謂的邏輯最小化。

獨立性與最小化原則就介紹到這裡，請讀者仔細體會，在撰寫程式時，不妨多思考下，是否已經遵守了上述兩個原則。

6.5 巢狀結構陷阱

Windows 核心為開發者提供了一系列回呼機制，這些機制可以被用於監控、攔截某些系統行為。如「物件回呼」可以監控處理程序和執行緒控制碼的開啟、關閉以及複製操作；「登錄檔回呼」可以監控系統的所有登錄檔行為。在本書後面的章節中，會為讀者詳細介紹核心中的回呼機制。

正是由於系統提供了這些機制，所以開發者在呼叫一個 API 前，要首先分析清楚這個 API 內部是否存在回呼機制。請閱讀下面實例：

```
HANDLE hProcess = NULL;
CLIENT_ID  ClientId = {0};
ClientId.UniqueProcess = 1024;
OBJECT_ATTRIBUTES AttrObj = {0};
InitializeObjectAttributes(
        &AttrObj ,
        NULL,
        OBJ_KERNEL_HANDLE | OBJ_CASE_INSENSITIVE ,
        NULL ,
        NULL );
ZwOpenProcess(
        &hProcess ,
        PROCESS_ALL_ACCESS ,
        &AttrObj,
        &ClientId);
```

上面的程式呼叫 ZwOpenProcess 函數開啟一個處理程序，整體邏輯非常簡單，但是這裡卻有一些隱含的資訊。

系統提供了「物件回呼」機制，該機制可用於監控處理程序 / 執行緒控制碼操作，註冊「物件回呼」使用以下 API：

```
NTSTATUS  ObRegisterCallbacks(
                POB_CALLBACK_REGISTRATION  CallbackRegistration,
                PVOID   *RegistrationHandle);
```

其中 CallbackRegistration 參數包含了註冊回呼的基本資訊，如回呼函數位址、優先順序等。一旦註冊成功，並且系統發生對應的行為時，系統就會回呼 CallbackRegistration 參數中指定的回呼函數。更多的資訊，請參閱 WDK 說明文件或本書後面章節。

回看上面的程式，程式在呼叫 ZwOpenProcess 時，該函數內部會按優先順序順序呼叫已經註冊了「物件回呼」的回呼函數。也就是說，雖然是一句簡單的 ZwOpenProcess 函數呼叫，但實際上內部卻執行了協力廠商的回呼函數。

這會帶來一些問題，由於回呼函數被呼叫時，與呼叫 ZwOpenProcess 函數處於同一個執行緒，且共用一個核心執行緒堆疊，協力廠商回呼函數使用執行緒堆疊的情況，對本驅動開發者來說是不可預知的，所以這裡存在一個「堆疊溢位」的可能，即使開發者確保本身函數只使用少量的堆疊資源，但並不能保證本身使用的堆疊資源加上協力廠商回呼函數所使用的堆疊資源會超過堆疊的大小。

這種問題並不直觀，對初學者來說常常容易忽略。下面介紹一些避開技巧。

（1）開發者必須清楚了解程式中所呼叫的系統 API 是否會發生巢狀結構。

（2）對於存在巢狀結構的系統 API，務必確保在呼叫執行緒中，盡可能少使用堆疊空間，如需要使用大量記憶體，可以透過在 POOL 上申請後使用。

（3）同理，對於本身執行在過濾驅動或回呼函數中的程式，也盡可能少使用堆疊空間。

（4）對於本身執行在過濾驅動或回呼函數中的程式，如果需要呼叫存在巢狀結構的系統 API，可以考慮把 API 的呼叫位置放置在另外一個工作執行緒中，然後透過執行緒間通訊把系統 API 呼叫結果傳回給最初執行緒。

（5）避免在程式中使用遞迴，如果非要使用遞迴，請控制好遞迴的深度。

▌ 6.6 穩定性處理

前面介紹了撰寫核心程式的技巧與基本原則，本節將就如何妥善處理驅動穩定性問題進行探討。

一般來說，處理驅動穩定性問題分為三個階段：事前處理，事中處理以及事後處理。下面針對這三個階段進行詳細介紹。

6.6.1 事前處理

穩定性的事前處理主要是指驅動在發佈前所做的一系列穩定性保證，正如本章前面所介紹的技巧，正確使用這些技巧可以避免一些低階錯誤以及一些隱藏的問題，加強程式的穩定性。但這些技巧還不足以確保驅動的整體穩定，一個成熟的穩定驅動，必須經過多個環節的嚴格測試。

常見的驅動測試分為邏輯測試、例外情況測試、壓力測試以及相容性測試。

邏輯測試主要是測試驅動的業務邏輯，透過邏輯測試可以發現驅動是否存在一些業務方面的缺陷。測試人員一般會事先設計好測試使用案例，這些測試使用案例與業務需求強結合，邏輯測試相比較簡單，只要確保驅動的業務邏輯沒有問題即可。

例外情況測試主要是驗證驅動在極端環境下或遇到例外資料登錄時的表現。所謂極端環境，是指系統資源不足、IO 例外繁忙、CPU 無法排程、API 無故傳回錯誤等一系列情況。例外資料登錄是指：驅動與應用層處理程序進行資料互動時，應用層傳遞一個錯誤或畸形的資料，如大小非法、格式不符合預期等。

常見的驅動當機有一部分是由在極端環境下驅動沒有妥善處理好邏輯所導致的，所以開發者務必測試驅動在極端環境下的表現。讀者也許會問，如何模擬系統的極端環境？方法有兩個，一個是自己撰寫程式，透過核心 API 掛鉤（請參考本書第三篇）來模擬各種例外，另外一種方案是使用微軟提供的驅動驗證工具——Verifier。

開發者可以在系統中找到這個可執行程式，實際方法是按下鍵盤 "WIN+R"，呼叫出系統的執行框，在執行框中輸入：Verifier，然後按「確認」鍵，開啟介面如圖 6-1 所示。

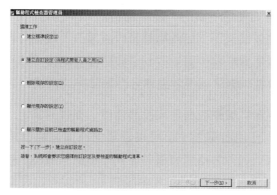

圖 6-1　Verifier 介面

選擇「建立自訂」，點擊「下一步」，進入設定介面，如圖 6-2 所示。

圖 6-2　Verifier 設定

開發者可以根據本身需要選取需要檢測的專案，然後點擊「下一步」，根據提示選擇需要檢測的驅動。操作完成後，需要重新啟動電腦，設定才會生效。在 Verifier 環境下，被檢測的驅動會遇到各種資源申請失敗、各種 IRQL 不同的情況。關於 Verifier 的實際說明，讀者可以參考微軟線上說明文件。

下面介紹驅動的例外輸入，前面章節介紹了驅動與應用程式的資料互動，請讀者注意，驅動與應用層的資料互動是一個廣義的概念，其方式與方法許多，除了前面介紹的 DeviceIoControl 方式，還可以以 FltCreateCommunicationPort 方式（這個通訊方式基於檔案 MiniFilter 過濾架構）實現通訊，此外，透過檔案、登錄檔、記憶體共用等方式也可以實現驅動與應用層之間的資料互動。不管透過何種方式，在通訊過程中，驅動層與應用層之間必須約定好一種通訊的資料格式，這個格式就是所謂的「通訊協定」，正常情況下，這個協定都是符合預期的，但在例外情況下，如應用層資料被篡改、堆積資料被覆蓋、漏洞發掘者精心建置的攻擊資料等，驅動收到這些例外資料後，如果沒有對協定內資料進行嚴格的有效性判斷，就很容易導致存取越界或當機。

壓力測試主要是指測試驅動在長時間或高強度下執行的情況。如果開發者開發的驅動只針對個人使用者電腦，那可以簡單認為這個驅動連續工作時間為一周；但如果開發者針對伺服器開發驅動程式，由於伺服器一般不會關機或重新啟動（伺服器一般只在維護的時候才會關機），所以在這種情況下，必須認為驅動可以在無限時間下穩定工作。

如何透過壓力測試，在有限的時間內模擬驅動長時間工作？一個比較簡單的做法是撰寫測試工具，測試工具在短時間內模擬對應的業務邏輯，如向驅動短時間發送大量資料，如果是過濾驅動，如檔案過濾驅動，測試工具可以在短時間內進行大量的檔案操作，這些操作會觸發驅動對應的處理邏輯。舉個實例，開發者開發了一個以 MiniFilter 為基礎的檔案過濾驅動（即微過濾驅動，可以參考本書第二篇），這個驅動的主要工作是收集程式對檔案的操作資訊，這些資訊最後被用來稽核，那麼測試工具可以設計成一個多處理程序模型的架構，多個測試處理程序隨機操作任何檔案，如建立、刪除、讀寫、重新命名等，此外，檔案操作的頻率要高，如每個測試處理程序包含 100 個執行緒，每個執行緒 1 秒執行 1000 次檔案操作，一共啟動 100 個測試處理程序等。在壓力測試前，測試人員應先記錄系統的 CPU、記憶體、控制碼數等指標，在壓力測試開始後，每隔一段時間，如 3 個小時，再次記錄系統的相關指標，用於與前一次指標比較，判斷驅動是否存在導致系統性能下降及記憶體洩露等一系列問題。

最後介紹相容性測試，相容性測試的主要目的是測試本驅動與同類驅動共存時的表現。在一些情況下，單一驅動存在時並沒有例外，但同類產品或驅動同時存在時，就會發生相容性問題。考慮這樣一個場景，兩家公司都開發了一套以檔案過濾微過濾為基礎的驅動程式（參閱本書第二篇檔案系統微過濾一章的介紹），兩個驅動分別為 A 和 B；假設 A 驅動的過濾高度大於 B 驅動，那麼每當發生對應的檔案操作時，A 驅動首先會捕捉到檔案操作，然後根據本身邏輯放行或攔截目前所捕捉的檔案操作。當這兩個驅動同時存在時，對 B 驅動來說，由於 A 驅動已經過濾（攔截）掉了一部分操作，所以 B 驅動取得的檔案操作資訊是缺失的。如果 B 驅動的邏輯依賴一些檔案行為序列的話，該邏輯也許會受到 A 驅動的邏輯影響，進一步導致工作不正常，筆者建議開發者在開發過濾型驅動時，務必進行相容性測試。

6.6.2 事中處理

穩定性的事中處理是指當機或相容性問題發生時，為了保全大局，臨時關閉驅動以恢復系統正常執行以及分析必要的故障資訊的過程。

一般來說，一套成熟的商用驅動的穩定性必定經歷一個坎坷的過程，這些穩定性主要包含：驅動程式本身的缺陷、驅動程式與協力廠商同類驅動共存時的衝突、作業系統升級後導致驅動程式某個邏輯不可用等。對不同開發者來說，這個過程的時間可能不同，如對經驗豐富的驅動開發者來說，這個過程也許是一個月到兩個月，而對新手來說，這個過程也許需要半年。正是以上面為基礎的考慮，一些公司喜歡應徵經驗豐富的開發者，以儘快穩定產品。這是一個不錯的做法，但是經驗豐富的開發者偶爾也會失誤導致驅動程式出錯，因為人為的出錯是不避免的，所以還必須要具備一種機制，在驅動出現錯誤的時候，緊急關閉驅動出錯的邏輯，恢復使用者的業務，這個過程被稱為「止損」。

下面以 C/S 架構為例，介紹如何在設計階段引用驅動的「可止損」功能。在驅動程式設計階段，設計人員一般會對驅動的邏輯進行模組劃分，以常見防毒軟體的主動防禦模組為例，在邏輯層面，主動防禦模組一般會分為檔案監控、登錄檔監控、處理程序監控、執行緒監控、植入檢測等等。每一個模組都需要設定一個「開關」，所謂的「開關」，其實是後台伺服器的一組標示，這些標示表示用戶端驅動的某一個功能或模組的開啟情況。為了讓讀者清楚明白這個「開關」的工作過程，下面舉一個簡單實例：Safe.sys 驅動為主動防禦驅動，裡面包含了一系列邏輯模組，其中一個是檔案監控模組，在後台伺服器的資料庫中，有一個欄位用於表示這個功能的開啟情況，0 表示關閉，1 表示開啟。在使用者電腦開機後將經歷以下過程。

（1）Safe.sys 驅動自動載入到作業系統中。

（2）Safe.sys 的檔案監控模組在預設情況下處於關閉狀態。

（3）假設 Safe.exe 為驅動的使用者態控制程式（常見的軟體都會分為核心模組以及使用者態模組，請參考本書第 4 章）。

（4）Safe.exe 程式連接後台的伺服器，並保持定時的資料封包心跳。這個心跳可以是 TCP，也可以是 UDP；心跳作用有兩點，一個是伺服器可以透過心跳資訊統計線上的使用者數，其次是心跳資料封包中可以附帶一些簡單的控制資訊，如上面提到的「開關」資訊。

（5）Safe.exe 透過心跳資訊取得檔案監控模組的開關資訊，假設目前狀態為 1 表示開啟。

（6）Safe.exe 與 Safe.sys 驅動通訊，通知驅動開機檔案監控模組（實際的通訊方式，請參考本書第 4 章）。

上面是一個完整的「開關」工作流程。聰明的讀者也許看出了一些問題：如果對一款安全軟體來說，在開關拉取下來之前檔案監控模組處於關閉狀態，這段時間是否會有安全風險？惡意軟體是否會利用這個空隙來入侵系統呢？

答案是一定的，請讀者記住，上述的操作只是一個臨時的過程，其目的在於驅動沒有完全穩定前，一旦發生問題，可以及時止損。

一旦驅動穩定後，如驅動連續大規模使用三個月後沒有問題，上面的步驟（2）可以調整為：Safe.sys 的檔案監控模組在預設情況下處於開啟狀態。

關於使用者態程式與驅動通訊的方法，請讀者參閱本書第 4 章中的內容。

除了上面介紹的「開關」方法，驅動「止損」的方法還有很多，例如驅動開發者可以註冊一套「系統關機回呼」，註冊「系統關機回呼」的 API 如下：

```
NTSTATUS IoRegisterShutdownNotification(_In_PDEVICE_OBJECT DeviceObject);
```

該 API 參數比較簡單，只有一個裝置物件指標，IoRegisterShutdownNotification 成功註冊後，當系統進入關機或重新啟動邏輯時，系統會向 DeviceObject 裝置物件發送 IRP_MJ_SHUTDOWN 請求，開發者可以在這個請求中進行一些關機或重新啟動前的邏輯處理。為何透過關機訊息，可以在某種程度實現驅動「止損」？原因是：當驅動發生當機時，系統並不會觸發 IRP_MJ_SHUTDOWN，一旦系統觸發了 IRP_MJ_SHUTDOWN，開發者可以認為系統本次是正常關機或重新啟動。開發者可以在本次接收到 IRP_MJ_SHUTDOWN 時，往登錄檔或檔案中寫入一個用於表明目前成功關機或重新啟動的資訊，在下次系統啟動時，Safe.sys 驅動載入後，檢查對應的登錄檔或檔案是否被記錄了「成功關機或重新啟動」資訊，如果是，則表明上次系統沒有當機，本次驅動可以繼續正常載入邏輯，否則表明上次系統例外關機或重新啟動，可能是發生了當機，也可能是系統例外斷電，在這種情況下，Safe.sys 驅動程式可以暫時不工作，應用程式可以檢查系統目錄是否有 DUMP 檔案產生來進一步確認系統是否當機，關於 DUMP 檔案的介紹，使用者可以閱讀本書第 3 章。

這種方案的缺點是誤判率太高，因為任何一個驅動例外都會導致系統當機，因此沒有辦法確認是否為本身驅動導致的系統當機。但是對一款過百萬級的驅動程式來說，這個方案是有效的，因為可以透過此方法提前對驅動的穩定性進行預警，比如説，在升級一個驅動模組後，短時間內有大量的使用者出現了沒有「成功關機或重新啟動」的情況，又或説，升級一個驅動模組後，沒有「成功關機或重新啟動」的數量遠超過了升級前的數量，在這種情況下，極有可能是升級的驅動出了問題。在企業內部，一般會建立這種預警機制，一旦收到預警資訊，可以馬上進行人工判別，一旦確認是本身驅動導致的，即可臨時關閉驅動。

此外，參考系統的做法，一些廠商為驅動引用了「安全模式」的概念。所謂「安全模式」，是指透過上面的方法，判斷出系統連續出現 N 次無法「成功關機或重新啟動」時，驅動程式自動不載入任何邏輯，或自動調整為「手動」方式載入，甚至不載入。這個做法的目的是避免一些隨系統啟動的驅動在啟動過程中不斷當機，導致使用者無法進入系統的狀況。在實際的場景中，這個策略會很複雜，如上面提到的 N 次無法「成功關機或重新啟動」，這裡的 N 是一個變值，在不同時期可能不同。另外，一旦驅動關閉後，如果應用層程式發現系統依然不斷產生 DUMP 檔案，則説明當機與本身驅動無關，則本身驅動會被重新喚醒，整套機制是一個自我判斷、自我檢測、自我修復的過程。請讀者務必記住，策略是靈活的，針對不同的場景、不同的應用，策略也應該不同。

「系統關機回呼」是上述方案的主要技術點，下面為讀者詳細介紹該技術點的細節，請讀者注意，每個驅動程式都可以註冊一個「系統關機回呼」，當系統關機或重新啟動時，作業系統會按順序為每一個註冊「系統關機回呼」的裝置物件發送 IRP_MJ_SHUTDOWN，當一個裝置對應的驅動處理完 IRP_MJ_

SHUTDOWN 後，系統才會為下一個裝置物件發送 IRP_MJ_SHUTDOWN，這個過程是串列的，當所有裝置都處理完成後，系統關機或重新啟動流程才會繼續執行。如果一個驅動已經註冊了「系統關機回呼」，當這個驅動需要移除時，必須呼叫 IoUnregisterShutdownNotification 函數來移除「系統關機回呼」，IoUnregisterShutdownNotification 函數的原型如下：

```
VOID IoUnregisterShutdownNotification(_In_PDEVICE_OBJECT DeviceObject);
```

這個函數的參數只有一個，就是呼叫 IoRegisterShutdownNotification 函數時所指定的裝置物件指標。

下面透過一個程式實例，為讀者展示 IoRegisterShutdownNotification 以及 IoUnregister ShutdownNotification 的基本用法：

```
#include "ntddk.h"
PDEVICE_OBJECT g_pDevObj = NULL;

VOID DriverUnload(PDRIVER_OBJECT DriverObject)
{
  UNREFERENCED_PARAMETER( DriverObject );
  if( g_pDevObj )
  {
    IoUnregisterShutdownNotification( g_pDevObj );
    IoDeleteDevice( g_pDevObj );
    g_pDevObj = NULL;
  }
}

PDEVICE_OBJECT KeCreateDevice(PDRIVER_OBJECT pDriObj,WCHAR *strDeviceName)
{
  PDEVICE_OBJECT pDevice = NULL;
  UNICODE_STRING uDeviceName = {0};
  do
  {
    if( pDriObj == NULL || strDeviceName == NULL  )
    {
      break;
    }
    RtlInitUnicodeString(&uDeviceName,strDeviceName);
    IoCreateDevice(pDriObj,0,&uDeviceName,FILE_DEVICE_NETWORK,
          FILE_DEVICE_SECURE_OPEN,TRUE,&pDevice);
    if( pDevice == NULL )
```

```
    {
        break;
    }
  }
  while (FALSE);
  return pDevice;
}


NTSTATUS DispatchShutdown(PDEVICE_OBJECT DeviceObject, PIRP pIrp)
{
  UNREFERENCED_PARAMETER(DeviceObject);
  // 如果"成功關機或重新啟動"的資訊要記錄在登錄檔中，則在這裡呼叫
  // ZwCreateKey+ZwSetValueKey.
  // ZwCreateKey....
  // ZwSetValueKey ....
  // ZwClose....
  // 下面完成這個IRP
  pIrp->IoStatus.Status = STATUS_SUCCESS;
  pIrp->IoStatus.Information = 0;
  IoCompleteRequest(pIrp, IO_NO_INCREMENT);
  return STATUS_SUCCESS;
}
NTSTATUS DriverEntry( PDRIVER_OBJECT DriverObject,PUNICODE_STRING  RegistryPath)
{
  NTSTATUS nStatus = STATUS_UNSUCCESSFUL;
  UNREFERENCED_PARAMETER(RegistryPath);
  do
  {
    if(DriverObject == NULL)
    {
        break;
    }
    DriverObject->DriverUnload = DriverUnload;
    DriverObject->MajorFunction[ IRP_MJ_SHUTDOWN ] = DispatchShutdown;
    g_pDevObj = KeCreateDevice(DriverObject,L"\\Device\\TestShutdown");
    if(g_pDevObj == NULL)
    {
        break;
    }
    nStatus = IoRegisterShutdownNotification(g_pDevObj);
    if( nStatus != STATUS_SUCCESS )
    {
        break;
```

```
    }
    nStatus = STATUS_SUCCESS;

  } while(FALSE);
  if( nStatus != STATUS_SUCCESS )
  {
    DriverUnload(DriverObject);
  }
  return nStatus;
}
```

IoRegisterShutdownNotification 函數的用法很簡單，這裡留一個作業給讀者：在 DispatchShutdown 函數中把成功關機或重新啟動的資訊記錄到登錄檔中。關於登錄檔的操作，請參考本書第 3 章中的內容。

6.6.3 事後處理

最後介紹穩定性的事後處理，事後處理更多是分析驅動的實際缺陷原因，修改或避開掉對應的問題，重新發佈新的驅動。

常見的驅動問題是當機，對當機來説，一般的做法是收集系統產生的 DUMP 檔案，然後對該檔案進行自動化或人工分析。

以筆者的經驗來看，當機問題相對容易解決，而驅動與其他軟體衝突導致其他軟體邏輯不正常的問題常常更難定位。這種問題的重點是複現現場，然後動態偵錯以確定問題。

分析系統 DUMP 檔案屬於另外一個範圍的技術，該技術並不屬於本書的介紹重點，有興趣的讀者請自行查閱其他資料進行學習。

本章介紹了撰寫核心驅動的一些典型的技巧與注意事項，請讀者務必掌握。

由於篇幅所限，本章不可能把核心程式設計的注意事項全部列出來，讀者在實際開發過程中一定會遇到其他問題與困難，這些問題與困難需要讀者逐一去克服和解決，這是核心開發有趣的地方，也是初學者成長的必經之路。

第二篇 ／ 過濾篇

本篇詳細介紹了 Windows 系統的過濾機制。首先以最簡單的序列埠過濾驅動開始,剖析了一個過濾驅動的最基本的要素,然後由易到難地介紹了鍵盤過濾、磁碟過濾、檔案過濾和網路過濾。在網路過濾方面,本篇從不同的網路層次與角度介紹了 TDI、WFP 和 NDIS 等機制。本篇內容涵蓋了目前 Windows 系統的絕大部分主流過濾技術。

序列埠的過濾

▊ 7.1 過濾的概念

有的公司採用技術方法禁止員工使用隨身碟，是為了防止員工透過隨身碟將敏感性資料帶出公司，本質上是禁止敏感性資料透過 USB 介面流出。USB 介面比較複雜，本章討論一個類似的但是簡單得多的裝置：序列埠。要禁止使用序列埠非常容易（替序列埠貼上封條，或寫一個簡單的程式始終佔用序列埠），但是要區別處理，允許非機密資料流程出，而禁止機密資料，或要記錄序列埠上流過的資料，然而又不影響其他的程式使用序列埠，就有一定難度了。在這一章中，我們透過給序列埠裝置增加一個過濾層來實現這個功能。

而在下一章中，我們則把目標傳輸到鍵盤，除了過濾，我們將進一步探討是否有方法確保從鍵盤輸入的密碼不被隱藏的駭客軟體透過類似的過濾方式截取。

在 Windows 系統上與安全軟體相關的驅動開發過程中，「過濾」（Flter）是極其重要的概念。過濾是在不影響上層和下層介面的情況下，在 Windows 系統核心中加入新的層，進一步不需要修改上層的軟體或下層的真實驅動程式，就加入了新的功能。

舉一個比較容易了解的實例：即時監控的防毒程式。任何高層軟體或 Windows 的檔案系統都沒有考慮過應該什麼時候去檢查檔案中是否含有某個病毒的特徵碼，實際上也不應該要求某個軟體或 Windows 的檔案系統去考慮這些。防毒程式需要在不改變檔案系統上層和下層介面的情況下，在中間加入一個過濾層，這樣就可以在上層軟體讀取檔案、下層驅動提供資料時，對這些資料進行掃描，看其中是否含有某個病毒的特徵碼。這是一個很典型的過濾過程。

本章之所以從序列埠過濾出發，是因為序列埠在 Windows 中是非常簡單的裝置。對一個安全軟體來說，序列埠過濾似乎沒有什麼意義。不過有一些特殊場合的電腦，要求防止「資訊外洩」，或需要知道「哪些資訊外洩」。除了網路和卸除式存放裝置，有時序列埠也在考慮的範圍之內。

此外，使用這種方法也可以綁定鍵盤，進一步截獲使用者的擊鍵。

7.1.1 裝置綁定的核心 API 之一

進行過濾的最主要方法是對一個裝置物件（Device Object）進行綁定。讀者可以想像一下，Windows 系統之所以可以運作，是因為 Windows 中已經存在許多提供了各種功能的裝置物件。這些裝置物件接收請求，並完成實際硬體的功能。

我們可以首先認為：一個真實的裝置對應一個裝置物件（雖然實際的對應關係可能複雜得多）。透過程式設計可以產生一個虛擬的裝置物件，並「綁定」（Attach）在一個真實的裝置上。一旦綁定，則本來作業系統發送給真實裝置的請求，就會首先發送到這個虛擬裝置上。

下面結合程式說明。讀者可能希望編譯執行這些程式，初學者請先閱讀本書第 1 章，以學會如何安裝開發環境、編譯程式和偵錯工具。

在 WDK 中，有多個核心 API 能實現綁定功能。下面是其中一個函數的原型。

```
NTSTATUS
  IoAttachDevice(
    IN PDEVICE_OBJECT  SourceDevice,
    IN PUNICODE_STRING  TargetDevice,
    OUT PDEVICE_OBJECT  *AttachedDevice
);
```

IoAttachDevice 的參數如下：

SourceDevice 是呼叫者產生的用來過濾的虛擬裝置；而 TargetDevice 是要被綁定的目標裝置。請注意這裡的 TargetDevice 並不是一個 PDEVICE_OBJECT（DEVICE_OBJECT 是裝置物件的資料結構，以 P 開頭的是其指標），而是一個字串（在驅動開發中字串用 UNICODE_STRING 來表示）。實際上，這個字串是要被綁定的裝置的名字。

Windows 中許多裝置物件是有名字的，但並不是所有的裝置物件都有名字。只有有名字的裝置，才能用這個核心 API 進行綁定。

這裡有一個疑問：假設這個函數綁定一個名字所對應的裝置，那麼如果這個裝置已經被其他的裝置綁定了，會怎麼樣呢？

如果一個裝置被其他的裝置綁定了，它們在一起的一組裝置，被稱為裝置堆疊（之所以稱為堆疊，是由於和請求的傳遞方式有關）。實際上，IoAttachDevice 總是會綁定裝置堆疊上最頂層的那個裝置。

AttachedDevice 是一個用來傳回的二級指標。綁定成功後，被綁定的裝置指標被傳回到這個位址。

下面這個實例綁定序列埠 1。之所以這裡綁定很方便，是因為在 Windows 中，序列埠裝置是有固定名字的。第一個序列埠名字為 "\Device\Serial0"，第二個為 "\Device\Serial1"，依次類推。請注意實際程式開發時 C 語言中的 "\" 要寫成 "\\"。

```
UNICODE_STRING com_name = RLT_CONSTANT_STRING(L"\\Device\\Serial0");
NTSTATUS status = IoAttachDevice(
  com_filter_device,          // 產生的過濾裝置
  &com_device_name,           // 序列埠的裝置名稱
  &attached_device);          // 被綁定的裝置指標傳回到這裡
```

當然，試圖執行這段程式的讀者可能會發現，這裡沒有提供如何產生一個過濾裝置的程式。在接下來的第二個 API 介紹之後，讀者會看到完整的實例。

7.1.2 裝置綁定的核心 API 之二

前面已經提到了並不是所有的裝置都有名字，所以依靠 IoAttachDevice 無法綁定沒有名字的裝置。另外還有兩個 API：一個是 IoAttachDeviceToDeviceStack，另一個是 IoAttachDeviceToDeviceStackSafe。這兩個函數的功能一樣，都是根據裝置物件的指標（而非名字）進行綁定；區別是 IoAttachDevice ToDeviceStackSafe 更加安全，而且只有在 Windows 2000 SP4 和 Windows XP 以上的系統中才有。一般都使用 IoAttachDeviceToDeviceStackSafe，但是當試圖相容較低版本的 Windows 2000 時，應該使用 IoAttachDeviceToDeviceStack。

```
NTSTATUS
IoAttachDeviceToDeviceStackSafe(
    IN PDEVICE_OBJECT  SourceDevice,              // 過濾裝置
    IN PDEVICE_OBJECT  TargetDevice,              // 要被綁定的裝置堆疊中的裝置
    IN OUT PDEVICE_OBJECT  *AttachedToDeviceObject// 傳回最後被綁定的裝置
    );
```

和第一個 API 類似，只是 TargetDevice 換成了一個指標。另外，AttachedTo
DeviceObject 同樣也是傳回最後被綁定的裝置，實際上也就是綁定之前裝置堆
疊上最頂端的那個裝置。

在 Windows 2000 下應該使用另外一個函數 IoAttachDeviceToDeviceStack，這
個函數除了缺少最後一個參數（實際上放到傳回值裡了），其他的和 IoAttach
DeviceToDeviceStackSafe 函數相同。

```
PDEVICE_OBJECT
    IoAttachDeviceToDeviceStack(
    IN PDEVICE_OBJECT  SourceDevice,
    IN PDEVICE_OBJECT  TargetDevice
);
```

這個函數傳回了最後被綁定的裝置指標，這也就導致了它不能傳回一個明確的
錯誤。但是如果為 NULL，則表示綁定失敗了。

讀到這裡，讀者一定迫不及待地想試試如何綁定一個序列埠了，但問題是，這
裡還沒有介紹如何開啟序列埠裝置（從名字獲得裝置物件指標）和如何產生一
個序列埠。下面就列出綁定的完整實例。

7.1.3 產生過濾裝置並綁定

在綁定一個裝置之前，先要知道如何產生一個用於過濾的裝置。函數
IoCreateDevice 被用於產生過濾裝置：

```
NTSTATUS
IoCreateDevice(
    IN PDRIVER_OBJECT  DriverObject,
    IN ULONG  DeviceExtensionSize,
    IN PUNICODE_STRING  DeviceName  OPTIONAL,
    IN DEVICE_TYPE  DeviceType,
    IN ULONG  DeviceCharacteristics,
```

```
    IN BOOLEAN  Exclusive,
    OUT PDEVICE_OBJECT  *DeviceObject
    );
```

這個函數看上去很複雜，但是目前使用時，還無須了解太多。DriverObject 是本驅動的驅動物件。這個指標是系統提供的，從 DriverEntry 中傳入，在最後完整的實例中再解釋。DeviceExtensionSize 是裝置擴充，讀者請先簡單地傳入 0。DeviceName 是裝置名字。有一個規則是：過濾裝置一般不需要名稱，所以傳入 NULL 即可。DeviceType 是裝置類型，保持和被綁定的裝置類型一致即可。DeviceCharacteristics 是裝置特徵，在產生裝置物件時筆者總是憑經驗直接填 0，然後看是否排斥，選擇 FALSE。

值得注意的是，在綁定一個裝置之前，應該把這個裝置物件的多個子域設定成和要綁定的目標物件一致，包含標示和特徵。下面是一個範例的函數，這個函數可以產生一個裝置，然後綁定在另一個裝置上。

```
NTSTATUS
ccpAttachDevice(
        PDRIVER_OBJECT driver,
        PDEVICE_OBJECT oldobj,
        PDEVICE_OBJECT *fltobj,
        PDEVICE_OBJECT *next)
{
  NTSTATUS status;
  PDEVICE_OBJECT topdev = NULL;

  // 產生裝置，然後綁定
  status = IoCreateDevice(driver,
                0,
                NULL,
                oldobj->DeviceType,
                0,
                FALSE,
                fltobj);

  if (status != STATUS_SUCCESS)
     return status;

  // 拷貝重要標示位
  if(oldobj->Flags & DO_BUFFERED_IO)
     (*fltobj)->Flags |= DO_BUFFERED_IO;
```

```
if(oldobj->Flags & DO_DIRECT_IO)
    (*fltobj)->Flags |= DO_DIRECT_IO;

if(oldobj->Characteristics & FILE_DEVICE_SECURE_OPEN)
    (*fltobj)->Characteristics |= FILE_DEVICE_SECURE_OPEN;
(*fltobj)->Flags |=  DO_POWER_PAGABLE;
// 將一個裝置綁定到另一個裝置上
topdev = IoAttachDeviceToDeviceStack(*fltobj,oldobj);
if (topdev == NULL)
{
    // 如果綁定失敗了，銷毀裝置，傳回錯誤
    IoDeleteDevice(*fltobj);
    *fltobj = NULL;
    status = STATUS_UNSUCCESSFUL;
    return status;
}
*next = topdev;

// 設定這個裝置已經啟動
(*fltobj)->Flags = (*fltobj)->Flags & ~DO_DEVICE_INITIALIZING;
return STATUS_SUCCESS;
}
```

7.1.4 從名字獲得裝置物件

在知道一個裝置名字的情況下，使用函數 IoGetDeviceObjectPointer 可以獲得
這個裝置物件的指標。這個函數的原型如下：

```
NTSTATUS
IoGetDeviceObjectPointer(
    IN PUNICODE_STRING  ObjectName,
    IN ACCESS_MASK  DesiredAccess,
    OUT PFILE_OBJECT  *FileObject,
    OUT PDEVICE_OBJECT  *DeviceObject
    );
```

其中的 ObjectName 就是裝置的名字。DesiredAccess 是期望存取的許可權。
在實際使用時可以不顧忌那麼多，直接填寫 FILE_ALL_ACCESS 即可。
FileObject 是一個傳回參數，即在獲得這個裝置物件的同時會獲得一個檔案物
件（File Object）。就開啟序列埠裝置這件事而言，這個檔案物件並沒有什麼用

處。但是必須注意，在使用該函數之後必須把這個檔案物件「解除參考」；否則會引起記憶體洩漏（請注意後面的程式）。

要得到的裝置物件就傳回在參數 DeviceObject 中了。範例如下：

```
#include <ntddk.h>
// 因為用到了RtlStringCchPrintfW，所以必須使用標頭檔ntstrsafe.h
// 這裡定義NTSTRSAFE_LIB是為了使用ntstrsafe靜態程式庫，這樣才能相容Windows 2000
#define NTSTRSAFE_LIB
#include <ntstrsafe.h>
...
// 開啟一個通訊埠裝置
PDEVICE_OBJECT ccpOpenCom(ULONG id,NTSTATUS *status)
{
  // 外面輸入的是序列埠id，這裡會改寫成字串的形式
  UNICODE_STRING name_str;
  static WCHAR name[32] = { 0 };
  PFILE_OBJECT fileobj = NULL;
  PDEVICE_OBJECT devobj = NULL;

  // 根據id轉換成序列埠的名字
  memset(name,0,sizeof(WCHAR)*32);
  RtlStringCchPrintfW(
      name,32,
      L"\\Device\\Serial%d",id);
  RtlInitUnicodeString(&name_str,name);

  // 開啟裝置物件
  *status = IoGetDeviceObjectPointer(
      &name_str,
      FILE_ALL_ACCESS,
      &fileobj, &devobj);

  // 如果開啟成功了，記得一定要把檔案物件解除參考
  if (*status == STATUS_SUCCESS)
    ObDereferenceObject(fileobj);

  // 傳回裝置物件
  return devobj;
}
```

7.1.5 綁定所有序列埠

電腦上到底有多少個序列埠？筆者提供不出很好的判斷方法，只能依次去開啟序列埠 0、1、2、3…目前還不知道如果序列埠 2 不存在，是否說明序列埠 3、4…一定不存在。由於沒有依據，所以只好全部測試一次。不過有一個好處是，序列埠是焊死在電腦上的，很少見到能「隨插即用」的序列埠（但是有一種用 USB 介面來虛擬序列埠的裝置，不知道會不會產生動態產生序列埠的效果，在這裡先忽略這一點），那麼綁定所有序列埠，就只需要做一次就可以了，不用去動態地追蹤序列埠的誕生與消毀。

下面是一個簡單的函數，實現了綁定本機上所有序列埠的功能。這個函數用到了前面提供的 ccpOpenCom 和 ccpAttachDevice 兩個函數。

為了後面的過濾，這裡必須把過濾裝置和被綁定的裝置（後面暫且稱為真實裝置，雖然這些裝置未必真實）的裝置物件指標儲存起來。下面的程式使用兩個陣列儲存。陣列應該多大，取決於一台電腦上最多能有多少個序列埠。讀者應該去查閱 IBM PC 標準，這裡筆者隨意地寫一個自認為足夠大的數字。

```
// 電腦上最多只有32個序列埠，這是筆者的假設
#define CCP_MAX_COM_ID 32
// 儲存所有的過濾裝置指標
static PDEVICE_OBJECT s_fltobj[CCP_MAX_COM_ID] = { 0 };
// 儲存所有的真實裝置指標
static PDEVICE_OBJECT s_nextobj[CCP_MAX_COM_ID] = { 0 };

// 這個函數綁定所有的序列埠
void ccpAttachAllComs(PDRIVER_OBJECT driver)
{
  ULONG i;
  PDEVICE_OBJECT com_ob;
  NTSTATUS status;
  for(i = 0;i<CCP_MAX_COM_ID;i++)
  {
    // 獲得序列埠物件參考
    com_ob = ccpOpenCom(i,&status);
    if(com_ob == NULL)
        continue;
    // 在這裡綁定，並不管綁定是否成功
    ccpAttachDevice(driver,com_ob,&s_fltobj[i],&s_nextobj[i]);
```

```
    }
}
```

沒有必要關心這個綁定是否成功，就算失敗了，看一下 s_fltobj 即可。在這個陣列中不為 NULL 的成員表示已經綁定了，為 NULL 的成員則是沒有綁定或綁定失敗的。這個函數需要一個 DRIVER_OBJECT 的指標，這是本驅動的驅動物件，是系統在 DriverEntry 中傳入的。

■ 7.2 獲得實際資料

這一章我們一直都在開發一個可以捕捉序列埠上的資料的過濾程式。現在虛擬裝置已經綁定了真正的序列埠裝置，那麼如何從虛擬裝置獲得序列埠上流過的資料呢？答案是根據「請求」。作業系統將請求發送給序列埠裝置，請求中就含有要發送的資料，請求的回答中則含有要接收的資料。下面分析這些「請求」，以便獲得實際的序列埠資料流程。

7.2.1 請求的區分

Windows 核心的開發者確定了很多資料結構，在前面的內容中我們逐漸地與 DEVICE_OBJECT（裝置物件）、FILE_OBJECT（檔案物件）和 DRIVER_OBJECT（驅動物件）見了面。檔案物件暫時沒有什麼應用（但是在本書後面的檔案系統過濾中，檔案物件是極為重要的）。讀者需要了解以下內容。

（1）每個驅動程式只有一個驅動物件。

（2）每個驅動程式可以產生許多個裝置物件，這些裝置物件從屬於一個驅動物件。在一個驅動中可否產生從屬於其他驅動的驅動物件的裝置物件呢？從 IoCreateDevice 的參數來看，這樣做是可以的，但是筆者沒有嘗試過這樣的應用。

（3）許多個裝置（它們可以屬於不同的驅動）依次綁定形成一個裝置堆疊，總是最頂端的裝置先接收到請求。

請注意，IRP 是上層裝置之間傳遞請求的常見資料結構，但絕對不是唯一的資料結構。傳遞請求還有很多其他的方法，不同的裝置也可能使用不同的結構來傳遞請求。但在本書中，在 90% 的情況下，請求與 IRP 是相等概念。

序列埠裝置接收到的請求都是 IRP，因此只要對所有的 IRP 進行過濾，就可以獲得序列埠上流過的所有資料。序列埠過濾時只需要關心兩種請求：讀取請求和寫入請求。對於序列埠而言，讀取指的是接收資料，而寫入指的是發出資料。序列埠也還有其他的請求，例如開啟和關閉、設定串列傳輸速率等。但是我們的目標只是獲得序列埠上流過的資料，而不關心開啟 / 關閉和串列傳輸速率是多少這樣的問題，所以一概忽略這種問題。

請求可以透過 IRP 的**主功能編號**進行區分。IRP 的主功能編號是儲存在 IRP 堆疊空間中的位元組，用來標識這個 IRP 的功能大類。對應地，還有一個**次功能號**來標識這個 IRP 的功能細分小類別。

讀取請求的主功能編號為 IRP_MJ_READ，而寫入請求的主功能編號為 IRP_MJ_WRITE。下面的方法用於從一個 IRP 指標獲得主功能編號（這裡的變數 irp 是一個 PIRP，也就是 IRP 的指標）。

```
// 這裡的irpsp稱為IRP的堆疊空間，IoGetCurrentIrpStackLocation用來獲得目前堆疊空間
// 堆疊空間是非常重要的資料結構
PIO_STACK_LOCATION irpsp = IoGetCurrentIrpStackLocation(irp);
if(irpsp->MajorFunction == IRP_MJ_WRITE)
{
   // 如果是寫入…
}
else if(irpsp->MajorFunction == IRP_MJ_READ)
{
   // 如果是讀取…
}
```

7.2.2 請求的結局

對請求的過濾，最後的結局有三種。

（1）請求被允許通過了。過濾不做任何事情，或簡單地取得請求的一些資訊。但是請求本身不受干擾，這樣系統行為不會有變化，皆大歡喜。

（2）請求直接被否決了。過濾禁止這個請求透過，這個請求被傳回了錯誤，下層驅動程式根本收不到這個請求。這樣系統行為就變了，後果是常常看見上層應用程式出現錯誤框提示許可權錯誤或讀取檔案失敗之類的資訊。

（3）過濾完成了這個請求。有時有這樣的需求，例如一個讀取請求，我們想記錄讀到了什麼。如果讀取請求還沒有完成，那麼如何知道到底會讀到什麼呢？只有讓這個請求先完成再去記錄。過濾完成這個請求時不一定要原封不動地完成，這個請求的參數可以被修改（例如把資料都加密）。

當過濾了一個請求時，就必須把這個請求按照上面三種方法之一進行處理。當然，這些程式會寫在一個處理函數中。如何使用這個處理函數將在後面的內容中介紹，這裡先介紹這些處理方法的程式應該怎麼寫。

序列埠過濾要捕捉兩種資料：一種是發送出的資料（也就是寫入請求中的資料）；另一種是接收的資料（也就是讀取請求中的資料）。為了簡單起見，我們只捕捉發送出的資料，這樣，只需要採取第一種處理方法即可。至於第二、三種處理方法，讀者會在後面的許多過濾程式中碰到。

這種處理最簡單。首先呼叫 IoSkipCurrentIrpStackLocation 跳過當前堆疊空間；然後呼叫 IoCallDriver 把這個請求發送給真實的裝置。請注意，因為真實的裝置已經被過濾裝置綁定，所以首先接收到 IRP 的是過濾裝置的物件。程式如下（irp 是過濾到的請求）：

```
// 跳過當前堆疊空間
IoSkipCurrentIrpStackLocation(irp);


// 將請求發送到對應的真實裝置。記得我們前面把真實裝置都儲存在s_nextobj
// 陣列中。那麼，這裡i應該是多少？這取決於現在的IRP發到了哪個
// 過濾裝置上。後面說明分發函數時讀者將了解到這一點
status = IoCallDriver(s_nextobj[i],irp);
```

7.2.3 寫入請求的資料

一個寫入請求（也就是序列埠一次發送出的資料）儲存在哪裡呢？回憶前面關於 IRP 結構的描述，一共有三個地方可以描述緩衝區：irp → MDLAddress、irp → UserBuffer 和 irp → AssociatedIrp. SystemBuffer。不同的 IO 類別，IRP 的緩衝區不同。SystemBuffer 是一般用於比較簡單且不追求效率情況的解決方案：把應用層（R3 層）記憶體空間中的緩衝資料拷貝到核心空間。

UserBuffer 則是最追求效率的解決方案。應用層的緩衝區位址直接放在 UserBuffer 裡，在核心空間中存取。在目前處理程序和發送請求處理程序一致的情況下，核心存取應用層的記憶體空間當然是沒錯的。但是一旦核心處理程序已經切換，這個存取就結束了，存取 UserBuffer 當然是跳到其他處理程序空間中了。因為在 Windows 中，核心空間是所有處理程序共用的，而應用層空間則是各處理程序隔離的。

一個更簡單的解決方案是把應用層的位址空間對映到核心空間，這需要在分頁中增加一個對映。當然不需要程式設計者手動去修改分頁，透過建置 MDL 就能實現這個功能。MDL 可以翻譯為「記憶體描述符號鏈」，但是本書按照業界傳統習慣一律稱之為 MDL。IRP 中的 MDLAddress 域是一個 MDL 的指標，從這個 MDL 中可以讀出一個核心空間的虛擬位址。這就彌補了 UserBuffer 的不足，同時比 SystemBuffer 的完全拷貝方法要輕量，因為這個記憶體實際上還是在老地方，沒有拷貝。

回到序列埠的問題上，那麼序列埠寫入請求到底用的是哪種方式呢？筆者並不清楚也沒有去調查到底是哪種方式。但是如果用下面的程式開發方式，無論採用哪種方式，都可以把資料正確地讀出來。

```
PBYTE buffer = NULL;
if(irp->MdlAddress != NULL)
  buffer = (PBYTE)MmGetSystemAddressForMdlSafe(irp->MdlAddress);
else
  buffer = (PBYTE)irp->UserBuffer;
if(buffer == NULL)
  buffer = (PBYTE)irp->AssociatedIrp.SystemBuffer;
```

這其中涉及了 MmGetSystemAddressForMdlSafe 函數，有興趣的讀者可以在 WDK 的說明中查閱一下這個函數的含義。同時也可以深入了解一下 MDL，但是對閱讀本書的重要性不是很明顯。本書的後面在有關從 MDL 獲得系統空間虛擬位址的情況下，都簡單地呼叫 MmGetSystem AddressForMdlSafe。

此外是緩衝區有多長的問題。對於一個寫入操作而言，長度可以透過以下方式獲得：

```
ULONG length = irpsp->Parameters.Write.Length;
```

7.3 完整的程式

7.3.1 完整的分發函數

下面以前面為基礎的描述，我們再嘗試撰寫一個分發函數。這個函數處理所有序列埠的寫入請求，所有從序列埠輸出的資料都用 DbgPrint 列印出來。也就是說，讀者開啟 DbgView.exe，就可以看到序列埠的輸出資料了。這當然不如一些比較專業的序列埠偵測軟體，但是讀者可以以這個實例為基礎開發更專業的工具。

```
NTSTATUS ccpDispatch(PDEVICE_OBJECT device,PIRP irp)
{
    PIO_STACK_LOCATION irpsp = IoGetCurrentIrpStackLocation(irp);
    NTSTATUS status;
    ULONG i,j;

    // 首先要知道發送給了哪個裝置。裝置最多有CCP_MAX_COM_ID個，是前面的程式
    // 儲存好的，都在s_fltobj中
    for(i=0;i<CCP_MAX_COM_ID;i++)
    {
        if(s_fltobj[i] == device)
        {
            // 所有的電源操作，全部直接放過
            if(irpsp->MajorFunction == IRP_MJ_POWER)
            {
                // 直接發送，然後傳回說已經被處理了
                PoStartNextPowerIrp(irp);
                IoSkipCurrentIrpStackLocation(irp);
                return PoCallDriver(s_nextobj[i],irp);
            }
            // 此外我們只過濾寫入請求。寫入請求，獲得緩衝區及其長度
            // 然後列印
            if(irpsp->MajorFunction == IRP_MJ_WRITE)
            {
                // 如果是寫入，先獲得長度
                ULONG len = irpsp->Parameters.Write.Length;
                // 然後獲得緩衝區
                PUCHAR buf = NULL;
                if(irp->MdlAddress != NULL)
```

```
                    buf =
                    (PUCHAR)MmGetSystemAddressForMdlSafe(
                     irp->MdlAddress,NormalPagePriority);
                else
                    buf = (PUCHAR)irp->UserBuffer;
                if(buf == NULL)
                    buf = (PUCHAR)irp->AssociatedIrp.SystemBuffer;

                // 列印內容
                for(j=0;j<len;++j)
                {
                    DbgPrint("comcap: Send Data: %2x\r\n",
                        buf[j]);
                }
            }

            // 這些請求直接下發執行即可，我們並不禁止或改變它
            IoSkipCurrentIrpStackLocation(irp);
            return IoCallDriver(s_nextobj[i],irp);
        }
    }

    // 如果根本就不在被綁定的裝置中，那是有問題的，直接傳回參數錯誤
    irp->IoStatus.Information = 0;
    irp->IoStatus.Status = STATUS_INVALID_PARAMETER;
    IoCompleteRequest(irp,IO_NO_INCREMENT);
    return STATUS_SUCCESS;
}
```

7.3.2　如何動態移除

前面只說了如何綁定，但是沒說如何解除綁定。如果要把這個模組做成可以動態移除的模組，則必須提供一個移除函數。我們應該在移除函數中完成解除綁定的功能；不然一旦移除就一定會當機。

這裡有關三個核心 API：一個是 IoDetachDevice，負責將綁定的裝置解除綁定；另一個是 IoDeleteDevice，負責把我們前面用 IoCreateDevice 產生的裝置刪除以回收記憶體；還有一個是 KeDelayExecutionThread，純粹負責延遲時間。這三個函數的參數相對簡單，這裡就不詳細介紹了，需要的讀者請查閱 WDK 的說明文件。

移除過濾驅動有一個關鍵的問題：我們要終止這個過濾程式，但是一些 IRP 可能還在這個過濾程式的處理過程中。要取消這些請求非常麻煩，而且不一定能成功，所以解決方案是等待 5 秒來確保安全地移除掉。只能確信這些請求會在 5 秒內完成，同時在等待之前我們已經解除了綁定，所以這 5 秒內不會有新請求發送過來處理。這對於序列埠而言是沒問題的，但是並非所有的裝置都如此，所以讀者在後面的章節中會看到不同的處理方案。

```c
#define  DELAY_ONE_MICROSECOND  (-10)
#define  DELAY_ONE_MILLISECOND (DELAY_ONE_MICROSECOND*1000)
#define  DELAY_ONE_SECOND (DELAY_ONE_MILLISECOND*1000)

void ccpUnload(PDRIVER_OBJECT drv)
{
  ULONG i;
  LARGE_INTEGER interval;

  // 首先解除綁定
  for(i=0;i<CCP_MAX_COM_ID;i++)
  {
    if(s_nextobj[i] != NULL)
        IoDetachDevice(s_nextobj[i]);
  }

  // 睡眠5秒，等待所有的IRP處理結束
  interval.QuadPart = (5*1000 * DELAY_ONE_MILLISECOND);
  KeDelayExecutionThread(KernelMode,FALSE,&interval);

  // 刪除這些裝置
  for(i=0;i<CCP_MAX_COM_ID;i++)
  {
    if(s_fltobj[i] != NULL)
        IoDeleteDevice(s_fltobj[i]);
  }
}
```

7.3.3 程式的編譯與執行

這個驅動的完整程式比較簡單。前面已經介紹了一些函數，請把這些函數都拷貝下來集中到 comcap.c 檔案裡。再建立一個名為 "comcap" 的目錄來容納這個檔案。這個檔案的內容大致如下：

```
NTSTATUS DriverEntry(PDRIVER_OBJECT driver, PUNICODE_STRING reg_path)
{
    size_t i;
    // 所有的分發函數都設定成一樣的
    for(i=0;i<IRP_MJ_MAXIMUM_FUNCTION;i++)
    {
        driver->MajorFunction[i] = ccpDispatch;
    }

    // 支援動態移除
    driver->DriverUnload = ccpUnload;

    // 綁定所有的序列埠
    ccpAttachAllComs(driver);

    // 直接傳回成功即可
    return STATUS_SUCCESS;
}
```

接下來撰寫一個 sources 檔案,內容如下:

```
TARGETNAME=comcap
TARGETPATH=obj
TARGETTYPE=DRIVER
SOURCES =comcap.c
```

將這個檔案也放在 comcap 目錄下。參考本書前面章節中介紹的方法編譯,然後載入執行這個驅動。設法透過序列埠傳輸資料,開啟 DbgView.exe 就能看到輸出資訊了。

這個實例的程式在隨書原始程式碼的 comcap 目錄下。

本章的範例程式

本章的實例在原始程式碼目錄 comcap 下,編譯結果為 comcap,可以動態載入和移除。編譯方法請參考本書的附錄 A「如何使用本書的原始程式」。載入後,如果有資料從序列埠輸出,那麼開啟 DbgView.exe 就會看到輸出資訊了。

有的讀者可能沒有使用序列埠印表機,但是可以用以下的方法簡單地使用序列埠,以便讓這個程式有作用:開啟「開始」選單→「所有程式」→「附件」→「通訊」→「超級終端」,然後任意建立一個連接,如圖 7-1 所示。

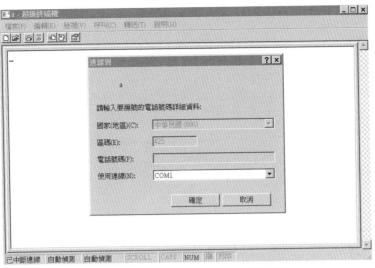

圖 7-1 開啟「超級終端」用序列埠撥號

注意連接時使用的 COM1 就是第一個序列埠。這樣點擊「確定」按鈕之後，在上面的文字標籤中輸入任意字串就會被發送到序列埠。此時如果載入了comcpp.sys，那麼在 DbgView.exe 中就可以看到輸出資訊如圖 7-2 所示。

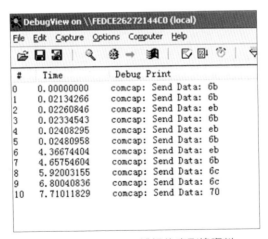

圖 7-2 用 comcap 捕捉的序列埠資料

鍵盤的過濾

在上一章中，讀者學到了簡單的裝置過濾的原理。這一章討論的是鍵盤的過濾技術。

前面一章介紹的方法除了可以過濾序列埠之外，同時也可以過濾鍵盤和並列埠，此外還有大多數有名字的裝置（遺憾的是，並不是所有有名字的裝置都可以透過綁定裝置的方法進行過濾。其中硬碟就是一個實例，讀者可能會發現即使使用了 IoAttachDevice，結果還是截獲不到任何 IRP）。其中截獲鍵盤資訊常常被用於盜取密碼。

從本質上說，如果有人在一台電腦上輸入了自己的銀行帳號和密碼，那麼就沒有什麼能阻止這些資訊被這台電腦「截留」下來。有人列出鍵盤偵測硬體的圖樣，警告讀者如果發現網咖鍵盤線的那頭若插著這東西，就不要在上面使用任何機密帳號和密碼。不過這種防範措施太簡單了，誰規定鍵盤偵測硬體一定要插在主機殼外頭呢？主機殼裡有足夠的空間容納這樣的小零件。

故而筆者從不會在非本人的 PC 上使用網路銀行。但實際上使用自己的電腦也同樣是不安全的，因為很難知道我們的電腦會不會在沒有察覺的情況下被不懷好意的程式感染。惡意程式有很多種方法截獲鍵盤資訊，使用過濾鍵盤的驅動只是其中的一種方法。

最早，網民盜取 QQ 號碼只是為了好玩，直到 Q 幣能兌換人民幣時，人們才開始認真地對待截獲 QQ 密碼的問題。騰訊在 2005 年購買韓國人的技術，對 QQ 登入時輸入的使用者名稱和密碼使用驅動程式進行了保護。但可能因為需要安裝驅動，導致了軟、硬體不相容的問題，2007 年騰訊放棄了這種方法，採用了另外的方案。但是這種驅動保護的技術確實是有效的，在一段時間裡，阻止了 99% 的盜號軟體產生作用。本章後面的內容將介紹相關的技術原理，並進行類似的安全保護軟體的開發。當然，這個保護並不是絕對安全的。

各種網路銀行在輸入使用者名稱和密碼時，同樣也要對密碼實行保護。雖然沒有研究過，但是它們可能採用了類似的想法。

有什麼密碼是絕對安全的嗎？答案是有的。有的網路銀行使用者使用一次一密的密碼卡。卡上有 n 個密碼，刮開一個使用一個，使用之後的密碼就不能再使用了。理論上是安全的，即使駭客截獲了密碼，也沒有任何意義。除非駭客能獲得密碼卡上未被刮開的密碼，但是那不是資訊技術的範圍。

總之，不可能透過保護用鍵盤輸入的密碼不被截獲來獲得絕對安全。

▌ 8.1 技術原理

8.1.1 預備知識

閱讀本章需要一些預備知識。

何為符號連結？前面講過了裝置物件，但是未講到符號連結。

符號連結其實就是一個「別名」，可以用一個不同的名字來代表一個裝置物件（實際上，符號連結可以指向任何有名字的物件）。

ZwCreateFile 是很重要的函數。名稱相同的函數實際上有兩個：一個在核心中，一個在應用層。所以在應用程式中直接呼叫 CreateFile，就可以引發對這個函數的呼叫。

它不但可以開啟檔案，而且可以開啟裝置物件（傳回獲得一個類似檔案控制代碼的控制碼）。所以後面會常常看見應用程式為了與核心互動而呼叫這個函數，這個函數最後呼叫 NtCreateFile。

何為 PDO？前面解釋過 DO 是 Device Object 的簡稱，PDO 是 Phsiycal Device Object 的簡稱，字面上的意義是物理裝置。讀者暫時可以這樣了解：

PDO 是裝置堆疊最下面的那個裝置物件。

這個了解並不精確，但是很實用。

此外，在本章中常常會看到一些寫法，例如：

```
nt!IoGetAttachedDevice
nt!ObpCreateHandle
```

這是在偵錯工具 WinDbg 中常常出現的表示方法。! 號之前的內容表示模組名稱，而之後的內容表示函數名稱或變數名稱，例如 nt!IoGetAttachedDevice 表示模組 nt 中的函數 IoGetAttachedDevice。這是一個核心 API，可以在 WDK 的說明文件中查到。原型如下：

```
PDEVICE_OBJECT
  IoGetAttachedDevice(
    IN PDEVICE_OBJECT  DeviceObject
    );
```

既然讀者在前面已經學習過裝置綁定和裝置堆疊的知識，那麼這個函數就很好了解，它能獲得一個裝置所在的裝置堆疊最頂端的那個裝置。

但並不是所有這樣的函數都可以在說明文件中查到，有些 Windows 沒有公開，但是偵錯時有號表，確實可以看見，讀者可以根據名字來猜測其含義。

下面介紹鍵盤在 Windows 中的運作原理。

8.1.2 Windows 中從擊鍵到核心

這一節專門說明 Windows 是如何獲得按鍵，然後傳遞給各應用程式的。

請讀者按下 "Alt+Ctrl+Del" 鍵開啟「工作管理員」，可以看見一個名為 "csrss.exe" 的處理程序。這個處理程序很關鍵，它有一個執行緒叫作 win32!RawInputThread，這個執行緒透過一個 GUID（GUID_CLASS_KEYBOARD）來獲得鍵盤裝置堆疊的 PDO 的符號連結名稱。

應用程式是不能直接根據裝置名稱開啟裝置的，一般都透過符號連結名稱來開啟。

win32k!RawInputThread 執行到函數 win32k!OpenDevice，它的參數可以找到鍵盤裝置堆疊的 PDO 的符號連結名稱。win32k!OpenDevice 有一個 OBJECT_ATTRIBUTES 結構的區域變數，它自己初始化這個區域變數，用導入參數中的鍵盤裝置堆疊的 PDO 的符號連結名稱設定值 OBJECT_ATTRIBUTES +0x8

處的 PUNICODE_STRING ObjectName。

然後呼叫 ZwCreateFile，ZwCreateFile 完成開啟裝置的工作，最後透過傳入的參數傳回獲得的控制碼。win32k!RawInputThread 把獲得的控制碼儲存起來，供後面的 ReadFile、DeviceIoControl 等使用。

在 32 位元 Windows 作業系統下，ZwCreateFile 透過系統服務，呼叫核心中的 NtCreateFile。NtCreateFile 執行到 nt!IopParseDevice，呼叫 nt!IoGetAttached Device，透過 PDO 獲得鍵盤裝置堆疊最頂端的裝置物件，用獲得的這個裝置物件的 +30 char StackSize 作為參數來呼叫函數 IoAllocateIrp，建立 IRP。呼叫 nt!ObCreateObject 建立檔案物件，初始化這個檔案物件，+04 struct _DEVICE_ OBJECT *DeviceObject 設定值為鍵盤裝置堆疊的 PDO。呼叫 nt!IopfCallDriver，將 IRP 發往驅動，讓驅動進行對應的處理。之後一系列傳回，回到 nt! ObOpenObjectByName。在 nt!ObOpen ObjectByName 中繼續執行，呼叫 nt! ObpCreateHandle 在處理程序（csrss.exe）的控制碼表中建立一個新的控制碼，這個控制碼對應的物件就是剛才建立並初始化的那個檔案物件，檔案物件中的 DeviceObject 指向鍵盤裝置堆疊的 PDO。

win32k!RawInputThread 在獲得了控制碼之後，會以這個控制碼為參數，呼叫 nt!ZwReadFile，向鍵盤驅動要求讀取資料。nt!ZwReadFile 會建立一個 IRP_ MJ_READ 的 IRP 發給鍵盤驅動，告訴鍵盤驅動要求讀取資料。鍵盤驅動通常會使這個 IRP Pending，即 IRP_MJ_READ 不被滿足，它會一直被放在那裡，等待來自鍵盤的資料。而發出這個讀取請求的執行緒 win32k!RawInputThread 也會等待，等待這個讀取操作的完成。

當鍵盤上有鍵被按下時，將觸發鍵盤的中斷，引起插斷服務常式的執行，鍵盤中斷的插斷服務常式由鍵盤驅動提供。鍵盤驅動從通訊埠讀取掃描碼，經過一系列的處理之後，把從鍵盤獲得的資料交給 IRP，最後結束這個 IRP。

這個 IRP 的結束，將導致 win32k!RawInputThread 執行緒對這個讀取操作的等待結束。win32k!RawInputThread 執行緒將對獲得的資料做出處理，分發給合適的處理程序。一旦把輸入資料處理完之後，win32k!RawInputThread 執行緒就會立刻再呼叫一個 nt!ZwReadFile，向鍵盤驅動要求讀取資料。於是又開始一個等待，等待鍵盤上的鍵被按下。

簡單地説，win32k!RawInputThread 執行緒總是呼叫 nt!ZwReadFile 函數要求讀取資料，然後等待鍵盤上的鍵被按下。當鍵盤上的鍵被按下時，win32k!RawInputThread 處理 nt!ZwReadFile 獲得的資料，然後 nt!ZwReadFile 要求讀取資料，再等待鍵盤上的鍵被按下。

我們一般看到的 PS/2 鍵盤的裝置堆疊，如果自己沒有另外安裝其他鍵盤過濾程式，那麼裝置堆疊的情況是這樣的：

■ 最頂層的裝置物件是驅動 KbdClass 產生的裝置物件。
■ 中間層的裝置物件是驅動 i8042prt 產生的裝置物件。
■ 最底層的裝置物件是驅動 ACPI 產生的裝置物件。

原理到這裡就講完了。這段描述似乎令人眼花繚亂，但是讀者沒有必要非常關心其細節，只要知道我們現在要去綁定的那個裝置就是驅動 KbdClass 的裝置物件就可以了。

8.1.3 鍵盤硬體原理

從鍵盤被敲擊到電腦螢幕上出現一個字元，中間有很多複雜的轉換。一個字元顯然並不代表一個鍵，因為大寫和小寫的字母是同一個鍵，只是根據 Shift 鍵來決定是大寫還是小寫字母。此外還有許多複雜的功能鍵，如 Ctrl、Alt 鍵，另外還有小鍵盤等。所以鍵並不用字元來代表，而是給每個鍵規定了一個掃描碼。

去弄清楚哪個鍵的掃描碼是多少，似乎並沒有太大的意義，因為鍵盤的鍵個數和排列方式並不完全一樣，所以我們在這裡應該放棄明確知道哪個鍵的掃描碼是多少的想法。鍵盤驅動程式會讀取掃描碼並翻譯成正確的動作，但是並非放之所有的鍵盤而皆準。但讀者應該明確每個鍵都對應著掃描碼。

鍵盤和 CPU 的對話模式是中斷和讀取通訊埠，這個操作是串列的。發生一次中斷，就等於鍵盤給了 CPU 一次通知，這個通知只能通知一個事件：某個鍵被按下了，某個鍵彈起來了。筆者曾以為在按下一個字母鍵時，CPU 可能會去讀取 Shift 鍵的狀態，看應該是大寫還是小寫字母，結果卻完全不是這樣的。CPU 只接收通知並讀取通訊埠的掃描碼，從不主動去「檢視」任何鍵。

為此,一個鍵實際上需要兩個掃描碼:一個表示鍵按下;另一個表示鍵彈起。根據從網上找到的資料,如果按下的鍵的掃描碼為 X,那麼同一個鍵彈起的掃描碼就為 X+0x80。

鍵盤這種裝置非常古老,所以似乎 Windosw XP 下通訊埠和中斷號都是定死的,即中斷號為 0x93,通訊埠為 0x60。每次中斷發生時,CPU 都去讀取通訊埠 0x60 中的掃描碼。0x60 中只儲存一個位元組,但是掃描碼是可以有兩個位元組的,此時就會發生兩次中斷,CPU 會先後讀到掃描碼的兩個位元組。

請注意,例如「同時按下兩個鍵」之類的事情在這種機制下是不可能發生的。無論如何按鍵,資訊的傳遞都是一次一個位元組串列進行的。

▊ 8.2 鍵盤過濾的架構

8.2.1 找到所有的鍵盤裝置

要過濾一種裝置,首先要綁定它。現在需要找到所有代表鍵盤的裝置。從前面的原理來看,可以認定的是,如果綁定了驅動 KbdClass 的所有裝置物件,那麼代表鍵盤的裝置一定在其中。如何找到一個驅動下的所有物件呢?請聯想一下前面章節中對驅動物件結構的介紹。一個 DRIVER_OBJECT 下有一個域叫作 DeviceObject,這看似是一個裝置物件的指標,但是由於每個 DeviceObject 中又有一個域叫作 NextDevice,指向同一個驅動中的下一個裝置,所以這裡實際上是一個裝置鏈。

除了用上面所説的直接讀取驅動物件下面的 DeviceObject 域,另一種獲得驅動下的所有裝置物件的方法是呼叫函數 IoEnumerateDeviceObjectList,這個函數也可以列出一個驅動下的所有裝置。

現在來寫程式。這些程式來自一個開放原始碼的鍵盤過濾實例 ctrl2cap,但經過了筆者的修改和簡化。我們首先開啟驅動物件 KbdClass,然後綁定它下面的所有裝置。這裡用到一個新的函數——ObReferenceObjectByName,它用於透過一個名字來獲得一個物件的指標。

```
// IoDriverObjectType實際上是一個全域變數,但是標頭檔中沒有
// 只要宣告之後就可以使用了。本章後面的程式中多次用到
```

```
extern POBJECT_TYPE IoDriverObjectType;
// KbdClass驅動的名字
#define KBD_DRIVER_NAME  L"\\Driver\\Kbdclass"
// 這個函數是事實存在的，只是文件中沒有公開
// 宣告一下就可以直接使用了
NTSTATUS
ObReferenceObjectByName(
                              PUNICODE_STRING ObjectName,
                              ULONG Attributes,
                              PACCESS_STATE AccessState,
                              ACCESS_MASK DesiredAccess,
                              POBJECT_TYPE ObjectType,
                              KPROCESSOR_MODE AccessMode,
                              PVOID ParseContext,
                              PVOID *Object
                              );

// 這個函數經過改造，能開啟驅動物件KbdClass，然後綁定
// 它下面的所有裝置
NTSTATUS
c2pAttachDevices(
                IN PDRIVER_OBJECT DriverObject,
                IN PUNICODE_STRING RegistryPath
                )
{
    NTSTATUS status = 0;
    UNICODE_STRING uniNtNameString;
    PC2P_DEV_EXT devExt;
    PDEVICE_OBJECT pFilterDeviceObject = NULL;
    PDEVICE_OBJECT pTargetDeviceObject = NULL;
    PDEVICE_OBJECT pLowerDeviceObject = NULL;

    PDRIVER_OBJECT KbdDriverObject = NULL;

    KdPrint(("MyAttach\n"));

    // 初始化一個字串，就是KbdClass驅動的名字
    RtlInitUnicodeString(&uniNtNameString, KBD_DRIVER_NAME);
    // 請參照前面開啟裝置物件的實例，只是這裡開啟的是驅動物件
    status = ObReferenceObjectByName (
        &uniNtNameString,
        OBJ_CASE_INSENSITIVE,
        NULL,
```

```
        0,
        IoDriverObjectType,
        KernelMode,
        NULL,
        &KbdDriverObject
        );
    // 如果失敗了就直接傳回
    if(!NT_SUCCESS(status))
    {
        KdPrint(("MyAttach: Couldn't get the MyTest Device Object\n"));
        return( status );
    }
    else
    {
        // 呼叫ObReferenceObjectByName會導致對驅動物件的參考計數增加
        // 必須對應地呼叫ObDereferenceObject函數進行設定值
        ObDereferenceObject(KbdDriverObject);
    }


    // 這是裝置鏈中的第一個裝置
    pTargetDeviceObject = KbdDriverObject->DeviceObject;
    // 現在開始檢查這個裝置鏈
    while (pTargetDeviceObject)
    {
        // 產生一個過濾裝置，這是前面讀者學習過的。這裡的IN巨集和OUT巨集是空
        // 巨集，都是只有標示性意義，表明這個參數是一個輸入或輸出參數
        status = IoCreateDevice(
                IN DriverObject,
                IN sizeof(C2P_DEV_EXT),
                IN NULL,
                IN pTargetDeviceObject->DeviceType,
                IN pTargetDeviceObject->Characteristics,
                IN FALSE,
                OUT &pFilterDeviceObject
                );

        // 如果失敗了就直接退出
        if (!NT_SUCCESS(status))
        {
            KdPrint(("MyAttach: Couldn't create the MyFilter Filter
                    Device Object\n"));
            return (status);
        }
```

```
        // 綁定。pLowerDeviceObject是綁定之後獲得的下一個裝置
        // 也就是前面常常說的所謂的真實裝置
        pLowerDeviceObject =
                IoAttachDeviceToDeviceStack(pFilterDeviceObject,
                        pTargetDeviceObject);
        // 如果綁定失敗了，就放棄之前的操作，退出
        if(!pLowerDeviceObject)
        {
                KdPrint(("MyAttach: Couldn't attach to MyTest Device Object\n"));
                IoDeleteDevice(pFilterDeviceObject);
                pFilterDeviceObject = NULL;
                return( status );
        }

        // 裝置擴充。下面要詳細說明裝置擴充的應用
        devExt = (PC2P_DEV_EXT)(pFilterDeviceObject->DeviceExtension);
        c2pDevExtInit(
                devExt,
                pFilterDeviceObject,
                pTargetDeviceObject,
                pLowerDeviceObject );

        // 下面的操作和前面過濾序列埠的操作基本一致，這裡不再解釋
        pFilterDeviceObject->DeviceType=pLowerDeviceObject->DeviceType;
        pFilterDeviceObject->Characteristics=pLowerDeviceObject->
            Characteristics;
        pFilterDeviceObject->StackSize=pLowerDeviceObject->StackSize+1;
        pFilterDeviceObject->Flags |=pLowerDeviceObject->Flags &
            (DO_BUFFERED_IO | DO_DIRECT_IO | DO_POWER_PAGABLE) ;
        // 移動到下一個裝置，繼續檢查
        pTargetDeviceObject = pTargetDeviceObject->NextDevice;
    }
    return status;
}
```

8.2.2 應用裝置擴充

前面用到了裝置擴充，參考前面序列埠過濾的實例，實際上我們用了兩個陣列：一個用於儲存所有的過濾裝置；另一個用於儲存所有的真實裝置。兩個陣列造成一一對映的表的作用：拿到過濾裝置的指標，馬上就可以找到真實裝置的指標。

但是實際上這樣做是沒有必要的。在產生一個過濾裝置時，我們可以給這個裝置指定一個任意長度的「裝置擴充」，這個擴充中的內容可以任意填寫，作為一個自訂的資料結構。

這樣就可以把真實裝置的指標儲存在裝置物件裡了，就沒有必要做兩個陣列對應起來的工作，每次都要尋找一番。

在這個鍵盤過濾中，筆者專門定義了一個結構作為裝置擴充，如下：

```
typedef struct _C2P_DEV_EXT
{
    // 這個結構的大小
    ULONG NodeSize;
    // 過濾裝置物件
    PDEVICE_OBJECT pFilterDeviceObject;
    // 同時呼叫時的保護鎖
    KSPIN_LOCK IoRequestsSpinLock;
    // 處理程序間同步處理
    KEVENT IoInProgressEvent;
    // 綁定的裝置物件
    PDEVICE_OBJECT TargetDeviceObject;
    // 綁定前底層裝置物件
    PDEVICE_OBJECT LowerDeviceObject;
} C2P_DEV_EXT, *PC2P_DEV_EXT;
```

在這裡很容易看到儲存了 LowerDeviceObject，此外還儲存了一些其他的資訊。讀者可以暫時不用了解。

要產生一個帶有裝置擴充資訊的裝置物件，關鍵是在呼叫 IoCreateDevice 時，注意第二個參數填入擴充的長度。例如在前面的實例中產生過濾裝置時，所用的程式是：

```
status = IoCreateDevice(
  IN DriverObject,
  IN sizeof(C2P_DEV_EXT),
  IN NULL,
  IN pTargetDeviceObject->DeviceType,
  IN pTargetDeviceObject->Characteristics,
  IN FALSE,
  OUT &pFilterDeviceObject
  );
```

其中第二個參數是 sizeof(C2P_DEV_EXT)。在產生裝置之後要填寫這個域，相關的程式如下：

```
// 裝置擴充。下面要詳細說明裝置擴充的應用
devExt = (PC2P_DEV_EXT)(pFilterDeviceObject->DeviceExtension);
c2pDevExtInit(
    devExt,
    pFilterDeviceObject,
    pTargetDeviceObject,
    pLowerDeviceObject );
```

關於如何填寫這個域都放在 c2pDevExtInit 函數中了。這個函數的程式如下：

```
NTSTATUS
c2pDevExtInit(
    IN PC2P_DEV_EXT devExt,
    IN PDEVICE_OBJECT pFilterDeviceObject,
    IN PDEVICE_OBJECT pTargetDeviceObject,
    IN PDEVICE_OBJECT pLowerDeviceObject )
{
    memset(devExt, 0, sizeof(C2P_DEV_EXT));
    devExt->NodeSize = sizeof(C2P_DEV_EXT);
    devExt->pFilterDeviceObject = pFilterDeviceObject;
    KeInitializeSpinLock(&(devExt->IoRequestsSpinLock));
    KeInitializeEvent(&(devExt->IoInProgressEvent), NotificationEvent, FALSE);
    devExt->TargetDeviceObject = pTargetDeviceObject;
    devExt->LowerDeviceObject = pLowerDeviceObject;
    return( STATUS_SUCCESS );
}
```

8.2.3 鍵盤過濾模組的 DriverEntry

下面是 DriverEntry 函數的程式。這個 DriverEntry 函數也經過了筆者的修改，使之一進入 DriverEntry 就直接去找 KbdClass 下所有的裝置進行綁定（呼叫了前面提及的 c2pAttachDevices）。

```
NTSTATUS DriverEntry(
                    IN PDRIVER_OBJECT DriverObject,
                    IN PUNICODE_STRING RegistryPath
                    )
{
    ULONG i;
    NTSTATUS status;
```

```
KdPrint (("c2p.SYS: entering DriverEntry\n"));

// 填寫所有的分發函數的指標
for (i = 0; i < IRP_MJ_MAXIMUM_FUNCTION; i++)
{
    DriverObject->MajorFunction[i] = c2pDispatchGeneral;
}

// 單獨地填寫一個Read分發函數。因為重要的過濾就是讀取來的按鍵資訊
// 其他的都不重要。這個分發函數單獨寫
DriverObject->MajorFunction[IRP_MJ_READ] = c2pDispatchRead;

// 單獨地填寫一個IRP_MJ_POWER函數。這是因為這種請求中間要呼叫
// 一個PoCallDriver和一個PoStartNextPowerIrp，比較特殊
DriverObject->MajorFunction [IRP_MJ_POWER] = c2pPower;

// 我們想知道什麼時候一個綁定過的裝置被移除（例如從機器上
// 被拔掉），所以專門寫一個PNP（隨插即用）分發函數
DriverObject->MajorFunction [IRP_MJ_PNP] = c2pPnP;

// 移除函數
DriverObject->DriverUnload = c2pUnload;
gDriverObject = DriverObject;
// 綁定所有的鍵盤裝置
status =c2pAttachDevices(DriverObject, RegistryPath);

return status;
}
```

果然和前面的序列埠過濾有一定的差別，這裡關心的是鍵盤的移除。確實一個鍵盤被拔掉是有可能發生的，而序列埠則沒有考慮這麼多。一般序列埠在電腦上是固定的，有可抽換的序列埠嗎？或許有，但是前面的程式忽略了。後面再詳細介紹 c2pPnP 中的處理。

8.2.4　鍵盤過濾模組的動態移除

鍵盤過濾模組的動態移除和前面的序列埠過濾稍有不同，這是因為鍵盤總是處於「有一個讀取請求沒有完成」的狀態。請回憶 8.1.2 節中對原理的描述：

「當鍵盤上有鍵被按下時，將觸發鍵盤的中斷，引起插斷服務常式的執行，鍵盤中斷的插斷服務常式由鍵盤驅動提供。鍵盤驅動從通訊埠讀取掃描碼，經過

一系列的處理之後，把從鍵盤獲得的資料交給 IRP，然後結束這個 IRP。

這個 IRP 的結束，將導致 win32k!RawInputThread 執行緒對這個讀取操作的等待結束。win32k!RawInputThread 執行緒將對獲得的資料做出處理，分發給合適的處理程序。一旦把輸入資料處理完之後，win32k!RawInputThread 執行緒會立刻再呼叫一個 nt!ZwReadFile，向鍵盤驅動要求讀取資料。於是又開始一個等待，等待鍵盤上的鍵被按下。

換句話說，就算類似序列埠驅動一樣等待 5 秒，這個請求也未必會完成（如果沒有按鍵的話）。這樣如果移除了過濾驅動，那麼等下次一按鍵，這個請求就被處理，很可能馬上就當機了。

下面是對實際中動態移除的處理。

```
VOID
c2pUnload(IN PDRIVER_OBJECT DriverObject)
{
    PDEVICE_OBJECT DeviceObject;
    PDEVICE_OBJECT OldDeviceObject;
    PC2P_DEV_EXT devExt;

    LARGE_INTEGER    lDelay;
    PRKTHREAD CurrentThread;
    //delay some time
    lDelay = RtlConvertLongToLargeInteger(100 * DELAY_ONE_MILLISECOND);
    CurrentThread = KeGetCurrentThread();
    // 把目前執行緒設定為低即時模式，以便讓它的執行儘量少影響其他程式
    KeSetPriorityThread(CurrentThread, LOW_REALTIME_PRIORITY);

    UNREFERENCED_PARAMETER(DriverObject);
    KdPrint(("DriverEntry unLoading...\n"));

    // 檢查所有裝置並一律解除綁定
    DeviceObject = DriverObject->DeviceObject;
    while (DeviceObject)
    {
        // 解除綁定並刪除所有的裝置
        c2pDetach(DeviceObject);
        DeviceObject = DeviceObject->NextDevice;
    }
    ASSERT(NULL == DriverObject->DeviceObject);
```

```
    while (gC2pKeyCount)
    {
        KeDelayExecutionThread(KernelMode, FALSE, &lDelay);
    }
    KdPrint(("DriverEntry unLoad OK!\n"));
    return;
}
```

這裡的防止未決請求沒有完成的方法就是使用 gC2pKeyCount。gC2pKeyCount 在這裡是一個全域變數，每次有一個讀取請求到來時，gC2pKeyCount 被加 1；每次完成時，則減 1。於是只有所有請求都完成後，才結束等待；否則就無休止地等待下去。

實際上，只有一個鍵被按下時，這個移除過程才結束。gC2pKeyCount 的運算在第 8.3 節會看到。

8.3 鍵盤過濾的請求處理

8.3.1 通常的處理

最通常的處理就是直接發送到真實裝置，跳過虛擬裝置的處理。這和前面序列埠過濾用過的方法一樣。程式如下：

```
NTSTATUS c2pDispatchGeneral(
                            IN PDEVICE_OBJECT DeviceObject,
                            IN PIRP Irp
                            )
{
    // 其他的分發函數，直接skip，然後用IoCallDriver把IRP發送到真實裝置
    // 的裝置物件上
    KdPrint(("Other Diapatch!"));
    IoSkipCurrentIrpStackLocation(Irp);
    return IoCallDriver(((PC2P_DEV_EXT)
        DeviceObject->DeviceExtension)->LowerDeviceObject, Irp);
}
```

但是讀者要注意到其不同。我們不再檢查一個陣列去尋找真實裝置的裝置物件指標了，而是直接使用了裝置擴充中預先保留的指標，從 DeviceObject → DeviceExtension 就能直接拿到裝置擴充的指標。

但是與電源相關的 IRP 處理稍有不和。其實在序列埠過濾的實例中，我們已經寫出了相關的程式，但是並沒有做出任何解釋。讀者的疑惑可以在這裡獲得解決。讀者會發現和普通 IRP 的 skip 處理並沒有太明顯的差別，只有兩點：

（1）在呼叫 IoSkipCurrentIrpStackLocation 之前，先呼叫 PoStartNextPowerIrp。

（2）用 PoCallDriver 代替 IoCallDriver。

```
NTSTATUS c2pPower(
                  IN PDEVICE_OBJECT DeviceObject,
                  IN PIRP Irp
                  )
{
    PC2P_DEV_EXT devExt;
    devExt =
        (PC2P_DEV_EXT)DeviceObject->DeviceExtension;

    PoStartNextPowerIrp( Irp );
    IoSkipCurrentIrpStackLocation( Irp );
    return PoCallDriver(devExt->LowerDeviceObject, Irp );
}
```

請注意，c2pPower 只處理主功能編號為 IRP_MJ_POWER 的 IRP；而 Ctrl2cap DispatchGeneral 則處理我們不關心的所有 IRP。

8.3.2 PNP 的處理

唯一需要處理的是，當有一個裝置被拔出時，解除綁定並刪除過濾裝置。程式的實現大致如下：

```
NTSTATUS c2pPnP(
                  IN PDEVICE_OBJECT DeviceObject,
                  IN PIRP Irp
                  )
{
    PC2P_DEV_EXT devExt;
    PIO_STACK_LOCATION irpStack;
    NTSTATUS status = STATUS_SUCCESS;
    KIRQL oldIrql;
    KEVENT event;

    // 獲得真實裝置
    devExt = (PC2P_DEV_EXT)(DeviceObject->DeviceExtension);
```

```
irpStack = IoGetCurrentIrpStackLocation(Irp);

switch (irpStack->MinorFunction)
{
case IRP_MN_REMOVE_DEVICE:
    KdPrint(("IRP_MN_REMOVE_DEVICE\n"));

    // 首先把請求發下去
    IoSkipCurrentIrpStackLocation(Irp);
    IoCallDriver(devExt->LowerDeviceObject, Irp);
    // 然後解除綁定
    IoDetachDevice(devExt->LowerDeviceObject);
    // 刪除我們自己產生的虛擬裝置
    IoDeleteDevice(DeviceObject);
    status = STATUS_SUCCESS;
    break;

default:
    // 對於其他類型的IRP，全部直接下發即可
    IoSkipCurrentIrpStackLocation(Irp);
    status = IoCallDriver(devExt->LowerDeviceObject, Irp);
}
return status;
}
```

當 PNP 請求過來時，是沒有必要擔心還有未完成的 IRP 的。這是因為 Windows 系統要求移除裝置，此時 Windows 自己應該已經處理掉了所有未決的 IRP。這是和我們自己要求移除過濾驅動不同的地方。

8.3.3 讀取的處理

回憶一下 7.2.2 節「請求的結局」，其中描述了一個請求的三種處理方法。前面見過的所有請求，都是處理完畢之後，直接發送到下層驅動之後就不管了。但是在處理鍵盤讀取請求時，這樣做是不行的。

當一個讀取請求到來時，只是說 Windows 要從鍵盤驅動讀取一個鍵掃描碼值，但是在完成之前顯然並不清楚這個值到底是多少。本章要過濾的目的，就是要獲得按下了什麼鍵，所以不得不換一種處理方法，就是把這個請求下發完成之後，再去看這個值是多少。

要完成請求，可以採用以下的步驟。

（1）呼叫 IoCopyCurrentIrpStackLocationToNext 把目前 IRP 堆疊空間拷貝到下一個堆疊空間（這和前面的呼叫 IoSkipCurrentIrpStackLocation 跳過當前堆疊空間形成比較）。

（2）給這個 IRP 設定一個完成函數。完成函數的含義是，如果這個 IRP 完成了，系統就會回呼這個函數。

（3）呼叫 IoCallDriver 把請求發送到下一個裝置。

這三個步驟的程式可以舉例如下（假設已經有了一個完成函數 c2pReadComplete）：

```
// 複製目前IRP堆疊空間
IoCopyCurrentIrpStackLocationToNext(Irp);
// 設定完成回呼函數
IoSetCompletionRoutine( Irp, c2pReadComplete,
  DeviceObject, TRUE, TRUE, TRUE );
// 發送到下一個裝置
IoCallDriver(NextDevice,Irp);
```

另外一個需要解決的問題就是我們前面所需要的鍵計數器。即一個請求到來時，我們把全域變數 gC2pKeyCount 加 1，等完成之後再減 1。這個處理比較簡單。完整的讀取處理請求如下：

```
NTSTATUS c2pDispatchRead(
                         IN PDEVICE_OBJECT DeviceObject,
                         IN PIRP Irp )
{
   NTSTATUS status = STATUS_SUCCESS;
   PC2P_DEV_EXT devExt;
   PIO_STACK_LOCATION currentIrpStack;
   KEVENT waitEvent;
   KeInitializeEvent( &waitEvent, NotificationEvent, FALSE );

 if (Irp->CurrentLocation == 1)
 {
    ULONG ReturnedInformation = 0;
    KdPrint(("Dispatch encountered bogus current location\n"));
    status = STATUS_INVALID_DEVICE_REQUEST;
    Irp->IoStatus.Status = status;
    Irp->IoStatus.Information = ReturnedInformation;
```

```
    IoCompleteRequest(Irp, IO_NO_INCREMENT);
    return(status);
}

    // 全域變數鍵計數器加1
    gC2pKeyCount++;

    // 獲得裝置擴充,目的是為了獲得下一個裝置的指標
    devExt =
        (PC2P_DEV_EXT)DeviceObject->DeviceExtension;

    // 設定回呼函數並把IRP傳遞下去。之後讀取的處理也就結束了
    // 剩下的工作是要等待讀取請求完成
    currentIrpStack = IoGetCurrentIrpStackLocation(Irp);
    IoCopyCurrentIrpStackLocationToNext(Irp);
    IoSetCompletionRoutine( Irp, c2pReadComplete,
        DeviceObject, TRUE, TRUE, TRUE );
    return  IoCallDriver( devExt->LowerDeviceObject, Irp );
}
```

8.3.4 讀取完成的處理

讀取請求完成之後,應該獲得輸出緩衝區,按鍵資訊就在輸出緩衝區中,全域
變數 gC2pKeyCount 應該減 1。此外,再沒有其他的事情需要完成了。所以相
關程式比較簡單,大致如下:

```
// 這是一個IRP完成回呼函數的原型
NTSTATUS c2pReadComplete(
                            IN PDEVICE_OBJECT DeviceObject,
                            IN PIRP Irp,
                            IN PVOID Context
                            )
{
    PIO_STACK_LOCATION IrpSp;
    ULONG buf_len = 0;
    PUCHAR buf = NULL;
    size_t i;

    IrpSp = IoGetCurrentIrpStackLocation( Irp );

    // 假設這個請求是成功的。很顯然,如果請求失敗了,這麼取得
    // 進一步的資訊是沒有意義的
```

```
    if( NT_SUCCESS( Irp->IoStatus.Status ) )
    {
        // 獲得讀取請求完成後的輸出緩衝區
        buf = Irp->AssociatedIrp.SystemBuffer;
        // 獲得這個緩衝區的長度
        // 一般來說，不管傳回值有多長都儲存在Information中
        buf_len = Irp->IoStatus.Information;

        // …這裡可以做進一步的處理
        // 筆者只是很簡單地列印出所有的掃描碼
        for(i=0;i<buf_len;++i)
        {
            DbgPrint("ctrl2cap: %2x\r\n", buf[i]);
        }
    }
    gC2pKeyCount--;

    if( Irp->PendingReturned )
    {
        IoMarkIrpPending( Irp );
    }
    return Irp->IoStatus.Status;
}
```

這裡獲得了輸出緩衝區，按鍵資訊當然就在其中了。但是這些資訊是用什麼格式儲存的？又如何從這些資訊中列印出按鍵的情況呢？在下面的內容中進一步說明。

■ 8.4 從請求中列印出按鍵資訊

8.4.1 從緩衝區中獲得 KEYBOARD_INPUT_DATA

在完成函數中能完成的工作有限，這是因為受到了中斷等級的限制。但是本章在完成函數中僅需要讀取一個鍵掃描碼，工作比較簡單，所以首先隱藏相關知識。在後面磁碟過濾和檔案過濾時，讀者會注意到不同之處。

請求完成之後，讀到的資訊在 irp → AssociatedIrp.SystemBuffer 中。這裡需要介紹一下這個緩衝區中的資料格式。這個緩衝區中可能含有 *n* 個 KEYBOARD_

INPUT_DATA 結構（這個結構在 WDK 的標頭檔中有定義）。該結構的定義如下：

```
typedef struct _KEYBOARD_INPUT_DATA {
    // 標頭檔裡的解釋是這樣的：對於裝置\Device\KeyboardPort0，這個值
    // 是0；對於\Device\KeyboardPort1，這個值是1，依此類推
    USHORT UnitId;
    // 掃描碼
    USHORT MakeCode;
    // 一個標示。標示一個鍵按下還是彈起
    USHORT Flags;
    // 保留
    USHORT Reserved;
    // 擴充資訊
    ULONG ExtraInformation;
} KEYBOARD_INPUT_DATA, *PKEYBOARD_INPUT_DATA;
```

下面是 Flags 可能的設定值。這些值的含義筆者也不是全部清楚，請讀者結合後面的程式來了解。

```
#define KEY_MAKE   0
#define KEY_BREAK  1
#define KEY_E0     2
#define KEY_E1     4
#define KEY_TERMSRV_SET_LED 8
#define KEY_TERMSRV_SHADOW  0x10
#define KEY_TERMSRV_VKPACKET 0x20
```

至於有多少個這樣的結構，則取決於輸入緩衝區到底有多長。實際上，這種結構的個數應該為：

```
size = buf_len / sizeof(KEYBOARD_INPUT_DATA);
```

8.4.2 從 KEYBOARD_INPUT_DATA 中獲得鍵

KEYBOARD_INPUT_DATA 下的 MakeCode 就是掃描碼。對於 Flags，這裡的程式只考慮了 KEY_MAKE（0）和 KEY_BREAK（非 0）兩種可能：一種表示按下；另一種則表示彈起。相關的程式如下：

```
KeyData = Irp->AssociatedIrp.SystemBuffer;
numKeys = Irp->IoStatus.Information / sizeof(KEYBOARD_INPUT_DATA);
```

```
for( i = 0; i < numKeys; i++ )
{
  // 下面列印按鍵的資訊
  DbgPrint(("numKeys : %d",numKeys));
  DbgPrint(("ScanCode: %x ", KeyData->MakeCode ));
  DbgPrint(("%s\n", KeyData->Flags ?"Up" : "Down" ));
  MyPrintKeyStroke((UCHAR)KeyData->MakeCode);

  // 這是一個小測試。如果發現有Caps Lock鍵，我們就改寫為Ctrl
  // 鍵。這證實鍵盤按鍵是可以被攔截修改的，其效果是Caps Lock
  // 開始和Ctrl鍵造成一樣的作用。讀者在測試這個程式時應該試試
  // 這個有趣的效果
  if( KeyData->MakeCode == CAPS_LOCK)
  {
      KeyData->MakeCode = LCONTROL;
  }
}
```

應該注意到，有幾個鍵會影響從掃描碼到實際字元的轉換。

8.4.3 從 MakeCode 到實際字元

本節我們將儘量地把按鍵顯示成可以顯示的字元。雖然這並不總是可行的（例如按下 Shift 鍵然後彈起，顯然密碼框裡不會因此被輸入一個字元），這有關掃描碼和實際字元是如何對應的。

所謂的實際字元就是 ASCII 碼。大家都知道大寫／小寫字元的 ASCII 碼並不相同，但是鍵是同一個（就是說掃描碼是相同的），實際是哪個取決於幾個鍵的狀態（包含 Shift 鍵、Caps Lock 鍵）。因此，這個模組在過濾按鍵的同時，也必須把這幾個控制鍵的狀態儲存下來。請注意 Shift 鍵和 Caps Lock 鍵的不同：Shift 鍵是按下生效，釋放則無效了；而 Caps Lock 鍵是按一次生效，再按一次無效了。因此過濾的方法也不一樣。

下面的程式把這些控制鍵的狀態儲存在 kb_status 變數中，用 3 個位元來保留。

```
// flags for keyboard status
#define S_SHIFT        1
#define S_CAPS         2
#define S_NUM          4
```

```
// 這是一個標示,用來儲存目前鍵盤的狀態。其中有3個位元,分別表示
// Caps Lock鍵、Num Lock鍵和Shift鍵是否按下
static int kb_status = S_NUM;
void __stdcall print_keystroke(UCHAR sch)
{
  UCHAR ch = 0;
  int   off = 0;

  if ((sch & 0x80) == 0)
  {
      // 如果按下了字母或數字等可見字元
      if ((sch < 0x47) ||
          ((sch >= 0x47 && sch < 0x54) && (kb_status & S_NUM)))
      {
          // 最後獲得哪個字元必須由Caps Lock和Num Lock及Shift這幾個鍵
          // 的狀態來決定,所以寫在一張表中
          ch = asciiTbl[off+sch];
      }

      switch (sch)
      {
      // Caps Lock鍵和Num Lock鍵類似,都是"按下兩次"等於沒按過"反覆鍵"
      // 所以這裡用互斥來設定標示。也就是說,按一次有作用,再按一次就不有作用了
      case 0x3A:
          kb_status ^= S_CAPS;
          break;

      // 注意Shift鍵的特點
      //第一點是Shift鍵有兩個,左右各一個,掃描碼互不相同
      //第二點是Shift鍵是按下有作用,彈起則作用消失,所以這裡用或來設定標示
      case 0x2A:
      case 0x36:
          kb_status |= S_SHIFT;
          break;

      // Num Lock鍵
      case 0x45:
          kb_status ^= S_NUM;
      }
}
else      //break
{
```

```
    if (sch == 0xAA || sch == 0xB6)
        kb_status &= ~S_SHIFT;
  }

  if (ch >= 0x20 && ch < 0x7F)
  {
      DbgPrint(("%C \n",ch));
  }
}
```

8.5 Hook 分發函數

前面說明了進行鍵盤過濾，截獲使用者輸入的方法。本節開始更加深入地探討鍵盤過濾與反過濾的對抗。有趣的是，無論是過濾還是反過濾，其原理都是進行過濾。取勝的關鍵在於：誰將第一個獲得資訊。

我們總是可以假設鍵盤已經被不明的駭客軟體進行了過濾。那麼，作為一個需要輸入使用者名稱和密碼的使用者程式，在從鍵盤輸入密碼到密碼輸入到軟體的過程中，總要面臨被未知的程式截獲的問題。之所以這樣，是因為 Windows 從鍵盤輸入到最後被應用程式獲得這個過程是大家都清楚的，應該在哪裡進行攔截也是大家心照不宣的。因此，這個過程從技術上講總是不安全的。

一些軟體就採取了措施。舉例來說，作為應用軟體，也內含核心模組，當使用者要輸入密碼時，該模組就過濾鍵盤資訊；截獲使用者輸入的密碼之後，自行處理（例如用不為人知的方法交給應用程式去驗證，而非用通常鍵盤驅動的過濾以免讓駭客軟體截獲）。這樣就繞過了駭客的過濾。

當然，這必須是在我們的過濾先於駭客軟體獲得鍵盤輸入的前提之下，這個方案才能獲得成功。為此應該尋找其他的過濾方法。

前面學到的鍵盤過濾方法，是透過在裝置堆疊上綁定一個新的裝置實現的。這樣就有了一個簡單的設想來防止駭客對鍵盤進行過濾：檢查裝置堆疊，看上面是否有不明裝置。

這個方法很簡單。但遺憾的是，往裝置堆疊中插入新的裝置進行過濾，這是非常正統的方法，是合法軟體的行為。一般的駭客軟體如果想進行過濾的話，不會採用這麼正道的方式。

一個可能的途徑是，駭客不會去插入一個能被安全軟體輕易監控到的過濾裝置，但是依然能透過修改一個已經存在的驅動物件（例如前面提到的 KbdClass）的分發函數的指標來達到過濾所有請求的目的。駭客可以將這些函數指標取代成自己的驅動中的函數，這樣請求將被駭客的程式首先截獲。然後為了讓程式繼續進行，駭客可以呼叫原來被取代過的舊的函數指標，讓 Windows 的擊鍵過程正常運作下去。

8.5.1 獲得類別驅動物件

當然，首先要獲得鍵盤類別驅動物件，才能去取代下面的分發函數。但是這個操作相對簡單，因為這個驅動的名字是 "\\Driver\\Kbdclass"，所以可以直接用函數 ObReferenceObjectByName 來獲得。這個函數在前面的實例中已經用到過，但是還沒有詳細介紹。

```
// 驅動的名字
#define KBD_DRIVER_NAME  L"\\Driver\\Kbdclass"
// 當我們求得驅動物件的指標時，將其放到這裡
PDRIVER_OBJECT KbdDriverObject;
UNICODE_STRING uniNtNameString;

// 初始化驅動的名字字串
RtlInitUnicodeString(&uniNtNameString, KBD_DRIVER_NAME);
// 根據名字字串來獲得驅動物件
status = ObReferenceObjectByName (
    &uniNtNameString,
    OBJ_CASE_INSENSITIVE,
    NULL,
    0,
    IoDriverObjectType,
    KernelMode,
    NULL,
    &KbdDriverObject
    );
if(!NT_SUCCESS(status))
{
    // 如果失敗了
    DbgPrint("MyAttach: Couldn't get the kbd driver Object\n");
    return STATUS_UNSUCCESSFUL;
}
```

```
else
{
    // 凡是呼叫了Reference系列的函數都要透過呼叫ObDereferenceObject
    // 來解除參考
    ObDereferenceObject(KbdDriverObject);
}
```

這樣就獲得了驅動物件，然後只要取代其分發函數就行了。這個操作比想像的更加容易。在前面的幾個實例中，我們都給自己的驅動物件設定了分發函數。而這裡，要設定分發函數的不再是自己的驅動物件了，而是剛剛開啟的鍵盤類別驅動物件。

8.5.2　修改類別驅動的分發函數指標

雖然驅動物件不同，但是取代方法還是一樣的。值得注意的是，必須儲存原有驅動物件的分發函數的指標；不然第一，取代之後將無法恢復；第二，完成我們自己的處理後無法繼續呼叫原有的分發函數。除非我們本身撰寫的分發函數完整地實現了系統分發函數功能；否則 Windows 的整個鍵盤輸入系統會直接當機。

這裡用到一個最小化操作：InterlockedExchangePointer。這個操作的好處是，筆者設定新的函數指標的操作是最小化的，不會被打斷，插入其他可能要執行到呼叫這些分發函數的程式。

```
// 這個陣列用來儲存所有舊的指標
ULONG i;
PDRIVER_DISPATCH OldDispatchFunctions[IRP_MJ_MAXIMUM_FUNCTION + 1];

......
// 把所有的分發函數指標都取代成我們自己撰寫的同一個分發函數
for(i=0;i<= IRP_MJ_MAXIMUM_FUNCTION;++i)
{
    // 假設MyFilterDipatch是筆者已經寫好的分發函數
    OldDispatchFunctions[i] = KbdDriverObject-> MajorFunction[i];
    // 進行最小化交換操作
    InterlockedExchangePointer(
        &KbdDriverObject-> MajorFunction[i],
        MyFilterDispatch)
}
```

上面這段程式沒有測試過，筆者想應該是可以執行的，但是執行安全性方面的一些問題還是沒有考慮周到。小問題可能出在取代過程中：一部分分發函數已經被取代，另一部分分發函數還沒有被取代，此時又剛好有幾個連續的 IRP 要進行處理，中間具有相關性。在這種情況下，有可能會破壞它們之間的連結。但是只要取代完畢，也就安全了。這種問題出現的機率非常小。另外，如果仔細地程式設計自己撰寫的分發函數，確保這個分發函數只有在所有原來的分發函數都被取代完畢之後才開始有作用，而且小心處理這些 IRP，避免依賴於它們之間的連結性，程式是可以完全安全的。但是大部分駭客程式都撰寫得極為草率，這也就是為什麼被病毒或木馬感染之後，尤其是帶有 Rootkit 的木馬，會導致系統不穩定的原因。因為沒有什麼能確保一個木馬的作者對自己的程式嚴加測試。

之後，讀者就可以寫自己的過濾分發函數 MyFilterDispatch 了，在這個函數中可以設法去獲得按鍵（需要先呼叫舊的函數指標進行處理）。有興趣的讀者可以自己完成。

8.5.3 類別驅動之下的通訊埠驅動

前面的過濾方法是取代分發函數指標。但是這依然比較明顯，因為分發函數的指標本來是已知的，如果安全監控軟體有針對性地對這個指標進行檢查和保護，就容易發現這個指標已經被取代掉的情況。但是從分發函數出發，下面的各呼叫層出不窮，任何一個地方都可能被取代，安全程式又怎麼可能一一去保護呢？

下面是一個比較特別的實例。介紹這個方法是為了讓讀者了解盜取鍵盤資訊的駭客所可能使用的方法，而絕不是推薦在商務軟體中使用這樣的方法。它是直接尋找一個用於通訊埠驅動中讀取輸入緩衝區的函數（但是這個函數實際上是類別驅動提供的），這個函數也可以被 Hook 來實現過濾。

KbdClass 被稱為鍵盤類別驅動，在 Windows 中，類別驅動通常是指統管一種裝置的驅動程式。不管是 USB 鍵盤，還是 PS/2 鍵盤均經過它，所以在這層做攔截，能獲得很好的通用性。在類別驅動之下和實際硬體互動的驅動被稱為「通訊埠驅動」。實際到鍵盤，i8042prt 是 PS/2 鍵盤的通訊埠驅動，USB 鍵盤則是 Kbdhid。

前面提到，鍵盤驅動的主要工作就是當鍵盤上有鍵按下引發中斷時，鍵盤驅動從通訊埠讀出按鍵的掃描碼，最後順利地將它交給在鍵盤裝置堆疊堆疊頂等待的那個主功能編號為 IRP_MJ_READ 的 IRP。為了完成這個工作，鍵盤驅動使用了兩個循環使用的緩衝區。

下面以比較古老的 PS/2 鍵盤為例介紹，因此下面的通訊埠驅動都是 i8042prt。

i8042prt 和 KbdClass 各有自己的可以循環使用的緩衝區。緩衝區的每個單元是一個 KEYBOARD_INPUT_DATA 結構，用來儲存一個掃描碼及其相關資訊。在鍵盤驅動中，把這個循環使用的緩衝區叫作輸入資料佇列（input data queue），i8042prt 的緩衝區被叫作通訊埠鍵盤輸入資料佇列（port keyboard input data queue），KbdClass 的緩衝區被叫作類別輸入資料佇列（class input data queue）。

請回憶一下裝置擴充。我們曾經在自己產生的虛擬過濾裝置中使用過裝置擴充，但是實際上 i8042prt 驅動產生的裝置也有自訂的裝置擴充。

在 i8042prt 的自訂裝置擴充中，儲存著一些指標和計數值，用來使用它的輸入資料佇列。包含：

（1）PKEYBOARD_INPUT_DATA 類型的 InputData、DataIn、DataOut、DataEnd。
（2）ULONG 類型的 InputCount。
- InputData 指標，指向輸入資料佇列的開頭。
- DataEnd 指標，指向輸入資料佇列的結尾。
- DataIn 指標，指向要進入佇列的新資料，被放在佇列中的位置。
- DataOut 指標，指向要出佇列的資料，在佇列中開始的位置。
- InputCount 值，為輸入資料佇列中資料的個數。

同時，在 KbdClass 的自訂裝置擴充中，也儲存著一些指標和計數值，用來使用它的輸入資料佇列。名字和類型與上面的資料是完全一樣的。

8.5.4 通訊埠驅動和類別驅動之間的協作機制

當鍵盤上一個鍵被按下時，產生一個 Make Code，引發鍵盤中斷；當鍵盤上一個鍵被鬆開時，產生一個 Break Code，引發鍵盤中斷。鍵盤中斷導致鍵盤插斷服務常式被執行，最後導致 i8042prt 的 I8042KeyboardInterruptService 被執行。

在 I8042KeyboardInterruptService 中，從通訊埠讀出按鍵的掃描碼，放在一個 KEYBOARD_ INPUT_DATA 中。 將 這 個 KEYBOARD_INPUT_DATA 放入 i8042prt 的輸入資料佇列中，一個中斷放入一個資料，DataIn 後移一格，InputCount 加 1。最後會呼叫核心 API 函數 KeInsertQueueDpc，一個進行更多處理的延遲程序呼叫。

在這個呼叫中，會呼叫上層處理輸入的回呼函數（也就是 KbdClass 處理輸入資料的函數），取走 i8042prt 的輸入資料佇列裡的資料。因為裝置擴充中儲存著上層處理輸入資料的回呼函數的入口位址，所以它知道該呼叫誰。上層處理輸入的回呼函數（也就是 KbdClass 處理輸入資料的函數）取走資料之後，i8042prt 的輸入資料佇列的 DataOut 對應後移，InputCount 對應減少。

當讀取請求要求讀取的資料大小大於或等於 i8042prt 的輸入資料佇列中的資料時，讀取請求的處理函數直接從 i8042prt 的輸入資料佇列中讀出所有的輸入資料，不使用 KbdClass 的輸入資料佇列。在大多數情況下都是這樣的。

當讀取請求要求讀取的資料大小小於 i8042prt 的輸入資料佇列中的資料時，讀取請求的處理函數直接從 i8042prt 的輸入資料佇列中讀出它所要求的大小，然後這個讀取請求被完成。i8042prt 的輸入資料佇列中剩餘的資料，被放入 KbdClass 的輸入資料佇列中。當應用層發來下一個讀取請求時，那個讀取請求將直接從 KbdClass 的輸入資料佇列中讀取資料，不需要等待。

8.5.5 找到關鍵的回呼函數的條件

從上面的原理來看，I8042KeyboardInterruptService 中呼叫的類別驅動的回呼函數十分重要。如果找到了這個函數，透過 Hook、取代或類似的方法，就可以輕易地獲得鍵盤的輸入了。而且這個函數非常深入，也並沒有公開，安全軟體很難顧及到。

現在的問題就是如何定位這個函數指標了。i8042prt 驅動的裝置擴充我們並不完全清楚；此外，WDK 中也不可能公開這樣一個函數的位址。但是「有識之士」根據經驗指出：

（1）這個函數指標應該儲存在 i8042prt 產生的裝置的自訂裝置擴充中。

（2）這個函數的開始位址應該在核心模組 KbdClass 中。

（3）核心模組 KbdClass 產生的裝置物件的指標也儲存在那個裝置擴充中，而且在我們要找的函數指標之前。

依據這三個規律就可以來尋找這個函數了。當然，這裡有個問題，即：如何判斷一個位址是否在某一個驅動中？

這裡所説的不是驅動物件，而是這個核心模組在核心記憶體空間中的位址。這是一個常用的技巧：在驅動物件中 DriverStart 域和 DriverSize 域分別記載著這個驅動物件所代表的核心模組在核心空間中的開始位址和大小。

在 前 面 的 程 式 中，我 們 已 經 開 啟 了 驅 動 物 件 KbdDriverObject，那 麼 KbdDriverObject → DriverStart 就 是 驅 動 KbdDriverObject 的 開 始 位 址；KbdDriverObject → DriverSize 就是這個驅動的位元組大小。

這樣，透過下面的簡單程式就可以判斷一個位址是否在 KbdClass 驅動中了。

```
PVOID address;
size_t kdbDriverStart = KdbDriverObject->DriverStart;
size_t kdbDriverSize = KdbDriverObject->DriverSize;
...
if(  (address > KbdDriverStart)&&
     (address < (PBYTE)KbdDriverStart+KbdDriverSize) )
{
  // 說明在這個驅動中
}
```

8.5.6 定義常數和資料結構

下面的方法實現了搜尋這個關鍵的回呼函數的指標。這些程式考慮得更加寬泛，把 USB 鍵盤的情況也考慮進去了。有關以下三個驅動，這裡都定義成字串。

```
// 鍵盤類別驅動的名字
#define KBD_DRIVER_NAME L"\\Driver\\Kbdclass"
// USB鍵盤通訊埠驅動名稱
#define USBKBD_DRIVER_NAME L"\\Driver\\Kbdhid"
// PS/2鍵盤驅動名稱
#define PS2KBD_DRIVER_NAME L"\\Driver\\i8042prt"
```

然後，對於我們要搜尋的回呼函數的類型定義如下：

```
typedef VOID
(_stdcall *KEYBOARDCLASSSERVICECALLBACK)(
IN PDEVICE_OBJECT DeviceObject,
IN PKEYBOARD_INPUT_DATA InputDataStart,
IN PKEYBOARD_INPUT_DATA InputDataEnd,
IN OUT PULONG InputDataConsumed);
```

接下來，定義一個全域變數來接收搜尋到的回呼函數。實際上，我們不但搜尋一個回呼函數，還搜尋類別驅動產生的裝置物件。這個裝置物件的指標儲存在通訊埠驅動的裝置物件的擴充中，而且必須先找到它，後面才能搜尋回呼函數（根據前面指出的搜尋時用的三個規律）。這個裝置物件儲存在全域變數 gKbdClassBack.classDeviceObject 中，而 gKbdClassBack.serviceCallBack 則儲存要搜尋的回呼函數。下面是全域變數 gKbdCallBack 的定義。

```
typedef struct _KBD_CALLBACK
{
PDEVICE_OBJECT classDeviceObject;
KEYBOARDCLASSSERVICECALLBACK serviceCallBack;
}KBD_CALLBACK,*PKBD_CALLBACK;
KBD_CALLBACK gKbdCallBack={0};
```

8.5.7 開啟兩種鍵盤通訊埠驅動尋找裝置

下面寫一個函數來進行搜尋，搜尋結果將被填寫到上面定義的全域變數 gKbdCallBack 中。原理是這樣的：預先不可能知道機器上裝的是 USB 鍵盤還是 PS/2 鍵盤，所以一開始是嘗試開啟這兩個驅動。在很多情況下只有一個可以開啟，比較極端的情況是兩個都可以開啟（使用者同時安裝有兩種鍵盤），這並不是不可能的，或兩個都打不開（使用者安裝有一種我們沒見過的鍵盤）。對於這兩種極端的情況，都簡單地傳回失敗即可。

```
NTSTATUS
SearchServiceCallBack (
    IN PDRIVER_OBJECT DriverObject
    )
{
  // 定義用到的一組區域變數。這些變數大多是顧名思義的
  NTSTATUS status = STATUS_UNSUCCESSFUL;
```

```
int i =0;
UNICODE_STRING uniNtNameString;
PDEVICE_OBJECT pTargetDeviceObject = NULL;
PDRIVER_OBJECT KbdDriverObject = NULL;
PDRIVER_OBJECT KbdhidDriverObject = NULL;
PDRIVER_OBJECT Kbd8042DriverObject = NULL;
PDRIVER_OBJECT UsingDriverObject = NULL;
PDEVICE_OBJECT UsingDeviceObject = NULL;
PVOID KbdDriverStart = NULL;
ULONG KbdDriverSize =0;
PVOID UsingDeviceExt = NULL;

// 這裡的程式用來開啟USB鍵盤通訊埠驅動的驅動物件
RtlInitUnicodeString(&uniNtNameString, USBKBD_DRIVER_NAME);
status = ObReferenceObjectByName (
      &uniNtNameString,
      OBJ_CASE_INSENSITIVE,
      NULL,
      0,
      IoDriverObjectType,
      KernelMode,
      NULL,
      &KbdhidDriverObject
      );
if(!NT_SUCCESS(status))
{
   DbgPrint(("Couldn't get the USB driver Object\n"));
}
else
{
   ObDereferenceObject(KbdhidDriverObject);
   DbgPrint(("get the USB driver Object\n"));
}

// 開啟PS/2鍵盤的驅動物件
RtlInitUnicodeString(&uniNtNameString, PS2KBD_DRIVER_NAME);
status = ObReferenceObjectByName (
      &uniNtNameString,
      OBJ_CASE_INSENSITIVE,
      NULL,
      0,
      IoDriverObjectType,
```

```
        KernelMode,
        NULL,
        &Kbd8042DriverObject
        );
if(!NT_SUCCESS(status))
{
    DbgPrint(("Couldn't get the PS/2 driver Object\n"));
}
else
{
    ObDereferenceObject(Kbd8042DriverObject );
    DbgPrint("get the PS/2 driver Object\n");
}

// 這段程式只考慮有一個鍵盤有作用的情況。如果USB鍵盤和PS/2鍵盤
// 同時存在，則直接傳回失敗即可
if (Kbd8042DriverObject && KbdhidDriverObject)
{
    DbgPrint("more than two kbd!\n");
    return STATUS_UNSUCCESSFUL;
}

// 如果兩個都沒有找到……則系統用了其他種類的鍵盤，直接傳回失敗
if (!Kbd8042DriverObject && !KbdhidDriverObject)
{
    DbgPrint(("no kbd!\n"));
    return STATUS_UNSUCCESSFUL;
}

// 找到合適的驅動物件。該物件為USB或PS/2中的
UsingDriverObject = Kbd8042DriverObject?
    Kbd8042DriverObject:KbdhidDriverObject;
// 找到這個驅動物件下的第一個裝置物件
UsingDeviceObject = UsingDriverObject->DeviceObject;
// 找到這個裝置物件的裝置擴充
UsingDeviceExt = UsingDeviceObject->DeviceExtension;
...
```

至此，已經把裝置擴充的位址放到 UsingDeviceExt 裡面了。根據前面的預測，
這裡面應該有一個函數指標，其位址是在驅動 KbdClass 中的，找到它我們就
成功了。

8.5.8 搜尋在 KbdClass 類別驅動中的位址

這裡接著寫前面那個函數中沒有完成的程式。目的已經明確,就是為了尋找 UsingDeviceExt 中儲存的在驅動 KbdClass 中的位址(前面已經介紹過如何判斷一個位址在一個驅動中)。

```
// 首先必須開啟驅動KbdClass,以便從驅動物件中獲得其開始位址和大小
RtlInitUnicodeString(&uniNtNameString, KBD_DRIVER_NAME);
status = ObReferenceObjectByName (
  &uniNtNameString,
  OBJ_CASE_INSENSITIVE,
  NULL,
  0,
  IoDriverObjectType,
  KernelMode,
  NULL,
  &KbdDriverObject
  );
if(!NT_SUCCESS(status))
{
  // 如果沒有成功,就直接傳回失敗即可
  DbgPrint(("MyAttach: Couldn't get the kbd driver Object\n"));
  return STATUS_UNSUCCESSFUL;
}
else
{
  ObDereferenceObject(KbdDriverObject);
  // 如果成功了,就找到了KbdClass的開始位址和大小
  KbdDriverStart = KbdDriverObject->DriverStart;
  KbdDriverSize = KbdDriverObject->DriverSize;
}
```

下面就是搜尋過程。首先檢查 KbdClass 下的所有裝置(檢查方法還是和前面出現多次的程式一樣),找到驅動物件下的第一個裝置物件,然後找裝置物件下的 Next 指標連續檢查即可。在這些裝置中,有一個會儲存在通訊埠驅動的裝置擴充(也就是 DeviceExt 指標開始的位址)中,這是我們要尋找的。當然,更重要的是要尋找那個回呼函數。

所以我們定義了一個臨時的指標 DeviceExt,從前面獲得的 UsingDeviceExt 的位址開始檢查,每次增加一個指標的寬度。

```
// 檢查KbdDriverObject下的裝置物件
pTargetDeviceObject = KbdDriverObject->DeviceObject;
while (pTargetDeviceObject)
{
  DeviceExt = (PBYTE)UsingDeviceExt;
  // 檢查我們先找到的通訊埠驅動的裝置擴充下的每一個指標
  for(;i<4096;i++,DeviceExt+=sizeof(PBYTE))
  {
      PVOID tmp;
      if (!MmIsAddressValid(DeviceExt)) {
          break;
      }

      // 找到後會填寫到這個全域變數中。這裡檢查是否已經填好了
      // 如果已經填好了就不用繼續找,可以直接跳出
      if (gKbdCallBack.classDeviceObject && gKbdCallBack. serviceCallBack)
      {
          status = STATUS_SUCCESS;
          break;
      }

      // 在通訊埠驅動的裝置擴充中,找到了類別驅動的裝置物件,填好類別驅動裝置
      // 物件後繼續
      tmp = *(PVOID*)DeviceExt;
      if (tmp == pTargetDeviceObject)
      {
          gKbdCallBack.classDeviceObject = (PDEVICE_OBJECT)tmp;
          DbgPrint(("classDeviceObject %8x\n",tmp));
          continue;
      }

      // 如果在裝置擴充中找到一個位址位於KbdClass驅動中,就
      // 可以認為,這就是我們要找的回呼函數位址
      if (
          (tmp > KbdDriverStart)&&
          (tmp < (PBYTE)KbdDriverStart+KbdDriverSize) && MmIsAddressValid(tmp)
          )
      {
          // 將這個回呼函數記錄下來
          gKbdCallBack.serviceCallBack =
              (KEYBOARDCLASSSERVICECALLBACK)tmp;
          AddrServiceCallBack = (PVOID*)DeviceExt;
          DbgPrint(("serviceCallBack :%8x AddrServiceCallBack: %8x\n",
```

```
        tmp,AddrServiceCallBack));
    }
}
// 換成下一個裝置，繼續檢查
pTargetDeviceObject = pTargetDeviceObject->NextDevice;
}


// 如果成功地找就把這個函數取代成我們自己的回呼函數
// 之後的過濾就可以自己想做什麼就做什麼了
if (AddrServiceCallBack && gKbdCallBack.serviceCallBack)
{
    DbgPrint(("Hook KeyboardClassServiceCallback\n"));
    *AddrServiceCallBack = MyKeyboardClassServiceCallback;
}


// 這個函數到這裡就可以結束了
return status;
}
```

這一段程式比較詭異，讀者可能要仔細看才會明白。值得注意的是，這些程式只是研究性的程式，不適合作為商業程式使用，因為裡面使用了未公開的資料結構。這種方式可能暫時是有效的，或在某些情況下是有效的，但是也完全有可能在某種情況下是無效的（例如不同版本的 Windows 核心）。但是使用未公開的資料結構與技術是病毒和木馬的常見行為。

另一方面，雖然微軟並不推薦，但是商業程式並非完全不可以使用未公開技術，只是在發行之前，必須透過嚴格的測試，並在執行之前，仔細檢查執行的環境，確保只在測試過版本的 Windows 核心中執行。

8.6 Hook 鍵盤中斷反過濾

如果不想讓鍵盤過濾驅動程式或回呼函數首先獲得按鍵，則必須比通訊埠驅動更加底層一些。通訊埠驅動再往下，USB 和 PS/2 就不同了。比較舊的 QQ 的反盜號驅動也是那麼做的，所以我們可以發現前面介紹的過濾方法對具有核心密碼保護 QQ 版本的密碼輸入框來說都是無效的。下面我們以 PS/2 鍵盤為例來介紹。請讀者注意，下面的方案只針對 32 位元系統。

早期版本 QQ 的反盜號驅動原理是這樣的：在使用者要輸入密碼時（例如把輸入焦點移動到了密碼框裡），就註冊一個中斷服務來接管鍵盤中斷，例如 0x93 中斷，之後按鍵就不關鍵盤驅動的事了。為此這個程式必須處理那些掃描碼，並得出使用者輸入了什麼密碼，然後交給 QQ。這個過程就難以被截獲了。

駭客當然可能在 QQ 之前就接管了鍵盤中斷，但是這沒有用處，因為中斷的接管總是最後一個有作用。如果 QQ 剛好在輸入密碼之前接管中斷，那麼由於只有 QQ 知道現在要輸入密碼了，所以，在絕大部分情況下，QQ 的反盜號驅動會是輸入密碼前最後一個接管中斷的程式。

如果不對 QQ 的反盜號驅動打針對性的記憶體更新，就很難截獲按鍵，除非做得比 0x93 中斷更底層。當然這是可能的，但是這樣做常常又和不同型號的硬體相關，很難做到通用。因此，Hook 中斷這樣簡單而古老的技術造成了很好的效果。當然，我們還是有辦法在 QQ 驅動截獲資料之前來獲得資料，請看後面的實例。

後來版本的 QQ 可能是為了更進一步地相容而放棄了這種安全方案，採取了其他的方案。但是這是反過濾的經典實例，相信還會被其他更多有類似需求的軟體所採用。下面開始詳述這些技術的相關知識。

8.6.1 中斷：IRQ 和 INT

學過電腦系統結構的人都知道硬體常常透過中斷來通知 CPU 某個事件的發生，例如有鍵按下了。但是中斷並不一定要有任何硬體的通知，一行指令就能使 CPU「發生」中斷。舉例來說，在一個 .c 檔案裡寫上：

```
_asm int 3
```

這樣的程式常常用來人工地設定一個中斷點，執行到這裡程式會中斷。int n（n 為中斷號）可以觸發軟體插斷（軟體插斷又叫例外），觸發的本質是：使 CPU 的執行暫停，並跳到中斷處理函數中，中斷處理函數已經實現儲存在記憶體中。同時，這些函數的啟始位址儲存在一個叫作 IDT（中斷描述符號表）的表中，每一個中斷號在這個表中都有一項。

一旦一個 int n 被執行，則 CPU 會到 IDT 中去尋找第 n 項。其中有一個中斷描述符號，在這個描述符號裡可以讀到一個函數的啟始位址，然後 CPU 就跳到這個啟始位址去執行了。當然，在適當處理之後一般都會回來繼續前面程式的執行。這就是中斷的過程。

真正的硬體中斷一般被稱為 IRQ。某個 IRQ 來自什麼硬體，這是有規定的。例如 IRQ1 一定是 PS/2 鍵盤，只有少數幾個 IRQ 留給使用者自用。一個 IRQ 一般都需要一個中斷處理函數來處理，但是 IRQ 沒有中斷號那麼多。根據筆者查閱的文件，可程式化的 IRQ 只有 24 個。IRQ 的處理也是由中斷處理函數來處理的，這就需要一個從 IRQ 號到中斷號的對應關係。這樣當一個 IRQ 發生時，CPU 才知道跳躍到哪裡去處理。

在 IOAIPC 出現之後，這個對應關係變得可以修改了。在 Windows 上，PS/2 鍵盤按鍵或釋放鍵發生一般都是 int 0x93，正是因為這個關係（IRQ1 → int 0x93）被設定了。

這樣就有了一個簡單的方案可以保護鍵盤：修改 int 0x93 在 IDT 中儲存的函數位址。修改為我們自己寫的函數，那麼這個中斷一定是我們先截獲到，其他的過濾層都在我們之後了。

8.6.2 如何修改 IDT

由於許可權問題，在一個應用程式中修改 IDT 是做不到的，但是在核心程式中做卻是完全可行的。IDT 的記憶體位址不定，但是可以透過一行指令 sidt 取得。下面的程式可以獲得中斷描述符號表的位址。

請注意，在多核心 CPU 上，每個核心都有自己的 IDT，因此，應該注意對每個核心取得 IDT。也就是説，必須確保下面的程式在每個核心上都獲得執行。

```
// 由於這裡必須明確一個域是多少位元，所以我們預先定義幾個明
// 確知道多少位元長度的變數，以避免不同環境下編譯的麻煩
typedef unsigned char P2C_U8;
typedef unsigned short P2C_U16;
typedef unsigned long P2C_U32;

// 透過sidt指令獲得以下一個結構。從這裡可以獲得IDT的開始位址
// 請注意資料結構使用1位元組對齊，避免對齊問題導致資料結構內容錯位
#pragma pack(push,1)
typedef struct P2C_IDTR_ {
```

```
  P2C_U16 limit;        // 範圍
  P2C_U32 base;         // 基底位址 (就是開始位址)
} P2C_IDTR, *PP2C_IDTR;
#pragma pack(pop)

// 下面這個函數用sidt指令讀出一個P2C_IDTR結構,並傳回IDT的位址
void *p2cGetIdt()
{
  P2C_IDTR idtr;
    // 一句組合語言指令讀取到IDT的位置
  _asm sidt idtr
  return (void *)idtr.base;
}
```

獲得了 IDT 的位址之後,這個記憶體空間是一個陣列,每個元素都有以下結構:

```
#pragma pack(push,1)
typedef struct P2C_IDT_ENTRY_ {
    P2C_U16 offset_low;
    P2C_U16 selector;
    P2C_U8 reserved;
    P2C_U8 type:4;
    P2C_U8 always0:1;
    P2C_U8 dpl:2;
    P2C_U8 present:1;
    P2C_U16 offset_high;
} P2C_IDTENTRY, *PP2C_IDTENTRY;
#pragma pack(pop)
```

有些讀者可能對這種成員變數之後加單一冒號的結構寫法不太習慣。帶有冒號的域稱為位域。這是這種域:這個成員的寬度甚至少於 1 位元組,只有 1~7 位元。冒號之後的數字表示位數,例如 type 有 4 位元,always0 有 1 位元,dpl 有 2 位元,present 有 1 位元,剛好共有 8 位元,它們實際佔的空間為 1 位元組。顯而易見,C 語言是強大的,其他的語言很少能有這種標記法。

中斷服務的跳躍位址實際上是一個 32 位元的虛擬位址。但是這個位址被很奇特地分開儲存了,高 16 位元儲存在 offset_high 中,而低 16 位元儲存在 offset_low 中。

這裡沒有中斷號，是因為中斷號就是這個表中的索引。因此，第 0x93 項這個結構，就是讀者需要關心的。

8.6.3 取代 IDT 中的跳躍位址

寫一個函數來代替那個中斷服務位址是可以的，但是請注意這個函數的寫法。中斷的發生並不是用 call 跳躍過去的，所以也不能透過 ret 回來。一般地說，中斷應該用 iret 指令傳回。但是為了避免出現更多的問題，我們還是處理後跳躍到原有的中斷處理函數入口，讓它來代替我們傳回較好。這時我們需要一段不含 C 編譯器產生的函數架構的純組合語言程式碼。讀者可以直接用 ASM 組合語言來寫，但是筆者在這裡使用了 C 語言嵌入組合語言。請注意，用 __declspec（naked）修飾可以產生一個「裸」函數。MS 的 C 編譯器不會再產生函數架構指令（有趣的是，Linux 的同好無法使用這一特性。gcc 的作者堅持認為 naked 關鍵字是沒有意義的，所以始終拒絕在 gcc 中加入 naked 類似的支援）。

下面這個函數是一個實例。

```
__declspec(naked) p2cInterruptProc()
{
  __asm
  {
    pushad              // 儲存所有的通用暫存器
    pushfd              // 儲存標示暫存器
    call p2cUserFilter  // 呼叫一個我們自己的函數。這個函數將實現
                        // 我們自己的功能
    popfd               // 恢復標示暫存器
    popad               // 恢復通用暫存器
    jmpg_p2c_old        // 跳到原來的中斷服務程式
  }
}
```

裸函數中什麼都沒有，所以也不能使用區域變數，只能全部用內嵌組合語言來實現。但是大多數讀者還是習慣使用 C 語言，所以我們可以簡單地用組合語言來實現對一個 C 函數的呼叫（範例中的 p2cUserFilter）。C 函數可能會改變暫存器的內容，這是後面真正的中斷處理函數所不期望的，所以在呼叫的前後分別儲存和恢復這些暫存器。

下面的程式直接取代了 IDT 中的 0x93 號中斷服務，包含獲得 IDT 位址和取代等。但是要注意的是，這些程式只能執行在單核心、32 位元作業系統上；如果有多核心的話，sidt 只能獲得目前 CPU 核心的 IDT。請注意，這個函數不但能完成取代，而且可以完成恢復。

```c
// 三個巨集，便於取資料的高低位元組部分，或從高低位元組部分組合資料
#define P2C_MAKELONG(low, high) \
((P2C_U32)(((P2C_U16)((P2C_U32)(low) & 0xffff)) | \
 ((P2C_U32)((P2C_U16)((P2C_U32)(high) & 0xffff))) << 16))
#define P2C_LOW16_OF_32(data) \
((P2C_U16)(((P2C_U32)data) & 0xffff))
#define P2C_HIGH16_OF_32(data) \
((P2C_U16)(((P2C_U32)data) >> 16))

// 這個函數修改IDT表中的第0x93項，修改為p2cInterruptProc
// 在修改之前要儲存到g_p2c_old中
void p2cHookInt93(BOOLEAN hook_or_unhook)
{
    PP2C_IDTENTRY idt_addr = (PP2C_IDTENTRY)p2cGetIdt();
    idt_addr += 0x93;
    KdPrint(("p2c: the current address = %x.\r\n",
        (void *)P2C_MAKELONG(
idt_addr->offset_low,idt_addr->offset_high)));
    if(hook_or_unhook)
    {
        KdPrint(("p2c: try to hook interrupt.\r\n"));
        // 進行Hook
        g_p2c_old = (void *)P2C_MAKELONG(
idt_addr->offset_low,idt_addr->offset_high);
        idt_addr->offset_low = P2C_LOW16_OF_32(p2cInterruptProc);
        idt_addr->offset_high = P2C_HIGH16_OF_32(p2cInterruptProc);
    }
    else
    {
        KdPrint(("p2c: try to recovery interrupt.\r\n"));
        // 取消Hook
        idt_addr->offset_low = P2C_LOW16_OF_32(g_p2c_old);
        idt_addr->offset_high = P2C_HIGH16_OF_32(g_p2c_old);
    }
    KdPrint(("p2c: the current address = %x.\r\n",
        (void *)P2C_MAKELONG(
idt_addr->offset_low,idt_addr->offset_high)));
}
```

8.6.4 QQ 的 PS/2 反過濾措施

有些讀者可能期望撰寫一個 p2cUserFilter 來試試。不過目前還為時過早，後面有更加詳細的實例。

2005—2007 年，QQ 的舊版本用核心程式進行的反過濾部分，傳聞是購買了韓國人的技術。本書這裡說明的僅有關 PS/2 鍵盤，實際上韓國人的技術是很全面的，包含 PS/2 和 USB 驅動都有類似的提前過濾技術的作用。

前面幾節內容已經展示了設定 IDT 中的中斷服務程式的位址。如果直接去設定 0x93 這個中斷，那麼對鍵盤當然會有作用。但是這是不夠完美的，因為 Windows 是可以自由重設中斷號的。因此，QQ 中的反過濾部分實際上使用了核心函數 HalGetInterruptVector 來獲得這個中斷號，然後在輸入密碼時取代了它。

使用 HalGetInterruptVector 已經很底層了，已經很難在此之前對 0x93 中斷進行過濾，因為之後一定會被 QQ 的驅動程式覆蓋掉。這是一種很好的保護方式，但是依然不夠底層。

8.7 直接用通訊埠操作鍵盤

8.7.1 讀取鍵盤資料和指令通訊埠

PS/2 鍵盤的資料通訊埠是 0x60，直接讀取這個通訊埠就能取到資料。但是前提是，鍵盤必須處於讀取狀態。

在驅動中沒有對通訊埠的讀取進行限制，直接用組合語言指令就可以讀取。請注意每次只能讀取一個位元組。

```
// 定義一個位元組
P2C_U8 sch;
_asm in al,0x60
_asm mov sch,al
```

上面的程式把通訊埠 0x60 的值讀取到變數 sch 中。如何確定鍵盤讀取呢？答案是讀取鍵盤的指令通訊埠，如果讀出的值沒有 OBUFFER_FULL 標示，則說明可以讀取。

下面的程式可以等待到鍵盤有資料讀取。

```
#define OBUFFER_FULL 0x02
#define IBUFFER_FULL 0x01
ULONG p2cWaitForKbRead()
{
  int i = 100;
  P2C_U8 mychar;
  do
  {
      _asm in al,0x64
      _asm mov mychar,al
    KeStallExecutionProcessor(50);
    if(!(mychar & OBUFFER_FULL)) break;
  } while (i--);
  if(i) return TRUE;
  return FALSE;
}
```

同樣，鍵盤也並不是隨時都可以寫入資料的。下面的程式可以等待到鍵盤寫入。

```
ULONG p2cWaitForKbWrite()
{
  int i = 100;
  P2C_U8 mychar;
  do
  {
      _asm in al,0x64
      _asm mov mychar,al
    KeStallExecutionProcessor(50);
    if(!(mychar & IBUFFER_FULL)) break;
  } while (i--);
  if(i) return TRUE;
  return FALSE;
}
```

8.7.2 p2cUserFilter 的最後實現

本節的目標是實現一個 p2cUserFilter，從鍵盤的資料通訊埠讀出掃描碼列印出來。但是這有一個問題：一旦掃描碼讀出，鍵盤的資料通訊埠裡可就沒有這個值了。即使呼叫了舊的中斷處理函數，中斷處理中讀不出資料，那就等於沒有按鍵。

處理的辦法是讀出資料之後，再把這個資料寫回鍵盤。但是寫回鍵盤會再次引起中斷，這就導致再次進入中斷處理函數，引起無窮迴圈。

下面的程式使用一個靜態變數，記住前一回的值，如果是這個值，則跳過處理。最後程式的實現如下：

```
// 首先讀取通訊埠獲得按鍵掃描碼列印出來，然後將這個掃描碼寫回通訊埠
// 以便其他的應用程式能正確接收到按鍵
// 如果不想讓其他的程式截獲按鍵，則可以寫回一個任意的資料
void p2cUserFilter()
{
    static P2C_U8 sch_pre = 0;
  P2C_U8 sch;
  p2cWaitForKbRead();
    _asm in al,0x60
    _asm mov sch,al
    KdPrint(("p2c: scan code = %2x\r\n",sch));
    // 把資料寫回通訊埠，以便讓其他的程式可以正確讀取
  if(sch_pre != sch)
  {
    sch_pre = sch;
        _asm mov al,0xd2
        _asm out 0x64,al
    p2cWaitForKbWrite();
        _asm mov al,sch
        _asm out 0x60,al
  }
}
```

本章的範例程式

本章有兩個實例。一個是 ctrl2cap，這是本章開始時介紹的傳統型鍵盤過濾的實例。編譯出 ctrl2cap.sys 之後，載入這個驅動，只要按鍵，無論輸入焦點在哪個視窗，都可以看到 DbgView.exe 有資訊輸出。與前面所說明內容不同的是，這份程式只列印了截獲的資料，並沒有把這些資料解析成按鍵資訊。這個工作留給讀者完成。

如圖 8-1 所示為在虛擬機器中載入 ctrl2cap.sys 後的畫面。

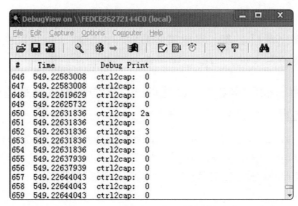

圖 8-1 載入 ctrl2cap.sys 後，按鍵就有資訊輸出

ctrl2cap.sys 雖然可以動態移除，但是要注意的是，停止之後，必須要按下一個鍵才會徹底退出。

另一個是 ps2intcap，這是透過修改 IDT 來截獲 PS/2 鍵盤中斷的實例。編譯結果為 ps2intcap.sys。

ps2intcap 載入之後也有相關的偵錯資訊輸出，使用 DbgView.exe 可以看到。請注意本驅動的不穩定性：本驅動只支援單核心 CPU。但是現在單核心 CPU 已經很少見了，所以一定只在 Windows XP 的虛擬機器中執行，以避免當機時損壞系統。

磁碟的虛擬

▌ 9.1 虛擬的磁碟

筆者擁有的第一台電腦是 80386，比大部分人幸運的是，這台電腦有一個 200MB 的硬碟，而當時大部分人只能在容易損壞的軟碟上工作。隨著對這台電腦的使用，越來越多的軟體和遊戲很快撐滿了硬碟。一個偶然的機會筆者發現了一個叫作虛擬磁碟的軟體，這聽上去好像是一個能夠憑空變出來磁碟而不需要花費一分錢的軟體，但是很快筆者發現這個軟體只能虛擬出相當於一張軟碟容量的磁碟，而且可用記憶體減少了對應的大小。

能憑空虛擬出磁碟的想法固然很可笑，但是在電腦系統中，虛擬磁碟卻發揮著比增加儲存空間更大的作用。在作業系統中增加一個虛擬的磁碟機是很有用的，尤其是當這個虛擬的磁碟機的行為完全可控時。請讀者想像一下製作一個虛擬的磁碟，無論是作業系統還是應用程式向這個磁碟寫入任何資料，這些資料都被直接寫到了記憶體裡面。可以預見的結果是，這個磁碟的讀 / 寫速度一定是前所未有得快，同時它儲存的資料在重新啟動之後一定會全部遺失。

另一個虛擬磁碟應用的實例是加密，可以製作一個虛擬的磁碟，對這個磁碟的所有寫入操作都透過某種演算法以密碼加密，同時對這個磁碟的讀取操作使用同樣的演算法和密碼解密，那麼在該程式執行時，作業系統和使用者自己都可以看到正確的資料，而在這個程式不工作時，無論是誰企圖讀取這個磁碟，都只能看到被加密過的資料。這個特點使得這種磁碟成為一個儲存機密檔案的好地方，對這個磁碟的任何正常讀 / 寫，已經在不知不覺中被加（解）密了。

筆者還可以列出很多的實例來說明虛擬磁碟的應用，在讀者能夠做出一個虛擬的磁碟之後，這個虛擬的磁碟實際擁有怎樣的行為就完全是讀者自己的事情了。

9.2 一個實際的實例

下面將結合一個實際的虛擬磁碟程式對其工作原理進行分析和説明，這裡選用的是 WDK 6001.18000 裡面附帶的實例—Ramdisk，實際的路徑為 $（WDK 安裝目錄）\src\kmdf\ramdisk。這個實例實現了一個使用非分頁式記憶體（nonpaged memory）做的磁碟儲存空間，並將其以一個獨立磁碟的形式開放給使用者，使用者可以將其格式化成一個 Windows 能夠使用的卷冊，並且像操作一般磁碟卷冊一樣對它操作。由於使用了記憶體作為虛擬的儲存媒體，這個磁碟具有的顯著特點是效能的加強。由於記憶體本身的存取速度就比磁碟高許多倍，而且記憶體的隨機存取速度又比磁碟搜尋速度快很多，這幾個優勢使得這個記憶體檔非常適合作為各種軟體的緩衝碟。這個磁碟的第二個顯著特點是佔用了大量的記憶體。這個特點幾乎不需要解釋，獲得了多大的空間就需要耗費多大的記憶體。當然，這裡可以進一步最佳化，比方説對記憶體空間使用稀疏演算法，使它看起來比實際上可用得要大得多，甚至還可以對記憶體空間進行壓縮處理，使得它能儲存更多的資料。但是在這裡筆者不會做這種事情，有興趣的讀者可以自己嘗試。這個磁碟的第三個顯著特點就是，這是一個不具有非揮發性的儲存媒體，這點很容易了解，關機重新啟動之後，記憶體裡沒有資料可以留下來。

在分析這個實例之前，筆者還需要做一點小小的説明：這個實例使用了微軟的 WDF 驅動開發架構，所以稍有經驗的讀者就可以看出這個驅動和普通的 WDM 驅動是不太一樣的，這裡筆者會儘量將這個驅動裡的一些行為和方法對比普通的 WDM 驅動的行為和方法説明，如果有遺漏的地方請參考 MSDN 或其他參考資料中關於 WDF 的説明。

在下面討論中的所有檔案行號和檔案內容均來自微軟提供的 WDK 6001.18000 中安裝目錄下的 src\kmdf\ramdisk 目錄。

9.3 入口函數

9.3.1 入口函數的定義

任何一個驅動程式，不論它是一個標準的 WDM 驅動程式，還是使用了 WDF 驅動程式架構，都會有一個叫作 DriverEntry 的入口函數，就好像普通主控台程式中的 main 函數一樣。這個函數的宣告是這樣的：

```
NTSTATUS DriverEntry(
    IN PDRIVER_OBJECT DriverObject,
    IN PUNICODE_STRING RegistryPath
    );
```

這個函數的傳回值是 NTSTATUS 類型，在驅動程式開發中經常會看到這個類型的傳回值，它的各種預先定義值幾乎包含了驅動程式開發中所有可能出現的傳回值，當然主要是各種各樣的錯誤。驅動程式開發人員的基本技能就是根據這個傳回值來確定函數呼叫出了什麼問題，這些傳回值的定義位於 WinDDK 安裝目錄下的 inc\api\ntstatus.h 中，從傳回值巨集定義的英文意思上就基本可以判斷出這個傳回值的含義了。

這個函數具有兩個參數，第一個參數是一個 PDRIVER_OBJECT 類型的指標，它代表了 Windows 系統為這個驅動程式所分配的驅動物件。這個驅動物件是 Windows 系統中對某個驅動的唯一標識，裡面包含這個驅動的各種資訊、各功能函數的入口位址等重要資訊，資訊量非常龐大且複雜。讀者在這裡可以簡單地認為，只要正確處理這個結構的每個成員，驅動就能夠實現它的功能了。

DriverEntry 的第二個參數是一個 Unicode 字串，它代表了驅動在登錄檔中的參數所儲存的位置。由於每個驅動都是以一個類似服務的形式存在的，在系統登錄的 HKEY_LOCAL_MACHINE\ SYSTEM\CurrentControlSet\Services 樹下總有一個和驅動名字相同的子樹用來描述這個驅動的一些基本資訊，並提供一個可使用的儲存空間供驅動儲存自己的特有資訊。之所以在登錄檔中提供這麼一個地方來供驅動儲存資訊，是因為很多驅動載入得非常早，甚至僅晚於 Windows 核心，這時檔案系統還沒有建立，驅動程式如果需要在此時享有自己可操作的儲存空間（例如用來記錄一些參數），除了登錄檔，沒有其他任何地方可以使用。Windows 核心在啟動時載入了一個最小的檔案系統，分析磁碟並將登錄檔的 HKEY_LOCAL_MACHINE\SYSTEM 樹下的所有內容讀取到記憶體裡，這樣就確保了這一部分的登錄檔內容在 Windows 核心剛載入之後就是可以讀 / 寫的。Windows 系統在啟動過程中適當的時候將這棵子樹的內容和磁碟上的登錄檔進行同步，之後的登錄檔操作就和一般的登錄檔操作別無二致了。在 Windows 核心剛載入之後，到這個適當的同步時間之前，任何載入的驅動程式都可以操作登錄檔並確保操作結果被最後留在了磁碟上，這就是 Windows 系統確保任何驅動都可以使用它提供的登錄檔路徑來儲存資訊的秘密所在，也是這個登錄檔路徑要作為驅動入口函數參數的重要意義。

9.3.2 Ramdisk 驅動的入口函數

在 Ramdisk 驅動程式的 DriverEntry 函數中只做了幾件簡單的事情，下面將這個函數的所有程式列出並加以說明。

```
WDF_DRIVER_CONFIG config;

KdPrint(("Windows Ramdisk Driver - Driver Framework Edition.\n"));
KdPrint(("Built %s %s\n", __DATE__, __TIME__));

WDF_DRIVER_CONFIG_INIT( &config, RamDiskEvtDeviceAdd );

return WdfDriverCreate(
    DriverObject,
    RegistryPath,
    WDF_NO_OBJECT_ATTRIBUTES,
    &config,
    WDF_NO_HANDLE);
```

DriverEntry 做的第一件事情是宣告了一個 WDF_DRIVER_CONFIG 類型的變數 config，並且在兩句無關痛癢的輸出敘述之後，很快地使用 WDF_DRIVER_CONFIG_INIT 初始化了 config 變數。WDF_DRIVER_CONFIG 結構通常用來說明這個驅動程式的一些可設定項目，其中包含了這個驅動程式的 EvtDriverDeviceAdd 和 EvtDriverUnload 回呼函數的入口位址、這個驅動在初始化時的一些標示和在分配記憶體時所使用的 tag 值。WDF_DRIVER_CONFIG_INIT 巨集在初始化 WDF_DRIVER_CONFIG 類型的變數時會把使用者提供的 EvtDriverDeviceAdd 回呼函數的入口位址存入其中，並且初始化這個變數的其他部分。EvtDriverDeviceAdd 回呼函數是 WDF 驅動架構中的重要的回呼函數，它用來在隨插即用管理員發現一個新裝置的時候對這個裝置進行初始化操作，在這裡讀者可以將自己撰寫的 RamDiskEvtDeviceAdd 函數提供給系統作為本驅動的 EvtDriverDeviceAdd 回呼函數。

關於 EvtDriverDeviceAdd 回呼函數，有驅動程式開發經驗的讀者應該很容易看出這就是以往 WDM 驅動程式中的 AddDevice 回呼函數的翻版。這個回呼函數在 PnP 類型的驅動中具有很重要的作用，任何一個支援 PnP 操作的驅動都應該有這麼一個 EvtDriverDeviceAdd 函數。

在設定好了 config 變數之後，DriverEntry 直接呼叫了 WdfDriverCreate 並傳回。WdfDriverCreate 函數是在使用任何 WDF 架構提供的函數之前必須呼叫的函數，在筆者看來，這無非是微軟對原本的驅動程式開發方式的一次包裝，它的作用就是根據參數來對 WDF 中的一些環境進行初始化工作，並且建立這個 WDF 驅動的驅動物件。WdfDriverCreate 函數的前兩個參數就是 DriverEntry 傳入的驅動物件（DriverObject）和登錄檔路徑（RegistryPath）；第三個參數被用來說明這個 WDF 驅動的驅動物件的一些屬性，這裡簡單地用 WDF_NO_OBJECT_ATTRIBUTES 來說明不需要的特殊屬性；第四個參數是之前初始化過的 WDF_DRIVER_CONFIG 變數；最後一個參數作為這個函數的輸出結果——WDF 驅動的驅動物件。呼叫了這個函數之後，前面初始化過的 config 變數中的 EvtDriverDeviceAdd 回呼函數——RamDiskEvtDeviceAdd 就和這個驅動掛鉤起來，在今後的系統執行過程中，一旦發現了這種裝置，RamDiskEvtDeviceAdd 就會被 Windows 的 PnP 管理員呼叫，這個驅動自己的處理流程也就要上演了。

▌ 9.4 EvtDriverDeviceAdd 函數

9.4.1 EvtDriverDeviceAdd 的定義

這裡所說的 EvtDriverDeviceAdd 函數是 WDF 驅動模型中的名詞，對應到傳統 WDM 驅動模型中就是 WDM 驅動的 AddDevice 函數。在本驅動中 RamDisk EvtDeviceAdd 作為一個 EvtDriverDeviceAdd 函數在 DriverEntry 中被註冊，在

DriverEntry 函數執行完畢之後，這個驅動就只依靠 RamDiskEvt DeviceAdd 函數和系統保持關聯了。正如上一節所說的，系統在執行過程中一旦發現了這種類型的裝置，就會呼叫 RamDiskEvtDeviceAdd 函數。下面就來對這個函數進行分析。

首先來看 RamDiskEvtDeviceAdd 的定義。

```
NTSTATUS RamDiskEvtDeviceAdd(
    IN WDFDRIVER Driver,
    IN PWDFDEVICE_INIT DeviceInit
    );
```

這個函數的傳回值是 NTSTATUS 類型，可以根據實際函數的執行結果選擇傳回代表正確的 STATUS_SUCCESS 或其他代表錯誤的傳回值。這個函數的第一個參數是一個 WDFDRIVER 類型的參數，在這個實例中並不會使用這個參數；第二個參數是一個 WDFDEVICE_INIT 類型的指標，這個參數是 WDF 驅動模型自動分配出來的資料結構，專門傳遞給 EvtDriverDeviceAdd 類別函數用來建立一個新裝置。下面分段實際看這個驅動的 EvtDriverDeviceAdd 類別函數——RamDiskEvtDeviceAdd 是怎麼工作的。

9.4.2 區域變數的宣告

變數宣告和函數說明部分很簡單，放在這裡是為了說明每個變數的作用，以便在後面的函數分析中作為參考。

```
// 將要建立的裝置物件的屬性描述變數
WDF_OBJECT_ATTRIBUTES    deviceAttributes;
// 將要呼叫的各種函數的狀態傳回值
NTSTATUS                 status;
// 將要建立的裝置
WDFDEVICE                device;
// 將要建立的佇列物件的屬性描述變數
WDF_OBJECT_ATTRIBUTES    queueAttributes;
// 將要建立的佇列設定變數
WDF_IO_QUEUE_CONFIG      ioQueueConfig;
// 這個裝置所對應的裝置擴充域的指標
PDEVICE_EXTENSION        pDeviceExtension;
```

```
// 將要建立的佇列擴充域的指標
PQUEUE_EXTENSION          pQueueContext = NULL;
// 將要建立的佇列
WDFQUEUE                  queue;
// 宣告了一個UNICODE_STRING類型的變數ntDeviceName，並且將它初始化為
// NT_DEVICE_NAME
// 巨集所說明的字串，這裡實際上是"\\Device\\Ramdisk"
DECLARE_CONST_UNICODE_STRING(ntDeviceName, NT_DEVICE_NAME);
// 確保這個函數可以操作paged記憶體
PAGED_CODE();
// 由於我們不使用Driver這個參數，為了避免編譯警告，加入下面這句
UNREFERENCED_PARAMETER(Driver);
```

9.4.3 磁碟裝置的建立

EvtDriverDeviceAdd 類別函數的重要工作是建立裝置，而它的 WDFDEVICE_INIT 類型參數就是用來做這件事情的，在建立裝置之前需要按照開發人員的思維對 WDFDEVICE_INIT 變數進行進一步的加工，使建立的裝置能夠達到想要的效果。這裡的裝置首先需要一個名字，這是因為這個裝置將透過這個名字開放給應用層並且被應用層所使用，一個沒有名字的裝置是無法在應用層使用的。

另外，需要將這個裝置的類型設定為 FILE_DEVICE_DISK，這是因為所有的磁碟裝置都需要使用這個裝置類型。將這個裝置的 IO 類型設定為 Direct 方式，這樣在將讀 / 寫和 DeviceIoControl 的 IRP 發送到這個裝置時，IRP 所攜帶的緩衝區可以直接被使用。將 Exclusive 設定為 FALSE，這說明這個裝置可以被多次開啟。這裡還需要給這個裝置物件連結一個裝置擴充的上下文，這是開發人員指定類型的一塊記憶體區域，這塊記憶體區域被裝置的裝置擴充指標所指，開發人員可以在這塊記憶體區域裡儲存自己定義的一些資訊。

針對本驅動建立出的任何一個裝置，這塊記憶體區域的結構都是相同的，不同的是隨裝置物件不同而具有不同的內容，這些內容在接下來的程式設計過程中將在各種針對裝置物件進行的處理中作為處理函數的參數。除此之外，還需要為裝置的一些功能指定對應的處理函數，例如裝置在銷毀時將呼叫哪個函數，在收到 PnP 指令時將呼叫哪個函數等。幸運的是，WDF 驅動模型架構已經為

開發人員做了很多事情，基本上實現了所有功能的標準處理過程，在大部分情
況下這些標準處理過程就已經足夠了，這裡只需要根據讀者自己的要求進行很
少的功能請求處理即可。

```
// 首先需要為這個裝置指定一個名稱，這裡使用剛才宣告的UNICODE_STRING
// "\\Device\\Ramdisk"
status = WdfDeviceInitAssignName(DeviceInit, &ntDeviceName);
if (!NT_SUCCESS(status)) {
    return status;
}

// 接下來需要對這個裝置進行一些屬性的設定，包含裝置類型、IO操作類型和設
// 備的排他方式
WdfDeviceInitSetDeviceType(DeviceInit, FILE_DEVICE_DISK);
WdfDeviceInitSetIoType(DeviceInit, WdfDeviceIoDirect);
WdfDeviceInitSetExclusive(DeviceInit, FALSE);

// 下面指定這個裝置的裝置物件擴充，這裡的DEVICE_EXTENSION是一個在標頭
// 檔案中宣告好的結構資料類型，我們使用一個WDF_OBJECT_ATTRIBUTES類型的
// 變數並用其設定好DEVICE_EXTENSION
WDF_OBJECT_ATTRIBUTES_INIT_CONTEXT_TYPE(
    &deviceAttributes,
    DEVICE_EXTENSION);
// 下面我們還將利用這個WDF_OBJECT_ATTRIBUTES類型的變數來指定這個裝置的
// 清除回呼函數，WDF_OBJECT_ATTRIBUTES類型的變數將在下面建立裝置
// 時作為一個參數傳進去
deviceAttributes.EvtCleanupCallback = RamDiskEvtDeviceContextCleanup;

// 到這裡，所有的準備工作都已經就緒，我們可以開始真正建立這個裝置了，建立出
// 的裝置被儲存在device區域變數中
status = WdfDeviceCreate(&DeviceInit, &deviceAttributes, &device);
if (!NT_SUCCESS(status)) {
    return status;
};
// pDeviceExtension是我們宣告的局部指標變數，將其指向新建立的設
// 備的裝置擴充
pDeviceExtension = DeviceGetExtension(device);
```

9.4.4 如何處理發往裝置的請求

在裝置被建立好了之後，如何處理所有可能發送給裝置的請求是需要考慮的下一個問題。在以往的 WDM 開發中，常用的方式是：開發者把自己實現的回呼函數，作為這個裝置的功能分發函數。此外，一些特殊的功能需求，也可以在回呼函數中處理。舉例來說，可以將所有的讀 / 寫請求都實現為去讀 / 寫記憶體，這就是最簡單的記憶體檔。上面的處理方式說起來很簡單，但是實現時還是需要一些技巧的，一種常用的方式是建立一個或多個佇列，將所有發送到這個裝置的請求都插入到佇列中，由另一個執行緒去處理佇列。這是一個典型的生產者─消費者模型，這樣做的好處是有了一個小小的緩衝，同時還不用擔心由緩衝帶來的同步問題，因為所有的請求都被佇列排隊了。無獨有偶，在 WDF 驅動架構中，微軟直接提供了這種處理佇列，這樣就不用開發人員自己去操心如何建立佇列、如何設定同步事件、如何在正確的時間銷毀佇列了，這可真是一個造福大眾的做法。

為了實現為驅動製作一個處理佇列這一目標，在 WDF 驅動架構中需要初始化一個佇列設定變數 ioQueueConfig，這個變數會說明佇列的各種屬性。一種簡單的初始化方法是將這個設定變數初始化為預設狀態，之後再對一些具有特殊屬性的請求註冊回呼函數，例如為讀取請求註冊回呼函數等。在這樣的初始化之後再為指定裝置建立佇列，WDF 驅動架構會自動將所有發往這個指定裝置的請求都放入佇列中處理，同時當請求符合有興趣的屬性（例如讀 / 寫操作）時會呼叫之前註冊過的處理函數去處理。對每個裝置可以建立多個佇列，但是在本例中不會討論多個處理佇列的情況。另外，在佇列中也具有和裝置類似的擴充，下面也會使用到。

```
// 將佇列的設定變數初始化為預設值
WDF_IO_QUEUE_CONFIG_INIT_DEFAULT_QUEUE (
    &ioQueueConfig,
    WdfIoQueueDispatchSequential);

// 由於我們對發往這個裝置的DeviceIoControl請求和讀/寫請求有興趣，所以將這
// 三個請求的處理函數設定為自己的函數，其餘的請求使用預設值
ioQueueConfig.EvtIoDeviceControl = RamDiskEvtIoDeviceControl;
ioQueueConfig.EvtIoRead          = RamDiskEvtIoRead;
ioQueueConfig.EvtIoWrite         = RamDiskEvtIoWrite;
```

```
// 指定這個佇列的佇列物件擴充,這裡的QUEUE_EXTENSION是一個在標頭檔中聲
// 明好的結構資料類型
WDF_OBJECT_ATTRIBUTES_INIT_CONTEXT_TYPE(
    &queueAttributes,
    QUEUE_EXTENSION);

// 萬事俱備,我們將建立這個佇列,將之前建立的裝置作為這個佇列的父物件在
// 裝置被銷毀的同時這個佇列也會被銷毀,這樣就不用擔心佇列的結束問題了
status = WdfIoQueueCreate(
    device,
    &ioQueueConfig,
    &queueAttributes,
    &queue );
if (!NT_SUCCESS(status)) {
        return status;
    }

// 將指標pQueueContext指向剛產生的佇列的佇列擴充
pQueueContext = QueueGetExtension(queue);

// 這裡初始化佇列擴充裡的DeviceExtension項,並將其設定為剛建立的裝置的裝置
// 擴充指標,這樣以後在有佇列的地方,我們都可以輕鬆地取得這個佇列所對應的裝
// 置的裝置擴充了
pQueueContext->DeviceExtension = pDeviceExtension;
```

9.4.5 使用者設定的初始化

在裝置和用來處理裝置請求的佇列都建立好了之後,接下來就需要初始化與記憶體檔相關的一些資料結構了。對記憶體檔來說,在驅動層中就是以剛才建立的那個裝置作為代表的,那麼自然而然地,記憶體檔對應的資料結構也應該和這個裝置相關聯。在這裡就使用了這個裝置的裝置擴充來儲存這些資料結構的內容,實際而言,這個資料結構就是之前程式中的 DEVICE_EXTENSION 資料結構。同時為了給使用者提供一些可設定的參數,在登錄檔中還開闢了一個鍵用來儲存這些可設定參數,這些參數對應到驅動中就成為了一個 DISK_INFO 類型的資料結構,在 DEVICE_EXTENSION 中會有一個成員來表示它。下面先來認識一下這兩個資料結構。

```
typedef struct _DEVICE_EXTENSION {
    // 用來指向一塊記憶體區域，作為記憶體檔的實際資料儲存空間
    PUCHAR          DiskImage;
    // 用來儲存記憶體檔的磁碟Geometry
    DISK_GEOMETRY   DiskGeometry;
    // 我們自己定義的磁碟資訊結構，在安裝時儲存在登錄檔中
    DISK_INFO       DiskRegInfo;
    // 磁碟的符號連結名稱，這是真正的符號連結名稱
    UNICODE_STRING  SymbolicLink;
    // DiskRegInfo中DriverLetter的儲存空間，這是使用者在登錄檔中指定的磁碟代號
    WCHAR           DriveLetterBuffer[DRIVE_LETTER_BUFFER_SIZE];
    // SymbolicLink的儲存空間
    WCHAR           DosDeviceNameBuffer[DOS_DEVNAME_BUFFER_SIZE];
} DEVICE_EXTENSION, *PDEVICE_EXTENSION;

typedef struct _DISK_INFO {
    // 磁碟的大小，以byte（位元組）計算，所以我們的磁碟最大只有4GB
    ULONG   DiskSize;
    // 磁碟上root檔案系統的進入節點
    ULONG   RootDirEntries;
    // 磁碟的每個簇由多少個磁區組成
    ULONG   SectorsPerCluster;
    // 磁碟的磁碟代號
    UNICODE_STRING DriveLetter;
} DISK_INFO, *PDISK_INFO;
```

在了解了資料結構中各成員物件的用處之後，就可以開始進行這些資料結構的初始化工作了。首先需要去登錄檔中取得使用者指定的資訊，這裡是透過自己實現的函數 RamDiskQueryDiskRegParameters 去取得的，這個函數的第一個參數是登錄檔的路徑，為了取得這個路徑，首先透過 WdfDeviceGetDriver 從之前產生的裝置中取得這個裝置對應的驅動物件，然後透過 WdfDriverGetRegistryPath 從這個驅動物件中取得對應的登錄檔路徑。在這裡使用的 WdfDeviceGetDriver 和 WdfDriverGetRegistryPath 都是 WDF 函數庫提供的函數，它們的使用方法非常簡單，作用也可以直接從函數名稱中看出來，一個是透過 WDF 驅動的裝置取得對應的驅動物件，而另一個是透過 WDF 驅動的驅動物件來取得登錄檔路徑。RamDiskQueryDiskRegParameters

函數的第二個參數是一個結構變數，在這裡將要向這個變數裡面填寫從登錄檔中取得的值。RamDiskQueryDiskRegParameters 函數的實作方式比較簡單，讀者可以自己看程式，或簡單地認為在這個函數呼叫之後，pDeviceExtension → DiskRegInfo 中的各成員變數就已經被初始化成了登錄檔中對應的值。

```
// 將產生裝置的裝置擴充中對應的UNICODE_STRING初始化
pDeviceExtension->DiskRegInfo.DriveLetter.Buffer =
    (PWSTR) &pDeviceExtension->DriveLetterBuffer;
pDeviceExtension->DiskRegInfo.DriveLetter.MaximumLength =
    sizeof(pDeviceExtension->DriveLetterBuffer);
// 從系統為本驅動提供的登錄檔鍵中取得我們需要的資訊
RamDiskQueryDiskRegParameters(
    WdfDriverGetRegistryPath(WdfDeviceGetDriver(device)),
    &pDeviceExtension->DiskRegInfo);
```

從登錄檔中取得對應的參數只是初始化工作的第一步。由於這是一個使用記憶體來作為儲存媒體的模擬磁碟，因此需要分配出一定大小的記憶體空間來模擬磁碟空間，這個大小是由登錄檔中的磁碟大小參數所指定的，在以後的內容中，這塊空間將被稱為 Ramdisk 的磁碟映像檔。這裡需要特別說明的是，在 Windows 核心中，可以分配兩種記憶體：一種是分頁記憶體；另一種是非分頁式記憶體。分頁記憶體的特點是它可能只是一個標識，實際儲存的資料可能被放在磁碟上的分頁檔中，在存取這個記憶體時系統會發出缺頁中斷，然後由複雜的頁面管理機制將所缺的頁面調入記憶體中。而非分頁式記憶體則相反，它永遠在記憶體中，不會被換出到磁碟上。這樣的特點也導致了分頁記憶體可以分配得比較多，而非分頁式記憶體只能分配很少一部分。這裡為了簡單起見，全部分配非分頁式記憶體，這樣的好處是在任何時候都不用擔心要存取的位址資料是否真的在記憶體裡，還是會引發複雜的缺頁處理流程，這些流程將導致需要在其他處理函數中作多方面的考慮。在分配記憶體的函數中還會出現一個記憶體的 TAG 值，這個值用來區分這個記憶體是誰分配的，在這裡會將這個值設定成本驅動特殊的值，進一步區別於其他的驅動所分配的記憶體。

在分配了記憶體之後，磁碟就有了儲存空間，但是就好像任何剛買來的磁碟一樣，這個磁碟還沒有被分區，更沒有被格式化。在這裡需要自己做格式化操作，因為在核心中是沒有地方呼叫 format 指令的。這個格式化操作的實際內容將在下一節中介紹，讀者在這裡只要知道 RamDiskFormatDisk 的作用是把記憶體媒體的磁碟格式化就可以了。

9.4.6 連結給應用程式

到現在為止，程式建立了裝置，建立了處理發往這個裝置的佇列，讀取了使用者的設定，並按照這個設定初始化了所需的記憶體空間和其他一些相關參數。至此，磁碟裝置已經具備了所有應有的套件，最後需要做的事情就是將它開放給應用層以供使用。在 Windows 中的各磁碟代號，例如 "C:"、"D:" 實際上都是一個叫作符號連結的東西，應用層的程式不能夠直接存取在核心中建立的裝置，但是可以存取符號連結，所以在這裡只需要用符號連結指向這個裝置，便可以將對符號連結的存取指向這個裝置了。這裡所要做的是根據使用者設定中選定的磁碟代號去建立符號連結，將這個磁碟代號和在這一節最開始所建立的符號連結關聯起來。

```
// 分配使用者指定大小的非分頁式記憶體，並使用我們自己的記憶體TAG值
pDeviceExtension->DiskImage = ExAllocatePoolWithTag(
    NonPagedPool,
    pDeviceExtension->DiskRegInfo.DiskSize,
    RAMDISK_TAG);
// 下面的程式只有在記憶體分配成功時才會執行
if (pDeviceExtension->DiskImage) {
    UNICODE_STRING deviceName;
    UNICODE_STRING win32Name;
    // 在這裡呼叫我們自己實現的函數去初始化磁碟
    RamDiskFormatDisk(pDeviceExtension);
    status = STATUS_SUCCESS;
    // 初始化一個內容為"\\DosDevices\\"的UNICODE_STRING變數
    RtlInitUnicodeString(&win32Name, DOS_DEVICE_NAME);
    // 初始化一個內容為"\\Device\Ramdisk"的UNICODE_STRING變數，這個變
    // 數沒有用處，只是為了在這裡保持原文件的完整性
    RtlInitUnicodeString(&deviceName, NT_DEVICE_NAME);
    // 在這裡我們首先準備好用來儲存符號連結名稱的UNICODE_STRING變數
    pDeviceExtension->SymbolicLink.Buffer = (PWSTR)
```

```
        &pDeviceExtension->DosDeviceNameBuffer;
    pDeviceExtension->SymbolicLink.MaximumLength =
        sizeof(pDeviceExtension->DosDeviceNameBuffer);
    pDeviceExtension->SymbolicLink.Length = win32Name.Length;

    // 將符號連結名稱的開頭設定為"\\DosDevices\\"，這是所有號連結共有的字首
    RtlCopyUnicodeString(&pDeviceExtension->SymbolicLink, &win32Name);
    // 在上面設定值好的字首後面連接我們從使用者設定中讀出來的使用者指定的磁碟
    // 代號
    RtlAppendUnicodeStringToString(
        &pDeviceExtension->SymbolicLink,
        &pDeviceExtension->DiskRegInfo.DriveLetter);
    // 現在符號連結名稱已經準備好，我們呼叫WDF驅動架構模型提供的
    // WdfDeviceCreateSymbolicLink函數來為之前產生的裝置建立符號連結
    status = WdfDeviceCreateSymbolicLink(
        device,
        &pDeviceExtension->SymbolicLink);
    }
// 最後傳回狀態，函數結束
return status;
```

到此為止，已經完整地分析了在 Ramdisk 驅動中 EvtDriverDeviceAdd 函數的實作方式。可以發現這個函數裡面建立了裝置物件，為了處理這個裝置將要收到的各種請求，又建立了處理佇列；同時由於對這個裝置所需要處理的讀 / 寫和 DeviceIoControl 請求有自己的處理需求，因此沒有使用系統預設的處理函數，而是註冊了自己實現的 3 個處理函數。之後根據使用者寫在登錄檔中的設定參數初始化了一些相關屬性，為裝置儲存資料準備好了記憶體，最後給裝置建立了符號連結以便於應用層的程式存取。至此，Ramdisk 的磁碟裝置已經建立起來了，它在核心中代表了這個記憶體檔，而且由於這個裝置已經開放給了應用層的程式，各種各樣的存取和請求必將接踵而至。但是在分析如何處理這些請求之前，還需要先對磁碟卷冊的結構做一番介紹。

■ 9.5 FAT12/16 磁碟卷冊初始化

9.5.1 磁碟卷冊結構簡介

要完整解釋微軟作業系統對磁碟的管理,包含分區的劃分、每種檔案系統的不同特性等需要大量的篇幅。不過在這個驅動中,讀者所面對的只是一個最簡單的磁碟結構,即一個分區以 FAT12/16 為基礎的磁碟。下面結合簡單的磁碟結構和這個驅動的特性,針對 FAT12/16 磁碟卷冊進行一些介紹。

Windows 磁碟卷冊首先繼承了它所在磁碟的特性,這些特性是由硬體決定的,不可設定,不可更改。這些特性包含以下內容。

(1) 每磁區的位元組數。磁區是磁碟讀 / 寫的基本單位,硬碟的物理設計導致它不能一次讀 / 寫一個位元組,而是一次最少讀 / 寫一個磁區,現在幾乎所有的硬碟磁區大小都是 512 位元組。

(2) 每磁軌的磁區數。硬碟的碟片是圓形的,讀者可以認為每個磁軌都是一個圓圈,整個碟片被劃分成了多個同心圓,即多個磁軌。硬碟設計時規定每個磁軌被劃分成同樣數目的磁區。

(3) 每磁柱的磁軌數。硬碟不僅是由一個碟片組成的,當硬碟具有多個碟片時,讀者可以認為所有碟片的同樣位置的磁軌組成了一個圓柱體,這就是一個磁柱。這個參數實際上說明了硬碟的所有碟片加起來有多少個面(可能會遇見只有一個面的碟片,為了市場劃分故意不在一個面上做磁性媒體)。

(4) 磁柱數。表示硬碟的圓形碟片能夠劃分成多少個同心圓,這個數字隨著硬碟技術的加強在不斷地增大,因為磁碟的物理大小是固定的,那麼磁柱數越多就說明每個磁軌越細,所需要的磁頭解析度也越高。

磁碟結構是由製造過程中的物理結構決定的,而作業系統對磁碟的管理主要透過檔案系統來實現,這是一種邏輯上的結構。檔案系統是建立在軟體能夠讀 / 寫磁碟任意磁區基礎上的一種資料組織結構。在微軟公司的作業系統中,常見的檔案系統包含了 FAT12、FAT16、FAT32 和 NTFS 等,在這裡僅對 FAT12/16 說明。關於 FAT32 檔案系統的詳細說明讀者可以參考其他資料,但是整體來說,FAT32 檔案系統與 FAT12/16 檔案系統的區別不是很大。至於 NTFS 檔案系統，現在還沒有一個完整的解決方案能夠以協力廠商的程式來讀 / 寫它，也就是說，NTFS 檔案系統的特性還沒有被弄清楚，讀者在任何時候都應該透過微軟提供的檔案系統驅動來讀 / 寫它，直到可信的協力廠商解決方案推出。

在 FAT12/16 檔案系統中，有幾個參數需要解釋一下。

（1）MBR。MBR 是 Master Boot Record（主啟動記錄）的簡稱。它位於整個磁碟的第一個磁區，大小正好是一個磁區的大小。MBR 的起始處是一段程式，在 BIOS 的程式執行到最後時，BIOS 會將這段程式載入到記憶體中並開始執行。在這段程式的後面是一個硬碟分區表，用於記錄目前磁碟實際的分區資訊。由於 Ramdisk 驅動只是用來建立一個可用的磁碟卷冊，並不要求這個卷冊可以啟動和具有其他一些特徵，所以在 Ramdisk 的磁碟映像檔中並不會看到 MBR 部分的存在，讀者在這裡將 Ramdisk 產生的磁碟卷冊當作一個分區即可。

（2）DBR。DBR 是 DOS Boot Record（作業系統啟動記錄）簡稱。上面講過，在 MBR 的硬碟分區表中會記錄每個分區的資訊，包含起始位置等；而 DBR 就存在於這個起始位置指向的第一個磁區裡，DBR 裡面包含了有效的啟動程式、廠商標示、描述資料區等。啟動程式是一段用來載入真正作業系統的程式，在 DBR 的最開始是一個跳躍指令，跳躍到 DBR 後面一點的啟動程式處。廠商標示又叫作 OEM 串，一般是由格式化程式所填寫的。資料描述區又稱為 BPB 的資料區塊，記錄了分區的許多資訊，這些資訊用於系統在為這個邏輯碟建立檔案系統時做初始參數，例如檔案系統格式、根目錄大小和簇大小等。作為檔案系統的組成部分，DBR 是由作業系統的格式化程式建立的，在檔案系統驅動操作任何一個磁碟卷冊時，這一部分的資訊將被讀取並作為檔案系統在這個磁碟卷冊上的參數使用，所以在 Ramdisk 驅動中，DBR 部分是需要存在的。

（3）FAT 區。FAT 是 File Allocation Table（檔案設定表）的簡稱。它位於 DBR 之後，並且以一式兩份的形式連續儲存。FAT 表實際上是一個鏈結串列，它的每個記錄的編號都代表磁碟上的簇，每個記錄的內容都是另一個簇的編號，而一條這樣完整的鏈就代表了一個檔案在磁碟上所佔的所有的簇。FAT 表的第 0 項和第 1 項是被保留的，從第 2 項開始用來記錄某個檔案所在的位置。由上面內容可以知道，FAT 表的大小只和磁碟的大小及這個磁碟上的檔案系統對每個簇的大小的定義相關。這裡需要說明的是，FAT12 和 FAT16 的唯一區別就是一個 FAT 表的記錄中能使用幾位元做儲存空間，由於這個儲存空間儲存的就是另一個記錄的索引值，所以這實際上就代表了記錄個數的上限，換句話說，代表了這個檔案系統中最大的簇的個數。如果用 12 個位元來表示一個記錄的索引值，那麼這個索引值的上限就是 4096；而在 FAT16 檔案系統中，最多可以有 65536 個簇。

（4） 根目錄進入點。上面說了 FAT 是多個鏈結串列的集合體，其中的每一條鏈代表了一個檔案，但是這些鏈的起始點是如何確定的呢？這就要用到這裡所說的根目錄進入點了。多個根目錄進入點形成了一個表，這個表緊接著 FAT 表儲存，這個表的每個記錄代表了根目錄下的檔案或一個目錄，這個記錄裡面記載了很多相關的資訊，例如檔案或目錄的名字、屬性和修改日期等，最重要的是記錄了這個檔案或目錄在 FAT 表中的起點，這樣就可以透過查詢 FAT 表找到這個檔案或目錄的所有簇，進而取得所有的資料。而透過查詢每個目錄的目錄項內容又可以知道這個目錄下面儲存的檔案在 FAT 表中的對應位置，這樣就可以檢查到磁碟上的所有檔案了。

以上所說的磁碟結構和 FAT12/16 檔案系統的一些結構在這個驅動中並不會全部用到。由於本驅動的目的只是用來示範，所以並不需要完整的磁碟特性，更何況這個磁碟每次開機之後才會建立起來，也不可能用它來進行啟動，所以並不需要與之相關的資料和資訊。在這裡只是希望讀者對這些知識能有所了解。

9.5.2 Ramdisk 對磁碟的初始化

在上一節中說到，在 Ramdisk 驅動中的 EvtDriverDeviceAdd 類別函數裡會呼叫 RamDiskFormatDisk 函數對所分配的用於做磁碟映像檔的記憶體空間進行初始化，在簡單介紹了磁碟卷冊結構之後，就可以來看一下這個函數是如何初始化這個磁碟映射空間的。

首先來看一下這個函數的本機變數宣告，這是為了在下面的分析過程中讀者可以有所參照。

```
// 一個指向磁碟開機磁區的指標
PBOOT_SECTOR bootSector = (PBOOT_SECTOR) devExt->DiskImage;
// 一個指向第一個FAT表的指標
PUCHAR        firstFatSector;
// 用於記錄有多少個根目錄進入點
ULONG         rootDirEntries;
// 用於記錄每個簇由多少個磁區組成
ULONG         sectorsPerCluster;
// 用於記錄FAT檔案系統的類型,是FAT12還是FAT16
USHORT        fatType;
// 用於記錄在FAT表裡面一共有多少個記錄
USHORT        fatEntries;
// 用於記錄一個FAT表需要佔用多少個磁區來儲存
USHORT        fatSectorCnt;
// 用於指向第一個根目錄進入點
PDIR_ENTRY    rootDir;
// 用於確定這個函數是可以存取分頁記憶體的
PAGED_CODE();
// 用於確定這個碟的啟動磁區的大小確實是一個磁區大小
ASSERT(sizeof(BOOT_SECTOR) == 512);
// 用於確定我們操作的磁碟映像檔不是一個不可用的指標
ASSERT(devExt->DiskImage != NULL);
// 清空磁碟映像檔
RtlZeroMemory(devExt->DiskImage, devExt->DiskRegInfo.DiskSize);
```

接下來,格式化函數開始初始化一個儲存在磁碟裝置的裝置擴充中的資料結構 DiskGeometry。從名字就可以看出,這個資料結構儲存很多和磁碟物理結構相關的資訊,也就是在 9.5.1 節中所講的磁碟特性。這個資料結構是 WinDDK 所定義好的,幾乎適用於所有的磁碟。下面先來看一下這個資料結構的定義。

```
typedef struct _DISK_GEOMETRY {
    // 有多少個磁柱
    LARGE_INTEGER Cylinders;
    // 磁碟媒體的類型
    MEDIA_TYPE MediaType;
    // 每個磁柱有多少個磁軌,也就是有多少個磁碟面
    ULONG TracksPerCylinder;
    // 每個磁軌有多少個磁區
    ULONG SectorsPerTrack;
```

```
    // 每個磁區有多少個位元組
    ULONG BytesPerSector;
} DISK_GEOMETRY, *PDISK_GEOMETRY;
```

這個資料結構被放在了磁碟裝置的裝置擴充中，在今後的很多場合中都作為磁碟的參數被存取。下面來看看在格式化函數中如何初始化這個資料結構。

```
// 每個磁區有512個位元組
devExt->DiskGeometry.BytesPerSector = 512;
// 每個磁軌有32個磁區
devExt->DiskGeometry.SectorsPerTrack = 32;
// 每個磁柱有2個磁軌
devExt->DiskGeometry.TracksPerCylinder = 2;
// 磁柱數目由磁碟的總容量計算獲得
devExt->DiskGeometry.Cylinders.QuadPart = \
devExt->DiskRegInfo.DiskSize / 512 / 32 / 2;
// 磁碟的媒體類型是我們自己定義的RAMDISK_MEDIA_TYPE
devExt->DiskGeometry.MediaType = RAMDISK_MEDIA_TYPE;
```

在初始化了磁碟的物理參數之後，這裡初始化一個檔案系統和磁碟相關的參數——根目錄進入點數，這個參數決定了根目錄中能夠存在多少個檔案和子目錄。同時初始化的還有每個簇由多少個磁區組成，這是根據使用者指定的數目來初始化的。

```
// 根據使用者指定的值對根目錄項的數目進行初始化
rootDirEntries = devExt->DiskRegInfo.RootDirEntries;
// 根據使用者指定的值對每個簇有多少個磁區進行初始化
sectorsPerCluster = devExt->DiskRegInfo.SectorsPerCluster;
// 由於根目錄進入點只使用32個位元組，但是最少佔用一個磁區，這裡為了充分利用空
// 間，在使用者指定的數目不合適時會修正這個數目，以使磁區空間獲得充分的利用
if (rootDirEntries & (DIR_ENTRIES_PER_SECTOR - 1)) {
rootDirEntries =
    (rootDirEntries + (DIR_ENTRIES_PER_SECTOR - 1)) &
      ~ (DIR_ENTRIES_PER_SECTOR - 1);
};
```

在格式化函數的開頭可以看到，bootSector 指標直接指向了磁碟映像檔的啟始位址，參考之前說明過的磁碟和檔案系統結構，透過之前的說明可以發現在磁

碟映像檔最前面儲存的應該是這個分區的 DBR，也就是説，bootSector 指標指向的是這個磁碟卷冊的 DBR。下面看一下 bootSector 結構的實際資料結構，值得注意的是，這也是標準 DBR 的結構。

```
// 這是一個跳躍指令，跳躍到DBR中的啟動程式
UCHAR         bsJump[3];
// 這個卷冊的OEM名稱
CCHAR         bsOemName[8];
// 每個磁區有多少個位元組
USHORT        bsBytesPerSec;
// 每個簇有多少個磁區
UCHAR         bsSecPerClus;
// 保留磁區數目，指的是第一個FAT表開始之前的磁區數，包含DBR本身
USHORT        bsResSectors;
// 這個卷冊有多少個FAT表
UCHAR         bsFATs;
// 這個卷冊的根目錄進入點有幾個
USHORT        bsRootDirEnts;
// 這個卷冊一共有多少個磁區，對大於65535個磁區的卷冊，這個欄位為0
USHORT        bsSectors;
// 這個卷冊的媒體類型
UCHAR         bsMedia;
// 每個FAT表佔用多少個磁區
USHORT        bsFATsecs;
// 每個磁軌有多少個磁區
USHORT        bsSecPerTrack;
// 有多少個磁頭
USHORT        bsHeads;
// 有多少個隱藏磁區
ULONG         bsHiddenSecs;
// 一個卷冊超過65535個磁區，會使用這個欄位來說明總磁區數
ULONG         bsHugeSectors;
// 驅動器編號
UCHAR         bsDriveNumber;
// 保留欄位
UCHAR         bsReserved1;
// 磁碟擴充啟動區標籤，Windows要求這個標籤為0x28或0x29
UCHAR         bsBootSignature;
// 磁碟卷冊ID
ULONG         bsVolumeID;
```

```
// 磁碟標籤
CCHAR        bsLabel[11];
// 磁碟上的檔案系統類型
CCHAR        bsFileSystemType[8];
// 保留欄位
CCHAR        bsReserved2[448];
// DBR結束簽名
UCHAR        bsSig2[2];
```

在說明了 DBR 的結構之後，需要看一下格式化函數是如何初始化這個資料結構的。初始化這個資料結構是透過向磁碟映像檔的起始位置填充指定資料來完成的。在下面的程式段中可以看到，對於 FAT12 和 FAT16 相同的結構成員是如何初始化的。

```
// 對一開始的跳躍指令成員填入強制寫入的指令，這是Windows系統指定的
bootSector->bsJump[0] = 0xeb;
bootSector->bsJump[1] = 0x3c;
bootSector->bsJump[2] = 0x90;
// OEM名稱成員，本驅動的作者填入了他的名字，讀者可以填寫任意名稱
bootSector->bsOemName[0] = 'R';
bootSector->bsOemName[1] = 'a';
bootSector->bsOemName[2] = 'j';
bootSector->bsOemName[3] = 'u';
bootSector->bsOemName[4] = 'R';
bootSector->bsOemName[5] = 'a';
bootSector->bsOemName[6] = 'm';
bootSector->bsOemName[7] = ' ';
// 每個磁區有多少個位元組，這個成員的數值直接取自之前初始化的磁碟資訊資料結構
bootSector->bsBytesPerSec = (SHORT)devExt->DiskGeometry.BytesPerSector;
// 這個卷冊只有一個保留磁區，即DBR本身
bootSector->bsResSectors  = 1;
// 和正常的卷冊不同，為了節省空間，我們只儲存一份FAT表，而非通常的兩份
bootSector->bsFATs        = 1;
// 根目錄進入點數由之前的計算得知
bootSector->bsRootDirEnts = (USHORT)rootDirEntries;
// 這個磁碟的總磁區數由磁碟總大小和每個磁區的位元組數計算獲得
bootSector->bsSectors     = (USHORT)(devExt->DiskRegInfo.DiskSize /
                            devExt->DiskGeometry.BytesPerSector);
```

```
// 這個磁碟的媒體類型由之前初始化的磁碟資訊獲得
bootSector->bsMedia        = (UCHAR)devExt->DiskGeometry.MediaType;
// 每個簇有多少個磁區由之前的計算值初始化獲得
bootSector->bsSecPerClus = (UCHAR)sectorsPerCluster;
```

接下來開始計算這個磁碟 FAT 表所佔用的空間。前面已經說過，FAT 表裡面儲存的是一個將很多簇串聯起來的鏈結串列，那麼 FAT 表的記錄數量就是磁碟上實際用來儲存資料的簇的數量，而這個簇的數量又是由磁碟總磁區數減去用來儲存其他資料的磁區數之後除以每個簇的磁區數獲得的。下面看一下在實際程式中是如何計算的。

```
// FAT表的記錄數目是總磁區數減去保留的磁區數，再減去根目錄進入點所佔用的扇
// 區數，然後除以每簇的磁區數。最後的結果需要加2，因為FAT表中第0項和第1
// 項是保留的
fatEntries =(bootSector->bsSectors - bootSector->bsResSectors -
            bootSector->bsRootDirEnts / DIR_ENTRIES_PER_SECTOR) /
            bootSector->bsSecPerClus + 2;
```

至此，已經計算出了 FAT 表的記錄數量，根據這個記錄數量首先可以決定到底使用 FAT12 還是 FAT16 檔案系統。在決定了使用哪種檔案系統之後，就可以算出每個 FAT 表的記錄需要佔用多少空間，進而算出整個 FAT 表所佔用的磁區數。在實際的計算過程中還需要做一些小修正，這是因為在考慮了 FAT 表佔用的空間之後，整體 FAT 表的記錄數目可能有一些小出入。

```
// 如果FAT表的記錄數大於4087，就使用FAT16檔案系統，反之使用FAT12檔案系統
if (fatEntries > 4087) {
    fatType  =  16;
    // 做修正
    fatSectorCnt = (fatEntries * 2 + 511) / 512;
    fatEntries   = fatEntries + fatSectorCnt;
    fatSectorCnt = (fatEntries * 2 + 511) / 512;
}
else {
    fatType = 12;
    // 做修正
    fatSectorCnt = (((fatEntries * 3 + 1) / 2) + 511) / 512;
    fatEntries   = fatEntries + fatSectorCnt;
    fatSectorCnt = (((fatEntries * 3 + 1) / 2) + 511) / 512;
}
```

在上面的計算過程之後獲得了檔案系統的類型和 FAT 表需要佔用的磁區數目。
下面可以接著初始化 DBR 的資料結構了。

```
// 初始化FAT表所佔用的分區數
bootSector->bsFATsecs      = fatSectorCnt;
// 初始化DBR中每個磁軌的磁區數
bootSector->bsSecPerTrack  = (USHORT)devExt->DiskGeometry.SectorsPerTrack;
// 初始化磁頭數，也就是每個磁柱的磁軌數
bootSector->bsHeads        = (USHORT)devExt->DiskGeometry.TracksPerCylinder;
// 初始化啟動簽名，Windows要求是0x28或0x29
bootSector->bsBootSignature = 0x29;
// 隨便填寫一個卷冊ID
bootSector->bsVolumeID     = 0x12345678;
// 將標籤設定成"RamDisk"
bootSector->bsLabel[0]  = 'R';
bootSector->bsLabel[1]  = 'a';
bootSector->bsLabel[2]  = 'm';
bootSector->bsLabel[3]  = 'D';
bootSector->bsLabel[4]  = 'i';
bootSector->bsLabel[5]  = 's';
bootSector->bsLabel[6]  = 'k';
bootSector->bsLabel[7]  = ' ';
bootSector->bsLabel[8]  = ' ';
bootSector->bsLabel[9]  = ' ';
bootSector->bsLabel[10] = ' ';
// 根據我們之前計算得出的結果來選擇到底是FAT12還是FAT16檔案系統
bootSector->bsFileSystemType[0] = 'F';
bootSector->bsFileSystemType[1] = 'A';
bootSector->bsFileSystemType[2] = 'T';
bootSector->bsFileSystemType[3] = '1';
bootSector->bsFileSystemType[4] = '?';
bootSector->bsFileSystemType[5] = ' ';
bootSector->bsFileSystemType[6] = ' ';
bootSector->bsFileSystemType[7] = ' ';
bootSector->bsFileSystemType[4] = ( fatType == 16 ) ? '6' : '2';
// 簽署DBR最後的標示，0x55AA
bootSector->bsSig2[0] = 0x55;
bootSector->bsSig2[1] = 0xAA;
```

到這裡為止，DBR 就算是初始化完畢了。在 FAT12/16 檔案系統中，DBR 之後緊接著的是 FAT 表，對於 FAT 表的初始化很簡單，只需要在 FAT 表的第 1 個記錄內填寫媒體標識即可。同時要注意的是，FAT12 和 FAT16 的記錄長度不同。

```
// 定位到FAT表的起始點，這裡的定位方式是利用了DBR只有一個磁區這一條件
firstFatSector    = (PUCHAR)(bootSector + 1);
// 填寫媒體類型標識
firstFatSector[0] = (UCHAR)devExt->DiskGeometry.MediaType;
firstFatSector[1] = 0xFF;
firstFatSector[2] = 0xFF;
// 注意：如果是FAT16，那麼每個FAT表的記錄是4個位元組
if (fatType == 16) {
    firstFatSector[3] = 0xFF;
}
```

在 FAT 表之後，就是根目錄進入點了。在 FAT12/16 檔案系統中，根目錄進入點的資料結構定義如下：

```
// 檔案名稱
UCHAR       deName[8];        // File Name
// 副檔名
UCHAR       deExtension[3];   // File Extension
// 檔案屬性
UCHAR       deAttributes;     // File Attributes
// 系統保留
UCHAR       deReserved;       // Reserved
// 檔案建立的時間
USHORT      deTime;           // File Time
// 檔案建立的日期
USHORT      deDate;           // File Date
// 檔案的第一個簇的編號
USHORT      deStartCluster;   // First Cluster of file
// 檔案大小
ULONG       deFileSize;       // File Length
```

在 FAT12/16 檔案系統中，通常第一個根目錄進入點儲存了一個最後被作為標籤的目錄進入點，這裡將其初始化，在這之後，這個磁碟卷冊就算是被格式化完畢了，也就可以拿來使用了。

```
// 由於緊接著FAT表，所以根目錄進入點的表的起始位置很容易定位
rootDir = (PDIR_ENTRY)(bootSector + 1 + fatSectorCnt);
```

```
// 初始化標籤
rootDir->deName[0] = 'M';
rootDir->deName[1] = 'S';
rootDir->deName[2] = '-';
rootDir->deName[3] = 'R';
rootDir->deName[4] = 'A';
rootDir->deName[5] = 'M';
rootDir->deName[6] = 'D';
rootDir->deName[7] = 'R';
rootDir->deExtension[0] = 'I';
rootDir->deExtension[1] = 'V';
rootDir->deExtension[2] = 'E';
// 將這個進入點的屬性設定為標籤屬性
rootDir->deAttributes = DIR_ATTR_VOLUME;
```

▋ 9.6 驅動中的請求處理

9.6.1 請求的處理

在前面的介紹中已經知道，WDF 驅動架構會將所有發往之前建立的磁碟裝置的請求都排隊放入已經建立的佇列中，而在放入佇列後絕大多數請求都獲得了合適的處理，但是對讀者關心的讀 / 寫和 DeviceIoControl 請求來說，由於註冊了回呼函數，佇列會將這些請求交給註冊的回呼函數去處理。

回呼函數在收到請求之後，只能執行下面列舉的 4 種操作中的一種，但是不能夠忽略這個請求。這 4 種操作如下。

（1）重新排隊。回呼函數可以把這個請求放到另一個佇列裡去等待其他的處理函數處理。

（2）完成請求。回呼函數可以對這個請求做自己的一些處理，並且在處理完畢之後完成它。這也是功能性驅動最常見的一種處理方式。

（3）取消請求。回呼函數可以要求取消這個請求。

（4）轉發請求。回呼函數可以把這個請求轉發給其他裝置。

在實際的 Windows 系統當中，裝置之間是一種層疊的關係，在這個磁碟裝置之上還會有檔案系統裝置，一般應用程式的存取都應該存取檔案系統裝置，而檔案系統裝置會負責做檔案系統方面的一些工作，例如對 FAT 表的維護、對檔案的讀 / 寫等，而這些操作最後都將轉換成對磁碟的讀 / 寫發往磁碟裝置。

在這個 Ramdisk 驅動中，幾乎所有發給回呼函數的請求都被完成了，只是在完成之前需要做一些特殊的處理。下面就針對讀 / 寫和 DeviceIoControl 這三種讀者所關注的請求來一一加以分析，看看 Ramdisk 驅動是如何處理這三種請求的。

9.6.2 讀 / 寫請求

讀 / 寫請求的回呼函數原型如下。之所以把這兩個函數放在一起介紹，是因為讀者可以從它們的函數原型看出，它們的參數沒有什麼區別。可以看到這兩個函數沒有傳回值，它們的第一個參數是一個佇列物件，這個物件説明了這個請求的來源；第二個參數則是實際的請求；最後一個參數是讀 / 寫請求的回呼函數所特有的，用來説明需要讀或寫多少個位元組的內容。

```
VOID
RamDiskEvtIoRead(
    IN WDFQUEUE Queue,
    IN WDFREQUEST Request,
    IN size_t Length
    );

VOID
RamDiskEvtIoWrite(
    IN WDFQUEUE Queue,
    IN WDFREQUEST Request,
    IN size_t Length
    );
```

在知道了函數原型之後就可以開始著手處理這個請求了。在之前建立佇列時曾經將磁碟裝置的裝置擴充和佇列的擴充關聯起來，在這裡就可以看出它的用處——讀者可以輕易地在這些回呼函數裡透過佇列物件取得磁碟裝置的裝置擴充，進而取得所有的相關參數。對一個磁碟裝置來説，讀 / 寫請求就是要讀 / 寫磁碟上的某一段區域的內容，這個區域由起始點（offset）和長度（length）來劃定，長度已經由回呼函數的參數提供，而起始點就要透過 WDF 驅動架構提供的各種函數在第二個參數——請求參數中獲得了。讀 / 寫請求還有另外一個重要的參數就是緩衝區，它由系統提供，用來儲存讀出來的資料或需要寫入的資料，這個參數也需要從請求參數中取得。

在獲得了所有必需的參數之後，作為以記憶體為媒體的模擬磁碟裝置來說，只需要簡單地將記憶體映像檔中適當地點、適當長度的資料拷貝到讀取緩衝區中，或將寫入緩衝區中的資料拷貝到記憶體映像檔中即可，這也就是作為一個記憶體檔來說，針對標準磁碟讀／寫請求的特殊處理。在真實應用中，在磁碟裝置之上的檔案系統裝置會根據 FAT 表等資料結構，將對檔案的存取轉換成對磁碟裝置的存取，而磁碟對於上層來說，就是一個起始位置為 0、總長度為磁碟卷冊總大小的扁平的定址空間，任何由檔案系統轉換過來的存取都應該在這個空間之內。

下面首先看一下讀取請求的實際處理過程。寫入請求的處理過程與讀取請求極為相似，這裡就不再列舉了。

```
// 從佇列的擴充中取得對應的磁碟裝置的擴充
PDEVICE_EXTENSION        devExt = QueueGetExtension(Queue)->DeviceExtension;
// 用於儲存各種函數傳回值的狀態變數
NTSTATUS                 Status = STATUS_INVALID_PARAMETER;
// 用於取得請求參數的變數
WDF_REQUEST_PARAMETERS Parameters;
// 用於取得讀取請求起始位址的變數，這裡要注意的是，這是一個64位元的資料
LARGE_INTEGER            ByteOffset;
// 這是一個用於取得讀取緩衝區的記憶體控制碼
WDFMEMORY                hMemory;
// 初始化參數變數，為之後從請求參數中取得各種資訊做準備
WDF_REQUEST_PARAMETERS_INIT(&Parameters);
// 從請求參數中取得資訊
WdfRequestGetParameters(Request, &Parameters);
// 將請求參數中讀取的起始位置取出來
ByteOffset.QuadPart = Parameters.Parameters.Read.DeviceOffset;
// 這裡是自己實現的參數檢查函數。由於讀取的範圍不能超過磁碟映像檔的大小
// 且必須是磁區對齊的，所以這裡需要有一個參數檢查，如果檢查失敗，則直接將這
// 個請求以錯誤的參數（STATUS_INVALID_PARAMETER）作為傳回值結束
if (RamDiskCheckParameters(devExt, ByteOffset, Length)) {
    // 從請求參數中取得讀取緩衝區的記憶體控制碼
    Status = WdfRequestRetrieveOutputMemory(Request, &hMemory);
```

```
    if(NT_SUCCESS(Status)){
            // 根據之前取得的讀取參數進行記憶體拷貝，填寫讀取請求的緩衝區
            // 進一步完成讀取請求的操作
            Status = WdfMemoryCopyFromBuffer(
                    hMemory, // Destination
                    0, // Offset into the destination
                    devExt->DiskImage + ByteOffset.LowPart, // source
                    Length);
    }
}
// 結束這個讀取請求，這裡要注意的是，需要將讀取的長度作為傳回的資訊一併傳回
WdfRequestCompleteWithInformation(Request, Status, (ULONG_PTR)Length);
```

9.6.3 DeviceIoControl 請求

在前面提到過，在正常情況下，檔案系統會發給本驅動所建立的磁碟裝置一些讀 / 寫請求，而實際上除了讀 / 寫請求，還會有一些控制方面的請求，這種請求被統稱為 DeviceIoControl 請求。一個標準的磁碟卷冊裝置，需要支援數量龐大的 DeviceIoControl 請求，但是對這個小實例來說，僅支援最小的能夠確保正常執行的 DeviceIoControl 請求就已經足夠了。在這裡讀者可以簡單地把 DeviceIoControl 請求了解成是系統發過來的一堆問題，例如這個磁碟有多大，它能寫入什麼資料等，處理函數只需要按照情況回答這些問題就行了。下面來看看 Ramdisk 驅動是如何處理 DeviceIoControl 請求的。

首先介紹 DeviceIoControl 請求的處理函數原型。這個回呼函數沒有傳回值，其中第一個參數同樣是請求來自哪個佇列；第二個參數是請求參數；第三個和第四個參數是作為 DeviceIoControl 回呼函數所特有的參數，即輸出緩衝區長度和輸入緩衝區長度。由於 DeviceIoControl 請求通常是伴隨著一些請求的相關資訊而傳入的，填滿了請求到的資訊傳出，所以這裡需要這兩個緩衝區的長度；最後一個參數是請求的功能號，即説明這是一個什麼樣的 DeviceIoControl 請求。

```
VOID
RamDiskEvtIoDeviceControl(
    IN WDFQUEUE Queue,
    IN WDFREQUEST Request,
```

```
IN size_t OutputBufferLength,
IN size_t InputBufferLength,
IN ULONG IoControlCode
);
```

下面來看看這些請求是如何被處理的。首先讀者需要知道的是，DeviceIo
Control 請求有很多種，針對每種不同的裝置具有不同的含義，其中有些是必
須要處理的，不處理這個裝置就有可能不能啟動，或不能正常執行；還有一些
在最簡單的情況下是不需要處理的，不處理的後果最多會導致某些參數顯示不
正確等小錯誤發生。實際到 Ramdisk 驅動，只需要處理幾個 DeviceIoControl
請求即可，這幾個請求是由相關文件的描述和開發人員的長期經驗歸納得出
的。

```
// 初始化傳回狀態為非法的裝置請求，這樣在其他無關緊要的、不需要處理的
// DeviceIoControl請求到來時，可以直接傳回這個狀態
NTSTATUS            Status = STATUS_INVALID_DEVICE_REQUEST;
// 用來儲存傳回的DeviceIoControl所要求的資料長度
ULONG_PTR           information = 0;
// 中間變數
size_t              bufSize;
// 和讀/寫回呼函數相同，也透過佇列的擴充來取得裝置的擴充
PDEVICE_EXTENSION devExt = QueueGetExtension(Queue)->DeviceExtension;
// 由於我們對發過來的請求的長度很有信心（因為是Windows標準請求），所以這裡不需
// 要輸入緩衝區和輸出緩衝區的長度
UNREFERENCED_PARAMETER(OutputBufferLength);
UNREFERENCED_PARAMETER(InputBufferLength);
// 開始判斷是哪個DeviceIoControl請求
switch (IoControlCode) {
// 這是一個取得目前分區資訊的DeviceIoControl請求，需要處理
case IOCTL_DISK_GET_PARTITION_INFO: {
    // 首先宣告一個輸出緩衝區指標
    PPARTITION_INFORMATION outputBuffer;
    // 由於這個DeviceIoControl請求所需的資訊大部分是從DBR中取得的，所以需要
    // 一個指向DBR的指標
    PBOOT_SECTOR bootSector = (PBOOT_SECTOR) devExt->DiskImage;
    // 這是將要傳回的資訊的長度，它會被上層發出DeviceIoControl請求的裝置收到
    information = sizeof(PARTITION_INFORMATION);
```

```
        // 透過架構函數來取得這個DeviceIoControl請求所攜帶的輸出緩衝區
        Status = WdfRequestRetrieveOutputBuffer(
            Request,
            sizeof(PARTITION_INFORMATION),
            &outputBuffer,
            &bufSize);
        // 在取得緩衝區成功的情況下，將DBR中的相關資訊填入緩衝區
        if(NT_SUCCESS(Status) ) {
            outputBuffer->PartitionType =
                (bootSector->bsFileSystemType[4] == '6') ?
                PARTITION_FAT_16 : PARTITION_FAT_12;
            // 還需要根據這個驅動的現實情況來"編造"一些資料
            outputBuffer->BootIndicator       = FALSE;
            outputBuffer->RecognizedPartition = TRUE;
            outputBuffer->RewritePartition    = FALSE;
            outputBuffer->StartingOffset.QuadPart = 0;
            outputBuffer->PartitionLength.QuadPart = devExt->DiskRegInfo.DiskSize;
            outputBuffer->HiddenSectors       = (ULONG) (1L);
            outputBuffer->PartitionNumber     = (ULONG) (-1L);
            // 最後由於成功地填充了輸出緩衝區，因此將這個請求的狀態設為成功
            Status = STATUS_SUCCESS;
        }
    }
    break;

    case IOCTL_DISK_GET_DRIVE_GEOMETRY: {
        // 首先宣告一個輸出緩衝區指標
        PDISK_GEOMETRY outputBuffer;
        // 這是將要傳回的資訊的長度，它會被上層發出DeviceIoControl請求的裝置接收到
        information = sizeof(DISK_GEOMETRY);
        // 透過架構函數來取得這個DeviceIoControl請求所攜帶的輸出緩衝區
        Status = WdfRequestRetrieveOutputBuffer(
            Request,
            sizeof(DISK_GEOMETRY),
            &outputBuffer,
            &bufSize);
        // 在取得緩衝區成功的情況下，將相關資訊填入緩衝區
```

```
if(NT_SUCCESS(Status) ) {
    // 這裡實際上就是填入之前初始化好的磁碟的幾何資訊
    RtlCopyMemory(
        outputBuffer,
        &(devExt->DiskGeometry),
        sizeof(DISK_GEOMETRY));
    // 將這個請求的狀態設為成功
    Status = STATUS_SUCCESS;
    }
}
break;
// 對於這兩個DeviceIoControl請求，直接傳回成功，因為這兩個請求是不需要其
// 他資訊的
case IOCTL_DISK_CHECK_VERIFY:
case IOCTL_DISK_IS_WRITABLE:
    Status = STATUS_SUCCESS;
break;
}
// 結束這個DeviceIoControl請求，需要將讀取的長度作為傳回的資訊一併傳回
WdfRequestCompleteWithInformation(Request, Status, information);
```

▌ 9.7 Ramdisk 的編譯和安裝

9.7.1 編譯

筆者是在一台安裝有 Windows XP SP3 的系統上對 Ramdisk 驅動進行編譯的，同時還需要編譯器和 Windows 的 WDK 開發套件軟體。筆者使用的是 VS 2005 的 C++ 編譯器和在前面提到過的 WDK 6001.18000，在其他軟體環境中本驅動也應該能夠正常編譯，但是在這裡筆者並沒有進行相關的測試。筆者的目標是讓 Ramdisk 在 Windows XP 32 位元系統上執行，雖然理論上 Ramdisk 也能在 Windows 2003、Windows Vista 上執行，但是筆者同樣沒有進行相關的測試。

Ramdisk 驅動的編譯過程很簡單，在安裝好了上述編譯器和 WDK 開發套件之後，讀者只需要選擇 WDK 提供的編譯環境下的 Windows XP 編譯命令列即可。至於是選擇發佈版（Free Build）還是偵錯版（Debug Build）完全由讀者

決定，出於教學目的，這裡建議選擇偵錯版，這樣可以在需要的時候偵錯。在選擇了編譯環境命令列之後，將出現熟悉的 DOS 命令列視窗，這時讀者只需要進入 Ramdisk 程式所在的目錄，輸入 BLD 進行編譯即可。

9.7.2　安裝

在編譯完成之後，產生的檔案是 WdfRamdisk.sys 和 ramdisk.inf。前者是驅動的二進位編譯結果，後者則是用於安裝的資訊檔案。為了正常安裝這個驅動，還需要一個小工具，它在「WDK 安裝目錄」\redist\wdf\x86 下，叫作 WdfCoInstaller01007.dll。這個動態連結程式庫檔案是 WDF 驅動架構在安裝時的必要檔案，用於安裝驅動架構本身的相關內容。

在準備好了這三個檔案之後，讀者可以將這三個檔案拷貝到要安裝的機器的同一個目錄中。在「主控台」中找到「增加硬體」這一項，然後選擇「增加新的硬體裝置」「安裝我手動從清單選擇的硬體（進階）」「顯示所有裝置」，點擊「從磁碟安裝」，選擇 ramdisk.inf。接著一直點擊 "Next"，這樣驅動就安裝完畢了，在重新啟動系統之後，就會發現「我的電腦」中多出了一個磁碟，名為 RAMDISK。

9.7.3　對安裝的深入

至此，驅動已經安裝完畢了，如果沒有什麼問題的話，它應該在系統中正常地工作了。那麼安裝時到底做了什麼事情使得這個驅動可以在每次啟動時工作起來呢？下面就來一探究竟。

安裝的過程都來自 ramdisk.inf 的控制。ramdisk.inf 檔案是隨著編譯產生的，編譯器在取得了目前編譯的平台、目標平台等資訊之後（這些資訊由編譯環境提供），會將 RAMDISK 程式目錄下的 ramdisk.inx 檔案中的一些變數加以設定值，最後產生了適合於對應目標平台的 ramdisk.inf 檔案。當然，僅有 ramdisk. inf 檔案還是不夠的，這裡還使用了 Windows 系統附帶的增加硬體精靈來完成安裝。在這裡不需要弄清楚增加硬體精靈到底在讀取了這個 ramdisk.inf 之後做了哪些操作，這些操作必將是很複雜的，而且牽扯到過多的其他方面內容，讀者只需要從結果來看看安裝過程最後在系統中留下了什麼即可。

首先可以發現 WdfRamdisk.sys 檔案被拷貝到了 Windows 的 System32\drivers 目錄下，這是正常的，因為所有的 Windows 驅動程式幾乎都放在這個目錄下。接下來讀者會在登錄檔中發現一些增加的項，這些項各有作用，下面就對它們做一些簡單的說明。

（1）"\HKEY_LOCAL_MACHINE\SYSTEM\CurrentControlSet\Enum\Root\ UNKNOWN"。這是在安裝之後新增加的鍵，在這之下還有一個叫作 0000 的子鍵，讀者可以在管理員使用者下用 regedit 指令檢視這個鍵的內容。在 Windows 系統啟動時，PnP 管理員會列舉 "\HKEY_LOCAL_ MACHINE\SYSTEM\CurrentControlSet\ Enum\Root\" 下的所有鍵，並會根據鍵中的資訊為每個裝置建立一個 PDO（物理裝置物件）。在 "\HKEY_ LOCAL_MACHINE\SYSTEM\ CurrentControlSet\Enum\ Root\" 下的所有鍵，代表了在系統安裝時記錄的或透過增加硬體精靈增加的硬體資訊，Windows 虛擬了一條根匯流排並且把這些硬體掛接在上面。PnP 管理員完成 PDO 的建立之後會進行標準的 PnP 操作，與 PDO 相對應的驅動將被載入。在 "\HKEY_LOCAL_ MACHINE\SYSTEM\CurrentControlSet\Enum\ Root\ UNKNOWN\0000" 鍵下可以看到和 Ramdisk 相關的資訊，其中有一個值是 Service，系統將尋找這個值指明的驅動，進行載入和呼叫。另外，在這個鍵下面還有一個值是 ClassGUID，這個值的內容將作為這一種驅動的索引，在下面筆者將用 ClassGUID 來代替這一長串的數字。

（2）"\HKEY_LOCAL_MACHINE\SYSTEM\CurrentControlSet\Services\ Ramdisk"。上面已經說到系統會去載入 Service 所指明的驅動，而在 "\ HKEY_LOCAL_MACHINE\SYSTEM\ CurrentControlSet\Enum\Root\ UNKNOWN\0000" 中，Service 值的內容正是 Ramdisk，於是系統就會在 "\HKEY_LOCAL_MACHINE\SYSTEM\CurrentControlSet\Services\" 下面尋找這個叫作 Ramdisk 的服務，並根據它的內容去最後載入驅動程式本身。"\HKEY_LOCAL_MACHINE\ SYSTEM\CurrentControlSet\Services\ Ramdisk" 是一個標準的服務描述鍵，讀者應該已經對它非常熟悉了，這裡不再多講，這個鍵最重要的一點就是指明了 ramdisk.sys 檔案的位置。

（3）"\HKEY_LOCAL_MACHINE\SYSTEM\CurrentControlSet\Control\
Class\ClassGUID"。請讀者注意這個鍵最後的 ClassGUID 實際上是
一長串數字，數字的內容在 "\HKEY_LOCAL_ MACHINE\SYSTEM\
CurrentControlSet\Enum\Root\UNKNOWN\0000" 鍵的 ClassGUID 值中。
這個鍵說明了具有同樣 Class 的驅動所通用的一些資訊，在 Ramdisk 驅動
中這個鍵沒有太大的用處，但是在其他的驅動如類別過濾驅動等驅動程式
中，這個鍵卻具有非常重要的作用。

磁碟的過濾

▌ 10.1 磁碟過濾驅動的概念

10.1.1 裝置過濾和類別過濾

在第 7 章和第 8 章裡，筆者已經介紹了過濾的概念，所謂過濾就是在本來已有的裝置堆疊中加入一個自己的裝置。由於 Windows 向任何一個裝置發送 IRP 請求都會首先發給這個裝置所在裝置堆疊的最上層裝置，然後再依次傳遞下去，這就使得加入的裝置在目標裝置之前取得 IRP 請求成為可能，這時候就可以有機會加入使用者自己的處理流程。在這裡將插入裝置堆疊的使用者裝置稱為過濾裝置，將建立這個裝置並使其具有特殊功能的驅動稱為過濾驅動。

在前面筆者已經展示了如何去建立一個過濾裝置並將其綁定在一個有名字的裝置上，這叫作裝置過濾，從裝置過濾這個名字可以看出，這是對某個特定裝置加以過濾的方法。但是在實際應用中，這種方法還會有一些問題，舉例來説，Windows 中有很多隨插即用的裝置，如何在這些裝置加入系統中時就自動地對它們進行綁定？ Windows 中還會有一些具有共同類型的裝置，如何對這一種裝置進行綁定？實際上，在 Windows 的過濾驅動架構中，還有一種叫作類別過濾驅動的驅動程式，能夠在某一種特定的裝置建立時由 PnP 管理員呼叫指定的過濾驅動程式，並且允許使用者在此時對這一種裝置進行綁定。根據使用者裝置在整個裝置堆疊上相對於系統本來存在裝置的不同位置，可以分為上層過濾和下層過濾，其中以上層過濾最為常見，因為這時過濾裝置在裝置堆疊上位於實際功能裝置的上面，會首先獲得 Windows 系統發下來的 IRP 請求，便於過濾裝置的實現者進行處理。

10.1.2 磁碟裝置和磁碟卷冊裝置過濾驅動

由於這一章主要講的是 Windows 儲存系統的過濾，在實際看到程式之前，還需要講一下 Windows 儲存系統中的一些概念。在 Windows 的儲存系統中，最底層的是磁碟，而在磁碟上面又有卷冊，卷冊雖然只是邏輯上的概念，但是 Windows 仍然為其建立了裝置，所以在 Windows 的儲存系統裡有磁碟裝置和磁碟卷冊裝置兩種類型的裝置。

如果一個磁碟卷冊位於某個磁碟上，那麼對於磁碟卷冊的存取最後也會表現在對應的磁碟上。但是這不表示它們在一個裝置堆疊上，IRP 不會原封不動地從磁碟卷冊裝置堆疊上一直傳到磁碟裝置堆疊上，更何況 Windows 中還會具有跨磁碟的卷冊、軟 RAID 卷冊等不能對應到唯一磁碟上的卷冊。所以讀者務必將這兩種裝置的概念區分開，而不要將其當作同一種裝置來對待。

從驅動的角度來講，這兩種裝置收到的讀 / 寫請求都是針對磁碟大小或卷冊大小範圍之內的請求，都是以磁區大小對齊的，處理起來也沒有什麼太大的區別。在本章中主要說明磁碟卷冊裝置的上層類別過濾驅動，因為對 Windows 使用者來說，卷冊是最直接看到的物件；而對開發人員來說，使用卷冊過濾會在某種程度上減少工作量，因為不需要處理磁碟裝置中才會遇到的一些問題，但是同時也限制了一些功能的實現，原因同樣是不能處理磁碟裝置上的問題，正所謂有利必有弊。

10.1.3 登錄檔和磁碟卷冊裝置過濾驅動

在上一節裡，筆者已經提到過本章會完成一個磁碟卷冊裝置的上層類別過濾驅動，同時在前面的說明中，讀者也知道了什麼叫作類別過濾驅動，那麼在實際的系統執行過程中，一個普通的驅動程式是如何告知 Windows 作業系統它是一個類別過濾驅動，並且如何和對應的裝置類別關聯起來呢？這就需要登錄檔的幫忙了。

讀者應該很熟悉一個驅動程式作為服務是如何在登錄檔中存在的，在 \HKEY_ LOCAL_ MACHINE\SYSTEM\CurrentControlSet\Services 下服務鍵的名字也就是這個服務的名字了。同時在 \HKEY_LOCAL_MACHINE\SYSTEM\Control\ Class 下，也有許多類別的名字，這些類別的名字都是一長串數字，如果讀者對上一章所講的內容還有一些印象的話，應該很容易發現這一長串數字實際上是一個 ClassGUID，隨意選擇一個鍵，下面都會有一個叫作 Class 的值，這就是一個類別。在這些鍵中，讀者可以找到一個 Class 值為 "Volume" 的鍵，這就是磁碟卷冊類別。在本章中最關心的是其中一個叫作 UpperFilters 的值，這個值起了最為關鍵的作用——說明這個類別的上層過濾驅動都有哪些。到這裡為止，讀者應該已經明白，只需要在這個 UpperFilter 值中填入對應的驅動名稱（服務名稱），這個驅動就會作為這一種裝置的上層過濾驅動被 Windows 作業系統所識別，實際上這樣也就完成了上層過濾驅動的安裝工作。

▌ 10.2 具有還原功能的磁碟卷冊過濾驅動

10.2.1 簡介

在本節中，筆者將要介紹一個具有還原功能的磁碟卷冊過濾驅動。這裡首先解釋一下什麼叫作還原。大家一定都經歷過自己的電腦被別人使用過之後，垃圾檔案到處都是，病毒、木馬隨處可見的窘境，這時讀者一定非常想做一次 ghost 還原，將磁碟卷冊的內容還原到借給別人使用之前的那一刻。這也就是筆者這裡所說的還原，即將磁碟卷冊上的資料恢復到之前的某個時間點，在這個時間點之後無論對磁碟卷冊上的檔案做過什麼操作都將被抹去，這個卷冊被稱為還原卷冊。

這聽起來很不錯，更好的訊息是，你甚至不需要做一次 ghost 操作，所需做全部的事情僅是重新啟動電腦，磁碟內容就神奇地復原了，任何刪除的檔案、修改的檔案、加上去的檔案，統統復原，而這一切，只需要透過本章的過濾驅動即可實現。

由於這個過濾驅動只是為了說明而寫的，所以這裡對它的使用條件限制得比較多。這個驅動工作時需要系統中只有一個硬碟，需要使用 Windows XP 系統，並且硬碟被分為 C 磁碟為主要磁碟分割、D 磁碟和 E 磁碟都為擴充分區的分區形式，而且所有分區都必須是 NTFS 系統。本驅動只保護 D 磁碟並且會在 E 磁碟上建立暫存檔案，而且要求作業系統安裝在 C 磁碟上，故這裡需要 C、D、E 三個分區。當然，在實際的產品中這些限制都是可以去掉的，但是所需要的程式量將成倍地增加。同時由於是教學目的的驅動，這個驅動只是做功能上的示範，筆者並不保證驅動中沒有任何潛在的問題，所以建議讀者將此驅動安裝在虛擬機器中，如果安裝在真實的 PC 中，一旦出現問題將可能造成系統資料遺失、系統癱瘓等嚴重後果，請讀者務必注意。

10.2.2 基本思維

聽了上面的描述，讀者一定覺得這裡有什麼花招，猜得沒錯，這個過濾驅動確實做了一些特別的事情來愚弄了 Windows 作業系統。為了實現還原，一種簡單的想法如下：

在開啟還原之後，所有對還原卷冊的寫入操作將被寫到另一個地方，而不會真正寫在還原卷冊上。這裡所說的另一個地方也可以稱之為轉存處。在開啟還原之後，所有對還原卷冊的讀取操作將分為兩種情況處理：一種情況是讀取了開啟還原之前就存在的內容，這種情況就按照正常的讀取方式從還原卷冊上讀取；另一種情況是讀取了開啟還原之後寫到還原卷冊上的內容，這種情況將從轉存處把之前寫過的內容讀取出來。

上述讀 / 寫必須建立在互斥的基礎上，不能出現寫入了一半就開始讀取的情況。重新啟動之後轉存處的資料歸零，所有在還原開始後被寫過的資料也就不復存在了。上述轉存同樣必須在卷冊設定為還原之後立即有作用，而不能出現寫入了一半才開始轉存的情況；否則資料會在重新啟動之後不同步。

這裡請讀者仔細地考慮一下上面所說的幾點，如果嚴格按照這幾點來執行，確實能夠達到重新啟動之後卷冊上資料就全部還原的效果。

▍10.3 驅動分析

10.3.1 DriverEntry 函數

DriverEntry 函數作為過濾驅動的入口函數，主要負責初始化本驅動的各分發函數。首先，它會將所有的分發函數都設定成一個統一的處理函數，這個函數是對大部分 IRP 請求的處理方式；其次，它會將本驅動關心的分發函數指定為驅動專門實現的函數。另外，它還指定了這個驅動的 AddDevice 函數和 Unload

函數。由於這個驅動被註冊成了磁碟卷冊裝置的上層過濾驅動，PnP 管理員將在一個新的磁碟卷冊裝置建立之後，首先呼叫本過濾驅動的 AddDevice 函數，然後再呼叫磁碟卷冊裝置驅動中的 AddDevice 函數。這就讓過濾驅動有了在系統加入磁碟卷冊裝置有作用之前做一些工作的機會，而 Unload 函數會在過濾驅動結束時被呼叫，用來做一些清理的工作。不過本過濾驅動將一直工作到系統關機，所以基本上 Unload 函數將不會做任何清理工作。

在 DriverEntry 函數的最後，還註冊了一個 boot 類型驅動的完成回呼函數。首先需要說明的一點是，本過濾驅動是作為一個 boot 類型驅動存在的，這一點可以在登錄檔的 \HKEY_LOCAL_ MACHINE\SYSTEM\CurrentControlSet\Services 下驅動服務的 start 值中指定，0 為 boot 類型。boot 類型的驅動程式是啟動最早的驅動程式，在系統啟動時就必須載入完畢；而對於註冊為 boot 類型驅動的完成回呼函數的函數，將在所有的 boot 類型驅動執行完畢之後被呼叫一次，需要注意的是，這時候仍然是系統啟動過程中比較早的時候。在這裡需要註冊這個回呼函數，是因為驅動中有些工作需要等到這個時間才能做，實際是什麼工作會在稍後的內容中講到。下面看一下實際的 DriverEntry 函數的實現及註釋。

```
{
    // 用來做循環控制變數
    int i;
    // 在偵錯的時候去掉註釋可以在這裡產生中斷點，使WinDbg停在這裡
    // KdBreakPoint();
    for (i = 0; i <= IRP_MJ_MAXIMUM_FUNCTION; i++)
    {
        // 初始化這個驅動所有的分發函數，預設值是初始化為DPDispatchAny
        DriverObject->MajorFunction[i] = DPDispatchAny;
    }
    // 下面將我們特殊關注的分發函數重新設定值為我們自己的處理函數
    DriverObject->MajorFunction[IRP_MJ_POWER] = DPDispatchPower;
    DriverObject->MajorFunction[IRP_MJ_PNP] = DPDispatchPnp;
    DriverObject->MajorFunction[IRP_MJ_DEVICE_CONTROL]= DPDispatch
        DeviceControl;
    DriverObject->MajorFunction[IRP_MJ_READ] = DPDispatchReadWrite;
    DriverObject->MajorFunction[IRP_MJ_WRITE] = DPDispatchReadWrite;
```

```
    // 將這個驅動的AddDevice函數初始化為DPAddDevice函數
    DriverObject->DriverExtension->AddDevice = DPAddDevice;
    // 將這個驅動的Unload函數初始化為DPUnload函數
    DriverObject->DriverUnload = DPUnload;
    // 註冊一個boot驅動結束回呼，這個回呼函數會在所有的boot類型驅動都執行完畢
    // 之後再去執行
    IoRegisterBootDriverReinitialization(
        DriverObject,
        DPReinitializationRoutine,
        NULL
        );
    // 作為一個過濾驅動，無論如何都要傳回成功
    return STATUS_SUCCESS;
}
```

10.3.2 AddDevice 函數

在上一節中筆者已經講過了 AddDevice 函數的呼叫時機，由於在過濾驅動的 DriverEntry 函數中將驅動物件的 AddDevice 函數設定值成自己實現的 DPAddDevice 函數，這樣在有任何磁碟卷冊裝置建立時，DPAddDevice 函數都會被呼叫。但是讀者需要特別注意的是，DPAddDevice 被呼叫時，實際上磁碟卷冊裝置已經建立起來了，只是還不能被使用，也就是說，這個裝置的裝置物件有了，但是不能回應大部分的 IRP 請求。

在 DPAddDevice 中將建立一個過濾裝置，這個裝置將被綁定在真正的磁碟卷冊裝置上。並且由於這是一個上層過濾驅動，這個過濾裝置將位於磁碟卷冊裝置的堆疊頂方向上，也就是先於磁碟卷冊裝置收到 IRP 請求。在建立並綁定了這個過濾裝置之後，需要對這個過濾裝置做一些初始化，而過濾裝置的所有基本資訊都會以 DP_FILTER_DEV_EXTENSION 結構的類型儲存在裝置擴充中。在這裡先對 DP_FILTER_DEV_EXTENSION 資料結構中的成員變數進行簡單的介紹，以便讀者進行查閱，這些變數的實際作用和使用方法將在下面說明程式時提到。

```
    // 卷冊的名字，例如"C:,D:"等卷冊名字中的字母部分
    WCHAR           VolumeLetter;
    // 這個卷冊是否處於保護狀態
```

```
BOOL              Protect;
// 這個卷冊的總大小，以byte為單位
LARGE_INTEGER     TotalSizeInByte;
// 這個卷冊上檔案系統的每簇大小，以byte為單位
DWORD             ClusterSizeInByte;
// 這個卷冊的每個磁區大小，以byte為單位
DWORD             SectorSizeInByte;
// 這個卷冊裝置對應的過濾裝置的裝置物件
PDEVICE_OBJECT    FltDevObj;
// 這個卷冊裝置對應的過濾裝置的下層裝置物件
PDEVICE_OBJECT    LowerDevObj;
// 這個卷冊裝置對應的物理裝置的裝置物件
PDEVICE_OBJECT    PhyDevObj;
// 這個資料結構是否已經被初始化完畢了
BOOL              InitializeCompleted;
// 這個卷冊上的保護系統使用的點陣圖控制碼
PDP_BITMAP        Bitmap;
// 用來轉儲的檔案控制代碼
HANDLE            TempFile;
// 這個卷冊上的保護系統使用的請求佇列
LIST_ENTRY        ReqList;
// 這個卷冊上的保護系統使用的請求佇列的鎖
KSPIN_LOCK        ReqLock;
// 這個卷冊上的保護系統使用的請求佇列的同步事件
KEVENT            ReqEvent;
// 這個卷冊上的保護系統使用的請求佇列的處理執行緒的執行緒控制碼
PVOID             ThreadHandle;
// 這個卷冊上的保護系統使用的請求佇列的處理執行緒的結束標示
BOOLEAN           ThreadTermFlag;
// 這個卷冊上的保護系統的關機分頁電源請求的計數事件
KEVENT            PagingPathCountEvent;
// 這個卷冊上的保護系統的關機分頁電源請求的計數
LONG              PagingPathCount;
```

在上面的資料結構中可以看到有三個裝置物件：過濾裝置、物理裝置和下層裝置，其中過濾裝置是本過濾驅動自己建立的；物理裝置是透過 AddDevice 函數的參數傳遞進來的裝置，是真正的磁碟卷冊裝置；而下層裝置是在將過濾裝

置綁定到物理裝置上之後，傳回的綁定之前物理裝置堆疊上最頂部的裝置。這裡讀者可能會有疑問：下層裝置和物理裝置是一樣的嗎？這裡筆者列出的解釋是，系統中的類別驅動並不一定只有一個上層過濾驅動存在。舉例來說，在 \HKEY_LOCAL_ MACHINE\SYSTEM\Control\Class 下的磁碟卷冊類別中，系統附帶了一個上層過濾驅動叫作 VolSnap，如果將本章的驅動名字寫在上層驅動列表中的 VolSnap 後面，那麼在驅動的 AddDevice 呼叫時，VolSnap 的裝置已經綁定在了磁碟卷冊裝置上，也就是說，這時再去做綁定，傳回的下層裝置將是 VolSnap 的裝置。在大部分的情況下，過濾裝置的裝置屬性，例如 Flag 值等都需要和它的下層裝置一樣，當然過濾裝置也可以加入自己特有的一些屬性值。一般來說，下層裝置是過濾驅動在需要呼叫正常的 IRP 請求處理流程時使用的目標裝置。在過濾驅動中如果將 IRP 請求發給下層裝置，這個 IRP 受到的處理就如同過濾驅動不存在一樣。

在 DP_FILTER_DEV_EXTENSION 資料結構中可以看到，針對每個過濾裝置都會建立一個處理執行緒和對應的請求佇列，這是因為在這個驅動中同樣採用了將所有請求依次排隊，然後使用一個單獨的執行緒依次處理的方式。這麼做的好處在於將所有的讀 / 寫請求序列化，程式易於撰寫而且不會出現讀 / 寫請求之間的同步問題。

在 DPAddDevice 函數中讀者還會發現初始化了 PagingPathCountEvent 和 PagingPathCount 這兩個與分頁路徑相關的變數，它們將在 PnP IRP 請求的處理中被用到，這裡讀者只需要知道它們的初始化值是多少即可。

```
{
    // NTSTATUS類型的函數傳回值
    NTSTATUS                ntStatus = STATUS_SUCCESS;
    // 用來指向過濾裝置的裝置擴充指標
    PDP_FILTER_DEV_EXTENSION  DevExt = NULL;
    // 過濾裝置的下層裝置的指標物件
    PDEVICE_OBJECT           LowerDevObj = NULL;
    // 過濾裝置的裝置指標的指標物件
    PDEVICE_OBJECT           FltDevObj = NULL;
    // 過濾裝置的處理執行緒的執行緒控制碼
    HANDLE                   ThreadHandle = NULL;
    // 建立一個過濾裝置，這個裝置是FILE_DEVICE_DISK類型的裝置，並且具有
```

```
// DP_FILTER_DEV_EXTENSION類型的裝置擴充
ntStatus = IoCreateDevice(
    DriverObject,
    sizeof(DP_FILTER_DEV_EXTENSION),
    NULL,
    FILE_DEVICE_DISK,
    FILE_DEVICE_SECURE_OPEN,
    FALSE,
    &FltDevObj);
if (!NT_SUCCESS(ntStatus))
    goto ERROUT;
// 將DevExt指向過濾裝置的裝置擴充指標
DevExt = FltDevObj->DeviceExtension;
// 清空過濾裝置的裝置擴充
RtlZeroMemory(DevExt,sizeof(DP_FILTER_DEV_EXTENSION));
// 將剛剛建立的過濾裝置附加到這個卷冊裝置的物理裝置上
LowerDevObj = IoAttachDeviceToDeviceStack(
    FltDevObj,
    PhysicalDeviceObject);
if (NULL == LowerDevObj)
{
    ntStatus = STATUS_NO_SUCH_DEVICE;
    goto ERROUT;
}
// 初始化這個卷冊裝置的分頁路徑計數的計數事件
KeInitializeEvent(
    &DevExt->PagingPathCountEvent,
    NotificationEvent,
    TRUE);
// 對過濾裝置的裝置屬性進行初始化，過濾裝置的裝置屬性應該和它的下層裝置
// 相同
FltDevObj->Flags = LowerDevObj->Flags;
// 給過濾裝置的裝置屬性加上電源可分頁的屬性
FltDevObj->Flags |= DO_POWER_PAGABLE;
// 對過濾裝置進行裝置初始化
FltDevObj->Flags &= ~DO_DEVICE_INITIALIZING;
// 將過濾裝置對應的裝置擴充中的對應變數初始化
```

```
// 卷冊裝置的過濾裝置物件
DevExt->FltDevObj = FltDevObj;
// 卷冊裝置的物理裝置物件
DevExt->PhyDevObj = PhysicalDeviceObject;
// 卷冊裝置的下層裝置物件
DevExt->LowerDevObj = LowerDevObj;
// 初始化這個卷冊的請求處理佇列
InitializeListHead(&DevExt->ReqList);
// 初始化請求處理佇列的鎖
KeInitializeSpinLock(&DevExt->ReqLock);
// 初始化請求處理佇列的同步事件
KeInitializeEvent(
    &DevExt->ReqEvent,
    SynchronizationEvent,
    FALSE
    );
// 初始化終止處理執行緒標示
DevExt->ThreadTermFlag = FALSE;
// 建立用來處理這個卷冊的請求的處理執行緒，執行緒函數的參數則是裝置擴充
ntStatus = PsCreateSystemThread(
    &ThreadHandle,
    (ACCESS_MASK)0L,
    NULL,
    NULL,
    NULL,
    DPReadWriteThread,
    DevExt
    );
if (!NT_SUCCESS(ntStatus))
    goto ERROUT;
// 取得處理執行緒的物件
ntStatus = ObReferenceObjectByHandle(
    ThreadHandle,
    THREAD_ALL_ACCESS,
    NULL,
    KernelMode,
    &DevExt->ThreadHandle,
    NULL
    );
if (!NT_SUCCESS(ntStatus))
```

```
    {
        DevExt->ThreadTermFlag = TRUE;
        KeSetEvent(
            &DevExt->ReqEvent,
             (KPRIORITY)0,
            FALSE
            );
        goto ERROUT;
    }
ERROUT:
    if (!NT_SUCCESS(ntStatus))
    {
        // 如果上面有不成功的地方，首先需要解除可能存在的附加裝置
        if (NULL != LowerDevObj)
        {
            IoDetachDevice(LowerDevObj);
            DevExt->LowerDevObj = NULL;
        }
        // 然後刪除可能建立的過濾裝置
        if (NULL != FltDevObj)
        {
            IoDeleteDevice(FltDevObj);
            DevExt->FltDevObj = NULL;
        }
    }
    // 關閉執行緒控制碼，以後不會再用到它，所有對執行緒的參考都透過執行緒物件
    // 來進行了
    if (NULL != ThreadHandle)
        ZwClose(ThreadHandle);
    // 傳回狀態值
    return ntStatus;
}
```

10.3.3　PnP 請求的處理

作為一個卷冊過濾驅動 PnP 請求是非常重要的，這是因為 Windows 作業系統
在某些時刻會向存放裝置發出專門的請求，如果沒有進行正確的處理，將造成
系統無法正常關機等一系列問題。

在收到了 PnP 請求之後，由於在 DriverEntry 中對 PnP 請求的處理函數特別
設定成了 DPDispatchPnp 函數，所以 DPDispatchPnp 函數將被呼叫。它具有

兩個參數：DeviceObject 和 irp，分別説明了這個請求發往的裝置和這個請求的實際細節。由於這是過濾驅動的 PnP 分發函數，所以也只有過濾驅動所建立的裝置收到 PnP 請求時才會呼叫這個函數，那麼讀者應該很容易想到這個 DeviceObject 一定是過濾裝置。在 AddDevice 函數中，每個卷冊的過濾裝置都會被建立對應的裝置擴充，裡面儲存有很多這個過濾裝置的屬性資訊，所以在函數的一開始就需要將這些資訊拿出來，同時需要透過 irp 參數中的 irp stack 成員來進一步確定這個 IRP 請求的實際目的。類似的操作在之後的各種不同請求的處理函數中都會見到。

```
// 用來指向過濾裝置的裝置擴充指標
PDP_FILTER_DEV_EXTENSION   DevExt = DeviceObject->DeviceExtension;
// 傳回值
NTSTATUS ntStatus = STATUS_SUCCESS;
// 用來指向irp stack的指標
PIO_STACK_LOCATION  irpsp = IoGetCurrentIrpStackLocation(Irp);
```

在取得了這些參數之後，可以直接透過判斷 irp stack 中的 MinorFunction 來判斷這個 IRP 請求的實際目的。在 irp stack 中，通常會存在 MajorFunction 和 MinorFunction 兩個請求號，其中 MajorFunction 是大請求號，一般是類似 Write、Read、PnP、DeviceIoControl 等大分類的請求；而 MinorFunction 是小請求號，一般是在某一個大分類中的子請求號。讀者一定會明白在這個分發函數中 MajorFunction 一定是 PnP 請求，而 MinorFunction 才是在這個函數中需要關心的。

第一個需要處理的 PnP 子請求是裝置移除請求，這個請求會在 Windows 進行裝置熱抽換、均衡或關機時被發送到磁碟卷冊裝置。當然，過濾驅動會先於磁碟卷冊裝置收到這個請求，在這個請求發送時，所有的磁碟卷冊裝置的讀 / 寫請求應該都已經完成，所以在過濾驅動收到這個請求時，只需要簡單地將曾經建立過的所有裝置和初始化過的所有內部資料結構全部銷毀即可。建立過的裝置主要是在 AddDevice 函數中建立的過濾裝置和由綁定而產生的下層裝置，內部資料結構主要包含了下面將要介紹到的 bitmap 資料結構。此外，在 AddDevice 函數中為卷冊裝置建立的請求處理執行緒也需要停掉。

```
switch(irpsp->MinorFunction)
{
```

```
case IRP_MN_REMOVE_DEVICE:
    // 如果是PnP管理員發過來的移除裝置的IRP，將進入這裡
    {
        // 這裡主要做一些清理工作
        if (DevExt->ThreadTermFlag != TRUE && NULL != DevExt->ThreadHandle)
        {
            // 如果執行緒還在執行的話則需要停止，這裡透過設定執行緒停止執行的
            // 標誌並且發送事件資訊，讓執行緒自己終止執行
            DevExt->ThreadTermFlag = TRUE;
            KeSetEvent(
                &DevExt->ReqEvent,
                (KPRIORITY) 0,
                FALSE
                );
            // 等待中的執行緒結束
            KeWaitForSingleObject(
                DevExt->ThreadHandle,
                Executive,
                KernelMode,
                FALSE,
                NULL
                );
            // 解除參考執行緒物件
            ObDereferenceObject(DevExt->ThreadHandle);
        }
        if (NULL != DevExt->Bitmap)
        {
            // 如果還有點陣圖，就釋放
            DPBitmapFree(DevExt->Bitmap);
        }
        if (NULL != DevExt->LowerDevObj)
        {
            // 如果存在下層裝置，就先去掉掛接
            IoDetachDevice(DevExt->LowerDevObj);
        }
        if (NULL != DevExt->FltDevObj)
        {
            // 如果存在過濾裝置，就要刪除它
            IoDeleteDevice(DevExt->FltDevObj);
        }
        break;
    }
```

第二個需要處理的請求是裝置使用通告請求，Windows 作業系統會在建立或刪除特殊檔案的時候向存放裝置發出這個 IRP 請求，作為存放裝置卷冊過濾裝置自然也會收到這個請求。這裡說的特殊標頭檔案分頁檔、休眠檔案和 dump 檔案。Windows 會透過 irp stack 中的 Parameters.UsageNotification.Type 域來說明請求的是哪種檔案，並且會使用 Parameters.UsageNotification.InPath 域來說明這個請求是在詢問裝置是否可以建立這個檔案，還是在刪除了這個檔案之後對這個裝置的通知。在處理這個請求時，過濾驅動比較關心的是對分頁檔的處理，因為這牽扯到過濾裝置標示位中的 DO_POWER_PAGABLE 位。關於這個位元，簡單來說，就是如果有分頁檔在這個卷冊上，那麼就應該清除 DO_POWER_PAGABLE；反之，就應該加上 DO_POWER_PAGABLE。

這個請求的根本目的是，Windows 作業系統用來查詢裝置是否可以在其上建立特殊檔案，作為過濾驅動是不應該對這種詢問加以回答的，正確的做法是將這個請求發送給下層裝置，由下層裝置來回答這個問題。但是同時過濾驅動需要監視下層裝置的回答，如果下層裝置不支援這個請求，自然是最簡單不過的事情，過濾裝置什麼都不做就可以了；反之，如果下層裝置支援這個請求，那麼過濾裝置就需要進行處理，在下層裝置對第一個分頁檔建立請求回答是之後，過濾裝置需要對 DO_POWER_PAGABLE 位元進行對應的設定，並且做一個計數。這個計數會隨著分頁檔建立的請求而增加，隨著分頁檔刪除通知而減少，當減少到最後一個計數時，過濾裝置又需要對 DO_POWER_PAGABLE 位元進行對應的設定。

```
case IRP_MN_DEVICE_USAGE_NOTIFICATION:
{
    BOOLEAN setPagable;
    // 如果是詢問是否支援休眠檔案和dump檔案，則直接下發給下層裝置去處理
    if (irpsp->Parameters.UsageNotification.Type != DeviceUsageTypePaging)
    {
        ntStatus = DPSendToNextDriver(
            DevExt->LowerDevObj,
            Irp);
        return ntStatus;
    }
    // 這裡等一下分頁計數事件
    ntStatus = KeWaitForSingleObject(
        &DevExt->PagingPathCountEvent,
```

```
        Executive,
        KernelMode,
        FALSE,
        NULL);
// setPagable初始化為假,是沒有設定過DO_POWER_PAGABLE位的意思
setPagable = FALSE;
if (!irpsp->Parameters.UsageNotification.InPath &&
    DevExt->PagingPathCount == 1 )
{
        // 如果是PnP管理員通知我們將要刪去分頁檔案,並且目前只剩下最後一個分頁
        // 檔案時會進入這裡
        if (DeviceObject->Flags & DO_POWER_INRUSH)
        {}
        else
        {
                // 到這裡,說明沒有分頁檔案在這個裝置上了,需要設定DO_POWER_
                // PAGABLE位
                DeviceObject->Flags |= DO_POWER_PAGABLE;
                setPagable = TRUE;
        }
}
// 到這裡,一定是關於分頁檔案的是否可建立查詢,或是刪除的通知,我們交給下層
// 裝置去做。這裡需要用同步的方式給下層裝置,也就是說,要等待下層裝置的傳回
ntStatus = DPForwardIrpSync(DevExt->LowerDevObj,Irp);

if (NT_SUCCESS(ntStatus))
{
        // 如果發給下層裝置的請求成功了,則說明下層裝置支援這個操作,會執行到
        // 這裡在成功的條件下我們來改變計數值,這樣就能記錄現在這個裝置上到底
        // 有多少個分頁檔案
        IoAdjustPagingPathCount(
            &DevExt->PagingPathCount,
            irpsp->Parameters.UsageNotification.InPath);
        if (irpsp->Parameters.UsageNotification.InPath)
        {
                if (DevExt->PagingPathCount == 1)
                {
                        // 如果這個請求是一個建立分頁檔案的查詢請求,並且下層裝置支
                        // 持這個請求,而且這是第一個在這個裝置上的分頁檔案,那麼我
                        // 們需要清除DO_POWER_PAGABLE位
                        DeviceObject->Flags &= ~DO_POWER_PAGABLE;
                }
        }
```

```
    }
    else
    {
        // 到這裡，說明給下層裝置發請求失敗了，下層裝置不支援這個請求，這時
        // 我們需要把之前做過的操作還原
        if (setPagable == TRUE)
        {
        // 根據setPagable變數的值來判斷我們之前是否做過
        // 對DO_POWER_PAGABLE位的設定，如果有的話就清除這個設定
            DeviceObject->Flags &= ~DO_POWER_PAGABLE;
            setPagable = FALSE;
        }
    }
    // 設定分頁計數事件
    KeSetEvent(
        &DevExt->PagingPathCountEvent,
        IO_NO_INCREMENT,
        FALSE
        );
    // 到這裡，我們就完成這個IRP請求了
    IoCompleteRequest(Irp, IO_NO_INCREMENT);
    return ntStatus;
}
```

對其他的 PnP 請求來說，直接交給下層裝置去處理就可以了。

10.3.4 Power 請求的處理

Power 請求的處理本應和大部分 IRP 請求一樣，直接交給下層裝置處理即可。只是在 Windows Vista 以前的作業系統中，下發所使用的函數是比較特殊的 PoCallDriver，而且在這之前還需要使用 PoStartNextPowerIrp 來處理一下 IRP 請求。這一情況在 Windows Vista 中得以改變，開發人員只需要使用一般的方法下發這個 IRP 請求即可。本驅動中使用了一個編譯巨集來判斷目前的驅動是為 Windows Vista 使用的還是為 Windows XP 使用的，進一步決定編譯時使用的程式。

```
    // 用來指向過濾裝置的裝置擴充指標
    PDP_FILTER_DEV_EXTENSION  DevExt = DeviceObject->DeviceExtension;
#if (NTDDI_VERSION < NTDDI_VISTA)
```

```
    // 如果是Windows Vista以前的版本，則需要使用特殊的向下層裝置轉發的函數
    PoStartNextPowerIrp(Irp);
    IoSkipCurrentIrpStackLocation(Irp);
    return PoCallDriver(DevExt->LowerDevObj, Irp);
#else
    // 如果是Vista系統，則可以使用和一般下發IRP一樣的方法來下發
    return DPSendToNextDriver(
        DevExt->LowerDevObj,
        Irp);
#endif
```

10.3.5 DeviceIoControl 請求的處理

DeviceIoControl 請求的處理函數是 DPDispatchDeviceControl，作為一個磁碟卷冊裝置的過濾驅動，理論上是不需要對 DeviceIoControl 做任何處理的，只需要如實地轉發給下層裝置去處理即可。但是在這裡本驅動需要截獲一個特殊的 DeviceIoControl 請求—IOCTL_VOLUME_ONLINE，這個請求是由 Windows 作業系統發出的，它本身的作用是把目標卷冊裝置設定為線上狀態，在這個狀態設定完成之後，才會有對這個卷冊的讀 / 寫等操作發生。

對這個以還原為目的的驅動來說，最好是儘量對讀 / 寫操作進行處理。基於這個理由，IOCTL_VOLUME_ONLINE 是一個很好的機會，所以在本驅動中，大部分的資料結構等初始化工作都將被放到這個 DeviceIoControl 時完成。

這時讀者可能會認為在收到 IOCTL_VOLUME_ONLINE 這個 DeviceIoControl 請求時直接做初始化工作即可，然後再將這個請求發往下層裝置。這裡有一個問題是，初始化工作需要目標卷冊的一些資訊，例如需要知道這個卷冊的標籤，因為這個驅動只保護 "D" 碟；需要知道這個卷冊的一些資訊（如卷冊的大小），因為初始化 bitmap 需要這個資訊作為參數，但是這一切都必須要等過濾驅動的下層裝置也就是真正的卷冊裝置開始執行之後才能夠提供，而卷冊裝置開始執行卻需要這個 IOCTL_VOLUME_ONLINE 的 DeviceIoControl 請求發下去……這樣讀者似乎陷入了一個先有雞還是先有蛋的循環中，但實際上有一個很簡單的辦法可以解決這個問題，就是讓請求先發下去，等下層裝置處理完畢之後再進行初始化工作，同時由於下發請求時採用了同步的方式，因此在完成請求之前是不會有其他請求發生的。

WDM 驅動架構為實現上文所述的操作提供了相當方便的操作方式，只需要複製一份 irp stack，設定好完成函數和一個等待事件，在呼叫下層裝置之後就開始等待這個事件，當下層裝置處理完成之後之前設定的完成函數會被呼叫，在完成函數中會喚醒剛才所說的等待事件，於是一切都會順理成章地走下去，當然在完成函數裡上文所述的初始化工作就可以進行了。下面是如何設定完成函數和等待事件的程式，也就是在 DeviceIoControl 的分發函數中所做的事情。

```
// 用來指向過濾裝置的裝置擴充指標
PDP_FILTER_DEV_EXTENSION    DevExt = DeviceObject->DeviceExtension;
// 傳回值
NTSTATUS ntStatus = STATUS_SUCCESS;
// 用來指向irp stack的指標
PIO_STACK_LOCATION  irpsp = IoGetCurrentIrpStackLocation(Irp);
// 用來同步IOCTL_VOLUME_ONLINE處理的事件
KEVENT                 Event;
// 用來傳給IOCTL_VOLUME_ONLINE的完成函數的上下文
VOLUME_ONLINE_CONTEXT   context;

switch (irpsp->Parameters.DeviceIoControl.IoControlCode)
{
case IOCTL_VOLUME_ONLINE:
    {
        // 如果是卷冊裝置的IOCTL_VOLUME_ONLINE，則會進入到這裡
        // 我們打算自己處理這個IRP請求，這裡先初始化一個事件用來在這個請求的
        // 完成函數裡做同步訊號
        KeInitializeEvent(&Event, NotificationEvent, FALSE);
        // 給這個請求的完成函數初始化參數
        context.DevExt = DevExt;
        context.Event = &Event;
        // 這裡copy一份irp stack
        IoCopyCurrentIrpStackLocationToNext(Irp);
        // 設定完成函數
        IoSetCompletionRoutine(
            Irp,
            DPVolumeOnLineCompleteRoutine,
            &context,
            TRUE,
            TRUE,
            TRUE);
        // 呼叫下層裝置來處理這個IRP
```

```
        ntStatus = IoCallDriver(DevExt->LowerDevObj, Irp);
        // 等待下層裝置處理這個IRP結束
        KeWaitForSingleObject(
            &Event,
            Executive,
            KernelMode,
            FALSE,
            NULL);
        // 傳回
        return ntStatus;
    }
default:
    // 對於其他DeviceIoControl，我們一律呼叫下層裝置去處理
    break;
}
return DPSendToNextDriver(DevExt->LowerDevObj,Irp);
```

從上面的程式中可以看到，在如何取得 IOCTL_VOLUME_ONLINE 請求時設定了名為 DPVolumeOnLineCompleteRoutine 的完成函數，這個函數將在下層裝置處理完 IRP 時被呼叫。下面看一下這個完成函數裡都做了什麼，這裡需要注意的是，在這個完成函數裡，下層裝置所對應的磁碟卷冊裝置已經可以工作了。

在完成函數裡首先獲得了卷冊的名稱，即常見的 C、D、E 等磁碟代號，這是透過系統呼叫取得的，如果讀者有興趣，會發現這個系統呼叫是無法在 IOCTL_VOLUME_ONLINE 被下發之前使用的。在獲得了這些磁碟代號之後，根據驅動設計，這裡只對 "D" 磁碟有興趣，在發現磁碟代號為 "D" 的卷冊裝置之後，首先取得這個卷冊的基本資訊，例如卷冊有多大等。這個取得資訊的函數是驅動自己實現的，它透過讀取卷冊的第一個磁區並分析其內容來取得所需的資訊。如果讀者對上一章中介紹的 DBR 還有印象的話，應該會比較容易地了解這些資訊是如何取得的，這裡就不再對程式進行分析了。在獲得了卷冊的資訊之後，需要初始化一個 bitmap，這個 bitmap 是還原功能的核心資料結構，實際的作用和實現在下面介紹，這裡讀者只需要知道初始化 bitmap 時需要卷冊的總大小作為參數即可。在這些工作都完成之後，將用來標識還原卷冊的全域變數設定值，在今後執行的讀 / 寫分發函數和 boot 驅動回呼函數等許多函數中，都會參考這個全域變數，並根據它的內容來確定哪個是需要保護的

卷冊。下面是完成函數的實作方式過程，在程式中讀者可以發現，作為參數被傳入的等待事件在最後被喚醒，這使得上面的 DeviceIoControl 處理程式中的等待得以傳回，系統呼叫得以繼續執行下去。

```
{
// 傳回值
    NTSTATUS ntStatus = STATUS_SUCCESS;
    // 這個卷冊裝置的dos名字，也就是C、D等
    UNICODE_STRING      DosName = { 0 };

    // 在這裡Context是不可能為空的，為空就是出錯了
    ASSERT(Context!=NULL);
    // 下面呼叫我們自己的VolumeOnline處理
    // 取得這個卷冊的dos名
    ntStatus=IoVolumeDeviceToDosName(Context->DevExt->PhyDevObj, &DosName);
    if (!NT_SUCCESS(ntStatus))
        goto ERROUT;
    // 將dos名字變成大寫形式
    Context->DevExt->VolumeLetter = DosName.Buffer[0];
    if (Context->DevExt->VolumeLetter > L'Z')
        Context->DevExt->VolumeLetter -= (L'a' - L'A');
    // 我們只保護"D"磁碟
    if (Context->DevExt->VolumeLetter == L'D')
    {
        // 取得這個卷冊的基本資訊
        ntStatus = DPQueryVolumeInformation(
            Context->DevExt->PhyDevObj,
            &(Context->DevExt->TotalSizeInByte),
            &(Context->DevExt->ClusterSizeInByte),
            &(Context->DevExt->SectorSizeInByte));
        if (!NT_SUCCESS(ntStatus))
        {
            goto ERROUT;
        }
        // 建立這個卷冊對應的點陣圖
        ntStatus = DPBitmapInit(
            &Context->DevExt->Bitmap,
            Context->DevExt->SectorSizeInByte,
            8,
            25600,
            (DWORD)(Context->DevExt->TotalSizeInByte.QuadPart /
            (LONGLONG)(25600 * 8 * Context->DevExt->SectorSizeInByte))+1);
        if (!NT_SUCCESS(ntStatus))
```

```
            goto ERROUT;
        // 對全域變數設定值，說明我們找到需要保護的那個裝置了
        gProtectDevExt = Context->DevExt;
    }

ERROUT:
    if (!NT_SUCCESS(ntStatus))
    {
        if (NULL != Context->DevExt->Bitmap)
        {
            DPBitmapFree(Context->DevExt->Bitmap);
        }
        if (NULL != Context->DevExt->TempFile)
        {
            ZwClose(Context->DevExt->TempFile);
        }
    }
    if (NULL != DosName.Buffer)
    {
        ExFreePool(DosName.Buffer);
    }
    // 設定等待同步事件，這樣可以讓我們等待的DeviceIoControl處理過程繼續執行
    KeSetEvent(
        Context->Event,
        0,
        FALSE);
    return STATUS_SUCCESS;
}
```

10.3.6 bitmap 的作用和分析

在上面的分析中讀者已經多次看到了 bitmap，但卻一直不知道它實際是什麼，它的作用是什麼，為什麼要用它，它是如何實現的。下面筆者將來解答這些問題。在做進一步說明之前需要提到的是，實際分析 bitmap 的實現比較複雜，如果讀者對演算法沒有特殊興趣的話，則可以只看 bitmap 的介面說明，而不去管它的實作方式過程，這並不會影響對之後內容的了解。

顧名思義，bitmap 就是一個點陣圖。它實際上是一些區塊，這些區塊的每一位元用來標識一個磁碟上的最小存取單位，一般情況下是一個磁區。每一位元可以被置位或被清除，用來表示這個磁區所對應的兩種狀態。

如果讀者對本章開始時所描述的還原理論還有印象的話，應該知道作為一個還原驅動，核心的問題在於如何將寫入的資料儲存在其他地方，而在讀取時又能夠準確地從其他地方找到。為了達到這個目的，就必須使用 bitmap。bitmap 中的每一位元對應的是磁碟上的磁區，有多少個磁區就有多少位元。這個位元為 0 代表的意義是，這個位元所對應的磁區的資料沒有被儲存到其他地方；反之，則代表這個磁區的資料被儲存到了其他地方。在寫入資料時，根據寫入操作的範圍可以將 bitmap 中對應的區域置為 1，在讀取操作時，則又會根據 bitmap 的內容把置為 1 的磁區從轉存的地方讀回來；而對 bitmap 為 0 的地方還是從原有裝置上讀取資料，這樣 bitmap 就成了在這次系統啟動生命週期中所有寫入操作的標示直到系統重新啟動，在重新啟動過後 bitmap 又將恢復為全 0 的狀態，這時無論是什麼讀取操作都不會從轉存處拿資料，也就實現了還原的功能。

之所以説 bitmap 是一些區塊而非一個連續的記憶體，是因為在設計 bitmap 時考慮到它所表示的點陣圖可能對應著很大一顆磁碟區域，即使是用 1 位元來表示 512 位元組的資料也有可能會是很大的一片記憶體空間。所以在設計 bitmap 時要求它能夠隨選分配記憶體，使用時才去分配對應的記憶體，這樣就可以節省大量的記憶體空間。要知道這裡所説的記憶體空間都是指非分頁的記憶體，這一部分記憶體即使是在核心中也是非常寶貴的。

首先來看一下 bitmap 的內部資料結構組成。

```c
typedef unsigned char tBitmap;

typedef struct _DP_BITMAP_
{
    // 這個卷冊中的每個磁區有多少位元組,同時說明了bitmap中一個位所對應的位元
    // 組數
    unsigned long sectorSize;
    // 每個位元組裡面有幾個位元,一般情況下是8
    unsigned long byteSize;
    // 每個區塊是多大位元組
    unsigned long regionSize;
    // 這個bitmap總共有多少個區塊
    unsigned long regionNumber;
    // 這個區塊對應了多少個實際的位元組,這個數字應該是
    //sectorSize*byteSize* regionSize
```

```
    unsigned long regionReferSize;
    // 這個bitmap對應了多少個實際的位元組，這個數字應該是
    // sectorSize*byteSize*regionSize*regionNumber
    __int64 bitmapReferSize;
    // 指向bitmap儲存空間的指標
    tBitmap** Bitmap;
    // 用於存取bitmap的鎖
    void* lockBitmap;
} DP_BITMAP, * PDP_BITMAP;
```

可以看到 bitmap 的最上層是一個類型為位元組指標的指標（tBitmap**，實際相等於 unsigned char**）的元素，名為 bitmap，在這裡希望讀者把這個指標的指標了解成一個指標陣列，陣列有 regionSize 個元素，每個元素就是一個指向所謂的區塊的指標。在開始時這些指向區塊的指標都是空指標，這時它們代表了（而非真正指向了）一個內容全部為 0 的區塊，只是實際的記憶體沒有被分配出來。當需要將其中的任何一位元設定為 1 時，這個區塊會首先被分配，在歸零之後再對其中需要設定為 1 的位元進行設定，這就是所說的隨選分配，也是節省空間的關鍵所在。下面是初始化這個資料結構的程式，使用者透過指定 bitmap 的參數來初始化一個 bitmap，在這裡使用者需要知道這個 bitmap 一共代表了多大的區域；同時需要指定一個區塊的大小，這個大小取的太大可能造成分配空間的浪費，取的太小又會使得區塊的數目太多，所以一般需要取一個合適的中間值。下面是初始化一個 bitmap 的程式。

```
int i = 0;
DP_BITMAP * myBitmap = NULL;
NTSTATUS status = STATUS_SUCCESS;

// 檢查參數，以免使用了錯誤的參數導致發生除零等錯誤
if (NULL == bitmap || 0 == sectorSize ||
    0 == byteSize || 0 == regionSize  || 0 == regionNumber)
{
    return STATUS_UNSUCCESSFUL;
}
__try
{
    // 分配一個bitmap結構，這是無論如何都要分配的，這個結構相當於一個bitmap
    // 的handle
    if (NULL==(myBitmap = (DP_BITMAP*)DPBitmapAlloc(0, sizeof(DP_BITMAP))))
    {
```

```
                status = STATUS_INSUFFICIENT_RESOURCES;
                __leave;
        }
        // 清空結構
        memset(myBitmap, 0, sizeof(DP_BITMAP));
        // 根據參數對結構中的成員進行設定值
        myBitmap->sectorSize = sectorSize;
        myBitmap->byteSize = byteSize;
        myBitmap->regionSize = regionSize;
        myBitmap->regionNumber = regionNumber;
        myBitmap->regionReferSize = sectorSize * byteSize * regionSize;
        myBitmap->bitmapReferSize = (__int64)sectorSize * (__int64)byteSize
                    * (__int64)regionSize * (__int64)regionNumber;
        // 分配出regionNumber個指向region的指標，這是一個指標陣列
        if (NULL == (myBitmap->Bitmap = (tBitmap **)DPBitmapAlloc(0,
                    sizeof (tBitmap*) * regionNumber)))
        {
                status = STATUS_INSUFFICIENT_RESOURCES;
                __leave;
        }
        // 清空指標陣列
        memset(myBitmap->Bitmap, 0, sizeof(tBitmap*) * regionNumber);
        * bitmap = myBitmap;
        status = STATUS_SUCCESS;
}
__except(EXCEPTION_EXECUTE_HANDLER)
{
        status = STATUS_UNSUCCESSFUL;
}
if (!NT_SUCCESS(status))
{
        if (NULL != myBitmap)
        {
                DPBitmapFree(myBitmap);
        }
        * bitmap = NULL;
}
return status;
```

從上面的程式中可以看出，初始化 bitmap 的過程中僅分配了很少的一部分記憶體，而這時這個 bitmap 卻是完全可用的，只有在位元設定時才會有新的記憶體被分配出來。

bitmap 提供了一個介面，這個介面的作用是把 bitmap 特定區域內的資料設定位元（即把某一位元從 0 修改成 1），因為在 bitmap 的初始化過程中所有的位元都認為是 0，而在今後使用的過程中也看不出需要將 1 變為 0 的可能，這就使得這裡只需要提供設定位元的介面即可，而不需要清除位元的介面。這個介面函數需要考慮的第一個問題是，在所需設定位元的目標 bitmap 記憶體區域沒有被分配時需要先分配才能設定位元。需要考慮的第二個問題是，如何能夠儘快地完成一個對一長段連續的 bitmap 做設定位元的請求。下面請看這兩個問題的實際處理方式。

```c
__int64 i = 0;
unsigned long myRegion = 0, myRegionEnd = 0;
unsigned long myRegionOffset = 0, myRegionOffsetEnd = 0;
unsigned long myByteOffset = 0, myByteOffsetEnd = 0;
unsigned long myBitPos = 0;
NTSTATUS status = STATUS_SUCCESS;
LARGE_INTEGER setBegin = { 0 }, setEnd = { 0 };
__try
{
    // 檢查變數
    if (NULL == bitmap || offset.QuadPart < 0)
    {
        status = STATUS_INVALID_PARAMETER;
        __leave;
    }
    if (0 != offset.QuadPart % bitmap->sectorSize || 0 != length % bitmap
        ->sectorSize)
    {
        status = STATUS_INVALID_PARAMETER;
        __leave;
    }
    // 根據要設定的偏移量和長度來計算需要使用到哪些region，如果需要的話，就分
    // 配它們指向的記憶體空間
    myRegion = (unsigned long)(offset.QuadPart /
            (__int64)bitmap->regionReferSize);
    myRegionEnd = (unsigned long)((offset.QuadPart + (__int64)length) /
            (__int64)bitmap->regionReferSize);
    for (i = myRegion; i <= myRegionEnd; ++i)
    {
        if (NULL == *(bitmap->Bitmap + i))
        {
            if (NULL == (*(bitmap->Bitmap + i) = (tBitmap*)DPBitmapAlloc(0,
```

```
                            sizeof(tBitmap) * bitmap->regionSize)))
        {
            status = STATUS_INSUFFICIENT_RESOURCES;
            __leave;
        }
        else
        {
            memset(*(bitmap->Bitmap + i), 0,
                    sizeof(tBitmap) * bitmap-> regionSize);
        }
    }
}
// 開始設定bitmap，首先我們需要將要設定的區域按照位元組對齊，這樣可以逐位
// 元組設定而不需要逐位元設定，加快設定速度，對於沒有位元組對齊的區域先
// 手動設定它們
for (i = offset.QuadPart; i < offset.QuadPart + (__int64)length;
     i += bitmap->sectorSize)
{
// ……
}
if (i >= offset.QuadPart + (__int64)length)
{
    status = STATUS_SUCCESS;
    __leave;
}
for (i = offset.QuadPart + (__int64)length - bitmap->sectorSize;
     i >= offset.QuadPart; i -= bitmap->sectorSize)
{
//……
}
if (i < offset.QuadPart || setEnd.QuadPart == setBegin.QuadPart)
{
    status = STATUS_SUCCESS;
    __leave;
}
myRegionEnd = (unsigned long)(setEnd.QuadPart /
            (__int64)bitmap-> regionReferSize);
// 開始對區域進行以位元組為單位的連續設定
for (i = setBegin.QuadPart; i <= setEnd.QuadPart;)
{
//……
}
status = STATUS_SUCCESS;
```

```
}
__except(EXCEPTION_EXECUTE_HANDLER)
{
    status = STATUS_UNSUCCESSFUL;
}
if (!NT_SUCCESS(status))
{
}
return status;
```

在上面的程式中筆者省略了對實際的位元設定過程的說明，這只是普通的四則混合運算，請讀者根據程式加以了解。讀者可以在上面的程式中看到，設定位元的函數是如何先透過計算確定需要使用哪些區塊，並且在需要分時配它們的，然後是如何盡可能地按照一個位元組而非按照一個位元來對所需要設定的位元進行設定的。

除了設定位元，bitmap 也需要提供一個能夠測試指定點陣圖區域是全部為 1 還是全部為 0，抑或兼而有之的介面，這個介面的目的在於，使用者可以透過測試的結果決定如何進行下一步的操作。這個測試函數的程式比較簡單，只是根據記憶體的資料來進行判斷，這裡就不再列舉程式了。

最後，bitmap 在完成了設定和測試的功能之後，還需要提供一個取得指定區域點陣圖的介面，在後面的分析中讀者可以看到，這個取得指定區域的點陣圖操作一定是伴隨著磁碟讀取操作而來的。筆者在上文中反覆強調過，如果是讀取操作，對於 bitmap 設定為 1 的位置需要從轉存資料中讀取，而設定為 0 的位置則從原始的資料中讀取，所以在獲得了指定區域的點陣圖之後，需要根據這個點陣圖中的 0 和 1 來決定最後產生的資料哪一部分是從原始資料中來的，哪一部分是從轉存資料中來的。由於使用環境的特殊性，這個介面被演變成將兩個記憶體緩衝區的內容根據指定的 bitmap 來進行合併操作，讀者應該很容易想到這兩個緩衝區一個是讀取自轉存的資料，一個是讀取自原始的資料。這個函數的程式如下：

```
unsigned long i = 0;
unsigned long myRegion = 0;
unsigned long myRegionOffset = 0;
unsigned long myByteOffset = 0;
unsigned long myBitPos = 0;
```

```
NTSTATUS status = STATUS_SUCCESS;
__try
{
    // 檢查參數
    if (NULL == bitmap || offset.QuadPart < 0 ||
        NULL == bufInOut || NULL == bufIn)
    {
        status = STATUS_INVALID_PARAMETER;
        __leave;
    }
    if (0 != offset.QuadPart % bitmap->sectorSize ||
        0 != length % bitmap->sectorSize)
    {
        status = STATUS_INVALID_PARAMETER;
        __leave;
    }
    // 檢查需要取得的點陣圖範圍，如果出現了位元被設定為1，就需要將bufIn參數中
    // 指向對應位置的資料拷貝到bufInOut中
    for (i = 0; i < length; i += bitmap->sectorSize)
    {
        myRegion = (unsigned long)((offset.QuadPart + (__int64)i) /
                    (__int64)bitmap->regionReferSize);

        myRegionOffset = (unsigned long)((offset.QuadPart + (__int64)i) %
                        (__int64)bitmap->regionReferSize);

        myByteOffset = myRegionOffset / bitmap->byteSize / bitmap->sectorSize;

        myBitPos = (myRegionOffset / bitmap->sectorSize) % bitmap->byteSize;

        if (NULL != *(bitmap->Bitmap + myRegion) && (*(*(bitmap->Bitmap +
                    myRegion) + myByteOffset) &bitmapMask[myBitPos]))
        {
            memcpy((tBitmap*)bufInOut + i, (tBitmap*)bufIn + i,
                bitmap-> sectorSize);
        }
    }

    status = STATUS_SUCCESS;
}
__except(EXCEPTION_EXECUTE_HANDLER)
{
    status = STATUS_UNSUCCESSFUL;
```

```
    }
    return status;
```

10.3.7 boot 驅動完成回呼函數和稀疏檔案

到這裡為止,離最後的讀 / 寫轉存處理只有最後的一點準備工作需要做了,而這個工作放在了 boot 驅動完成回呼函數中。至於為什麼要放在這裡,則是由本驅動採用的轉存緩衝區的機制決定的。

前面已經反覆強調這個驅動會將寫入保護磁碟卷冊的資料轉存到另一個地方,那麼這個地方在哪裡?在此本驅動使用了一個最為簡單的方法——把資料轉存到另一個卷冊的稀疏檔案中。稀疏檔案是 NTFS 檔案系統的特有的概念,它就好像上一節所説的 bitmap 一樣,建立時可以表示很大的空間,但是卻完全不佔用實際的儲存空間,只有在其中寫入資料時才會使用到真正的儲存空間。這就是説,可以在一個容量只有 1GB 的磁碟卷冊上建立一個大小為 10GB 的稀疏檔案,程式可以對這 10GB 空間中的任何一個位置進行讀 / 寫操作,但是寫入的總數據量不能超過 1GB。至於為什麼將這個稀疏檔案放在了另一個磁碟卷冊上,主要是因為如果放在同一個磁碟卷冊上,在寫入這個檔案時勢必會被過濾驅動捕捉,然後寫入的資料被轉儲到這個檔案上,對檔案的這個寫入又被過濾驅動捕捉,這就形成了典型的重入。當然這種重入是很容易避免的,但是為了不引起不必要的麻煩,這個用於教學目的的驅動就使用了另一個卷冊作為轉儲的空間,這樣就從根本上避免了重入的問題。

那麼在本節的開始所説的準備工作又是什麼呢?這個工作實際上就是準備好這個稀疏檔案,建立它,設定它的大小並且開啟它。那麼為什麼需要在 boot 驅動完成函數中做這些事情呢?這是因為稀疏檔案的操作是依賴於檔案系統的,作為檔案系統的驅動程式,NTFS 驅動是一個 boot 型驅動,但是它只有在卷冊裝置開始工作之後才會將自己的處理裝置附加到這個卷冊上,進一步回應對這個卷冊的所有檔案請求。這就説明之前無論是在 AddDevice 函數中還是在 volume_online 的 DeviceIoControl 中,NTFS 檔案都是不能讀 / 寫的。而在 boot 驅動的完成函數中,所有的 boot 驅動都已經載入完畢,NTFS 自然也不例外,這時對於 NTFS 檔案的讀 / 寫就輕而易舉了。下面看一下做最後一步準備工作的程式。

```
// 傳回值
NTSTATUS ntStatus;
// D磁碟的緩衝檔案名稱
WCHAR           SparseFilename[] = L"\\??\\E:\\temp.dat";
UNICODE_STRING    SparseFilenameUni;
// 建立檔案時的IO操作狀態值
IO_STATUS_BLOCK              ios = { 0 };
// 建立檔案時的物件屬性變數
OBJECT_ATTRIBUTES           ObjAttr = { 0 };
// 設定檔案大小時使用的檔案結尾描述符號
FILE_END_OF_FILE_INFORMATION        FileEndInfo = { 0 };

// 開啟將要用來做轉儲的檔案初始化要開啟的檔案名稱
RtlInitUnicodeString(&SparseFilenameUni,SparseFilename);
// 初始設定檔案名稱對應的物件名稱,這裡需要將其初始化為核心物件,並且大小寫不
// 敏感
InitializeObjectAttributes(
    &ObjAttr,
    &SparseFilenameUni,
    OBJ_KERNEL_HANDLE|OBJ_CASE_INSENSITIVE,
    NULL,
    NULL);
// 建立檔案,這裡需要注意的是,要加入FILE_NO_INTERMEDIATE_BUFFERING選項,
// 避免檔案系統再快取這個檔案
ntStatus = ZwCreateFile(
    &gProtectDevExt->TempFile,
    GENERIC_READ | GENERIC_WRITE,
    &ObjAttr,
    &ios,
    NULL,
    FILE_ATTRIBUTE_NORMAL,
    0,
    FILE_OVERWRITE_IF,
    FILE_NON_DIRECTORY_FILE |
    FILE_RANDOM_ACCESS |
    FILE_SYNCHRONOUS_IO_NONALERT |
    FILE_NO_INTERMEDIATE_BUFFERING,
    NULL,
    0);
if(!NT_SUCCESS(ntStatus))
{
    goto ERROUT;
```

```
}
// 設定這個檔案為稀疏檔案
ntStatus = ZwFsControlFile(
    gProtectDevExt->TempFile,
    NULL,
    NULL,
    NULL,
    &ios,
    FSCTL_SET_SPARSE,
    NULL,
    0,
    NULL,
    0);
if(!NT_SUCCESS(ntStatus))
{
    goto ERROUT;
}
// 設定這個檔案的大小為"D"碟的大小，並且留出10MB的保護空間
FileEndInfo.EndOfFile.QuadPart=gProtectDevExt->
        TotalSizeInByte.QuadPart+10*1024*1024;
ntStatus = ZwSetInformationFile(
    gProtectDevExt->TempFile,
    &ios,
    &FileEndInfo,
    sizeof(FILE_END_OF_FILE_INFORMATION),
    FileEndOfFileInformation
    );
if (!NT_SUCCESS(ntStatus))
{
    goto ERROUT;
}
// 如果成功初始化，就將這個卷冊的保護標示設定為在保護狀態
gProtectDevExt->Protect = TRUE;
return;
ERROUT:
KdPrint(("error create temp file!\n"));
return;
```

可以看到，在準備工作中首先建立了預先指定好檔案名稱的檔案，並將其屬性
設定為稀疏檔案，之後透過設定檔案結尾的方法將這個檔案的大小變為之前取
得的 "D" 碟的大小。這時所有準備工作都已經齊備了，將保護標示設定為真，
本驅動中最核心的資料轉儲過程即將開始。

10.3.8 讀/寫請求的處理

在本驅動中，最為核心的部分就是讀/寫請求的處理部分。所有的讀/寫請求
必須按照順序以同步的方式處理，只有上一個操作被處理完成之後，下一個操
作才可以開始被處理。這是因為過濾驅動內部的 bitmap 設定、讀取，轉存檔
案的讀/寫等操作是無法做到平行處理的，如果不進行讀/寫請求的順序化，
則有可能帶來讀/寫不同步的問題，即一個寫入操作還沒有完成，另一個讀取
這個寫入操作目標位置的讀取操作又將到來，這會造成後來的讀取資料不正
確。為了達到這個目的，對所有流經過濾裝置的磁碟卷冊裝置讀/寫請求，除
了不需要保護的卷冊，其他的必須全部順序放入到一個處理佇列中，由一個處
理執行緒對這個佇列中的請求進行連續處理。下面看一下將讀/寫請求排隊的
程式。

```
// 用來指向過濾裝置的裝置擴充指標
PDP_FILTER_DEV_EXTENSION    DevExt = DeviceObject->DeviceExtension;
// 傳回值
NTSTATUS ntStatus = STATUS_SUCCESS;

if (DevExt->Protect)
{
    // 這個卷冊在保護狀態
    // 我們首先把這個IRP設為pending狀態
    IoMarkIrpPending(Irp);
    // 然後將這個IRP放進對應的請求佇列裡
    ExInterlockedInsertTailList(
        &DevExt->ReqList,
        &Irp->Tail.Overlay.ListEntry,
        &DevExt->ReqLock
        );
    // 設定佇列的等待事件，通知佇列對這個IRP進行處理
    KeSetEvent(
        &DevExt->ReqEvent,
        (KPRIORITY)0,
        FALSE);
    // 傳回pending狀態，這個IRP就算處理完了
    return STATUS_PENDING;
}
else
{
    // 這個卷冊不在保護狀態，直接交給下層裝置進行處理
```

```
    return DPSendToNextDriver(
        DevExt->LowerDevObj,
        Irp);
}
```

在上面的程式中可以看出，首先會對作為參數傳入的裝置物件的物件擴充中的保護位進行判斷，這一位元是在 boot 驅動結束回呼函數中進行設定的，並且僅對 "D" 磁碟卷冊的裝置擴充進行設定。如果這一位元在非保護狀態，過濾驅動將把這個讀 / 寫請求直接發給下層裝置去處理；反之，如果這一位元在保護狀態，過濾驅動將把這個請求設定為等待處理狀態，然後將其插入到為這個裝置所準備的佇列中，並且透過設定佇列同步事件來通知處理執行緒對這個請求進行處理。

至此，處理佇列中已經塞滿了等待處理的讀 / 寫請求，而處理執行緒將忙於將這些請求分門別類地處理好。下面將說明處理執行緒中的程式。這一段程式非常重要，這裡需要將其分為幾段來說明分析，所以在下面的說明中請讀者專注於了解程式本身的操作，而不要過分關心程式的上下文，完整的程式請參閱本書附帶的程式。

首先是處理執行緒函數中只執行一遍的部分，包含變數的宣告和對這個執行緒優先順序的設定。由於這裡不需要這個執行緒以非常高的優先順序執行，所以將執行緒的優先順序設定為低。

```
// NTSTATUS類型的函數傳回值
NTSTATUS           ntStatus = STATUS_SUCCESS;
// 用來指向過濾裝置的裝置擴充指標
PDP_FILTER_DEV_EXTENSION DevExt=(PDP_FILTER_DEV_EXTENSION)Context;
// 請求佇列的入口
PLIST_ENTRY        ReqEntry = NULL;
// IRP指標
PIRP               Irp = NULL;
// IRP stack指標
PIO_STACK_LOCATION Irpsp = NULL;
// IRP中包含的資料位址
PBYTE              sysBuf = NULL;
// IRP中的資料長度
ULONG              length = 0;
// IRP要處理的偏移量
```

```
LARGE_INTEGER      offset = { 0 };
// 檔案緩衝指標
PBYTE             fileBuf = NULL;
// 裝置緩衝指標
PBYTE             devBuf = NULL;
// IO操作狀態
IO_STATUS_BLOCK        ios;
// 設定這個執行緒的優先順序
KeSetPriorityThread(KeGetCurrentThread(), LOW_REALTIME_PRIORITY);
```

接下來就是執行緒中的無限循環部分了。讀者應該知道對一個執行緒來說，其中必須有一個不會退出的循環本體作為執行緒的工作主體，如果這個執行緒需要結束的話，一般會透過退出這個循環本體來結束執行緒。由於在執行緒外無法透過 API 呼叫的方式結束執行緒，所以在每個執行緒的循環本體裡一般會透過一個全域變數進行執行緒是否需要退出的判斷，如果在執行緒外的任何地方將這個全域量設定為退出，那麼在執行緒循環下一次執行到這個位置時就會自己跳出循環，結束自己。

```
// 下面是執行緒的實現部分，這個循環永不退出
for (;;)
{
    // 先等待請求佇列同步事件，如果佇列中沒有IRP需要處理，我們的執行緒就等待在
    // 這裡，讓出CPU時間給其他執行緒
    KeWaitForSingleObject(
        &DevExt->ReqEvent,
        Executive,
        KernelMode,
        FALSE,
        NULL
        );
    // 如果有了執行緒結束標示，那麼就在執行緒內部自己結束自己
    if (DevExt->ThreadTermFlag)
    {
        // 這是執行緒的唯一退出地點
        PsTerminateSystemThread(STATUS_SUCCESS);
        return;
    }
```

下面就輪到真正的請求處理邏輯了。首先需要從處理請求佇列中取出一個請求，這裡透過帶有鎖機制的操作將處理請求佇列頭上的請求取出。由於在插入

佇列時是從佇列的尾部插入的，這樣就確保了是按照插入的順序來進行請求處理的。在取得請求之後，可以根據請求中的參數對一些區域變數進行設定值。

```
// 從請求佇列的表頭拿出一個請求來準備處理，這裡使用了迴旋栓鎖機制，所以不會有
// 衝突
while (ReqEntry = ExInterlockedRemoveHeadList(
    &DevExt->ReqList,
    &DevExt->ReqLock
    ))
{
    // 從佇列的入口處找到實際的IRP的位址
    Irp = CONTAINING_RECORD(ReqEntry, IRP, Tail.Overlay.ListEntry);
    // 取得IRP stack
    Irpsp = IoGetCurrentIrpStackLocation(Irp);
    // 取得這個IRP中包含的快取位址，這個位址可能來自mdl，也可能就是直
    // 接的緩衝，這取決於目前裝置的IO方式是buffer還是direct方式
    if (NULL == Irp->MdlAddress)
        sysBuf = (PBYTE)Irp->UserBuffer;
    else
        sysBuf = (PBYTE)MmGetSystemAddressForMdlSafe
                    (Irp->MdlAddress, NormalPagePriority);
```

下面輪到了對讀取請求的處理，透過前面幾節的反覆說明，讀者應該對如何處理讀取請求做到心中有數了。這裡首先根據需要讀取的範圍對 bitmap 中對應的範圍進行測試，如果測試的結果是這些資料全部在原始磁碟上，那麼這個請求就被直接發給下層裝置去處理。如果發現這些資料全部在轉存檔案中，就透過對轉存檔案的讀取來獲得資料，並完成這個 IRP 請求。這裡需要說明的是，如果出現這種情況，那麼一定是之前有寫入請求將這一範圍內的資料寫入了轉存檔案中。如果發現需要讀取的目標範圍中的一部分在轉存檔案中，另一部分在實際磁碟上，首先就需要透過向下層裝置發送請求來取得真實磁碟上的資料，然後透過讀取轉存檔案來取得轉儲的資料，最後透過 bitmap 的對應介面函數將兩個讀取的資料按照 bitmap 的指示進行合併，再完成這個讀取的 IRP 請求。

```
if (IRP_MJ_READ == Irpsp->MajorFunction)
{
    // 如果是讀取的IRP請求，則在IRP stack中取得對應的參數作為offset和length
    offset = Irpsp->Parameters.Read.ByteOffset;
```

```
        length = Irpsp->Parameters.Read.Length;
}
else if (IRP_MJ_WRITE == Irpsp->MajorFunction)
{
    // 如果是寫入的IRP請求，則在IRP stack中取得對應的參數作為offset和length
    offset = Irpsp->Parameters.Write.ByteOffset;
    length = Irpsp->Parameters.Write.Length;
}
else
{
    // 除此之外，offset和length都是0
    offset.QuadPart = 0;
    length = 0;
}
if (NULL == sysBuf || 0 == length)
{
    // 如果傳下來的IRP沒有系統緩衝或緩衝的長度是0，那麼我們就沒有
    // 必要處理這個IRP，直接下發給下層裝置就行了
    goto ERRNEXT;
}
// 下面是轉儲的過程
if (IRP_MJ_READ == Irpsp->MajorFunction)
{
    // 這裡是讀取的處理
    // 首先根據bitmap來判斷這次讀取操作讀取的範圍是全部為轉儲空間，還
    // 是全部為未轉儲空間，或兼而有之
    long tstResult = DPBitmapTest(DevExt->Bitmap, offset, length);
    switch (tstResult)
    {
    case BITMAP_RANGE_CLEAR:
        // 這說明這次讀取的操作全部是讀取未轉儲的空間，也就是真正的
        // 磁碟上的內容，我們直接發給下層裝置去處理
        goto ERRNEXT;
    case BITMAP_RANGE_SET:
        // 這說明這次讀取的操作全部是讀取已經轉儲的空間，也就是緩衝
        // 檔案上的內容，我們從檔案中讀取出來，然後直接完成這個IRP
        // 分配一個緩衝區用來從緩衝檔案中讀取
        if (NULL == (fileBuf = (PBYTE)ExAllocatePoolWithTag
                    (NonPagedPool, length, 'xypD')))
```

```
{
    ntStatus = STATUS_INSUFFICIENT_RESOURCES;
    Irp->IoStatus.Information = 0;
    goto ERRERR;
}
RtlZeroMemory(fileBuf,length);
ntStatus = ZwReadFile(
    DevExt->TempFile,
    NULL,
    NULL,
    NULL,
    &ios,
    fileBuf,
    length,
    &offset,
    NULL);
if (NT_SUCCESS(ntStatus))
{
    Irp->IoStatus.Information = length;
    RtlCopyMemory(sysBuf,fileBuf,Irp->IoStatus.Information);
    goto ERRCMPLT;
}
else
{
    ntStatus = STATUS_INSUFFICIENT_RESOURCES;
    Irp->IoStatus.Information = 0;
    goto ERRERR;
}
break;


case BITMAP_RANGE_BLEND:
    // 這說明這次讀取的操作是混合的，我們也需要從下層裝置中讀出同時從檔案
    // 中讀出，然後混合並傳回分配一個緩衝區用來從緩衝檔案中讀取
    if (NULL==(fileBuf=(PBYTE)ExAllocatePoolWithTag
            (NonPagedPool, length, 'xypD')))
    {
        ntStatus = STATUS_INSUFFICIENT_RESOURCES;
        Irp->IoStatus.Information = 0;
        goto ERRERR;
```

```
    }
    RtlZeroMemory(fileBuf,length);
    // 分配一個緩衝區用來從下層裝置中讀取
    if (NULL==(devBuf=(PBYTE)ExAllocatePoolWithTag
            (NonPagedPool, length, 'xypD')))
    {
        ntStatus = STATUS_INSUFFICIENT_RESOURCES;
        Irp->IoStatus.Information = 0;
        goto ERRERR;
    }
    RtlZeroMemory(devBuf,length);
    ntStatus = ZwReadFile(
        DevExt->TempFile,
        NULL,
        NULL,
        NULL,
        &ios,
        fileBuf,
        length,
        &offset,
        NULL);
    if (!NT_SUCCESS(ntStatus))
    {
        ntStatus = STATUS_INSUFFICIENT_RESOURCES;
        Irp->IoStatus.Information = 0;
        goto ERRERR;
    }
    // 把這個IRP發給下層裝置去取得需要從裝置上讀取的資訊
    ntStatus = DPForwardIrpSync(DevExt->LowerDevObj,Irp);
    if (!NT_SUCCESS(ntStatus))
    {
        ntStatus = STATUS_INSUFFICIENT_RESOURCES;
        Irp->IoStatus.Information = 0;
        goto ERRERR;
    }
    // 將從下層裝置取得的資料儲存到devBuf中
    memcpy(devBuf, sysBuf, Irp->IoStatus.Information);
    // 把從檔案中取得的資料和從裝置中取得的資料根據對應的bitmap值來進
    // 行合併，合併的結果放在devBuf中
    ntStatus = DPBitmapGet(
```

```
        DevExt->Bitmap,
        offset,
        length,
        devBuf,
        fileBuf
        );
    if (!NT_SUCCESS(ntStatus))
    {
        ntStatus = STATUS_INSUFFICIENT_RESOURCES;
        Irp->IoStatus.Information = 0;
        goto ERRERR;
    }
    // 把合併完成的資料存入系統緩衝區並完成IRP
    memcpy(sysBuf, devBuf, Irp->IoStatus.Information);
    goto ERRCMPLT;
default:
    ntStatus = STATUS_INSUFFICIENT_RESOURCES;
    goto ERRERR;
    }
}
```

對於寫入的操作處理起來很簡單,因為只要發到這裡的請求必定是需要寫到轉存檔案中的。由於使用了稀疏檔案,所以這個檔案的可定址範圍和被保護磁碟的大小是相同的,轉儲操作就成了只需要直接寫入檔案即可。這裡需要注意的是,要先寫入轉存檔案,直到寫入成功之後,才可以設定 bitmap 中的對應區域;如果反過來的話,則可能出現 bitmap 已經設定但是寫入不成功的情況,這時需要清除 bitmap 的對應區域,這就不是一件簡單的工作了。

```
    else
    {
        // 這裡是寫入的過程。對於寫入,我們直接寫入緩衝檔案,而不會寫入磁碟
        // 資料,這就是所謂的轉儲,但是轉儲之後需要在bitmap中做對應的標記
        ntStatus = ZwWriteFile(
            DevExt->TempFile,
            NULL,
            NULL,
            NULL,
            &ios,
            sysBuf,
            length,
            &offset,
```

```
                        NULL);
            if(!NT_SUCCESS(ntStatus))
            {
                ntStatus = STATUS_INSUFFICIENT_RESOURCES;
                goto ERRERR;
            }
            else
            {
                if (NT_SUCCESS(ntStatus=DPBitmapSet
                            (DevExt->Bitmap,offset, length)))
                {
                    goto ERRCMPLT;
                }
                else
                {
                    ntStatus = STATUS_INSUFFICIENT_RESOURCES;
                    goto ERRERR;
                }
            }
        }
ERRERR:
        if (NULL != fileBuf)
        {
            ExFreePool(fileBuf);
            fileBuf = NULL;
        }
        if (NULL != devBuf)
        {
            ExFreePool(devBuf);
            devBuf = NULL;
        }
        DPCompleteRequest(
            Irp,
            ntStatus,
            IO_NO_INCREMENT
            );
        continue;
ERRNEXT:
        if (NULL != fileBuf)
        {
            ExFreePool(fileBuf);
            fileBuf = NULL;
        }
```

```
        if (NULL != devBuf)
        {
            ExFreePool(devBuf);
            devBuf = NULL;
        }
        DPSendToNextDriver(
            DevExt->LowerDevObj,
            Irp);
        continue;
ERRCMPLT:
        if (NULL != fileBuf)
        {
            ExFreePool(fileBuf);
            fileBuf = NULL;
        }
        if (NULL != devBuf)
        {
            ExFreePool(devBuf);
            devBuf = NULL;
        }
        DPCompleteRequest(
            Irp,
            STATUS_SUCCESS,
            IO_DISK_INCREMENT
            );
        continue;

    }
}
```

至此,讀 / 寫請求的轉存處理已經介紹完畢,請讀者回想一下整個過程和之前
說過的磁碟保護的基本思維,將發現是完全按照這個基本思維來處理的。

本章的範例程式

本章所述的驅動在編譯完畢之後會產生 dp.sys 驅動檔案。請讀者使用本書附
帶提供的 "OsrLoader" 驅動安裝工具安裝本驅動,在安裝時首先將編譯出來的
dp.sys 檔案拷貝到 Windows 安裝目錄的 System32\drivers 下,然後按照圖 10-1
所示的選項進行安裝。請注意按照圖中圓圈的指示將啟動方式選擇為 Boot,這
裡假設讀者將這個驅動安裝成名字為 DP 的服務。

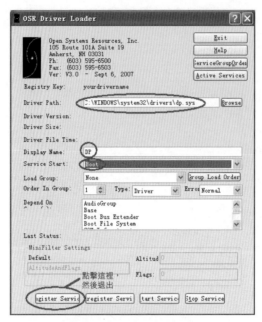

圖 10-1 設定安裝選項

接下來讀者需要在登錄檔中找到 \HKEY_LOCAL_MACHINE\SYSTEM\
CurrentControlSet\ Control\Class\{71A27CDD-812A-11D0-BEC7-
08002BE2092F} 這個類別，在這個類別的 UpperFilters 值的最後加入空格和
dp.sys 所安裝的服務名稱（例如 DP），這樣就完成了一個新的卷冊上層過濾
驅動的安裝。這時需要注意的是，dp.sys 檔案必須在 Windows 安裝目錄的
System32\drivers 目錄下，如果找不到一個上層過濾驅動的驅動檔案，Windows
作業系統會在啟動時當機，請讀者在實驗時務必注意。

另外，本驅動安裝使用時可能會有一定的危險性，請務必在虛擬機器中安裝。

檔案系統的過濾與監控

這一章開始說明最複雜的檔案系統過濾。

檔案系統過濾的目標,是捕捉 Windows 系統對檔案的種種操作行為,例如檔案的建立、開啟、讀／寫、改名,目錄的建立、開啟、列舉、改名、刪除等。捕捉對檔案的操作,並進行過濾,能實現許多強大的功能,例如檢查病毒、資料加密、資料備份、安全監控等。

檔案系統過濾比序列埠、鍵盤、硬碟都更加複雜,這主要源於檔案系統的複雜性。序列埠基本上只需要發送和接收資料就可以了,鍵盤只需要等待按鍵即可,硬碟最重要的操作也只有兩種:讀取資料和寫入資料;而檔案系統則不同。

請不要把檔案系統驅動和儲存驅動混淆。硬碟是典型的存放裝置,只負責資料的讀與寫;而檔案系統則不管資料是如何讀／寫到硬碟(或其他裝置)上的,它只負責將資料在硬碟的平坦空間內組織成檔案和目錄。

檔案和目錄都是很複雜的資訊集合。一個檔案至少要有檔案名稱、內容、大小、各種屬性等,這些資訊在硬碟實際空間中的儲存結構和組織方式極其複雜。此外還有目錄,目錄是可以巢狀結構的。一個目錄的刪除、移動都有關其下所有的子目錄和檔案的刪除、移動。因此,檔案系統本身是極為複雜的系統,檔案系統的過濾也尤為複雜。

一般地說,如果一個功能能在存放裝置的層次上完成,那麼就讓它在存放裝置的層次上完成,這比在檔案系統上完成要簡單得多。

筆者不止一次碰到這樣的網友:為了加密硬碟或為了實現硬碟還原而研究檔案系統過濾。實際上沒有必要,因為存放裝置過濾就足以解決這樣的問題了。

但是一旦要求區分目錄（例如要求指定某個目錄下的檔案可以加密）或有其他的牽涉到檔案系統的要求，存放裝置驅動過濾就很難解決問題了，此時只能進行檔案系統過濾。

將檔案系統過濾應用於即時監控的防毒軟體最為典型。防毒軟體一般都帶有檔案系統過濾驅動，當 Windows 上任何軟體試圖寫入一個檔案的時候，防毒軟體都會過濾其寫入的內容，檢查其中是否有病毒的特徵碼。

此外，還有一些其他的應用，如檔案或目錄的還原、隱藏、轉向、檔案系統透明加密等。

11.1 檔案系統的裝置物件

11.1.1 控制裝置與卷冊裝置

在 Windows 上，大家熟知的兩種檔案系統是 FAT32 和 NTFS。FAT32 的驅動在 Windows 下叫作 fastfat.sys，NTFS 的驅動在 Windows 下叫作 ntfs.sys。這兩個檔案都在 Windows 系統目錄中的 drivers 目錄下。

檔案系統過濾雖然複雜，但是基本方法還是一樣的，就是產生過濾裝置物件來綁定真實的裝置物件。為此，先介紹一下檔案系統驅動會產生哪些裝置物件。

像 FAT32、NTFS 這樣的檔案系統（File System，FS），主要產生兩種裝置。首先檔案系統驅動本身常常產生一個控制裝置（CDO），這個裝置的主要工作是修改整個驅動的內部設定。因此，一個檔案系統只對應一個 CDO。

另一種裝置是這個檔案系統的卷冊裝置。一般一個卷冊對應一個邏輯碟。

一個 FS 可能有多個載入的卷冊，也可能一個都沒有。舉例來說，如果電腦上有 C:、D:、E:、F: 4 個邏輯碟，則有 4 個卷冊裝置。實際上，"C:" 是裝置的符號連結（Symbolic Link）名，而非真正的裝置名稱。如果讀者安裝有專門檢視符號連結的工具 Symbolic Links Viewer，則可以看到："C:" 這個符號連結名稱對應的裝置名稱是 "\Device\HarddiskVolume1"，因此該裝置的裝置真名為 "\Device\HarddiskVolume1"。

請注意這個卷冊裝置本身並不是檔案系統驅動產生的，而是卷冊管理員產生的。但是當有一個卷冊使用了某種檔案系統時，該檔案系統會對應地為該裝置產生一個沒有名字的裝置物件，本章將其稱為檔案系統的卷冊裝置。

本章中所説的「卷冊裝置」都是特指檔案系統的卷冊裝置，並常常用真正的卷冊裝置的符號連結或名字來稱呼它們。例如：

如果 C:、D: 為 NTFS；E:、F: 為 FAT32，那麼 E:、F: 則是 FAT32 的兩個卷冊裝置物件；而 C:、D: 為 NTFS 的兩個卷冊裝置物件。

但是這只是一種稱呼。實際上，如果讀者按照前面的方法去開啟裝置 "\Device\HarddiskVolume1"，然後綁定是不對的，因為這樣並沒有綁定檔案系統產生的卷冊裝置，而是綁定了一個真正的卷冊裝置。所以後文綁定檔案系統的卷冊裝置，並不是用名字來解決的（那些裝置是沒有名字的）。

同時，從這裡也可以看出來，檔案系統驅動是針對每個卷冊來產生一個裝置物件，而非針對每個檔案的。實際上，對檔案讀 / 寫的 IRP，都發到卷冊裝置物件上了，並不會產生一個「檔案裝置物件」。

需要關心的就是以上兩種裝置（控制裝置和卷冊裝置）。發送給控制裝置的請求（IRP）一般是檔案系統控制 IRP（主功能編號為 IRP_MJ_FILE_SYSTEM_CONTROL）；而發送給卷冊裝置的 IRP 則一般是檔案操作 IRP。過濾最後是為了獲得檔案操作 IRP，但是控制裝置的 IRP 一般用來捕捉卷冊裝置的產生資訊。換句話説，最後目標是綁定檔案系統的卷冊裝置，但前提是先綁定檔案系統控制裝置。

11.1.2 產生自己的控制裝置

這裡的程式都以 WDK 中的 sfilter 為例，請讀者開啟 WDK 目錄下的 \src\filesys\filter\ sfilter 檢視完整的程式。

首先是 DriverEntry。進入的第一步是產生這個驅動自己使用的 CDO，這一步非常重要，因為檔案過濾驅動常常必須和外界的應用程式通訊（例如防毒軟體的過濾驅動必須把發現的資訊告訴有介面的應用程式部分），通訊的主要介面就是這個控制裝置。

在前面的章節中多次產生了控制裝置。在檔案過濾中，唯一不同的是，控制裝置按照慣例應該產生在 "\FileSystem\Filters\" 下，但是這個路徑是後來才出現的，在一些早期版本的 Windows 系統中，這個路徑可能不存在。此時，改為產生在 "\FileSystem\" 目錄下即可。

```
NTSTATUS
DriverEntry(
    IN PDRIVER_OBJECT DriverObject,
    IN PUNICODE_STRING RegistryPath
    )
{
  // 定義一個Unicode字串
    UNICODE_STRING nameString;
    RtlInitUnicodeString( &nameString, L"\\FileSystem\\Filters\\SFilter" );

  // 產生控制裝置
    status = IoCreateDevice( DriverObject,
                             0,      // 沒有裝置擴充
                             &nameString,
                             FILE_DEVICE_DISK_FILE_SYSTEM,
                             FILE_DEVICE_SECURE_OPEN,
                             FALSE,
                             &gSFilterControlDeviceObject );

  // 如果路徑沒找到，則產生失敗
    if (status == STATUS_OBJECT_PATH_NOT_FOUND)
    {

        // 這是因為一些低版本的作業系統沒有\FileSystem\Filters\這個目錄
        // 如果沒有，則改變位置，產生在\FileSystem\下
        RtlInitUnicodeString( &nameString, L"\\FileSystem\\SFilterCDO" );
        status = IoCreateDevice( DriverObject,
                                 0,&nameString,
                                 FILE_DEVICE_DISK_FILE_SYSTEM,
                                 FILE_DEVICE_SECURE_OPEN,
                                 FALSE,
                                 &gSFilterControlDeviceObject );

    // 如果失敗，用KdPrint列印一個log
    if (!NT_SUCCESS( status ))
    {
        KdPrint(( "SFilter!DriverEntry: Error creating control
```

```
                device object \"%wZ\", status=%08x\n", &nameString,
                status ));
        return status;
        }
    }
else if (!NT_SUCCESS( status ))
{
    // 如果路徑正確但產生控制裝置失敗，也列印一個log，並直接傳回錯誤
    KdPrint(( "SFilter!DriverEntry: Error creating control
            device object \"%wZ\",status=%08x\n", &nameString, status ));
    }
    return status;
}
```

這段程式只能產生一個控制裝置，還沒有對檔案系統已有的裝置物件進行綁定。下面將繼續說明檔案系統過濾所需要注意的分發函數。

11.2 檔案系統的分發函數

11.2.1 普通的分發函數

上一節僅產生了控制裝置物件，開發檔案過濾驅動的主要工作還是撰寫分發函數。在上面的程式中，DriverObject 是從 DriverEntry 中傳入的驅動物件指標，現在來指定幾個分發函數。SfPassThrough 負責所有不需要處理、直接下發到下層驅動的 IRP。

```
for (i = 0; i <= IRP_MJ_MAXIMUM_FUNCTION; i++)
DriverObject->MajorFunction[i] = SfPassThrough;
```

作為過濾，一些特殊的分發函數必須受到特殊的處理。為此，給予它們單獨的分發函數，主要包含開啟請求（主功能編號為 IRP_MJ_CREATE，但本章中還包含另外兩種主功能編號：IRP_MJ_CREATE_NAMED_PIPE 和 IRP_MJ_CREATE_MAILSLOT）、檔案系統控制請求（這種請求僅在本章中出現，主功能編號為 IRP_MJ_FILE_SYSTEM_ CONTROL）、清理請求（IRP_MJ_CLEANUP）和關閉請求（IRP_MJ_CLOSE），這些 IRP 對檔案系統來說都很關鍵。

```
DriverObject->MajorFunction[IRP_MJ_CREATE] = SfCreate;
DriverObject->MajorFunction[IRP_MJ_CREATE_NAMED_PIPE] = SfCreate;
DriverObject->MajorFunction[IRP_MJ_CREATE_MAILSLOT] = SfCreate;
DriverObject->MajorFunction[IRP_MJ_FILE_SYSTEM_CONTROL] = SfFsControl;
DriverObject->MajorFunction[IRP_MJ_CLEANUP] = SfCleanupClose;
DriverObject->MajorFunction[IRP_MJ_CLOSE] = SfCleanupClose;
```

至於過濾中最簡單的處理，當然就是不做任何處理，直接下發了。

```
NTSTATUS
SfPassThrough (
    IN PDEVICE_OBJECT DeviceObject,
    IN PIRP Irp
    )
{
    // ASSERT巨集只在偵錯版本中編譯時才有意義，在發行版本中編譯時不起任何作用。
    // 在偵錯版本中，如果沒有偵錯器，而且不滿足ASSERT中的條件，
    // 則會出現當機。如果有偵錯器，則會出現錯誤相關的資訊
    ASSERT(!IS_MY_CONTROL_DEVICE_OBJECT( DeviceObject ));
    ASSERT(IS_MY_DEVICE_OBJECT( DeviceObject ));
    IoSkipCurrentIrpStackLocation( Irp );
  return IoCallDriver(((PSFILTER_DEVICE_EXTENSION)DeviceObject->
    DeviceExtension)->AttachedToDeviceObject, Irp );
}
```

後面的 IoSkipCurrentIrpStackLocation 和呼叫 IoCallDriver 在前面的章節中都出現過，前面只加了兩個 ASSERT 來確認兩個事實：

（1）進入 passthru 常式的 IRP 不是發送給本驅動的控制裝置的。因為這個驅動的控制裝置是自己產生用來通訊的，所以它沒有下層真實裝置，它所有的 IRP 都必須由本驅動自己處理。因此發送給自己控制裝置的 IRP 如果進入了 passthru 常式，將產生一個致命的錯誤。

（2）這個 DeviceObject 是本驅動產生的過濾裝置。如果這個 DeviceObject 不是本驅動產生的過濾裝置，那麼也不會有一個類型為 SFILTER_DEVICE_EXTENSION 的裝置擴充，且下面將 AttachedToDeviceObject 作為真實裝置也是錯誤的。

本章到這裡為止都還沒有討論如何產生過濾裝置（只產生了一個簡單的控制裝

置），當然也沒有談及過濾裝置的裝置擴充。讀者會在後面的章節中看到相關資訊，在這裡不需要深究。

在核心程式設計中，雖然極力仔細地程式設計，但各種未能預料的結果依然是隨時可能發生的。如果認為一個現象不應該發生，那麼加上一個 ASSERT 來確認是個好習慣。因為一旦不該發生的事情發生了，ASSERT 馬上就會顯示出錯。錯誤報得越早，尋找問題的根源就越容易，這樣就能在偵錯版本階段，把很多潛在的錯誤採擷出來。

11.2.2 檔案過濾的快速 IO 分發函數

由於這個驅動將要綁定到檔案系統驅動的上面，檔案系統除了處理正常的 IRP 之外，還要處理所謂的快速 IO（Fast I/O）；除了普通的分發函數之外，還得為驅動物件撰寫另一組快速 IO 分發函數。這組函數的指標在 driver->FastIoDispatch 中，而且這裡本來是沒有空間的，所以為了儲存這一組指標，必須自己分配空間。

下面的程式使用 ExAllocatePoolWithTag 分配記憶體空間。ExAllocatePoolWithTag 是 Windows 核心動態分配記憶體的常用函數（相當於標準 C 的 malloc），第一個參數是要分配的記憶體類型。快速 IO 分發函數表必須在非分頁式記憶體空間中，所以這裡使用 NonPagedPool。第二個參數表示要分配的緩衝區的長度。第三個參數是任意填寫的長整數，作為這次分配的標記。標記常常用於尋找記憶體洩漏的錯誤。

```
PFAST_IO_DISPATCH fastIoDispatch;
fastIoDispatch = ExAllocatePoolWithTag(
  NonPagedPool, sizeof( FAST_IO_DISPATCH ), SFLT_POOL_TAG );
if (!fastIoDispatch) {
  // 分配失敗的情況，刪除先產生的控制裝置
    IoDeleteDevice( gSFilterControlDeviceObject );
    return STATUS_INSUFFICIENT_RESOURCES;
}
// 記憶體歸零
RtlZeroMemory( fastIoDispatch, sizeof( FAST_IO_DISPATCH ));
fastIoDispatch->SizeOfFastIoDispatch = sizeof( FAST_IO_DISPATCH );
```

```
// 過濾以下所有的函數
fastIoDispatch->FastIoCheckIfPossible = SfFastIoCheckIfPossible;
fastIoDispatch->FastIoRead = SfFastIoRead;
fastIoDispatch->FastIoWrite = SfFastIoWrite;
fastIoDispatch->FastIoQueryBasicInfo = SfFastIoQueryBasicInfo;
fastIoDispatch->FastIoQueryStandardInfo = SfFastIoQueryStandardInfo;
fastIoDispatch->FastIoLock = SfFastIoLock;
fastIoDispatch->FastIoUnlockSingle = SfFastIoUnlockSingle;
fastIoDispatch->FastIoUnlockAll = SfFastIoUnlockAll;
fastIoDispatch->FastIoUnlockAllByKey = SfFastIoUnlockAllByKey;
fastIoDispatch->FastIoDeviceControl = SfFastIoDeviceControl;
fastIoDispatch->FastIoDetachDevice = SfFastIoDetachDevice;
fastIoDispatch->FastIoQueryNetworkOpenInfo = SfFastIoQueryNetworkOpenInfo;
fastIoDispatch->MdlRead = SfFastIoMdlRead;
fastIoDispatch->MdlReadComplete = SfFastIoMdlReadComplete;
fastIoDispatch->PrepareMdlWrite = SfFastIoPrepareMdlWrite;
fastIoDispatch->MdlWriteComplete = SfFastIoMdlWriteComplete;
fastIoDispatch->FastIoReadCompressed = SfFastIoReadCompressed;
fastIoDispatch->FastIoWriteCompressed = SfFastIoWriteCompressed;
fastIoDispatch->MdlReadCompleteCompressed = SfFastIoMdlReadCompleteCompressed;
fastIoDispatch->MdlWriteCompleteCompressed =
  SfFastIoMdlWriteCompleteCompressed;
fastIoDispatch->FastIoQueryOpen = SfFastIoQueryOpen;
// 最後指定給DriverObject
DriverObject->FastIoDispatch = fastIoDispatch;
```

介紹快速 IO 分發函數時可能令初學的讀者感到頭痛。為什麼在前面的序列埠、鍵盤和硬碟這些過濾程式中，都沒見過填寫如此複雜的介面？實際上，驅動物件結構 DRIVER_OBJECT 中既然有快速 IO 分發函數的設定介面，那麼從理論上講，所有的驅動物件都可以有快速 IO 分發函數——只是它們可能根本不被呼叫。顯然序列埠、鍵盤的快速 IO 分發函數都不會被呼叫——在驅動裡它們根本就沒有被設定。但是檔案系統不行，如果不設定，上層依然會呼叫，而且會導致當機。

快速 IO 分發函數是獨立於普通的處理 IRP 的分發函數之外的另一組介面。但是它們的作用是一樣的，就是由驅動處理外部給予的請求，而且所處理的請求也大致相同，只是根本沒有 IRP，本來應該寫在 IRP 中的參數，直接透過函數的參數被傳遞進來了。這可以減少分配 IRP 的效率消耗。

檔案系統的普通分發函數和快速 IO 分發函數都隨時有可能被呼叫,好的過濾驅動顯然應該同時過濾這二個 Socket 埠。但是,一般資料都只介紹 IRP 過濾的方法,快速 IO 分發函數非常複雜,但是與 IRP 過濾是基本一一對應的,只要了解了前者,後者就很容易能夠學會。

在開發的初期學習階段,有一個折中的簡單方案:可以簡單地設定所有的快速 IO 分發函數傳回 FALSE 並不做任何事,這樣這些請求都會透過 IRP 重新發送而被普通分發函數捕捉。有一定的效率損失,但並不是很大,有文件曾表示:效率的損失在 10% 以下。

有些讀者反覆地詢問筆者:「所有快速 IO 分發函數都傳回 FALSE,和細心地全部實現它們,真的只有效率上的區別嗎?會導致系統中未期望的結果嗎?」

筆者的回答是:是的,真的只有效率上的差別,但是這個差別並不總是在 10% 以下(雖然也許 99% 的情況都在 10% 以下)。筆者見過這種金蝶的 ERP 系統,在安裝了一個快速 IO 分發函數全部傳回 FALSE 的檔案系統過濾驅動的電腦上,需要 15 分鐘才能啟動完畢;而當筆者完整地實現了一個關鍵的快速 IO 分發函數(不直接傳回 FALSE,而是完成其功能)之後,啟動只需要 5 秒鐘。筆者僅見過這一次,實現和不實現之間,有可以察覺的效率差別。

11.2.3 快速 IO 分發函數的實現

下面就以上面的第一個函數為例,來介紹一個 FastIo 過濾函數的 passthru 的實例。

```
BOOLEAN
SfFastIoCheckIfPossible (
    IN PFILE_OBJECT FileObject,
    IN PLARGE_INTEGER FileOffset,
    IN ULONG Length,
    IN BOOLEAN Wait,
    IN ULONG LockKey,
    IN BOOLEAN CheckForReadOperation,
    OUT PIO_STATUS_BLOCK IoStatus,
    IN PDEVICE_OBJECT DeviceObject
    )
{
```

```
PDEVICE_OBJECT nextDeviceObject;
PFAST_IO_DISPATCH fastIoDispatch;
PAGED_CODE();
if (DeviceObject->DeviceExtension) {
    ASSERT(IS_MY_DEVICE_OBJECT( DeviceObject ));
// 獲得本驅動綁定的裝置，方法和前面的程式一樣
    nextDeviceObject =
    ((PSFILTER_DEVICE_EXTENSION)
    DeviceObject->DeviceExtension)->AttachedToDeviceObject;
    ASSERT(nextDeviceObject);
// 獲得目標裝置的FastIo分發函數介面
    fastIoDispatch = nextDeviceObject->DriverObject->FastIoDispatch;
// 判斷有效性
    if (VALID_FAST_IO_DISPATCH_HANDLER(
    fastIoDispatch, FastIoCheckIfPossible )) {
    // 直接呼叫
        return (fastIoDispatch->FastIoCheckIfPossible)(
                FileObject,
                FileOffset,
                Length,
                Wait,
                LockKey,
                CheckForReadOperation,
                IoStatus,
                nextDeviceObject );
    }
}
    return FALSE;
}
```

如前所述，採用最簡單的方法也可以直接傳回 FALSE，就不需要呼叫下層真實驅動的 FastIo 介面了，請讀者自己實現。

11.2.4 快速 IO 分發函數一個一個簡介

在本書的實例中，快速 IO 分發函數一般都只做兩種處理：直接傳回 FALSE，或直接呼叫下層驅動介面。讀者可以僅作初步的了解，不必深究。下面簡要地介紹一下快速 IO 分發函數的各介面。這些簡單的介紹來自網路上的一篇短文，作者為陸麟。

（1） FastIoCheckIfPossible，此呼叫並不是由 IO 管理員直接呼叫的，而是被 FsRtlXXX 系列函數呼叫，用於確認讀 / 寫操作是否可以用快速 IO 介面進行。

（2） FastIoRead/FastIoWrite，很明顯是讀 / 寫處理的呼叫。

（3） FastIoQueryBasicInfo、FastIoQueryStandardInfo，用於取得各種檔案資訊，例如建立時間、修改時間等。

（4） FastIoLock、FastIoUnlockSingle、FastIoUnlockAll/FastIoUnlockAllByKey，用於對檔案的鎖定操作。

（5） FastIoDeviceControl，用於提供 NtDeviceIoControlFile 的支援。

（6） AcquireFileForNtCreateSection/ReleaseFileForNtCreateSection，是 NTFS 在對映檔案內容到記憶體分頁面前進行的操作。

（7） FastIoDetachDevice，當可移動媒體被拿走後，檔案系統的裝置物件會在任意時刻被銷毀，只有正確地處理這個呼叫，才能使上層裝置和將要銷毀的裝置解除綁定。如果不解決這個函數，系統會直接當機。

（8） FastIoQueryNetworkOpenInfo，當 CIFS（也就是網路上的芳鄰，更準確地說是網路重新導在驅動）嘗試取得檔案資訊時，會使用這個呼叫。該呼叫是因為各種歷史原因而產生的，當時設計 CIFS 是為了避免多次在網上傳輸檔案資訊請求，在 NT 4 時傳輸協定增加了一個 FileNetwork OpenInformation 網路檔案請求，而 FSD 則增加了這個介面，用於在一次操作中獲得所有的檔案資訊；用戶端發送 FileNetworkOpenInformation，伺服器端的 FSD 用本介面完成資訊填寫。

（9） FastIoAcquireForModWrite，Modified Page Writer 會呼叫這個介面來取得檔案鎖。如果實現這個介面，則能使檔案鎖定範圍減小到呼叫指定的範圍；不實現此介面，則會使整個檔案被鎖。

（10）FastIoPrepareMdlWrite，FSD 提供 MDL，以反向此 MDL 寫入資料就代表向檔案寫入資料。呼叫參數中有 FILE_OBJECT 用於描述要寫入的目的檔案。

（11）FastIoMdlWriteComplete，寫入操作完成，FSD 回收 MDL。

（12）FastIoReadCompressed，當此呼叫被呼叫時，讀到的資料是壓縮後的。應該相容於標準的 NT 提供的壓縮函數庫，因為呼叫者負責解壓縮。

（13）FastIoWriteCompressed，當此呼叫被呼叫時，可以將資料壓縮後儲存。

（14）FastIoMdlReadCompressed/FastIoMdlReadCompleteCompressed，MDL 版本的壓縮讀取。當後一個介面被呼叫時，MDL 必須被釋放。

（15）FastIoMdlWriteCompressed/FastIoMdlWriteCompleteCompressed，MDL 版本的壓縮寫入。當後一個介面被呼叫時，MDL 必須被釋放。

（16）FastIoQueryOpen，這不是開啟檔案的操作，但是卻提供了一個 IRP_MJ_CREATE 的 IRP。這個操作是開啟檔案、取得檔案基本資訊、關閉檔案的操作。

（17）FastIoReleaseForModWrite，釋放 FastIoAcquireForModWrite 呼叫所佔有的鎖。

（18）FastIoAcquireForCcFlush/FastIoReleaseForCcFlush，FsRtl 會呼叫此介面，在延遲寫入執行緒將要把修改後的檔案資料寫入前呼叫，取得檔案鎖。

▌11.3 裝置的綁定前期工作

11.3.1 動態地選擇綁定函數

sfilter 有一個有趣的地方是它用了動態載入的方法來使用核心函數。前面說過，只有在新版本的 Windows 系統上才有 IoAttachDeviceToDeviceStackSafe 函數。如果我們在驅動中直接呼叫 IoAttachDeviceToDeviceStackSafe，則該驅動在不含這個函數的 Windows 系統上的表現是：載入直接失敗。

動態載入這種函數的好處就是，即使在低版本的 Windows 系統上，這段程式依然可以載入成功。當然，動態載入這個函數一定會失敗，結果就是載入的函數指標為 NULL，此時程式中判斷該函數指標為 NULL 時，再換用函數 IoAttachDeviceToDeviceStack 來代替，這樣該驅動就可以相容不同版本的 Windows 了。

使用 MmGetSystemRoutineAddress 可以動態地尋找一個核心函數的指標。這個核心 API 函數原型如下：

```
NTKERNELAPI
PVOID
  MmGetSystemRoutineAddress(
    IN PUNICODE_STRING  SystemRoutineName
    );
```

SystemRoutineName 是一個字串，是要動態尋找位址的核心函數的名字，
例 如 IoAttachDevice ToDeviceStackSafe 的 名 字 就 是 L"IoAttachDeviceTo
DeviceStackSafe"。這個函數的使用非常容易，請讀者自己寫一段程式，
把 IoAttachDeviceToDeviceStackSafe 函 數 的 指 標 動 態 載 入 到 全 域 變 數
gSfDynamicFunctions.AttachDeviceToDeviceStackSafe 中 作 為 簡 單 的 練 習。
gSfDynamicFunctions 是一個全域變數，實際上是一個結構，裡面有所有需要
動態載入的函數。

注意下面程式中的 "#if WINVER >= 0x0501"，類似的程式在本書後面的程式中
依然可以常常看到。這裡是編譯時判斷指令，當編譯結果期望適用的 Windows
版本高於 0x0501 時，使用動態載入函數的方式；當編譯結果期望適用的
Windows 版本比這個低時，沒有必要嘗試動態載入進階版本的函數，直接使用
低階版本的 IoAttachDeviceToDeviceStack 即可。

```
NTSTATUS
SfAttachDeviceToDeviceStack (
    IN PDEVICE_OBJECT SourceDevice,
    IN PDEVICE_OBJECT TargetDevice,
    IN OUT PDEVICE_OBJECT *AttachedToDeviceObject
)
{
  PAGED_CODE();
  // 不要誤解為：當Windows版本高於或等於0x0501時，執行以下程式
  // 應該了解為：當編譯的期望目標作業系統版本高於0x0501時，編譯以
  // 下程式；反之，不編譯
#if WINVER >= 0x0501
  // 當目標作業系統版本高於0x0501時，有一個新的呼叫
  // AttachDeviceToDeviceStackSafe可呼叫。這個呼叫比
  // IoAttachDeviceToDeviceStack更可靠；反之，不呼叫新呼叫
    if (IS_WINDOWSXP_OR_LATER()) {
        ASSERT( NULL !=
        gSfDynamicFunctions. AttachDeviceToDeviceStackSafe );
  // 請注意，如果直接呼叫IoAttachDeviceToDeviceStackSafe，則在沒有
  // AttachDeviceToDeviceStackSafe呼叫的機器上，無法載入此驅動。
  // 所以這裡採用了動態載入函數的方式，以確保同一個驅動既可以
  // 在新版本作業系統上執行，也可以在低版本作業系統上執行。
  // 目標作業系統為新版本作業系統
    return (gSfDynamicFunctions.AttachDeviceToDeviceStackSafe)(
```

```
            SourceDevice,TargetDevice,
            AttachedToDeviceObject );
    } else {
        ASSERT( NULL ==
        gSfDynamicFunctions.AttachDeviceToDeviceStackSafe );
#endif
    // 目標作業系統為低版本的情況,則不需要動態載入呼叫,直接使用舊呼叫
        *AttachedToDeviceObject = TargetDevice;
        *AttachedToDeviceObject = IoAttachDeviceToDeviceStack(
                SourceDevice,
                TargetDevice );
        if (*AttachedToDeviceObject == NULL) {
            return STATUS_NO_SUCH_DEVICE;
        }
        return STATUS_SUCCESS;
#if WINVER >= 0x0501
    }
#endif
}
```

上面的區分版本編譯在 WDK 下意義不大。即使以 Windows 2003 以上系統為目標編譯,sfilter 在 Windows 2000 上也依然可以正常執行。正是因為 MmGetSystem RoutineAddress 的使用,所以讀者可以忽略上面的 "#if WINVER >= 0x0501",刪除也不會有錯。

11.3.2 註冊檔案系統變動回呼

根據前面的知識,讀者已經知道了過濾對檔案系統卷冊的請求辦法,即將其綁定。雖然這些卷冊裝置都沒有裝置名稱,但是要找到這些物件也並不是很難。

如果不想處理動態的檔案系統卷冊,完全可以採用上述方法。但是 sfilter 的要求更高,當一個隨身碟插入 USB 介面,一個 "J:" 之類的卷冊動態產生時,sfilter 依然可以捕捉這個事件,並產生一個過濾裝置來綁定它。

一個新的儲存媒介被系統發現並在檔案系統中產生一個卷冊的過程稱為掛載 (Mount),與之相反的過程稱為解除掛載 (Dismount)。其過程開始時,FS 的 CDO 將獲得一個 IRP,其主功能編號為 IRP_MJ_FILE_SYSTEM_CONTROL,次功能號為 IRP_MN_MOUNT。換句話說,如果過濾驅動已經產生了一個裝置

綁定檔案系統的 CDO，那麼程式中就可以獲得這樣的 IRP：在其中若知道一個
新的卷冊正在解除掛載，則程式就可以執行上面所說的操作了。

那麼現在的問題是如何知道系統中有哪些檔案系統，以及應該在什麼時候綁定
它們的控制裝置。

IoRegisterFsRegistrationChange 是一個非常有用的系統呼叫，這個呼叫註冊一
個回呼函數。當系統中有任何檔案系統被啟動或被登出時，註冊過的回呼函數
就會被呼叫。這種回呼函數被稱為檔案系統變動回呼。

請注意檔案系統的啟動和卷冊的掛載是兩碼事。所謂檔案系統的啟動，是指當
系統中沒有任何卷冊採用了 NTFS 檔案系統時，Windows 沒有載入 NTFS 檔案
系統驅動，此時可以稱為 NTFS 未啟動；當一個新的使用了 NTFS 的卷冊被載
入到系統中時，NTFS 就被載入了，此時可以說 NTFS 被啟動。第二次再載入
新的 NTFS 的卷冊時，就和檔案系統的啟動沒什麼關係了，因為對應的檔案系
統已經在系統中被啟動。與檔案系統的啟動相反的過程則稱為檔案系統的移
除。

IoRegisterFsRegistrationChange 註冊的回呼函數，只有在檔案系統被啟動或登
出時才會回呼，和新增加卷冊或拔出卷冊沒有直接關係。

下面為 sfilter 的 DriverEntry 對這個函數的呼叫，程式如下：

```
// SfFsNotification是一個回呼函數，這個函數的原型必須按照後面的實例來寫
status = IoRegisterFsRegistrationChange( DriverObject, SfFsNotification );
if (!NT_SUCCESS( status )) {
  // 萬一失敗了，前面分配的FastIo分發函數就沒用了，直接釋放掉
  KdPrint(( "SFilter!DriverEntry: Error registering FS change notification,
    status=%08x\n",
    status ));
    DriverObject->FastIoDispatch = NULL;
    ExFreePool( fastIoDispatch );
  // 前面產生的控制裝置也沒有意義了，刪除退出
    IoDeleteDevice( gSFilterControlDeviceObject );
    return status;
}
```

11.3.3 檔案系統變動回呼的實現

有必要為此寫一個回呼函數 SfFsNotification。請注意這個回呼函數的原型必須符合下面的條件。

第一個參數是一個裝置物件指標。這個裝置物件就是檔案系統的控制裝置（請注意檔案系統的控制裝置可能已經被其他檔案的過濾驅動綁定，此時，這個裝置物件指標總是目前裝置堆疊頂的那個裝置）。第二個參數是一個 BOOLEAN 值，如果為 TRUE 則表示檔案系統的啟動；如果為 FALSE 則表示檔案系統的移除。

```
VOID
SfFsNotification (
        IN PDEVICE_OBJECT DeviceObject,
        IN BOOLEAN FsActive)
{
    UNICODE_STRING name;
    WCHAR nameBuffer[MAX_DEVNAME_LENGTH];
    PAGED_CODE();

  // 下面取得的裝置名稱和SF_LOG_PRINT沒有什麼實際意義，主要是為了
  // 獲得一些log，讓我們知道綁定了哪些裝置
    RtlInitEmptyUnicodeString( &name, nameBuffer, sizeof(nameBuffer) );
    SfGetObjectName( DeviceObject, &name );
    SF_LOG_PRINT( SFDEBUG_DISPLAY_ATTACHMENT_NAMES,
        ("SFilter!SfFsNotification: %s %p \"%wZ\" (%s)\n",
                (FsActive) ? "Activating file system  " :
                    "Deactivating file system",
                    DeviceObject,
                    &name,
                    GET_DEVICE_TYPE_NAME(DeviceObject->DeviceType)) );

  // 到這裡才是正題。如果是檔案系統啟動，那麼綁定檔案系統的控制裝置
  // 如果是登出，則解除綁定。這些綁定過程都是用自己寫的函數實現的，具
  // 體的程式在後面列出
    if (FsActive) {
        SfAttachToFileSystemDevice( DeviceObject, &name );
    } else {
        SfDetachFromFileSystemDevice( DeviceObject );
    }
}
```

這裡涉及一些關於驅動載入方式的問題。驅動的動態載入是指本書第 2 章中介紹的載入驅動的方法，在 Windows 啟動之後，我們用工具或輸入命令列指令手動啟動驅動。

驅動的靜態載入則一般用 inf 檔案安裝驅動，並設定啟動模式為 Windows 啟動時自動啟動。

IoRegisterFsRegistrationChange 可以註冊對啟動檔案系統的回呼，但是對呼叫這個函數時早就已經啟動的檔案系統來說，回呼是否會被呼叫呢？早期的 Windows 版本如 Windows 2000 是不會呼叫的；而 Windows 2000 SP4 和 Windows XP 則會被呼叫，讓註冊變動回呼的人以為所有的已存在檔案系統都會被重新「啟動」一次。

所以在 Windows 2000 下進行動態載入有一定的困難，因為 Windows 啟動早就結束了，某些檔案系統可能早已被啟動，這樣就必須自己列舉所有已經啟動的檔案系統。同時在 Windows 2000 下列舉檔案系統又有一個困難，就是必須使用未公開的呼叫。所以在 Windows 2000 下，sfilter 一般都做成靜態載入、早期啟動的方式（在所有的檔案系統啟動之前就啟動起來）。

因為檔案系統過濾比較複雜，所以本書會常進行歸納讓讀者不至於大過混亂。現在請讀者再次回顧一下在 DriverEntry 中應該做的工作。

步驟一： 產生一個控制裝置。當然此前必須給控制裝置指定名稱。
步驟二： 設定普通分發函數。
步驟三： 設定快速 IO 分發函數。
步驟四： 撰寫一個檔案系統變動回呼函數，在其中綁定剛啟動的檔案系統控制裝置。
步驟五： 使用 IoRegisterFsRegistrationChange 呼叫註冊這個回呼函數。

應該如何綁定一個檔案系統的控制裝置，即如何實現函數 SfAttachToFileSystemDevice 呢？這不是一個簡單的問題，在後面的章節中再詳細描述。

11.3.4 檔案系統識別器

上一節講到的最後一個問題是要綁定一個剛剛被啟動的檔案系統控制裝置。前面實現過用 sfAttachDeviceToStack 來綁定這個裝置，但是並不是每次檔案系統變動回呼發現有新的檔案系統啟動都直接綁定它。

首先判斷是否是需要關心的檔案系統類型。過濾驅動可能只對檔案系統的 CDO 裝置類型中的某些有興趣。假設只關心磁碟檔案系統、光碟（CD-ROM）和網路檔案系統，那麼就只需要注意這三種類型就可以了。下面的程式定義了一個巨集來判斷一個裝置的類型是否是本驅動需要關心的。

```
#define IS_DESIRED_DEVICE_TYPE( _type) \
    ((( _type) == FILE_DEVICE_DISK_FILE_SYSTEM) || \
    (( _type) == FILE_DEVICE_CD_ROM_FILE_SYSTEM) || \
    (( _type) == FILE_DEVICE_NETWORK_FILE_SYSTEM))
```

下一個問題是必須跳過檔案系統識別器。所謂檔案系統識別器是檔案系統驅動的很小的替身。為了避免沒有使用到的檔案系統驅動佔據核心記憶體，Windows 系統不載入這些大驅動，而以該檔案系統驅動對應的檔案系統識別器來代替。當新的物理儲存媒介進入系統後，IO 管理員會依次嘗試用各種檔案系統對它進行「識別」，若識別成功，則立刻載入真正的檔案系統驅動，對應的檔案系統識別器則被移除掉。檔案系統識別器的控制裝置看起來就像一個檔案系統控制裝置，綁定它可能會帶來問題，也可能不會。有時跳過是最簡單的辦法，有時或許又有特別的需求需要綁定，但無論如何都必須有判斷的方法。

透過驅動的名字可以分辨出部分 Windows 的標準檔案系統識別器。Windows 的標準檔案系統識別器似乎都是由驅動 "\FileSystem\Fs_Rec" 產生的，所以直接判斷驅動的名字可以解決一部分問題。下面的程式可以完成這個判斷，如果是確定的，則直接傳回成功，即放棄綁定。

```
RtlInitUnicodeString( &fsrecName, L"\\FileSystem\\Fs_Rec" );
SfGetObjectName( DeviceObject->DriverObject, &fsName );
if (RtlCompareUnicodeString( &fsName, &fsrecName, TRUE ) == 0)
{
return STATUS_SUCCESS;
}
```

上面這段程式可以放在檔案系統變動回呼函數中，也可以放在綁定檔案系統控制裝置的函數中。後面有使用這些程式的實例。

要注意沒有人規定檔案系統識別器一定在驅動 "\FileSystem\Fs_Rec" 下產生，所以這個方法只跳過了部分「微軟的規矩的」檔案系統識別器。對於這裡所錯過的內容，在檔案系統控制請求的過濾中有對應的處理。

11.4 檔案系統控制裝置的綁定

11.4.1 產生檔案系統控制裝置的過濾裝置

接下來將要產生過濾裝置。這裡要再次提到裝置擴充的概念。裝置擴充是一個資料結構,為了表示不同的裝置,裡面將有一片自訂的空間,用來記錄這個裝置的特有資訊。在 sfilter 中產生的過濾裝置的裝置擴充如下:

```
// 檔案過濾系統驅動的裝置擴充
typedef struct _SFILTER_DEVICE_EXTENSION {
// 綁定的檔案系統裝置(真實裝置)
    PDEVICE_OBJECT AttachedToDeviceObject;
  // 與檔案系統裝置相關的真實裝置(磁碟),這個在綁定時使用
    PDEVICE_OBJECT StorageStackDeviceObject;
  // 如果綁定了一個卷冊,那麼這是物理磁碟卷冊名;否則這是綁定的控制裝置名稱
  UNICODE_STRING DeviceName;
  // 用來儲存名字字串的緩衝區
    WCHAR DeviceNameBuffer[MAX_DEVNAME_LENGTH];
} SFILTER_DEVICE_EXTENSION, *PSFILTER_DEVICE_EXTENSION;
```

如何定義結構完全依賴於使用者的需求。在 sfilter 中對結構的定義比較簡單,主要是記得自己綁定在哪個裝置上即可。如果需要更多的資訊,則可以在這裡增加新的域。擴充空間的大小是在產生這個裝置(呼叫 IoCreateDevice 產生裝置)時指定的。獲得裝置物件指標後,使用下面的程式即可取得這個裝置所綁定的原始裝置。

```
nextDeviceObject =
 ((PSFILTER_DEVICE_EXTENSION)DeviceObject->Device Extension)
 -> AttachedToDeviceObject;
```

產生裝置後,為了讓系統過濾裝置看起來和原來的裝置沒什麼區別,必須將該裝置的一些標示位與所綁定的裝置設定相同。這和前面章節中說明過的各種裝置的過濾方式都是類似的,只是關心的標示位有所不同。

```
if ( FlagOn( DeviceObject->Flags, DO_BUFFERED_IO )) {
  SetFlag( newDeviceObject->Flags, DO_BUFFERED_IO );
}
if ( FlagOn( DeviceObject->Flags, DO_DIRECT_IO )) {
  SetFlag( newDeviceObject->Flags, DO_DIRECT_IO );
```

```
}
if ( FlagOn( DeviceObject->Characteristics, FILE_DEVICE_SECURE_OPEN ) ) {
  SetFlag( newDeviceObject->Characteristics, FILE_DEVICE_SECURE_OPEN );
}
```

這裡的標示 DO_BUFFERED_IO 和 DO_DIRECT_IO，對應前面介紹過的緩衝 IO 和直接 IO 兩種方式。這兩種方式的不同之處在於，外部向這些裝置發送讀 / 寫請求時，所用的緩衝位址不同。以後在過濾檔案讀 / 寫時會再複習到這一點。

11.4.2　綁定檔案系統控制裝置

下面的函數用來完成綁定檔案系統控制裝置的過程。只要在檔案系統變動回呼函數中呼叫這個函數，就完成了對檔案系統控制裝置的綁定。請注意這個函數僅能用來綁定檔案系統控制裝置，不能用來綁定檔案系統卷冊。後面將介紹專門用來綁定檔案系統卷冊的函數。

```
NTSTATUS
SfAttachToFileSystemDevice (
    IN PDEVICE_OBJECT DeviceObject,
    IN PUNICODE_STRING DeviceName
    )
{
    PDEVICE_OBJECT newDeviceObject;
    PSFILTER_DEVICE_EXTENSION devExt;
    UNICODE_STRING fsrecName;
    NTSTATUS status;
    UNICODE_STRING fsName;
    WCHAR tempNameBuffer[MAX_DEVNAME_LENGTH];
    PAGED_CODE();
    // 檢查裝置類型
    if (!IS_DESIRED_DEVICE_TYPE(DeviceObject->DeviceType)) {
        return STATUS_SUCCESS;
    }
    RtlInitEmptyUnicodeString( &fsName,
                                tempNameBuffer,
                                sizeof(tempNameBuffer) );
    RtlInitUnicodeString( &fsrecName, L"\\FileSystem\\Fs_Rec" );
    SfGetObjectName( DeviceObject->DriverObject, &fsName );
    // 根據我們是否要綁定識別器，來決定是否跳過檔案系統識別器
    if (!FlagOn(SfDebug,SFDEBUG_ATTACH_TO_FSRECOGNIZER)) {
```

```
    // 否則跳過識別器的綁定
    if (RtlCompareUnicodeString( &fsName, &fsrecName, TRUE ) == 0) {
        return STATUS_SUCCESS;
    }
}


// 產生新的裝置，準備綁定目標裝置
status = IoCreateDevice( gSFilterDriverObject,
                         sizeof( SFILTER_DEVICE_EXTENSION ),
                         NULL,
                         DeviceObject->DeviceType,
                         0,
                         FALSE,
                         &newDeviceObject );
if (!NT_SUCCESS( status )) {
    return status;
}
// 複製各種標示
if ( FlagOn( DeviceObject->Flags, DO_BUFFERED_IO )) {
    SetFlag( newDeviceObject->Flags, DO_BUFFERED_IO );
}
if ( FlagOn( DeviceObject->Flags, DO_DIRECT_IO )) {
    SetFlag( newDeviceObject->Flags, DO_DIRECT_IO );
}
if(FlagOn( DeviceObject->Characteristics, FILE_DEVICE_SECURE_OPEN ) ) {
 SetFlag(newDeviceObject->Characteristics, FILE_DEVICE_SECURE_OPEN);
}
devExt = newDeviceObject->DeviceExtension;
// 使用上一節提供的函數進行綁定
status = SfAttachDeviceToDeviceStack( newDeviceObject,
                                      DeviceObject,
                                      &devExt->AttachedToDeviceObject );

if (!NT_SUCCESS( status )) {
    goto ErrorCleanupDevice;
}
// 將裝置名字記錄到裝置擴充中
RtlInitEmptyUnicodeString( &devExt->DeviceName,
                           devExt->DeviceNameBuffer,
                           sizeof(devExt->DeviceNameBuffer) );
RtlCopyUnicodeString( &devExt->DeviceName, DeviceName );
ClearFlag( newDeviceObject->Flags, DO_DEVICE_INITIALIZING );
// 下面是不同版本的相容性設計。當期望目標作業系統的版本大於0x501時
// Windows核心一定有EnumerateDeviceObjectList等函數。這時可以列舉所有
```

```
        // 的卷冊並一個一個綁定。如果期望的目標作業系統比這個小，那麼這些函數
        // 根本不存在，我們無法綁定已經載入的卷冊
#if WINVER >= 0x0501
        if (IS_WINDOWSXP_OR_LATER()) {

            ASSERT( NULL != gSfDynamicFunctions.EnumerateDeviceObjectList &&
                    NULL != gSfDynamicFunctions.GetDiskDeviceObject &&
                    NULL != gSfDynamicFunctions.GetDeviceAttachmentBaseRef &&
                    NULL != gSfDynamicFunctions.GetLowerDeviceObject );
            // 列舉這個檔案系統上已有的所有的卷冊
            status = SfEnumerateFileSystemVolumes( DeviceObject, &fsName );
            if (!NT_SUCCESS( status )) {
                IoDetachDevice( devExt->AttachedToDeviceObject );
                goto ErrorCleanupDevice;
            }
        }

    #endif
        return STATUS_SUCCESS;

    // 錯誤處理
    ErrorCleanupDevice:
        SfCleanupMountedDevice( newDeviceObject );
        IoDeleteDevice( newDeviceObject );
        return status;

    }
}
```

11.4.3 利用檔案系統控制請求

檔案系統控制裝置已經被綁定，綁定的目的是為了獲得發送給檔案系統控制裝置的檔案系統控制請求。這些 IRP 的主功能編號是 IRP_MJ_FILE_SYSTEM_CONTROL，一般每個主功能編號下都有次功能號。

從這些控制 IRP 中能獲得足夠的資訊，確定一個卷冊被掛載，這樣才有可能去綁定檔案系統的卷冊裝置。最早在設定分發函數時，SfFsControl 函數就已經被設定了。請回顧第 11.2.1 節「普通的分發函數」中對分發函數的設定。

當有卷冊被掛載或解除掛載時，SfFsControl 就會被系統回呼。現在的工作是在這個函數中獲得卷冊裝置的相關資訊並對它實行綁定，才能捕捉各種針對檔案的 IRP，進一步獲得監控各種檔案操作的能力。

主功能編號為 IRP_MJ_FILE_SYSTEM_CONTROL 時，有以下幾個不同次功能號的 IRP 要處理：

（1）次功能號為 IRP_MN_MOUNT_VOLUME。說明一個卷冊被掛載，應該呼叫 SfFsControl MountVolume 來綁定一個卷冊。在下一節中將闡明 SfFsControlMountVolume 的實現方法。

（2）次功能號為 IRP_MN_LOAD_FILE_SYSTEM。這個請求比較特殊，它一般在檔案系統識別器要求載入真正的檔案系統時出現，此時說明前面綁定了一個檔案系統識別器，現在應該從這裡開始綁定真正的檔案系統控制裝置了。

（3）次功能號為 IRP_MN_USER_FS_REQUEST。可以從 irpSp → Parameters. FileSystemControl. FsControlCode 獲得一個控制碼，當控制碼為 FSCTL_DISMOUNT_VOLUME 時，說明這是一個磁碟在解除掛載。(註：手動拔出隨身碟並不會導致這個請求。如果要捕捉隨身碟的拔出，需要更複雜的程式。幸運的是，讀者會發現磁碟在解除掛載後，就算 sfilter 不刪除過濾裝置，程式也不會出問題，除了極少發生的記憶體洩漏。所以本書將這個問題忽略。)

相關程式如下：

```
NTSTATUS
SfFsControl (
        IN PDEVICE_OBJECT DeviceObject,
        IN PIRP Irp
        )
{
        PIO_STACK_LOCATION irpSp = IoGetCurrentIrpStackLocation( Irp );
        PAGED_CODE();
        ASSERT(!IS_MY_CONTROL_DEVICE_OBJECT( DeviceObject ));
        ASSERT(IS_MY_DEVICE_OBJECT( DeviceObject ));
        switch (irpSp->MinorFunction) {
          case IRP_MN_MOUNT_VOLUME:
              return SfFsControlMountVolume( DeviceObject, Irp );
          case IRP_MN_LOAD_FILE_SYSTEM:
              return SfFsControlLoadFileSystem( DeviceObject, Irp );
          case IRP_MN_USER_FS_REQUEST:
          {
              switch (irpSp->Parameters.FileSystemControl.FsControlCode) {
```

```
                    case FSCTL_DISMOUNT_VOLUME:
                    {
                        PSFILTER_DEVICE_EXTENSION devExt =
                            DeviceObject->DeviceExtension;
                        SF_LOG_PRINT(
                            SFDEBUG_DISPLAY_ATTACHMENT_NAMES,
                                ("SFilter!SfFsControl: \
                                 Dismounting volume %p \"%wZ\"\n",
                                 devExt->AttachedToDeviceObject,
                                 &devExt->DeviceName) );
                        break;
                    }
                }
            break;
            }
        }
    IoSkipCurrentIrpStackLocation( Irp );
    return IoCallDriver(
        ((PSFILTER_DEVICE_EXTENSION)DeviceObject->DeviceExtension)
            ->AttachedToDeviceObject,
        Irp );
}
```

下面必須完成新的函數，SfFsControlMountVolume() 才能完全監控所有的卷冊。該內容將在下一節中說明。

但是讀者會發現這個 FSCTL_DISMOUNT_VOLUME 並沒有做解除綁定和銷毀裝置的處理。實際上，這個請求的出現是理論性的。在筆者進行過的測試中，這個請求似乎根本不會出現。其他一些請求會出現，但是常常不是一一對應的關係，所以要真正準確地捕捉解除掛載操作是很困難的。

sfilter 採用了通融的辦法，並不解除綁定也不銷毀裝置。可能是因為裝置拔除對多餘的裝置並沒有影響。此外，拔出與插入這樣的情況並不會太頻繁，所以記憶體洩漏也不明顯。這只是筆者個人的猜測，筆者並沒有確認過是否有其他的機制能銷毀裝置。

如果是在 Windows XP 及以上的系統中，則有一個呼叫可以列舉一個檔案系統上所有已經被掛載的卷冊；但是在 Windows 2000 下不能使用。所以筆者沒有使用該方法，何況僅獲得已經掛載的卷冊也不是筆者想要的。

這裡另外還有一個 SfFsControlLoadFileSystem 函數，發生在 IRP_MN_LOAD_FILESYS 中。這個功能碼的意義是當一個檔案識別器（見上文）決定載入真正的檔案系統時，如果已經綁定了檔案系統識別器，那麼現在就應該解除綁定並銷毀裝置，同時產生新的裝置去綁定真的檔案系統。綁定檔案系統控制裝置的過程我們已經在上一章詳細講過，這裡就不再重複了，有興趣的讀者可以看看書附程式中 SfFsControlLoadFileSystem 實現的程式。

再次歸納如下：

步驟一：產生一個控制裝置。當然，此前必須給控制裝置指定名稱。
步驟二：設定分發函數和快速 IO 分發函數。
步驟三：撰寫一個檔案系統變動回呼函數，在其中綁定剛啟動的檔案系統的控制裝置，並註冊這個回呼函數。
步驟四：撰寫預設的分發函數。
步驟五：處理檔案系統控制請求（IRP 的主功能編號為 IRP_MJ_FILE_SYSTEM_CONTROL），在其中監控卷冊裝置的掛載和解除掛載。

▌ **11.5** 檔案系統卷冊裝置的綁定

11.5.1 從 IRP 中獲得 VPB 指標

回憶前面說到的檔案系統控制請求中的掛載請求（主功能編號為 IRP_MJ_FILE_SYSTEM_ CONTROL，次功能號為 IRP_MN_MOUNT_VOLUME 的 IRP）。對這種掛載卷冊的 IRP 的處理，呼叫了函數 SfFsControlMountVolume。現在要實現 SfFsControlMountVolume 函數的程式，並在其中實現綁定檔案系統卷冊的功能。

如何從這個 IRP 的資訊中獲得檔案系統的卷冊裝置呢？實際上，卷冊裝置就在 irpSp → Parameters.MountVolume.Vpb → DeviceObject 中（irpSp 是這個 IRP 的目前堆疊空間指標）。

指標 irpSp → Parameters.MountVolume.Vpb 是一個 VPB。VPB 是卷冊參數區塊（Volume Parameter Block），一個重要的資料結構，它在這裡的主要作用是把實際的儲存媒介裝置物件和檔案系統上的卷冊裝置物件關聯起來。

用 VPB 來對下面的程式做一下倒手工作。首先從 irpSp 中獲得檔案系統卷冊裝置的 VPB，然後從 VPB 中獲得一個存放裝置物件。

```
// 從VPB中獲得一個存放裝置物件
storageStackDeviceObject = irpSp->Parameters.MountVolume.Vpb->RealDevice;
```

以後可以從這個存放裝置物件再獲得原來的 VPB。這裡記下存放裝置，實際上是為了從存放裝置物件找回 VPB，再找回檔案系統的卷冊裝置。為什麼需要這個倒手過程呢？

這裡的 IRP 是一個掛載請求，而檔案系統的卷冊裝置物件實際上在請求完成之後才可用。因此，在請求還沒有完成之前 irpSp → Parameters.MountVolume. Vpb → DeviceObject 是沒有意義的，必須等這個 IRP 完成後 irpSp → Parameters. MountVolume.Vpb → DeviceObject 才是需要綁定的裝置物件。

但是在這個 IRP 傳遞的過程中，irpSp → Parameters.MountVolume.Vpb 可能會被修改。換句話說，在 IRP 完成之後，這個指標就可能已經不是原來的那個了。對這種情況的處理，WDK 的文件中有一段特殊的說明，參考如下（請注意這段話經過編譯）。

```
irpSp->Parameters.MountVolume.Vpb :
```

指向一個被掛載卷冊的卷冊參數區塊（VPB）指標。支援可移動媒體的檔案系統，可能取代掉預先傳入的參數。在這樣的檔案系統中，卷冊被掛載後，指標可能不再有效。過濾這種檔案系統的過濾驅動必須按下面的方法使用這個參數：在把 IRP 發送到下層驅動之前，儲存 irpSp → Parameters. MountVolume. Vpb → RealDevice 的值。在這個卷冊被成功掛載之後，過濾驅動可以透過這個存放裝置的指標重新獲得正確的 VPB 指標。

為此，必須先獲得 irpSp → Parameters.MountVolume.Vpb → RealDevice 的值並將其儲存起來，等待 IRP 完成之後，再從 RealDevice 中獲得的 VPB 才是正確的。

11.5.2 設定完成函數並等待 IRP 完成

在本書前面的幾個實例中，都講過等待 IRP 完成的方法。讀者可以回憶一下：首先拷貝目前堆疊空間，然後向下發送請求，但在此之前，要先給 IRP 分配一個完成函數。一旦 IRP 完成，完成函數將被呼叫。這樣，就可以在完成函數中獲得檔案系統的卷冊裝置，並實施綁定過程。

完成函數的特點是它處於 Dispatch 中斷級，這是一個比較高的等級。總之，任何程式即時執行，總是處在某個目前的中斷級之中。某些系統呼叫只能在低階別的中斷級中執行。請注意，如果一個呼叫可以在高等級執行，那麼它就能在低階別執行；反過來則不行。

讀者需要關心的只有 Passive 中斷級和 Dispatch 中斷級，而且 Dispatch 中斷級的等級較高。一般 WDK 的函數在說明中都會標明，如果標明 "irq level=PASSIVE"，那麼就不能在 Dispatch 中斷級的程式中呼叫它們了。

那麼如何判斷目前的程式處於哪個中斷級呢？這在本書的第 3 章中曾介紹過。這裡再教讀者一個更加實際的判斷方法：在實際程式開發中，一般都認為如果程式執行是由應用程式（或說上層）的呼叫引發的，則應該在 Passive 中斷級；如果程式執行是由下層硬體引發的，則有可能在 Dispatch 中斷級。

以上只是極為粗略的便於記憶的了解方法，而實際的應用是這樣的：由於所有的分發函數都是由上層發來的 IRP 而導致的呼叫，所以應該都在 Passive 中斷級，在其中可以呼叫絕大多數系統呼叫。而如網路卡的 OnReceive、硬碟讀 / 寫完畢傳回而回呼的完成函數，都有可能在 Dispatch 中斷級。注意都是有可能，而非絕對是。但是一旦有了可能，在呼叫其他函數時，當然就應該按照最壞的情況考慮。

下面是 SfFsControlMountVolume 的執行過程。這裡沒有綁定卷冊裝置，而是把 IRP 發送下去，等待完成之後，再在完成函數中綁定。

```
NTSTATUS
SfFsControlMountVolume (
      IN PDEVICE_OBJECT DeviceObject,
      IN PIRP Irp
      )
{
      PSFILTER_DEVICE_EXTENSION devExt = DeviceObject->DeviceExtension;
      PIO_STACK_LOCATION irpSp = IoGetCurrentIrpStackLocation( Irp );
      PDEVICE_OBJECT newDeviceObject;
      PDEVICE_OBJECT storageStackDeviceObject;
      PSFILTER_DEVICE_EXTENSION newDevExt;
```

```
            NTSTATUS status;
            BOOLEAN isShadowCopyVolume;
            PFSCTRL_COMPLETION_CONTEXT completionContext;
            PAGED_CODE();
            ASSERT(IS_MY_DEVICE_OBJECT( DeviceObject ));
            ASSERT(IS_DESIRED_DEVICE_TYPE(DeviceObject->DeviceType));

            // 如同前面所說的，這裡獲得Vpb->RealDevice儲存下來
            storageStackDeviceObject=irpSp->Parameters.MountVolume.Vpb->RealDevice;
            // 判斷是否是陰影複製，這個我們後面再提
            status = SfIsShadowCopyVolume (storageStackDeviceObject,
                                            &isShadowCopyVolume );
            // 如果不打算綁定陰影複製就跳過去
            if (NT_SUCCESS(status) &&
                isShadowCopyVolume &&
                !FlagOn(SfDebug,SFDEBUG_ATTACH_TO_SHADOW_COPIES)) {
                IoSkipCurrentIrpStackLocation( Irp );
                return IoCallDriver( devExt->AttachedToDeviceObject, Irp );
            }
            // 筆者預先就產生過濾裝置，雖然現在還沒有到綁定的時候
            status = IoCreateDevice( gSFilterDriverObject,
                                       sizeof( SFILTER_DEVICE_EXTENSION ),
                                       NULL,
                                       DeviceObject->DeviceType,
                                       0,
                                       FALSE,
                                       &newDeviceObject );
            if (!NT_SUCCESS( status )) {
                KdPrint(( "SFilter!SfFsControlMountVolume:
                    Error creating volume device object, status=%08x\n", status ));
                Irp->IoStatus.Information = 0;
                Irp->IoStatus.Status = status;
                IoCompleteRequest( Irp, IO_NO_INCREMENT );
                return status;
            }
            // 填寫裝置擴充。storageStackDeviceObject在這裡儲存到了裝置擴充裡在
            // 完成函數中，很容易獲得
            newDevExt = newDeviceObject->DeviceExtension;
            newDevExt->StorageStackDeviceObject = storageStackDeviceObject;
            RtlInitEmptyUnicodeString( &newDevExt->DeviceName,
                                        newDevExt->DeviceNameBuffer,
                                        sizeof(newDevExt->DeviceNameBuffer) );
        SfGetObjectName( storageStackDeviceObject,
```

```
                        &newDevExt->DeviceName );

        // 後面暫時省略
        ...
}
```

陰影複製是 Windows 系統附帶的一種用於磁碟資料恢復的特殊裝置，在本例中不打算對陰影複製進行過濾。如何判斷是否是陰影複製並不是重要的問題，這裡省略，有興趣的讀者可以自行參考本書隨書的程式。

當完成函數被呼叫時，請求就結束了。可以向完成函數傳遞一個上下文指標來儲存我們的資訊，以確定哪一次呼叫與哪一次完成對應。有一種經典的同步方法：初始化一個事件（KEVENT），並透過上下文傳遞到完成函數中。在完成函數中設定該事件，而本函數則等待這個事件，在等待結束時，請求就完成了。前面省略地方的基本程式如下：

```
KEVENT waitEvent;
// 初始化事件
KeInitializeEvent( &waitEvent,
                   NotificationEvent,
                   FALSE );
// 因為要等待完成，所以必須拷貝目前呼叫堆疊
IoCopyCurrentIrpStackLocationToNext ( Irp );
// 設定完成函數，並把事件的指標當作上下文傳入
IoSetCompletionRoutine( Irp,
                        SfFsControlCompletion,
                        &waitEvent,      // 上下文指標
                        TRUE,
                        TRUE,
                        TRUE );
// 發送IRP並等待事件完成
status = IoCallDriver( devExt->AttachedToDeviceObject, Irp );
if (STATUS_PENDING == status) {
        status = KeWaitForSingleObject( &waitEvent,
                                        Executive,
                                        KernelMode,
                                        FALSE,
                                        NULL );
        ASSERT( STATUS_SUCCESS == status );
}
......
```

請注意 IoSetCompletionRoutine 的第三個參數，就是完成函數中的 Context 指標。這是為了將資訊傳遞到完成函數的介面。上面填寫的資訊是那個事件的指標，因為在這裡發送 IRP 之後，下面就要等待完成函數的發生，所以把事件指標傳遞給完成函數。完成函數只要一被呼叫，就設定這個事件，這樣，只要等待那個事件，就知道這個請求什麼時候完成了。在完成函數中，應該取得 Context 並把它當作一個事件指標直接設定。程式如下：

```
NTSTATUS
SfFsControlCompletion (
    IN PDEVICE_OBJECT DeviceObject,
    IN PIRP Irp,
    IN PVOID Context
    )
{
    UNREFERENCED_PARAMETER( DeviceObject );
    UNREFERENCED_PARAMETER( Irp );
    ASSERT(IS_MY_DEVICE_OBJECT( DeviceObject ));
    ASSERT(Context != NULL);
    KeSetEvent((PKEVENT)Context, IO_NO_INCREMENT, FALSE);
  return STATUS_MORE_PROCESSING_REQUIRED;
}
```

UNREFERENCED_PARAMETER 的意義在於可以去掉 C 編譯器對於沒有使用的參數所產生的警告。一般地說，核心程式會開啟所有的警告以避免比較隱晦的錯誤。如果已經確定了這個警告不是錯誤，則使用類似的巨集來手動刪除它。

這樣，只要執行過 KeWaitForSingleObject，則請求已經完成，之後執行綁定卷冊的操作即可。

11.5.3 卷冊掛載 IRP 完成後的工作

前面的程式很容易讓人產生疑問：為何不在完成函數中直接綁定裝置，而非要等完成函數設定了事件之後，再回來做呢？這是因為完成函數的中斷等級過高。雖然 Dispatch 中斷級應該可以執行 IoAttachDeviceToDeviceStack，但是在綁定卷冊的過程中，sfilter 使用了 ExAcquireFastMutex 來等待這些不適宜在 Dispatch 等級使用的函數。

用事件等待完成函數的發生是一個通用的方法，但是在 Windows 2000 上，如果採用這樣的方法，則在綁定卷冊裝置時可能發生鎖死。這是 Windows 早期的固有缺陷，這裡忽略該問題的原因，直接應用 sfilter 中的解決方法，對 Windows 2000 的情況進行特殊處理。

解決方法是在完成函數中把工作放到一個預先產生的系統執行緒中處理。系統執行緒執行的中斷等級為 Passive 中斷級，在這個執行緒中完成綁定是沒有問題的。

Windows 本身有一個系統執行緒負責處理一些日常工作，也可以把自己的工作項目插入其中，以免除需要多產生一個執行緒的負擔。

SfFsControlMountVolume 後面的程式基本如下，有幾處是目標作業系統的編譯時和執行時判斷。編譯時判斷讀者可以忽略，因為編譯時判斷是為了確保 sfilter 的程式即使在低版本的 DDK 上也可以成功編譯而設定的。但是讀者已經使用了 WDK，所以不用關心這個問題，可以簡單地認為 #if 和 #else 的行不存在。

剩下的是執行時用 IS_WINDOWSXP_OR_LATER 來判斷驅動是執行在 Windows XP 或更進階的版本上，還是執行在 Windows XP 以下的版本（主要是指 Windows 2000）上。其區別是，在 Windows XP 或以上的作業系統中，都使用產生事件、傳遞給完成函數、等待完成函數通知完成之後直接綁定的方法。

在 Windows 2000 中，比較特殊地採用了產生工作項目、傳遞給完成函數、完成函數將工作插入系統工作執行緒中的方法。顯然 Windows 2000 下的處理比較麻煩，在一般的開發中（包含 Windows XP、Windows 2003、Windows Vista）都應該使用簡單的方案。

在 Windows 中，所謂的工作項目（Work Item）的本質是使用者可以自由指定的有待執行的函數。這個函數可以插入到某個執行緒中去執行。使用核心 API 函數 ExInitializeWorkItem 可以初始化一個工作項目。這個核心 API 的函數原型如下：

```
VOID
  ExInitializeWorkItem(
    IN PWORK_QUEUE_ITEM  Item,
```

```
IN PWORKER_THREAD_ROUTINE   Routine,
IN PVOID   Context
);
```

其中，第一個參數是要初始化的工作項目；第二個參數就是我們的待執行函
數；第三個參數是一個上下文指標，其內部結構完全由使用者自訂。工作項目
機制確保這個指標作為一個參數原封不動地傳入到我們指定執行的函數（也就
是第二個參數 Routine）中，用來傳遞設定與執行之間的資訊。

使用核心 API 函數 ExQueueWorkItem 可以將這個工作項目插入到某個佇列
中。Windows 核心會依次執行這些佇列中的工作項目，而且即時執行會確保
中斷等級是 Passive 級。函數 ExQueueWorkItem 會在下一小節的開頭做詳細介
紹。

下面是 sfilter 中相關的程式，其中使用到了初始化工作項目。

```
//……
#if WINVER >= 0x0501 // 請忽略#if這一行
    if (IS_WINDOWSXP_OR_LATER()) {
        // 這裡是Windows XP及以上的作業系統的處理方案
        KEVENT waitEvent;
        KeInitializeEvent( &waitEvent,
                           NotificationEvent,
                           FALSE );
        IoCopyCurrentIrpStackLocationToNext ( Irp );
        IoSetCompletionRoutine( Irp,
                                SfFsControlCompletion,
                                &waitEvent,
                                TRUE,
                                TRUE,
                                TRUE );
        status = IoCallDriver( devExt->AttachedToDeviceObject, Irp );
        if (STATUS_PENDING == status) {
            status = KeWaitForSingleObject( &waitEvent,
                                            Executive,
                                            KernelMode,
                                            FALSE,
                                            NULL );
                ASSERT( STATUS_SUCCESS == status );
        }
        // 到這裡請求完成，呼叫函數綁定卷冊
```

```
                    status = SfFsControlMountVolumeComplete( DeviceObject,
                                                             Irp,
                                                             newDeviceObject );
        } else {
#endif       // 在使用WDK編譯時也可以忽略#endif
        completionContext = ExAllocatePoolWithTag(
            NonPagedPool,
            sizeof( FSCTRL_COMPLETION_CONTEXT ),
             SFLT_POOL_TAG );
        if (completionContext == NULL) {
            IoSkipCurrentIrpStackLocation( Irp );
            status = IoCallDriver( devExt->AttachedToDeviceObject, Irp );
        } else {
            // 初始化一個工作項目，實際內容寫在函數中
            // SfFsControlMountVolumeCompleteWorker中
                ExInitializeWorkItem( &completionContext->WorkItem,
                                    SfFsControlMountVolumeCompleteWorker,
                                    completionContext );
            // 寫入上下文，以便把多個指標傳遞過去
            completionContext->DeviceObject = DeviceObject;
            completionContext->Irp = Irp;
            completionContext->NewDeviceObject = newDeviceObject;
            // 拷貝呼叫堆疊
            IoCopyCurrentIrpStackLocationToNext( Irp );
            // 請注意這裡傳入的上下文變成了工作項目，而非事件
            // 和進階版本有別
            IoSetCompletionRoutine( Irp,
                             SfFsControlCompletion,
                             &completionContext->WorkItem, // 上下文參數
                             TRUE,
                             TRUE,
                             TRUE );
            // 發送IRP
            status = IoCallDriver( devExt->AttachedToDeviceObject, Irp );
        }
#if WINVER >= 0x0501
    }
#endif
    return status;
}
```

11.5.4 完成函數的對應實現

完成函數也必須對應地修改一下，在其中區分 Windows 2000 和 Windows XP 及以上作業系統的不同情況，即一種情況是設定一個事件，而另一種情況則是要插入工作項目。插入工作項目使用核心 API 函數 ExQueueWorkItem，該函數的原型如下：

```
VOID
  ExQueueWorkItem(
    IN PWORK_QUEUE_ITEM  WorkItem,
    IN WORK_QUEUE_TYPE  QueueType
    );
```

第一個參數是工作項目的指標。第二個參數是列舉型常數，使用者可以選擇 CriticalWorkQueue 或 DelayedWorkQueue。二者的區別在於執行的優先順序，CriticalWorkQueue 的執行優先順序比較高，而 DelayedWorkQueue 的執行優先順序根據系統目前狀態的變化而變化。一般地說，如果只是為了在 Passive 中斷級執行某些程式，指定 DelayedWorkQueue 即可。

下面是比較完整的完成函數的實現，請注意工作項目是在 IRP 的分發函數裡初始化的，但是透過上下文指標傳遞到了完成函數中。

```
NTSTATUS
SfFsControlCompletion (
      IN PDEVICE_OBJECT DeviceObject,
      IN PIRP Irp,
      IN PVOID Context)
{
      UNREFERENCED_PARAMETER( DeviceObject );
      UNREFERENCED_PARAMETER( Irp );
      ASSERT(IS_MY_DEVICE_OBJECT( DeviceObject ));
      ASSERT(Context != NULL);
#if WINVER >= 0x0501
      if (IS_WINDOWSXP_OR_LATER()) {
         KeSetEvent((PKEVENT)Context, IO_NO_INCREMENT, FALSE);
      } else {
#endif
    // 中斷等級過高時，工作項目放到DelayedWorkQueue佇列中執行
       if (KeGetCurrentIrql() > PASSIVE_LEVEL) {
            ExQueueWorkItem( (PWORK_QUEUE_ITEM) Context,
                      DelayedWorkQueue );
```

```
        } else {
        // 否則直接執行
            PWORK_QUEUE_ITEM workItem = Context;
            (workItem->WorkerRoutine)(workItem->Parameter);
        }
#if WINVER >= 0x0501
        }
#endif
        return STATUS_MORE_PROCESSING_REQUIRED;
}
```

11.5.5 綁定卷冊的實現

SfFsControlMountVolumeCompleteWorker 函數的工作很簡單，就是呼叫 SfFsControlMount VolumeComplete，因為這個函數最後綁定卷冊裝置，所以這裡我們只要看 SfFsControlMount VolumeComplete 的實現就可以了。下面是函數 SfFsControlMountVolumeComplete 的實現程式。

```
NTSTATUS
SfFsControlMountVolumeComplete (
        IN PDEVICE_OBJECT DeviceObject,
        IN PIRP Irp,
        IN PDEVICE_OBJECT NewDeviceObject
        )
{
        PVPB vpb;
        PSFILTER_DEVICE_EXTENSION newDevExt;
        PIO_STACK_LOCATION irpSp;
        PDEVICE_OBJECT attachedDeviceObject;
        NTSTATUS status;
        PAGED_CODE();
        newDevExt = NewDeviceObject->DeviceExtension;
        irpSp = IoGetCurrentIrpStackLocation( Irp );
        // 獲得我們前面儲存過的VPB
        vpb = newDevExt->StorageStackDeviceObject->Vpb;
        if (NT_SUCCESS( Irp->IoStatus.Status )) {
            // 獲得一個互斥體核心對象，以便下面的程式可以以"最小化方式"判斷
            // 是否綁定過該卷冊裝置，防止對同一個卷冊裝置判斷兩次
            ExAcquireFastMutex( &gSfilterAttachLock );
            // 判斷是否綁定過了
            if (!SfIsAttachedToDevice(
                vpb->DeviceObject, &attached DeviceObject )) {
```

```
            // 呼叫SfAttachToMountedDevice來完成真正的綁定
            status = SfAttachToMountedDevice( vpb->DeviceObject,
                                              NewDeviceObject );
            if (!NT_SUCCESS( status )) {
                SfCleanupMountedDevice( NewDeviceObject );
                IoDeleteDevice( NewDeviceObject );
            }
            ASSERT( NULL == attachedDeviceObject );
        } else {
            // 到這裡說明是已經綁定過的，直接放棄即可
            SfCleanupMountedDevice( NewDeviceObject );
            IoDeleteDevice( NewDeviceObject );
            ObDereferenceObject( attachedDeviceObject );
        }
        ExReleaseFastMutex( &gSfilterAttachLock );
    } else {
        SfCleanupMountedDevice( NewDeviceObject );
        IoDeleteDevice( NewDeviceObject );
    }
    // 完成請求
    status = Irp->IoStatus.Status;
    IoCompleteRequest( Irp, IO_NO_INCREMENT );
    return status;
}
```

這個過程確實比較複雜，可以讓讀者意識到：在檔案系統這種 Windows 核心元件上進行的修改，與對序列埠、鍵盤這樣簡單裝置的修改不同。即使是簡單地呼叫一個核心呼叫去綁定一個裝置，也要充分考慮到對整個執行環境的影響。下面介紹了 SfAttachToMountedDevice 的實現。這個函數是呼叫 SfAttachDeviceToDeviceStack 來實現最後綁定的。在 11.3.1 節「動態地選擇綁定函數」中有對該函數的詳細描述，讀者可以回顧並複習一下。

```
NTSTATUS
SfAttachToMountedDevice (
    IN PDEVICE_OBJECT DeviceObject,
    IN PDEVICE_OBJECT SFilterDeviceObject
    )
{
    PSFILTER_DEVICE_EXTENSION newDevExt =
        SFilterDeviceObject->DeviceExtension;
    NTSTATUS status;
    ULONG i;
```

```
        PAGED_CODE();
        ASSERT(IS_MY_DEVICE_OBJECT( SFilterDeviceObject ));
#if WINVER >= 0x0501
        ASSERT(!SfIsAttachedToDevice ( DeviceObject, NULL ));
#endif
    // 裝置標記的複製
        if (FlagOn( DeviceObject->Flags, DO_BUFFERED_IO )) {
            SetFlag( SFilterDeviceObject->Flags, DO_BUFFERED_IO );
        }
        if (FlagOn( DeviceObject->Flags, DO_DIRECT_IO )) {
            SetFlag( SFilterDeviceObject->Flags, DO_DIRECT_IO );
        }
    // 循環嘗試綁定。綁定有可能失敗，這可能和其他使用者剛好試圖
    // 對這個磁碟做特殊的操作例如掛載或解除掛載有關。反覆進
    // 行8次嘗試，以盡可能地避開這些巧合
    for (i=0; i < 8; i++) {
        LARGE_INTEGER interval;
        status = SfAttachDeviceToDeviceStack( SFilterDeviceObject,
                    DeviceObject,
                    &newDevExt->AttachedToDeviceObject );
        if (NT_SUCCESS(status)) {
            ClearFlag( SFilterDeviceObject->Flags, DO_DEVICE_INITIALIZING );
            return STATUS_SUCCESS;
        }
        // 把這個執行緒延遲500ms後再繼續
        interval.QuadPart = (500 * DELAY_ONE_MILLISECOND);
        KeDelayExecutionThread ( KernelMode, FALSE, &interval );
    }
    return status;
}
```

這裡的結果表示綁定已完成，下面開始說明各種操作的過濾。

11.6 讀 / 寫操作的過濾

11.6.1 設定一個讀取處理函數

檔案系統有許多種操作，但是讀 / 寫操作依然是最重要的。對於防毒軟體的動態監控而言，新增目錄、新增檔案、檔案改名等操作都只能獲得檔案名稱資訊，對尋找病毒的意義不大。只有檔案內容的讀取和寫入，才是掃描病毒的合適時機。

在 Windows 系統中，如果在任何檔案被讀取時都檢查讀出的內容中是否含有病毒碼，就可以防止病毒從硬碟（或其他媒體）中被載入到記憶體中執行；如果在任何檔案被寫入時都檢查寫入的內容中是否含有病毒碼，就可以防止病毒被寫入硬碟，也就可以防止已經存在於硬碟上的檔案被病毒感染。

由於前面的程式已經綁定了檔案系統卷冊，而所有的檔案都是儲存在卷冊上的，所以處理截獲到的主功能編號為 IRP_MJ_READ 和 IRP_MJ_WRITE 的 IRP，就可以實現掃描病毒碼的功能。當然，一個必要的條件是，必須從這兩種 IRP 中解析出讀取到和要寫入的檔案內容。

回憶一下在驅動的入口函數 DriverEntry 中對分發函數的設定。下面來撰寫兩個函數分別處理讀取和寫入的 IRP，其中處理讀取的函數稱為 SfRead，而處理寫入的函數稱為 SfWrite。這兩個函數的處理過程非常類似，但是有一點需要注意－如果要獲得操作的檔案內容，對讀取請求來說，必須將其完成才能獲得內容；寫入請求則可以直接獲得。因為寫入請求的資料是由發請求的上層程式填寫的，在請求完成之前就已經存在於輸入緩衝區裡了；而讀取請求的資料則是必須從硬碟上獲得的，必須要在請求完成之後才能在輸出緩衝區裡存在。因此，讀取請求的處理會比寫入請求複雜一點。下面的實例都是說明 SfRead 的；而 SfWrite 則請讀者舉一反三，自己動手試試。

下面回想一下前面 11.2.1 節中，分發函數的設定：

```
DriverObject->MajorFunction[IRP_MJ_CREATE] = SfCreate;
DriverObject->MajorFunction[IRP_MJ_CREATE_NAMED_PIPE] = SfCreate;
DriverObject->MajorFunction[IRP_MJ_CREATE_MAILSLOT] = SfCreate;
DriverObject->MajorFunction[IRP_MJ_FILE_SYSTEM_CONTROL] = SfFsControl;
DriverObject->MajorFunction[IRP_MJ_CLEANUP] = SfCleanupClose;
DriverObject->MajorFunction[IRP_MJ_CLOSE] = SfCleanupClose;
```

這裡沒有讀取請求分發函數的設定，因此可以在後面加上一條：

```
DriverObject->MajorFunction[IRP_MJ_READ] = SfRead;
```

11.6.2　裝置物件的區分處理

對 SfRead 的處理，要注意一些什麼呢？首先，判斷裝置物件是不是一個綁定在檔案系統卷冊裝置上的過濾裝置，如果是，那麼就是一個讀 / 寫檔案的操作。請注意，綁定在檔案系統的控制裝置上的過濾裝置也有可能發生讀取請求，但那就不是在讀取檔案了。

那麼如何判斷呢？記得綁定 Volume 的程式已經在裝置擴充中設定了域 StorageDev。如果不是（例如控制裝置的綁定就沒設定過），那麼判斷 StorageDev 中是否為空，就可以知道這是否是一個檔案系統的卷冊裝置。由此可見，過濾裝置上的裝置擴充是非常有用的。實際上，它就是用來在綁定時儲存任意資訊，以便將來能在過濾時獲得這些資訊的上下文。

```
PSFILTER_DEVICE_EXTENSION devExt = DeviceObject->DeviceExtension;
if(devExt->StorageDev != NULL)
{
// 到這裡說明是卷冊裝置，也就是說，這是對一個檔案的寫入操作
...
}
```

其他的情況不需要捕捉，請直接傳遞到下層。

讀 / 寫請求的 IRP 情況非常複雜，請有足夠的心理準備。可以依賴 WDK 的說明，但是盡信說明不如無說明。當然，對本書也是盡信書不如無書，最好的辦法就是自己列印 IRP 的各細節，自己檢視檔案讀取操作的完成過程。

下面實現函數 SfRead，這裡的判斷處理稍有不同。如果是對本程式自己的控制裝置的讀取操作，則傳回失敗，因為本程式的控制裝置並沒有提供讀取介面。然後判斷如果不是檔案讀取操作，就直接放過。最後的省略處是要加入的讀取處理。

```
NTSTATUS
SfRead (
        IN PDEVICE_OBJECT DeviceObject,
        IN PIRP Irp)
{
  PIO_STACK_LOCATION irpsp = IoGetCurrentIrpStackLocation(Irp);
  PFILE_OBJECT file_object = irpsp->FileObject;
  PSFILTER_DEVICE_EXTENSION devExt = DeviceObject->DeviceExtension;

  // 對控制裝置的操作，筆者是直接傳回失敗的。如果讀者的需求是控制裝置
     // 可以讀 / 寫，那就應該實現這個讀取請求的處理
  if (IS_MY_CONTROL_DEVICE_OBJECT(DeviceObject)) {
       Irp->IoStatus.Status = STATUS_INVALID_DEVICE_REQUEST;
```

```
        Irp->IoStatus.Information = 0;
        IoCompleteRequest( Irp, IO_NO_INCREMENT );
        return STATUS_INVALID_DEVICE_REQUEST;
    }
    // 對檔案系統其他裝置的操作，直接下發到下層驅動即可。這裡是透過呼叫
    // SfPassThrough來下發的
    if(devExt->StorageDev != NULL)
    {
        return SfPassThrough(DeviceObject,Irp);
    }

    // 到這裡說明是對卷冊的檔案操作
    ...

}
```

11.6.3 解析讀取請求中的檔案資訊

接下來的工作是分析這個 IRP。對於一個讀取操作，程式設計師需要知道的
是：這是對哪個檔案的讀取操作？讀取的偏移量是多少？讀取的長度是多少？
讀取成功了嗎？如果讀取成功了，那麼讀取到的內容放在哪裡呢？

然後關心被讀 / 寫的檔案。IRP 的目前堆疊空間下有一個檔案物件指標，指向
一個檔案物件，從檔案物件中可以獲得檔案物件的名字。不過，讀者在後面會
了解到，在讀取操作的過程中去獲得這個檔案物件的名字是很不合理的。在後
面的 11.8 節「路徑過濾的實現」中，再詳細説明檔案名稱和路徑的取得。

再接下來是獲得讀取檔案的偏移量。在 Windows 2000 下檔案系統獲得的偏移
量都是從檔案起始位置開始計算的。偏移量是一個 LARGE_INTEGER，這是
一個在 Windows 驅動開發中常用的 64 位元整數資料的共用體。

用以下程式來得到偏移量（從 irpsp 中）：

```
PIO_STACK_LOCATION irpsp = IoGetCurrentIrpStackLocation(irp);
LARGE_INTEGER offset;
ULONG length;

offset.QuadPart = irpsp->Parameters.Read.ByteOffset.QuadPart;
```

而讀取的檔案內容的長度則是：

```
length = irpsp->Parameters.Read.Length;
```

如果這是個寫入操作，寫入的偏移量和長度則為：

```
offset.QuadPart = irpsp->Parameters.Write.ByteOffset.QuadPart;
length = irpsp->Parameters.Write.Length;
```

如果防毒軟體要掃描病毒，此時當然希望能獲得所讀到的資料內容。資料只能在完成之後取得，所以下面要設定完成函數。

完成 IRP 時是忽略還是拷貝目前堆疊空間（IO_STACK_LOCATION），傳回什麼狀態值，以及在完成函數中如何結束 IRP，是不容易弄清楚的事情。筆者歸納如下：

（1）如果對 IRP 完成之後的事情沒興趣，則直接忽略目前 IO_STACK_LOCATION（從程式上説，呼叫核心 API 函數 IoSkipCurrentIrpStackLocation），然後向下傳遞請求，傳回 IoCallDriver 所傳回的狀態。

（2）不但對 IRP 完成之後的事情無興趣，而且不打算繼續傳遞，打算立刻傳回成功或失敗，那麼不用忽略或拷貝目前 IO_STACK_LOCATION，可以在填寫 IRP 的狀態參數後呼叫 IoCompleteRequest，並傳回自己想傳回的結果。

（3）如果對 IRP 完成後的事有興趣，並打算在完成函數中處理，則應該首先拷貝目前 IO_STACK_LOCATION（IoCopyCurrentIrpStackLocationToNext），然後指定完成函數，並傳回 IoCallDriver 所傳回的狀態。在完成函數中，不需要呼叫 IoCompleteRequest，直接傳回 IRP 的目前狀態即可。

（4）同第三種情況，有時候，會把工作塞入系統工作執行緒中或希望在另外的執行緒中去完成 IRP，那麼在完成函數中應該傳回 STATUS_MORE_PROCESSING_REQUIRED，此時完成 IRP 時應該呼叫 IoCompleteRequest。另一種類似的情況是在分發函數中等待在完成函數中設定事件，那麼完成函數傳回 STATUS_MORE_PROCESSING_REQUIRED，分發函數在等待結束後呼叫 IoCompleteRequest。

下面的問題就是如何取得讀取到的內容了。IRP 的緩衝區放在哪裡取決於這個操作的 IO 方式。IO 方式有三種：緩衝方式、直接方式和皆不是方式。

皆不是方式聽起來比較怪異，因為英文資料上這三種方式分別為：Buffered IO、Direct IO 和 Neither IO。既然 Neither 表示前兩者皆不是，那麼中文就可以命名為皆不是 IO 了。

對這三種不同方式的介紹如下：

（1）緩衝方式。這種方式在檔案讀／寫請求中沒有出現過，筆者也認為不會出現。但是在前面的序列埠過濾中出現過，讀者可以參考第 7 章「序列埠的過濾」中的 IRP 處理。請求的緩衝區本來是在應用程式的使用者態空間裡的（因為是應用程式發起的請求）。請求會被發送到核心中處理。核心不一定會在目前處理程序上下文中處理它，有可能處理的時候已經在其他處理程序裡了。但不同的處理程序中無法存取這個緩衝區（處理程序使用者態記憶體空間是相互隔離的）。而緩衝方式就會在核心記憶體中分配一個緩衝區，將使用者態的請求緩衝區拷貝到核心緩衝區中。由於核心記憶體可以在任何處理程序中存取，所以緩衝方式能夠避免核心處理請求時，使用者態空間位址故障的問題。但這種方式中間需要拷貝，所以比較慢。

（2）直接方式。直接方式是使用 MDL 來傳遞緩衝區的。因為請求一般都是使用者處理程序發起的，原始的空間都在使用者空間中，這些空間指標如果傳遞到核心程式裡，雖然可以正常使用核心，但是卻必須確定其在目前處理程序空間範圍內。如果對核心做一些特殊的處理，例如把請求放入佇列，等待另一個處理程序中的執行緒去完成它，那麼問題就來了：這些空間指標故障了。緩衝方式雖然沒這個問題，但是需要拷貝。為了避免拷貝，出現了直接方式，就是直接把使用者空間的範圍直接對映到核心空間。為此，當然要做修改分頁之類的種種交易，但是讀者不用關心，只需要了解 MDL 會解決這個問題即可。因此緩衝區在 Irp → MdlAddress 對應的空間內，這個 MDL 指標可以用 MmGetSystemAddressForMdl 轉換獲得實際緩衝區的指標。

（3）皆不是方式。皆不是方式是最簡單的，可以直接把使用者空間的指標傳遞進來，不做任何處理，這個指標就是 Irp → UserBuffer。這個空間在 SfRead 中當然可以直接用，但是不可以放到其他執行緒中處理（例如放到完成函數中）。一般可以設定一個事件，等待完成函數被呼叫後繼續在 SfRead 中處理，是不會有問題的。

在實際中，簡單地說，Irp → MdlAddress 如果不為 NULL，則使用 Irp → MdlAddress，緩衝區位置為 MmGetSystemAddressForMdl(Irp → MdlAddress)；

否則直接使用 Irp → UserBuffer，UseBuffer 是一個只在目前執行緒上下文處才有效的位址。那麼，獲得讀取內容的主要方法範例如下：

```
KEVENT waitEvent;
void *buf;
ULONG length;

KeInitializeEvent( &waitEvent,
                   NotificationEvent,
                   FALSE );
IoCopyCurrentIrpStackLocationToNext ( Irp );
IoSetCompletionRoutine( Irp,
                        SfReadCompletion,
                        &waitEvent,
                        TRUE,
                        TRUE,
                        TRUE );
status = IoCallDriver( devExt->AttachedToDeviceObject, Irp );
if (STATUS_PENDING == status) {
  status = KeWaitForSingleObject( &waitEvent,
                                  Executive,
                                  KernelMode,
                                  FALSE,
                                  NULL );
    ASSERT( STATUS_SUCCESS == status );
}

if(irp->IoStatus.Status == STATUS_SUCCESS)
{
  // 如果成功地完成了，那麼取得讀到的內容在緩衝區buf中
  // 至於內容的長度，可以從irp->IoStatus.Information中獲得
  if(irp->MdlAddress != NULL)
    buf = MmGetSystemAddressForMdl(Irp->MdlAddress);
  else
    buf = Irp->UserBuffer;
  length = IoStatus.Information;
}
```

至於寫入操作的內容則不用完成，可以直接從 Irp → UserBuffer 或 Irp → MdlAddress 中獲得。請讀者自己寫出對應的程式。

11.6.4 讀取請求的完成

因為讀取請求在核心中被封裝為 IRP，往核心驅動中層層下發（每個驅動程式只佔一層）。所以對一個驅動程式來說，完成讀取請求就是收到一個 IRP，處理完這個 IRP，然後通知自己的上層驅動，這個 IRP 已經完成的過程。常常有讀者疑惑，檔案過濾驅動並不是真實的檔案系統驅動，更不直接牽涉到硬碟，但只有硬碟才能真正完成讀取請求，那麼檔案過濾又如何能完成一個讀取請求呢？

實際上，任何驅動都可以完成它收到的請求。對於一個 IRP 而言，只要填好它需要的資訊（例如讀取到的內容、讀完的狀態，以及讀到了多少），然後就可以向上層報告這個 IRP 完成了。至於這些資料從哪裡來，真實硬體傳回的是什麼狀態，上層根本不關心。即使這個驅動根本就沒有把請求下發到下層驅動，而是自己「虛構」地填寫一些資料，也不會有什麼問題，上層驅動是不會關心這些的。

一般地說，檔案系統過濾驅動對 IRP 進行監控，允許或禁止（禁止的話，傳回失敗，這也是完成的一種，只是不虛構資料），或對 IRP 進行一些修改。例如在寫入之前，先把緩衝區中要寫入的資料加密。但是也有一些情況，需要自己完成這個請求；或說，有時自己完成請求也是種選擇。

考慮一下檔案系統過濾在視訊點播方面的應用。視訊點播的特點是檔案一般很大，而且有多個客戶要對同一個檔案進行從頭到尾的連續讀取。這時候，使用大量記憶體對這些檔案進行專門的緩衝，就非常有價值了。

假設在這個設計中，驅動針對特殊的串流媒體檔案，採取預先讀取到記憶體中的方式。當一個讀取請求被這個檔案過濾驅動捕捉時，假設這個讀取請求經過檢查，剛好被本驅動的緩衝命中，那麼就可以直接從記憶體中讀出，不用下傳到下面的真實檔案系統了。此時，自己完成請求顯然是很有意義的。

這裡要談到 IRP 的次功能號。前面已經討論過，如果 irpsp → MajorFunction 是 IRP_MJ_READ，則是讀取請求。讀取請求也有幾個不同的次功能號，可以用以下的程式獲得：

```
PIO_STACK_LOCATION irpsp = IoGetCurrentIrpStackLocation(irp);
UCHAR minor_code = irpsp->MinorFunction;
```

每個主功能編號下面都有一些次功能號，如果一個 IRP 的主功能編號是 IRP_MJ_READ，檢查它的次功能號，則應該有以下幾種情況：

```
IRP_MN_NORMAL
IRP_MN_MDL
IRP_MN_MDL_COMPLETE
```

還有其他幾種情況，資料上有解釋，但是筆者沒偵錯過，也就不說了，只說明自己偵錯過的幾種情況。

（1）IRP_MN_NORMAL 既有可能在 Irp → MdlAddress 中傳回資料，也有可能在 Irp → UserBuffer 中傳回資料。如果要完成這樣的請求，直接判斷 Irp → MdlAddress 是否為空即可。如果為空，則把資料填入 Irp → UserBuffer 中，這些空間都是預先分配好的，不需要程式設計者自己分配。

（2）次功能號為 IRP_MN_MDL 是比較罕見的。這種 IRP 的 Irp → MdlAddress 和 Irp → UserBuffer 都為空，那麼過濾驅動應該把資料往哪裡拷貝呢？

（3）IRP_MN_MDL 的要求是請程式設計者分配一個 MDL，然後令 MDL 指向資料所在的空間，最後傳回給上層。MDL 自然是要釋放的，換句話說，使用完畢要歸還，所以又有 IRP_MN_MDL_COMPLETE，意思是一個 MDL 已經使用完畢，可以釋放了。

可見這種 IRP 比較特殊。需要兩個 IRP 才能完全完成。當程式設計者收到 IRP_MN_MDL 的 IRP 時，要分配 MDL；之後會再收到一個 IRP_MN_MDL_COMPLETE 的 IRP，此時就可以釋放上次分配的 MDL 了。

下面寫一些函數來分配和釋放 MDL，並令 MDL 指向記憶體位置或獲得 MDL 所指向的記憶體。

```
// 函數分配MDL，緩衝必須是使用者預先分配好的
_inline PMDL MyMdlAllocate(PVOID buf, ULONG length)
{
  PMDL pmdl = IoAllocateMdl(buf,length,FALSE,FALSE,NULL);
  if(pmdl == NULL)
      return NULL;
  MmBuildMdlForNonPagedPool(pmdl);
      return pmdl;
}
```

```
// 函數分配一個MDL，並且帶有一區塊記憶體
_inline PMDL MyMdlMemoryAllocate(ULONG length)
{
  PMDL mdl;
  void *buffer = ExAllocatePool (NonPagedPool,length);
  if(buffer == NULL)
     return NULL;
  mdl = MyMdlAllocate (buffer,length);
  if(mdl == NULL)
  {
     ExFreePool(buffer);
     return NULL;
  }
  return mdl;
}

// 函數釋放MDL，並釋放MDL所帶的記憶體
_inline void MyMdlMemoryFree(PMDL mdl)
{
  void *buffer = MmGetSystemAddressForMdlSafe(mdl,NormalPagePriority);
  IoFreeMdl(mdl);
  ExFreePool(buffer);
}
```

要完成請求還有一個問題，就是 irp → IoStatus.Information。這裡必須填上實際讀取到的位元組數，不然上層不知道有多少資料傳回。這個數字不一定與請求的長度等同（一般只要成功，就應該都是等同的，唯一的例外是讀取到檔案結束的地方長度不夠了，只能傳回一個不足的值）。必須設定這個數字：

```
irp->IoStatus.Information = length;
```

作為讀取檔案的情況，如果是自己完成請求，那麼不能忘記移動檔案指標；否則作業系統由於不知道檔案指標移動了而反覆讀取同一個地方，永遠找不到檔案結尾，筆者就碰到過這樣的情況。一般應按以下方法處理，如果檔案讀取失敗，則請保持原來的檔案指標位置不變；如果檔案讀取成功，則請把檔案指標指到「讀取請求偏移量＋成功讀取長度」的位置。

這個所謂的指標是指 irp → FileObject → CurrentByteOffset。如果請求沒有下發，完全自己虛擬執行這個請求的話，irp → FileObject → CurrentByteOffset 也必須同步地修改。

下面是範例的程式。現在看看怎麼完成這些請求，假設已經獲得了要讀取的資料。這些當然都是在 SfRead 中或是其他想完成這個 IRP 的地方做的，假設其他必要的判斷都已經做了，下面直接根據次功能號來判斷。

```
switch(irpsp->MinorFunction)
{
    // 先保留檔案的偏移位置
    case IRP_MN_NORMAL:
    {
        void *buffer;
        if(irp->MdlAddress != NULL)
            buffer =
                MmGetSystemAddressForMdlSafe(
                    irp->MdlAddress,NormalPagePriority)
        else
            buffer = Irp->UserBuffer;
            // …如果有資料，就寫入buffer中
        irp->IoStatus.Information = length;
        irp-> IoStatus.Status = STATUS_SUCCESS;
        irp->FileObject->CurrentByteOffset.Quat = offset.Quat+length;
            IoCompleteRequest( Irp, IO_NO_INCREMENT );
        return STATUS_SUCCESS;
    }
    case IRP_MN_MDL:
    {
        // 比上面的情況複雜，請先分配MDL
        PMDL mdl = MyMdlMemoryAllocate (length);
        if(mdl == NULL)
        {
            // 傳回資源不足
        }
        irp->MdlAddress = mdl;

            // …如果有資料，就寫入MDL的buffer中

        irp->IoStatus.Information = length;
        irp-> IoStatus.Status = STATUS_SUCCESS;
        irp->FileObject->CurrentByteOffset.Quat = offset.Quat+length;
            IoCompleteRequest( Irp, IO_NO_INCREMENT );
        return STATUS_SUCCESS;
    }
    case IRP_MN_MDL_COMPLETE:
    {
```

```
    // 沒有其他工作，就是釋放MDL
    irp->IoStatus.Information = length;
    irp-> IoStatus.Status = STATUS_SUCCESS;
    irp->FileObject->CurrentByteOffset.Quat = offset.Quat+length;
        IoCompleteRequest( Irp, IO_NO_INCREMENT );
    return STATUS_SUCCESS;
}
default:
{
    // 筆者認為其他的情況不過濾比較簡單
}
}
```

對於 IRP_MN_MDL 的情況，需要分配一個 MDL，並且這個 MDL 所帶有的記憶體是有一定長度的，這個長度必須與後來的 irp → IoStatus.Information 相同。似乎上層並不以 irp → IoStatus. Information 傳回的長度為準，例如明明唯讀了 50 個位元組，但是過濾驅動傳回了一個指向記憶體長度為 60 個位元組的 MDL，則作業系統認為已經讀取了 60 個位元組。這非常糟糕。

最後講一下檔案是如何結尾的。如果到某一處傳回成功，但是實際讀取到的資料沒有請求的資料長，則還是傳回 STATUS_SUCCESS，此後作業系統會馬上發 IRP 來讀取最後一個位置，此時傳回長度為 0，傳回狀態 STATUS_FILE_END 即可。上層作業系統就會明確知道檔案到結尾了。

▌11.7 其他操作的過濾

前面主要介紹的是讀取和寫入操作的過濾。檔案系統的操作花樣繁多，更多種類的操作過濾方式將在第 12 章「檔案系統透明加密」中按照實際需求介紹，這裡只介紹檔案的開啟、關閉和刪除。

11.7.1 檔案物件的生存週期

在進行檔案系統操作過濾時，被操作的物件始終是檔案物件（結構為 FILE_OBJECT）。

熟悉 Windows 應用程式設計的讀者都知道，對檔案的操作一般都是針對檔案控制代碼的。首先用 CreateFile 獲得一個檔案控制代碼；然後可以對這個檔案

進行讀 / 寫、查詢和設定屬性的操作；最後用 CloseHandle 來關閉這個檔案控制代碼。

在核心中的檔案物件指標，也可以視為和檔案控制代碼類似的東西。實際上，在應用層使用的控制碼，是直接對應於核心中的檔案物件的，二者可以互相轉換。

但是它們並不是一對一的關係，一個檔案物件可以獲得多個控制碼。

在檔案系統過濾驅動中，讀者設定的分發函數首先拿到的是 IRP，然後透過 IRP 獲得檔案物件指標。

使用下面的程式從 IRP 中獲得檔案物件指標。

```
PIO_STACK_LOCATION irpsp = IoGetCurrentIrpStackLocation(irp);
PFILE_OBJECT file_obj = irpsp->FileObject;
```

和控制碼類似，檔案物件是在主功能編號為 IRP_MJ_CREATE 的 IRP 完成之後誕生的（在獲得這個 IRP，但是 IRP 還沒有被完成時，檔案物件指標已經可用。只是這時還沒有真正開啟檔案，所以可以看作一個無效的檔案物件）。

同理，檔案物件是在主功能編號為 IRP_MJ_CLOSE 的 IRP 完成之後被銷毀的，之後就不能再去使用那個檔案物件指標了，理論上相關記憶體應該已經被釋放。

獲得檔案物件之後，在過濾某個操作時，才能知道這個操作是在操作哪個檔案。因此，獲得檔案物件非常重要。

11.7.2 檔案的開啟與關閉

實際上，檔案物件並不僅指檔案。在 Windows 檔案系統中，目錄和檔案都是用檔案物件來抽象的。這裡有一個問題，對於一個已經存在的檔案物件，如何判斷它是目錄還是檔案呢？

對於一個已經存在的檔案物件，必須自己發送 IRP 向卷冊裝置詢問這個檔案物件的資訊。自己發送 IRP 雖然可行，但是並不簡單，而且沒有標準的文件可循（只有 OSR 的一些資料中有介紹）。但是檔案物件都是在開啟檔案時誕生的，在誕生的過程中，確實可以透過使用一些方法得知這個即將誕生（或已經誕生）的檔案物件是檔案還是目錄。

在開啟檔案時獲得檔案的資訊並儲存起來,然後在其他時候使用這些資訊,最後在檔案被關閉時刪除這些資訊。這是在檔案系統過濾驅動中常常用到的做法。之所以這樣做,是因為檔案系統過濾驅動程式常常在檔案被操作時執行。此時再發出檔案系統操作(例如查詢是檔案還是目錄),如果不自行向下層發送 IRP 或採取其他避免重入的方法,則常常會導致這些操作再次被自己捕捉到(這些操作也被自己過濾了),而帶來很多重入處理的麻煩。所以,常常會堅持以下原則。

(1) 在一個檔案被開啟(IRP 的主功能編號為 IRP_MJ_CREATE)時,決定這個檔案物件是「要過濾」的還是「不要過濾」的。在決定之前,預設是不要過濾的,所以盡可以對它進行各種操作,收集更多的資訊,都不會重入。這些資訊被存入一個雜湊表中。

(2) 在其他的檔案操作(如讀、寫、查詢、設定等)時,只過濾雜湊表中存在且標明為「要過濾」的檔案物件的請求,其他的操作一律放過。此時需要的資訊(如這是個檔案還是目錄、全路徑等)直接從雜湊表中取得,不用嘗試自己去取得了。

(3) 在檔案物件被關閉時釋放雜湊表中的內容。

收到一個檔案開啟的 IRP 時,先獲得目前 IO_STACK_LOCATION,那麼 irpsp → Parameters.Create 的結構按照 WDK 的文件的內容如下:

```
struct {
PIO_SECURITY_CONTEXT SecurityContext;
ULONG Options;
USHORT FileAttributes;
USHORT ShareAccess;
ULONG EaLength;
};
```

這個結構中的參數與應用層的 API 函數 CreateFile 中的參數是對應的,讀者可以對照文件自己研究一下。irpsp → Parameters.Create.Options 取得一個和目錄相關的關鍵標記:

```
ULONG options = irpsp->Parameters.Create.Options;
if((options & FILE_DIRECTORY_FILE) != 0)
{
...
}
```

是不是 Options 裡面有 FILE_DIRECTORY_FILE 標記就表示這是一個目錄？並非如此。讀者應該牢記的是，實際上，產生或開啟是一種嘗試性的動作。無論如何，只有當產生或開啟檔案成功時，判斷檔案物件是檔案還是目錄才有意義，否則是空談。

成功有兩種可能：一是已經開啟了原有的檔案或目錄；二是新建立了檔案或目錄。Options 裡面帶有 FILE_DIRECTORY_FILE 標記，表示開啟或產生的物件必須是一個目錄才能成功。如果在這個開啟請求的完成函數中，證實產生或開啟是成功的，那麼傳回獲得的檔案確實應該是一個目錄。

如果這個操作失敗，那麼讀者就沒有必要關心那個存在或不存在的檔案物件到底是檔案還是目錄了。因為操作失敗了，以後也不會再過濾它的後繼操作了。

所以，一般的做法是在產生（或開啟）成功時捕捉這個資訊，並記錄在一個雜湊表中。這時讀者得寫一個用來表示雜湊表的資料結構。當然，為了簡便，也可以完全不用雜湊表，而是簡單地使用鏈結串列甚至陣列，只是要注意確保操作時的多執行緒安全性。

但是這裡要實現的功能，只是判斷一個檔案物件是否是目錄。在這裡筆者做了一個簡單的設計：把所有認為是目錄的檔案物件放到一個集合裡。那麼在以後的過濾中，要判斷一個檔案物件是否是目錄，只要判斷它是否在這個集合裡即可。

下面需要改動一下產生請求的完成函數。請參考上面的檔案讀取操作中對完成函數的設定。

```
NTSTATUS SfCreateComplete(
  IN DEVICE_OBJECT *DeviceObject,
  IN IRP *irp,
  IN PVOID context)
{
  PIO_STACK_LOCATION irpsp = IoGetCurretIrpStackLocation(irp);
  PFILE_OBJECT file = irpsp->FileObject;
  UNREFERENCED_PARAMETER(DeviceObject);
  if(NT_SUCCESS(irp->IoStatus.Status)
  {
    // 如果成功了，則把這個FileObject記錄到集合裡，這是一個剛剛開啟或產生的目錄
    if(file != NULL &&
```

```
        (irpsp->Parameters.Create.Options & FILE_DIRECTORY_FILE) != 0)
      MyAddObjToSet (file);  // 把FileObject儲存到一個集合裡
                        // 這個函數請自己實現
  }
  return irp->IoStatus.Status;
}
```

現在所有的目錄都被記錄了。當獲得一個檔案物件指標 FileObject 時，可以判斷這個 FileObject 在不在集合裡，如果在，就說明是目錄，反之是檔案。

當這個 FileObject 被關閉時，應該把它從集合中刪除。可以捕捉主功能編號為 IRP_MJ_CLOSE 的 IRP 來做這個工作。

上面的方法是否可以精確地判斷一個檔案物件是否是目錄呢？

可以確定的是，在 irpsp → Parameters.Create.Options & FILE_DIRECTORY_FILE != 0 的條件下，如果一個檔案物件被成功開啟了，那麼這個檔案物件一定是目錄物件。

筆者不能肯定的是，在 irpsp → Parameters.Create.Options & FILE_DIRECTORY_FILE 和 irpsp → Parameters.Create.Options & FILE_NONDIRECTORY_FILE 均為 0 的情況下，Windows 是否有開啟一個檔案物件的可能，而且開啟後發現這個檔案物件是一個目錄。這一點只能請讀者自己來偵錯驗證了。

11.7.3 檔案的刪除

本節將介紹檔案是如何被刪除的。

Windows 刪除檔案的第一步是發送一個請求開啟檔案，開啟檔案時必須設定為有刪除的存取權限；如果開啟失敗，則直接導致無法刪除檔案。第二步是發出一個設定請求（主功能編號是 IRP_MJ_SET_INFORMATION），表示這個檔案將被刪除。第三步是關閉檔案，關閉時檔案將被系統刪除。

但是也存在不需要第二步就可能刪除一個檔案的情況。一個典型的實例是，一些暫存檔案在被開啟時就已經被設定了「關閉時刪除」，所以這些檔案不需要再出現設定請求，在關閉後就會被刪除。

一個檔案被設定了「關閉時刪除」屬性之後，這個檔案在關閉之前依然存在，但是對這個檔案的大部分操作（例如寫、讀、查詢等）都會傳回一個「檔案在刪除中」的錯誤。

不過請注意，這裡的「刪除」並非把檔案刪除到資源回收筒。如果要測試刪除，讀者操作時務必要按住 Shift 鍵徹底刪除檔案。把檔案刪除到資源回收筒只是一種改名操作。改名操作是另一種設定操作（主功能編號也是 IRP_MJ_SET_INFORMATION，但是 IrpSp → Parameters.SetFile.FileInformationClass 不同）。

第一步是開啟檔案。在檔案被開啟時，捕捉到 irpsp 的參數，請翻到 11.7.2 節「檔案的開啟與關閉」，查閱 irpsp → Parameters.Create 的資料結構中，第一域是一個 IO_SECURITY_CONTEXT 的指標 SecurityContext。

```
PIO_SECURITY_CONTEXT SecurityContext;
```

這個結構如下：

```
typedef struct _IO_SECURITY_CONTEXT {
PSECURITY_QUALITY_OF_SERVICE SecurityQos;
PACCESS_STATE AccessState;
ACCESS_MASK DesiredAccess;
ULONG FullCreateOptions;
} IO_SECURITY_CONTEXT, *PIO_SECURITY_CONTEXT;
```

注意其中的 DesiredAccess，必須設定 DELETE 位，才有可能刪除檔案。

第二步是設定為「關閉時刪除」。這是透過發送一個 IRP（IRP_MJ_SET_INFORMATION）來設定的。捕捉主功能編號為 IRP_MJ_SET_INFORMATION 的 IRP 後：

首先 irpsp → Parameters.SetFile.FileInformationClass 應為 FileDispositionInformation。

然後，irp → AssociatedIrp.SystemBuffer 指向以下的結構：

```
typedef struct _FILE_DISPOSITION_INFORMATION {
BOOLEAN DeleteFile;
} FILE_DISPOSITION_INFORMATION;
```

如果域 DeleteFile 為 TRUE，那麼這是一個刪除檔案的操作，檔案將在這個檔案物件關閉時被真正刪除。

11.8 路徑過濾的實現

11.8.1 取得檔案路徑的三種情況

路徑過濾是指根據檔案的路徑來決定是否要過濾這個檔案。在檔案系統過濾中，路徑過濾是極其常見的需求。比較典型的有，如果進行檔案加密，有時候客戶會要求不加密某個目錄下的檔案；或要求只加密某個目錄下的檔案。同樣，在視訊點播時，也可以把所有的串流媒體檔案都放在某些特定的目錄下，則在檔案過濾處理時就不用關心其他的檔案了。

現在的問題就是，如何從 IRP 中（或說如何從檔案物件中）獲得這個檔案的路徑？

取得檔案的路徑有三種情況：

第一，在檔案開啟之前，從開啟檔案的請求中分析路徑。換句話說，這個檔案並不一定真實存在，只是在 Windows 試圖開啟（或產生）某個檔案時，從 FileObject → FileName 中分析檔案路徑。後面會討論這種方法的困難之處。

第二，在檔案開啟 IRP 處理結束後取得路徑。該方法在 sfilter 的原始程式中示範過，是最容易解決的。

第三，在檔案過濾其他 IRP 時（如改名、查詢、設定、讀、寫），獲得檔案物件所對應的檔案路徑。

以上三種情況中的第一種情況最麻煩；第二種情況最簡單；第三種情況則一般都按照前面提到過的常用做法：把要關心路徑的檔案物件指標及其路徑（在第二種情況下獲得）都儲存在雜湊表中，然後在第三種情況下直接查雜湊表。所以只要第二種情況的問題獲得了解決，在第三種情況下就可以輕鬆獲得檔案路徑，不需要再另想辦法了。

11.8.2 開啟成功後取得路徑

這一節介紹在上面所說的第二種情況下取得檔案路徑的方法。因為此時檔案物件已經產生結束，所以對這個物件來說，可以使用 ObQueryNameString。該函數的原型如下：

```
NTSTATUS
  ObQueryNameString(
    IN PVOID  Object,
    OUT POBJECT_NAME_INFORMATION  ObjectNameInfo,
    IN ULONG  Length,
    OUT PULONG  ReturnLength
    );
```

其中，Object 是一個物件的指標。檔案物件也是物件的一種，所以這裡可以直接傳入檔案物件的指標。第二個參數是一個用來接收傳回的名字資訊的結構，這個結構必須自己分配好記憶體，而且它需要的長度取決於實際要傳回的名字的長度。該結構如下：

```
typedef struct _OBJECT_NAME_INFORMATION {
  UNICODE_STRING Name;
} OBJECT_NAME_INFORMATION, *POBJECT_NAME_INFORMATION;
```

請注意，這裡的 Name 是一個 UNICODE_STRING。讀者知道實際的字串內容會寫入 Name.Buffer 中。但是要注意的是，讀者不要自己去分配 Name. Buffer，ObQueryNameString 會自動把 Name.Buffer 設定為 Name 域之後緊接著的位址。換句話説，讀者如果要使用這個函數獲得正確的結果，就必須傳入一個長度足夠的 POBJECT_NAME_INFORMATION 指標。

如何預知需要多長的緩衝區呢？可以在第一次呼叫時，使用一個預測的緩衝區長度，然後設定 Length 參數為緩衝區的長度。如果成功，後面的操作就是多餘的；如果不成功，這個函數就會傳回 STATUS_INFO_LENGTH_MISMATCH，並且在 ReturnLength 中獲得實際需要的長度。

該函數的正確呼叫方法範例如下：

```
// 先猜測性地假設只需要64個位元組長度的資料
UCHAR buf[64] = {0};
PUCHAR new_buf = NULL;
ULONG length = 64, ret_length;
POBJECT_NAME_INFORMATION name_infor =
  (POBJECT_NAME_INFORMATION)buf;

// 第一次呼叫，使用預設的長度
NTSTATUS status = ObQueryNameString(
```

```
   file_obj,name_infor,length,&ret_length);
if(status == STATUS_INFO_LENGTH_MISMATCH)
{
// 第二次呼叫，重新分配長度
   new_buf = ExAllocatePool(NonPagedPool,ret_length);
   if(new_buf == NULL)
   {
       //…記憶體不足，錯誤處理
   }
   else
   {
       name_infor = (POBJECT_NAME_INFORMATION)new_buf;
       status = ObQueryNameString(
           file_obj,name_infor,length,&ret_length);
       // 如果status為STATUS_SUCCESS，那麼name_infor->Name
       // 就是要獲得的名字了。這裡可以加入自己的處理
       // …
   }
}
// 把分配的資源清理掉
if(new_buf != NULL)
   ExFreePool(new_buf);
```

若對一個叫作 MyFile.Name 的檔案使用上面的方法，則傳回的路徑可能是 "\
Device\HardDisk-Volume1\MyDirectory\MyFile.Name"。

這裡再次強調一下，必須在檔案開啟 IRP 完成之後再進行呼叫。如果
直接在 SfCreate 函數的早期進行呼叫，則只能獲得一個路徑："\Device\
HardDiskVolume1"。

這個路徑不完整，只能看到卷冊裝置路徑。透過卷冊裝置路徑可以獲得磁碟代
號，可以確定檔案在哪個邏輯碟上。但無法得知檔案的實際路徑。

可能有些讀者會聯想到，既然透過 QbQueryNameString 就可以獲得路徑，那麼
在其他請求的過濾中，直接對檔案物件呼叫 QbQueryNameString 就行了。

但是需要注意的是，ObQueryNameString 只能在開啟（IRP_MJ_CREATE）IRP
和清理（IRP_MJ_CLEANUP）或關閉（IRP_MJ_CLOSE）IRP 的處理中使用；
否則很容易鎖死，原因不明。

11.8.3 在其他時刻獲得檔案路徑

在檔案過濾其他請求時（如改名、查詢、設定、讀、寫），如何獲得檔案物件所對應的檔案路徑呢？

在檔案讀／寫時常常沒有好的辦法可以直接獲得檔案路徑。對檔案物件進行 ObQueryNameString 很容易導致當機，這似乎是 Windows 本身的問題。但是如果讀者可以直接向下層裝置發送 IRP 進行查詢，就不會當機。發送一個主功能編號為 IRP_MJ_QUERY_INFORMATION 的程式還算比較簡單，可以在網上找到實例。但是，這並非是有文件可查、合理的方法，因為微軟並沒有公開每個請求的 IRP 如何填寫，許多細節是一些開發者自己偵錯出來的，所以未來難保在相容性上不出現問題。

有些讀者會發現 FileObject → FileName 是存在的，並且儲存著這個檔案在裝置上的路徑（不包含磁碟代號）。但是遺憾的是，微軟的文件已經宣告，任何過濾層都可以修改 FileObject → FileName。在檔案成功開啟之後，就不能再認為 FileObject → FileName 依然有效了（雖然實際在大多數情況下是有效的）。此外，FileObject → FileName 還會有一些其他的問題，將在下一節中進行少量說明。

既然前面在檔案物件的產生請求處理結束後已經獲得了路徑，那麼就可以把它存在一個表中，當 FileObject 被關閉時清除這個記錄以避免記憶體洩露。然後無論是讀、寫、查詢、設定還是重新命名（設定的一種），我們都可以透過這個表來查詢路徑。

應該用雜湊表來提高效率。雜湊表是資料結構問題，請讀者自己實現。這個表的使用方法簡述如下：

（1）在 SfCreate 中，獲得 FileObject 的檔案路徑（用前面的方法），並把 FileObject 指標和路徑的對應關係儲存在一個雜湊表中。

（2）在任何時候都可以在表中查詢到一個 FileObject 對應的路徑，不必擔心重入和中斷等級等問題。

（3）在 SfCleanUp 中刪去該 FileObject 對應的節點。

11.8.4 在開啟請求完成之前獲得路徑名稱

最後一個問題是，如何在開啟 IRP（IRP_MJ_CREATE）處理之前獲得路徑名稱？

唯一的途徑是使用 FileObject → FileName。要注意 FileObject → ReleatedObject 不為空的情況，這時 FileObject → FileName 是 RelatedObject 的相對路徑（RelatedObject 一般是一個目錄）。首先要呼叫核心 API 函數 ObQueryNameString 來查詢這個物件的全路徑，獲得路徑之後再和 FileObject → FileName 組合，在組合時還要注意，中間是否需要插入一個 "\"（根據前後是否已經有 "\" 存在來決定）。

相關的程式如下。請注意，這個函數能獲得的路徑是從 FileObject → FileName 中獲得的，有一個問題就是其中可能含有短檔名。如果一定要獲得長檔名，則需要按照下一節中的方法進行特殊處理。

```
#define MEM_TAG 'mymt'
// 在Create之前，獲得完整的路徑
ULONG
MyFileFullPathPreCreate(
                PFILE_OBJECT file,
                            PUNICODE_STRING path
            )
{
  NTSTATUS status;
  POBJECT_NAME_INFORMATION  obj_name_info = NULL;
  WCHAR buf[64] = { 0 };
  void *obj_ptr;
  ULONG length = 0;
  BOOLEAN need_split = FALSE;

  ASSERT( file != NULL );
  if(file == NULL)
     return 0;
  if(file->FileName.Buffer == NULL)
     return 0;

  obj_name_info = (POBJECT_NAME_INFORMATION)buf;
  do {
```

```
// 取得FileName前面的部分（裝置路徑或根目錄路徑）
if(file->RelatedFileObject != NULL)
    obj_ptr = (void *)file->RelatedFileObject;
else
    obj_ptr= (void *)file->DeviceObject;
status =
    ObQueryNameString(
        obj_ptr,obj_name_info,64*sizeof(WCHAR),&length);
if(status == STATUS_INFO_LENGTH_MISMATCH)
{
    obj_name_info =
        ExAllocatePoolWithTag(NonPagedPool,length,MEM_TAG);
    if(obj_name_info == NULL)
        return STATUS_INSUFFICIENT_RESOURCES;
    RtlZeroMemory(obj_name_info,length);
    status = ObQueryNameString(obj_ptr,obj_name_info,length, &length);
}
// 若失敗則直接跳出即可
if(!NT_SUCCESS(status))
    break;

// 判斷二者之間是否需要多加一個"\"。若FileName的第一個字元不是"\"且
// obj_name_info的最後一個字元不是"\"則加入"\"
if( file->FileName.Length > 2 &&
    file->FileName.Buffer[ 0 ] != L'\\' &&
    obj_name_info->Name.Buffer[
        obj_name_info->Name.Length / sizeof(WCHAR) - 1 ] != L'\\' )
    need_split = TRUE;

// 取得整體名字的長度。如果長度不足，直接傳回
length = obj_name_info->Name.Length + file->FileName.Length;
if(need_split)
    length += sizeof(WCHAR);
if(path->MaximumLength < length)
    break;

// 先把裝置名稱拷貝進去
RtlCopyUnicodeString(path,&obj_name_info->Name);
if(need_split)
    // 追加一個"\"
    RtlAppendUnicodeToString(path,L"\\");

// 然後追加FileName
```

```
    RtlAppendUnicodeStringToString(path,&file->FileName);
} while(0);

// 如果分配過空間就釋放掉
if((void *)obj_name_info != (void *)buf)
    ExFreePool(obj_name_info);
return length;
}
```

11.8.5 把短檔名轉為長檔名

在早期的 DOS 系統上，檔案名稱最長為 8 個字元，副檔名最長為 3 個字元，所以，如果 Windows 上的檔案名稱超過 8 個字元，Windows 就會為它分配一個短檔名，例如檔案名稱 123456789.123 會變成 123456 ～ 1.123。當然，也有儲存為長檔名的。在 FileObject → FileName 中儲存的檔案名稱不一定是長檔名，也有可能是短檔名。一旦碰到，你想要獲得完整的檔案長檔名就比較麻煩了。筆者沒有找到將這些短檔名轉為長檔名的簡易方法，有人提供了一個非常麻煩但是確實有效的辦法，其思維是：

首先假設獲得一個路徑 \aaaaaa~1\bbbbbb~1\cccccc~1\dddddd~1.txt，然後把它分解成 5 個物件：

```
\
aaaaaa~1
bbbbbb~1
cccccc~1
dddddd~1.txt
```

先用 ZwCreateFile 開啟第一個目錄，第一個目錄總是 "\"（不需要長短轉換），然後呼叫 ZwQueryDirectoryFile 列舉下面所有的檔案和目錄。如果進行查詢（令查詢類別為 FileIdBoth- DirectoryInformation），那麼會獲得一組 FILE_ID_BOTH_DIR_INFORMATION，代表下面的每個檔案和目錄。獲得的 FILE_ID_BOTH_DIR_INFORMATION 結構如下：

```
typedef struct _FILE_ID_BOTH_DIR_INFORMATION {
    ULONG NextEntryOffset;
    ULONG FileIndex;
    LARGE_INTEGER CreationTime;
    LARGE_INTEGER LastAccessTime;
```

```
    LARGE_INTEGER LastWriteTime;
    LARGE_INTEGER ChangeTime;
    LARGE_INTEGER EndOfFile;
    LARGE_INTEGER AllocationSize;
    ULONG FileAttributes;
    ULONG FileNameLength;
    ULONG EaSize;
    CCHAR ShortNameLength;
    WCHAR ShortName[12];        // 這裡有短檔名
    LARGE_INTEGER FileId;
    WCHAR FileName[1];          // 這裡有長檔名
} FILE_ID_BOTH_DIR_INFORMATION, *PFILE_ID_BOTH_DIR_INFORMATION;
```

長、短檔名都到手了，那麼程式設計者當然可以找到 "\" 之下的第一個 "aaaaaa~1" 所對應的長檔名，然後依此類推，一個一個查詢。這是個麻煩的辦法，但是確實有效。

上面的程式極其冗長，本書不再貼出，請需要的讀者自己完成它。

▌ 11.9 把 sfilter 編譯成靜態程式庫

11.9.1 如何方便地使用 sfilter

sfilter 是微軟在 WDK 中提供的傳統型檔案過濾的實例。它編譯出來的是一個 sys 檔案，這不符合一般核心軟體開發者的要求。這是因為一般的程式設計者都是要開發一個能實現自己需求的檔案過濾，而非直接使用什麼都不做的 sfilter。為此，很多程式設計者直接在 sfilter 上修改，插入大量的程式與 sfilter 混雜，導致程式不可移植，而且一旦出現問題，很難定位。

比較合理的方法是把 sfilter 編譯成一個任何核心模組都可以使用的靜態程式庫。這個靜態程式庫只提供綁定檔案系統的裝置物件，提供 IRP 過濾功能，而不做任何實際的事情。這樣，程式設計者就不用修改 sfilter 本身了，只要連結這個函數庫，並利用它的介面來程式設計即可。sfilter 本身非常穩定，在尋找 Bug 的大多數情況下，可以把 sfilter 本身排除在外。

要把 sfilter 修改為一個靜態程式庫，首先要修改 SOURCES 檔案。筆者的 sfilter 函數庫的 SOURCES 檔案內容如下：

```
TARGETNAME=sfilter
TARGETPATH=obj
TARGETTYPE=LIBRARY
DRIVERTYPE=FS
SOURCES=sfilter.c
```

現在編譯 sfilter 就會變成一個靜態程式庫（lib 檔案），但是這不是一個有明確介面可以呼叫的靜態程式庫。在 11.9.2 節中將展示如何插入回呼函數介面。

11.9.2 初始化回呼、移除回呼和綁定回呼

如果程式設計者要連結靜態程式庫 sfilter，利用其提供的檔案功能，那麼如何插入自己的處理呢？一般的方法是在 sfilter 中呼叫一些回呼函數。當然，這些回呼函數不是 sfilter 自己實現的，而是要靠以 sfilter 撰寫軟體為基礎的開發者來實現。

舉例來說，sfilter 提供了一個回呼函數介面，原型如下：

```
NTSTATUS OnSfilterDriverEntry(
    IN PDRIVER_OBJECT DriverObject,
    IN PUNICODE_STRING RegistryPath,
OUT PUNICODE_STRING userNameString,
OUT PUNICODE_STRING syblnkString,
OUT PULONG extensionSize);
```

這個函數留給開發者自己來實現。實現時，需要填寫 userNameString，以後 sfilter 會將它作為控制裝置的名字；同樣還有 syblnkString，之後 sfilter 會將這個字串作為控制裝置的符號連結名稱；最後是 extensionSize，將成為每個裝置的裝置擴充的長度。

如何插入這個回呼函數呢？首先增加一個標頭檔案 sfilter.h，在標頭檔中宣告上述函數，也就是把上面的程式加入到 sfilter.h 中。然後在原來的 sfilter.c 中加入 #include"sfilter.h"，這樣在 sfilter.c 中就可以呼叫 OnSfilterDriverEntry 了。在下面程式的 DriverEntry 中，用 OnSfilterDriverEntry 來決定控制裝置的符號連結名稱和裝置名稱。

```
NTSTATUS
DriverEntry (
    IN PDRIVER_OBJECT DriverObject,
```

```
    IN PUNICODE_STRING RegistryPath
)
{
  UNICODE_STRING path2K;
  UNICODE_STRING pathXP;
  WCHAR nameBuffer[MY_DEV_MAX_PATH] = { 0 };
        UNICODE_STRING userNameString;
  WCHAR userNameBuffer[MY_DEV_MAX_NAME] = { 0 };
  UNICODE_STRING syblnkString;
  WCHAR syblnkBuffer[MY_DEV_MAX_NAME] = { 0 };
  NTSTATUS status;

  UNICODE_STRING dosDevicePrefix;
  UNICODE_STRING dosDevice;
  WCHAR dosDeviceBuffer[MY_DEV_MAX_NAME] = { 0 };

  RtlInitEmptyUnicodeString(&nameString,nameBuffer,MY_DEV_MAX_PATH);
  RtlInitEmptyUnicodeString(
     &userNameString,userNameBuffer,MY_DEV_MAX_NAME);
  RtlInitEmptyUnicodeString(&syblnkString,syblnkBuffer,MY_DEV_MAX_NAME);
  RtlInitUnicodeString(&pathXP,L"\\FileSystem\\Filters\\");
  RtlInitUnicodeString(&path2K,L"\\FileSystem\\");
  RtlInitUnicodeString( &dosDevicePrefix, L"\\DosDevices\\" );
  RtlInitEmptyUnicodeString(
     &dosDevice, dosDeviceBuffer, MY_DEV_MAX_NAME );
  RtlCopyUnicodeString( &dosDevice, &dosDevicePrefix );

  status =
     OnSfilterDriverEntry(
        DriverObject,
        RegistryPath,
        &userNameString,
        &syblnkString,
        &gUserExtensionSize);
  if(!NT_SUCCESS(status))
     return status;
  RtlCopyUnicodeString(&nameString,&pathXP);
  RtlAppendUnicodeStringToString(&nameString,&userNameString);
  // 產生控制裝置
  status = IoCreateDevice( DriverObject,
                      0,            // 沒有裝置擴充
                      &nameString,
                      FILE_DEVICE_UNKNOWN,
```

```
                         FILE_DEVICE_SECURE_OPEN,
                         FALSE,
                         &gSFilterControlDeviceObject );
//……

// 產生符號連結
RtlAppendUnicodeStringToString( &dosDevice, &syblnkString );
IoDeleteSymbolicLink( &dosDevice );
status = IoCreateSymbolicLink( &dosDevice, &nameString );
//……
}
```

因為 OnSfilterDriverEntry 只提供了名字，而前面還有路徑，所以處理比較複雜。但是邏輯應該是好懂的，也就是說，修改了 sfilter 原來的 DriverEntry，在 sfilter 原來的 DriverEntry 的範例程式中，直接產生了一個強制寫入的裝置名稱。修改成 sfilter 函數庫之後，我們提供了一個回呼函數 OnSfilterDriverEntry。這個函數庫的使用者可以在 OnSfilterDriverEntry 自由指定一個自己想要的裝置名稱。避免了 sfilter 產生的裝置名稱千篇一律的問題（Windows 中的裝置名稱不可重複）。OnSfilterDriverEntry 函數僅作了宣告，根本就沒有實現，所以如果編譯成 sys 檔案，連結一定會顯示出錯。但是編譯 sfilter.lib 卻沒問題，因為靜態程式庫本來就是用來連結的，現在應該由靜態程式庫的使用者來實現這個函數了。

同理，可以宣告一個 OnSfilterDriverUnload，插入在 DriverUnload 中即可。

11.9.3 綁定與回呼

sfilter 預設綁定所有能找到的檔案系統卷冊裝置。但是這有時並不必要，例如某個軟體只要求過濾網路檔案系統，或只要求過濾系統磁碟，此時綁定全部卷冊不但浪費資源，而且容易造成新的 Bug。為此，需要增加一個回呼函數，讓延伸開發者可以決定是否綁定一個卷冊。

綁定一個卷冊插入回呼有兩個機會，一是在綁定之前插入一個綁定前置處理回呼，程式設計者可以傳回 TRUE 表示同意綁定，傳回 FALSE 表示不同意綁定。如果同意綁定，那就需要第二個插入回呼的機會：綁定一定要傳回一個結果，告訴程式設計者綁定的結果（成功還是不成功），這時候可以呼叫綁定後處理回呼函數。

```
// 每當有裝置要被綁定時就呼叫該函數。使用者可以傳回TRUE來表示同意綁定或傳回
// FALSE來表示不同意綁定
BOOLEAN OnSfilterAttachPre(
  // 過濾裝置，已經產生好的
  IN PDEVICE_OBJECT ourDevice,
  // 真實裝置，要被綁定的
  IN PDEVICE_OBJECT theDeviceToAttach,
  // 裝置名稱，讓使用者更進一步地判斷要不要綁定
  IN PUNICODE_STRING DeviceName,
  // 裝置擴充指標。在OnSfilterDriverEntry中決定裝置擴充的大小
  IN PVOID extension);

// 參數基本同上。在使用者決定綁定並綁定完成後，無論是否成功，該函數都會被呼叫
VOID OnSfilterAttachPost(
  IN PDEVICE_OBJECT ourDevice,
  IN PDEVICE_OBJECT theDeviceToAttach,
  IN PDEVICE_OBJECT theDeviceToAttached,
  IN PVOID extension,
  // 綁定狀態。如果為STATUS_SUCCESS，則綁定成功
  IN NTSTATUS status);
```

有兩個地方要增加回呼：一個地方是 SfAttachToFileSystemDevice；另一個地方是 SfAttachTo- MountedDevice。在這兩個函數中分別插入下面幾句即可：

```
...
// 綁定之前，呼叫OnSfilterAttachPre來詢問使用者是否要綁定該裝置。如果不綁定則
// 直接傳回不成功
if(!OnSfilterAttachPre(newDeviceObject,DeviceObject,&fsName,
  (PVOID)(((PSFILTER_DEVICE_EXTENSION)
  DeviceObject->DeviceExtension)->UserExtension)))
return STATUS_UNSUCCESSFUL;
...
// 這中間完成綁定
...
// 呼叫綁定後處理回呼函數
OnSfilterAttachPost(newDeviceObject,DeviceObject,
  devExt->AttachedToDeviceObject,
  (PVOID)(((PSFILTER_DEVICE_EXTENSION)
  DeviceObject->DeviceExtension)->UserExtension),
  STATUS_SUCCESS);
...
```

11.9.4 插入請求回呼

當然，最重要的就是要讓延伸開發者有機會處理 IRP。處理 IRP 也有兩種情況：一種是前置處理；另一種是後處理。前置處理是讓程式設計者在 IRP 還未下發之前，就有機會過濾 IRP；後處理是在這個請求完成之後，讓程式設計者有機會修改結果。

請求前置處理的原型如下：

```
SF_RET OnSfilterIrpPre(
  IN PDEVICE_OBJECT DeviceObject,
  IN PDEVICE_OBJECT NextObject,
  IN PVOID extension,
  IN PIRP Irp,
  OUT NTSTATUS *status,
  // 一個上下文指標。這個指標會被傳遞到後處理函數中
  PVOID *context);
```

這個函數的傳回值是 SF_RET，這是一個列舉類型。定義如下：

```
typedef enum{
SF_IRP_GO_ON = 0,
SF_IRP_COMPLETED = 1,
SF_IRP_PASS = 2
} SF_RET;
```

如果傳回 SF_IRP_PASS，則表示這個 IRP 將下發，並且不再呼叫完成後的處理函數。也就是說，本驅動就不再管這個 IRP 了。如果傳回 SF_IRP_ COMPLETED，則表示驅動已經完成了該請求，下面就不會再繼續發送該請求了。如果傳回 SF_IRP_GO_ON，則表示本驅動要繼續處理這個 IRP，下發之後，完成後處理回呼函數 OnSfilterIrpPost 會被呼叫，這樣程式設計者還有機會能在 IRP 完成之後加以處理。

完成後回呼函數的原型如下：

```
VOID OnSfilterIrpPost(
  IN PDEVICE_OBJECT DeviceObject,
  IN PDEVICE_OBJECT NextObject,
  IN PVOID extension,
```

```
  IN PIRP Irp,
  IN NTSTATUS status,
  PVOID context);
```

為了實現這個功能，筆者在 **sfilter** 中插入了這兩個函數的呼叫。對不同的 IRP
處理，都要呼叫 **OnSfilterIrpPre** 函數。下面是局部程式。

```
NTSTATUS
SfPassThrough (
    IN PDEVICE_OBJECT DeviceObject,
    IN PIRP Irp
    )
{
  NTSTATUS status;
  SF_RET ret;
  PVOID context;

    ...

  ret = OnSfilterIrpPre(
    DeviceObject,
    ((PSFILTER_DEVICE_EXTENSION)
      DeviceObject->DeviceExtension)->AttachedToDeviceObject,
    (PVOID)((((PSFILTER_DEVICE_EXTENSION)
    DeviceObject->DeviceExtension)->UserExtension),
    Irp,&status,&context);
  switch(ret)
  {
  case SF_IRP_PASS:
    {
      IoSkipCurrentIrpStackLocation( Irp );
      return IoCallDriver(
        ((PSFILTER_DEVICE_EXTENSION)
          DeviceObject->DeviceExtension)
            ->AttachedToDeviceObject,
        Irp );
    }
  case SF_IRP_COMPLETED:
    {
      return status;
    }
  default:
    {
```

```
        KEVENT waitEvent;
        KeInitializeEvent( &waitEvent, NotificationEvent, FALSE );
            IoCopyCurrentIrpStackLocationToNext( Irp );
            IoSetCompletionRoutine(
            Irp,
            SfCreateCompletion,
            &waitEvent,
            TRUE,
            TRUE,
            TRUE );
        status =
            IoCallDriver( ((PSFILTER_DEVICE_EXTENSION)
                DeviceObject->DeviceExtension)
                    ->AttachedTo DeviceObject, Irp );
            if (STATUS_PENDING == status)
        {
                NTSTATUS localStatus = KeWaitForSingleObject(
                &waitEvent, Executive,
                KernelMode, FALSE, NULL);
                ASSERT(STATUS_SUCCESS == localStatus);
            }
        ASSERT(KeReadStateEvent(&waitEvent) ||
            !NT_SUCCESS(Irp->IoStatus.Status));
        OnSfilterIrpPost(
            DeviceObject,
            ((PSFILTER_DEVICE_EXTENSION)
                DeviceObject->DeviceExtension)
                    ->AttachedToDeviceObject,
            (PVOID)(((PSFILTER_DEVICE_EXTENSION)
                DeviceObject->DeviceExtension)->UserExtension),
            Irp,status,context);
        status = Irp->IoStatus.Status;
            IoCompleteRequest( Irp, IO_NO_INCREMENT );
        return status;
    }
  }
}
```

11.9.5 如何利用 sfilter.lib

使用靜態程式庫有一個要注意的問題：如果是編譯發行版本的驅動，則必須連
結發行版本的函數庫；如果是編譯偵錯版本的驅動，則必須連結偵錯版本的函

數庫。而且函數庫和驅動編譯時指定的目標作業系統也應該是一致的，編譯用的 WDK（或 DDK）也必須是一致的；否則不保證能正常連結。

本書程式中有一個實例叫作 sflt_smp，是利用 sfilter.lib 的實例。為了讓 sflt_smp 總是能連結正確的函數庫，本書中的靜態程式庫都被編譯成「函數庫名 _ 發行或偵錯 _ 目標作業系統 .lib」的形式。舉例來説，目標為 Windows 2003 以上系統（實際上也可以用於 Windows XP）的偵錯版本的 sfilter 靜態程式庫檔案名稱為 sfilter_chk_WNET.lib，對應的發行版本則是 sfilter_fre_WNET.lib。

為了讓自己的驅動能正確地根據要編譯的版本連結正確的 sfilter 函數庫，讀者必須很小心地撰寫 SOURCES。本書中的實例 sflt_smp 的 SOURCES 檔案是這樣寫的：

```
TARGETNAME=sflt_smpl
TARGETPATH=obj
TARGETTYPE=DRIVER
DRIVERTYPE=FS
SOURCES=sflt_smpl.c
LIB_POST_FIX=WNET
!if "$(DDK_TARGET_OS)"=="WinXP"
LIB_POST_FIX=WXP
!endif
!if "$(DDK_TARGET_OS)"=="Win2K"
LIB_POST_FIX=W2K
!endif
TARGETLIBS=$(DDK_LIB_PATH)\wdmsec.lib \
        ..\lib\sfilter_$(DDKBUILDENV)_$(LIB_POST_FIX).lib
```

這裡利用了環境變數 DDKBUILDENV 和 DDK_TARGET_OS，能夠剛好組合成所需要的 sfilter 靜態程式庫的檔案名稱。

然後再撰寫一個 sflt_smpl.c 即可。本例不做任何實際的過濾動作，唯一做的只是列印出一個 IRP 的主功能編號和被操作的檔案名稱。這個檔案只用於實現幾個回呼函數，內容如下：

```
#include <ntifs.h>
#include "..\inc\sfilter\sfilter.h"

SF_RET OnSfilterIrpPre(
```

```
    IN PDEVICE_OBJECT dev,
    IN PDEVICE_OBJECT next_dev,
    IN PVOID extension,
    IN PIRP irp,
    OUT NTSTATUS *status,
    PVOID *context)
{
    // 獲得目前呼叫堆疊
    PIO_STACK_LOCATION irpsp = IoGetCurrentIrpStackLocation(irp);
        PFILE_OBJECT file = irpsp->FileObject;

    // 筆者僅過濾檔案請求。FileObject不存在的情況一律passthru
    if(file == NULL)
        return SF_IRP_PASS;

        KdPrint(("IRP: file name = %wZ major function =
                %x\r\n",&file-> FileName));
        return SF_IRP_PASS;
}


VOID OnSfilterIrpPost(
    IN PDEVICE_OBJECT dev,
    IN PDEVICE_OBJECT next_dev,
    IN PVOID extension,
    IN PIRP irp,
    IN NTSTATUS status,
    PVOID context)
{
    // 什麼都不用做
}


NTSTATUS OnSfilterDriverEntry(
    IN PDRIVER_OBJECT DriverObject,
    IN PUNICODE_STRING RegistryPath,
    OUT PUNICODE_STRING userNameString,
    OUT PUNICODE_STRING syblnkString,
    OUT PULONG extensionSize)
{
    UNICODE_STRING user_name,syb_name;
    NTSTATUS status = STATUS_SUCCESS;

    // 確定控制裝置的名字和符號連結
```

```
RtlInitUnicodeString(&user_name,L"sflt_smpl_cdo");
RtlInitUnicodeString(&syb_name,L"sflt_smpl_cdo_syb");
RtlCopyUnicodeString(userNameString,&user_name);
RtlCopyUnicodeString(syblnkString,&syb_name);

// 設定控制裝置為所有使用者可用
sfilterSetCdoAccessForAll();
    return STATUS_SUCCESS;
}

VOID OnSfilterDriverUnload()
{
    // 沒什麼要做的
}

NTSTATUS OnSfilterCDODispatch(
  IN PDEVICE_OBJECT DeviceObject,
  IN PIRP Irp)
{
    return STATUS_UNSUCCESSFUL;
}

BOOLEAN OnSfilterAttachPre(
    IN PDEVICE_OBJECT ourDevice,
    IN PDEVICE_OBJECT theDeviceToAttach,
    IN PUNICODE_STRING DeviceName,
    IN PVOID extension)
{
    // 直接傳回TRUE，綁定所有裝置
    return TRUE;
}

VOID OnSfilterAttachPost(
  IN PDEVICE_OBJECT ourDevice,
  IN PDEVICE_OBJECT theDeviceToAttach,
  IN PDEVICE_OBJECT theDeviceToAttached,
  IN PVOID extension,
  IN NTSTATUS status)
{
    // 不需要做什麼
}
```

本章的範例程式

編譯本章的實例，請先參考附錄 A「如何使用本書的原始程式」。

本章的實例 sfilter 不能單獨執行。這個 sfilter 是根據 WDK 的實例 sfilter 修改而來的，程式並不完全一致，不能用 WDK 中的 sfilter 代替。該例在本書程式目錄的 sfilter 目錄下，編譯後是一個 lib 檔案。編譯方法為，開啟主控台，進入該目錄，然後輸入：

```
my_build chk WNET
```

按確認鍵後會編譯一個偵錯版本，名為 sfilter_chk_WNET.lib，出現在目錄 ..\lib 下，同時需要的標頭檔 sfilter.h 被拷貝到 ..\inc 目錄下。

輸入：

```
my_build fre WNET
```

按確認鍵後則編譯一個發行版本，名為 sfilter_fre_WNET.lib，出現在目錄 ..\lib 下，需要的標頭檔 sfilter.h 被拷貝到 ..\inc 目錄下。

另一個實例 sflt_smp 的編譯方法完全相同，但是編譯之前必須先編譯對應版本的 sfilter，且兩個實例的目錄必須作為並列的子目錄放在同一個目錄下。sflt_smp 的編譯結果為 sflt_map.sys，偵錯版本載入之後，使用 DbgView.exe 可以看到輸出的 IRP 資訊。

檔案系統透明加密

▌ 12.1 檔案透明加密的應用

12.1.1 防止企業資訊洩密

本章「檔案系統透明加密」是前一章「檔案系統過濾」的應用實例。

企業的工作電腦幾乎是不可避免地要儲存公司的重要資訊，其中有很多資訊是非常敏感的，例如軟體企業的原始程式碼、建築企業的標書、機械企業的設計草稿，以及許多公司的客戶名單等。許多資訊又是以檔案的方式儲存的，例如使用 AutoCAD 編輯的電子草稿，用 C 語言撰寫的程式，這些資訊就儲存在員工的電腦上，甚至本來就是員工自己撰寫的。

為了防止員工有意無意地將這些資訊帶離公司，許多公司採用了不同的解決方案，例如禁止使用隨身碟、禁止上網。當然，這樣做或多或少都會給工作帶來不便，於是檔案透明加密來防止資訊洩密的軟體就應運而生了。

本質上，檔案透明加密是一個比較寬泛的概念，例如微軟的 NTFS 就已經擁有檔案透明加密的功能。但是國內的使用者很快發現它對防止資訊洩密沒有多大的意義，因為一個 NTFS 加密檔案的使用者，在使用這個檔案的時候，是會自動解密的。因此，如果嘗試用 QQ 或其他工具傳送這個檔案，就會發現發送的是加密檔案，而傳送到目的地時卻變成解密檔案了。

關鍵的問題是，NTFS 的透明加密 / 解密是對一切處理程序加密 / 解密的，不但使用 Word 開啟 doc 文件，這個文件會自動解密；使用 QQ 將文件傳送到公司之外，這個文件也會自動解密。換句話說，只要有許可權的使用者使用使用者名稱和密碼登入了 Windows，他就可以自由地使用這些加密檔案，並且自由地洩露到公司以外。而企業防止資訊洩密的需求是：**工作人員可以在公司內自**

由地使用這些加密檔案，但無法在公司外使用。

本章只討論狹義上的檔案透明加密，也就是用於防止企業資訊洩密的透明加密。

12.1.2 檔案透明加密防止企業資訊洩密

檔案透明加密應用於防止企業資訊洩密時，一般先確定企業的工作軟體。例如對於使用 AutoCAD 的公司而言，AutoCAD 就是其工作軟體；對於編輯 doc 文件的文書人員而言，Word 是其工作軟體。還有一些比較特殊的情況，例如對於 C 語言程式設計師而言，幾乎一切文件編輯器都可以是其工作軟體。此時應該給予控制，只允許使用某幾種文字編輯器；不允許的，可以在檔案過濾驅動中檢查目前處理程序，禁止其存取任何檔案。

確定了工作軟體之後，就可以設定加密策略了。一般地說，策略應該符合以下要求。

（1）所有的工作軟體新增出來的檔案都是加密的。
（2）工作軟體開啟加密檔案時檔案過濾驅動自動解密。
（3）禁止工作軟體透過網路發送能力將檔案發送到其他電腦。
（4）其他軟體都可以自由上網，但是開啟加密檔案時不解密。

這樣，就不用禁止使用隨身碟，也不用禁止員工上網了。因為工作文件幾乎總是加密的，但是又可以用工作軟體隨時編輯，不影響工作。透過隨身碟拷貝到公司內的其他電腦上也可以開啟，但是若拷貝到公司外，則會因為沒有解密驅動而無法使用。透過網路傳送也是一樣的道理。同時對員工不禁止使用網路，可以自由地使用網路上的資料，並用即時通訊軟體隨時溝通。

12.1.3 檔案透明加密軟體的實例

因為檔案透明加密軟體主要用於企業，因此這種軟體都比較昂貴，難以找到能夠示範的免費版本。防止企業資訊洩密是一個複雜龐大的工程，檔案透明加密只是其中的元件之一，安裝過程也極其複雜。為了列出一個實例證實其確實可以商用，筆者設法安裝了一套上海智金軟體（該公司首頁為 http://www.kota-soft.com/）開發的名為 "kota" 的企業安全軟體。軟體伺服器端介面如圖 12-1 所示。

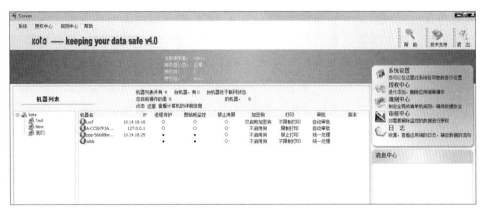

圖 12-1 kota 的伺服器端介面（編按：本圖為簡體中文介面）

在伺服器端可以完成工作軟體的設定之類的工作；而用戶端則是透明受控的，雖然安裝有驅動程式，但是並沒有任何介面上的實現。kota 可以將許多複雜的軟體設定為工作軟體，例如 AutoCAD/Office/VC 等常用的大型軟體。筆者為了簡單地示範一下只設定了記事本，其結果是，記事本新增的文字文件都變成了加密文件。但是記事本身並不能察覺，只有用另一個未設定為工作軟體的加密程式檢視，才能發現檔案其實已經加密了。

筆者在受控的用戶端上看到的效果如圖 12-2 所示。用記事本開啟並編輯一個檔案，和平常無異；用另一個未受控的文字編輯器開啟，才發現其實這個檔案已經是加密了。請注意二者看到的檔案大小不同，實際上在加密中的前面有一個隱藏檔案表頭，裡面會儲存一些資訊。

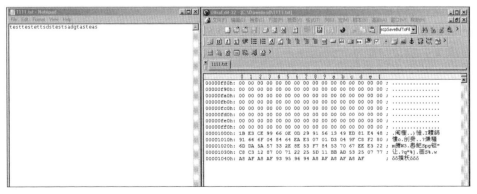

圖 12-2 用 kota 受控用戶端編輯文字文件的效果（編按：本圖為簡體中文介面）

本章將介紹如何撰寫一個簡單的檔案透明加密驅動。商用的檔案透明加密驅動極其複雜，通常需要很長的開發、測試及驗證週期，並不斷根據客戶的實際情況調整細節。請注意，本章下面的程式實例 crypt_file 與在這裡列出的商業透明加密軟體 kota 沒有連結。筆者和大部分讀者一樣，沒有商業透明加密軟體的程式可參考。為了在本書中提供一個簡單易讀的實例，筆者花了一周時間撰寫了實例 crypt_file。該實例只支援 Windows XP 使用 FAT32 的情況，且只支援記事本這一個工作軟體。

crypt_file 沒有進行任何與防毒軟體等其他檔案過濾驅動並存情況的相容性測試。離商業級應用非常遙遠，但是作為簡單的實例說明，是足夠的。

12.2 區分處理程序

12.2.1 機密處理程序與普通處理程序

根據前面檔案系統透明加密應用的介紹，讀者應該了解，在經過加密的作業系統中，所有的處理程序被分為兩種：機密處理程序與普通處理程序。機密處理程序是指使用者在工作時使用的建立工作文件的處理程序。這些文件在某個範圍內是機密的，不允許外洩。此外，機密處理程序可以正常讀取機密文件（自動解密）。其他的處理程序則是普通處理程序，普通處理程序建立檔案是不加密的。普通處理程序讀取檔案也是不解密的，資料內容等同無效。

有一個常見的誤解，既然機密處理程序產生的檔案是加密的檔案，具有保密性，那麼將所有的處理程序都設定為機密處理程序就可以了，這樣所有的處理程序產生的文件都具有保密性，而且免去了區分處理程序的麻煩。

但是這種想法是錯誤的，因為所有的處理程序都變成了機密處理程序，也就是說，所有的處理程序讀取檔案都會自動解密。舉個實例：如果一個職員透過 QQ 把機密檔案傳送給公司之外的對方，由於 QQ 是一個機密處理程序，因此讀取檔案時會自動解密。這樣的後果是，雖然檔案在硬碟上已經加密了，但是對方收到的檔案是解密之後的明文，資訊就洩密了。

因此，只有產生工作文件的處理程序才能設定成機密處理程序。這些處理程序應當不具備將檔案透過網路發送到非法區域的能力，否則可能造成資訊洩密。

由於一些大型軟體具備部分網路功能，所以在實際應用時一般針對特殊的軟體採用特殊的方法進行封閉。

撰寫一個檔案透明加密的驅動程式就從對機密處理程序和非機密處理程序的檔案操作進行不同的處理開始。下面介紹如何獲得目前處理程序的名字。

12.2.2 找到處理程序名字的位置

處理程序的名字很容易仿冒。舉例來說，Word 啟動後處理程序的名字為 winword.exe，如果這個處理程序為機密處理程序，竊密者可以透過將 QQ.exe 改名為 winword.exe 達到目的。但是在核心中，我們可以透過對處理程序名稱與名稱相同可執行檔的內容進行驗證，來防止非法的仿冒行為。

因此，以處理程序的名字來進行機密處理程序和非機密處理程序的區分是很常用的方法，但是一般都配合對可執行檔內容的驗證。本節介紹如何在檔案過濾驅動中獲得目前處理程序的名字。

Windows 內部對每個處理程序維護了一個 EPROCESS 結構，這個結構中儲存有處理程序的名字。但是遺憾的是，微軟並沒有公開這個結構，而且該結構在不同版本的 Windows 中並不相同。為此，有人想了一個很巧妙的方法。

前面已經介紹過，核心模組的 DriverEntry 函數總是在一個名為 "System" 的處理程序中被執行。那麼可以確定，在 DriverEntry 中目前處理程序名為 "System"。我們雖然不知道 EPROCESS 結構的實際內容，但是可以在 EPROCESS 中搜尋 "System" 這個字串，一旦搜尋到，就記錄下偏移位置。這樣，以後要從 EPROCESS 中獲得處理程序名字時，就可以直接從這個位置取得了。下面是一個函數，用來初始化該位置，這個函數必須放在 DriverEntry 中執行。

```
// 這個函數必須在DriverEntry中呼叫,否則cfCurProcName將不有作用
// 靜態變數s_cf_proc_name_offset中儲存要尋找的偏移位置
static size_t s_cf_proc_name_offset = 0;
void cfCurProcNameInit()
{
  ULONG i;
  PEPROCESS  curproc;
  curproc = PsGetCurrentProcess();
```

```
// 搜尋EPROCESS結構，在其中找到字串
for(i=0;i<3*4*1024;i++)
{
    if(!strncmp("System",(PCHAR)curproc+i,strlen("System")))
    {
        s_cf_proc_name_offset = i;
        break;
    }
}
```

這個函數很簡單。先透過 PsGetCurrentProcess 獲得目前 EPROCESS 的位置，然後充分相信其中有一個字串 "System"，將搜尋後獲得的偏移位置儲存在一個靜態變數中。

12.2.3 獲得目前處理程序的名字

本章的實例 crypt_file 是一個只支援記事本（notepad.exe）加密的檔案透明加密驅動程式，因此需要提供一個方法判斷目前處理程序是否為記事本。這裡提供一個函數先從 EPROCESS 中獲得目前處理程序的名字。但存在一個問題是，EPROCESS 中的處理程序名稱是用窄字元來表示的，在核心程式設計中一般都使用寬字元，所以要用一些程式將它轉為 UNICODE_STRING。這不是一個必需的操作，但是在實際中會常常碰到這個問題。

把窄字元轉為寬字元一般使用 RtlAnsiStringToUnicodeString，為此必須注意目標字串的大小，要有能容納轉換之後的字串的空間。雖然簡單地把長度乘 2 也是可行的，但是建議使用 RtlAnsiStringToUnicodeSize。在獲得所需要的大小之後，先檢查傳入的字串緩衝區是否足夠，如果不足夠，則不轉換，但是依然傳回所需要的長度，以便使用者可以再次分配空間。如果足夠，則轉換，同時傳回轉換後實際使用了的空間長度。轉換字串的步驟如下。

（1）使用 PsGetCurrentProcess 獲得目前處理程序的 EPROCESS 結構。

（2）取得一個偏移位置就立刻獲得一個緩衝區空間。使用 RtlInitAnsiString 把這個空間初始化成一個 ANSI_STRING 字串結構。

（3）使用 RtlAnsiStringToUnicodeSize 取得所需要的大小，並與傳導入參數的大小比較。

（4）在符合條件的情況下，呼叫 RtlAnsiStringToUnicodeString 進行拷貝。

（5）傳回所需要的（或實際使用了的）位元組長度。

```
//可以使用以下函數獲得處理程序名稱，傳回獲得的長度
ULONG cfCurProcName(PUNICODE_STRING name)
{
  PEPROCESS   curproc;
  ULONG i,need_len;
    ANSI_STRING ansi_name;
  if(s_cf_proc_name_offset == 0)
    return 0;

    // 獲得目前處理程序的EPROCESS結構，然後移動一個偏移位置獲得處理程序名稱
    // 所在的位置
  curproc = PsGetCurrentProcess();

    // 這個名字是ANSI字串，現在轉為Unicode字串
    RtlInitAnsiString(&ansi_name,((PCHAR)curproc + s_cf_proc_name_offset));
    need_len = RtlAnsiStringToUnicodeSize(&ansi_name);
    if(need_len > name->MaximumLength)
    {
        return RtlAnsiStringToUnicodeSize(&ansi_name);
    }
    RtlAnsiStringToUnicodeString(name,&ansi_name,FALSE);
  return need_len;
}
```

有了這個函數之後，就很容易判斷目前處理程序是否是 notepad.exe 了。下面是判斷的實例。這個函數簡單地傳回目前處理程序是否是 notepad.exe，直接傳回 TRUE 或 FALSE。需要注意的是，這裡只包含用名字判斷目前處理程序的功能，並不包含在實際商用時所需要的防止名稱相同處理程序仿冒的功能。本節程式請參見書附程式 crypt_file 專案下的 cf_proc.c。

```
// 判斷目前處理程序是不是notepad.exe
BOOLEAN cfIsCurProcSec(void)
{
    WCHAR name_buf[32] = { 0 };
    UNICODE_STRING proc_name = { 0 };
    UNICODE_STRING note_pad = { 0 };
    ULONG length;
    RtlInitEmptyUnicodeString(&proc_name,name_buf,32*sizeof(WCHAR));
    length = cfCurProcName(&proc_name);
```

```
    RtlInitUnicodeString(&note_pad,L"notepad.exe");
    if(RtlCompareUnicodeString(&note_pad,&proc_name,TRUE) == 0)
        return TRUE;
    return FALSE;
}
```

▍12.3 記憶體對映與檔案緩衝

12.3.1 記事本的記憶體對映檔案

要實現對記事本的檔案操作進行加密,最容易想到的就是,在檔案過濾中對檔案的讀取和寫入操作進行過濾。如果發現目前處理程序為記事本,則對讀取操作進行解密,而對寫入操作進行加密;而其他處理程序則保持原樣不加處理。

但是一旦讀者以使用 sfilter 為基礎,撰寫驅動程式對記事本的檔案操作進行過濾,就會陷入相當大的疑惑之中。記事本對檔案的操作有以下幾個特點。

(1)如果是在 Explorer 中用記事本開啟某個檔案,讀者就會發現,一般都不會有讀取請求出現,但是記事本確實開啟並看見了內容。

(2)如果編輯這個檔案,然後點擊「儲存」選項,則會有寫入請求出現,但是始終見不到讀取請求。

(3)用記事本開啟一個檔案時,並不是一直開啟著的,在編輯檔案的過程中也不會操作檔案。只有點擊「儲存」選項,檔案才會被開啟,然後發出寫入請求,但馬上就被關閉了。

這就出現了一個問題,如果從來都沒有讀取請求,那麼記事本是如何獲得檔案內容的呢?

答案是「記憶體對映」。記憶體對映是 Windows 的特殊機制,它將一個檔案對映到某個記憶體空間,需要存取這個檔案內容的處理程序只需要存取這個記憶體空間即可。**處理程序對記憶體的存取無法被檔案過濾驅動捕捉。**

記事本是用記憶體對映的方法存取檔案內容的,因此我們一直都沒有過濾到讀取請求。但是檔案的內容是透過何種方法從硬碟上挪到處理程序空間裡的呢?實際上是透過缺頁中斷。在這個時候,被記憶體對映的檔案實際上成了一個分頁交換檔。一旦處理程序存取到實際不存在的記憶體分頁(還在硬碟上),就

會有一個檔案上的頁面被交換到記憶體。在交換發生時，有一個有特殊標記
（irp → Flags 帶有 IRP_PAGING_IO 或 IRP_SYNCHRONOUS_PAGING_IO）的
IRP_MJ_READ 請求會被發送到檔案驅動。本書稱這種讀 / 寫請求為分頁讀 /
寫請求。

分頁讀取請求是檔案過濾驅動可以捕捉的。不過問題依舊。既然分頁讀取請求
是可以捕捉的，為什麼在記事本開啟這個檔案的過程中，並沒有任何一個讀取
請求出現呢？

12.3.2 Windows 的檔案緩衝

Windows 具有巧妙的檔案緩衝機制，就是只要一個檔案被以緩衝方式開啟過，
則其內容的全部或一部分就已經儲存在記憶體裡了。本書稱這部分資訊為檔案
緩衝，檔案緩衝是全域的。一般對一個檔案來說，無論有多少個處理程序在存
取，都只有一份檔案緩衝。

一般應用層的讀 / 寫請求都是普通的讀 / 寫請求（不帶 IRP_PAGING_IO、IRP_
SYNCHRONOUS_ PAGING_IO、IRP_NOCACHE），這種請求的特點是檔案系
統會呼叫 CcCopyRead 和 CcCopyWrite 來完成。這兩個函數會直接從緩衝中讀
取資料，如果緩衝中沒有，才會轉為分頁讀 / 寫請求。本書把這種普通的讀 /
寫請求稱為緩衝讀 / 寫請求。

從這裡看，記事本在第一次開啟一個檔案之前，這個檔案應該不存在檔案緩
衝。所以記事本即使從緩衝中讀取資料，也應該因為緩衝還不存在或緩衝中資
料不全而發生分頁讀取請求。但是實際上一般都看不到分頁讀取請求，這是因
為我們都開啟 Explorer 來瀏覽檔案並找到文字檔。在 Explorer 中雙擊這個檔案
用記事本開啟時，Explorer 已經開啟了檔案，並導致它被讀取到了緩衝裡。而
文字檔都比較小，一般會整個地讀到檔案緩衝裡去。所以如果只過濾記事本的
檔案操作，則常常看不到讀取請求。

應用程式看到的檔案內容、緩衝中的檔案內容及真實硬碟上的檔案內容之間的
關係如圖 12-3 所示。讀者會看到，同一個檔案的內容被分成了三份。這三份
資料是可以互不相同的，而且它們之間透過四種 IRP 互相轉換。這四種 IRP 如
下。

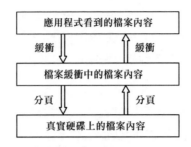

圖 12-3 應用程式看到的檔案內容、緩衝中的檔案內容及真實硬碟上的檔案內容之間的關係

（1）緩衝寫入請求，把應用程式看到的檔案內容拷貝到檔案緩衝中。

（2）緩衝讀取請求，把檔案緩衝中的檔案內容拷貝到應用程式中。

（3）分頁寫入請求，把檔案緩衝中的檔案內容拷貝到真實硬碟上。

（4）分頁讀取請求，把真實硬碟中的資料拷貝到檔案緩衝中。

這四種 IRP 都可以被檔案過濾到。實際上有時還有另外的 IRP（例如直接從硬碟讀 / 寫資料但是不給檔案緩衝做出貢獻的非緩衝讀 / 寫請求），但是本書暫時忽略，並把非緩衝讀 / 寫請求直接和分頁讀 / 寫請求歸併到一起。

下面的程式根據一個 IRP 的目前堆疊空間的指標來區分這四種 IRP，請參見書附程式中 crypt_file 專案下的 cf_sfilter.c。

```c
if(irpsp->MajorFunction == IRP_MJ_READ &&
    (irp->Flags & (IRP_PAGING_IO|IRP_SYNCHRONOUS_PAGING_IO|IRP_NOCACHE)))
{
    cfIrpReadPre(irp,irpsp);
    return SF_IRP_GO_ON;
}
if(irpsp->MajorFunction == IRP_MJ_WRITE &&
    (irp->Flags & (IRP_PAGING_IO|IRP_SYNCHRONOUS_PAGING_IO|IRP_NOCACHE)))
{
    if(cfIrpWritePre(irp,irpsp,context))
        return SF_IRP_GO_ON;
    else
    {
        IoCompleteRequest(irp, IO_NO_INCREMENT);
        return SF_IRP_COMPLETED;
    }
}
```

請注意記憶體對映檔案的特點：用記憶體存取取代了緩衝讀 / 寫請求，而且記憶體存取是檔案過濾驅動過濾不到的。但是一般的應用程式讀 / 寫檔案，都有以上四種 IRP 存在。記事本和 VC 在編輯檔案時都使用了記憶體對映方式，所以一般只能見到分頁讀 / 寫請求。

12.3.3 檔案緩衝：明文還是加密的選擇

根據圖 12-3，檔案的內容已經被分為三個可以互通的拷貝：應用程式看到的檔案內容、檔案緩衝中的檔案內容和真實硬碟上的檔案內容。對一個機密處理程序來說，以下兩點是可以確定無疑的。

（1）真實硬碟上的檔案內容必須是加密。這是由防止資訊洩密的要求所致的。
（2）應用程式看到的檔案內容必須是明文。如果不是明文，應用程式就無法正常編輯檔案。

對於一個普通處理程序而言，下面的說法也是成立的：

普通處理程序看到的檔案內容必須是加密。

那麼檔案緩衝到底應該是加密還是明文呢？實際上沒有一個統一的答案，有人主張檔案緩衝應該保持為明文，也有人主張檔案緩衝應該為加密。檔案緩衝如果要為加密，則我們必須截獲緩衝讀 / 寫請求來進行加密 / 解密。對於使用記憶體對映檔案的情況就難以處理了。所以，檔案緩衝為加密的情況一般都只能將不使用記憶體對映檔案的軟體作為機密處理程序。當然，也許有人已經使用了筆者尚不知道的方案解決了這個問題。

檔案緩衝是明文比較好處理，這樣只需要處理分頁讀 / 寫請求就可以了。而分頁讀 / 寫請求無論是否使用記憶體對映檔案都是存在的，這樣就能合併處理兩種情況（使用記憶體對映檔案或不使用）。如果把分頁讀 / 寫請求和非緩衝請求合併處理，則幾乎可以處理所有的檔案操作方式。

考慮檔案緩衝是全域的，而且是明文，就出現了普通處理程序讀取檔案，也是從檔案緩衝中讀取，並且讀到的是檔案明文的情況。為此，本書採用的辦法如下。

（1）當有普通處理程序開啟一個檔案時，檔案緩衝為加密，並且不允許機密處理程序開啟這個檔案。

（2）當有機密處理程序開啟一個檔案時，檔案緩衝為明文，並且不允許普通處理程序開啟這個檔案。

（3）二者切換時，中間清除檔案緩衝。

換句話說，本書的檔案緩衝有時是加密，有時是明文。中間有一個切換過程，由於進行了清除緩衝操作，所以二者互不侵擾。這是比較傳統的技術，有一定的缺陷，但是用於本書的記事本加密的實例，已經足夠了。

更超前的技術是所謂的「雙緩衝」，意思是加密處理程序看到的緩衝是明文，而普通處理程序看到的緩衝是加密。兩個緩衝同時存在，互不干擾。這樣的後果是同步困難，但是據說已經有人做出了商用產品。

12.3.4　清除檔案緩衝

採用明文和加密兩種緩衝切換的前提就是，要能在切換時清除緩衝。如何清除緩衝？這幾乎沒有任何文件資料可循，唯一可以確定的是，Windows 的檔案系統在一個檔案被刪除時會清除緩衝（如果一個檔案已經被刪除了緩衝卻還留著，那的確是浪費資源的）。除此之外，筆者似乎找不到其他的時機，明確地知道 Windows 會把一個已經讀取緩衝中的檔案「挪」出來。

好在 Windows 的 FastFat 的程式是公開的。FastFat 在刪除檔案時，是如何清除緩衝的？這顯然是有程式可以參考的。有人就寫出了類似的程式，提供給大家來進行緩衝的清除。這個函數是筆者從網上找來的，然後經過了一些修改。筆者完全沒有試圖去讀懂它，但是測試表明，在很多情況下它是有效的。在書附程式的 crypt_file 專案下的 cf_file_irp.c 中有這個函數，程式如下所示。

```
// 清除緩衝
void cfFileCacheClear(PFILE_OBJECT pFileObject)
{
    PFSRTL_COMMON_FCB_HEADER pFcb;
    LARGE_INTEGER liInterval;
    BOOLEAN bNeedReleaseResource = FALSE;
    BOOLEAN bNeedReleasePagingIoResource = FALSE;
    KIRQL irql;
```

```
pFcb = (PFSRTL_COMMON_FCB_HEADER)pFileObject->FsContext;
if(pFcb == NULL)
    return;

irql = KeGetCurrentIrql();
if (irql >= DISPATCH_LEVEL)
{
    return;
}

liInterval.QuadPart = -1 * (LONGLONG)50;

while (TRUE)
{
    BOOLEAN bBreak = TRUE;
    BOOLEAN bLockedResource = FALSE;
    BOOLEAN bLockedPagingIoResource = FALSE;
    bNeedReleaseResource = FALSE;
    bNeedReleasePagingIoResource = FALSE;

// 到fcb中去拿鎖
    if (pFcb->PagingIoResource)
        bLockedPagingIoResource =
        ExIsResourceAcquiredExclusiveLite(pFcb->PagingIoResource);

// 總之，一定要拿到這個鎖
    if (pFcb->Resource)
    {
        bLockedResource = TRUE;
        if (ExIsResourceAcquiredExclusiveLite(pFcb->Resource) == FALSE)
        {
            bNeedReleaseResource = TRUE;
            if (bLockedPagingIoResource)
            {
                if (ExAcquireResourceExclusiveLite(pFcb->Resource,
                    FALSE)
             == FALSE)
                {
                    bBreak = FALSE;
                    bNeedReleaseResource = FALSE;
                    bLockedResource = FALSE;
                }
            }
```

```
            else
                    ExAcquireResourceExclusiveLite(pFcb->Resource, TRUE);
        }
    }

    if (bLockedPagingIoResource == FALSE)
    {
        if (pFcb->PagingIoResource)
        {
            bLockedPagingIoResource = TRUE;
            bNeedReleasePagingIoResource = TRUE;
            if (bLockedResource)
            {
                    if (ExAcquireResourceExclusiveLite(
            pFcb->PagingIoResource, FALSE) == FALSE)
                    {
                        bBreak = FALSE;
                        bLockedPagingIoResource = FALSE;
                        bNeedReleasePagingIoResource = FALSE;
                    }
            }
            else
            {
                    ExAcquireResourceExclusiveLite(pFcb->PagingIoResource,
            TRUE);
            }
        }
    }

    if (bBreak)
    {
        break;
    }

    if (bNeedReleasePagingIoResource)
    {
        ExReleaseResourceLite(pFcb->PagingIoResource);
    }
    if (bNeedReleaseResource)
    {
        ExReleaseResourceLite(pFcb->Resource);
    }
```

```
        if (irql == PASSIVE_LEVEL)
        {
            KeDelayExecutionThread(KernelMode, FALSE, &liInterval);
        }
        else
        {
            KEVENT waitEvent;
            KeInitializeEvent(&waitEvent, NotificationEvent, FALSE);
            KeWaitForSingleObject(&waitEvent, Executive, KernelMode,
                             FALSE, &liInterval);
        }
    }

    if (pFileObject->SectionObjectPointer)
    {
    IO_STATUS_BLOCK ioStatus;
    CcFlushCache(pFileObject->SectionObjectPointer, NULL, 0, &ioStatus);
    if (pFileObject->SectionObjectPointer->ImageSectionObject)
    {
        MmFlushImageSection(pFileObject->SectionObjectPointer,
            MmFlushForWrite); // MmFlushForDelete
    }
    CcPurgeCacheSection(pFileObject->SectionObjectPointer, NULL, 0, FALSE);
    }

    if (bNeedReleasePagingIoResource)
    {
        ExReleaseResourceLite(pFcb->PagingIoResource);
    }
    if (bNeedReleaseResource)
    {
        ExReleaseResourceLite(pFcb->Resource);
    }
}
```

其實最關鍵的就是 CcFlushCache、MmFlushImageSection 和 CcPurgeCacheSection
這三個函數，只是為了安全地呼叫這三個函數需要去做一大堆準備工作。讀
過 FastFat 的程式的讀者會發現，這些程式和 FastFat 中清除緩衝的程式有些相
似，但是並不完全相同。從這裡看，微軟本來並沒有打算讓檔案過濾的開發者
可以清除檔案緩衝，所以這個操作是被人強行完成的。

12.4 加密標識

12.4.1 儲存在檔案外、檔案表頭還是檔案結尾

除了讀 / 寫時加密和解加密檔案，必須要注意到另一個問題：機密處理程序所開啟的檔案不一定是加密的。

對於已經存在的未加密的檔案，如果機密處理程序去開啟它的話，必定是以普通處理程序開啟的方法去開啟的（另一個設計是所謂的「開啟加密」，也就是一個普通檔案被機密處理程序開啟之後自動變成加密的。但是這僅是對於少數工作文件而言的）。機密處理程序依然要開啟大量的已經存在的未加密檔案，例如要載入的 DLL 及其他的設定檔等。

那麼一個問題出現了：當機密處理程序拿到一個檔案時，如何判斷這個檔案是已經加密的還是未加密的？

顯然這需要在硬碟中保留一個檔案是否已經被加密的資訊，這種資訊在本書中被稱為加密標識。此資訊必須儲存在硬碟上，和檔案一起存在。一個選擇是，在檔案以外的地方儲存這個資訊。例如另建一個隱藏檔案，儲存目前的目錄下其他檔案的加密標識。

但是事實證明，這樣做非常麻煩，因為加密檔案經常要被來回拷貝。當加密檔案被移動時（不僅限於在檔案系統上的移動，還包含被壓縮包裝、透過網路發送等），同時移動加密標識變得極其麻煩。最後可以得出一個結論：加密標識應該儲存在檔案內部。

NTFS 有一個非常好的特性，就是可以在檔案中增加額外的流資訊，而完全不干擾檔案本身的內容。這樣就可以輕鬆地把加密標識放在一個新增的流中，但是如果要相容 FAT32 就有問題了。誰也不希望自己的加密檔案只是透過隨身碟拷貝了一下（隨身碟大多數用 FAT32 檔案系統），加密標識就遺失了。

在檔案內容中儲存加密標識，不但可以相容 FAT32，而且也可以相容已知存在的所有檔案系統。因為一種檔案系統可以沒有任何其他特性，但是絕不能沒有檔案內容。這樣，問題就變成了：加密標識應該儲存在檔案內容的哪個部位？

一般的選擇有兩種，其中一種是儲存在檔案表頭。替檔案增加一個「隱藏」的

檔案表頭，實際上其中可以儲存很多資訊，包含加密標識、許可權資訊等。另一種是增加一個檔案結尾。儲存在檔案結尾比較容易實現，但是有重大的安全隱憂。這是因為所謂的檔案結尾絕對不是一個固定的位置，這個位置是隨著檔案的增大而不斷改變的，一旦在改變中有什麼變故（例如斷電），則容易遺失這個尾部。基本上沒有什麼好的辦法可以確保這個尾部的安全，尤其是對大小經常改變的檔案來說。

檔案表頭的好處是穩固可靠，位置是固定的，檔案後面的內容如何操作都不會影響它。壞處是實現困難，因為要對所有的機密處理程序隱藏這個表頭，那麼所有的檔案操作都要增加一個偏移。本章下面的實例將展示如何隱藏這個表頭，以證明檔案表頭儲存加密標識的可行性。

12.4.2 隱藏檔案表頭的大小

要對記事本隱藏檔案表頭，第一個工作是隱藏檔案的大小。為此，本書的實例 crypt_file 處理了一系列查詢請求（IRP 的主功能編號為 IRP_MJ_QUERY_INFORMATION），這些查詢請求用記事本來查詢檔案的大小。在查詢獲得結果之後，我們在檔案過濾驅動中修改這個結果，減去檔案表頭的大小。這樣在記事本看來，檔案的大小就不引用檔案表頭了。

下面舉個實例。當 irpsp → Parameters.QueryFile.FileInformationClass 為 FileStandardInformation 時，請求完成後，緩衝中是一個 FILE_STANDARD_INFORMATION 結構。這個結構的定義如下：

```
typedef struct FILE_STANDARD_INFORMATION {
    LARGE_INTEGER  AllocationSize;
    LARGE_INTEGER  EndOfFile;
    ULONG  NumberOfLinks;
    BOOLEAN  DeletePending;
    BOOLEAN  Directory;
} FILE_STANDARD_INFORMATION, *PFILE_STANDARD_INFORMATION;
```

其他的域都可以暫時不去關心，但其中有兩個域關係到檔案的大小。第一個是 AllocationSize，這是對檔案點擊右鍵「屬性」時看到的「佔用空間」。第二個 EndOfFile 是指檔案的結束位置，實際上也就是檔案的實際大小，是按右鍵檔案「屬性」時看到的「大小」。在這裡的實現中，緩衝區中已經傳回的結構被改動，減少了一個偏移：

```
case FileStandardInformation:
    {
        PFILE_STANDARD_INFORMATION stand_infor =
        (PFILE_STANDARD_INFORMATION)buffer;
        ASSERT(stand_infor->AllocationSize.QuadPart >= CF_FILE_HEADER_ SIZE);
        stand_infor->AllocationSize.QuadPart -= CF_FILE_HEADER_SIZE;
        stand_infor->EndOfFile.QuadPart -= CF_FILE_HEADER_SIZE;
        break;
    }
```

CF_FILE_HEADER_SIZE 是表頭的長度，在 crypt_file 中被定義為 4KB，這樣剛好為一個頁面，使後面分頁讀 / 寫請求的偏移變得容易。

本書的實例中處理了 FileAllInformation、FileAllocationInformation、FileValid DataLengthInformation、FileStandardInformation、FileEndOfFileInformation、FilePositionInformation，這並不一定足夠，但是對記事本來說一定是足夠了。

唯一要注意的是 FileAllInformation，FileAllInformation 傳回的緩衝區結構如下：

```
typedef struct _FILE_ALL_INFORMATION {
    FILE_BASIC_INFORMATION BasicInformation;
    FILE_STANDARD_INFORMATION StandardInformation;
    FILE_INTERNAL_INFORMATION InternalInformation;
    FILE_EA_INFORMATION EaInformation;
    FILE_ACCESS_INFORMATION AccessInformation;
    FILE_POSITION_INFORMATION PositionInformation;
    FILE_MODE_INFORMATION ModeInformation;
    FILE_ALIGNMENT_INFORMATION AlignmentInformation;
    FILE_NAME_INFORMATION NameInformation;
} FILE_ALL_INFORMATION, *PFILE_ALL_INFORMATION;
```

這是一個全包含的結構。有趣的是，即使輸入緩衝區的長度不夠，也依然會傳回正確的結果，而且只填寫完輸入緩衝區的長度，並且結果是有效的。所以這個請求雖然不成功，但是記事本卻會利用裡面的資訊，實際填寫的長度在 irp → IoStatus.Information 中。

下面的程式就是 FileAllInformation 的處理。要根據 irp → IoStatus.Information 來判斷需要修正哪些域。這裡修正兩處：一處是檔案的大小；另一處是檔案讀 /

寫指標的目前位置。因為前面有了一個多餘的檔案表頭,檔案讀 / 寫的目前位置當然已經往後偏移了一個檔案表頭的大小,所以在這裡把它「校正」過來。

```
case FileAllInformation:
    {
        // 注意FileAllInformation是由以下結構組成的。即使長度不夠也依然可以傳
        // 回前面的位元組。我們需要注意的是,傳回的位元組裡是否包含了
        // StandardInformation這個可能影響檔案大小的資訊
        PFILE_ALL_INFORMATION all_infor =
        (PFILE_ALL_INFORMATION)buffer;
        if(irp->IoStatus.Information >=
            sizeof(FILE_BASIC_INFORMATION) +
            sizeof(FILE_STANDARD_INFORMATION))
        {
        ASSERT(all_infor->StandardInformation.EndOfFile.QuadPart >=
        CF_FILE_HEADER_SIZE);
    all_infor->StandardInformation.EndOfFile.QuadPart -=
        CF_FILE_HEADER_SIZE;
        all_infor->StandardInformation.AllocationSize.QuadPart -=
        CF_FILE_HEADER_SIZE;
            if(irp->IoStatus.Information >=
                sizeof(FILE_BASIC_INFORMATION) +
                sizeof(FILE_STANDARD_INFORMATION) +
                sizeof(FILE_INTERNAL_INFORMATION) +
                sizeof(FILE_EA_INFORMATION) +
                sizeof(FILE_ACCESS_INFORMATION) +
                sizeof(FILE_POSITION_INFORMATION))
    {
        if(all_infor->PositionInformation.CurrentByteOffset.QuadPart >=
        CF_FILE_HEADER_SIZE)
            all_infor->PositionInformation.CurrentByteOffset.QuadPart -=
          CF_FILE_HEADER_SIZE;
    }
    }
    break;
}
```

其他的幾種請求請參考本書中 crypt_file 的書附程式,cf_modify_irp.c 中的函數 cfIrpQueryInforPost,或自己根據從 WDK 文件中查到的幾種請求的傳回格式來修改其中的檔案大小和檔案目前位置等參數。

12.4.3 隱藏檔案表頭的設定偏移

和查詢偏移相對，如果記事本試圖重新設定加密檔案的大小，也必須有針對性地做出特殊的改變。但是要注意，和查詢請求不同的是，查詢的修改是在請求完成之後，在完成結果中修改；而設定請求則是在請求完成之前，直接修改請求。例如記事本如果試圖把檔案大小設定為 1KB，由於筆者增加的是 4KB 的檔案表頭，所以實際上檔案應該被設定為 5KB。也就是說，應該加上檔案表頭的大小。對檔案的讀 / 寫目前偏移的設定也是如此。

有幾個請求會有關檔案的大小和檔案讀 / 寫目前偏移，其他的請讀者參考 WDK 文件中對設定請求（IRP 的主功能編號為 IRP_MJ_SET_INFORMATION）的緩衝區格式的說明自己寫出來，或參考本書中 crypt_file 的書附程式，cf_modify_irp.c 中的函數 cfIrpSetInforPre。下面舉一個實例。

```
// 對這些設定請求進行修改，隱去前面的4KB檔案表頭
void cfIrpSetInforPre(
    PIRP irp,
    PIO_STACK_LOCATION irpsp)
{
    PUCHAR buffer = irp->AssociatedIrp.SystemBuffer;
    NTSTATUS status;

    ASSERT(irpsp->MajorFunction == IRP_MJ_SET_INFORMATION);
    switch(irpsp->Parameters.SetFile.FileInformationClass)
    {
    case FileAllocationInformation:
    {
     PFILE_ALLOCATION_INFORMATION alloc_infor =
            (PFILE_ALLOCATION_INFORMATION)buffer;
     alloc_infor->AllocationSize.QuadPart+= CF_FILE_HEADER_SIZE;
        break;
    }
    case FileEndOfFileInformation:
    {
        PFILE_END_OF_FILE_INFORMATION end_infor =
            (PFILE_END_OF_FILE_INFORMATION)buffer;
        end_infor->EndOfFile.QuadPart += CF_FILE_HEADER_SIZE;
            break;
    }
    ......
```

```
    };
}
```

上面的程式只示範了 FileEndOfFileInformation 的情況，其他的情況都省略了，
請讀者自己完成。

12.4.4 隱藏檔案表頭的讀 / 寫偏移

假設記事本試圖讀取位置偏移 0~512 位元組，此時，因為前面有一個額外增
加的大小為 4KB 的檔案表頭，所以實際上記事本應該讀取的是從 0+4KB 到
512+4KB 範圍的內容。換句話說，必須為所有的讀 / 寫操作增加一個位置偏
移。寫入檔案也是一樣，而且無論讀 / 寫，都要在請求完成之前操作。程式比
較簡單，如下所示：

```
// 讀取請求，將偏移前移
void cfIrpReadPre(PIRP irp,PIO_STACK_LOCATION irpsp)
{
    PLARGE_INTEGER offset;
  PFCB fcb = (PFCB)irpsp->FileObject->FsContext;
  offset = &irpsp->Parameters.Read.ByteOffset;
    if(offset->LowPart ==  FILE_USE_FILE_POINTER_POSITION &&
  offset->HighPart == -1)
  {
      // 記事本不會出現這樣的情況
      ASSERT(FALSE);
  }
    // 偏移必須修改為增加4KB
    offset->QuadPart += CF_FILE_HEADER_SIZE;
    KdPrint(("cfIrpReadPre: offset = %8x\r\n",
      offset->LowPart));
}
```

這段程式雖然簡單，但是展示了一種特殊情況，就是讀取 IRP 可能不明確指定
請求的偏移，而是指定要求按目前偏移請求操作。如果開發廠商使用的是透明
加密軟體，毫無疑問，也是要對這種情況進行處理的。本章的實例只需要支援
記事本，所以筆者隨手寫了一個 ASSERT（FALSE）。如果記事本出現這樣的
請求，則 ASSERT（FALSE）應該會引發例外。但是實際上並未發生例外，所
以本章的實例對此不加處理。

寫入請求的處理類似，唯一不同的是要將獲得偏移的那句修改為：

```
offset = &irpsp->Parameters.Write.ByteOffset;
```

請注意，這一節介紹的對讀 / 寫請求的處理並不完整，因為讀 / 寫請求不但要修改偏移，還要做加密和解密處理。加密和解密處理的程式將在後面進行詳細介紹。

12.5 檔案加密表

12.5.1 何時進行加密操作

判斷目前處理程序是否為機密處理程序的方法，已經在本章的 12.2 節中進行了介紹。現在的問題是，應該何時對一個檔案進行加密和解密的處理？在前一章關於檔案過濾驅動的學習中，讀者應該已經了解到，很多檔案操作 IRP 會被過濾掉。那麼哪些是要做加密 / 解密處理的？哪些是不需要處理的？

一個簡單的想法是：如果目前處理程序為機密處理程序，而且目的檔案為加密檔案，則採取特殊處理；若為其他的情況，則簡單地放過即可。

但是這個方法實作起來是有問題的，即：如果我們把對檔案的一次連貫的開啟、讀 / 寫和關閉視為對一個檔案的一次操作，那麼這樣的一次操作並不一定總在同一個處理程序內完成。也就是說，存在下列情況。

（1）機密處理程序 A 開啟了檔案 T，獲得了一個檔案物件 F。
（2）普通處理程序 B 給 F 發送了讀 / 寫請求。
（3）機密處理程序 A 關閉了檔案 T，檔案物件 F 被銷毀。

一般來說，緩衝讀 / 寫請求都是本處理程序（也就是上面所說的機密處理程序 A）發出的。但是分頁讀 / 寫請求則不一定了，這種操作完全有可能由其他處理程序（例如 "System" 處理程序）來完成。"System" 處理程序顯然是普通處理程序。

因此，判斷的原則一般是：

如果一個檔案由機密處理程序開啟，並且進行了加密，那麼對這個檔案的所有檔案物件的所有操作都按機密處理程序操作加密檔案處理。

要實現這個操作，直接的想法就是做一個鏈結串列，把每次機密處理程序開啟而且發現必須要加密的檔案物件都儲存下來。之後請求到來，就可以根據請求的目的檔案物件判斷是否在加密處理程序中。採用的鏈結串列不是最佳的，但是最簡單，商用時應該使用雜湊表，以加強查詢效率。

這種想法是正確的，但是在實作中存在問題。本書中把這樣的表（雜湊表或鏈結串列）稱為檔案加密表。這個表決定了一個操作是否要做加密處理，非常重要。這裡的前提是檔案過濾驅動可以捕捉所有檔案物件的誕生，以決定是否放入檔案加密表中。但是實際上，有一些檔案物件的產生是無法捕捉的，因為檔案過濾驅動是在檔案系統驅動之上的，只有上層應用程式請求產生的檔案物件才能探測到。如果下層的檔案系統為了「協助」操作這個檔案物件而產生另一個檔案物件，這就不是檔案過濾驅動可以捕捉到的了，但是對這種下層物件的讀 / 寫操作還是可以捕捉的。

筆者沒有詳細調查過，傳聞 IoCreateStreamFileObject 產生的流檔案物件（這個流不是 NTFS 中的檔案流，而是檔案系統為了操作檔案而產生的一種特殊的檔案物件）是捕捉不到的，但是檔案系統常常用這種物件操作檔案。總而言之，問題是存在的，就是有可能有檔案物件的產生未被捕捉，也就是說，未加入到檔案加密表中。之後這些檔案物件發生讀 / 寫操作時，加密 / 解密可能就不會處理了，進一步出現明文直接被寫到硬碟上和加密夾雜的現象。

為此，必須尋找新的解決方案。

12.5.2 檔案控制區與檔案物件

實際上讀者很快會發現，用檔案物件（FILE_OBJECT）來代表一個檔案並維護檔案加密表是有問題的。因為同一個檔案可能被多次開啟，每次開啟都能產生一個檔案物件。如果多個檔案物件對應同一個檔案，一些檔案物件在檔案加密表中，一些檔案物件在檔案加密表外，就會出現一個嚴重的問題，導致明文和加密混雜。

更合理的是使用 FCB 來代表一個檔案。FCB 翻譯成中文為「檔案控制區」，是檔案系統為每個開啟著的檔案產生的記憶體區，儲存維護這個檔案所需的資料。無論這個檔案開啟了多少次，都只有一個 FCB（有一些比較特殊的情況會產生多個 FCB，但是本書忽略這些少數特例），便於用來維護檔案加密表。

FCB 非常糟糕的一點是，這個結構的檔案系統不同，而且大部分域不公開，甚至同一種檔案系統（如 FastFat）也不同。但是它的指標倒是非常容易獲得，就在檔案物件（FILE_OBJECT）的 FsContext 域中。下面是本例中常常遇到的寫法：

```
PFCB fcb = (FCB)file->FsContext;
```

為此，讀者應該更加深入地了解檔案控制區（FCB）和檔案物件（FILE_OBJECT），以及檔案控制代碼（HANDLE）之間的關係。簡述如下。

（1）FCB 對應一個已經被開啟的實體的檔案，用於檔案系統維護檔案。所有對某個檔案的操作，本質上都會透過在 FCB 中記載的資訊進行。

（2）檔案物件對應著一個檔案的一次開啟。在開啟時產生，在關閉時銷毀，因此多個檔案物件可以對應同一個 FCB。檔案物件的指標用來作為 IRP 的域之一發送檔案請求（本質上檔案系統收到請求後會透過 FCB 中儲存的資訊操作）。

（3）檔案控制代碼是從檔案物件上獲得的。一個檔案物件可以獲得多個檔案控制代碼，控制碼一般用來在 ZwWriteFile 或 ZwReadFile 之類的核心 API 中對檔案操作（本質上會轉為對檔案物件發送 IRP）。

因此，實際上檔案加密表中儲存的資料為加密檔案的 FCB 指標。

12.5.3 檔案加密表的資料結構與初始化

為了簡化程式，本書不採用雜湊表，而簡單地使用一個鏈結串列來實現檔案加密表。這樣會使實現變得簡單，可是查詢變得沒有效率，但是在加密檔案數量較少的情況下，這樣的實現是沒有問題的。加密表的操作有關將需要加密的檔案 FCB 指標加入加密表、判斷一個檔案是否在加密表中和從加密表中刪除檔案 FCB 三種操作。本節程式請參見隨書 crypt_file 專案下的 cf_list.c。

下面的結構用來作為鏈結串列的節點：

```
typedef struct {
    LIST_ENTRY list_entry;
    FCB *fcb;
} CF_NODE,*PCF_NODE;
```

其中的 LIST_ENTRY 是 Windows 的核心開發者在 WDK 中專門提供的用來作為鏈結串列節點的結構。只要把這個結構加入其他結構中，被加入的結構即可作為鏈結串列的節點來操作。LIST_ENTRY 可以加入結構的任何地方，但是以加入到結構的表頭操作最為簡單（可以省略，取 LIST_ENTRY 在結構中的偏移位置操作）。

首先定義一個鏈結串列頭，此外為了同步操作這個鏈結串列，再定義一個迴旋栓鎖和一個變數保存取鎖中斷級，如下所示：

```
static LIST_ENTRY s_cf_list;
static KSPIN_LOCK s_cf_list_lock;
static KIRQL s_cf_list_lock_irql;
static BOOLEAN s_cf_list_inited = FALSE;
BOOLEAN cfListInited()
{
    return s_cf_list_inited;
}
```

下面的程式可以初始化鏈結串列和鎖：

```
void cfListInit()
{
    InitializeListHead(&s_cf_list);
    KeInitializeSpinLock(&s_cf_list_lock);
    s_cf_list_inited = TRUE;
}
```

此外寫兩個函數來加鎖和解鎖鏈表（這些程式應該都是讀者很熟悉的）：

```
void cfListLock()
{
    ASSERT(s_cf_list_inited);
    KeAcquireSpinLock(&s_cf_list_lock,&s_cf_list_lock_irql);
}

void cfListUnlock()
{
    ASSERT(s_cf_list_inited);
    KeReleaseSpinLock(&s_cf_list_lock,s_cf_list_lock_irql);
}
```

12.5.4 檔案加密表的操作：查詢

有了檔案加密表之後，獲得一個 IRP 很容易判斷是否要進行加密和解密的特殊處理。從 IRP 可以獲得操作的檔案物件（FILE_OBJECT），馬上就可以從檔案物件中獲得 FCB 指標，然後在檔案加密表中進行查詢，看這個 FCB 指標是否在檔案加密表中。

程式如下：

```
// 任意指定一個檔案，判斷是否在加密表中。這個函數沒加鎖，因此不是多執行緒安全
// 的，在使用前後應自行加鎖
BOOLEAN cfIsFileCrypting(PFILE_OBJECT file)
{
    PLIST_ENTRY p;
    PCF_NODE node;
    for(p = s_cf_list.Flink; p != &s_cf_list; p = p->Flink)
    {
        node = (PCF_NODE)p;
        if(node->fcb == file->FsContext)
        {
                //KdPrint(("cfIsFileCrypting: file %wZ is crypting. fcb =
%x \r\n",&file-> FileName,file->FsContext));
                return TRUE;
        }
    }
    return FALSE;
}
```

因為 CF_NODE 的第一個域就是 LIST_ENTRY，因此 CF_NODE 的位址也就是 LIST_ENTRY 的位址，所以這裡查詢起來非常方便。鏈結串列中第一個元素的位址始終是鏈結串列頭的 Flink 域，最後一個元素的 Flink 域則是鏈結串列頭的位址，因此這個鏈結串列看起來更像是一個環狀鏈結串列。鏈結串列頭總是僅作為頭，而不帶有任何資料，所以比較時總是從鏈結串列頭的 Flink 域開始比較。

也因為 CF_NODE 的第一個域就是 LIST_ENTRY，所以這裡的 LIST_ENTRY 指標可以直接作為 CF_NODE 指標使用。

12.5.5 檔案加密表的操作：增加

可以使用 InsertHeadList 將一個元素插入鏈結串列中，這個元素的第一個參數是鏈結串列頭位址，而第二個參數是要插入的鏈結串列節點的位址。但是在實際中要將新的 FCB 插入到檔案加密表中時，應該注意：第一，因為 FCB 要被插入檔案加密表了，所以有必要清除檔案緩衝；第二，已經在檔案加密表中的 FCB 絕對不可以重複插入，否則在鏈結串列中會出現兩個一樣的 FCB，之後清理時很可能有一個無法清理掉；第三，在這裡要檢查，已經被非加密處理程序開啟著的檔案不可以再次被加密開啟，此時只能傳回開啟失敗。

判斷一個檔案是否還被非加密處理程序開啟著，並不是一件容易的事，這裡採用了一個投機取巧的方法。因為在 WDK 中，FastFat 的程式是作為實例出現的。換句話說，Windows 下的 FAT32 檔案系統驅動的程式是公開的，那麼 FCB 的結構也是公開的。為了使用這個結構的宣告，筆者把四個 FastFat 中的標頭檔從 WDK 的實例中拷貝到了 crypt_file 專案中。當然這也導致了 crypt_file 只能支援 FAT32（且僅限於 Windows XP 下的 FAT32），而無法支援更常見的 NTFS。商務軟體是不能這樣做的，必須採用其他的方案，或自己去偵錯猜測 NTFS 的 FCB 結構。

獲得 FCB 的結構後，FCB 下有一個域叫作 UncleanCount，這個域記錄了這個檔案還有多少個未被 CleanUp（即上面還有未關閉的控制碼）的檔案物件存在。如果 UncleanCount 比 1 大，則說明至少還有一個處理程序開啟著這個檔案。這個處理程序顯然不可能是加密處理程序（如果是加密處理程序，這個 FCB 應該已經被放到檔案加密表裡了）。那麼這個檔案一定被非加密處理程序開啟著；相反，筆者認為這個檔案未被非加密處理程序開啟著（這個說法不是絕對正確的，但是很有效）。因此，程式大致如下：

```
// 追加一個正在使用的機密檔案。這個函數有加鎖來確保只插入一個,不會重複插入
BOOLEAN cfFileCryptAppendLk(PFILE_OBJECT file)
{
    // 先分配空間
    PCF_NODE node = (PCF_NODE)
        ExAllocatePoolWithTag(NonPagedPool,sizeof(CF_NODE),CF_MEM_TAG);
    node->fcb = (PFCB)file->FsContext;
```

```
    cfFileCacheClear(file);

    // 加鎖並尋找，如果已經有了，則這是一個致命的錯誤，直接顯示出錯即可
    cfListLock();
    if(cfIsFileCrypting(file))
    {
        ASSERT(FALSE);
        return TRUE;
    }
    else if(node->fcb->UncleanCount > 1)
    {
        // 要成功地加入，必須符合一個條件，就是FCB->UncleanCount <= 1如此便
        // 說明沒有其他程式開啟著這個檔案；否則可能是一個普通處理程序開啟著它
        //此時不能加密，傳回拒絕開啟
        cfListUnlock();
        // 釋放
        ExFreePool(node);
        return FALSE;
    }

    // 不然在這裡插入到鏈結串列中
    InsertHeadList(&s_cf_list, (PLIST_ENTRY)node);
    cfListUnlock();
    return TRUE;
}
```

12.5.6 檔案加密表的操作：刪除

何時從檔案加密表中刪除檔案的 FCB？顯然應該是在加密處理程序已經關閉
了該檔案的時候。但是如何判斷加密處理程序關閉了一個加密檔案可不是容易
的事，有的讀者可能想到捕捉關閉和清理（IRP 的主功能編號分別為 IRP_MJ_
CLOSE 和 IRP_MJ_CLEAN_UP）請求來捕捉這一點。但是這是相當困難的。

當一個檔案物件上所有的控制碼都被關閉時，檔案物件會收到 IRP_MJ_
CLEAN_UP。但是檔案物件並不一定馬上被銷毀，因為檔案物件上沒有任何控
制碼依然可以被核心操作（只是無法被應用層操作了）。只有檔案物件參考計
數清為 0 時，檔案物件才會收到 IRP_MJ_CLOSE，然後被銷毀。

但是捕捉 IRP_MJ_CLOSE 和 IRP_MJ_CLEAN_UP 只能獲得檔案物件的關閉和
清理資訊，並不能得知 FCB 上還被開啟著的檔案物件是否已經沒有了。實際

上讀者很快會發現，期待一個 FCB 上開啟著的檔案物件數量降低為 0 根本不現實。這是因為 Windows 幾乎會一直維護一個被開啟過的檔案緩衝，除非這個檔案被刪除或改名。

為此，唯一的辦法是降低要求，不要求 FCB 上所有的檔案物件都被關閉，而只期待它們都被清理（收到 IRP_MJ_CLEAN_UP）。如果被清理，就沒有檔案控制代碼了，此時上層應用程式就無法再對這個檔案進行資料讀／寫了。這樣可以認為，檔案緩衝已經不再變化（在加入了各種可能讀／寫檔案的核心驅動之後，這一點當然不再有效。但是在這裡只能假設，只有加密處理程序才讀／寫要加密的檔案，而且是透過控制碼讀／寫的）。

如果檔案緩衝不再變化，就可以用前面介紹的清除緩衝的方法把檔案緩衝全部清理到真實硬碟上，然後就可以安全地從檔案加密表中刪除這個節點了。

判斷 FCB 上所有的檔案物件都被清理的方法和前面加入節點時用過的判斷方法一樣：使用 fcb->UncleanCount，當 fcb->UncleanCount 為 0 時，認為已經被全部清理了。程式如下：

```
// 當有檔案被清理完成的時候呼叫此函數。如果檢查發現FileObject->FsContext在列表
// 中，則可確認這是加密檔案，按照加密檔案的方式處理即可。其他的檔案則無須處理
BOOLEAN cfCryptFILECleanupComplete(PFILE_OBJECT file)
{
    PLIST_ENTRY p;
    PCF_NODE node;
    FCB *fcb = (FCB *)file->FsContext;

    KdPrint((
    "cfCryptFileCleanupComplete: file name = %wZ, fcb->UncleanCount
        = %d\r\n",&file->FileName,fcb->UncleanCount));

    // 必須首先清除檔案緩衝，然後再從鏈結串列中移除；不然清除緩衝時的寫入操作
    // 就不會加密了
    if(fcb->UncleanCount <= 1 ||
    (fcb->FcbState & FCB_STATE_DELETE_ON_CLOSE) )
        cfFileCacheClear(file);
    else
        return FALSE;
```

```
cfListLock();
    for(p = s_cf_list.Flink; p != &s_cf_list; p = p->Flink)
    {
    node = (PCF_NODE)p;
    if(node->fcb == file->FsContext &&
            (node->fcb->UncleanCount == 0 ||
            (fcb->FcbState & FCB_STATE_DELETE_ON_CLOSE)))
    {
            // 從鏈結串列中移除
            RemoveEntryList((PLIST_ENTRY)node);
            cfListUnlock();
            // 釋放記憶體
            ExFreePool(node);
            return TRUE;
    }
    }
    cfListUnlock();
    return FALSE;
}
```

cfCryptFileCleanupComplete 雖然名為 CleanupComplete，但是卻並不是處理 IRP_MJ_CLEANUP 的 IRP 的完成函數。這個函數應該在任何一個檔案物件被關閉之後的完成函數中呼叫；不然清除緩衝很可能會失敗。

檔案加密表就介紹到這裡。

▎12.6 檔案開啟處理

前面已經介紹了檔案加密表，但是遺留了一個問題，那就是當一個處理程序開啟一個未知的檔案時，如何判斷這個檔案是否要加密呢？毫無疑問，必須在檔案被開啟之前進行判斷。也就是說，在收到請求 IRP_MJ_CREATE 的時候進行處理。這個處理需要做一系列事：判斷檔案是否存在，如果存在，則開啟；判斷檔案大小；讀取檔案表頭；判斷是否有加密標識等。這一系列操作如果是在一個使用者態應用程式中，做起來則是非常容易的；但是由於是在檔案過濾驅動中進行的，因此有一系列問題要解決。

12.6.1 直接發送 IRP 進行查詢與設定操作

ZwCreateFile、ZwReadFile 等系列函數雖然可以操作檔案，但是這些操作毫無疑問會被檔案過濾驅動自己捕捉，這就導致了重入問題。因此，在檔案過濾驅動中進行檔案操作，應該設法避免重入。

比較直觀的避免重入的方法就是繞過頂端裝置，直接發送一個 IRP 給下層裝置來操作檔案。但是 IRP 的結構並沒有完全在 WDK 的文件中公開，因此下面的程式不是標準的操作。幸運的是，許多應用表明，這種做法至少在 Windows 2000 到 WindowsVista 這些版本的作業系統中都是可行的。在實際商用時，有必要對不同版本的作業系統（以及不同的核心更新）做詳盡的測試以避免相容性問題。

下面的程式示範了如何填寫主功能編號為 IRP_MJ_QUERY_INFORMATION 的請求，並封裝成一個函數。這個函數可以直接對檔案物件（而不必使用控制碼）進行類似 ZwQueryInformation 的操作。

請注意第一個參數 dev，將這個裝置物件設定為檔案過濾驅動綁定的下層真實裝置即可。

```
NTSTATUS
cfFileQueryInformation(
    DEVICE_OBJECT *dev,
    FILE_OBJECT *file,
    FILE_INFORMATION_CLASS infor_class,
    void* buf,
    ULONG buf_len)
{
    PIRP irp;
    KEVENT event;
    IO_STATUS_BLOCK IoStatusBlock;
    PIO_STACK_LOCATION ioStackLocation;

    // 因為打算讓這個請求同步完成，所以初始化一個事件用來等待請求完成
    KeInitializeEvent(&event, SynchronizationEvent, FALSE);

    // 分配IRP
    irp = IoAllocateIrp(dev->StackSize, FALSE);
    if(irp == NULL)
        return STATUS_INSUFFICIENT_RESOURCES;
```

```
// 填寫IRP的主體
irp->AssociatedIrp.SystemBuffer = buf;
irp->UserEvent = &event;
irp->UserIosb = &IoStatusBlock;
irp->Tail.Overlay.Thread = PsGetCurrentThread();
irp->Tail.Overlay.OriginalFileObject = file;
irp->RequestorMode = KernelMode;
irp->Flags = 0;

// 設定irpsp
ioStackLocation = IoGetNextIrpStackLocation(irp);
ioStackLocation->MajorFunction = IRP_MJ_QUERY_INFORMATION;
ioStackLocation->DeviceObject = dev;
ioStackLocation->FileObject = file;
ioStackLocation->Parameters.QueryFile.Length = buf_len;
ioStackLocation->Parameters.QueryFile.FileInformationClass = infor_ class;

// 設定結束常式
IoSetCompletionRoutine(irp, cfFileIrpComp, 0, TRUE, TRUE, TRUE);

// 發送請求並等待結束
(void) IoCallDriver(dev, irp);
KeWaitForSingleObject(&event, Executive, KernelMode, TRUE, 0);
return IoStatusBlock.Status;
}
```

這個請求的發送還需要一個完成函數 cfFileIrpComp。這個完成函數極其簡單，只需要設定完成事件即可。實現如下：

```
static NTSTATUS cfFileIrpComp(
    PDEVICE_OBJECT dev,
    PIRP irp,
    PVOID context
    )
{
    *irp->UserIosb = irp->IoStatus;
    KeSetEvent(irp->UserEvent, 0, FALSE);
    IoFreeIrp(irp);
    return STATUS_MORE_PROCESSING_REQUIRED;
}
```

設定完成事件之後，IRP 的傳回結果本來在 irp → IoStatus 中，在這裡乘機拷貝到 UserIosb 中，此時就可以直接用 IoFreeIrp 釋放掉 IRP，後面只要從 UserIosb 中讀取傳回結果就可以了。

下面寫了一個封裝的函數，可以查詢檔案的大小，以及是否是目錄等資訊。這個函數也是 cfFileQueryInformation 的應用實例。

```
NTSTATUS
cfFileGetStandInfo(
  PDEVICE_OBJECT dev,
  PFILE_OBJECT file,
  PLARGE_INTEGER allocate_size,
  PLARGE_INTEGER file_size,
  BOOLEAN *dir)
{
  NTSTATUS status;
  PFILE_STANDARD_INFORMATION infor = NULL;
  infor = (PFILE_STANDARD_INFORMATION)
     ExAllocatePoolWithTag(
        NonPagedPool,sizeof(FILE_STANDARD_INFORMATION),
        CF_MEM_TAG);
  if(infor == NULL)
     return STATUS_INSUFFICIENT_RESOURCES;
  status = cfFileQueryInformation(dev,file,
     FileStandardInformation,(void *)infor,
     sizeof(FILE_STANDARD_INFORMATION));
  if(NT_SUCCESS(status))
  {
     if(allocate_size != NULL)
        *allocate_size = infor->AllocationSize;
     if(file_size != NULL)
        *file_size = infor->EndOfFile;
     if(dir != NULL)
        *dir = infor->Directory;
  }
  ExFreePool(infor);
  return status;
}
```

12.6.2 直接發送 IRP 進行讀 / 寫操作

讀者可以採用基本一樣的方法來填寫 IRP_MJ_SET_INFORMATION，主要差別是在 IRP 堆疊空間的參數填寫上。程式如下（省略了相同處）：

```
NTSTATUS
cfFileSetInformation(
    DEVICE_OBJECT *dev,
    FILE_OBJECT *file,
    FILE_INFORMATION_CLASS infor_class,
  FILE_OBJECT *set_file,
    void* buf,
    ULONG buf_len)
{
...
  // 設定irpsp
    ioStackLocation = IoGetNextIrpStackLocation(irp);
    ioStackLocation->MajorFunction = IRP_MJ_SET_INFORMATION;
    ioStackLocation->DeviceObject = dev;
    ioStackLocation->FileObject = file;
  ioStackLocation->Parameters.SetFile.FileObject = set_file;
    ioStackLocation->Parameters.SetFile.Length = buf_len;
    ioStackLocation->Parameters.SetFile.FileInformationClass = infor_class;
...
}
```

讀／寫操作也可以如法炮製。下面的直接讀／寫請求採用了非緩衝方式（IRP_ NOCACHE），以防止這些操作影響檔案緩衝。

```
NTSTATUS
cfFileReadWrite(
    DEVICE_OBJECT *dev,
    FILE_OBJECT *file,
    LARGE_INTEGER *offset,
  ULONG *length,
  void *buffer,
  BOOLEAN read_write)
{
...
  // 填寫主體。請注意讀/寫緩衝區不要用irp->AssociatedIrp.SystemBuffer
  // 要用UserBuffer。在分頁請求的情況下要用MDL
    irp->AssociatedIrp.SystemBuffer = NULL;
    irp->MdlAddress = NULL;
  irp->UserBuffer = buffer;
  ...
  if(read_write)
    irp->Flags =
    IRP_DEFER_IO_COMPLETION|IRP_READ_OPERATION|IRP_NOCACHE;
```

```
else
    irp->Flags =
    IRP_DEFER_IO_COMPLETION|IRP_WRITE_OPERATION|IRP_NOCACHE;

// 填寫irpsp
    ioStackLocation = IoGetNextIrpStackLocation(irp);
if(read_write)
    ioStackLocation->MajorFunction = IRP_MJ_READ;
else
    ioStackLocation->MajorFunction = IRP_MJ_WRITE;
    ioStackLocation->MinorFunction = IRP_MN_NORMAL;
    ioStackLocation->DeviceObject = dev;
    ioStackLocation->FileObject = file;
if(read_write)
{
    ioStackLocation->Parameters.Read.ByteOffset = *offset;
    ioStackLocation->Parameters.Read.Length = *length;
}
else
{
    ioStackLocation->Parameters.Write.ByteOffset = *offset;
    ioStackLocation->Parameters.Write.Length = *length;
}
...
}
```

12.6.3　檔案的非重入開啟

前面分別介紹了查詢、設定、讀和寫四種操作，讀者很自然地就會想到，筆者是否漏掉了開啟和關閉這兩種請求？非常遺憾的是，開啟請求並不像其他請求那麼簡單，因為開啟不但有關將請求發送到檔案系統，還有關要在 IO 管理員中產生一個新的物件（一個新的檔案物件）。產生一個物件是極其複雜的過程，不能僅透過發送一個 IRP 來完成。

也確實有人透過 Windows 核心程式的學習，寫出了自己發送 IRP 同時進行一些其他操作來實現向下層裝置開啟的程式。不過本書繞過這個問題，採用直接呼叫 WDK 中提供的函數 IoCreateFileSpecifyDeviceObjectHint 來實現，這個函數可以直接向下層裝置開啟一個檔案物件。這個過程是位於本層之上的檔案過濾所捕捉不到的。

IoCreateFileSpecifyDeviceObjectHint 的原型如下：

```
NTSTATUS
    IoCreateFileSpecifyDeviceObjectHint(
    OUT PHANDLE  FileHandle,
    IN ACCESS_MASK  DesiredAccess,
    IN POBJECT_ATTRIBUTES  ObjectAttributes,
    OUT PIO_STATUS_BLOCK  IoStatusBlock,
    IN PLARGE_INTEGER  AllocationSize OPTIONAL,
    IN ULONG  FileAttributes,
    IN ULONG  ShareAccess,
    IN ULONG  Disposition,
    IN ULONG  CreateOptions,
    IN PVOID  EaBuffer OPTIONAL,
    IN ULONG  EaLength,
    IN CREATE_FILE_TYPE  CreateFileType,
    IN PVOID  ExtraCreateParameters OPTIONAL,
    IN ULONG  Options,
    IN PVOID  DeviceObject
    );
```

這個函數的參數大部分和 ZwCreateFile 相同，最主要的不同是增加了一個參數 DeviceObject（最後一個參數），可以指定一個裝置物件。這樣開啟檔案請求就直接發送到這個裝置上去了，繞過了上層裝置，也就避免了被檔案過濾驅動本身及更上層的過濾驅動捕捉到。

在檔案過濾實例 crypt_file 中，筆者用它在獲得檔案開啟請求時，首先用這個函數「試探性」地開啟檔案。開啟之後，判斷檔案是否需要加密，如果需要加密，則會在完成之後，加入到加密表中；不然就直接放過了。

如讀者所知，產生檔案有許多種可能，例如要求「開啟檔案」（OPEN）。所謂的要求「開啟檔案」一般都要求檔案已經存在，如果檔案不存在，則必須傳回失敗。但要求「開啟或新增」（OPEN_IF）則完全不同，表示的是如果檔案已存在，則開啟；如果檔案不存在，則新增。為了在獲得檔案開啟請求時，試探這個操作是否能夠成功，就必須模擬這個請求的特性。因此筆者撰寫了一個函數，名為 cfCreateFileAccordingIrp，意思是根據一個開啟檔案請求的 IRP 的特性，模擬它的意圖，嘗試用 IoCreateFileSpecifyDeviceObjectHint 來開啟它。程式如下（本節以下程式請參見隨書 crypt_file 專案下的 cf_create.c）：

```
// 用IoCreateFileSpecifyDeviceObjectHint來開啟檔案，這個檔案開啟之後不進入加密
// 表，所以可以直接Read和Write，不會被加密
HANDLE cfCreateFileAccordingIrp(
    IN PDEVICE_OBJECT dev,
    IN PUNICODE_STRING file_full_path,
    IN PIO_STACK_LOCATION irpsp,
    OUT NTSTATUS *status,
    OUT PFILE_OBJECT *file,
    OUT PULONG information)
{
  HANDLE file_h = NULL;
  IO_STATUS_BLOCK io_status;
  ULONG desired_access;
  ULONG disposition;
  ULONG create_options;
  ULONG share_access;
  ULONG file_attri;
    OBJECT_ATTRIBUTES obj_attri;

    ASSERT(irpsp->MajorFunction == IRP_MJ_CREATE);

    *information = 0;

    // 填寫object attribute
    InitializeObjectAttributes(
        &obj_attri,
        file_full_path,
        OBJ_KERNEL_HANDLE|OBJ_CASE_INSENSITIVE,
        NULL,
        NULL);

    // 獲得IRP中的參數
  desired_access = irpsp->Parameters.Create.SecurityContext->DesiredAccess;
  disposition = (irpsp->Parameters.Create.Options>>24);
  create_options = (irpsp->Parameters.Create.Options & 0x00ffffff);
  share_access = irpsp->Parameters.Create.ShareAccess;
  file_attri = irpsp->Parameters.Create.FileAttributes;

    // 呼叫IoCreateFileSpecifyDeviceObjectHint開啟檔案
    *status = IoCreateFileSpecifyDeviceObjectHint(
        &file_h,
        desired_access,
```

```
        &obj_attri,
        &io_status,
        NULL,
        file_attri,
        share_access,
        disposition,
        create_options,
        NULL,
        0,
        CreateFileTypeNone,
        NULL,
        0,
        dev);

    if(!NT_SUCCESS(*status))
        return file_h;

    // 記住information，便於在外面使用
    *information = io_status.Information;

    // 從控制碼獲得一個檔案物件指標便於後面的操作。記得一定要解除參考
    *status = ObReferenceObjectByHandle(
        file_h,
        0,
        *IoFileObjectType,
        KernelMode,
        file,
        NULL);

    // 如果失敗了就關閉，假設沒有開啟檔案。但是這種情況實際上是不應該出現的
    if(!NT_SUCCESS(*status))
    {
        ASSERT(FALSE);
        ZwClose(file_h);
    }
    return file_h;
}
```

這個函數極為重要，在收到機密處理程序的檔案開啟請求時，crypt_file 用這個
函數嘗試性開啟該檔案，以便能在之後判斷這個檔案是否需要加密。

開啟過的檔案可以用 ZwClose 簡單地關閉。這是因為一般 IRP_MJ_CLOSE 中
的處理較少，即使重入也不會出現問題。

12.6.4 檔案的開啟前置處理

這一節是本節的主題。有了前面的準備工作，crypt_file 已經可以在不引起重入問題的情況下對檔案進行比較全面的操作了。下面開始說明檔案的開啟前置處理。檔案開啟前置處理是指當進行檔案透明加密的過濾驅動檢測到機密處理程序試圖開啟一個檔案時（無論是新增檔案還是開啟舊檔案）所需要進行的處理。這個過程決定該檔案開啟後是否要加入檔案加密表中。

函數 cfIrpCreatePre 處理所有機密處理程序的開啟檔案請求。請注意這是前置處理，也就是說請求還未下發，更未完成，函數將傳回該請求是否要直接下發（傳回 SF_IRP_PASS），或等待完成（傳回 SF_IRP_GO_ON），或直接結束（傳回 SF_IRP_COMPLETED）。

下面是函數的開始部分、函數原型及定義的全域變數。在函數的開始過程中，首先獲得了檔案物件的路徑（注意是在請求完成之前取得的），這在第 11 章中有詳細的介紹，這裡就不介紹了。

```
// 開啟前置處理
ULONG cfIrpCreatePre(
    PIRP irp,
    PIO_STACK_LOCATION irpsp,
    PFILE_OBJECT file,
    PDEVICE_OBJECT next_dev)
{
    UNICODE_STRING path = { 0 };
    // 首先獲得要開啟檔案的路徑
    ULONG length = cfFileFullPathPreCreate(file,&path);
    NTSTATUS status;
    ULONG ret = SF_IRP_PASS;
    PFILE_OBJECT my_file = NULL;
    HANDLE file_h;
    ULONG information = 0;
    LARGE_INTEGER file_size,offset = { 0 };
    BOOLEAN dir,sec_file;
    // 獲得開啟存取期望
  ULONG desired_access = irpsp->Parameters.Create.SecurityContext->
        DesiredAccess;
    WCHAR header_flags[4] = {L'C',L'F',L'H',L'D'};
```

```
WCHAR header_buf[4] = { 0 };
ULONG disp;

// 無法獲得路徑，直接放過即可
if(length == 0)
    return SF_IRP_PASS;

// 如果只是想開啟目錄，則直接放過
if(irpsp->Parameters.Create.Options & FILE_DIRECTORY_FILE)
    return SF_IRP_PASS;
```

讀者可以看到入口附近的處理很簡單，主要是獲得路徑的長度，並判斷開啟選項要求開啟的是否是目錄。注意：即使 irpsp → Parameters.Create.Options 中的 FILE_DIRECTORY_FILE 位不存在，也不說明最後開啟的一定不是目錄。但是如果這個位存在，則表明如果開啟成功，開啟的一定會是一個目錄。下面的程式是一個 do 循環（只執行一次），是為了在中間出現錯誤時可以馬上跳出，這和 try 的用法類似。

下面的工作是獲得檔案的路徑，然後用 cfCreateFileAccordingIrp 來開啟檔案。

```
do {

    // 給path分配緩衝區
    path.Buffer = ExAllocatePoolWithTag(NonPagedPool,length+4,CF_MEM_TAG);
    path.Length = 0;
    path.MaximumLength = (USHORT)length + 4;
    if(path.Buffer == NULL)
    {
    // 記憶體不夠，請求直接掛掉
    status = STATUS_INSUFFICIENT_RESOURCES;
    ret = SF_IRP_COMPLETED;
        break;
    }
    length = cfFileFullPathPreCreate(file,&path);

    // 獲得了路徑，開啟檔案
    file_h = cfCreateFileAccordingIrp(
        next_dev,
        &path,
        irpsp,
```

```
        &status,
        &my_file,
            &information);

    // 如果沒有成功地開啟，則說明這個請求可以結束了
    if(!NT_SUCCESS(status))
    {
        ret = SF_IRP_COMPLETED;
        break;
    }
```

開啟之後才能進行下面的操作。請注意，在開啟過程中雖然獲得了一個控制碼，但是實際上要使用的還是檔案物件指標。有了檔案物件指標 my_file 之後，即可進行下列操作。

（1）判斷這個檔案是否已經在檔案加密表中。如果在，則不必處理，直接下傳即可。

（2）獲得這個檔案的大小，以及是否為目錄。

（3）如果是目錄，則不用加密，直接傳回，直接下傳。

（4）如果是檔案，則看其大小。如果大小為 0，則一定要加密，因為這個檔案是剛剛新增或覆蓋的，新檔案應該為加密檔案。

（5）如果檔案有大小，但是比一個合法的加密檔案表頭要小，則一定不加密，認為這個檔案是已經存在的未加密檔案。

（6）如果檔案有大小，長度大於等於一個合法的加密檔案表頭，則必須判斷這個檔案是否是已經加密的。方法為讀出檔案表頭，比較是否有加密標識。

如何處理已存在的未加密文件

一般來說，對機密處理程序新增的文件都是必須加密的，這一點沒有爭議。但是對已經存在的非加密文件來說，開啟時是有不同處理方式的。一些人認為非加密文件本來是不加密的，在開啟後依然應該是不加密的。這是比較簡單的處理方法，但是這容易造成資訊洩密的漏洞。舉個實例：一位機要秘書每天用 Word 編輯文件，如果她總是新增文件，然後編輯，最後儲存出來的檔案都是加密的，則不會洩密。但是有一天她找到了竅門：她從網上下載了一個未加密的 Word 文件，以後都以這個文件為「基礎」修改成新文件。這樣這些檔案就是不加密的了，可以隨時拷貝回家。

另一個選擇是所謂的「開啟時加密」，就是在開啟時，如果發現該文件是非加密的，則將它加密一次。這在技術上是可行的。不過有時讓人覺得奇怪，本來一個檔案是大家都可以閱讀的，不知道被誰開啟了一次，之後就變成加密的了。這看起來像一個未預料的操作，有時是使用者所不能接受的。

「改寫時加密」是比較合理的方法。就是在一個未加密文件被修改時進行加密。但是這在技術上有一定的難度。

本書採用了未加密文件開啟和改寫後都不加處理的最簡單方案，因為本書只是把 crypt_file 當作一個實例，不想把程式變得太冗長，程式如下所示。

```
// 獲得my_file之後，首先判斷這個檔案是不是已經在加密的檔案之中。如果在，
// 則直接傳回passthru即可
cfListLock();
sec_file = cfIsFileCrypting(my_file);
cfListUnlock();
if(sec_file)
{
    ret = SF_IRP_PASS;
    break;
}

// 現在雖然開啟，但是這依然可能是一個目錄，在這裡判斷一下。同時也可以獲得
// 檔案的大小
status = cfFileGetStandInfo(
next_dev,
my_file,
NULL,
&file_size,
&dir);

// 查詢失敗，禁止開啟
if(!NT_SUCCESS(status))
{
    ret = SF_IRP_COMPLETED;
    break;
}

// 如果這是一個目錄，則不操作
if(dir)
{
    ret = SF_IRP_PASS;
```

```
    break;
    }

    // 如果檔案大小為0，且有寫入或追加資料的意圖就應該加密檔案
    // 應該在這裡寫入檔案表頭，這也是唯一需要寫入檔案表頭的地方
    if(file_size.QuadPart == 0 &&
    (desired_access &
            (FILE_WRITE_DATA|
        FILE_APPEND_DATA)))
    {
        // 不管是否成功，一定要寫入表頭
        cfWriteAHeader(my_file,next_dev);
        // 寫入表頭之後，這個檔案屬於必須加密的檔案
        ret = SF_IRP_GO_ON;
        break;
    }

    // 這個檔案有大小，而且其大小小於表頭長度，不需要加密
    if(file_size.QuadPart < CF_FILE_HEADER_SIZE)
    {
    ret = SF_IRP_PASS;
    break;
    }

    // 現在讀取檔案，比較來看是否需要加密，直接讀取8個位元組就足夠了。這個檔
    //   案有大小，而且比CF_FILE_HEADER_SIZE長，此時讀出前8個位元組，判斷是否
    //   要加密
    length = 8;
    status = cfFileReadWrite(next_dev, my_file, &offset, &length,
            header_ buf, TRUE);
    if(status != STATUS_SUCCESS)
    {
        // 如果失敗就不加密了
        ASSERT(FALSE);
        ret = SF_IRP_PASS;
        break;
    }
    // 讀取到內容，比較和加密標識一致則加密
    if(RtlCompareMemory(header_flags,header_buf,8) == 8)
    {
        // 到這裡認為是必須加密的。在這種情況下，必須傳回GO_ON
        ret = SF_IRP_GO_ON;
        break;
    }
}
```

12-43

```
// 其他的情況都是不需要加密的
ret = SF_IRP_PASS;
} while(0);
```

do 循環中用到一個函數 cfWriteAHeader，這個函數將寫入檔案加密標識。請讀者自己用第 12.6.2 節介紹的直接發送 IRP 的讀 / 寫函數來實現它。這個循環完成之後，下面就只有清理工作了。

清理工作要記得把獲得的檔案物件指標，也就是 my_file 解除參考以避免記憶體洩漏。此外重要的一點是，IRP 中的開啟選項必須修改為 OPEN。這是因為一些請求是新增請求，新增請求的特點是，如果檔案已經存在則會失敗。但是前面我們用自己的開啟函數已經模擬過這次操作，也就是說，檔案必定已經存在了，此時如果不修改 IRP，那麼下傳後一定會失敗。這是不應該的。

```
if(path.Buffer != NULL)
    ExFreePool(path.Buffer);
if(file_h != NULL)
    ZwClose(file_h);
if(ret == SF_IRP_GO_ON)
{
    // 要加密的檔案，這裡清一下緩衝，避免檔案表頭出現在緩衝裡
    cfFileCacheClear(my_file);
}
if(my_file != NULL)
    ObDereferenceObject(my_file);

// 如果要傳回完成，則必須完成這個請求
if(ret == SF_IRP_COMPLETED)
{
irp->IoStatus.Status = status;
irp->IoStatus.Information = information;
    IoCompleteRequest(irp, IO_NO_INCREMENT);
}

// 要注意:
// 1.檔案的CREATE改為OPEN
// 2.檔案的OVERWRITE去掉。不管是不是要加密的檔案，都必須這樣做
// 不然本來是試圖產生檔案的，結果發現檔案已經存在了
// 本來試圖覆蓋檔案的，再覆蓋一次會去掉加密表頭
```

```
    disp = FILE_OPEN;
    irpsp->Parameters.Create.Options &= 0x00ffffff;
    irpsp->Parameters.Create.Options |= (disp << 24);
    return ret;
}
```

▌12.7 讀／寫加密和解密

在實際商用中，讀／寫加密一般都採用分組加密演算法。分組加密演算法是指加密是以 *n* 位元組的資料為組進行加密的，比較常見的為 8 位元組一組。分組演算法要求加密／解密都是以組為最小單位的，所以加密／解密資料的長度應該按組對齊。剛好分頁讀／寫操作都是以頁面為單位的，一般都符合分組加密演算法的要求。

唯一不好解決的是檔案的結尾部分，常常會多出幾個位元組無法被 8 整除。對這幾個位元組的處理，有不同的方案。簡單的方案是放棄對這幾個位元組的加密；複雜的方案則是在位元組後補 0 來湊齊 8 個位元組，並在檔案表頭中記錄檔案的真實長度。

crypt_file 是本書的實例，為了避免程式變得複雜，不引用複雜的加密演算法，只是簡單地對每個位元組互斥一個數字來加密作為示範。也可以看成是一種簡單的流加密，不存在檔案結尾的問題。本節程式請參見隨書 crypt_file 專案下的 cf_motify_irp.c。

12.7.1 在讀取時進行解密

在讀取時進行解密是非常簡單的。在讀取請求完成後（等待讀取請求完成後再處理），直接讀取 IRP 中接收讀取到的資料的緩衝區，對緩衝區中的資料進行解密即可。範例程式如下：

```
// 讀取請求結束，需要解密
void cfIrpReadPost(PIRP irp,PIO_STACK_LOCATION irpsp)
{
    // 獲得緩衝區，然後解密。解密很簡單，就是使用xor 0x77
    PUCHAR buffer;
    ULONG i,length = irp->IoStatus.Information;
```

```
    ASSERT(irp->MdlAddress != NULL || irp->UserBuffer != NULL);
  if(irp->MdlAddress != NULL)
    buffer =
       MmGetSystemAddressForMdlSafe(irp->MdlAddress,NormalPage
              Priority);
  else
    buffer = irp->UserBuffer;

    for(i=0;i<length;++i)
       buffer[i] ^= 0X77;
    // 列印解密之後的內容
    KdPrint(("cfIrpReadPost:
    flags = %x length = %x content = %c%c%c%c%c\r\n",
    irp->Flags,length,buffer[0],buffer[1],buffer[2],buffer[3],
         buffer[4]));
}
```

12.7.2 分配與釋放 MDL

讀取請求的處理非常簡單，但是寫入請求卻不能進行同樣簡單的處理，這是因為寫入請求中的緩衝區本質上是不可以修改的。系統進行寫入操作，分配了空間，然後填入資料，再將資料寫入硬碟中，並沒有預料到寫入之後，這些資料可能會被修改。因此系統完全有可能重用這些空間，再次寫入檔案的某些區域。一旦更改了這些資料，極有可能造成重複加密的現象。

因此寫入請求處理的方法為：自己分配一個緩衝區，將這個緩衝區暫時指派給 IRP，同時儲存 IRP 舊的緩衝區。對於新的緩衝區，要怎麼修改都沒有問題，等待請求完成後，再恢復 IRP 原來的緩衝區即可。

分頁請求常常使用直接 IO 方式，也就是使用 MDL 的指標傳遞資料。如果請求用了 MDL，那麼對它的取代也必須用 MDL。使用下面的函數可以分配一個帶有空間的 MDL：

```
// 分配一個MDL，帶有一個長度為length的緩衝區
PMDL cfMdlMemoryAlloc(ULONG length)
{
    void *buf = ExAllocatePoolWithTag(NonPagedPool,length,CF_MEM_TAG);
    PMDL mdl;
    if(buf == NULL)
        return NULL;
```

```
    mdl = IoAllocateMdl(buf,length,FALSE,FALSE,NULL);
    if(mdl == NULL)
    {
        ExFreePool(buf);
        return NULL;
    }
    MmBuildMdlForNonPagedPool(mdl);
    mdl->Next = NULL;
    return mdl;
}
```

使用下面的函數可以釋放掉這個 MDL（附帶釋放記憶體空間）：

```
// 釋放掉帶有MDL的緩衝區
void cfMdlMemoryFree(PMDL mdl)
{
    void *buffer = MmGetSystemAddressForMdlSafe(mdl,NormalPagePriority);
    IoFreeMdl(mdl);
    ExFreePool(buffer);
}
```

12.7.3 寫入請求加密

因為寫入請求必須要取代緩衝區，因此在取代之前，必須要保留原來的緩衝區
指標。舊的緩衝區指標可能是 irp → UserBuffer，也可能是 irp → MdlAddress。
下面定義一個上下文結構，用來儲存這兩個指標。

```
// 寫入請求上下文。因為寫入請求必須恢復原來的irp->MdlAddress或irp->
// UserBuffer，所以才需要記錄上下文
typedef struct CF_WRITE_CONTEXT_{
    PMDL mdl_address;
    PVOID user_buffer;
} CF_WRITE_CONTEXT,*PCF_WRITE_CONTEXT;
```

前面的請求都沒有用過上下文，但是寫入請求有必要使用上下文。上下文就
是一個指標，在寫入請求發生時，由 crypt_file 的寫入請求前置處理函數填
寫這個指標，在寫入請求完成後，crypt_file 的寫入請求後處理函數會獲得指
標。這樣，為了保留上面的資訊，必須先分配一個前面定義的 CF_WRITE_
CONTEXT 結構，然後將這個結構的位址作為上下文傳入，並在其中記錄寫入
請求的緩衝區指標。

下面介紹兩個函數：一個是 **cfIrpWritePre**，負責寫入請求完成之前的處理；另一個是 **cfIrpWritePost**，負責寫入請求完成之後的處理。

```
// 寫入請求需要重新分配緩衝區，而且有可能失敗，如果失敗則直接顯示出錯
// 所以要有一個傳回，TRUE表示成功，可以繼續GO_ON；FALSE表示失敗，錯誤已經填好，
// 直接完成即可
BOOLEAN cfIrpWritePre(PIRP irp,PIO_STACK_LOCATION irpsp, PVOID *context)
{
    PLARGE_INTEGER offset;
    ULONG i,length = irpsp->Parameters.Write.Length;
    PUCHAR buffer,new_buffer;
    PMDL new_mdl = NULL;

    // 先準備一個上下文
    PCF_WRITE_CONTEXT my_context = (PCF_WRITE_CONTEXT)
        ExAllocatePoolWithTag(
        NonPagedPool,sizeof(CF_WRITE_CONTEXT),CF_MEM_TAG);
    if(my_context == NULL)
    {
        irp->IoStatus.Status = STATUS_INSUFFICIENT_RESOURCES;
        irp->IoStatus.Information = 0;
        return FALSE;
    }

    // 在這裡獲得緩衝進行加密。需要注意的是，寫入請求的緩衝區是不可以直接改寫
    // 的，必須重新分配
    ASSERT(irp->MdlAddress != NULL || irp->UserBuffer != NULL);
    if(irp->MdlAddress != NULL)
    {
     buffer =
        MmGetSystemAddressForMdlSafe(irp->MdlAddress,
            NormalPagePriority);
        new_mdl = cfMdlMemoryAlloc(length);
        if(new_mdl == NULL)
            new_buffer = NULL;
        else
            new_buffer =
        MmGetSystemAddressForMdlSafe(new_mdl,NormalPagePriority);
    }
    else
    {
     buffer - irp->UserBuffer;
        new_buffer =
```

```
        ExAllocatePoolWithTag(NonPagedPool,length,CF_MEM_TAG);
    }
    // 如果緩衝區分配失敗，直接退出即可
    if(new_buffer == NULL)
    {
        irp->IoStatus.Status = STATUS_INSUFFICIENT_RESOURCES;
        irp->IoStatus.Information = 0;
        ExFreePool(my_context);
        return FALSE;
    }
    RtlCopyMemory(new_buffer,buffer,length);

    // 到了這裡一定成功，可以設定上下文了
    my_context->mdl_address = irp->MdlAddress;
    my_context->user_buffer = irp->UserBuffer;
    *context = (void *)my_context;

    // 給IRP指定行的MDL，完成之後再恢復回來
    if(new_mdl == NULL)
        irp->UserBuffer = new_buffer;
    else
        irp->MdlAddress = new_mdl;
    offset = &irpsp->Parameters.Write.ByteOffset;
  KdPrint(("cfIrpWritePre: fileobj = %x flags = %x offset = %8x
        length = %x content = %c%c%c%c%c\r\n",
        irpsp->FileObject,irp->Flags,offset->LowPart,length,
            buffer[0],buffer[1],buffer[2],buffer[3],buffer[4]));

    // 加密也很簡單，使用xor 0x77
    for(i=0;i<length;++i)
        new_buffer[i] ^= 0x77;

vif(offset->LowPart ==  FILE_USE_FILE_POINTER_POSITION
    &&  offset->HighPart == -1)
    {
        // 記事本不會出現這樣的情況
        ASSERT(FALSE);
    }
    // 偏移必須修改為增加4KB
    offset->QuadPart += CF_FILE_HEADER_SIZE;
    return TRUE;
}
```

```
// 請注意無論結果如何，都必須進入WritePost
//否則會出現無法恢復Write的內容，釋放已分配空間的情況
void cfIrpWritePost(PIRP irp,PIO_STACK_LOCATION irpsp,void *context)
{
    PCF_WRITE_CONTEXT my_context = (PCF_WRITE_CONTEXT) context;
    // 到這裡，可以恢復IRP的內容了
    if(irp->MdlAddress != NULL)
        cfMdlMemoryFree(irp->MdlAddress);
    if(irp->UserBuffer != NULL)
        ExFreePool(irp->UserBuffer);
    irp->MdlAddress = my_context->mdl_address;
    irp->UserBuffer = my_context->user_buffer;
    ExFreePool(my_context);
}
```

這兩個函數完成後，讀 / 寫請求的處理就這樣完成了。crypt_file 的主要功能，在前面都已經一一實現了，最後介紹如何利用第 11 章提供的實例——檔案過濾靜態程式庫 sfilter.lib，來實現完整的驅動。

12.8 crypt_file 的組裝

crypt_file 是以 sfilter 架構為基礎的。在介紹第 11 章的內容時，讀者已經學習了 sfliter，並編譯了一個靜態程式庫 sfilter.lib。crypt_file 需要連接該函數庫，並用到其標頭檔 sfilter.h。

crypt_file 要實現 sfilter.lib 所需要的幾個回呼函數的實作方式，其中最主要的是 OnSfilterDriverEntry（在其中實現初始化）、OnSfilterIrpPre 和 OnSfilterIrpPost（在這裡實現各種 IRP 的前置處理和後處理）。

12.8.1 crypt_file 的初始化

初始化的工作較少。首先需要初始設定檔案加密表，然後填寫控制裝置的名字和符號連結名稱，這是 sfilter.lib 要求一定要做的。crypt_file 和應用程式並沒有互動，所以從理論上講，要控制裝置並沒有意義，但是為了滿足 sfilter.lib 的要求，這裡隨意填寫了兩個名字。

然後需要初始化的是前面提到過的獲得處理程序名字模組（請參考 12.2 節），其中有一個函數必須在初始化中執行。

此外，讀者要注意驅動的移除。使用了 sfilter.lib 之後，移除函數是 OnSfilter DriverUnload，但是在 crypt_file 中，這個函數什麼都沒做。這是為什麼呢？

從理論上說，一個驅動如果要能動態載入和移除，在 Unload 函數中應該釋放所有分配的資源。但是在 crypt_file 中並沒有這樣做，因為 crypt_file 的動態載入和移除能力只是為了使偵錯方便，在真實的商用軟體中，一般檔案透明加密驅動都是不能動態移除的。所以在 crypt_file 中，即使移除時資源沒有釋放導致了記憶體洩漏，也沒有關係，並不會影響商用。本節程式請參見隨書 crypt_file 專案下的 cf_sfilter.c。

初始化程式如下：

```c
NTSTATUS OnSfilterDriverEntry(
    IN PDRIVER_OBJECT DriverObject,
    IN PUNICODE_STRING RegistryPath,
  OUT PUNICODE_STRING userNameString,
  OUT PUNICODE_STRING syblnkString,
  OUT PULONG extensionSize)
{
  UNICODE_STRING user_name,syb_name;
  NTSTATUS status = STATUS_SUCCESS;
  #if DBG
  _asm int 3
  #endif
    // 初始化加密表
    cfListInit();
    // 確定控制裝置的名字和符號連結名稱
  RtlInitUnicodeString(&user_name,L"crypt_file_cdo");
  RtlInitUnicodeString(&syb_name,L"crypt_file_cdo_syb");
  RtlCopyUnicodeString(userNameString,&user_name);
  RtlCopyUnicodeString(syblnkString,&syb_name);
  // 設定控制裝置為所有使用者可用
  sfilterSetCdoAccessForAll();
    // 初始化處理程序名字尋找
    cfCurProcNameInit();
    return STATUS_SUCCESS;
}
```

12.8.2 crypt_file 的 IRP 前置處理

第 11 章中的 sfilter 實例已經確保了所有檔案操作的 IRP 在發送下去之前都會經過 OnSfilterIrpPre 函數。因此，OnSfilterIrpPre 函數的實現就是 crypt_file 的主體，所有的請求都從這裡開始處理。

處理的傳回有三種，這三個常數是定義在 sfilter.h 中的。SF_IRP_PASS 表示這個 IRP 繼續往下執行，之後的完成本驅動不再關心；SF_IRP_GO_ON 表示這個 IRP 暫時下發，在完成之後還要繼續處理（OnSfilterIrpPost 會被呼叫）；SF_IRP_COMPLETED 表示這個請求已經在這裡完成了，不用再處理了。

```
SF_RET OnSfilterIrpPre(
    IN PDEVICE_OBJECT dev,
    IN PDEVICE_OBJECT next_dev,
    IN PVOID extension,
    IN PIRP irp,
    OUT NTSTATUS *status,
    PVOID *context)
{
    // 獲得目前呼叫堆疊
  PIO_STACK_LOCATION irpsp = IoGetCurrentIrpStackLocation(irp);
    PFILE_OBJECT file = irpsp->FileObject;
    // 看目前處理程序是否是加密處理程序
    BOOLEAN proc_sec = cfIsCurProcSec();
    BOOLEAN file_sec;

    // 筆者僅過濾檔案請求，FileObject不存在的情況一律passthru
    if(file == NULL)
        return SF_IRP_PASS;
```

上面的程式主要是定義變數，過濾掉最簡單的不需要處理的情況：irpsp → FileObject 為空時。這種情況一般都是對卷冊裝置的直接操作，而非對某個檔案的操作。下面開始特殊處理開啟檔案的 IRP（IRP_MJ_CREATE）。在這種情況下，對普通處理程序來說，不需要處理；而對機密處理程序來說，則需要判斷檔案是否要加密等，因此呼叫了 cfIrpCreatePre（這個函數在前面已經有實現了）。

```
// 用cfIrpCreatePre統一處理檔案開啟請求
if(irpsp->MajorFunction == IRP_MJ_CREATE)
{
    if(proc_sec)
        return cfIrpCreatePre(irp,irpsp,file,next_dev);
    else
    {
        // 其他的情況，作為普通處理程序，不允許開啟一個正在加密的檔案
        //但是在這裡無法判斷這個檔案是否正在加密，所以傳回GO_ON來判斷
        return SF_IRP_GO_ON;
    }
}
```

除了開啟請求之外，其他的請求都只在一種情況下才需要進行特殊處理，就是當操作的檔案在加密檔案清單中時才需要處理；其他的情況都是未加密的檔案，直接傳回 SF_IRP_PASS 即可。所以這裡用 **cfIsFileCrypting** 來判斷檔案是否在加密表中。

```
cfListLock();
file_sec = cfIsFileCrypting(file);
cfListUnlock();

// 如果不是加密的檔案，就可以直接passthru了
if(!file_sec)
    return SF_IRP_PASS;
```

下面處理的都是加密的檔案，因為非加密的檔案，前面都已經傳回了 SF_IRP_PASS。對於加密的檔案，對不同的請求分開處理。關閉請求用來判斷是否要從加密表中刪除檔案 FCB，在完成之前當然不要做任何刪除，所以直接傳回 SF_IRP_GO_ON，意思是完成後再處理。

設定請求（IRP_MJ_SET_INFORMATION）主要有關修改檔案的大小和設定檔案的目前指標位置。這時，這裡簡單地呼叫 **cfIrpSetInforPre** 修改請求，增加一個隱藏的檔案表頭的偏移，然後傳回 SF_IRP_PASS。

對於與之對應的那些查詢請求（IRP_MJ_QUERY_INFORMATION），當然要減少一個隱藏的檔案表頭的偏移，但是必須在請求完成之後才能做這個步驟，所以傳回 SF_IRP_GO_ON。

```
// 如果是關閉請求就可以刪除節點了
if(irpsp->MajorFunction == IRP_MJ_CLOSE)
    return SF_IRP_GO_ON;

// 操作上有偏移。以下三種請求必須特殊處理，即進行GO_ON處理；其他的設定請求操作
// 不需要處理
// 1.SET FILE_ALLOCATION_INFORMATION
// 2.SET FILE_END_OF_FILE_INFORMATION
// 3.SET FILE_VALID_DATA_LENGTH_INFORMATION
if(irpsp->MajorFunction == IRP_MJ_SET_INFORMATION &&
  (irpsp->Parameters.SetFile.FileInformationClass == FileAllocation Information ||
  irpsp->Parameters.SetFile.FileInformationClass == FileEndOfFile Information ||
  irpsp->Parameters.SetFile.FileInformationClass ==
    FileValidDataLengthInformation ||
  irpsp->Parameters.SetFile.FileInformationClass == FileStandard Information ||
  irpsp->Parameters.SetFile.FileInformationClass == FileAllInformation ||
  irpsp->Parameters.SetFile.FileInformationClass == FilePosition Information))
{
    // 修改這些設定請求，使之隱去前面的4KB檔案表頭
    cfIrpSetInforPre(irp,irpsp/*,next_dev,file*/);
  return SF_IRP_PASS;
}


if(irpsp->MajorFunction == IRP_MJ_QUERY_INFORMATION)
{
    // 修改read information的結果，所以傳回SF_IRP_GO_ON
    // 結束後會呼叫cfIrpQueryInforPost(irp,irpsp)
    if(irpsp->Parameters.QueryFile.FileInformationClass ==
          FileAllInformation ||
      irpsp->Parameters.QueryFile.FileInformationClass ==
          FileAllocationInformation ||
      irpsp->Parameters.QueryFile.FileInformationClass ==
          FileEndOfFileInformation ||
      irpsp->Parameters.QueryFile.FileInformationClass ==
          FileStandard Information ||
      irpsp->Parameters.QueryFile.FileInformationClass ==
          FilePosition Information ||
      irpsp->Parameters.QueryFile.FileInformationClass ==
          FileValidDataLengthInformation)
        return SF_IRP_GO_ON;
```

```
    else
    {
    //KdPrint(("OnSfilterIrpPre:%x\r\n",irpsp->Parameters.
            QueryFile.FileInformationClass));
        return SF_IRP_PASS;
    }
}
```

讀和寫很類似。唯一要注意的是，讀／寫請求的結果很容易修改，但是寫入請求的請求參數若要修改，則必須重新分配緩衝區，而且必須記住以前的緩衝區。因此用到了上下文指標，這個指標會被傳遞到請求後處理函數（OnSfilterIrpPost）中。只有把舊的緩衝區指標儲存到上下文中，才能正確地在請求完成之後，恢復舊的緩衝區指標。

```
// 最後兩種情況是read和write，這兩種情況都要修改請求後再下傳。同時，read要有
// 完成處理。請注意，只處理直接讀取硬碟的請求，不處理緩衝檔案請求
    if(irpsp->MajorFunction == IRP_MJ_READ &&
        (irp->Flags &
    (IRP_PAGING_IO|IRP_SYNCHRONOUS_PAGING_IO|IRP_NOCACHE)))
    {
        cfIrpReadPre(irp,irpsp);
        return SF_IRP_GO_ON;
    }
    if(irpsp->MajorFunction == IRP_MJ_WRITE &&
        (irp->Flags &
    (IRP_PAGING_IO|IRP_SYNCHRONOUS_PAGING_IO|IRP_NOCACHE)))
    {
        if(cfIrpWritePre(irp,irpsp,context))
            return SF_IRP_GO_ON;
        else
        {
            IoCompleteRequest(irp, IO_NO_INCREMENT);
            return SF_IRP_COMPLETED;
        }
    }

    // 不做任何處理，直接傳回
    return SF_IRP_PASS;
}
```

12.8.3 crypt_file 的 IRP 後處理

後處理函數是否被呼叫取決於前置處理函數中是否傳回了 SF_IRP_GO_ON，如果傳回了 SF_IRP_GO_ON，那麼 IRP 在完成之後會跳到 OnSfilterIrpPost 來繼續處理。所以只要注意前面有哪幾種情況傳回了 SF_IRP_GO_ON，就知道有哪些情況要處理了。一般地說，只有在檔案加密表中的檔案才需要處理。開啟請求是要在後處理中增加到加密表的。下面看實際的程式。

```c
VOID OnSfilterIrpPost(
    IN PDEVICE_OBJECT dev,
    IN PDEVICE_OBJECT next_dev,
    IN PVOID extension,
    IN PIRP irp,
    IN NTSTATUS status,
    PVOID context)
{
    // 獲得目前呼叫堆疊
  PIO_STACK_LOCATION irpsp = IoGetCurrentIrpStackLocation(irp);
    BOOLEAN crypting,sec_proc,need_crypt,need_write_header;
    PFILE_OBJECT file = irpsp->FileObject;
    ULONG desired_access;
    BOOLEAN proc_sec = cfIsCurProcSec();

    // 目前處理程序是否是加密處理程序
    sec_proc = cfIsCurProcSec();

    // 如果操作不成功，就沒有必要處理。但是有幾種情況除外
    if( !NT_SUCCESS(status) &&
       !(irpsp->MajorFunction == IRP_MJ_QUERY_INFORMATION &&
       irpsp->Parameters.QueryFile.FileInformationClass ==
          FileAll Information &&
       irp->IoStatus.Information > 0) &&
       irpsp->MajorFunction != IRP_MJ_WRITE)
    {
    if(irpsp->MajorFunction == IRP_MJ_READ)
        {
            KdPrint(("OnSfilterIrpPost: IRP_MJ_READ failed. status = %x
                information = %x\r\n",
                status,irp->IoStatus.Information));
        }
        else if(irpsp->MajorFunction == IRP_MJ_WRITE)
        {
```

```
        KdPrint(("OnSfilterIrpPost: IRP_MJ_WRITE failed. status = %x
            information = %x\r\n",
            status,irp->IoStatus.Information));
    }
    return;
}
```

上面的程式是最基本的準備工作。除了定義區域變數，比較重要的是獲得目前是否加密處理程序，以及判斷請求是否成功。一般地說，如果需要修改請求的結果，則請求需要是成功的，失敗的結果大多數都不用修改，所以這裡判斷請求如果不成功，就直接傳回了。但是有幾種特殊的情況，其中一種情況是寫入請求，為了修改寫入請求，前面已經分配了新的緩衝區，所以無論是否成功完成，都必須執行後面的處理來釋放緩衝區。還有一種情況是查詢 FileAllInformation，這種查詢即使傳回了緩衝區不足的錯誤，前面有效部分的緩衝區也還是可以傳回一些資訊，如果這些資訊裡含有檔案大小或檔案目前偏移則必須修改。

下面開始區分不同的請求做不同的處理。如果是開啟請求（IRP_MJ_CREATE），則需要進行以下處理。

（1）如果目前處理程序是機密處理程序，那麼把這個檔案追加到檔案加密表中。追加必須成功，如果失敗，則呼叫 IoCancelFileOpen 來否決這個請求。

（2）如果目前處理程序是普通處理程序，那麼查詢這個檔案是否在檔案加密表中。如果在，那麼禁止這個檔案開啟（呼叫 IoCancelFileOpen 來否決這個請求）。

```
// 是否是一個已經被加密處理程序開啟的檔案
cfListLock();
// 如果是產生請求，則不需要恢復檔案長度；如果是其他請求，則在預操作時應該就已經
// 恢復了
crypting = cfIsFileCrypting(file);
cfListUnlock();

// 對所有的檔案開啟，都用以下的過程操作
if(irpsp->MajorFunction == IRP_MJ_CREATE)
{
    if(proc_sec)
    {
```

```
        ASSERT(crypting == FALSE);
        // 如果是加密處理程序，則追加進去即可
        if(!cfFileCryptAppendLk(file))
        {
            IoCancelFileOpen(next_dev,file);
            irp->IoStatus.Status = STATUS_ACCESS_DENIED;
            irp->IoStatus.Information = 0;
        KdPrint(("OnSfilterIrpPost: file %wZ failed to call cfFile
                CryptAppendLk!!!\r\n", &file->FileName));
        }
    else
        {
            KdPrint(("OnSfilterIrpPost: file %wZ begin to crypting.
                    \r\n",&file-> FileName));
        }
    }
    else
    {
      // 如果是普通處理程序，再看是否是加密檔案，如果是加密檔案則否決這個操作
      if(crypting)
      {
          IoCancelFileOpen(next_dev,file);
          irp->IoStatus.Status = STATUS_ACCESS_DENIED;
          irp->IoStatus.Information = 0;
      }
    }
}
```

前面的 12.8.3 節已經完成了其他請求的後處理函數，所以在這裡呼叫比較簡
單，沒有額外的判斷，直接呼叫即可。

```
else if(irpsp->MajorFunction == IRP_MJ_CLOSE)
{
    // clean up結束了，這裡刪除加密節點，刪除緩衝
    ASSERT(crypting);
    cfCryptFileCleanupComplete(file);
}
else if(irpsp->MajorFunction == IRP_MJ_QUERY_INFORMATION)
{
    ASSERT(crypting);
    cfIrpQueryInforPost(irp,irpsp);
}
else if(irpsp->MajorFunction == IRP_MJ_READ)
```

```
    {
        ASSERT(crypting);
        cfIrpReadPost(irp,irpsp);
    }
    else if(irpsp->MajorFunction == IRP_MJ_WRITE)
    {
        ASSERT(crypting);
        cfIrpWritePost(irp,irpsp,context);
    }
    else
    {
        ASSERT(FALSE);
    }
}
```

本章的範例程式

本章的實例 crypt_file 的編譯方法和上一章的實例 sfilter 一樣。在編譯之前應該先編譯 sfilter 的對應版本，完成後，用 cd 指令進入 crypt_file 目錄，然後輸入：

```
my_build chk WNET
```

按確認鍵後會編譯一個偵錯版本。輸入：

```
my_build fre WNET
```

則編譯一個發行版本。載入執行後，所有記事本新增的檔案將變成加密檔案，從虛擬機器拖出或用其他文字編輯器開啟，則可以看見加密及前面的加密標識檔案表頭。請注意，這個實例只有在 Windows XP 的 FAT32 磁碟上編輯檔案才能正確執行。而且，在測試時請關閉任何防毒軟體或其他可能帶有檔案過濾驅動的軟體。

13

檔案系統微過濾驅動

▌ **13.1** 檔案系統微過濾驅動簡介

本章簡介與 sfilter 的撰寫方式不同的檔案過濾系統，稱為檔案系統微過濾驅動（Mini-Filter Installable File System，簡稱 Minifilter，後文均以 Minifilter 表示）。

13.1.1 檔案系統微過濾驅動的由來

與 Minifilter 相對的是傳統型的檔案過濾驅動，以 sfilter 為代表。sfilter 只是一個範例，凡是用類似 sfilter 的方式（尋找檔案系統裝置物件並綁定）撰寫的檔案過濾驅動都是傳統型的檔案系統過濾驅動。"Mini" 的含義是微小，sfilter 的撰寫被認為是龐大複雜的；而 Minifilter 的撰寫則微小而簡單。

傳統型的檔案系統過濾驅動的問題在於複雜且介面不清晰。有許多程式用於綁定檔案系統的裝置，檢測檔案系統裝置的變化情況等，而這些情況可能根據不同版本的作業系統、不同版本的檔案系統而發生變化。如果許多協力廠商軟體都採用了這種程式設計方式，那麼 Windows 的相關核心實現就被卡死在這些裝置上了。一旦發生改變，就不再相容一些舊的軟體了，這對客戶而言常常是不能接受的。為此，微軟開始尋找解決這個問題的出路。

實際上，檔案系統過濾的開發者並不關心 Windows 的檔案系統驅動的內部實現。我們的需求只有一個：一旦有檔案操作，就請通知我們。其他的程式都是帶來不穩定性和依賴性的多餘程式。

為此，微軟的 Windows 核心開發者開發了一個新的驅動，稱為過濾管理員（Filter Manager 或 fltmgr）。有趣的是，這個驅動本身剛好是一個傳統型的檔案系統過濾驅動，但是這個驅動提供了介面，接受一些註冊過的核心模組。如果使用者以它要求的標準來開發檔案系統過濾驅動模組，就比自己從頭開發要簡單得多。而且微軟保證無論作業系統如何改變,這些已經定義的介面都保持相容性。

當然,這只是一個美好的理想而已。理想總是要經過市場的檢驗才行。究竟Minifilter 是否可徹底取代傳統型的檔案系統過濾驅動,成為 Windows 上唯一標準的檔案系統過濾驅動呢?我們拭目以待。不過,現在市場看似朝著相反的方向發展,許多安全軟體使用的技術越來越底層,不大接受這種高層的介面。只能期待下一版本的 Windows 在安全上有徹底的提升,其高層程式設計介面才可能被越來越多的開發者放心地使用。

本書中檔案系統過濾驅動的內容,以傳統型的檔案系統過濾的知識為重點。因為傳統型的檔案系統過濾功能強大,同時撰寫複雜,需要注意的問題更多。Minifilter 的撰寫相對簡單,有傳統型的檔案系統過濾的知識打基礎,學習會非常快速。因此,本章只列出簡單的實例來介紹 Minifilter,而不像介紹 sfilter 時那樣事無巨細了。

13.1.2 Minifilter 的優點與不足

再介紹一下使用 Filter Manager 的好處。微軟把基本的 IRP 的處理工作都交給了 Filter Manager,其中一個好處就是讓這些微過濾驅動都可以專心於功能上的實現,這樣不僅可以加強開發與校正的效率,而且由新增的核心 API 介面就可以一目了然地撰寫各種操作。

除了加快開發速度,另外一個好處就是不同軟體之間相容性的提升。我們知道,以前的防毒軟體各家廠商常常都會有不相容的問題,從根本上講是由傳統型的過濾驅動與 Windows 核心的內部實現的深刻相關性,導致了相容性不佳。微過濾處理器提供了一個平台,任何符合標準的微過濾驅動都可以載入,又都被過濾管理員統一管理,在這個前提下,相容性自然而然也就變好了。

如果只使用 Minifilter 推薦的介面程式設計,那麼開發者根本看不到裝置物件、請求(IRP)這些核心結構,一切都透過重新封裝的結構和介面來存取。這減少了程式的依賴性,因為直接使用資料結構內的域常常是依賴性的源頭。如果要相容這些程式,這些資料結構就得一直保留著這些域才行。相反,只透過介面來存取所需的資訊也會帶來缺點,一些域將無法存取,一些功能也就實現不了了。

撰寫 Minifilter 時，完全有辦法獲得傳統型的檔案系統過濾程式設計時所能獲得的所有資料結構，而且也能呼叫傳統型的檔案系統過濾程式設計時所能使用的全部核心 API。當然，如果這樣使用，就如同在 C 裡嵌入組合語言程式碼，也就失去了部分相容性的好處。

13.2 Minifilter 的程式設計架構

接下來介紹一個有關 Minifilter 應用的實例，這個實例的作用主要是開發 Minifilter 的功能來限制對應用程式「記事本」檔案（notepad.exe）的操作，進而達到限制副檔名為 txt 等使用記事本程式來編輯的功能。

這是一個有意思的實例，因為檔案名稱為 notepad.exe 的檔案被禁止開啟，所以這個檔案無法被雙擊執行、無法被複製、無法被改名，也無法被刪除。

這個實例在實際中可能沒有什麼用處。這樣不可能限制文字文件不被編輯，因為記事本不能使用，使用者依然可以使用其他的文字編輯工具，甚至可以在別的電腦上為 notepad.exe 改一個名字，然後拷貝到本機上來使用。但是它足以說明 Minifilter 的簡單使用效果。在實際應用中，Minifilter 的應用和 sfilter 的應用是一樣廣泛的。有興趣的讀者在讀取完這個簡單的實例之後，可以在它的基礎上撰寫一些更符合自己實際需求的實例。

13.2.1 微檔案系統過濾的註冊

撰寫 Minifilter 的第一件事是向過濾管理員宣告我們的微篩檢程式的存在。這裡所謂的微篩檢程式是符合過濾管理員標準的過濾元件，它其實是一組回呼函數，這組回呼函數向過濾管理員註冊之後，過濾管理員就會在合適的時機（舉例來說，要求的檔案操作發生時）以合適的方式呼叫某個回呼函數。

如果我們撰寫這個回呼函數中的內容，就可以對檔案系統加以過濾了。這比花很多精力去綁定各種裝置要簡單得多，因為複雜的工作都在過濾管理員裡做了。

下面直接透過程式碼來了解一下程式的架構。一開始我們必須要宣告註冊的函數，這個宣告要符合 Minifilter 開發檔案內的定義，我們可以從 WDK 或檔案內找到這個函數的意思。

接下來按照慣例，我們介紹一下 DriverEntry 入口函數。和 sfilter 形成鮮明的比較，這個實例的 DriverEntry 顯得非常簡單。關鍵的函數有兩個：一個是 FltReigsterFilter，用來註冊一個微篩檢程式；另一個是 FltStartFiltering，用來開啟過濾。

```
NTSTATUS
DriverEntry (
    __in PDRIVER_OBJECT DriverObject,
    __in PUNICODE_STRING RegistryPath
    )
{
    NTSTATUS status;
    UNREFERENCED_PARAMETER( RegistryPath );

    // 向過濾管理員註冊一個篩檢程式。這個篩檢程式是用FilterRegistration表示的
    status = FltRegisterFilter( DriverObject,
                            &FilterRegistration,
                            &gFilterHandle );
    ASSERT( NT_SUCCESS( status ) );
    if (NT_SUCCESS( status )) {
        // 開啟過濾行為
        status = FltStartFiltering( gFilterHandle );
        if (!NT_SUCCESS( status )) {
        // 如果不能正常開啟，那麼這個註冊沒有意義，取消註冊並以失敗退出
            FltUnregisterFilter( gFilterHandle );
        }
    }
    return status;
}
```

其中，FltRegisterFilter 是一個非常重要的核心 API，是微篩檢程式生命的開始。這個函數的原型如下：

```
NTSTATUS
FltRegisterFilter(
    IN PDRIVER_OBJECT  Driver,
    IN CONST FLT_REGISTRATION  *Registration,
    OUT PFLT_FILTER  *RetFilter
);
```

第 1 個參數是本驅動的驅動物件，是在入口函數 DriverEntry 中作為參數傳入的。第 2 個參數就是一個宣告註冊資訊的結構，這個結構內含描述這個篩檢程

式的所有資訊，在本節中，稱為微篩檢程式註冊結構。第 3 個參數（RetFilter）是一個傳回參數，傳回註冊成功的微篩檢程式控制碼。微篩檢程式控制碼非常常用，一般都儲存在全域變數中以備後用，在下面呼叫函數 FltStartFiltering 時就需要以這個控制碼作為參數。顯而易見，呼叫 FltRegisterFilter 本身並不複雜，問題在於要填寫一個合法的 FLT_REGISTRATION 結構。這個結構將在下一節中介紹。

另一個函數是 FltStartFiltering，在呼叫這個函數之前，過濾是不起作用的。這個函數的作用是開啟。它的原型如下：

```
NTSTATUS
FltStartFiltering(
    IN PFLT_FILTER  Filter
);
```

此函數非常簡單，只有一個參數，就是呼叫 FltRegisterFilter 時傳回的微篩檢程式控制碼。一般情況下，這個函數的呼叫會成功；如果失敗，除了放棄過濾，幾乎別無選擇。

13.2.2 微篩檢程式的資料結構

註冊微篩檢程式時，我們填寫了一個名為微篩檢程式註冊結構（FLT_REGISTRATION）的資料結構。定義如下：

```
typedef struct _FLT_REGISTRATION {
  USHORT  Size;                         // 結構的大小
  USHORT  Version;                      // 結構的版本
  FLT_REGISTRATION_FLAGS  Flags;        // 微篩檢程式標示位
  CONST FLT_CONTEXT_REGISTRATION  *ContextRegistration;
  // 操作回呼函數。這是重點中的重點
  CONST FLT_OPERATION_REGISTRATION  *OperationRegistration;
  // 移除回呼函數
  PFLT_FILTER_UNLOAD_CALLBACK  FilterUnloadCallback;
  // 實例安裝回呼
  PFLT_INSTANCE_SETUP_CALLBACK  InstanceSetupCallback;
  PFLT_INSTANCE_QUERY_TEARDOWN_CALLBACK  InstanceQueryTeardownCallback;
  PFLT_INSTANCE_TEARDOWN_CALLBACK  InstanceTeardownStartCallback;
  PFLT_INSTANCE_TEARDOWN_CALLBACK  InstanceTeardownCompleteCallback;
```

```
// 產生檔案名稱回呼
PFLT_GENERATE_FILE_NAME  GenerateFileNameCallback;
// 格式化名字元件回呼
PFLT_NORMALIZE_NAME_COMPONENT  NormalizeNameComponentCallback;
// 格式化上下文清理回呼
PFLT_NORMALIZE_CONTEXT_CLEANUP  NormalizeContextCleanupCallback;
  } FLT_REGISTRATION, *PFLT_REGISTRATION;
```

第 1 個域 Size 表示 FLT_REGISTRATION 結構的大小，當然大小就是 sizeof(FLT_REGISTRATION)。微軟習慣在 Windows 核心的資料結構前面加上大小，易於校正。

第 2 個域 Version 是 FLT_REGISTRATION 結構的版本編號。對於這個域，讀者不需要多加考慮，直接按照慣例填寫 FLT_REGISTRATION_VERSION 即可。

第 3 個域 Flags 是標示位，標記是否要收到這種的操作。但是有趣的是，這個域只有兩種設定法：一種設定為 NULL，不起任何作用；另一種則設定為 FLTFL_REGISTRATION_DO_NOT_ SUPPORT_SERVICE_STOP， 代 表當停止服務時 Minifilter 不會回應且不會呼叫到 FilterUnloadCallback，即使 FilterUnloadCallback 並不是 NULL。

第 4 個域 Context Registration 是上下文註冊，註冊處理上下文的函數。

第 5 個域 Operation Registration 是操作回呼函數集註冊。這是最重要的域，我們將要過濾的檔案操作回呼函數寫在其中，可以定義所有功能程式對應的回呼函數。舉例如下：

```
const FLT_OPERATION_REGISTRATION Callbacks[] = {
    { IRP_MJ_CREATE, 0, XxxPreCreate, XxxPostCreate},
    { IRP_MJ_CLEANUP, 0,XxxPreCleanup, NULL},
    { IRP_MJ_WRITE, 0, XxxPreWrite,  XxxPostWrite },
    // 填寫要過濾的定義集合
    { IRP_MJ_OPERATION_END}
};
```

有關 FLT_OPERATION_REGISTRATION 這個結構，後面會做更詳細的解說。

第 6 個域 FilterUnloadCallback 是驅動移除回呼函數。在驅動被停止時，函數被呼叫，代表要釋放程式內的資源以結束過濾行為。這個域可以設定為 NULL。

第 7 個域 InstanceSetupCallback 是實例安裝回呼函數，當一個卷冊實例要載入時會透過此回呼函數處理。這個域可以設定為 NULL。

第 8 個域 InstanceQueryTeardownCallback 是控制實例銷毀函數，這個回呼函數只會在一個手動解除綁定的請求時被呼叫。這個域可以設定為 NULL。

第 9 個域 InstanceTeardownStartCallback 是實例解綁定函數，當呼叫時代表已經決定解除綁定。這個域可以設定為 NULL。

第 10 個域 InstanceTeardownCompleteCallback 是實例解綁定完成函數，當確定時呼叫解除綁定後的完成函數。這個域可以設定為 NULL。

還有一些域因為使用不多，所以本書將其省略，有興趣的讀者可以自己參考相關文件。筆者習慣將它們設定為 NULL。

下面是一個設定的實例。

```
CONST FLT_REGISTRATION FilterRegistration = {
    sizeof( FLT_REGISTRATION ),
    FLT_REGISTRATION_VERSION,
    0,
    NULL,
    Callbacks,
    PtUnload,
    PtInstanceSetup,
    PtInstanceQueryTeardown,
    PtInstanceTeardownStart,
    PtInstanceTeardownComplete,
    NULL,
    NULL,
    NULL
};
```

其中，最重要的就是 CallBacks。這是一個回呼函數陣列，在其中可以處理所有的請求。但是處理方式和以前做請求過濾時有所不同，以前處理的是 IRP，其實有兩種處理：一種是在請求完成之前就進行處理；另一種是用事件等待請求完成之後，或在完成函數中進行處理。前一種適合要攔截請求本身的情況，後一種適合要攔截請求之後傳回的結果的情況。在 Minifilter 中，這兩種過濾被分在兩個回呼函數中，一個稱為預操作回呼函數（Pre-Operation Function），另一個稱為後操作回呼函數（Post-Operation Function）。下面是一個實例。

```
CONST FLT_OPERATION_REGISTRATION Callbacks[] = {
    {
        IRP_MJ_CREATE,
        0,
        NPPreCreate,    // 產生預操作回呼函數
          NPPostCreate         // 產生後操作回呼函數
    },
    {
          IRP_MJ_WRITE,
// 請注意寫回呼函數在本章範例程式中是沒有的。寫在這裡僅是為了作為 Callbacks
// 的說明使用
        FLTFL_OPERATION_REGISTRATION_SKIP_CACHED_IO,
    NPPreWrite,
    NPPostWrite
    }
    { IRP_MJ_OPERATION_END }
};
```

Callbacks 陣列內儲存資料結構為 FLT_OPERATION_REGISTRATION 的陣列，
用意是把需要做過濾的請求一個個宣告出來，每個都包含了預操作回呼函數與
後操作回呼函數，宣告過後透過註冊就能使 IRP 封包順利地透過這邊指定的函
數來做處理了。當有多個微篩檢程式時，IRP 會透過每一個微篩檢程式的預操
作回呼函數與後操作回呼函數，除非 IRP 傳遞到中途被直接傳回而不再繼續傳
遞下去。

讀者可以看到，這個陣列的每個元素由四部分組成。第 1 個域是請求的主功能
號，這是我們熟知的。第 2 個域是一個標示位，有三種寫法：第 1 種是寫 0，
這個標示僅對讀 / 寫回呼有用，所以對產生請求的處理直接寫 0 即可；第 2 種
是寫 FLTFL_OPERATION_REGISTRATION_ SKIP_CACHED_IO，表示不過濾
緩衝讀 / 寫入請求；第 3 種是寫 FLTFL_OPERATION_REGISTRATION_ SKIP_
PAGING_IO，表示不過濾分頁讀 / 寫請求。接下來的兩個域就是預操作回呼函
數和後操作回呼函數。

請注意最後一個元素必須是 IRP_MJ_OPERATION_END，否則過濾管理員無
法知道到底有多少個元素。

讀者已經看到了上面有許多個回呼函數，其中有一些回呼函數在操作回呼函數
集 Callbacks 中，還有一些回呼函數就直接在微篩檢程式註冊結構中。下面的
工作就是一個一個實現這些函數。

在操作回呼函數集中,本章的實例只需要用到產生回呼函數,其他的回呼處理可以按這個類推。讀者完全可以把第 12 章相關的各種請求的處理一個一個挪到 Minifilter 的架構裡。

13.2.3 移除回呼函數

在移除回呼函數中,應該登出我們曾經註冊過的微篩檢程式,這可以透過呼叫核心 API 函數 FltUnregisterFilter 來實現。除此之外,在這個回呼函數中,讀者可以完成以前在傳統型的檔案過濾驅動中驅動移除函數所完成的所有工作。但是本例非常簡單,僅是呼叫 FltUnregisterFilter 而已。這個函數也只有一個參數,就是微篩檢程式控制碼。

```
NTSTATUS
PtUnload (
    __in FLT_FILTER_UNLOAD_FLAGS Flags
)
{
    UNREFERENCED_PARAMETER( Flags );
    PAGED_CODE();
    PT_DBG_PRINT( PTDBG_TRACE_ROUTINES,
            ("NPminifilter!PtUnload: Entered\n") );
    FltUnregisterFilter( gFilterHandle );
    return STATUS_SUCCESS;
}
```

這個函數的主要工作是釋放資源,FltUnregisterFilter 與 FltRegisterFilter 互相對應,FltUnregisterFilter 用來釋放已註冊的微篩檢程式在 Windows 核心內部所使用的資源。

13.2.4 預操作回呼函數

我們針對 IRP_MJ_CREATE 這個主功能號來設定預操作回呼函數與後操作回呼函數,當系統接收到標識為 IRP_MJ_CREATE 的 IRP 也就是試圖產生或開啟檔案時,自然就會呼叫到預操作回呼函數與後操作回呼函數。

NPPreCreate 就是我們設定的預操作回呼函數。這個函數有三個參數,其中第一個參數是一個 FLT_CALLBACK_DATA 的指標,FLT_CALLBACK_DATA 稱為回呼資料封包,這個資料封包內含有和這個請求相關的全部資訊。正是因為

有了這個參數，所以不再直接讀取 IRP 的資訊了。這個函數的參數中不再有
IRP 的指標。

```
FLT_PREOP_CALLBACK_STATUS
NPPreCreate (
    __inout PFLT_CALLBACK_DATA Data,
    __in PCFLT_RELATED_OBJECTS FltObjects,
    __deref_out_opt PVOID *CompletionContext
)
{
    // 緩衝區，用來獲得檔案名稱
    char FileName[260] = { "X:" };
    NTSTATUS status;
    PFLT_FILE_NAME_INFORMATION nameInfo;
    // 未使用的參數，用巨集掩蓋使之不發生編譯警告
    UNREFERENCED_PARAMETER( FltObjects );
    UNREFERENCED_PARAMETER( CompletionContext );
    // 檢測可分頁程式
    PAGED_CODE();
    __try {
        // 取得檔案名稱資訊，取得檔案名稱和解析檔案名稱等幾個函數將在本節
        // 稍後的內容中介紹
        status = FltGetFileNameInformation( Data,
         FLT_FILE_NAME_NORMALIZED | FLT_FILE_NAME_QUERY_DEFAULT,
         &nameInfo );
        if (NT_SUCCESS( status )) {
            // 如果成功了，解析檔案名稱資訊，然後比較其中是否有NOTEPAD.EXE
            // 子字串
            FltParseFileNameInformation( nameInfo );
            // 將字串轉為CHAR大寫以利於比對字串
        if (NPUnicodeStringToChar(&nameInfo->Name, FileName)) {
        if (strstr(FileName, "NOTEPAD.EXE") > 0) {
            // 填寫拒絕
            Data->IoStatus.Status = STATUS_ACCESS_DENIED;
            Data->IoStatus.Information = 0;
            FltReleaseFileNameInformation( nameInfo );
                    // 傳回請求已經結束，也就是不用再下傳了
            return FLT_PREOP_COMPLETE;

        }
        }
        // 釋放名字資源
        FltReleaseFileNameInformation( nameInfo );
```

```
      }
     }
    __except(EXCEPTION_EXECUTE_HANDLER) {
     DbgPrint("NPPreCreate EXCEPTION_EXECUTE_HANDLER\n");
    }
     return FLT_PREOP_SUCCESS_WITH_CALLBACK;
}
```

這是一個很簡單的預操作回呼函數，它的主要作用就是盡可能地解析目前的檔案名稱，然後判斷這個名稱是否符合我們需要的條件。我們的目的是限制名為 "notepad.exe" 的檔案被使用，任何檔案的操作例如讀取、刪除、覆蓋、重新命名、執行等，必定都會先呼叫到開啟請求。因此，筆者在這裡做個簡單的判斷，試圖分辨出目前系統操作的檔案是否符合我們所尋找的條件。

上面用到了一個自訂函數 NPUnicodeStringToChar。該函數將 UNICODE_STRING 轉為全大寫的 CHAR 陣列，以便搜尋子字串 "NOTEPAD.EXE"。其中使用了核心 API 函數 RtlUpperChar 轉換大小寫，請讀者試著自己實現這個函數。

下面是回呼資料封包的定義。

```
typedef struct _FLT_CALLBACK_DATA {
    FLT_CALLBACK_DATA_FLAGS  Flags;
      PETHREAD CONST  Thread;
    PFLT_IO_PARAMETER_BLOCK CONST  Iopb;
    IO_STATUS_BLOCK  IoStatus;
    struct _FLT_TAG_DATA_BUFFER  *TagData;
    union {
       struct {
       LIST_ENTRY  QueueLinks;
       PVOID  QueueContext[2];
       };
       PVOID  FilterContext[4];
    };
    KPROCESSOR_MODE  RequestorMode;
} FLT_CALLBACK_DATA, *PFLT_CALLBACK_DATA;
```

回呼資料封包結構代表了一個 I/O 操作。過濾管理員與微過濾驅動都使用這個結構來初始化與處理 I/O 操作，內含許多巢狀結構結構定義，可以在 WDK 標頭檔 fltkernel.h 中找到更多有關的資料。這個結構可以說是 Minifilter 的基礎。

大部分讀者會提出疑問，以前在 sfilter 中，我們從 IRP 指標及 IRP 的目前堆疊空間指標中獲得許多資訊，例如寫入請求的長度等，現在如何能獲得這些資訊呢？

請讀者注意 Iopb 域，這是一個 PFLT_IO_PARAMETER_BLOCK 指標。這個資料結構定義如下：

```
typedef struct _FLT_IO_PARAMETER_BLOCK {
    ULONG   IrpFlags;
    UCHAR   MajorFunction;
    UCHAR   MinorFunction;
    UCHAR   OperationFlags;
    UCHAR   Reserved;
    PFILE_OBJECT   TargetFileObject;
    PFLT_INSTANCE   TargetInstance;
    FLT_PARAMETERS   Parameters;
} FLT_IO_PARAMETER_BLOCK, *PFLT_IO_PARAMETER_BLOCK;
```

在這裡讀者就可以找到以前熟悉的許多資訊了，包含主功能號、次功能號和檔案物件指標等。此外，其中還有一個結構為 FLT_PARAMETERS 的參數域，這個資料結構是一個共用體，應用的域根據不同的主功能號而不同，例如寫入請求應用的部分如下：

```
typedef union _FLT_PARAMETERS {
    ...
    struct {
    ULONG   Length;
    ULONG POINTER_ALIGNMENT   Key;
    LARGE_INTEGER   ByteOffset;
    PVOID   WriteBuffer;
    PMDL   MdlAddress;
    } Write;
    ...
} FLT_PARAMETERS, *PFLT_PARAMETERS;
```

從這裡就很容易找到寫入請求包含的寫入位置、長度和緩衝區等相關參數。

這裡再介紹一下解析檔案路徑所需要呼叫的函數。第一個函數是 FltGetFileNameInformation，原型如下：

```
NTSTATUS
FltGetFileNameInformation(
```

```
    IN PFLT_CALLBACK_DATA  CallbackData,
    IN FLT_FILE_NAME_OPTIONS  NameOptions,
    OUT PFLT_FILE_NAME_INFORMATION  *FileNameInformation
);
```

這個函數可以取得一個檔案或目錄的檔案名稱資訊結構。第二個函數是
FltParseFileNameInformation，原型如下：

```
NTSTATUS FltParseFileNameInformation(
    IN OUT PFLT_FILE_NAME_INFORMATION  FileNameInformation
);
```

透過 FltParseFileNameInformation 函數可以獲得一個含有路徑名稱與檔案名稱
的結構，我們再用字串轉換與比對便可以輕易地找出路徑內是否有 NOTEPAD.
EXE 等字串。在決定否決這個請求之後，我們採用常見的與填寫 IRP 的
IoStatus 域完全一樣的方法否決這次請求，相關程式如下：

```
Data->IoStatus.Status = STATUS_ACCESS_DENIED;
Data->IoStatus.Information = 0;
FltReleaseFileNameInformation( nameInfo );
return FLT_PREOP_COMPLETE;
```

這段程式碼主要是告訴過濾管理員，這個請求要即刻傳回失敗，即代表這個
IRP 不會往下處理，在作業系統裡我們就會看到類似圖 13-1 所示的資訊。

圖 13-1　禁止 notepad.exe 存取後，試圖開啟文字檔的錯誤訊息

13.2.5　後操作回呼函數

當 IRP 完成傳回時就會通過後操作回呼函數，舉例來說，若不想讓檔案新增成
功，則可以透過 FltCancelFileOpen 來取消之前的 FILE_CREATE、FILE_OPEN
等操作。在這段程式碼中並無 FltCancelFileOpen 操作，是因為我們在預操作
回呼函數內就已經過濾該行為且設定傳回值的動作了，並不需要在這裡重複操
作。下面這個後處理回呼函數對程式的功能本身並沒有意義，僅作為後處理回
呼寫法的說明展示給讀者。

```
FLT_POSTOP_CALLBACK_STATUS
NPPostCreate (
    __inout PFLT_CALLBACK_DATA Data,
    __in PCFLT_RELATED_OBJECTS FltObjects,
    __in_opt PVOID CompletionContext,
    __in FLT_POST_OPERATION_FLAGS Flags
)
{
    FLT_POSTOP_CALLBACK_STATUS returnStatus =
        FLT_POSTOP_FINISHED_PROCESSING;
    PFLT_FILE_NAME_INFORMATION nameInfo;
    NTSTATUS status;
    UNREFERENCED_PARAMETER( CompletionContext );
    UNREFERENCED_PARAMETER( Flags );
    if (!NT_SUCCESS( Data->IoStatus.Status ) ||
        (STATUS_REPARSE == Data->IoStatus.Status)) {
        return FLT_POSTOP_FINISHED_PROCESSING;
    }
    // 從回呼資料封包中獲得名字資訊
    status = FltGetFileNameInformation( Data,
                        FLT_FILE_NAME_NORMALIZED |
                        FLT_FILE_NAME_QUERY_DEFAULT,
                        &nameInfo );
    if (!NT_SUCCESS( status )) {
        return FLT_POSTOP_FINISHED_PROCESSING;
    }
    return returnStatus;
}
```

傳回 FLT_POSTOP_FINISHED_PROCESSING，代表 Minifilter 已經完成對 I/O
的所有處理，並傳回控制給過濾管理員。

13.2.6 其他回呼函數

除了前面介紹的回呼函數，還有其他的回呼函數需要實現。但是在大多數情況
下，這些函數的實現非常簡單，以至於使用者只需要簡單地拷貝實例中的程式
就可以實現它們。根據筆者的開發經驗，極少會利用到這些回呼函數提供的功
能。下面對這些回呼函數集中做個簡單的介紹。請注意這些函數都是可選的，
程式設計者可以不實現它們，在微篩檢程式註冊結構中將它們設定為 NULL。

（1）InstatanceSetupCallback

InstananceSetupCallback 這個回呼函數存在的目的，在於讓本驅動的開發者來決定哪個卷冊需要綁定，哪個卷冊不需要綁定。InstananceSetupCallback 在下列情況下會被呼叫。

① 當一個微篩檢程式載入時，每個存在的卷冊都會導致這個呼叫。
② 當一個新的卷冊被掛載時。
③ 當 FltAttachVolume 被呼叫（核心模式）時。
④ 當 FltAttachVolumeAtAltitude 被呼叫（核心模式）時。
⑤ 當 FilterAttach 被呼叫（使用者模式）時。
⑥ 當 FilterAttachAtAltitude 被呼叫（使用者模式）時。

在這個過程中，微篩檢程式決定是否在這個卷冊上產生實例。這個回呼函數的原型如下：

```
typedef NTSTATUS
(*PFLT_INSTANCE_SETUP_CALLBACK) (
    IN PCFLT_RELATED_OBJECTS FltObjects,
    IN FLT_INSTANCE_SETUP_FLAGS Flags,
    IN DEVICE_TYPE VolumeDeviceType,
    IN FLT_FILESYSTEM_TYPE VolumeFilesystemType
);
```

FltObjects 結構含有指向微篩檢程式、卷冊和實例的指標。這個實例是指將要在 InstanceSetupCallback 函數中產生的實例。

Flags 標記是什麼操作導致觸發了 InstanceSetupCallback：

FLTFL_INSTANCE_SETUP_AUTOMATIC_ATTACHMENT：這是一個微篩檢程式註冊時，一個自動的綁定通知。過濾管理員為每個剛載入的微篩檢程式列舉所有的卷冊。如果使用者明確地指定一個實例綁定到某一個卷冊，則不會設定這個標記。

FLTFL_INSTANCE_SETUP_MANUAL_ATTACHMENT：透過呼叫 FilterAttach（使用者態）、FilterAttachVolumeAtAltitude（使用者態）或 FltAttachVolume（核心態）所發起的手動請求。

FLTFL_INSTANCE_SETUP_NEWLY_MOUNTED_VOLUME：檔案系統剛剛掛載了一個卷冊，所以呼叫 InstanceSetupCallback 來通知微篩檢程式，如果它願

意則可以產生實例來綁定這個卷冊。

在 InstanceSetupCallback 中，微篩檢程式同時獲得了卷冊裝置類型（VolumeDeviceType）和卷冊檔案系統類型（VolumeFilesystemType），用來判斷這個卷冊是否是篩檢程式所感興趣的。同時，微篩檢程式可以呼叫 FltGetVolume Properties 來取得卷冊屬性。透過 FltSetInstanceContext 在實例上設定上下文，當然這是在需要綁定時。它甚至可以在卷冊上開啟或關閉檔案。如果這個回呼函數傳回了成功，那麼這個實例將綁定到卷冊上；如果傳回了一個警告或錯誤，那麼不會綁定。如果微篩檢程式沒有指定這個回呼函數回呼，那麼系統將認為使用者總是傳回 STATUS_SUCCESS，實例總是會產生並綁定。

（2）InstanceQueryTeardownCallback

InstanceQueryTeardownCallback 是控制實例銷毀函數，這個回呼函數只會在一個手動解除綁定請求時被呼叫。手動解除綁定表示兩種可能：

- 核心模式偵錯 FltDetachVolume；
- 使用者模式偵錯 FilterDetach。

如果篩檢程式沒有提供這個回呼函數，那麼手動解除綁定是不被允許的，但是卷冊的移除和篩檢程式的移除仍是可以運作的。如果這個呼叫成功，那麼第 9 個域 InstanceTeardownStartCallback 和第 10 個域 InstanceTeardownComplete Callback 將被呼叫；當這些函數傳回錯誤時，手動解除綁定失敗，推薦的錯誤程式有 STATUS_FLT_DO_NOT_DETACH，不過傳回其他錯誤程式也是可以的。

（3）InstanceTeardownStartCallback

InstanceTeardownStartCallback 是實例解除綁定回呼函數。呼叫則代表已經決定要解除綁定，這個函數應該做以下事情。

① 重設所有未決的 I/O 操作（包含預操作和後操作）。
② 確保不會有新的 I/O 操作進入未決。
③ 對剛剛到達的操作開始最少的工作。

同時進行以下操作：

① 關閉所有開啟的檔案。

② 取消所有本篩檢程式發起的 I/O 請求。

③ 停止將新的工作項目排隊。

然後，微篩檢程式把控制權交還過濾管理員來繼續它的銷毀過程。當所有與這個實例相關的操作都排除乾淨或完成時，InstanceTeardownComplete 會被呼叫。過濾管理員確保此時此實例存在的所有操作回呼都完成了，這時微篩檢程式必須關閉這個實例開啟的所有檔案。這個函數原型和 InstanceTeardownCompleteCallback 將一併介紹。

（4）InstanceTeardownCompleteCallback

InstanceTeardownCompleteCallback 是實例解除綁定完成函數，當確定時呼叫解除綁定後的完成函數。

InstanceTeardownStartCallback 和 InstanceTeardownCompleteCallback 回呼函數的原型如下：

```
typedef VOID
(*PFLT_INSTANCE_TEARDOWN_CALLBACK) (
    IN PCFLT_RELATED_OBJECTS FltObjects,
IN FLT_INSTANCE_TEARDOWN_FLAGS Reason
);
```

FltObjects 中有微篩檢程式、卷冊和實例。

Reason 參數指明這次銷毀的原因，可能是以下一些標記的組合。

FLTFL_INSTANCE_TEARDOWN_MANUAL：這次銷毀操作是一個手動的請求（FilterDetach 或 FltDetachVolume）。

FLTFL_INSTANCE_TEARDOWN_FILTER_UNLOAD：這次銷毀操作是由微篩檢程式執行移除或選擇了使移除請求失敗所導致的。

FLTFL_INSTANCE_TEARDOWN_MANDATORY_FILTER_UNLOAD：這次銷毀操作是一次強制移除導致的。在這種情況下不能使移除請求失敗。

FLTFL_INSTANCE_TEARDOWN_VOLUME_DISMOUNT：這次銷毀操作是一個卷冊被解除掛載的結果。

FLTFL_INSTANCE_TEARDOWN_INTERNAL_ERROR：這次銷毀操作是由安

裝實例時的內部錯誤導致的，例如記憶體不足。

請注意，沒有傳回值且 InstanceTeardownStart 和 InstanceTeardownComplete 都不能失敗。過濾管理員確保這些函數都執行在 Passive 中斷級。

13.3 Minifilter 如何與應用程式通訊

考慮到核心態和使用者態之間的互動，以前的做法是使用使用者態的 API 函數 DeviceIoControl 結合在核心模組中的處理控制請求來實現雙方資料的傳遞。但是在 Minifilter 中則不同，Minifilter 有內建支援的 API 提供給開發者使用，這裡就先針對這些 API 來做介紹。

該方法叫作**通訊連接埠**（Communication Port），顧名思義，就是先定義一個通道名稱，透過雙邊已經定義好的通訊連接埠來做資料上的溝通；使用上很像 socket 或管線（pipe）之類的通訊程式設計。

13.3.1 建立通訊連接埠的方法

下面的程式示範了如何建立一個通訊連接埠。

```
PSECURITY_DESCRIPTOR sd;
OBJECT_ATTRIBUTES oa;

status = FltBuildDefaultSecurityDescriptor( &sd, FLT_PORT_ALL_ACCESS );

if (!NT_SUCCESS( status )) {
    goto final;
}

RtlInitUnicodeString( &uniString, MINISPY_PORT_NAME );

InitializeObjectAttributes( &oa,
                            &uniString,
                            OBJ_KERNEL_HANDLE | OBJ_CASE_INSENSITIVE,
                            NULL,
                            sd );

    status = FltCreateCommunicationPort( gFilterHandle,
                                         &gServerPort,
```

```
                                    &oa,
                                    NULL,
                                    NPMiniConnect,
                                    NPMiniDisconnect,
                                    NPMiniMessage,
                                    1 );
```

FltBuildDefaultSecurityDescriptor 以 FLT_PORT_ALL_ACCESS 許可權來產生一個安全性的描述符號，MINISPY_PORT_NAME 是剛剛所講的通訊連接埠定義的名稱，透過 InitializeObjectAttributes 來初始化物件屬性（OBJECT_ATTRIBUTES），接下來便要註冊這個通訊連接埠以及所需要使用到的函數。

這裡必須提供三個回呼函數，類似以前我們為了實現通訊所寫的控制請求的分發函數。這三個回呼函數分別是 NPMiniConnect、NPMiniDisconnect、NPMiniMessage。

NPMiniConnect 是使用者態與核心態建立連接時核心會呼叫到的函數。

NPMiniDisconnect 是使用者態與核心態連接結束時核心會呼叫到的函數。

NPMiniMessage 是使用者態與核心態傳送資料時核心會呼叫到的函數。

使用者態不需要再使用 CreateFile 和 DeviceIoControl 系列的 API，Minifilter 有專門的 API 提供給使用者態程式使用。相關的 API 主要有兩個：FilterConnectCommunicationPort 和 FilterSendMessage，透過 FilterConnectCommunicationPort 可以呼叫到我們提供的 NPMiniConnect 函數，透過 FilterSendMessage 可以呼叫到相對應的 NPMiniMessage。

一對一關聯性很容易了解。至於參數則都是 PVOID 的指標，開發時兩邊程式透過自訂的資料結構，傳入指標即可將數據傳入或取出。

WDK 定義的 FilterConnectCommunicationPort 原型如下：

```
HRESULT
WINAPI
FilterConnectCommunicationPort(
    IN LPCWSTR  lpPortName,
    IN DWORD  dwOptions,
    IN LPVOID  lpContext OPTIONAL,
    IN DWORD  dwSizeOfContext,
```

```
    IN LPSECURITY_ATTRIBUTES  lpSecurityAttributes OPTIONAL,
    OUT HANDLE  *hPort
    );
```

各參數說明如下。

- lpPortName：寬字元字串，例如 L"NPPort"。
- dwOptions：目前沒有使用，設為 0。
- lpContext：透過此參數可以傳入上下文資料給 Minifilter 的 connect routine。
- dwSizeOfContext：上下文資料的大小，單位為 byte。
- lpSecurityAttributes：只要透過此 API 傳入已定義 Port 的名稱，就可以獲得控制碼。

此外，WDK 定義的 FilterSendMessage 原型如下：

```
HRESULT WINAPI
 FilterSendMessage(
    IN HANDLE  hPort,
    IN LPVOID  lpInBuffer OPTIONAL,
    IN DWORD  dwInBufferSize,
    IN OUT LPVOID  lpOutBuffer OPTIONAL,
    IN DWORD  dwOutBufferSize,
    OUT LPDWORD  lpBytesReturned
    );
```

各參數說明如下。

- hPort：連接通訊埠名稱，寬字元字串。
- lpInBuffer：輸入緩衝區。將定義好的結構用指標傳入。
- dwInBufferSize：輸入緩衝區大小。
- lpOutBuffer：輸出緩衝區。既可傳入資料也可取得傳回的資料。
- dwOutBufferSize：輸出緩衝區大小。
- lpBytesReturned：FilterSendMessage 呼叫成功則會傳回一個標識 lpOutBuffer 大小的值。

13.3.2 在使用者態透過 DLL 使用通訊連接埠的範例

在使用者態撰寫應用程式時，開發者可以撰寫一個簡單的動態連結程式庫（DLL）來提供與核心中的 Minifilter 核心驅動程式通訊的功能，在應用程式

中就可以呼叫這個 DLL 來與核心通訊了。在撰寫這個 DLL 時，必須要包含
WDK 中的標頭檔 FltUser.h，此外還必須連接 Minifilter 提供給使用者態程式使
用的靜態程式庫 fltLib.lib 和 fltMgr.lib。

程式設計中要注意的第一件事是：在處理 DLL_PROCESS_ATTACH 時要呼叫
FilterConnect CommunicationPort，便能完成與 Minifilter 溝通的通訊連接埠的
初始化，然後可以透過 FilterSendMessage 傳送資料，等到程式關閉後關閉並
釋放這個通訊連接埠。

以下是本章的實例中 NPdll.dll 的程式碼範例。首先要引用標頭檔和要連接的靜
態程式庫。

```c
//NPdll.h
#include "windows.h"
#include <stdio.h>
// 一定要包含Minifilter的標頭檔
#include <FltUser.h>

#pragma comment(lib, "user32.lib")
#pragma comment(lib, "kernel32.lib")
// 注意必須連接Minifilter提供的靜態程式庫
#pragma comment(lib, "fltLib.lib")
#pragma comment(lib, "fltMgr.lib")
#pragma comment(lib, "ntoskrnl.lib")
#pragma comment(lib, "hal.lib")
```

下面在全域變數 g_hPort 中會儲存通訊連接埠的控制碼；同時定義了微篩檢程
式的名字和通訊連接埠的名字。注意：必須是寬字元的。

```c
extern HANDLE g_hPort;
#define NPMINI_NAME            L"NPminifilter"
#define NPMINI_PORT_NAME       L"\\NPminifilterPort"
```

下面是 DLL 的程式設計標準，宣告匯出函數。匯出函數也可以寫在 DEF 檔案
裡。

```c
#ifdef NPMINI_EXPORTS
#define NPMINI_API __declspec(dllexport)
#else
#define NPMINI_API __declspec(dllimport)
#endif
```

```
// DLL 匯出函數(DLL export function)
__declspec(dllexport)    int InitialCommunicationPort(void);
__declspec(dllexport)    int NPSendMessage(PVOID InputBuffer);
```

定義自訂的指令資料結構，透過自訂的結構來傳送指令。

```
// 自訂的資料結構
typedef enum _NPMINI_COMMAND {
    ENUM_PASS = 0,       // 不過濾
    ENUM_BLOCK           // 過濾
} NPMINI_COMMAND;

typedef struct _COMMAND_MESSAGE {
    // 儲存列舉 NPMINI_COMMAND 指令的結構
    NPMINI_COMMAND  Command;
} COMMAND_MESSAGE, *PCOMMAND_MESSAGE;
```

DLL 程式進入點。

```
// NPdll.cpp
#include "NPdll.h"
HANDLE g_hPort = INVALID_HANDLE_VALUE;  // 初始化控制碼

BOOL APIENTRY DllMain( HMODULE hModule,
                       DWORD  ul_reason_for_call,
                       LPVOID lpReserved)
{
  switch (ul_reason_for_call)
  {
  case DLL_PROCESS_ATTACH: // 當載入DLL成功時會呼叫到此功能碼
    InitialCommunicationPort();
  case DLL_THREAD_ATTACH:
  case DLL_THREAD_DETACH:
  case DLL_PROCESS_DETACH: // 當卸離DLL成功時會呼叫到此功能碼
    break;
  }
    return TRUE;
}
```

當載入 DLL 時（DLL_PROCESS_ATTACH）會呼叫 InitialCommunicationPort，這個呼叫主要是為了初始化通訊連接埠，以便後面的函數可以呼叫這個介面的 API。

```
int InitialCommunicationPort(void)
{
    DWORD hResult = FilterConnectCommunicationPort(
    NPMINI_PORT_NAME,    // 通訊連接埠名稱
    0,
    NULL,
    0,
    NULL,
    &g_hPort );          // 通訊連接埠控制碼
  if (hResult != S_OK) {
    return hResult;      // 當連接失敗時傳回錯誤訊息
  }
  return 0;
}
```

透過 FilterConnectCommunicationPort 初始化通訊連接埠介面，獲得通訊連接埠的控制碼，成功則傳回 0，失敗則傳回函數錯誤程式 hResult。

```
// 傳送資料函數
int NPSendMessage(PVOID InputBuffer)
{
  DWORD bytesReturned = 0;         // 傳回的結構大小
  DWORD hResult = 0;               // 傳回值
  PCOMMAND_MESSAGE commandMessage =
    (PCOMMAND_MESSAGE) InputBuffer;
    hResult = FilterSendMessage(
    g_hPort,                       // 通訊連接埠控制碼
      commandMessage,              // 傳入結構
      sizeof(COMMAND_MESSAGE),     // 傳入結構長度
      NULL,                        // 傳入或傳回結構
      NULL,                        // 傳入結構
      &bytesReturned );
  if (hResult != S_OK) {
    return hResult;
  }
  return 0;
}
```

當呼叫到 NPSendMessage 時傳入的參數也需要是一個 COMMAND_MESSAGE 結構的指標，當傳送成功時傳回 S_OK，失敗時可根據傳回值 hResult 得知錯誤程式。

13.4 Minifilter 的安裝與載入

安裝驅動的方法有許多種，可以透過函數註冊或用 INF 檔案向系統註冊驅動。本節介紹有關安裝 Minifilter 驅動的方法，在安裝驅動時，使用 INF 的方式來進行安裝。

13.4.1 安裝 Minifilter 的 INF 檔案

INF 檔案的內容如下：

```
[Version]
signature    = "$Windows NT$"
Class        = "ActivityMonitor"
;類別名稱視要註冊的篩檢程式功能而定
ClassGuid    = {b86dff51-a31e-4bac-b3cf-e8cfe75c9fc2}
;這個數值視類別種類而定
Provider     = %Msft%
DriverVer    = 07/07/2008,1.0.0.0


[DestinationDirs]
DefaultDestDir      = 12
MiniFilter.DriverFiles  = 12      ;12代表%windir%\system32\drivers


[DefaultInstall]
OptionDesc          = %ServiceDescription%
CopyFiles           = MiniFilter.DriverFiles


[DefaultInstall.Services]
AddService          = %ServiceName%,,MiniFilter.Service


[DefaultUninstall]
DelFiles    = MiniFilter.DriverFiles


[DefaultUninstall.Services]
DelService = MiniFilter,0x200         ;標識服務停止後才刪除


[MiniFilter.Service]
DisplayName     = %ServiceName%
Description     = %ServiceDescription%
ServiceBinary   = %12%\%DriverName%.sys  ;%windir%\system32\drivers\
Dependencies    = "FltMgr"
ServiceType     = 2             ;SERVICE_FILE_SYSTEM_DRIVER
```

```
StartType           = 3              ;SERVICE_DEMAND_START
ErrorControl        = 1              ;SERVICE_ERROR_NORMAL
LoadOrderGroup      = "FSFilter Encryption"
AddReg              = MiniFilter.AddRegistry

[MiniFilter.AddRegistry]
HKR,"Instances","DefaultInstance",0x00000000,%Instance1.Name%
HKR,"Instances\"%Instance1.Name%,"Altitude",0x00000000,%Instance1.Altitude%
HKR,"Instances\"%Instance1.Name%,"Flags",0x00010001,%Instance1.Flags%

[MiniFilter.DriverFiles]
%DriverName%.sys
[Strings]
Msft                = "TEST"
ServiceDescription  = "Mini-Filter Driver"
ServiceName         = " testminifilter "
DriverName          = " testminifilter "

;Instances specific information.
Instance1.Name      = "testminifilter Instance"
Instance1.Altitude  = "370030"  ; for custom usage
Instance1.Flags     = 0x0       ; allow automatic attachments
```

StartType 被稱為啟動類型。StartType 為 3 即 DEMAND_START，表示當有需求載入時才啟動此驅動的功能；StartType 為 0 即 BOOT_START，表示電腦開機啟動時就自動載入此驅動的功能。根據上面的 INF 檔案可以看出，此驅動檔案是依附於 FltMgr 服務的。

Altitude 是微篩檢程式的層級碼。層級碼決定過濾層次的上下。根據微軟的文件，微篩檢程式的層級碼範圍是多個以數位識別碼的範圍區段（例如：20000~429999），正式的商務軟體的層級碼是需要向微軟申請註冊的。舉例來說，許多防毒軟體都要向微軟申請一個特定的層級碼，不過我們在測試時可以先列出這個範圍內的值，這裡先定義為 370030，也就是本章範例的微篩檢程式在過濾層中的位置。

撰寫這個 INF 檔案後，測試時只要跟 Minifilter.sys 放在同一個目錄下，透過滑鼠右鍵選擇 INF 選單「安裝」，便可以成功將 Minifilter 安裝到系統目錄下，安裝完畢也可以去 %windir%\ system32\drivers 下檢視這個檔案是否存在。另外，也可以使用 OSR driver loader 來檢查已經安裝的 Minifilter 在系統上的 Load Group 順序。

修改上面的 [Strings] 節就可以成為不同的驅動程式的 INF 檔案。例如本書的實例，服務名為 NPminifilter，驅動名為 NPMinifilter.sys，那麼把這一節改為：

```
[Strings]
Msft                    = "TEST"
ServiceDescription      = "NP Mini-Filter Driver"
ServiceName             = " NPminifilter "
DriverName              = " NPminifilter "
```

13.4.2 啟動安裝完成的 Minifilter

安裝完成後，可以使用系統指令 net 來啟動 Minifilter。

```
net start 驅動名稱      // 啟動Minifilter
net stop 驅動名稱       // 停止Minifilter
```

或使用 fltmc 指令來啟動。

```
fltmc load 驅動名稱     // 啟動Minifilter
fltmc unload 驅動名稱   // 停止Minifilter
```

本章的範例程式

本章的範例程式在 minifilter、minifilter_app 和 minifilter_dll 目錄下。編譯結果是一個名為 NPMinifilter.sys 的驅動程式、一個給使用者態程式使用來和 NPMinfilter.sys 通訊的名為 minifilter_dll.dll 的動態連結程式庫和一個測試 minifilter_dll.dll 的名為 minifilter_app.exe 的使用者態測試程式。

不要使用以前介紹過的用工具安裝服務的方式來安裝 NPMinifilter.sys。應該按照本章 13.4 節介紹的方法載入和啟動。本驅動只能安裝在有過濾管理員版本的作業系統上（Windows XP 及以上版本都附帶過濾管理員）。

本驅動啟動之後，如果不做任何設定，則記事本（notepad.exe）不能再使用。同時，試圖將記事本改名、複製、刪除也是不行的，會出現存取權限錯誤。停止本驅動之後恢復。

使用 minifilter_app.exe 可以控制本驅動的有效、無效，按 minifilter_app.exe 輸出的提示操作即可。

網路傳輸層過濾

在本書前面的章節中,我們先後介紹了多種不同的資料過濾,例如對序列埠、鍵盤、硬碟以及檔案系統的過濾。在 Windows 核心程式設計中對資料的過濾,使協力廠商安全軟體的開發者有機會對資料的安全性進行程式設計控制。從現在開始,本書將重點傳輸到網路上。

網路安全是資訊安全的重要組成部分。個人防火牆是最常見的網路安全產品,還有很多如網路監控工具、封包截取分析工具,很多虛擬網路裝置都可以納入網路安全軟體的範圍。此外,一些網路偵測器、攻擊工具則以類似的技術原理,站在安全軟體的對立面。因此,網路方面的 Windows 核心模組的開發技術對安全軟體的開發人員來說是極其重要的。

本章介紹傳輸層的過濾技術。

▌ 14.1 TDI 概要

14.1.1 為何選擇 TDI

TDI(Transport Driver Interface)可以翻譯為傳輸層介面,是即將被淘汰的技術。在 WDK 的文件上,Microsoft 宣告在 Windows Vista 之後的作業系統中不再支援 TDI 技術。當然,反過來也就是說,從 Windows 2000 一直到 Windows Vista,都是支援 TDI 的。

取代 TDI 的新技術被稱為 WFP(Windows Filtering Platform),可以翻譯為「Windows 過濾平台」。從理論上說,參考書總應該以最新的知識為例,而拋棄將被淘汰的舊知識。但遺憾的是,Microsoft 並沒有介紹如何讓 Windows

XP 和 Windows 2000 支援 WFP。如果讀者不是希望自己開發的安全軟體僅被 Windows 7 及以上系統支援，就必須學習 TDI。

同樣，如果以 TDI 技術進行開發，則可以支援從 Windows 2000 一直到 Windows Vista 的各種版本的作業系統。難以確定 Windows 7 及以上系統是否真的已經捨棄了 TDI，根據在 WDK 文件中的宣告來判斷，應該是這樣的。筆者實測發現，Windows 7 也支援 TDI，但是讀者應該按照微軟的建議，在 Windows 7 及以上的系統下使用 WFP 來替代 TDI。那麼從目前已知的情況來看，如果讀者要開發一個進行傳輸層過濾的安全軟體，一直從 Windows 2000 支援到 Windows 10 的話，應該要提供兩套核心元件：一套用 TDI 開發；另一套用 WFP 開發。但是 WFP 技術僅用於支援 Windows 7 及以上系統。

由於現在部分讀者還在使用 Windows XP，本書將以 TDI 為例來進行傳輸層過濾的介紹。目前，市面上大部分個人防火牆產品也使用了同樣的技術。

14.1.2 從 socket 到 Windows 核心

應用程式的程式設計者對網路的了解一般都是從 socket 程式設計開始的。socket 可以指定以某種方式開始傳輸使用者的資料（例如使用 TCP 或 UDP），這就是傳輸層。傳輸層的特點是，使用者只需要關心實際需要傳輸的使用者資料，而不用擔心資料實際的發送次數、如何封裝、如何確定發送正確性、出錯如何重發等。舉例來說，使用者 A 傳輸一個 HTTP 表頭到使用者 B，使用者 A 發送時只關心這個 HTTP 表頭，使用者 B 接收到資料時也只看到這個 HTTP 表頭。至於這些資料在中間是如何傳送的，使用者 A 和使用者 B 並不關心。

當然，實際上硬體的網路卡絕不是透過直接根據實際需要的資料進行一次性發送來解決問題的，至少乙太網路卡都有最大頁框長的限制。假設最大頁框長為 2KB，那麼使用者需要發送 3.5KB 的資料時，就至少要透過兩次發送才能發送完畢。

此外，乙太網路卡必須要將資料封裝成乙太網路封包，填寫上自己和對方的乙太網路卡的位址才有可能正確送達。換句話說，使用者實際要發送的資料，是要經過分拆和包裝的。

同時，物理的乙太網路卡也不具備「確保」對方已經收到的功能。一個資料封包發出，中間可能會經過許多的周轉，如何確定對方已經收到呢？一個簡單的設計就是，在每個封包上填寫一個編號，將封包發出；封包的接收者如果看到了這個編號，就發送一個回執，回執中含有這個編號。當發送者收到回執時，就可以確定該編號的封包已經正確送達了。

但是無論發送新的資料封包還是發送回執，這中間都有可能出現資料封包遺失的情況。為此，在發送之後限定的某段時間內如果沒有收到回執，則應該重發，這就需要確定重發策略。

以上是一個簡單的可靠傳輸協定的設計想法，例如 TCP 協定就以這樣為基礎的想法。當然，實際上 TCP 協定的細節要複雜得多。在 Windows 中，實現 TCP 協定（也包含 UDP 和這二者為基礎的 IP 協定）的驅動程式是 tcpip.sys，這個驅動程式是一個 NDIS 協定驅動。在本書的後面章節中將詳細介紹一個 NDIS 協定驅動的實現方法。

當然，既然應用層使用的是 socket，就產生了一個問題。當使用者態程式設計者使用 create 函數來產生 socket，使用 connect 來建立連接，使用 send 來發送資料時，這些介面是如何實現並直達 NDIS 協定驅動的呢？答案是透過 TDI 介面（在 Windows Vista 及之前的系統上）。因此，TDI 實際上是一 Socket 埠的集合，這 Socket 埠連接著 socket 和協定驅動，這 Socket 埠是由協定層驅動實現的。

讀者可能會問，這 Socket 埠究竟是怎樣的一組介面呢？實際上，協定驅動產生了一個有名字的裝置，這個裝置能接收一組請求：主要是產生請求（主功能號為 IRP_MJ_CREATE，用於產生 socket）和控制請求（IRP_MJ_DEVICE_CONTROL 與 IRP_MJ_INTERNAL_DEVICE_CONTROL，用來實現所有複雜的功能，如 bind、connect、listen、accept、send 和 recv 等）。

在前面的章節中，我們介紹過裝置的綁定。既然協定驅動也產生了裝置，那麼我們就可以產生過濾裝置來綁定這些裝置。這樣做的後果就是，從應用層發來的請求會首先被過濾裝置截獲。

很多個人防火牆顯示某個應用程式、要建立某個連接，開啟某個通訊埠等，就是用這個方法來實現的。下面筆者就詳細介紹 TDI 過濾驅動的程式設計。

14.1.3 TDI 過濾的程式實例

在 WDK 中沒有使用 TDI 過濾的現成的程式範例,而且在網上也不容易找到相關的資料。本書使用的實例是筆者用 tdifw 簡化並修改後的 TDI 過濾程式庫。tdifw(TDI Fire Wall)是一個開放原始碼的 TDI 防火牆,它完整地示範了 TDI 過濾的程式設計方法。有興趣的讀者可到網上去下載 tdifw 的程式。這個開放原始碼專案和一般的開放原始碼專案不同,作者授權任何人以任何方式使用這個專案的程式。也就是說,即使經過修改用於商務軟體,也不需要向 tdifw 的作者支付任何費用。tdifw 的程式下載網址如下:

```
http://tdifw.sourceforge.net/
```

閱讀本章並不需要去下載原始的 tdifw 的程式,本書的讀者可以直接使用本書隨書程式目錄裡的 tdifw 函數庫及其使用範例的程式。

TDI 過濾相比 NDIS 中間層過濾(本書後面章節會詳細介紹 NDIS 中間層驅動)的一大優點是 TDI 離應用層比較近,容易獲得應用程式的相關資訊。例如一個連接的建立,如果獲得了開啟這個連接的處理程序號,也就得知了開啟這個連接的應用程式。而不足之處則是安全性,若駭客想寫一個木馬來繞過 TDI 介面,可以不呼叫一般網路 API 來避免呼叫 TDI 介面。NDIS 中間層驅動更為底層,應用層難以繞開,但想保證絕對的安全依然是不可能的。

▌ 14.2 TDI 的過濾架構

14.2.1 綁定 TDI 的裝置

提供 TDI 介面的 Windows 協定驅動將在 Windows 核心中產生所謂的 TDI 裝置。裝置是有路徑和名字的,比較著名的裝置有以下幾個。

(1)"\Device\Tcp",對應 TCP 協定。

(2)"\Device\Udp",對應 UDP 協定。

(3)"\Device\RawIp",對應原始 IP 封包。

如果讀者安裝了 TCP/IP 之外的協定,則應該還有更多裝置,既然我們要過濾 TDI 介面,那麼首先就是要產生我們自己的裝置,來綁定這些裝置。

下面我們將完成綁定主要的 TDI 裝置的工作，讀者可以在 tdi_fw.c 中找到這些程式。與在第 7 章「序列埠的過濾」中，用來綁定序列埠裝置的程式是完全類似的，都是用 IoAttachDevice 直接根據要綁定的裝置的名字來綁定的。

```c
// 這個函數產生一個裝置來綁定一個已知名字的裝置
NTSTATUS c_n_a_device(PDRIVER_OBJECT DriverObject,
                      PDEVICE_OBJECT *fltobj,
                      PDEVICE_OBJECT *oldobj,
                      wchar_t *devname)
{
  NTSTATUS status;
  UNICODE_STRING str;

  // 產生自己的新裝置
  status = IoCreateDevice(DriverObject,
                0,
                NULL,
                FILE_DEVICE_UNKNOWN,
                0,
                TRUE,
                fltobj);

  if (status != STATUS_SUCCESS) {
     KdPrint(("[tdi_fw] c_n_a_device: IoCreateDevice(%S): 0x%x\n",
          devname, status));
     return status;
  }

  // 設定裝置IO方式為直接IO
  (*fltobj)->Flags |= DO_DIRECT_IO;

  // 將要綁定的裝置名稱初始化為一個Unicode字串
  RtlInitUnicodeString(&str, devname);

  // 綁定這個裝置
  status = IoAttachDevice(*fltobj, &str, oldobj);
  if (status != STATUS_SUCCESS) {
     KdPrint(("[tdi_fw] DriverEntry: IoAttachDevice(%S): 0x%x\n",
          devname, status));
     return status;
  }
```

```
KdPrint(("[tdi_fw] DriverEntry: %S fileobj: 0x%x\n", devname, *fltobj));
return STATUS_SUCCESS;
}
```

14.2.2 唯一的分發函數

如果一個驅動產生了裝置，那麼必須設定處理 Windows 發給這些裝置請求的分發處理函數。讀者對過濾可以有很多選擇，舉例來説，直接呼叫真實裝置的處理過程或自己處理。

在前面的 DriverEntry 中增加：

```
for (i = 0; i < IRP_MJ_MAXIMUM_FUNCTION; i++)
theDriverObject->MajorFunction[i] = DeviceDispatch;
```

這樣一來，所有的請求都發到 DeviceDispatch 函數，這個函數成為唯一的分發函數。在 TDI 過濾中總是只需要過濾一部分請求，所以對絕大部分請求都採用函數 IoSkipCurrentIrpStackLocation 和函數 IoCallDriver 來直接把請求傳遞到下層。此外，這裡使用的過濾裝置和真實裝置對應的方式也和第 7 章中的簡單方式非常類似，沒有採用裝置擴充來儲存真實裝置的指標，而是把真實裝置和過濾裝置的指標都一對一地儲存下來，因此，根據傳入的過濾裝置就能獲得真實裝置的指標。這是在函數 get_original_devobj 中實現的。

```
NTSTATUS DeviceDispatch(IN PDEVICE_OBJECT DeviceObject, IN PIRP irp)
{
  PDEVICE_OBJECT old_devobj = get_original_devobj(devobj, NULL);
  if(old_devobj != NULL)
  {
    // 如果能找到原裝置，則發到原裝置
    IoSkipCurrentIrpStackLocation(irp);
    status = IoCallDriver(old_devobj, irp);
  }
  else
  {
    // 如果不能找到，則傳回失敗
    status = irp->IoStatus.Status = STATUS_INVALID_PARAMETER;
    IoCompleteRequest (irp, IO_NO_INCREMENT);
  }
  return status;
}
```

get_original_devobj 的程式很簡單，裝置總共是 6 個，分為 3 對，下面將一個一個比較來判斷 IRP 是發給哪個的。沒有使用陣列，因為要過濾的裝置個數是明確的。

```
PDEVICE_OBJECT get_original_devobj(PDEVICE_OBJECT flt_devobj, int *proto)
{
  PDEVICE_OBJECT result;
  int ipproto;

  // 傳入的裝置必定是過濾裝置。與預先儲存好的過濾裝置指標比較來看看到底是哪一個
  if (flt_devobj == g_tcpfltobj) {
    // 如果是TCP裝置
    result = g_tcpoldobj;
    ipproto = IPPROTO_TCP;
  } else if (flt_devobj == g_udpfltobj) {
    // 如果是UDP裝置
    result = g_udpoldobj;
    ipproto = IPPROTO_UDP;
  } else if (flt_devobj == g_ipfltobj) {
    // 如果是原始UDP裝置
    result = g_ipoldobj;
    ipproto = IPPROTO_IP;
  } else {
    KdPrint(("[tdi_fw] get_original_devobj:
                Unknown DeviceObject 0x%x!\n",flt_devobj));
    ipproto = IPPROTO_IP;
    result = NULL;
  }

  if (result != NULL && proto != NULL)
    *proto = ipproto;
  return result;
}
```

函數 get_original_devobj 之所以能這樣做，是因為它已經事先把各協定的裝置，以及我們產生的新裝置的指標儲存在全域變數裡了，也就是上面的 g_tcpfltobj、g_tcpoldobj、g_udpfltobj、g_udpoldobj 變數。簡單比較一下即可。

14.2.3 過濾架構的實現

下面是一個過濾的架構。所謂架構的意義是，這個核心模組載入後可以過濾三種協定裝置的 TDI 請求，只是沒有做什麼處理，所有的請求都是直接放過去

的。這樣一來，如果讀者需要加入任何處理，就可以這個架構為基礎往裡面增加程式了。本章後面的程式也是以此為基礎的。

請注意下面綁定了三個裝置，這三個裝置的名字分別是 "\Device\Tcp"、"\Device\Udp" 和 "\Device\RawIp"。這三個裝置分別是三種協定的控制裝置，相信大部分讀者都知道 TCP 和 UDP；RawIp 是在 Windows 中註冊的簡單協定，這個協定可以用來發送和接收單純的 IP 封包。

```
#include <ntddk.h>
#include <tdikrnl.h>

// 儲存裝置指標的全域變數
PDEVICE_OBJECT
g_tcpfltobj = NULL,  // 儲存裝置"\Device\Tcp"的過濾裝置物件指標
g_udpfltobj = NULL,  // 儲存裝置"\Device\Udp"的過濾裝置物件指標
g_ipfltobj = NULL,   // 儲存裝置"\Device\RawIp"的過濾裝置物件指標
g_tcpoldobj = NULL,  // 儲存裝置"\Device\Tcp"的真實裝置物件指標
g_udpoldobj = NULL,  // 儲存裝置"\Device\Udp"的真實裝置物件指標
g_ipoldobj = NULL;   // 儲存裝置"\Device\RawIp"的真實裝置物件指標

// 移除函數
VOID
OnUnload(IN PDRIVER_OBJECT DriverObject)
{
  // 對已產生和綁定的裝置進行解綁和刪除
  if (g_tcpoldobj!= NULL) IoDetachDevice(g_tcpoldobj);
  if (g_tcpfltobj!= NULL) IoDeleteDevice(g_tcpfltobj);
  if (g_udpoldobj!= NULL) IoDetachDevice(g_udpoldobj);
  if (g_udpfltobj! != NULL) IoDeleteDevice(g_udpfltobj);
  if (g_ipoldobj!= NULL) IoDetachDevice(g_ipoldobj);
  if (g_ipfltobj! != NULL) IoDeleteDevice(g_ipfltobj);
}

// 驅動入口
NTSTATUS
DriverEntry(IN PDRIVER_OBJECT theDriverObject,
     IN PUNICODE_STRING theRegistryPath)
{
 NTSTATUS status = STATUS_SUCCESS;
 int i;
```

```
// 設定分發函數
for (i = 0; i < IRP_MJ_MAXIMUM_FUNCTION; i++)
    theDriverObject->MajorFunction[i] = DeviceDispatch;
theDriverObject->DriverUnload = OnUnload;

    // 產生過濾裝置綁定TCP裝置
status = c_n_a_device(theDriverObject, &g_tcpfltobj, &g_tcpoldobj,
            L"\\Device\\Tcp");
if (status != STATUS_SUCCESS) {
    KdPrint(("[tdi_fw] DriverEntry: c_n_a_device: 0x%x\n", status));
    goto done;
}
    // 產生過濾裝置綁定UDP裝置
Status = c_n_a_device(theDriverObject,
                &g_udpfltobj,
                &g_udpoldobj,
                L"\\Device\\Udp");
if (status != STATUS_SUCCESS) {
    KdPrint(("[tdi_fw] DriverEntry: c_n_a_device: 0x%x\n", status));
    goto done;
}
    // 產生過濾裝置綁定RawIp裝置
status = c_n_a_device(theDriverObject,
                &g_ipfltobj,
                &g_ipoldobj,
                L"\\Device\\RawIp");
if (status != STATUS_SUCCESS) {
    KdPrint(("[tdi_fw] DriverEntry: c_n_a_device: 0x%x\n", status));
    goto done;
}

done:
    // 如果失敗則呼叫Onunload釋放所有資源並傳回失敗
if (status != STATUS_SUCCESS) {
    OnUnload(theDriverObject);
}
return status;
}
```

上面程式中呼叫的所有函數在前面都提及過,現在讀者即可編譯並動態載入這個驅動了。這就是我們的第一個 TDI 過濾驅動的架構。

14.2.4 主要過濾的請求類型

我們已經完成了過濾的架構，下面的工作是了解應該過濾什麼請求。假設作為一個防火牆或一個安全監控軟體，希望監控電腦內的軟體對網路的存取，例如連接請求、連接 IP 位址及通訊埠等。現在必須進一步了解 TDI 介面的請求方式。

所有的請求（IRP）都在 DeviceDispatch（見前面過濾架構中我們所寫的請求處理函數 DeviceDispatch）中處理。IRP 以主功能號和次功能號決定它的類別，在 DeviceDispatch 中，獲得主功能號的程式如下：

```
NTSTATUS DeviceDispatch(IN PDEVICE_OBJECT DeviceObject, IN PIRP irp)
{
  NTSTATUS status;
  PIO_STACK_LOCATION irps;
  // 取得目前IRP堆疊空間
  irps = IoGetCurrentIrpStackLocation(irp);
  switch (irps->MajorFunction) {
    // 產生請求
    case IRP_MJ_CREATE:
      // ...
      break;
    // 裝置控制請求
    case IRP_MJ_DEVICE_CONTROL:
      // ...
      break;
    // 內部裝置控制請求
    case IRP_MJ_INTERNAL_DEVICE_CONTROL:
      // ...
      break;
    case IRP_MJ_CLOSE:
      // ...
      break;
    case IRP_MJ_CLEANUP:
      // ...
      break;
    default:
  }

  // ...
  return status;
}
```

次功能號則在 irps->MiniorFunction 中。根據不同的主功能號有不同的次功能號，不能列出通用的實例，應該逐一分析。同時，有時一些主功能下並沒有次功能的區分，次功能號並不總是有意義。但是主功能號為 IRP_MJ_DEVICE_CONTROL 和 IRP_MJ_INTERNAL_DEVICE_CONTROL 的情況，次功能號用得比較多。

TDI 介面的呼叫總是遵循著「開啟→裝置控制→關閉」的流程。我們將截取這些請求中的資訊來進行過濾。

▌14.3 產生請求：取得位址

14.3.1 過濾產生請求

對於產生請求（主功能號為 IRP_MJ_CREATE 的 IRP）的過濾，一般有以下幾個步驟。

（1）獲得目前處理程序
一些防火牆喜歡顯示出使用一個連接的處理程序。這就是我們獲得產生連接的處理程序的機會，方法非常簡單：

```
ULONG pid = (ULONG)PsGetCurrentProcessId();
```

在處理 Create 請求的處理程序中呼叫即可。

（2）取得 EA 資料
一個產生請求常常是由 API 函數 ZwCreateFile 的呼叫引發的。為了了解 **EA 資料**的來源，我們看看此函數的原型：

```
NTSTATUS ZwCreateFile(
  OUT PHANDLE FileHandle,
  IN ACCESS_MASK DesiredAccess,
  IN POBJECT_ATTRIBUTES ObjectAttributes,
  OUT PIO_STATUS_BLOCK IoStatusBlock,
  IN PLARGE_INTEGER AllocationSize OPTIONAL,
  IN ULONG FileAttributes,
  IN ULONG ShareAccess,
  IN ULONG CreateDisposition,
```

```
IN ULONG CreateOptions,
IN PVOID EaBuffer OPTIONAL,
IN ULONG EaLength);
```

這裡的 EaBuffer 就是 EA 資料的指標。我們在平時的開發中極少使用，但是 TDI 操作卻幾乎全靠 EA 資料來傳遞資訊，微軟這樣做的理由讓人無法得知。現在我們來取得 EA 資料：

```
FILE_FULL_EA_INFORMATION *ea =
(FILE_FULL_EA_INFORMATION *)irp->AssociatedIrp. SystemBuffer;
```

實際的 TDI 操作請求指令的名稱就儲存在 ea → EaName 中。名稱可選擇以下兩個預先定義的巨集。

TdiTransportAddress：表明目前產生的是一個傳輸層位址。傳輸層位址是指給協定驅動使用的網路位址，與物理位址（如乙太網路位址）是對應的。我們最常見的傳輸層位址就是 IP 位址。

TdiConnectionContext：表明目前產生一個連接終端。連接終端是在本機上用來維護一個連接的資料結構。

而且兩個字串的長度應該分別為 TDI_TRANSPORT_ADDRESS_LENGTH 和 TDI_ CONNECTION_CONTEXT_LENGTH。

下面是 tdifw 中進行過濾的方法，假設我們在 DeviceDispatch 中呼叫 tdi_create 來進行 Create 請求的過濾。tdi_create 是我們自己撰寫的過濾函數。

```
int tdi_create(PIRP irp, PIO_STACK_LOCATION irps, struct completion
        *completion)
{
  NTSTATUS status;
  FILE_FULL_EA_INFORMATION *ea =
      (FILE_FULL_EA_INFORMATION *)irp->AssociatedIrp.SystemBuffer;
  ULONG pid = (ULONG)PsGetCurrentProcessId();
  if (ea != NULL) {
    if (ea->EaNameLength == TDI_TRANSPORT_ADDRESS_LENGTH &&
      memcmp(ea->EaName, TdiTransportAddress,
            TDI_TRANSPORT_ADDRESS_LENGTH) == 0)
    {
      // ... 在這裡捕捉傳輸層位址的產生
    }
```

```
    }
    else if (ea->EaNameLength == TDI_CONNECTION_CONTEXT_LENGTH
        && memcmp(ea->EaName, TdiConnectionContext,
            TDI_CONNECTION_CONTEXT_LENGTH) == 0) {
        // ... 在這裡捕捉連接終端的產生
    }
    // ...
}
```

然後，分別對這兩種情況進行進一步的資訊解析。

14.3.2 準備解析 IP 位址與通訊埠

我們的安全軟體要監控的是 IP 位址與通訊埠。可以透過在產生請求成功產生傳輸位址之後，向該請求的檔案物件發送一個查詢請求來查詢該位址。

TDI 驅動中的檔案物件

在幾乎所有的傳統型過濾驅動中，我們都過濾了產生請求。這種主功能號為 IRP_MJ_CREATE 的 IRP 的主要工作是產生一個檔案物件（FILE_OBJECT）。請注意，在這裡檔案物件並不是真實地對應這個檔案。在核心中，任何裝置的開啟都可以獲得一個檔案物件。這個物件表述的是對某個裝置的一次「開啟」，其中會儲存一些用於這次開啟以及之後使用的相關資訊。在 TDI 驅動中，「產生」有可能產生一個連接終端，也有可能產生一個傳輸層位址，二者都有一個對應的檔案物件。

這個過程的實現並不容易，因為只有當這個請求被發送到下層完成之後，才能發送查詢請求來詢問 IP 位址與通訊埠。這樣就有關資訊在請求完成前後的傳遞。tdifw 的做法是，將一些資訊儲存到指標 completion 所指的區域內，這個指標作為上下文傳遞給完成函數。我們看下面的程式：

```
// 產生的處理
int tdi_create(PIRP irp, PIO_STACK_LOCATION irps, struct completion *completion)
{
    ...
    if (ea != NULL) {
        if (ea->EaNameLength == TDI_TRANSPORT_ADDRESS_LENGTH &&
        memcmp(ea->EaName, TdiTransportAddress,
            TDI_TRANSPORT_ADDRESS_LENGTH) == 0)          {
```

```
// 傳輸層位址產生的處理，我們必須詢問被開啟的檔案物件來獲得IP位址和通訊
//埠詢問需要一個請求，我們呼叫TdiBuildInternalDeviceControlIrp來分配一
//個空的請求因為完成函數常常不在PASSIVE中斷級，所以我們在這裡產生它
query_irp = TdiBuildInternalDeviceControlIrp(TDI_QUERY_INFORMATION,
        devobj, irps->FileObject, NULL, NULL);
if (query_irp == NULL) {
    KdPrint(("[tdi_fw] tdi_create: \
     TdiBuildInternalDeviceControlIrp\n"));
    return FILTER_DENY;
}
// 設定一個完成函數，本意是如果產生請求一完成，就要呼叫這個函數
// 我們可以在其中詢問IP位址和通訊埠。這個函數在後面被設定為IRP的完成函數
completion->routine = tdi_create_addrobj_complete;
// 同時把已分配的請求記錄下來，方便在後面使用
completion->context = query_irp;
    }
    ...
  }
}
```

這裡有關一個中斷等級的問題，已知請求的完成函數常常在 DISPATCH 中斷級被呼叫，在這個中斷級上不能呼叫 TdiBuildInternalDeviceControlIrp；而分發函數一般都在 PASSIVE 中斷級，呼叫 TdiBuildInternalDeviceControlIrp 是符合文件要求的。

前面的 DeviceDispatch 函數是這樣呼叫 tdi_create 的：

```
// 分發函數
NTSTATUS
DeviceDispatch(IN PDEVICE_OBJECT DeviceObject, IN PIRP irp)
{
  ...
  switch (irps->MajorFunction) {
  case IRP_MJ_CREATE:  // 產生檔案物件
    result = tdi_create(irp, irps, &completion);
    status = tdi_dispatch_complete(DeviceObject, irp, result,
                  completion.routine, completion.context);
    break;
  ...
  }
  ...
}
```

顯然要查詢位址時，請求將在 tdi_dispatch_complete 中被完成。完成後 tdi_create_ addrobj_complete 被呼叫來詢問 IP 位址。

14.3.3 取得產生的 IP 位址和通訊埠

上面說到，我們對一個產生請求進行過濾。當其中含有的 TDI 功能指令名稱為 TdiTransportAddress 時，我們得知一個位址正在產生（實際上是一個連接的本機位址）。只有等這個請求下發完成之後，我們才可以透過對這個被開啟的檔案物件發送查詢請求來得到產生的位址。

我們將用到請求的完成函數，此函數將在這個請求被下層完成後呼叫。讀者可以按以下內容設定一個完成函數：

```
IoSetCompletionRoutine(irp, my_complete, context, TRUE, TRUE, TRUE);
```

這裡的 my_complete 就是完成函數。考慮到我們將在位址產生之後進行查詢，那麼可以把這個函數指定為 tdi_create_addrobj_complete。context 是一個上下文。當 my_complete 被呼叫時，需要很多參數，例如以前分配的請求指標、需要儲存的其他資訊，都可以透過這個指標傳入。

我們曾經用 TdiBuildInternalDeviceControlIrp 分配了一個空的請求，那麼現在應該設定它，指定我們的查詢動作。

請注意區分前面提到的完成函數 tdi_create_addrobj_complete 和現在馬上要用到的另一個完成函數 tdi_create_addrobj_complete2。由於我們是在產生請求完成之後再發送一個查詢請求來查詢的，所以實際上 tdi_create_addrobj_complete 是產生請求的完成函數。而下面用到的 tdi_create_ addrobj_complete2 則是查詢請求的完成函數。

```
TdiBuildQueryInformation(query_irp, devobj, irps->FileObject,
  tdi_create_addrobj_complete2, context,
  TDI_QUERY_ADDRESS_INFO, mdl);
```

這裡的 query_irp 是我們之前分配過的查詢請求指標；devobj 這裡要指定為真實的裝置；irps->FileObject 是開啟的檔案物件，這個 irps（請求堆疊空間）要從原來的產生請求中取得。

```
PIO_STACK_LOCATION irps = IoGetCurrentIrpStackLocation(Irp);
```

TDI_QUERY_ADDRESS_INFO 是一個查詢碼，表示我們要查詢的是位址資訊。tdi_create_addrobj_complete2 是這個查詢請求完成之後所呼叫的完成函數；而 mdl 是一塊記憶體區，mdl 的分配方法為：

```
TDI_ADDRESS_INFO *tai =
 (TDI_ADDRESS_INFO *)malloc_np(TDI_ADDRESS_INFO_MAX);
PMDL mdl = IoAllocateMdl(tai, TDI_ADDRESS_INFO_MAX, FALSE, FALSE, NULL);
MmBuildMdlForNonPagedPool(mdl);
```

malloc_np 是 tdifw 使用的記憶體分配函數。如果讀者不用 tdifw，則可以呼叫 ExAllocatePool。TDI_ADDRESS_INFO 是一個傳輸層位址資訊結構，裡面可以含有任何傳輸層協定的位址，然後發出這個請求即可。

```
status = IoCallDriver(devobj, query_irp);
```

對 IP 位址和通訊埠的解析發生在 tdi_create_addrobj_complete2 中。請注意一個 IP 位址實際上是一個 32 位元長整數（4 位元組），而一個通訊埠則是一個 16 位元組整數。

```
tdi_create_addrobj_complete2(IN PDEVICE_OBJECT DeviceObject,
  IN PIRP Irp, IN PVOID Context)
{
  if(Irp->MdlAddress)
  {
    // 獲得mdl所指的位址
    TDI_ADDRESS_INFO *tai = (TDI_ADDRESS_INFO *)
        MmGetSystemAddressForMdl (Irp->MdlAddress);
    // 獲得一個位址結構
    TA_ADDRESS *addr = tai->Address.Address;
    // 列印取得的資訊
    KdPrint(("[tdi_fw] tdi_create_addrobj_complete2: address: %x:%u\n",
    ntohl(((TDI_ADDRESS_IP *)(addr->Address))->in_addr),
    ntohs(((TDI_ADDRESS_IP *)(addr->Address))->sin_port)));
  }
}
```

當然，還有個問題就是，讀者得自己設法把取得的 IP 位址和通訊埠儲存起來，以便在需要使用的時候（如攔截到資料發送請求時）能很快地找出對應的位址和通訊埠。

14.3.4 連接終端的產生與相關資訊的儲存

前面我們為了在一個位址產生時，取得其 IP 位址和通訊埠的程式而花費了很多工夫。回憶一下前面對產生請求的過濾。下面是兩種產生請求。

TdiTransportAddress：表明目前產生的是一個傳輸層位址。

TdiConnectionContext：表明目前產生的是一個連接終端。

我們已經處理了第一種，處理過程頗為麻煩，那麼在第二種情況下，當連接終端產生時，我們需要做什麼呢？

這裡要說明一下 TDI 建立連接的方式。其過程總是：先產生一個傳輸層位址；然後產生一個連接終端；接著用一個控制請求將二者關聯起來；再繼續之後的操作。

連接終端的產生只代表一個連接意圖的產生，並沒有進行任何實質性的操作。但是我們有必要將與它有關的資訊儲存下來；不然以後當關聯位址與通訊埠的控制請求發生時，我們無法根據這個連接的檔案物件去取得進一步的資訊。

與連接相關的重要參數是一個名為 CONNECTION_CONTEXT 的結構，我們可以稱之為連接上下文。這個結構可以從 EA 資料中取得：

```
CONNECTION_CONTEXT conn_ctx = *(CONNECTION_CONTEXT *)
 (ea->EaName + ea->EaNameLength + 1);
```

一個連接終端產生後，一個檔案物件產生，一個 CONNECTION_CONTEXT 也產生了。

因為以後所有的 DeviceIoControl 截獲到的，以及我們能獲得的都只是檔案物件，所以應該在記憶體中儲存一個雜湊表，把檔案物件和連接上下文對應起來。當然，如果讀者覺得雜湊表比較麻煩，用簡單的鏈結串列來儲存亦可，雖然查詢會慢一點。

實際上，位址產生也是一樣的，我們應該把檔案物件和產生的位址對應起來，這樣後續的事件發生時，我們就可以知道是什麼位址了。

```
// 產生的處理
int tdi_create(PIRP irp, PIO_STACK_LOCATION irps, struct completion
        *completion)
```

```
{
...
    if (ea != NULL) {
        if (ea->EaNameLength == TDI_TRANSPORT_ADDRESS_LENGTH &&
            memcmp(ea->EaName, TdiTransportAddress,
            TDI_TRANSPORT_ADDRESS_LENGTH) == 0)
        {
...


            // 建立表單元進行儲存
            status = ot_add_fileobj(irps->DeviceObject, irps->FileObject,
                                    FILEOBJ_ADDROBJ, ipproto, NULL);
        }
        else if (ea->EaNameLength == TDI_CONNECTION_CONTEXT_LENGTH &&
            memcmp(ea->EaName, TdiConnectionContext,
                    TDI_CONNECTION_ CONTEXT_ LENGTH) == 0)
        {
            // 獲得CONNECTION_CONTEXT
            CONNECTION_CONTEXT conn_ctx = *(CONNECTION_CONTEXT *)
                    (ea->EaName + ea->EaNameLength + 1);
            KdPrint(("[tdi_fw] tdi_create: devobj 0x%x; connobj 0x%x;
                    conn_ctx 0x%x\n",
                irps->DeviceObject,
                irps->FileObject,
                conn_ctx));

            // 建立表單元進行儲存
            status = ot_add_fileobj(irps->DeviceObject, irps->FileObject,
                                    FILEOBJ_CONNOBJ, ipproto, conn_ctx);

            if (status != STATUS_SUCCESS) {
                KdPrint(("[tdi_fw] tdi_create: ot_add_fileobj: 0x%x\n",
                                status));
                return FILTER_DENY;
            }
        }
        ......
    }
}
```

14.4 控制請求

14.4.1 TDI_ASSOCIATE_ADDRESS 的過濾

有兩種控制請求，它們的主能號為 IRP_MJ_DEVICE_CONTROL 和 IRP_MJ_ INTERNAL_ DEVICE_CONTROL。在 TDI 中，兩 Socket 埠的功能完全重複，起相同的作用。

但是 IRP_MJ_INTERNAL_DEVICE_CONTROL 一般用於核心內部發送裝置控制指令，而 IRP_MJ_DEVICE_CONTROL 用於應用層向驅動層發送裝置控制指令。

那麼我們只要研究過濾其中一套就可以了。下面都以 IRP_MJ_INTERNAL_ DEVICE_ CONTROL 為例，對於這樣的請求，取得的次功能號主要有以下幾種：

```
TDI_ASSOCIATE_ADDRESS
TDI_DISASSOCIATE_ADDRESS
// ……
```

還有一些其他的次功能號將在後面的章節中介紹。

次功能號為 TDI_ASSOCIATE_ADDRESS 的請求，用於把一個傳輸層位址物件和一個連線物件關聯起來。請注意，在這樣的請求中，IRP 目前堆疊空間的 FileObject 域中儲存的檔案物件指標是連接終端的檔案物件。以連接中斷的檔案物件的指標為索引，我們曾經儲存過連接上下文指標。在這裡要做的是，把前面用 ot_add_fileobj 所儲存的兩組資訊：位址和連接關聯起來，當我們獲得一個連接上下文物件時，能立刻知道所使用的本機位址。

```
// 首先找到原來儲存過的這個連接終端所對應的表單元
ote_conn = ot_find_fileobj(irps->FileObject, &irql);
if (ote_conn == NULL)
{
...
}
// 在表單元上記錄所關聯的傳輸層位址的檔案物件
ote_conn->associated_fileobj = addrobj;
```

當然，這裡有個問題就是筆者如何從請求中去獲得上面傳入的傳輸層位址的檔案物件，這個物件的控制碼被儲存在請求的堆疊空間參數中：

```
HANDLE addr_handle = ((TDI_REQUEST_KERNEL_ASSOCIATE *)
(&irps->Parameters))->AddressHandle;
```

這裡拿到的是控制碼，並非檔案物件指標，前面的表都是用檔案物件指標索引的，為此必須把控制碼轉為檔案物件指標。下面取得檔案物件：

```
PFILE_OBJECT addrobj = NULL;
status = ObReferenceObjectByHandle(addr_handle,
                     GENERIC_READ,
                     NULL,
                     KernelMode,
                     &addrobj,
                     NULL);
if (status != STATUS_SUCCESS) {
...
}
```

這樣獲得的就是該連接所關聯位址的檔案物件指標了。

然後記得所有用 ObReferenceObjectByHandle 參考的物件指標用完後都必須呼叫 ObDereference Object 設定值；不然系統核心可用記憶體一定越來越少。這種錯誤很難被發覺。

```
if (addrobj != NULL)
ObDereferenceObject(addrobj);
```

如果忽視了這個問題，則很容易造成難以察覺的記憶體洩漏，導致驅動無法長期穩定地執行。

此外，把連接上下文（CONNECTION_CONTEXT）指標和位址檔案物件關聯起來也很重要，因為可能會發生這樣的情況：我們僅獲得一個 CONNECTION_CONTEXT*，也要立刻知道本機位址。這樣，我們寫到另一個表中：

```
status = ot_add_conn_ctx(addrobj, ote_conn->conn_ctx, irps->FileObject);
if (status != STATUS_SUCCESS) {
...
}
```

次功能號為 TDI_DISASSOCIATE_ADDRESS 的控制請求則完全是以上操作的逆操作，下面筆者解除它們之間的關係。

```
// 先找到這個連接終端儲存在表中的表單元，以便能找到與之關聯的位址的檔案物件
ote_conn = ot_find_fileobj(irps->FileObject, &irql);
if (ote_conn == NULL) {
...
}

// 刪除位址的檔案物件和連接上下文之間的關聯
status = ot_del_conn_ctx(ote_conn->associated_fileobj, ote_conn->conn_ ctx);
if (status != STATUS_SUCCESS) {
...
}
```

以上就是對次功能號為 TDI_ASSOCIATE_ADDRESS 的控制請求所進行的過濾。

14.4.2 TDI_CONNECT 的過濾

當一個請求的主功能號為 IRP_MJ_INTERNAL_DEVICE_CONTROL 時，次功能號有以下幾種可能：

```
TDI_ASSOCIATE_ADDRESS
TDI_DISASSOCIATE_ADDRESS
TDI_CONNECT
......
```

前兩個在前一節說明過；省略的我們以後再說。TDI_CONNECT 這個請求僅發生在本機試圖主動連接外界時；若是外界連接本機，這個請求並不會發生。如果這個請求成功完成，那麼連接就已經建立。所以作為監控安全的軟體，將在這裡做主要的安全工作。至少要做以下幾點。

（1）使用者處理程序使用本機什麼位址？（在前面已經解決了這個問題）

（2）使用者處理程序試圖連接遠端什麼位址？

（3）我們是否允許這個存取發生？

（4）是否要記錄關於這次存取的記錄檔？

雖然說問題（1）已經獲得了解決，但我們還是要回顧一下。我們獲得請求後，首先要從堆疊空間指標 irps 中獲得這個請求的檔案物件：

```
PIO_STACK_LOCATION irps;
// 取得目前請求的目前堆疊空間
```

```
irps = IoGetCurrentIrpStackLocation(irp);

// 判斷請求類型
if (irps->MajorFunction == IRP_MJ_INTERNAL_DEVICE_CONTROL &&
    irps->MiniorFunction == TDI_CONNECT) {

    // 然後獲得以前儲存的連線物件
    ote_conn = ot_find_fileobj(irps->FileObject, &irql);
...

    // 如果這是一個TCP協定的連接請求，則可以進一步獲得原來儲存的傳輸層位址資訊
    addrobj = ote_conn->associated_fileobj;
}
```

有趣的是這個請求雖然是連接請求，看似只能應用於 TCP 這種連線導向的協定，但是沒有連接的 UDP 也會有這個請求，只是這時，irps → FileObject 並非一個連線物件的檔案物件，而是本機傳輸層位址的檔案物件。

至於遠端位址，可以從 irps 的參數中獲得：

```
PTDI_REQUEST_KERNEL_CONNECT param =
(PTDI_REQUEST_KERNEL_CONNECT)(&irps->Parameters);
TA_ADDRESS *remote_addr = ((TRANSPORT_ADDRESS *)
(param->RequestConnectionInformation->RemoteAddress))->Address;
```

之後，我們就可以根據需求來使用這些位址資訊了。

14.4.3 其他的次功能號

當一個請求的主功能號為 IRP_MJ_INTERNAL_DEVICE_CONTROL 時，次功能號主要有以下幾種：

```
TDI_ASSOCIATE_ADDRESS
TDI_DISASSOCIATE_ADDRESS
TDI_CONNECT
TDI_SEND
TDI_RECEIVE
TDI_SEND_DATAGRAM
TDI_RECEIVE_DATAGRAM
......
```

傳輸層協定有兩種主要的傳輸方式：資料流與報式傳輸。主要的區別在於，資

料流並不關心每次傳輸多少。舉例來説,在連接開啟到連接中斷或關閉之間,第一次傳輸了 500 個位元組,第二次傳輸了 1000 個位元組,這和一次傳輸 1500 個位元組是沒有區別的。接收者不了解發送者發送了幾次,每次發送了多少,只關心這個連接上依次發送來 1500 個位元組的資料,先發送的永遠先到。而報式傳輸則根本沒有連接,一次發送一個資料封包,後發送的封包並不保證一定在先發送的封包之後被接收。這就反過來了,長度和次數變得重要。

對應的兩種主要協定是 TCP 和 UDP,它們使用同樣格式的傳輸層位址,但對應了流式與報式兩種不同的傳輸方式。

TDI_SEND、TDI_RECEIVE 用於流式發送和接收的過濾,因此 UDP 收發資料封包是不會經過它們的。而 TDI_SEND_DATAGRAM 和 TDI_RECEIVE_DATAGRAM 則是相反的,只能用於 UDP 的過濾,而不能用於 TCP 的過濾。

作為一個安全軟體,我們可以做以下事情。

(1)找到發送這些資料的連接。

(2)檢查一下這些資料是否符合要求,可能我們限制只允許發送某類別資料。

(3)在資料裡檢查病毒。

(4)加密資料後再發送(如果對方會解密的話)。

(5)修改資料後發送。

(6)不允許發送。

(7)把發送的資料備份儲存。

首要的問題是要得到連接。irps → FileObject 就是連接的檔案物件,我們前面儲存過這個連接的相關資訊。

```
// 取得前面儲存的表單元
ote_conn = ot_find_fileobj(irps->FileObject, &irql);
```

從 ote_conn 可以獲得連接上下文指標、位址通訊埠等,這是我們在先前的幾種請求的過濾中儲存過的。

另一個問題是如何獲得要發送的或要接收的資料。這更為簡單,因為 irp → MdlAddress 就是含有這些資料的 MDL 的指標。讀者在前面的章節中已經學習過讀取 MDL 中資料的方法了。

如果要修改這些資料，直接修改即可，但是筆者不知道如何變動發送資料的大小，也許讀者可以重新分配 MDL，並修改 TDI_REQUEST_KERNEL_SEND 中的參數，然後往下傳遞，傳回時修改還原傳回給應用層，對報式協定來說，這樣做或許可行。但是對流式可靠連線協定來說，筆者認為是不可行的。

要禁止發送或接收很簡單，直接把這個請求傳回錯誤即可。

TDI_SEND_DATAGRAM 和 TDI_RECEIVE_DATAGRAM 用於報式傳輸，資料取得方法與前面相同，但是取得位址的方式稍有不同：

由於報式協定沒有連接的概念，所以 irps → FileObject 就不再是連接的檔案物件了，直接就是傳輸層位址的檔案物件。這個位址物件在前面產生時就被儲存在表中，因此查詢起來更簡單了。

```
// 取得前面儲存的位址
ote_addr = ot_find_fileobj(irps->FileObject, &irql);
```

發送與接收就介紹到這裡。

14.4.4 設定事件的過濾

在 TDI 網路通訊機制中，除了普通的產生位址與連接，以及發送與接收，設定事件也是非常重要的一種請求。設定事件的本質是，客戶將指定一個回呼函數，當網路上某一事件發生時，下層協定應該呼叫此函數來通知應用程式該事件的發生。

監聽就是一種典型的事件設定。使用者使用一個 socket 呼叫 listen 時，一個類型為 TDI_EVENT_CONNECT 的設定事件請求將發送到下層協定，下層協定將獲得一個回呼函數指標。當有外來的主機連接子合這個事件所設定的通訊埠時，該回呼函數將被呼叫。

當一個請求的主功能號為 IRP_MJ_INTERNAL_DEVICE_CONTROL 時，次功能號主要有以下幾種：

```
TDI_ASSOCIATE_ADDRESS
TDI_DISASSOCIATE_ADDRESS
TDI_CONNECT
TDI_SEND
TDI_RECEIVE
```

```
TDI_SEND_DATAGRAM
TDI_RECEIVE_DATAGRAM
TDI_SET_EVENT_HANDLER
......
```

次功能號為 TDI_SET_EVENT_HANDLER 時，這是一個設定事件回呼請求。
事件有相當多的種類。我們獲得這種請求後，第一件事是獲得事件的種類：

```
// 獲得請求的參數
PTDI_REQUEST_KERNEL_SET_EVENT r =
(PTDI_REQUEST_KERNEL_SET_EVENT)&irps->Parameters;
```

參數格式如下：

```
struct _TDI_REQUEST_KERNEL_SET_EVENT {
LONG EventType;
PVOID EventHandler;
PVOID EventContext;
} TDI_REQUEST_KERNEL_SET_EVENT, *PTDI_REQUEST_KERNEL_SET_EVENT;
```

其中，EventType 是事件種類。事件種類比較多，DDK 文件上提到的有以下幾
種：

```
TDI_EVENT_CONNECT
TDI_EVENT_DISCONNECT
TDI_EVENT_RECEIVE
TDI_EVENT_CHAINED_RECEIVE
TDI_EVENT_RECEIVE_EXPEDITED
TDI_EVENT_CHAINED_RECEIVE_EXPEDITED
TDI_EVENT_RECEIVE_DATAGRAM
TDI_EVENT_CHAINED_RECEIVE_DATAGRAM
TDI_EVENT_SEND_POSSIBLE
TDI_EVENT_ERROR
TDI_EVENT_ERROR_EX
```

此外，EventHandler 是一個回呼函數。EventHandler 也有可能為空，此時則是
一個解除事件回呼請求，原來設定的事件回呼函數將被取消。

EventHandler 不可為空時，對應不同的事件類型，有不同的回呼函數。而且這
些回呼函數原型一般都比較複雜，非常符合微軟程式開發特色。舉例來說，當
事件類型為 TDI_EVENT_CONNECT 時，EventHandler 將為以下函數：

```
NTSTATUS tdi_event_connect(IN PVOID TdiEventContext,
                IN LONG RemoteAddressLength,
                IN PVOID RemoteAddress,
                IN LONG UserDataLength,
                IN PVOID UserData,
                IN LONG OptionsLength,
                IN PVOID Options,
                OUT CONNECTION_CONTEXT *ConnectionContext,
                OUT PIRP *AcceptIrp);
```

必要時，讀者必須過濾此函數，將在下一節中詳細介紹。

14.4.5 TDI_EVENT_CONNECT 類型的設定事件的過濾

前面曾經過濾了 TDI_CONNECT 請求，並說過該請求僅在本機主動連接外部伺服器時才會發生。那麼當對方主動連接我方時，我們的安全監控系統將如何得知呢？

對於 TCP 協定，外部若連接我方，則必有我方的監聽；不然對方是不能連接的。在上一節中已經說過，監聽本身是一個類型為 TDI_EVENT_CONNECT 的設定事件，此時使用者設定了一個回呼函數，當有外部連接我方通訊埠時，該回呼函數將被呼叫。

我們過濾的方法則是偷樑換柱。當使用者試圖設定該回呼函數時，我們用自己的回呼函數取代它，並儲存原回呼函數的指標。在回呼函數呼叫完畢後，再呼叫使用者設定的回呼函數。那麼當回呼函數被呼叫時，說明有一個外部主機在試圖連接監聽的通訊埠。程式如下：

```
PIO_STACK_LOCATION irps;

// 取得請求的目前堆疊空間
irps = IoGetCurrentIrpStackLocation(irp);

// 判斷請求類型
if (irps->MajorFunction == IRP_MJ_INTERNAL_DEVICE_CONTROL &&
   irps->MiniorFunction == TDI_SET_EVENT_HANDLER) {

    // 獲得請求的參數
    PTDI_REQUEST_KERNEL_SET_EVENT r = (PTDI_REQUEST_KERNEL_SET_EVENT)
        &irps->Parameters;
```

```
if(r->EventType == TDI_EVENT_CONNECT && r->EventHandler != NULL)
{
    // 在這裡儲存舊的回呼函數並設定為筆者的回呼函數
    old_handler = r->EventHandler;
    r->EventHandler = my_handler; // ……(注1)
}
}
```

下面介紹在自己的回呼過濾中應該如何做。我們的回呼函數原型如下：

```
NTSTATUS mytdi_event_connect(IN PVOID TdiEventContext,
                IN LONG RemoteAddressLength,
                IN PVOID RemoteAddress,
                IN LONG UserDataLength,
                IN PVOID UserData,
                IN LONG OptionsLength,
                IN PVOID Options,
                OUT CONNECTION_CONTEXT *ConnectionContext,
                OUT PIRP *AcceptIrp)
```

所有的資訊都必須從 IN 參數中取得。但是取得對方位址倒是一件簡單的事情，因為資料都已放在參數中了，也就是説，Windows 核心在回呼這個函數時已經提供這些資訊了，其他的主要資訊必須透過上下文，即第一個參數 TdiEventContext 傳遞進來。

我們自行定義了一個上下文資訊結構，儲存所需要的資訊：

```
typedef struct {
  PFILE_OBJECT fileobj;    // 位址的檔案物件
  PVOID old_handler;       // 舊的事件處理回呼函數
  PVOID old_context;       // 舊的事件處理回呼函數的上下文 (第一個參數)
} TDI_EVENT_CONTEXT;
```

fileobj 將幫助我們取得儲存過的連接資訊、位址資訊，見前面的章節。這個 fileobj 將是連線物件的檔案物件。

old_handler 和 old_context 將儲存原來的回呼函數與原來的上下文，將前面程式的（注 1）處，修改為以下程式就可以完成：

```
ctx->fileobj = irps->FileObject;
ctx->old_handler = r->EventHandler;
```

```
ctx->old_context = r->EventContext;
r->EventHandler = my_handler;
r->EventContext = ctx;
```

別忘記在 mytdi_event_connect 中處理完畢後，要呼叫舊的回呼函數：

```
status = ((PTDI_IND_CONNECT)(ctx->old_handler))(ctx->old_context,
                                RemoteAddressLength,
                                RemoteAddress,
                                UserDataLength,
                                UserData,
                                OptionsLength,
                                Options,
                                ConnectionContext,
                                AcceptIrp);
```

最後，如果對這個回呼函數傳回 STATUS_CONNECTION_REFUSED，那麼這個連接請求將不能建立。

14.4.6 直接取得發送函數的過濾

曾有安全軟體的開發者發現，Windows 核心中 netbt 裝置發送 TCP 資料時，無法被 TDI 過濾驅動過濾到，儘管前面已經過濾了 TDI_SEND 請求。netbt 的意思是以 TCP/IO 為基礎的 NetBIOS 協定（NetBIOS Over TCP/IP），用於電腦名字解析，對想監控網路鄰居的安全系統來說非常重要。不過更重要的是，如果 netbt 可以繞過我們的安全監控，那麼別的程式也可以，這個漏洞必須彌補。

進一步的追蹤表明，netbt 能直接取得 TCP 協定驅動中內建函數 TCPSendData 的指標，以呼叫這個函數直接發送資料。既然不通過 TDI_SEND 請求發送，那麼當然可以繞過我們的監控了。

為此，我們必須研究 Windows 的 TCP/IP 協定驅動 tcpip.sys 的程式。以下是 tcpip.sys 的分發函數節選，其中有一個 IRP_MJ_DEVICE_CONTROL 的功能號為 IOCTL_TDI_QUERY_ DIRECT_SEND_HANDLER。如果讀者發出這個請求，tcpip.sys 將把 TCPSendData 函數的指標傳回，那麼就可以直接用它來發送資料了。只是這個次功能號並沒有在 WDK 的文件中公開。

```
TDI_STATUS TCPDispatch(PDEVICE_OBJECT pDeviceObject,PIRP Irp)
{
...
```

```
irpStack = IoGetCurrentIrpStackLocation(Irp);
Irp->IoStatus.Information = 0;
switch (irpStack->MajorFunction)
{
...

    // 處理控制請求
    case IRP_MJ_DEVICE_CONTROL:
        // TdiMapUserRequest可以將一個主功能號為IRP_MJ_DEVICE_CONTROL的
        // 控制請求對映成一個主功能號為IRP_MJ_INTERNEL_DEVICE_CONTROL的請求
        //如果能成功對映,則直接呼叫TCPDispatchInternalDeviceControl處理即可
        if (NT_SUCCESS(TdiMapUserRequest(pDeviceObject,Irp,irpStack)))
            return TCPDispatchInternalDeviceControl(pDeviceObject,Irp);
        else
        {
        // 檢查這個控制請求的功能號判斷是否是IOCTL_TDI_QUERY_DIRECT_SEND_HANDLER
            if (irpStack->Parameters.DeviceIoControl.IoControlCode
              == IOCTL_TDI_QUERY_DIRECT_SEND_HANDLER)
            {
              if (Irp->RequestorMode == UserMode)
                  ProbeForWrite (
                      irpStack->Parameters.DeviceIoControl.
                                  Type3InputBuffer,
                  sizeof(PULONG),
                  4
                  );
                  // 從這裡看,結果是傳回在一個叫作Type3InputBuffer的域中的
              irpStack->Parameters.DeviceIoControl.
                                  Type3InputBuffer = TCPSendData;
              Status = STATUS_SUCCESS;
            }
            else
              return TCPDispatchDeviceControl(Irp,irpStack);
        }
        break;
        ......
    }
    ......
}
```

這樣一來,我們在 IRP_MJ_DEVICE_CONTROL 中加以特殊的處理,這個函數傳回後,我們就獲得了 TCPSendData 函數,將其儲存起來,並代之以我們自己的過濾函數。

即使是 netbt 發送 TCP 資料，也不得不通過我們的過濾函數。這個漏洞就被彌補上了。

相關程式如下：

```
case IRP_MJ_DEVICE_CONTROL:
  if(irps->Parameters.DeviceIoControl.IoControlCode ==
    IOCTL_TDI_QUERY_DIRECT_SEND_HANDLER)
  {
        // 我們知道發送函數的指標會傳回到這裡
    void *buf = irps->Parameters.DeviceIoControl.Type3InputBuffer;

    // tdi_dispatch_complete負責讓真實裝置完成請求
    status = tdi_dispatch_complete(DeviceObject,
                      irp,
                      FILTER_ALLOW,
                      NULL,
                      NULL);
        // 獲得結果之後，進行取代
    if(buf != NULL && status == STATUS_SUCCESS)
    {
      old_TCPSendData = *(TCPSendData_t **)buf;
      *(TCPSendData_t **)buf = new_TCPSendData;
    }
  }
}
```

new_TCPSendData 是我們自己寫的 TCP 發送資料函數，其中將過濾發送的資料，需要的話最後呼叫 old_TCPSendData 來實際發送資料。

14.4.7 清理請求的過濾

主功能號為 IRP_MJ_CLEANUP 的 IRP 將用於刪除所儲存的連接和位址資訊。不要與 IRP_MJ_CLOSE 相混淆，雖然這兩種請求的意義非常近似。

清理請求和關閉請求

請注意，收到清理請求（IRP_MJ_CLEANUP）表示一個檔案物件的控制碼數已經降低到 0。一般來說，從檔案物件獲得一個控制碼會增加檔案物件的參考計數，關閉控制碼則計數隨之減少；控制碼全部關閉，則會收到 IRP_MJ_CLEANUP 請求。但是這並不表示檔案物件的參考計數一定會減少到 0，這是因為參考計數不一定要開啟控制碼才能增加。參考計數減少到 0 時，檔案物件會被銷毀，此時，收到的請求是 IRP_MJ_CLOSE。

當控制碼計數下降到 0 時，檔案物件對應用層將不再可見，此時 IRP_MJ_CLEANUP 將被呼叫，這時可以刪除從這個檔案物件（位址物件或連線物件）產生以來，所建立和維護的資訊記錄，以防止記憶體洩露。

我們已經討論了三種主要的請求，還剩下 IRP_MJ_DEVICE_CONTROL 沒有討論。這種請求功能與 IRP_MJ_INTERNAL_DEVICE_CONTROL 重複，讀者可以用以下的呼叫函數，把一個現有的 IRP_MJ_DEVICE_CONTROL 轉為 IRP_MJ_INTERNAL_ DEVICE_CONTROL。

```
NTSTATUS TdiMapUserRequest(IN PDEVICE_OBJECT DeviceObject,
                 IN PIRP Irp,
                 IN PIO_STACK_LOCATION IrpSp);
```

若轉換失敗，則不需要過濾，直接下發；若轉換成功，則作為 IRP_MJ_INTERNAL_ DEVICE_CONTROL 過濾，然後視情況處理，也可以直接下發，和原來的請求起相同的作用。

實際程式如下：

```
case IRP_MJ_DEVICE_CONTROL:
  // 轉為內部控制請求
  status = TdiMapUserRequest(DeviceObject, irp, irps);

  if (status != STATUS_SUCCESS) {
    // 獲得函數指標將傳回到的位址
    void *buf = (irps->Parameters.DeviceIoControl.IoControlCode ==
    IOCTL_TDI_QUERY_DIRECT_SEND_HANDLER)?
    irps->Parameters.DeviceIoControl.Type3InputBuffer : NULL;

    // 下發到真實協定裝置
    status = tdi_dispatch_complete(DeviceObject, irp, FILTER_ALLOW,
              NULL, NULL);
    if (buf != NULL && status == STATUS_SUCCESS) {
      // 儲存我們獲得的函數
      g_TCPSendData = *(TCPSendData_t **)buf;
      KdPrint(("[tdi_fw] DeviceDispatch: \
      IOCTL_TDI_QUERY_DIRECT_SEND_HANDLER: \
```

```
        TCPSendData = 0x%x\n", g_TCPSendData));
        *(TCPSendData_t **)buf = new_TCPSendData;
    }
    break;
}

// 這裡不用呼叫break，直接作為IRP_MJ_INTERNAL_DEVICE_CONTROL繼續處理
case IRP_MJ_INTERNAL_DEVICE_CONTROL:

...

case IRP_MJ_CLEANUP:
    // 在這裡刪除儲存過的相關資訊
    result = ot_del_fileobj(irps->FileObject, &type);
    status = tdi_dispatch_complete(
    DeviceObject, irp, result,completion.routine, completion.context);
    break;
```

讀者將發現這裡的 IRP_MJ_DEVICE_CONTROL 的功能號（可以透過
irps → Parameters. DeviceIoControl.IoControlCode 取得功能號）為 IOCTL_
TDI_QUERY_DIRECT_SEND_HANDLER，這是一個麻煩的特例，實際內容在
上一節中已經討論過了。

有的讀者可能注意到還有很多類型的設定事件，因為對我們的安全監控意義不
大，所以並沒有進行過濾，簡單下發即可，有興趣的讀者可以繼續閱讀 WDK
的文件。

14.5 本書實例 tdifw.lib 的應用

14.5.1 tdifw 函數庫的回呼介面

原始的 tdifw 是一個防火牆實例。顯然我們在開發時，不應該每次都去修改這
一堆程式，不如一勞永逸地把 tdifw 編譯成一個靜態程式庫，留出必要的介
面，以後再應用這個模組時，只需要在這個基礎上開發就可以了。這個方法
和第 11 章的檔案系統過濾中開發 sfilter.lib 的方法完全一樣，實際的過程在這
裡不再贅述。下面是 tdifw.lib 留出的回呼函數介面，這些函數是以 tdifw 開發
時，程式設計者必須實現為基礎的函數。

```
// 基於tdifw開發核心模組時,不要撰寫DriverEntry,因為這個函數已經在tdifw
// 中實現過了。所以應該用tdifw_driver_entry來代替它。不用在這裡設定驅動物件
// 的分發函數,這些在tdi_fw中都已經做過了。但是如果使用者需要產生任何自訂的
// 裝置物件,則必須用函數tdifw_register_user_device來讓tdi_fw知道它。當任
// 何IRP被發送到使用者自訂裝置時,回呼函數tdifw_user_device_dispatch都會被呼叫
// 使用者可以透過這個函數來處理IRP
extern NTSTATUS
tdifw_driver_entry(
    IN PDRIVER_OBJECT theDriverObject,
        IN PUNICODE_STRING theRegistryPath);


// 這個函數對應DriverUnload,程式設計者應該在這裡完成所有資源回收
extern VOID
tdifw_driver_unload(
    IN PDRIVER_OBJECT DriverObject);


// 當任何IRP發送給使用者裝置(必須是用tdifw_register_user_device註冊過的)時
// 這個函數會被呼叫,程式設計者可以在這裡處理IRP
extern NTSTATUS tdifw_user_device_dispatch(
  IN PDEVICE_OBJECT DeviceObject, IN PIRP irp);


// 任何網路事件發生(如有網路連接進入、有資料發送或接收)時,這個函數都會被呼叫
// 程式設計者可以在這裡監控系統中的網路事件,這是最重要的過濾函數
extern int tdifw_filter(struct flt_request *request);


// 這不是一個回呼函數,而是一個功能函數,讓使用者可以註冊自訂裝置。請注意
// 這個函數僅可以在tdifw_driver_entry中呼叫
BOOLEAN tdifw_register_user_device(PDEVICE_OBJECT dev);
```

以上這些函數都被 tdifw.lib 呼叫,但是 tdifw 中並沒有實現它們,而是宣告了一個外部參考。也就是說,使用這個函數庫來撰寫一個驅動的開發者,必須自己實現這些函數;否則會產生連接錯誤。

在應該由 tdifw.lib 的使用者來實現的這些回呼函數中,最重要的就是 tdifw_filter 了,這個函數實現了大部分網路事件的過濾。該函數的唯一參數是 request,這是一個 flt_request 的指標,flt_request 下的 type 域指出了發生的事件類型。可以是以下幾種類型:

- TYPE_CONNECT，表示一個連接建立了。
- TYPE_DATAGRAM，資料封包，類似 UDP 協定資料的發送和接收。
- TYPE_CONNECT_ERROR，連接發生了錯誤。
- TYPE_LISTEN，本機建立了一個監聽。
- TYPE_NOT_LISTEN，停止了一個監聽。
- TYPE_CONNECT_CANCELED，取消了一個連接。
- TYPE_CONNECT_RESET，連接重置。
- TYPE_CONNECT_TIMEOUT，連接逾時。
- TYPE_CONNECT_UNREACH，連接不可達。

列出一個 flt_request 的指標 request，可以用下面的方法獲得事件的資訊：

```
request->type，獲得事件的類型。
request->addr.from，獲得來源位址，類型為struct sockaddr。這種類型在socket程式設
計中很常見，可以獲得IP位址和通訊埠。
request->addr.to，獲得目的位址，類型也是struct sockaddr。
```

有這些資訊就可以進行過濾了。過濾只有兩種選擇：允許或禁止。允許表示不加干涉，禁止則表示這個請求被否決掉了。透過函數 tdifw_filter 的傳回值可以得知，程式設計者傳回 FILTER_ALLOW 表示允許，FILTER_DENY 表示禁止。實際的程式設計將在下一小節中舉例介紹。

14.5.2 tdifw 函數庫的使用實例

下面我們來寫一個實例，這個實例使用 tdifw.lib 函數庫來進行網路過濾。我們建立一個檔案，名字為 tdifw_smpl.c，首先包含標頭檔 tdi_fw_lib.h，然後依次實現所有的回呼函數。在這些回呼函數中，由於這個實例並不和應用程式通訊，因此不註冊自訂裝置；而是在過濾時，簡單地列印，哪個處理程序開啟了哪個通訊埠，又在哪個通訊埠上建立了連接資訊。讀者可以在這個實例的基礎上開發 TDI 的防火牆。tdifw_smpl.c 的程式如下：

```
#include "..\inc\tdi_fw\tdi_fw_lib.h"

NTSTATUS
tdifw_driver_entry(
        IN PDRIVER_OBJECT theDriverObject,
```

```
            IN PUNICODE_STRING theRegistryPath)
{
    // 直接傳回成功即可
    return STATUS_SUCCESS;
}


VOID
tdifw_driver_unload(
            IN PDRIVER_OBJECT DriverObject)
{
    // 沒有資源需要釋放
    return;
}


NTSTATUS tdifw_user_device_dispatch(
  IN PDEVICE_OBJECT DeviceObject, IN PIRP irp)
{
    // 不會有任何請求到達這裡，我們沒有註冊過自訂裝置
    return STATUS_UNSUCCESSFUL;
}


// 過濾函數。我們在其中列印一些資訊，只列印TCP的詳細資訊
int tdifw_filter(struct flt_request *request)
{
    // 首先列印類型
    DbgPrint("tdifw_smpl: type = %d, \r\n");
    // 然後列印協定類型
    DbgPrint("tdifw_smpl:protocol type = %d\r\n");
    return 0;
}
```

上面這個驅動程式實際上是一個 TDI 防火牆的雛形。開啟 DbgView.exe，讀者
就會發現它能顯示連接的建立和終端、雙方的 IP 位址和通訊埠，以及操作它
們的處理程序（顯示的是處理程序號）等。這和許多防火牆能顯示哪個處理程
序開啟了哪個通訊埠、建立了多少個連接等本質上是一樣的，只是介面不那麼
人性化罷了。讀者可以在其中加入更多的處理，例如用 DeviceIoControl 和應
用程式通訊。在新的程式試圖建立連接時，可以在應用程式裡出現一個對話方
塊，就像一般的防火牆那樣，讓使用者來選擇是否允許連接。

本章的範例程式

本章有關兩個專案，都在本書原始程式碼中，一個位於 tdi_fw 目錄下；另一個位於 tdifw_smpl 目錄下。其中，tdi_fw 目錄編譯出一個靜態程式庫，這個靜態程式庫提供 TDI 過濾的基礎功能；tdifw_smpl 是這個函數庫的使用實例，它只列印網路事件的發生。

本章的實例 tdi_fw 的編譯方法是，首先設定環境變數為 WDK 的根目錄（如 C:\WINDDK\6000）；然後開啟主控台，用 cd 指令進入 tdi_fw 目錄，輸入：

```
my_build chk WNET
```

按確認鍵後會編譯一個偵錯版本。

輸入：

```
my_build fre WNET
```

則編譯一個發行版本。編譯了 tdi_fw 之後，用同樣的方法就可以編譯 tdifw_smpl 了。注意：兩個目錄必須放在同一個目錄下。編譯後獲得 tdifw_smpl.sys，用工具載入這個驅動，開啟 DbgView.exe，如果有網路事件發生，則會列印資訊，如圖 14-1 所示。請注意，**這個驅動雖然可以動態載入執行，但是不可以動態停止，因為動態停止很容易導致當機。如果要停止本驅動，重新啟動電腦即可。**

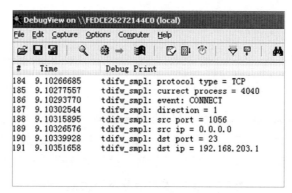

圖 14-1 嘗試用 Telnet 連接其他機器時 tdifw_smpl 的輸出

Windows 過濾平台

▍15.1 WFP 簡介

Windows 過濾平台（Windows Filtering Platform，WFP），是從 Vista 系統開始新增的一套系統 API（應用程式設計發展介面）和服務，這套 API 和服務為網路資料封包過濾提供架構支撐。WFP 架構被設計成分層結構，開發者可以在 WFP 架構已劃分的不同分層中進行過濾、重新導向，並修改網路資料封包。

WFP 架構以簡單穩定為原則，微軟希望使用 WFP 來替代以前的 Winsock LSP（分層服務提供者）、TDI（傳輸層驅動介面）以及 NDIS Filter（網路驅動介面標準）等網路過濾架構。

透過 WFP 架構，開發者可以輕鬆實現防火牆、入侵偵測系統、網路監視程式以及流量控製程式等。讀者需要注意，WFP 本身只是一個提供各層網路資料封包過濾的架構，本身並不是防火牆，也不存在任何過濾邏輯。舉例來說，Vista 系統中的 Windows 防火牆（WFAS）透過 WFP 架構實現，但 WFP 並不是 Windows 防火牆。

WFP 架構包含使用者態 API 和核心態 API，開發者透過使用者態 API 或核心態 API 均可處理網路資料封包。下面的章節主要介紹 WFP 核心態的開發。

▍15.2 WFP 架構

本節介紹 WFP 的主要架構，筆者打算以微軟提供的 WFP 架構圖作為切入點，介紹 WFP 架構的主要組成部分以及工作原理。

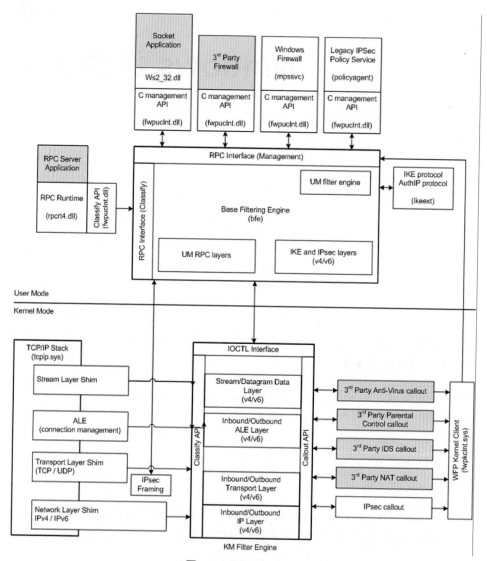

圖 15-1 WFP 架構圖

微軟提供的 WFP 架構圖如圖 15-1 所示，圖的中部被一條橫線一分為二，圖的上半部分表示使用者態（User Mode），下半部分表示核心態（Kernel Mode）。從圖中不難發現，WFP 主要分為兩大層次模組：使用者態基礎過濾引擎（Base Filtering Engine，BFE），以及核心態過濾引擎（KM Filtering Engine）。基礎過濾引擎對上提供 C 語言呼叫方式的 API 以及 RPC 介面，這些介面封裝在 FWPUCLNT.DLL 模組中，開發者可以透過該模組的介面和基礎過濾引擎進行互動，最後控制網路資料；基礎過濾引擎對下和核心態過濾引擎互動，受核心態過濾引擎控制。也就是說，無論開發者使用的是使用者態基礎過濾引擎提供的介面還是核心態過濾引擎提供的介面，最後都是與核心態過濾引擎互動。

核心態過濾引擎是整個 WFP 架構的核心，相對基礎過濾引擎更為複雜。首先核心態過濾引擎需要和系統網路通訊協定層互動，透過一種稱為「墊片」（Shim）的核心模組從網路通訊協定層中取得網路資料，墊片被插入到網路通訊協定層的各層中，如圖 15-1 所示，在 TCP/IP 網路通訊協定層中被插入了網路分層墊片（IPv4/IPv6）以及傳輸分層墊片（TCP/UDP），不同層次的墊片取得的網路資料不同，墊片取得資料後，透過核心態過濾引擎提供的分類 API（Classify API），把資料傳送到 WFP 的對應分層（Layer）中。

圖 15-1 中的核心態過濾引擎被劃分成了許多個分層，在每個分層裡，可能會存在一個或多個子層（Sub Layer），子層是分層的更小劃分，子層被指定不同的加權（Weight），在同一個子層中，WFP 按照子層加權的大小順序，從大到小把資料交給對應子層。

在 WFP 架構中，還會有一個重要的資料結構，被稱為篩檢程式（Filter），篩檢程式裡面儲存了網路資料封包的攔截規則和處理動作，開發者可以在 WFP（嚴格來說是核心態過濾引擎）增加篩檢程式。

以上是 WFP 的主要架構，初看起來可能感覺非常複雜，讀者可以先大概了解 WFP 的主要封包，對 WFP 架構有一個初步的認識。

▌ 15.3 基本物件模型

學習物件模型是學習 WFP 架構的基本要求，下面介紹 WFP 架構中的基本物件模型。

15.3.1 過濾引擎

過濾引擎是 WFP 的核心組成部分，過濾引擎分為兩大層：使用者態基礎過濾引擎（BFE）以及核心態過濾引擎。基礎過濾引擎對外提供了一 Socket 埠，可供使用者態程式呼叫，基礎過濾引擎最後會與核心態過濾引擎互動。核心態過濾引擎是整個過濾引擎的主體，內部被劃分成多個分層，不同分層代表著網路通訊協定層特定的層，在每一個分層中可以存在子層和篩檢程式。核心態過濾引擎檢查網路資料封包是否命中篩檢程式的規則（Rule），對於命中規則的篩檢程式，核心態過濾引擎會執行這些篩檢程式中指定的動作（Action）。

一般來說，篩檢程式中的動作會表明是放行（Permit）還是攔截（Block）網路資料封包。在實際情況中，核心態過濾引擎的分層中可能會存在多個子層以及多個篩檢程式，對於一次的網路事件而言，可能同時命中多個篩檢程式的規則，而這些命中規則的篩檢程式可能指定了不同的過濾動作，為了計算出最後的過濾動作（放行 / 攔截），WFP 引用了過濾仲裁器（Filter Arbitration）模組，過濾仲裁器計算出最後的過濾動作後交給核心態過濾引擎，核心態過濾引擎把最後過濾結果回饋給墊片。

15.3.2 墊片

墊片是一種特殊的核心模組，被安插在系統的網路通訊協定層（如 TCP/IP）的不同層（堆疊）中，主要作用是取得網路通訊協定層的資料。如墊片被安插在傳輸層，可以取得 TCP/UDP 等協定資料；墊片被安插在網路層，可以取得 IP 協定等資料。安插在不同協定層的墊片，取得的資料不同，墊片取得資料後，會透過核心態過濾引擎提供的分類 API，把資料傳遞到對應的 WFP 分層中。

墊片除了能將取得的網路資料傳遞給核心態過濾引擎，還有一個更重要的作用是把核心態過濾引擎的過濾結果回饋給網路通訊協定層。舉例來說，核心態過濾引擎需要攔截某一種網路資料，核心態過濾引擎透過分類 API 將過濾結果通知給墊片，由於墊片被安插在網路通訊協定層中，所以可以在網路通訊協定層中直接攔截網路資料封包。

由此可見，墊片的作用十分重要，它屬於 WFP 架構的一部分，負責 WFP 的資料來源以及執行資料攔截 / 放行的最後動作，屬於網路通訊協定層和 WFP 架構之間的通訊橋樑。但是，墊片對開發者來說卻是透明的，開發者在 WFP 架構上開發時無須過多關注墊片，這也是微軟 WFP 架構設計的精妙之處，這種設計可以讓開發者把主要精力集中在對網路資料封包的處理而非對網路資料封包的取得上。

15.3.3 呼出介面

Callout 的中文意思是標記、標記，但是筆者認為這個翻譯不能準確表達其意義，筆者認為使用「呼出介面」來代表 Callout 一詞更為貼切，因此在下文中，統一使用「呼出介面」來表示 Callout。

呼出介面是 WFP 架構中重要的資料結構，也是對 WFP 能力的一種擴充。簡單來說，讀者可以了解成呼出介面由一系列的回呼函陣列成；當網路資料命中某篩檢程式的規則並且篩檢程式指定一個呼出介面時，該呼出介面內的回呼函數就會被呼叫。後面會對呼出介面的回呼函數進行詳細的介紹。呼出介面除了包含回呼函數，還包含一個 GUID 值，用來唯一地識別一個呼出介面。一般來說，不同呼出介面的回呼函數實現不同的功能，系統內建了一部分呼出介面可以供開發者使用，開發者也可以向系統註冊自己的呼出介面來完成特定的邏輯。

下面簡單地看一下呼出介面的定義。結構 FWPS_CALLOUT 描述了呼出介面的資訊，但是讀者可以發現 FWPS_CALLOUT 其實是一個巨集，在不同的編譯環境中對應不同的結構：

```
#if (NTDDI_VERSION >= NTDDI_WIN7)
#define FWPS_CALLOUT FWPS_CALLOUT1
#else
#define FWPS_CALLOUT FWPS_CALLOUT0
```

當 WDK 編譯環境被設定為大於或等於 Windows 7 系統時，FWPS_CALLOUT 被定義成 FWPS_CALLOUT1；否則被定義成 FWPS_CALLOUT0。為簡單起見，下面所有結構和函數的介紹，都以 Windows 7 為例，請讀者務必注意。下面介紹 Windows 7 編譯環境下 FWPS_CALLOUT1 的定義：

```
typedef struct FWPS_CALLOUT1_
{
  // Uniquely identifies the callout. This must be the same GUID supplied to
  // FwpmCalloutAdd0
  GUID calloutKey;
```

```
// Flags
UINT32 flags;
// Pointer to the classification function
FWPS_CALLOUT_CLASSIFY_FN1 classifyFn;
// Pointer to the notification function
FWPS_CALLOUT_NOTIFY_FN1 notifyFn;
// Pointer to the flow delete function
FWPS_CALLOUT_FLOW_DELETE_NOTIFY_FN0 flowDeleteFn;
} FWPS_CALLOUT1;
```

結構中包含了一個 GUID 值 calloutKey，正如上面所介紹的，calloutKey 值唯一地標識這個呼出介面；flags 成員表明了呼出介面的一些特性，可以簡單設定為 0；classifyFn、notifyFn 和 flowDeleteFn 為三個回呼函數，當有網路資料命中規則或 WFP 事件發生時，對應的回呼函數就會被呼叫。三個回呼函數的用法，將在本章後面進行詳細介紹。

15.3.4 分層

在介紹核心態過濾引擎時提到，核心態過濾引擎內部被劃分成不同的分層（Layer），每一個分層代表了系統網路通訊協定層的特定的層（堆疊），接收特定的資料。例如在圖 15-1 中，Inbound/Outbound Transport Layer 分層對應網路通訊協定層中的傳輸層，被安插在傳輸層中的墊片取得傳輸層的網路資料之後，透過分類 API（Classify API）把資料傳遞到核心過濾引擎中的 Inbound/Outbound Transport Layer 中。WFP 的分層設計相當於把網路資料封包進行了分類，開發者只需根據本身需要與對應的分層互動即可。

分層是一個容器，裡面包含了零個或多個篩檢程式（本章後面介紹）。此外，分層內部還可能包含一個或多個子層（將在本章後面介紹）。

對 WFP 劃分的分層，每個分層均有一個唯一的值來標識，在核心態中，使用 64 位元的 LUID 來標識一個子層；在使用者態中，使用 128 位元的 GUID 來標識一個分層。這兩種分層標識存在部分對應關係。一般來説，把核心態使用到的分層標識稱為「執行時過濾分層標識」（Run-time Filtering Layer Identifiers），把使用者態使用到的分層標識稱為「管理過濾分層標識」（Management Filtering Layer Identifiers）。

下面列出部分常用的「管理過濾分層標識」，有興趣的讀者可以閱讀 WDK 說明文件，查閱更多的「管理過濾分層標識」。

```
FWPM_LAYER_INBOUND_IPPACKET_V4：接收到IPv4網路資料封包層；
FWPM_LAYER_INBOUND_IPPACKET_V6：接收到IPv6網路資料封包層；
FWPM_LAYER_OUTBOUND_IPPACKET_V4：發送IPv4網路資料封包層；
FWPM_LAYER_OUTBOUND_IPPACKET_V6：發送IPv6網路資料封包層。
```

15.3.5 子層

上一節已經介紹了 WFP 的分層，分層是 WFP 架構已經劃分好的，而子層（Sub Layer）是分層內更小的層級，一個分層可能被劃分成多個子層，並且這種劃分是由開發者控制的。

開發者在劃分子層時需要給新的子層分配一個加權（Weight），加權的值越大，表明優先順序越高，當有對應的網路資料到達分層時，WFP 會按照分層內的子層優先順序順序傳遞網路資料，子層的加權越大，就能越早取得資料。系統也內建了一些常用的子層，讀者可以參考 WDK 說明文件。

子層的結構定義如下：

```
typedef struct FWPM_SUBLAYER0_
{
  GUID subLayerKey;
  FWPM_DISPLAY_DATA0 displayData;
  UINT16 flags;
  GUID* providerKey;
  FWP_BYTE_BLOB providerData;
  UINT16 weight;
} FWPM_SUBLAYER0;
```

subLayerKey：子層的標識。WFP 使用 128 位元的 GUID 來標識一個子層。

displayData：顯示資料。displayData 也是一個結構，定義如下：

```
typedef struct FWPM_DISPLAY_DATA0_ {
  wchar_t* name;
  wchar_t* description;
} FWPM_DISPLAY_DATA0;
```

這個結構很簡單，只有兩個指標變數，其中 name 指向的是儲存物件名稱的緩衝區；description 指向的是儲存物件描述的緩衝區。

flags：子層的一些特性，可以設定成 FWPM_SUBLAYER_FLAG_PERSISTENT，表明該子層是「永久性」的子層，與基礎過濾引擎生命週期相同。

providerKey 和 providerData 可以暫時忽略。

weight：16 位元大小，表示子層的加權，值越大，加權就越大，即優先順序越高。

15.3.6 篩檢程式

篩檢程式（Filter）存在於 WFP 的分層中，WFP 內建了一部分篩檢程式供開發者使用，開發者也可以增加自己的篩檢程式。在許多物件模型中，篩檢程式最為複雜，因為篩檢程式和 WFP 的其他物件均有連結。

篩檢程式實際上是一套規則（rule）和動作（action）的集合，規則指明了對哪些網路資料封包有興趣，即指明需要過濾哪些網路資料封包；篩檢程式內還指定了動作，當篩檢程式的規則被命中時，篩檢程式裡面指定的動作就會被 WFP 執行。

上面提到的篩檢程式裡面的規則，實際上就是篩檢程式裡面的過濾條件（condition），一個篩檢程式裡面包含一個或多個過濾條件，當這些過濾條件全部成立時，才認為這個篩檢程式的規則被命中。一旦篩檢程式規則被命中，WFP 就會執行篩檢程式中指定的動作。

開發者需要使用篩檢程式時，必須明確知道篩檢程式被增加到核心態過濾引擎的哪一個分層中，篩檢程式被增加到不同的分層中可以過濾不同層次的網路資料。在同一個分層內，可以存在多個篩檢程式，不同篩檢程式被指定不同的加權。

在同一個分層內，不同篩檢程式的加權不能相同，為了避免加權重複，開發者還可以為篩檢程式指定一個子層，只要確保在子層內篩檢程式加權不重複就可以了；篩檢程式連結子層後，WFP 在分層內按照子層的加權值，從大到小比對子層內的篩檢程式；同樣地，在子層內，WFP 也是按照篩檢程式的加權值，從大到小比對篩檢程式的規則的。

從上面的介紹可知，篩檢程式可以連結分層和子層，除此之外，篩檢程式還可以連結呼出介面。在需要對網路資料封包進行複雜的分析和處理的情況下，篩檢程式一般需要連結一個呼出介面，當篩檢程式的規則被命中時，WFP 就會執行與該篩檢程式連結的呼出介面內的回呼函數。在呼出介面內的回呼函數中，可以對資料封包內容進行深入的分析，根據分析情況傳回過濾的結果（允許 / 攔截）到 WFP。

下面介紹篩檢程式的資料結構。篩檢程式的結構為 FWPM_FILTER，WDK 定義 FWPM_FILTER 為：

```
#define FWPM_FILTER FWPM_FILTER0
```

FWPM_FILTER0 的定義如下：

```
typedef struct FWPM_FILTER0_ {
  GUID filterKey;
  FWPM_DISPLAY_DATA0 displayData;
  UINT32 flags;
  GUID* providerKey;
  FWP_BYTE_BLOB providerData;
  GUID layerKey;
  GUID subLayerKey;
  FWP_VALUE0 weight;
  UINT32 numFilterConditions;
  FWPM_FILTER_CONDITION0* filterCondition;
  FWPM_ACTION0 action;
  union {
    UINT64 rawContext;
    GUID providerContextKey;
  };
  GUID* reserved;
  UINT64 filterId;
  FWP_VALUE0 effectiveWeight;
} FWPM_FILTER0;
```

下面對篩檢程式結構內的重要成員介紹。

filterKey：篩檢程式的唯一標識，128 位元的 GUID，如果開發者指定這個 GUID 值為 0，當篩檢程式被增加到過濾引擎時，過濾引擎會自動為該篩檢程式分配一個 GUID 標識。

displayData：這個成員在上面介紹子層的時候已經講過，這裡不再重複。

layerKey：分層的 GUID，即前面介紹的「管理過濾分層標識」，表明目前篩檢程式被增加到 WFP 的哪一個分層中。

subLayerKey：子層的 GUID，表明篩檢程式需要增加到哪一個子層中，如果設定成 IID_NULL，則篩檢程式被增加到預設的子層內。

weight：加權，表明篩檢程式的優先順序。請讀者注意，前面我們在介紹子層時，同樣也有一個加權，子層的加權使用一個 UINT16 來表示，而篩檢程式的加權的表達方式稍微複雜，使用 FWP_VALUE0 結構來表示。FWP_VALUE0 的定義如下：

```c
typedef struct FWP_VALUE0_ {
  FWP_DATA_TYPE type;
  union {
    ;       // case(FWP_EMPTY)
    UINT8 uint8;
    UINT16 uint16;
    UINT32 uint32;
    UINT64* uint64;
    INT8 int8;
    INT16 int16;
    INT32 int32;
    INT64* int64;
    float float32;
    double* double64;
    FWP_BYTE_ARRAY16* byteArray16;
    FWP_BYTE_BLOB* byteBlob;
    SID* sid;
    FWP_BYTE_BLOB* sd;
    FWP_TOKEN_INFORMATION* tokenInformation;
    FWP_BYTE_BLOB* tokenAccessInformation;
    LPWSTR unicodeString;
  };
} FWP_VALUE0;
```

結構主要由一個 type 和一個匿名聯合體組成，type 是一個列舉類型，定義如下：

```c
typedef
enum FWP_DATA_TYPE_
    {FWP_EMPTY,
  FWP_UINT8,
```

```
  FWP_UINT16,
  FWP_UINT32,
  FWP_UINT64,
  FWP_INT8,
  FWP_INT16,
  FWP_INT32,
  FWP_INT64,
  FWP_FLOAT,
  FWP_DOUBLE,
  FWP_BYTE_ARRAY16_TYPE,
  FWP_BYTE_BLOB_TYPE,
  FWP_SID ,
  FWP_SECURITY_DESCRIPTOR_TYPE,
  FWP_TOKEN_INFORMATION_TYPE,
  FWP_TOKEN_ACCESS_INFORMATION_TYPE,
  FWP_UNICODE_STRING_TYPE,
  FWP_BYTE_ARRAY6_TYPE,
  FWP_SINGLE_DATA_TYPE_MAX,
  FWP_V4_ADDR_MASK,
  FWP_V6_ADDR_MASK,
  FWP_RANGE_TYPE,
  FWP_DATA_TYPE_MAX
    }   FWP_DATA_TYPE;
```

FWP_VALUE0 結構中的 type 的設定值，決定了聯合體內哪一個成員被使用，例如 type 設定值為 FWP_UINT8 時，FWP_VALUE0 結構中 uint8 值被使用；type 設定值為 FWP_UINT16 時，FWP_VALUE0 結構中 uint16 值被使用，依此類推。

回過頭來看加權 weight，當 weight.type = FWP_UINT64 時，weight.uint64 表示的是篩檢程式的實際加權值；當 weight.type = FWP_UINT8 時，weight.uint8 在 0 和 15 之間設定值，作為加權值的高 63~60 位元值，WFP 自動為加權值的低 60 位產生一個加權值；當 weight.type = FWP_EMPTY 時，WFP 自動為篩檢程式產生一個加權值。

numFilterConditions：過濾條件的個數，即 filterCondition 陣列中元素的個數。

filterCondition：過濾條件。filterCondition 指向過濾條件的陣列，陣列內元素的個數由 numFilterConditions 指定；過濾條件的類型為 FWPM_FILTER_CONDITION，定義如下：

```
typedef struct FWPM_FILTER_CONDITION0_
  {
  GUID fieldKey;
  FWP_MATCH_TYPE matchType;
  FWP_CONDITION_VALUE0 conditionValue;
  } FWPM_FILTER_CONDITION0;
```

fieldKey：網路資料封包欄位的標識，為 128 位元的 GUID 類型，WFP 把網路資料封包劃分為不同的欄位，例如資料封包遠端 IP 位址欄位用 FWPM_CONDITION_IP_REMOTE_ADDRESS 來標識。

matchType：符合的類型，為 FWP_MATCH_TYPE 列舉值。FWP_MATCH_TYPE 的定義如下：

```
enum FWP_MATCH_TYPE_
  { FWP_MATCH_EQUAL ,
  FWP_MATCH_GREATER  ,
  FWP_MATCH_LESS  ,
  FWP_MATCH_GREATER_OR_EQUAL ,
  FWP_MATCH_LESS_OR_EQUAL  ,
  FWP_MATCH_RANGE  ,
  FWP_MATCH_FLAGS_ALL_SET  ,
  FWP_MATCH_FLAGS_ANY_SET  ,
  FWP_MATCH_FLAGS_NONE_SET  ,
  FWP_MATCH_EQUAL_CASE_INSENSITIVE  ,
  FWP_MATCH_NOT_EQUAL  ,
  FWP_MATCH_TYPE_MAX
  } FWP_MATCH_TYPE;
```

FWP_MATCH_TYPE 中的每一個列舉值都代表了一種比對方式，如 FWP_MATCH_EQUAL 表示當 fieldKey 指定的欄位值和條件 conditionValue 相等時，過濾條件成立；又如 FWP_MATCH_GREATER 表示當 fieldKey 指定的欄位值大於條件 conditionValue 時，過濾條件成立。請注意，並不是所有的 fieldKey 指定的欄位都支援 FWP_MATCH_GREATER，實際什麼欄位值可以支援哪種比對方式，讀者可以參考 WDK 開發文件。

conditionValue：過濾條件的值，為 FWP_CONDITION_VALUE0 結構，定義如下：

```
typedef struct FWP_CONDITION_VALUE0
  {
```

```
FWP_DATA_TYPE type;
union
  {
  /* Empty union arm */
  UINT8 uint8;
  UINT16 uint16;
  UINT32 uint32;
  UINT64 *uint64;
  INT8 int8;
  INT16 int16;
  INT32 int32;
  INT64 *int64;
  float float32;
  double *double64;
  FWP_BYTE_ARRAY16 *byteArray16;
  FWP_BYTE_BLOB *byteBlob;
  SID *sid;
  FWP_BYTE_BLOB *sd;
  FWP_TOKEN_INFORMATION *tokenInformation;
  FWP_BYTE_BLOB *tokenAccessInformation;
  LPWSTR unicodeString;
  FWP_BYTE_ARRAY6 *byteArray6;
  FWP_V4_ADDR_AND_MASK *v4AddrMask;
  FWP_V6_ADDR_AND_MASK *v6AddrMask;
  FWP_RANGE0 *rangeValue;
  } ;
} FWP_CONDITION_VALUE0;
```

這個結構和 FWP_VALUE0 結構非常類似，使用方法大致相同，都有一個 type 成員來指明後面的聯合體使用成員情況，讀者可以參考 FWP_VALUE0 的使用介紹，這裡不再對 FWP_CONDITION_ VALUE0 結構的使用進行描述。

回看篩檢程式 FWPM_FILTER0 的定義，結構裡面的 action 成員非常重要，表示 filterCondition 所包含的條件全部成立時所執行的動作。action 為 FWPM_ACTION0 結構類型，定義如下：

```
typedef struct FWPM_ACTION0_
{
FWP_ACTION_TYPE type;
union
{
GUID filterType;
```

```
GUID calloutKey;
};
} FWPM_ACTION0;
```

type：表示動作類型，可以取下列值。

- FWP_ACTION_BLOCK：表示過濾條件成立後，攔截網路資料封包；
- FWP_ACTION_PERMIT：表示過濾條件成立後，允許（即放行）網路資料封包；
- FWP_ACTION_CALLOUT_TERMINATING：表示過濾條件成立後，回呼呼出介面內的回呼函數，回呼函數始終傳回「允許」或「攔截」；
- FWP_ACTION_CALLOUT_INSPECTION：表示過濾條件成立後，回呼呼出介面內的回呼函數，回呼函數不會傳回「允許」或「攔截」；
- FWP_ACTION_CALLOUT_UNKNOWN：表示過濾條件成立後，回呼呼出介面內的回呼函數，回呼函數可能傳回「允許」或「攔截」。
- filterType：可以先忽略。
- calloutKey：十分重要的值，當 type 設定值為 FWP_ACTION_CALLOUT_TERMINATING、FWP_ACTION_CALLOUT_INSPECTION 或 FWP_ACTION_CALLOUT_UNKNOWN 時，calloutKey 表示呼出介面的 GUID，當篩檢程式規則被命中後，WFP 回呼該 GUID 對應的呼出介面結構內的回呼函數。

15.3.7 呼出介面回呼函數

本節介紹呼出介面回呼函數，回呼函數作為呼出介面最重要的部分，是呼出介面功能實現的主體。呼出介面內部包含三個回呼函數，分別為：notifyFn、classifyFn 和 flowDeleteFn。下面分別介紹這三個函數。

首先介紹 classifyFn 回呼函數。當一個篩檢程式連結了呼出介面，並且規則被命中時（篩檢程式內的條件全部成立），過濾引擎會回呼呼出介面內的 classifyFn 函數，開發者可以在 classifyFn 函數內取得網路資料封包的相關資訊，實際資訊取決於篩檢程式所在的分層，classifyFn 函數還可以設定對網路資料封包的「允許 / 攔截」操作。

該回呼函數原型如下：

```
VOID NTAPI
classifyFn1(
IN const FWPS_INCOMING_VALUES0 *inFixedValues,
IN const FWPS_INCOMING_METADATA_VALUES0 *inMetaValues,
IN OUT VOID *layerData,
IN OPTIONAL const void *classifyContext,
IN const FWPS_FILTER1 *filter,
IN UINT64 flowContext,
OUT FWPS_CLASSIFY_OUT0 *classifyOut
);
```

前面提到，本章的資料結構和函數定義都是以 WDK Windows 7 編譯環境為例的，所以 classifyFn 函數在 Windows 7 編譯環境下被定義為 classifyFn1，請讀者注意。

classifyFn1 函數的參數較多，讀者初學 WFP 時，可以先關注一些重要的參數：

inFixedValues 參數是傳導入參數，指向 FWPS_INCOMING_VALUES0 結構指標，FWPS_INCOMING_VALUES0 結構裡面包含了網路資料封包的資訊。FWPS_INCOMING_VALUES0 結構的定義如下：

```
typedef struct FWPS_INCOMING_VALUES0_
  {
  UINT16 layerId;
  UINT32 valueCount;
  FWPS_INCOMING_VALUE0 *incomingValue;
  } FWPS_INCOMING_VALUES0;
```

layerId 表示「執行時過濾分層標識」，incomingValue 指向一個 FWPS_INCOMING_VALUE0 類型的陣列，valueCount 表示陣列內元素的個數。

FWPS_INCOMING_VALUE0 結構儲存的是和網路資料封包相關的資訊，如網路通訊中的本機通訊埠、遠端通訊埠、本機 IP 位址以及遠端 IP 等。FWPS_INCOMING_VALUE0 的定義如下：

```
typedef struct FWPS_INCOMING_VALUE0_ {
  FWP_VALUE0 value;
  } FWPS_INCOMING_VALUE0;
```

這個結構內部只有一個 FWP_VALUE0 類型的變數，對於 FWP_VALUE0 結構的使用，讀者可以參考本章前面的內容。

classifyFn1 函數的第 2 個參數為 inMetaValues，表示中繼資料值，inMetaValues 裡面包含了和過濾相關的資訊，如處理程序 ID、資料流程控制碼等。inMetaValues 的類型為 FWPS_INCOMING_ METADATA_VALUES0 結構，定義如下：

```c
typedef struct FWPS_INCOMING_METADATA_VALUES0_ {
 UINT32 currentMetadataValues;
 UINT32 flags;
 UINT64 reserved;
 FWPS_DISCARD_METADATA0 discardMetadata;
 UINT64 flowHandle;
 UINT32 ipHeaderSize;
 UINT32 transportHeaderSize;
 FWP_BYTE_BLOB *processPath;
 UINT64 token;
 UINT64 processId;
 UINT32 sourceInterfaceIndex;
 UINT32 destinationInterfaceIndex;
 ULONG compartmentId;
 FWPS_INBOUND_FRAGMENT_METADATA0 fragmentMetadata;
 ULONG pathMtu;
 HANDLE completionHandle;
 UINT64 transportEndpointHandle;
 SCOPE_ID remoteScopeId;
 WSACMSGHDR* controlData;
 ULONG controlDataLength;
 FWP_DIRECTION packetDirection;
#if (NTDDI_VERSION >= NTDDI_WIN6SP1)
 PVOID headerIncludeHeader;
 ULONG headerIncludeHeaderLength;
#if (NTDDI_VERSION >= NTDDI_WIN7)
 IP_ADDRESS_PREFIX destinationPrefix;
 UINT16 frameLength;
 UINT64 parentEndpointHandle;
 UINT32 icmpIdAndSequence;
 DWORD localRedirectTargetPID;
 SOCKADDR* originalDestination;
#endif // (NTDDI_VERSION >= NTDDI_WIN7)
#endif // (NTDDI_VERSION >= NTDDI_WIN6SP1)
} FWPS_INCOMING_METADATA_VALUES0;
```

這個結構成員非常多，但是請讀者務必注意，不是所有成員都是有效的，在

一次 classifyFn1 函數回呼中，FWPS_INCOMING_METADATA_VALUES0
結構內部有效的成員由 currentMetadataValues 值決定。FWPS_INCOMING_
METADATA_VALUES0 內的每個成員，都由一個 "Metadata Field Identifiers"
識別符號來代表，這些識別符號是「位元（bit）」資料，定義如下：

```
#define FWPS_METADATA_FIELD_DISCARD_REASON 0x00000001
#define FWPS_METADATA_FIELD_FLOW_HANDLE 0x00000002
#define FWPS_METADATA_FIELD_IP_HEADER_SIZE 0x00000004
#define FWPS_METADATA_FIELD_PROCESS_PATH 0x00000008
#define FWPS_METADATA_FIELD_TOKEN 0x00000010
#define FWPS_METADATA_FIELD_PROCESS_ID 0x00000020
#define FWPS_METADATA_FIELD_SYSTEM_FLAGS 0x00000040
#define FWPS_METADATA_FIELD_RESERVED 0x00000080
#define FWPS_METADATA_FIELD_SOURCE_INTERFACE_INDEX 0x00000100
#define FWPS_METADATA_FIELD_DESTINATION_INTERFACE_INDEX 0x00000200
#define FWPS_METADATA_FIELD_TRANSPORT_HEADER_SIZE 0x00000400
#define FWPS_METADATA_FIELD_COMPARTMENT_ID 0x00000800
#define FWPS_METADATA_FIELD_FRAGMENT_DATA 0x00001000
#define FWPS_METADATA_FIELD_PATH_MTU 0x00002000
#define FWPS_METADATA_FIELD_COMPLETION_HANDLE 0x00004000
#define FWPS_METADATA_FIELD_TRANSPORT_ENDPOINT_HANDLE 0x00008000
#define FWPS_METADATA_FIELD_TRANSPORT_CONTROL_DATA 0x00010000
#define FWPS_METADATA_FIELD_REMOTE_SCOPE_ID 0x00020000
#define FWPS_METADATA_FIELD_PACKET_DIRECTION 0x00040000
#if (NTDDI_VERSION >= NTDDI_WIN6SP1)
#define FWPS_METADATA_FIELD_PACKET_SYSTEM_CRITICAL 0x00080000
#define FWPS_METADATA_FIELD_FORWARD_LAYER_OUTBOUND_PASS_THRU 0x00100000
#define FWPS_METADATA_FIELD_FORWARD_LAYER_INBOUND_PASS_THRU 0x00200000
#define FWPS_METADATA_FIELD_ALE_CLASSIFY_REQUIRED 0x00400000
#define FWPS_METADATA_FIELD_TRANSPORT_HEADER_INCLUDE_HEADER 0x00800000
#if (NTDDI_VERSION >= NTDDI_WIN7)
#define FWPS_METADATA_FIELD_DESTINATION_PREFIX 0x01000000
#define FWPS_METADATA_FIELD_ETHER_FRAME_LENGTH 0x02000000
#define FWPS_METADATA_FIELD_PARENT_ENDPOINT_HANDLE 0x04000000
#define FWPS_METADATA_FIELD_ICMP_ID_AND_SEQUENCE 0x08000000
#define FWPS_METADATA_FIELD_LOCAL_REDIRECT_TARGET_PID 0x10000000
#define FWPS_METADATA_FIELD_ORIGINAL_DESTINATION 0x20000000
```

只有當 currentMetadataValues 包含對應的識別符號時，識別符號對應的結構
成員才有效，舉例來說，currentMetadataValues 包含了 FWPS_METADATA_

FIELD_FLOW_HANDLE 識別符號，說明 FWPS_INCOMING_METADATA_ VALUES0 結構內的 flowHandle 是有效值；又如，currentMetadataValues 包含了 FWPS_METADATA_FIELD_PROCESS_ID 識別符號，說明 FWPS_ INCOMING_METADATA_VALUES0 結構內的 processId 是有效值。WDK 提供了一個巨集來方便開發者測試 currentMetadataValues 是否包含了某個實際的識別符號：

```
#define FWPS_IS_METADATA_FIELD_PRESENT(metadataValues, metadataField) \
  (((metadataValues)->currentMetadataValues & (metadataField)) ==
(metadataField))
```

這個巨集比較簡單，主要是透過「與」運算來測試一個位元（bit）的值是否存在。透過這個巨集，上面的實例可以表示成：

```
FWPS_IS_METADATA_FIELD_PRESENT(inMetaValues, FWPS_METADATA_FIELD_FLOW_HANDLE)
```

以及

```
FWPS_IS_METADATA_FIELD_PRESENT(inMetaValues,FWPS_METADATA_FIELD_PROCESS_ID)
```

當這個巨集傳回非 0 時，表示被測試的識別符號有效。請讀者一定注意，在使用這個結構內的成員前，務必使用 FWPS_IS_METADATA_FIELD_PRESENT 來測試需要使用的值是否有效。

classifyFn1 函數的第 3 個參數 layerData 表示被過濾的網路原始資料。該參數可能為 NULL，是否為 NULL 取決於目前在哪一個分層過濾。

classifyFn1 函數的第 4 個參數 classifyContext 為可選參數，表示和呼出介面驅動連結的上下文。

classifyFn1 函數的第 5 個參數 filter 表示相關的篩檢程式指標。請讀者注意，這個篩檢程式的類型是 FWPS_FILTER1，而非前面介紹的 FWPM_FILTER0。不過，FWPS_FILTER1 結構和 FWPM_FILTER0 結構非常類似，這裡不再贅述，請讀者自行參考 WDK 開發文件。

classifyFn1 函數的第 6 個參數 flowContext 表示和流量控制制碼連結的上下文。如果該流量控制制碼沒有連結過上下文，則這個參數為 NULL。開發者可以使用 FwpsFlowAssociateContext0 這個 API 將一個上下文和資料流程控制碼進行連結。

classifyFn1 函數的最後一個參數 classifyOut 表示該函數對這個網路資料封包的過濾結果，這個過濾結果透過 classifyOut 參數傳回給 WFP。classifyOut 被定義成 FWPS_CLASSIFY_OUT0 類型的結構，實際定義如下：

```
typedef struct FWPS_CLASSIFY_OUT0_
{
 FWP_ACTION_TYPE actionType;
 UINT64 outContext;
 UINT64 filterId;
 UINT32 rights;
 UINT32 flags;
 UINT32 reserved;
} FWPS_CLASSIFY_OUT0;
```

actionType：表示動作的類型，可以取下列值：

```
FWP_ACTION_BLOCK：攔截網路資料封包；
FWP_ACTION_CONTINUE：把早先篩檢程式設定在資料封包上的動作傳遞給下一個篩檢程式；
FWP_ACTION_NONE：對網路資料不做任何動作或決策；
FWP_ACTION_NONE_NO_MATCH：由於不符合篩檢程式的資料類型，所以對此網路資料不做任
何動作或決策；
FWP_ACTION_PERMIT：允許網路資料封包。
```

outContext：系統保留值，呼出介面驅動不能修改該值。

filterId：系統保留值，呼出介面驅動不能修改該值。

reserved：系統保留值，呼出介面驅動不能修改該值。

flags：過濾動作的特性，可以設定值 FWPS_CLASSIFY_OUT_FLAG_ ABSORB，表示當需要攔截資料封包時，系統不進行稽核和記錄。

rights：表示這個結構的其他成員是否可修改，當被設定為 FWPS_RIGHT_ ACTION_ WRITE 時，表示目前結構的其他成員可以被修改（系統保留的成員除外）。

以上是對 classifyFn1 參數的介紹。classifyFn1 函數沒有傳回值，所以這個函數也沒有實際意義上的成功和失敗。

下面介紹 Callout 的另一個回呼函數 notifyFn1：

```
NTSTATUS NTAPI
 notifyFn1(
```

```
IN FWPS_CALLOUT_NOTIFY_TYPE notifyType,
IN const GUID *filterKey,
IN const FWPS_FILTER1 *filter
);
```

當篩檢程式被增加到過濾引擎中或從過濾引擎中移除時，WFP 會呼叫這個篩檢程式對應呼出介面（如果這個篩檢程式連結了呼出介面）的 notifyFn1 函數。開發者透過這個函數可以得知呼出介面連結的篩檢程式的操作情況。

下面介紹 notifyFn1 的參數。

notifyType：通告的類型，表示此次回呼的實際原因。notifyType 為列舉值，可以設定值如下：

```
FWPS_CALLOUT_NOTIFY_ADD_FILTER：篩檢程式被增加到過濾引擎中；
FWPS_CALLOUT_NOTIFY_DELETE_FILTER：篩檢程式從過濾引擎中移除；
FWPS_CALLOUT_NOTIFY_TYPE_MAX：無意義，測試使用。
```

filterKey：篩檢程式標識，128 位元的 GUID 類型。請注意，在使用 filterKey 指標前務必判空，因為只有當 notifyType 等於 FWPS_CALLOUT_NOTIFY_ADD_FILTER 時，filterKey 才是不可為空值。

filter：篩檢程式指標，表示將要被增加或刪除的篩檢程式。

在函數傳回值方面，notifyFn1 不同於 classifyFn1 函數，notifyFn1 函數的傳回值是 NTSTATUS，傳回值可以設定值如下：

```
STATUS_SUCCESS：表示回呼函數接受這個事件。
其他錯誤：表示回呼函數不接受該事件，如果是FWPS_CALLOUT_NOTIFY_ADD_FILTER
事件，傳回錯誤後，篩檢程式不會被增加到過濾引擎中；如果是FWPS_CALLOUT_NOTIFY_
DELETE_FILTER事件，即使傳回錯誤，篩檢程式也會從過濾引擎中刪除。
```

下面介紹呼出介面的最後一個回呼函數 flowDeleteFn。當一個網路資料流程將要被終止時，WFP 會呼叫 flowDeleteFn 函數。但是，WFP 呼叫 flowDeleteFn 函數是有條件的，只有在這個將要終止的資料流程被連結了上下文的情況下，flowDeleteFn 才會被回呼，開發者可以在這個函數中清理被連結的上下文。

flowDeleteFn 函數原型如下：

```
VOID NTAPI  flowDeleteFn(
  IN UINT16 layerId,
```

```
IN UINT32 calloutId,
IN UINT64 flowContext );
```

layerId：分層標識，屬於 "Run-time Filtering Layer Identifiers"，前文已經介紹過。

calloutId：表示對應的呼出介面。當把一個呼出介面註冊到 WFP 後，WFP 會為其分配一個 Id，用來唯一標識這個呼出介面（在本章後面讀者將看到註冊呼出介面時會傳回一個 Id）。

flowContext：連結的上下文指標，這個上下文的內容由開發者定義。

15.4 WFP 操作

前面章節已經介紹了 WFP 的架構以及基本的物件模型，接下來介紹如何透過 WFP 提供的 API 來進行網路資料封包過濾。

開發者在核心態使用 WFP 提供的 API 實現網路資料封包過濾，一般可以分為以下幾個步驟。

（1）定義一個或多個呼出介面，然後向過濾引擎註冊呼出介面。

（2）增加步驟 1 的呼出介面到過濾引擎。請注意，註冊呼出介面和增加呼出介面是兩個不同的操作。

（3）設計一個或多個子層，把子層增加到分層中。

（4）設計篩檢程式，把呼出介面、子層、分層和篩檢程式連結起來，在過濾引擎增加篩檢程式。

下面章節會根據上面所列的步驟，介紹 WFP 實際操作的 API。

15.4.1 呼出介面的註冊與移除

前面已經介紹了呼出介面的用途以及組成，開發者定義一個呼出介面後，需要向過濾引擎註冊這個呼出介面。只有呼出介面被註冊後，才可以被過濾引擎使用。

註冊呼出介面可以使用 FwpsCalloutRegister0、FwpsCalloutRegister1 以及 FwpsCalloutRegister2 函數，其中 FwpsCalloutRegister0 函數從 Windows Vista

系統開始支援，FwpsCalloutRegister1 函數從 Windows 7 系統開始支援，FwpsCalloutRegister2 函數從 Windows 8 系統開始支援。這三個函數的用法非常類似，只有參數存在細微的差別。下面介紹 FwpsCalloutRegister1 函數，其他兩個函數請讀者自行查閱 WDK 說明文件。FwpsCalloutRegister1 函數定義如下：

```
NTSTATUS NTAPI
 FwpsCalloutRegister1(
  IN OUT void *deviceObject,
  IN const FWPS_CALLOUT1 *callout,
  OUT OPTIONAL UINT32 *calloutId
  );
```

deviceObject：呼出介面驅動所建立的裝置物件指標，開發者在開發 Callout 驅動時，需要建立一個裝置物件，用於註冊呼出介面。

callout：呼出介面物件的指標。開發者在傳遞呼出介面指標到 FwpsCalloutRegister1 前，必須先初始化呼出介面結構內的成員。

calloutId：呼出介面的 Id。請注意，這個呼出介面的 Id 和 FWPS_CALLOUT1 結構內的 calloutKey 不一樣，雖然兩者都被用來標識一個呼出介面，但是 FWPS_CALLOUT1 結構內的 calloutKey 是開發者在定義呼出介面時指定的，而 FwpsCalloutRegister1 函數傳回的 calloutId 是指呼出介面被成功註冊後，WFP 為該呼出介面分配的標識。一般來說，可以把 calloutId 類別的標識稱為「執行時標識」（Run-time identifier）。

呼出介面被成功註冊後，FwpsCalloutRegister1 函數傳回 STATUS_SUCCESS；如果 FWPS_ CALLOUT1 結構內 calloutKey 所標識的呼出介面已經被註冊過了，那麼 FwpsCalloutRegister1 函數傳回 STATUS_FWP_ALREADY_EXISTS；如果發生錯誤，那麼 FwpsCalloutRegister1 函數傳回其他錯誤。

成功註冊呼出介面後還需要移除呼出介面，移除呼出介面使用 FwpsCalloutUnregisterById 或 FwpsCalloutUnregisterByKey 函數，其中 FwpsCalloutUnregisterById 函數是透過指定呼出介面的「執行時標識」來對呼出介面進行移除的，FwpsCalloutUnregisterByKey 函數是透過指定呼出介面的 GUID 值來對呼出介面進行移除的。

15.4.2 呼出介面的增加與移除

成功註冊呼出介面後，還需要把呼出介面增加到過濾引擎中，在將呼出介面增加到過濾引擎中之前，開發者首先需要開啟過濾引擎。

開啟過濾引擎使用 FwpmEngineOpen0 函數，該函數定義如下：

```
NTSTATUS NTAPI
 FwpmEngineOpen0(
  IN const wchar_t *serverName OPTIONAL,
  IN UINT32 authnService,
  IN SEC_WINNT_AUTH_IDENTITY_W *authIdentity OPTIONAL,
  IN const FWPM_SESSION0 *session OPTIONAL,
  OUT HANDLE *engineHandle
  );
```

- serverName：呼出介面驅動必須把該參數設定成 NULL。
- authnService：認證服務，呼出介面驅動必須設定成 RPC_C_AUTHN_WINNT 或 RPC_C_AUTHN_DEFAULT。
- session：WFP 的 API 是以 Session 為基礎的，這個參數表明了相關的 Session 資訊，可以簡單設定成 NULL。
- engineHandle：傳回控制碼，表示開啟的過濾引擎控制碼。

有了過濾引擎控制碼，開發者就可以透過這個控制碼，把呼出介面增加到過濾引擎中。將呼出介面增加到過濾引擎中可以使用 FwpmCalloutAdd0 函數，該定義如下：

```
DWORD WINAPI FwpmCalloutAdd0(
 __in HANDLE engineHandle,
 __in const FWPM_CALLOUT0* callout,
 __in_opt PSECURITY_DESCRIPTOR sd,
 __out_opt UINT32* id
);
```

- engineHandle：過濾引擎控制碼，該控制碼可以使用 FwpmEngineOpen 函數獲得。
- callout：呼出介面指標。請注意，這個呼出介面的類型是 FWPM_CALLOUT0，而非前面介紹的 FWPS_CALLOUT1。FWPM_CALLOUT0 結構比較簡單，請讀者參考 15.5 節的實例，這裡不再贅述。
- sd：安全性描述元，可以設定為 NULL。

- id：成功增加呼出介面後，系統會傳回一個 Id，開發者可以使用這個 Id 去移除已增加的呼出介面。

函數成功增加呼出介面到過濾引擎中後傳回 STATUS_SUCCESS；如果 WFP 發現相同的呼出介面已經被增加到過濾引擎中，函數傳回 STATUS_FWP_ALREADY_EXISTS；如果發生錯誤，函數傳回其他錯誤。

WDK 提供兩個函數移除增加到過濾引擎中的呼出介面，它們分別是 FwpmCalloutDeleteById0 和 FwpmCalloutDeleteByKey0，開發者可以透過指定呼出介面的 Id 或呼出介面的 GUID 對呼出介面進行移除。

15.4.3 子層的增加與移除

增加子層相對簡單，開發者需要關心的是子層的加權以及子層的 GUID。WDK 提供了 FwpmSubLayerAdd0 函數增加子層，該函數原型如下：

```
DWORD WINAPI FwpmSubLayerAdd0(
  __in HANDLE engineHandle,
  __in const FWPM_SUBLAYER0* subLayer,
  __in_opt PSECURITY_DESCRIPTOR sd
);
```

- engineHandle：過濾引擎控制碼。
- subLayer：子層物件的指標，表明需要把這個子層增加到過濾引擎中。
- sd：安全性描述元，可以簡單傳遞 NULL。

FwpmSubLayerAdd0 函數成功增加子層後傳回 ERROR_SUCCESS；否則傳回錯誤。

開發者可以使用 FwpmSubLayerDeleteByKey0 函數來移除一個子層，該函數的使用非常簡單，只需一個 Session 的控制碼以及待移除的子層 GUID 值作為參數，讀者可以參考 15.5 節實例的程式。

15.4.4 篩檢程式的增加

增加篩檢程式相對複雜些，主要原因是篩檢程式本身定義比較複雜，開發者在定義篩檢程式物件時，需要為篩檢程式物件內的成員設定值，如加權、分層、子層、呼出介面等資訊。

使用 FwpmFilterAdd0 函數將篩檢程式增加到過濾引擎中，該函數定義如下：

```
DWORD WINAPI FwpmFilterAdd0(
  __in HANDLE engineHandle,
  __in const FWPM_FILTER0* filter,
  __in_opt PSECURITY_DESCRIPTOR sd,
  __out_opt UINT64* id
);
```

- engineHandle：過濾引擎控制碼。
- filter：篩檢程式物件指標，描述一個篩檢程式，該篩檢程式會被增加到過濾引擎中。
- sd：安全性描述元，可以傳遞 NULL。
- id：當篩檢程式被成功增加到過濾引擎中後，過濾引擎為這個篩檢程式分配一個 Id 來唯一標識它。

函數成功增加篩檢程式後傳回 ERROR_SUCCESS；否則傳回特定的錯誤。

移除篩檢程式可以使用 FwpmFilterDeleteById0 或 FwpmFilterDeleteByKey0 函數，其中 FwpmFilterDeleteById0 函數透過指定篩檢程式的 Id 進行篩檢程式的移除，這個 Id 即是 FwpmFilterAdd0 函數參數 id 傳回的值，而 FwpmFilterDeleteByKey0 函數透過指定篩檢程式的 GUID 進行篩檢程式移除。

▌ 15.5 WFP 過濾實例

下面分析一個 WFP 過濾實例，目的是讓讀者在程式層面了解 WFP 各物件模型之間的關係，並且熟悉 WFP 的操作。

本節的過濾實例實現了攔截 TCP 協定對外連接 80 通訊埠的功能，功能雖然簡單，但是程式極佳地展現出了 WFP 開發的程式架構。透過閱讀本節程式，讀者會發現其實可以很輕鬆地在這個實例程式的基礎上增加新的過濾策略，實現更為強大的過濾功能。讀者也可以閱讀本書隨書程式，程式位於 WfpSample 目錄下。

下面的實例程式按照上面介紹的 WFP 操作順序，首先註冊一個呼出介面，把呼出介面增加到過濾引擎中；然後將子層增加到過濾引擎中；最後把篩檢程式增加到過濾引擎中。篩檢程式和呼出介面連結,當有對應的網路事件發生時,呼出介面內的回呼函數會被呼叫。

首先介紹驅動入口函數的實現。

```
NTSTATUS DriverEntry( __in struct _DRIVER_OBJECT* DriverObject,
__in PUNICODE_STRING RegistryPath )
{
  NTSTATUS nStatus = STATUS_UNSUCCESSFUL;
  UNREFERENCED_PARAMETER(RegistryPath);
  do
  {
    if( DriverObject == NULL )
    {
      break;
    }
    g_pDeviceObj = CreateDevice(DriverObject);
    if( g_pDeviceObj == NULL )
    {
      break;
    }
    if( InitWfp() != STATUS_SUCCESS )
    {
      break;
    }
    DriverObject->DriverUnload = DriverUnload;
    nStatus = STATUS_SUCCESS;
  }
  while (FALSE);
  if( nStatus != STATUS_SUCCESS )
  {
    UninitWfp();
    DeleteDevice();
  }
  return nStatus;
}
```

在驅動入口函數中,首先建立了一個裝置物件,這個裝置物件會在後面註冊呼出介面時使用到。關於如何建立裝置物件,請參照本書前面章節。然後呼叫 InitWfp 函數初始化 WFP 的所有操作,整個實例的核心操作都在 InitWfp 中完成。下面介紹 InitWfp 函數的實現。

```
NTSTATUS InitWfp()
{
  NTSTATUS nStatus = STATUS_UNSUCCESSFUL;
  do
  {
    g_hEngine = OpenEngine();
    if( g_hEngine == NULL )
    {
      break;
    }
    if (STATUS_SUCCESS  != WfpRegisterCallouts(g_pDeviceObj) )
    {
      break;
    }

    if( STATUS_SUCCESS != WfpAddCallouts() )
    {
      break;
    }
    if( STATUS_SUCCESS != WfpAddSubLayer() )
    {
      break;
    }
    if( STATUS_SUCCESS != WfpAddFilters() )
    {
      break;
    }
    nStatus = STATUS_SUCCESS;
  }
  while (FALSE);
  return nStatus;
}
```

讀者可以看到，在 InitWfp 函數中，邏輯是非常清晰的，在 InitWfp 函數內部首先呼叫 OpenEngine 函數開啟過濾引擎，取得過濾引擎控制碼，這個過濾引擎控制碼會在後面增加 Callout、子層和篩檢程式時用到。然後 InitWfp 函數呼叫 WfpRegisterCallouts 函數在過濾引擎註冊了呼出介面；接著呼叫 WfpAddCallouts 函數向過濾引擎增加呼出介面；最後呼叫 WfpAddFilters 函數在過濾引擎增加子層，呼叫 WfpAddFilters 函數在過濾引擎增加篩檢程式。

在了解了 InitWfp 函數的整體流程後，下面分別介紹上述子函數的實際操作。

OpenEngine 函數：

```
HANDLE OpenEngine()
{
  FWPM_SESSION0 Session = {0};
  HANDLE hEngine = NULL;
  FwpmEngineOpen(NULL,RPC_C_AUTHN_WINNT,NULL,&Session,&hEngine);
  return hEngine;
}
```

在 OpenEngine 函數內部呼叫 FwpmEngineOpen 函數開啟過濾引擎，並且傳回
過濾引擎控制碼。

WfpRegisterCallouts 函數：

```
NTSTATUS WfpRegisterCallouts(IN OUT void* deviceObject)
{
  NTSTATUS status = STATUS_UNSUCCESSFUL;
  do
  {
    if( deviceObject == NULL )
    {
      break;
    }
    status = WfpRegisterCalloutImple(deviceObject,
      Wfp_Sample_Established_ClassifyFn_V4,
      Wfp_Sample_Established_NotifyFn_V4,
      Wfp_Sample_Established_FlowDeleteFn_V4,
      &WFP_SAMPLE_ESTABLISHED_CALLOUT_V4_GUID,
      0,
      &g_uFwpsEstablishedCallOutId);
    if( status != STATUS_SUCCESS )
    {
      break;
    }
    status = STATUS_SUCCESS;
  }
  while (FALSE);
  return status;
}
```

WfpRegisterCallouts 接受一個裝置物件指標作為參數，內部呼叫了 WfpRegister
CalloutImple 函數實現呼出介面的註冊。讀者在閱讀 WfpRegisterCalloutImple

函數時可能會存在疑惑：該函數在註冊呼出介面時呼叫了 FwpsCalloutRegister 函數，而非前面章節中介紹的 FwpsCalloutRegister1 函數，這是為什麼呢？細心的讀者也許已經發現，FwpsCalloutRegister 其實只是一個巨集，這個巨集會根據不同的 WDK 編譯環境被定義成不同的函數名稱，例如在筆者的 WDK 標頭檔內，FwpsCalloutRegister 的定義為：

```
#if (NTDDI_VERSION >= NTDDI_WIN7)
#define FwpsCalloutRegister FwpsCalloutRegister1
#else
#define FwpsCalloutRegister FwpsCalloutRegister0
```

從這個巨集可以看到，當 WDK 編譯環境為 Windows 7 或更高等級時，FwpsCalloutRegister 被定義成 FwpsCalloutRegister1 函數。考慮到程式後續可能需要在不同的 WDK 環境中編譯使用，所以程式中的結構和函數名稱均使用巨集來替代，請讀者注意。

WfpRegisterCalloutImple 函數原型如下：

```
NTSTATUS WfpRegisterCalloutImple(
          IN OUT void* deviceObject,
          IN FWPS_CALLOUT_CLASSIFY_FN ClassifyFunction,
          IN FWPS_CALLOUT_NOTIFY_FN NotifyFunction,
          IN FWPS_CALLOUT_FLOW_DELETE_NOTIFY_FN FlowDeleteFunction,
          IN GUID const* calloutKey,
          IN UINT32 flags,
          OUT UINT32* calloutId )
{
  FWPS_CALLOUT sCallout;
  NTSTATUS status = STATUS_SUCCESS;

  memset(&sCallout, 0, sizeof(FWPS_CALLOUT));

  sCallout.calloutKey = *calloutKey;
  sCallout.flags = flags;
  sCallout.classifyFn = ClassifyFunction;
  sCallout.notifyFn = NotifyFunction;
  sCallout.flowDeleteFn = FlowDeleteFunction;

  status = FwpsCalloutRegister(deviceObject, &sCallout, calloutId);

  return status;
}
```

WfpRegisterCalloutImple 函數實際上是對 FwpsCalloutRegister（WDK 編譯環境大於等於 Windows 7 時，巨集 FwpsCalloutRegister 被定義為 FwpsCalloutRegister1，請參考上文的說明）函數進行了封裝，其中參數 deviceObject 是裝置物件指標，其他參數是呼出介面註冊時所需要用到的資訊。在 WfpRegisterCallouts 函數中，傳遞了三個函數指標，分別是 Wfp_Sample_Established_ClassifyFn_V4、Wfp_Sample_Established_NotifyFn_V4 和 Wfp_Sample_Established_FlowDeleteFn_V4，這三個函數指標就是呼出介面的回呼函數。此外，WfpRegisterCallouts 還 把 WFP_SAMPLE_ESTABLISHED_ CALLOUT_V4_GUID 作為 Callout 的 GUID，WFP_SAMPLE_ESTABLISHED_CALLOUT_V4_GUID 定義如下：

```
DEFINE_GUID(WFP_SAMPLE_ESTABLISHED_CALLOUT_V4_GUID, 0xd969fc67, 0x6fb2,
0x4504, 0x91, 0xce, 0xa9, 0x7c, 0x3c, 0x32, 0xad, 0x36);
```

WfpAddCallouts 函數：

```
NTSTATUS WfpAddCallouts()
{
  NTSTATUS status = STATUS_SUCCESS;
  FWPM_CALLOUT fwpmCallout = {0};
  fwpmCallout.flags = 0;
  do
  {
    if( g_hEngine == NULL )
    {
      break;
    }
    fwpmCallout.displayData.name = (wchar_t* )WFP_SAMPLE_ESTABLISHED_CALLOUT_
    DISPLAY_NAME;
    fwpmCallout.displayData.description = (wchar_t* )WFP_SAMPLE_ESTABLISHED_
    CALLOUT_DISPLAY_NAME;
    fwpmCallout.calloutKey = WFP_SAMPLE_ESTABLISHED_CALLOUT_V4_GUID;
    fwpmCallout.applicableLayer = FWPM_LAYER_ALE_FLOW_ESTABLISHED_V4;
    status = FwpmCalloutAdd(g_hEngine, &fwpmCallout, NULL,
            &g_uFwpmEstablishedCallOutId);
    if( !NT_SUCCESS(status) && (status != STATUS_FWP_ALREADY_EXISTS) )
    {
      break;
    }
    status = STATUS_SUCCESS;
```

```
  }
  while (FALSE);
  return status;
}
```

WfpAddCallouts 定義了一個 fwpmCallout 變數，該變數的 calloutKey 指定了 WFP_SAMPLE_ ESTABLISHED_CALLOUT_V4_GUID 作為 GUID。

請讀者注意，fwpmCallout 的 applicableLayer 指定了 FWPM_LAYER_ALE_ FLOW_ ESTABLISHED_V4 分層，這個分層屬於 ALE（Application Layer Enforcement）層，在 ALE 分層中，WFP 維護資料封包的狀態，如連接狀態；而 FWPM_LAYER_ALE_FLOW_ESTABLISHED_ V4 分層則表示網路連接的建立。

WfpAddSubLayer 函數在過濾引擎增加一個子層，並且指定這個子層的加權為 65535。

```
NTSTATUS WfpAddSubLayer()
{
  NTSTATUS nStatus = STATUS_UNSUCCESSFUL;
  FWPM_SUBLAYER SubLayer = {0};
  SubLayer.flags = 0;
  SubLayer.displayData.description = WFP_SAMPLE_SUB_LAYER_DISPLAY_NAME;
  SubLayer.displayData.name = WFP_SAMPLE_SUB_LAYER_DISPLAY_NAME;
  SubLayer.subLayerKey = WFP_SAMPLE_SUBLAYER_GUID;
  SubLayer.weight = 65535;
  if( g_hEngine != NULL )
  {
    nStatus = FwpmSubLayerAdd(g_hEngine,&SubLayer,NULL);
  }
  return nStatus;

}
```

WfpAddFilters 函數在過濾引擎增加一個篩檢程式，這個篩檢程式和之前定義的呼出介面、子層等物件連結。

```
NTSTATUS WfpAddFilters()
{
  NTSTATUS nStatus = STATUS_UNSUCCESSFUL;
  do
  {
```

```
    FWPM_FILTER0 Filter = {0};
    FWPM_FILTER_CONDITION FilterCondition[1] = {0};
    FWP_V4_ADDR_AND_MASK AddrAndMask = {0};
    if( g_hEngine == NULL )
    {
        break;
    }
    Filter.displayData.description = WFP_SAMPLE_FILTER_ESTABLISH_DISPLAY_NAME;
    Filter.displayData.name = WFP_SAMPLE_FILTER_ESTABLISH_DISPLAY_NAME;
    Filter.flags = 0;
    Filter.layerKey = FWPM_LAYER_ALE_FLOW_ESTABLISHED_V4;
    Filter.subLayerKey = WFP_SAMPLE_SUBLAYER_GUID;
    Filter.weight.type = FWP_EMPTY;
    Filter.numFilterConditions = 1;
    Filter.filterCondition = FilterCondition;
    Filter.action.type = FWP_ACTION_CALLOUT_TERMINATING;
    Filter.action.calloutKey = WFP_SAMPLE_ESTABLISHED_CALLOUT_V4_GUID;

    FilterCondition[0].fieldKey = FWPM_CONDITION_IP_REMOTE_ADDRESS;
    FilterCondition[0].matchType = FWP_MATCH_EQUAL;
    FilterCondition[0].conditionValue.type = FWP_V4_ADDR_MASK;
    FilterCondition[0].conditionValue.v4AddrMask = &AddrAndMask;
    nStatus = FwpmFilterAdd(g_hEngine,
&Filter,
NULL,
&g_uEstablishedFilterId);
    if( STATUS_SUCCESS != nStatus )
    {
        break;
    }
    nStatus = STATUS_SUCCESS;
  }
  while (FALSE);
  return nStatus;
}
```

在 WfpAddFilters 函數中，定義了一個 Filter 物件，表示篩檢程式，在 Filter
物件中指定了分層的 GUID 為 FWPM_LAYER_ALE_FLOW_ESTABLISHED_
V4，子層的 GUID 為 WFP_SAMPLE_ SUBLAYER_GUID，呼出介面的 GUID
為 WFP_SAMPLE_ESTABLISHED_CALLOUT_V4_ GUID，Filter 的動作類型
為 FWP_ACTION_CALLOUT_TERMINATING，表示和呼出介面連結，並且

這個呼出介面的回呼函數總是傳回「允許」或「攔截」。另外，Filter 物件的加權指明為 FWP_EMPTY，當這個篩檢程式被增加到過濾引擎中之後，過濾引擎會自動為其分配一個加權。FilterCondition 是篩檢程式的條件，並且只有一個過濾條件，過濾條件的檢查欄位指明了 FWPM_CONDITION_ IP_REMOTE_ ADDRESS，表明檢查欄位為遠端 IP 位址，比對類型 matchType 指定了 FWP_ MATCH_EQUAL，conditionValue 的值為 0，表示所有網路資料封包都能比對這個過濾條件。

最後看下回呼函數。在本例中，在回呼函數中取得網路通訊協定類型、網路資料封包的通訊方向以及遠端通訊埠編號，檢查是否 TCP 協定對外連接 80 通訊埠，如果是，則攔截資料封包。

```
VOID NTAPI Wfp_Sample_Established_ClassifyFn_V4(
  IN const FWPS_INCOMING_VALUES  *inFixedValues,
  IN const FWPS_INCOMING_METADATA_VALUES  *inMetaValues,
  IN OUT VOID  *layerData,
  IN OPTIONAL const void  *classifyContext,
  IN const FWPS_FILTER1  *filter,
  IN UINT64  flowContext,
  OUT FWPS_CLASSIFY_OUT  *classifyOut
  )

{
  USHORT wDirection   = 0;
  WORD   wRemotePort  = 0;
  WORD   wProtocol    = 0;
  if (!(classifyOut->rights & FWPS_RIGHT_ACTION_WRITE))
  {
      return;
  }
  // wDirection表示資料封包的方向，設定值為
  // FWP_DIRECTION_INBOUND/FWP_DIRECTION_OUTBOUND
  wDirection  =   inFixedValues->incomingValue[FWPS_FIELD_ALE_FLOW_
  ESTABLISHED_V4_DIREC   TION].value.int8;

  // wRemotePort表示遠端通訊埠，主機序
  wRemotePort =   inFixedValues->incomingValue[FWPS_FIELD_ALE_FLOW_
  ESTABLISHED_V4_IP_RE   MOTE_PORT].value.uint16;

  // wProtocol表示網路通訊協定，可以設定值IPPROTO_ICMP/IPPROTO_UDP/IPPROTO_TCP
```

```
wProtocol = inFixedValues->incomingValue[FWPS_FIELD_ALE_FLOW_ESTABLISHED_
V4_IP_PR OTOCOL].value.uint16;

// 預設"允許"(PERMIT)
classifyOut->actionType = FWP_ACTION_PERMIT;

// 簡單的策略判斷，讀者可以重新定義這部分內容
if( (wProtocol == IPPROTO_TCP) &&
    (wDirection == FWP_DIRECTION_OUTBOUND) &&
    (wRemotePort == HTTP_DEFAULT_PORT) )
{
    // TCP協定嘗試發起80通訊埠的存取，攔截
    classifyOut->actionType = FWP_ACTION_BLOCK;
}

// 清除FWPS_RIGHT_ACTION_WRITE標記
if (filter->flags & FWPS_FILTER_FLAG_CLEAR_ACTION_RIGHT)
{
    classifyOut->rights &= ~FWPS_RIGHT_ACTION_WRITE;
}
return ;
}
```

本章的範例程式

本章程式位於 WfpSample 目錄下，目錄下包含一份 EXE 程式和一份 WFP 驅動程式。EXE 程式主要是提供一個圖形化介面，讓讀者可以透過這個圖形化介面針對 WFP 驅動增加網路攔截策略；在 WFP 驅動程式中，實現了一個簡單的網路攔截策略的維護功能以及網路攔截功能。

本章 15.5 節介紹的程式其實是隨書程式的簡化版本，其目的是讓讀者能夠把所有注意力集中在 WFP 的操作上。有興趣的讀者可以通讀 WfpSample 程式。

NDIS 協定驅動

在乙太網路組成的區域網中的電腦之間，資料實際上是以乙太網路封包的形式傳遞的，本章的目標是開發一個能夠自如地發送和接收乙太網路封包的協定驅動。這樣的協定在 Windows 中本來就存在，但是鑑於協定驅動在網路安全方面的應用價值，因此本書選擇這樣一個簡單的實例來介紹協定驅動。

■ 16.1 乙太網路封包和網路驅動架構

16.1.1 乙太網路封包和協定驅動

因為乙太網路封包的格式簡潔容易，所以成為了一種標準的典範格式。在 Windows 網路驅動裡，廣域網路、無線區域網在連接建立之後，也將連接虛擬成了乙太網路的形式。換句話說，即使一個使用者透過撥號連線到了廣域網路，但對 Windows 網路驅動而言，看似也像連接上一個區域網使用者一樣。無線區域網的連接也是如此。下面的表 16-1 是對一個乙太網路封包中資料的說明。乙太網路封包有多種類型，這裡表示的是最常用的 Ethernet V2（ARPA）。注意：從記憶體中看，左邊是低位址，右邊是高位址，這和 Intel 手冊中的大部分圖示剛好相反。

表 16-1 乙太網路封包結構

6 位元組	6 位元組	2 位元組	其他
來源位址	目標位址	類型	資料

這裡的來源位址和目標位址都是網路卡的 MAC 位址。2 位元組的類型很重要，如果這 2 位元組為 0x80、0x00，則說明這是一個 IP 封包。

既然網路卡發送和接收的是乙太網路封包，而上層使用者用 Socket 呼叫 TCP 協定時又是直接發送資料的，所以中間需要一個驅動程式。這個程式接收使用者的 Socket 請求，把這些資料封裝成 IP 封包，又把 IP 封包封裝成乙太網路封包發送出去；同時接收到了乙太網路封包，也要分析出這是給哪個使用者程式的，把使用者資料解析出來，提交給上面的應用程式。

這就是協定驅動的作用。當然，如果使用者需要撰寫一個程式直接取得網路卡獲得的資料，並操縱網路卡發送資料，則可以撰寫一個協定驅動，也可以撰寫一個 NDIS 過濾驅動（在後面章節中介紹）。

在實際應用中，協定驅動多用於偵測器（著名的開放原始碼專案 Wincap 就是一個協定驅動），一般不用於防火牆，因為協定驅動難以干預其他應用程式接收或發送封包。

16.1.2 NDIS 網路驅動

網路卡驅動介面標準（Network Driver Interface Specification，NDIS）是由微軟和一些網路卡廠商及其他一些業界主管們共同制定的。實際上，它是一組定義好的函數介面的集合，這樣，網路卡廠商在開發驅動程式時，只要照本宣科地實現幾個規定的函數就可以了。當驅動被載入到 Windows 核心中時，核心就會去呼叫那些約定的函數來完成功能。

NDIS 驅動依然是一個核心模組，也必須撰寫 DriverEntry 入口函數，有時也處理 IRP。

NDIS 網路驅動有三種，或說，開發者可以提供三種不同的核心模組給 NDIS 使用。這三種驅動分別是：協定驅動、小通訊埠驅動和中間層驅動（過濾驅動可以算是一種新型的中間層驅動）。這三種模組執行時位於三個層次上：

協定驅動上層提供直接供應用層的 Socket 使用的資料傳輸介面；下層則綁定小通訊埠，用於發送與接收乙太網路封包。

小通訊埠驅動直接針對網路卡，給協定層提供接收和發送資料封包的能力。

傳統的中間層驅動以一種特殊的方式插入協定驅動和小通訊埠驅動之間，但是在過濾驅動出現之後，傳統的中間層驅動即將退出歷史的舞台。本書只介紹過濾驅動。

一般來説，協定驅動應該提供供上層 Socket 使用的傳輸層介面，但是讀者也可以開發一個只提供標準的下層介面的協定驅動。這樣的後果是，在應用層程式設計時，不能使用 Socket 來呼叫這個協定發送資料，但是讀者還是可以提供非標準的介面（如提供一些自訂的 DeviceIoControl 介面，或使用 ReadFile 和 WriteFile），來呼叫這個協定驅動發送資料封包。

一個最簡單的協定，當然就是不進行任何封裝，直接發送和接收乙太網路封包的協定了。WDK 中的範例程式在 src\network\ndis\ndisprot 目錄下，這個專案名為 ndisprot，是一個最簡單的協定驅動。它不提供傳輸層介面，但是就像前面幾章做過的一些實例一樣，產生一個控制裝置，並產生一個控制裝置的符號連結。這樣，使用者就可以直接在應用層開啟這個裝置，然後呼叫 ReadFile、WriteFile 和 DeviceIoControl 來接收和發送資料封包，以及實現其他的操作。本書不加修改地參考了這個範例，並將它提供在本書隨書程式中，透過這個範例來説明如何開發一個簡單的協定驅動。

一個協定驅動的主要撰寫過程如下。

（1）在 DriverEntry 中填寫協定特徵（實際上就是協定的回呼函數列表）。

（2）在 DriverEntry 中使用核心 API 函數 NdisRegisterProtocolDriver，把自己註冊為協定驅動。

（3）系統會對每個實際存在的網路卡實例，呼叫本協定驅動在協定特徵集中提供的回呼函數（見後面的詳述）。協定的開發者應該實現此函數，並在這個回呼函數中決定是否要綁定一個網路卡（一旦綁定，這個網路卡接收到的封包將提交給這個協定驅動，協定驅動也可以使用這個網路卡發送封包）。

（4）發生各種事件時（例如網路卡接收到了一個新的資料封包），特徵集中的某個函數也會被呼叫。協定的開發者實現這些函數，就可以在其中決定如何處理接收到的資料封包了。

（5）當應用層試圖發出一個乙太網路封包時，可以開啟這個協定並發出請求（使用 Socket，或協定自己提供的裝置介面）。

讀者不一定能立刻領悟上面這些簡單的描述，但是沒有關係，下面來看看 ndisprot 的程式，就會明白了。

16.2 協定驅動的 DriverEntry

16.2.1 產生控制裝置

和其他的核心模組一樣，這個驅動從 DriverEntry 開始執行。根據前面的描述，Driver 中要做的有兩件事。

（1）產生一個控制裝置，並產生一個符號連結。當然，對應的，要指定分發函數。這個步驟和在前面的許多實例中產生控制裝置是一樣的。

（2）註冊一個協定。當然，協定必須提供協定特徵，也就是一組協定的回呼函數。

本章的程式採用的是傳統型驅動程式的程式開發方式。在下一章中介紹 NDIS 小通訊埠驅動時，將使用 WDF 驅動的程式開發方式。請讀者注意二者的關聯與區別。本節程式參見 ndisprot 專案下的 ntdisp.c。

```
NTSTATUS
DriverEntry(
        IN PDRIVER_OBJECT    pDriverObject,
        IN PUNICODE_STRING   pRegistryPath)

{
    // 協定驅動的協定特徵
    NDIS_PROTOCOL_CHARACTERISTICS    protocolChar;
    // 狀態變數，當傳回值用的
    NTSTATUS status = STATUS_SUCCESS;
    // NDIS_STRING其實就是UNICODE_STRING，但是在NDIS程式設計裡用NDIS_STRING
    // 比較多
    NDIS_STRING protoName =
        NDIS_STRING_CONST("NdisProt");
    // 一般認為產生DEVICE_OBJECT的部分不屬於NDIS程式設計，因此使用普通驅動的
    // 程式設計標準
    // 有些讀者對使用UNICODE_STRING會感到疑惑，但實際上都是一樣的
    UNICODE_STRING ntDeviceName;
    UNICODE_STRING win32DeviceName;
    BOOLEAN fSymbolicLink = FALSE;
    PDEVICE_OBJECT deviceObject = NULL;

    // 沒有使用到的參數，用巨集來避免出現參數未使用警告
```

```
UNREFERENCED_PARAMETER(pRegistryPath);
DEBUGP(DL_LOUD, ("DriverEntry\n"));
// 在全域變數中記錄驅動物件指標
Globals.pDriverObject = pDriverObject;
NPROT_INIT_EVENT(&Globals.BindsComplete);
```

上面的程式還沒有什麼重要之處，只是開始時定義了需要用到的變數，記下了以後需要用到的驅動物件指標。此外，初始化了一個事件。到這裡為止，還沒有開始分配資源，接下來的工作是產生控制裝置及該裝置的符號連結，程式如下：

```
// 這裡用do其實是起try的作用。中間有任何一步失敗，就可以用break快速退出
do
{
    // 初始化控制裝置名稱
    RtlInitUnicodeString(&ntDeviceName, NT_DEVICE_NAME);
    // 為使任何應用程式都能存取這個裝置，所以採用了IoCreateDeviceSecure來產生
    // 這個裝置
    status = IoCreateDeviceSecure(pDriverObject,
                                  0,
                                  &ntDeviceName,
                                  FILE_DEVICE_NETWORK,
                                  FILE_DEVICE_SECURE_OPEN,
                                  FALSE,
                                  &SDDL_DEVOBJ_SYS_ALL_ADM_ALL,
                                  NULL,
                                  &deviceObject);
    if (!NT_SUCCESS (status))
    {
        break;
    }

    // 產生符號連結
    RtlInitUnicodeString(&win32DeviceName, DOS_DEVICE_NAME);
    status = IoCreateSymbolicLink(&win32DeviceName, &ntDeviceName);

    if (!NT_SUCCESS(status))
    {
        break;
    }

    fSymbolicLink = TRUE;
```

```
// 裝置採用直接IO方式
deviceObject->Flags |= DO_DIRECT_IO;
// 記下控制裝置的指標
Globals.ControlDeviceObject = deviceObject;
......
```

這一步中間已經開始分配資源。為了能夠在分配過程中出現錯誤時迅速退出，從這裡開始用了一個比較大的 do 區塊。其中任何一步出現錯誤，就 break 到函數退出點，在那裡會釋放掉所有的中間資源。

16.2.2 註冊協定

下一步是註冊協定，在註冊協定之前需要填寫協定特徵。協定特徵是一組回呼函數，這些函數是由本協定驅動的開發者自己提供的，Windows 核心會呼叫這些函數把驅動模組「當作」一個協定來使用，其中包含接收資料封包。註冊協定之後，一旦綁定的網路卡有資料封包到達，Windows 核心就會回呼下面的 NdisProtReceive 或 NdisProtReceivePacket 函數。

```
// 初始化鏈結串列和一個鎖
NPROT_INIT_LIST_HEAD(&Globals.OpenList);
NPROT_INIT_LOCK(&Globals.GlobalLock);

// 填寫協定特徵
NdisZeroMemory(
    &protocolChar,
    sizeof(NDIS_PROTOCOL_CHARACTERISTICS));
protocolChar.MajorNdisVersion = 5;
protocolChar.MinorNdisVersion = 0;
protocolChar.Name = protoName;
protocolChar.OpenAdapterCompleteHandler = NdisProtOpenAdapterComplete;
protocolChar.CloseAdapterCompleteHandler = NdisProtCloseAdapterComplete;
protocolChar.SendCompleteHandler = NdisProtSendComplete;
protocolChar.TransferDataCompleteHandler = NdisProtTransferDataComplete;
protocolChar.ResetCompleteHandler = NdisProtResetComplete;
protocolChar.RequestCompleteHandler = NdisProtRequestComplete;
protocolChar.ReceiveHandler = NdisProtReceive;
protocolChar.ReceiveCompleteHandler = NdisProtReceiveComplete;
protocolChar.StatusHandler = NdisProtStatus;
protocolChar.StatusCompleteHandler = NdisProtStatusComplete;
```

```
protocolChar.BindAdapterHandler = NdisProtBindAdapter;
protocolChar.UnbindAdapterHandler = NdisProtUnbindAdapter;
protocolChar.UnloadHandler = NULL;
protocolChar.ReceivePacketHandler = NdisProtReceivePacket;
protocolChar.PnPEventHandler = NdisProtPnPEventHandler;

// 註冊協定
NdisRegisterProtocol(
    (PNDIS_STATUS)&status,
    &Globals.NdisProtocolHandle,
    &protocolChar,
    sizeof(NDIS_PROTOCOL_CHARACTERISTICS));

if (status != NDIS_STATUS_SUCCESS)
{
    DEBUGP(DL_WARN, ("Failed to register protocol with NDIS\n"));
    status = STATUS_UNSUCCESSFUL;
    break;
}

// 填寫本驅動所需要的分發函數（僅用於控制裝置）
pDriverObject->MajorFunction[IRP_MJ_CREATE] = NdisProtOpen;
pDriverObject->MajorFunction[IRP_MJ_CLOSE]  = NdisProtClose;
pDriverObject->MajorFunction[IRP_MJ_READ]   = NdisProtRead;
pDriverObject->MajorFunction[IRP_MJ_WRITE]  = NdisProtWrite;
pDriverObject->MajorFunction[IRP_MJ_CLEANUP]  = NdisProtCleanup;
pDriverObject->MajorFunction[IRP_MJ_DEVICE_CONTROL] = NdisProtIoControl;
pDriverObject->DriverUnload = NdisProtUnload;
status = STATUS_SUCCESS;
} while (FALSE);  // 這是前面do區塊的結束處
```

上面的程式註冊完協定之後，還填寫了分發函數的指標。結合使用了 NDIS 驅動和普通的 WDM 驅動，由此可見，各種不同類型的驅動之間並沒有嚴格的區分，只要讀者可以靈活應用，就算寫一個驅動程式同時實現序列埠監控、網路封包過濾和檔案系統保護也不是不可能，雖然這未必是符合工程學分而治之的好設計。

如果失敗，則要釋放掉資源；如果成功，則傳回成功。DriverEntry 函數就這樣結束了。

```
if (!NT_SUCCESS(status))
{
    if (deviceObject)
    {
        IoDeleteDevice(deviceObject);
        Globals.ControlDeviceObject = NULL;
    }

    if (fSymbolicLink)
    {
        IoDeleteSymbolicLink(&win32DeviceName);
    }
}
return status;
```

▋ 16.3 協定與網路卡的綁定

16.3.1 協定與網路卡的綁定概念

在前面的內容中，讀者已經看到了很多的「綁定」。但是裝置物件之間的綁定（Attach）與協定和網路卡之間的綁定（Bind）不同。

如果說一個協定驅動綁定了一個網路卡，那麼表示：

（1）網路卡收到的資料封包會提交給這個協定。

（2）協定可以使用這個網路卡發送資料封包。

協定和網路卡的綁定並非總是一對一的關係，一般的協定都採用綁定所有網路卡的方法。所以，讀者會看到，如果自己的電腦上插了兩個網路卡，且預設安裝了 TCP/IP 協定驅動，那麼這兩個網路卡所接收到的資料封包都是可以被 TCP/IP 協定接收到的。換句話說，TCP/IP 協定驅動同時綁定在了兩個網路卡上。

一般一個網路卡也是可以綁定多個協定的。假設同時安裝了 TCP/IP 和 IPX 兩個協定驅動，那麼當一個網路卡接收到一個資料封包時，實際上它會向兩個協定提交這個資料封包。當然，一般來說，一個資料封包只會被一個協定處理，協定會直接忽略它接收到的實際上並非應由本協定處理的資料封包。

在前面產生協定時，筆者填寫了協定特徵。協定特徵集中有以下兩個回呼函數：

```
protocolChar.BindAdapterHandler = NdisProtBindAdapter;
protocolChar.UnbindAdapterHandler = NdisProtUnbindAdapter;
```

當 Windows 核心檢測到有網路卡存在時，就會呼叫每個註冊過的協定的 BindAdpaterHandler 函數。Adpater 一般被翻譯為「介面卡」，讀者可以視為網路卡，只是這個網路卡不一定是物理的，也可以是軟體產生的虛擬網路卡。

綁定的過程（同時包含驅動的載入和移除）是這個協定驅動中最複雜的部分。一般開發者都直接拷貝 WDK 的 ndisprot 範例中的實現，但是，如果要深入了解 NDIS 的程式設計，不了解這段程式是不行的。本節將詳細介紹這個過程。如果讀者只是急於應用 ndisprot 開發實際專案，實現功能就可以滿足需要，可以跳過 16.3 節後面的內容。

16.3.2 綁定回呼處理的實現

看 NDIS 驅動程式時讀者會感覺似曾相識，但是和前面的幾種核心模組的程式開發似乎又有所不同。讀者不需要為此擔心，NDIS 只是換了一副「馬甲」，許多操作例如分配記憶體、使用迴旋栓鎖的呼叫本質上是一樣的，只是函數名稱前加了 Ndis 字首。如果讀者繼續使用以前的不帶 Ndis 字首的呼叫，也是完全可以的。

下面介紹綁定介面卡回呼過程的實現。

NdisProtBindAdapter 的實現比較簡單，因為麻煩的功能都放到實際完成綁定的功能函數 ndisprotCreateBinding 中去了，不過讀者需要了解什麼叫作協定驅動的開啟上下文（Open context）。

這裡的開啟實際上就是對網路卡的開啟，對網路卡的開啟也就是對網路卡的綁定（在 NDIS 中，協定對網路卡的綁定都是呼叫 NdisOpenAdapter 來實現的）。在這個驅動裡，每當有一個網路卡被綁定，就分配一個記憶體空間來儲存和這次綁定相關的一些資訊，以及這次綁定所需要用到的資源，例如鎖和佇列等。這就是開啟上下文。

在 NdisProtBindAdapter 中做的主要工作如下。

（1）開啟上下文的分配和初始化。

（2）讀取設定，判斷目前執行環境（為了簡單起見，筆者已經修改了 ndisproto，使之不再支援 Windows 9x 作業系統。因此，這個判斷過程變得無用，所以全部刪除。有興趣的讀者可以參考 WDK 中的原始程式）。

（3）將這個開啟上下文儲存到全域鏈結串列裡，並呼叫 ndisprotCreateBinding 正式完成綁定。

本節程式請參見 ndisprot 專案下的 ndisbind.c。

```
VOID
NdisProtBindAdapter(
    OUT PNDIS_STATUS pStatus,
    IN NDIS_HANDLE BindContext,
    IN PNDIS_STRING pDeviceName,
    IN PVOID SystemSpecific1,
    IN PVOID SystemSpecific2
    )
{
    PNDISPROT_OPEN_CONTEXT pOpenContext;
    NDIS_STATUS Status, ConfigStatus;
    NDIS_HANDLE ConfigHandle;

    UNREFERENCED_PARAMETER(BindContext);
    UNREFERENCED_PARAMETER(SystemSpecific2);

    do
    {
        // 給每個開啟上下文分配空間。所謂開啟上下文就是每次綁定時使用者分配的
        // 一片空間，用來儲存和這次綁定相關的資訊。這裡用巨集NPROT_ALLOC_MEM
        // 分配記憶體是為了偵錯方便，實質上是用NdisAllocateMemoryWithTag分配
        // 空間。讀者用ExAllocatePoolWithTag代替也是可行的，只是要注意必須是
        // Nonpaged 空間
        NPROT_ALLOC_MEM(pOpenContext,
         sizeof(NDISPROT_OPEN_CONTEXT));
        if (pOpenContext == NULL)
        {
            Status = NDIS_STATUS_RESOURCES;
            break;
        }

        // 記憶體清0。同樣用巨集，實際上用的是NdisZeroMemory
```

```
    NPROT_ZERO_MEM(pOpenContext, sizeof(NDISPROT_OPEN_CONTEXT));

    // 給這個空間寫一個特徵資料，便於識別判錯
    NPROT_SET_SIGNATURE(pOpenContext, oc);

    // 初始化幾個用到的資料成員：鎖、讀取佇列、寫入佇列、封包佇列
    // 電源開啟事件
    NPROT_INIT_LOCK(&pOpenContext->Lock);
    NPROT_INIT_LIST_HEAD(&pOpenContext->PendedReads);
    NPROT_INIT_LIST_HEAD(&pOpenContext->PendedWrites);
    NPROT_INIT_LIST_HEAD(&pOpenContext->RecvPktQueue);
    NPROT_INIT_EVENT(&pOpenContext->PoweredUpEvent);

    // 認為開始的時候電源是開啟的
    NPROT_SIGNAL_EVENT(&pOpenContext->PoweredUpEvent);

    // 替開啟上下文增加一個參考計數
    NPROT_REF_OPEN(pOpenContext);

    // 因為開啟上下文已經被分配好，所以這裡將這個開啟上下文儲存到全域鏈結
    // 串列裡以便日後檢索。注意這個操作要加鎖，實際上這裡用的就是讀者前面
    // 學過的迴旋栓鎖
    NPROT_ACQUIRE_LOCK(&Globals.GlobalLock);
    NPROT_INSERT_TAIL_LIST(&Globals.OpenList,
                           &pOpenContext->Link);
    NPROT_RELEASE_LOCK(&Globals.GlobalLock);

    // 正式的綁定過程
    Status = ndisprotCreateBinding(
             pOpenContext,
             (PUCHAR)pDeviceName->Buffer,
             pDeviceName->Length);

    if (Status != NDIS_STATUS_SUCCESS)
    {
        break;
    }
}
while (FALSE);
*pStatus = Status;
return;
}
```

16.3.3 協定綁定網路卡的 API

實際上，完成一個綁定只需要呼叫 NdisOpenAdapter 即可。這個函數的名字有
點怪，但是這裡的「開啟介面卡」確實就是將一個協定綁定到一個網路卡上的
意思。這個函數的原型如下：

```
VOID
NdisOpenAdapter(
    OUT PNDIS_STATUS   Status,
    OUT PNDIS_STATUS   OpenErrorStatus,
    OUT PNDIS_HANDLE   NdisBindingHandle,
    OUT PUINT  SelectedMediumIndex,
    IN PNDIS_MEDIUM  MediumArray,
    IN UINT  MediumArraySize,
    IN NDIS_HANDLE  NdisProtocolHandle,
    IN NDIS_HANDLE  ProtocolBindingContext,
    IN PNDIS_STRING  AdapterName,
    IN UINT  OpenOptions,
    IN PSTRING  AddressingInformation  OPTIONAL,
    );
```

這個呼叫最重要的傳回值就是綁定控制碼（NdisBindingHandle）。該控制碼代
表一個協定和一個網路卡之間綁定關係的存在，之後許多的操作，例如協定要
發送資料等，都要提供這個控制碼，以便核心知道資料要發送到哪個網路卡。

輸入參數很好了解。NdisProtocolHandle 是協定控制碼，在註冊協定時獲得
（讀者應該記得協定是在 DriverEntry 中被註冊的）。AdapterName 則是要綁定
的網路卡名字，該名字是在 NdisProtBindAdapter（也就是在協定特徵集中，用
於處理綁定的回呼函數 BindAdapterHandler）中作為參數提供的。也就是說，
Windows 核心在呼叫這個回呼函數時已經提供了詢問本協定是否要綁定的網路
卡名字。

ProtocolBindingContext 是一個上下文指標，這個指標會再次出現在綁定完成函
數中，以便資訊被傳遞到綁定的完成函數中。

OpenOptions 從範例來看，這個參數似乎只需要設定為 0 就行了，文件並沒有
對這個參數進行詳細說明。

AddressingInformation 是一個參數，可以傳遞給網路卡驅動用來編碼網路卡的位址。這個資訊也可能根本用不到，設定為 NULL 即可。

MediumArray 是媒質陣列，含有這個協定所支援的所有媒質類型。但是這一章的協定驅動只支援乙太網路卡，乙太網路的媒質類型為 NdisMedium802_3。

MediumArraySize 是媒質陣列的大小。

除了 NdisBindingHandle，還有幾個輸出參數。SelectedMediumIndex 表示最後選擇的媒質類型（一個網路卡應該只有一種媒質類型）的陣列索引。這是綁定之後，從協定支援的媒質陣列中選擇的。

Status 和 OpenErrorStatus 用於輸出狀態和錯誤。

要注意未決的情況（Status 傳回了 NDIS_STATUS_PENDING）。這個請求發送後獲得未決，那麼如何得知這個請求完成的時間呢？在本書前面的章節中讀者應該可以看到，如果一個請求可能獲得未決，那麼一般來說，一個完成回呼函數或一個可以等待完成的事件都會在請求發送時預先被設定好。但是 NDIS 中卻鮮有這樣的做法，這是因為回呼函數已經在協定特徵集裡設定好了。

```
protocolChar.OpenAdapterCompleteHandler = NdisProtOpenAdapterComplete;
```

從這個函數來看，網路卡綁定協定是非常容易的。但是實際上，ndisprotCreateBinding 的實現卻非常麻煩，這主要是由核心中的多執行緒環境所導致的。目前大多數網路卡是隨插即用裝置，網路卡隨時可以移除，解除綁定也隨時可能發生。換句話說，在綁定的過程中發生也是有可能的。這就需要極其小心地處理綁定和解除綁定中的同步問題。

16.3.4 解決綁定競爭問題

在最後綁定網路卡的實現中，ndisprotCreateBinding 的實現很複雜，但是從頭到尾主要的工作有三項：

（1）設法防止多執行緒競爭。
（2）分配和初始化這次綁定的相關資源。
（3）獲得網路卡的一些參數。

下面首先做第一件事。

這裡有關對 pOpenContext 的操作。pOpenContext 就是前面分配的開啟上下文，每一次綁定，都有一個開啟上下文被分配出來。因此，開啟上下文顯然是一個全域性的資源。當多個執行緒要同時操作這個記憶體空間時，就必須採用同步方法。一般的方法當然是使用迴旋栓鎖了，在操作之前加鎖，在操作結束之後釋放鎖即可。此外，如果只想讓一個執行緒完成綁定，那麼如果其他的執行緒試圖綁定，傳回失敗即可。為此，程式設計者可以在鎖定時設定和判斷標記。舉例來說，可以進行以下操作：

```
// 某個執行緒進入了試圖完成綁定操作。首先加鎖，測試標記
NPROT_ACQUIRE_LOCK(&pOpenContext->Lock);
if(!NPROT_TEST_FLAGS(pOpenContext->Flags,
    NUIOO_BIND_FLAGS, NUIOO_BIND_IDLE))
{
    // 鎖定之後，測試標明這個開啟上下文的標記。NUIOO_BIND_IDLE實際上是0。
    // 一個pOpenContext如果有綁定已經完成，或正在進行綁定，或是其他的操作，
    // 這個標記就不是0了，直接傳回失敗即可。注意，傳回之前要釋放鎖
    NPROT_RELEASE_LOCK(&pOpenContext->Lock);
    return NDIS_STATUS_FAILURE;
}

// 如果OK，那麼設定標記。請注意，這些操作一定要在鎖定範圍內完成
NPROT_SET_FLAGS(pOpenContext->Flags,
    NUIOO_BIND_FLAGS, NUIOO_BIND_OPENING);
// 把鎖釋放掉
NPROT_RELEASE_LOCK(&pOpenContext->Lock);

// 在這裡可以開始綁定了……不用擔心別的執行緒會進入

NdisOpenAdpater();
```

必須注意迴旋栓鎖會加強中斷等級，在中斷等級加強之後很多事情就不能做了。而且迴旋栓鎖是一種非常消耗資源的鎖（在鎖住時會不斷重試），在鎖住時不適宜做耗時長、複雜的操作。所以這裡只是簡單地設定標記。

實際的程式比上述範例要複雜一點（除了考慮開啟時競爭，還要考慮開啟與解除綁定的競爭）。但是整體架構如此，只要了解上面這種方法，就可以依樣畫葫蘆地解決其他不同的衝突問題。

16.3.5 分配接收和發送的封包池與緩衝集區

主要需要分配的資源是輸入緩衝區和輸出緩衝區的「封包池」及「緩衝集區」。封包池是一組預先分配好的「封包描述符號」，緩衝集區是一組分配好的「封包緩衝區描述符號」。

在 NDIS 開發中，每一個乙太網路封包都用一個封包描述符號（NDIS_PACKET）來描述。但是請注意封包的實際內容並不包含在封包描述符號內，而是專門用一個封包緩衝區描述符號來描述（NDIS_BUFFER）。封包描述符號與封包緩衝區描述符號會在後面詳述，這裡只介紹封包池和緩衝集區。

為什麼開啟上下文裡需要分配封包池呢？

開啟上下文用來儲存一個協定綁定一個網路卡的相關資訊。在協定看來，每個開啟上下文都對應了一個網路卡，這個網路卡的封包接收到之後，必須要儲存起來等待上層應用程式取走。同時上層應用程式可能要求發送一些封包，這些封包需要先儲存在發送緩衝區裡再發送出去。

因此，應該在這裡儲存發送緩衝區和接收緩衝區的資訊。實際的實現方法是先分配兩個封包池，封包池的大小也就是輸入緩衝區和輸出緩衝區裡能容納的封包的個數。這樣在實際有乙太網路封包要存入時，就沒有必要再次去分配封包描述符號和封包緩衝區描述符號了，可以減少動態分配記憶體的消耗。

在綁定初始化中，分配封包池和緩衝集區的程式如下：

```
// 分配封包池，用於發送緩衝區，容納將要發送出去的封包
// 注意pOpenContext->SendPacketPool就是發送緩衝區封包池
NdisAllocatePacketPoolEx(
    &Status,
    &pOpenContext->SendPacketPool,
    MIN_SEND_PACKET_POOL_SIZE,
    MAX_SEND_PACKET_POOL_SIZE - MIN_SEND_PACKET_POOL_SIZE,
    sizeof(NPROT_SEND_PACKET_RSVD));

// 若不成功就直接傳回
if (Status != NDIS_STATUS_SUCCESS)
{
    // 失敗處理…
}
```

```
// 分配封包池，用來容納接收封包
NdisAllocatePacketPoolEx(
    &Status,
    &pOpenContext->RecvPacketPool,
    MIN_RECV_PACKET_POOL_SIZE,
    MAX_RECV_PACKET_POOL_SIZE - MIN_RECV_PACKET_POOL_SIZE,
    sizeof(NPROT_RECV_PACKET_RSVD));

if (Status != NDIS_STATUS_SUCCESS)
{
…// 失敗處理
}

// 封包池，用於接收緩衝區
NdisAllocateBufferPool(
    &Status,
    &pOpenContext->RecvBufferPool,
    MAX_RECV_PACKET_POOL_SIZE);

if (Status != NDIS_STATUS_SUCCESS)
{
    // 失敗處理…
}
```

16.3.6　OID 請求的發送和請求完成回呼

OID 是 NDIS Object Identifier 的簡稱，它是一組系統定義的常數，C 語言巨集定義形式為 OID_XXX，每個 OID 實際上是一個請求的類型號。NDIS 的上層驅動可以給下層驅動發送 OID 請求，下層驅動必須傳回約定的結果。

舉例來說，如果要獲得一個網路卡的物理位址（這裡指 MAC 位址，6 位元組），或最大頁框長（是指這個網路卡能發送的單一乙太網路封包的最大長度），就可以發送對應的 OID 請求來獲得結果。

最大頁框長對協定而言非常重要，因為最後要求發送資料的應用程式是不會管網路卡發送乙太網路封包的長度的。舉例來說，使用者要求包裝長度為 4KB 的一區塊資料，那麼 TCP/IP 協定應該把它包裝成多少個乙太網路封包發出去呢？

顯然，這必須根據最大頁框長才能計算出來。

```
// 獲得下面網路卡的MAC位址
Status = ndisprotDoRequest(
    pOpenContext,
    NdisRequestQueryInformation,
    OID_802_3_CURRENT_ADDRESS,
    &pOpenContext->CurrentAddress[0],
    NPROT_MAC_ADDR_LEN,
    &BytesProcessed);
if (Status != NDIS_STATUS_SUCCESS)
{
…// 錯誤處理
}

// 獲得最大頁框長
Status = ndisprotDoRequest(
    pOpenContext,
    NdisRequestQueryInformation,
    OID_GEN_MAXIMUM_FRAME_SIZE,
    &pOpenContext->MaxFrameSize,
    sizeof(pOpenContext->MaxFrameSize),
    &BytesProcessed);
if (Status != NDIS_STATUS_SUCCESS)
{
…// 錯誤處理
}
```

在實際的初始化過程中，要發送的請求還多一些，但是方法都是類似的。設定不同的 OID，用 ndisprotDoRequest 發送請求。

ndisprotDoRequest 是協定驅動中自己封裝的函數，內部實際上呼叫的是 NdisRequest。NdisRequest 的原型如下：

```
VOID
NdisRequest(
    OUT PNDIS_STATUS  Status,
    IN NDIS_HANDLE  NdisBindingHandle,
    IN PNDIS_REQUEST  NdisRequest);
```

在 NDIS 中，這是一個非常重要的函數，所有的 OID 請求都用它發送。參數 Status 用來傳回結果，若傳回 NDIS_STATUS_SUCCESS，則表示成功；若傳回 NDIS_STATUS_ PENDING，則表示未決；否則是一個錯誤。

如果這個請求發送後獲得未決，則完成時完成函數會被呼叫。完成回呼函數已經在協定特徵集裡設定好了：

```
protocolChar.RequestCompleteHandler = NdisProtRequestComplete;
```

這個 NdisProtRequestComplete 就是請求的完成回呼函數。

下面繼續介紹 NdisRequest 的參數。NdisBindingHandle 就是前面在 NdisOpen Adpater 中傳回的綁定控制碼。最後一個參數 NdisRequest 是一個請求結構。填寫該結構的方法可以從 ndisprotDoRequest 的實現中找到。

```
NDIS_STATUS
ndisprotDoRequest(
    IN PNDISPROT_OPEN_CONTEXT pOpenContext,
    IN NDIS_REQUEST_TYPE    RequestType,
    IN NDIS_OID Oid,
    IN PVOID InformationBuffer,
    IN ULONG InformationBufferLength,
    OUT PULONG pBytesProcessed)
{
    NDISPROT_REQUEST ReqContext;
    PNDIS_REQUEST pNdisRequest = &ReqContext.Request;
    NDIS_STATUS Status;

    // 初始化一個事件。這個事件會在請求完成函數中被設定以便通知請求完成
    NPROT_INIT_EVENT(&ReqContext.ReqEvent);

    // 請求的類型。如果只是查詢資訊，只要用NdisRequestQueryInformation就可以了
    pNdisRequest->RequestType = RequestType;

    // 根據不同的請求類型，填寫OID和輸入/輸出緩衝區
    switch (RequestType)
    {
        case NdisRequestQueryInformation:
            pNdisRequest->DATA.QUERY_INFORMATION.Oid = Oid;
            pNdisRequest->DATA.QUERY_INFORMATION.InformationBuffer
                = InformationBuffer;
            pNdisRequest->DATA.QUERY_INFORMATION.
            InformationBufferLength = InformationBufferLength;
            break;
        case NdisRequestSetInformation:
            pNdisRequest->DATA.SET_INFORMATION.Oid = Oid;
```

```
            pNdisRequest->DATA.SET_INFORMATION.InformationBuffer =
                InformationBuffer;
            pNdisRequest->DATA.SET_INFORMATION.
            InformationBufferLength = InformationBufferLength;
            break;
        default:
            NPROT_ASSERT(FALSE);
            break;
    }

    // 發送請求
    NdisRequest(&Status,
            pOpenContext->BindingHandle,
            pNdisRequest);

    // 如果是未決，則等待事件。這個事件會在完成函數中設定
    if (Status == NDIS_STATUS_PENDING)
    {
        NPROT_WAIT_EVENT(&ReqContext.ReqEvent, 0);
        Status = ReqContext.Status;
    }

    // 如果成功了……
    if (Status == NDIS_STATUS_SUCCESS)
    {
        // 獲得結果的長度。這個結果的長度是實際需要的長度，可能比我們實際提供
        // 的長度要長
        *pBytesProcessed = (RequestType ==
            NdisRequestQueryInformation)?
            pNdisRequest->DATA.QUERY_INFORMATION.
                BytesWritten:
            pNdisRequest->DATA.SET_INFORMATION.
                BytesRead;

        // 如果結果的長度比實際上我們提供的緩衝區長，那麼就簡單地設定為輸入參
        // 數中緩衝區的最大長度
        if (*pBytesProcessed > InformationBufferLength)
        {
            *pBytesProcessed = InformationBufferLength;
        }
    }
    return (Status);
}
```

完成函數的撰寫就變得非常簡單了，只需要設定一個事件就可以了。

```
VOID
NdisProtRequestComplete(
    IN NDIS_HANDLE ProtocolBindingContext,
    IN PNDIS_REQUEST pNdisRequest,
    IN NDIS_STATUS Status
    )
{
    PNDISPROT_OPEN_CONTEXT       pOpenContext;
    PNDISPROT_REQUEST            pReqContext;

    // 這兩句起驗證的作用，確保輸入參數ProtocolBindingContext
    // 是合法的，但是對後面的處理沒有影響
    pOpenContext = (PNDISPROT_OPEN_CONTEXT)ProtocolBindingContext;
    NPROT_STRUCT_ASSERT(pOpenContext, oc);
    // 從pNdisRequest中獲得請求上下文
    pReqContext = CONTAINING_RECORD(
        pNdisRequest, NDISPROT_REQUEST, Request);
    // 儲存結果狀態
    pReqContext->Status = Status;
    // 設定事件
    NPROT_SIGNAL_EVENT(&pReqContext->ReqEvent);
}
```

16.3.7 ndisprotCreateBinding 的最後實現

下面是 ndisprotCreateBinding 的最後實現，雖然很長，但是主要做的工作在前面幾個小節中都已經有說明了，這裡將程式貼出來僅供讀者參考。

```
NDIS_STATUS
ndisprotCreateBinding(
    IN PNDISPROT_OPEN_CONTEXT pOpenContext,
    __in_bcount(BindingInfoLength) IN PUCHAR pBindingInfo,
    IN ULONG BindingInfoLength)
{
    NDIS_STATUS Status;
    NDIS_STATUS  OpenErrorCode;
    NDIS_MEDIUM  MediumArray[1] = {NdisMedium802_3};
    UINT   SelectedMediumIndex;
    PNDISPROT OPEN_CONTEXT  pTmpOpenContext;
    BOOLEAN  fDoNotDisturb = FALSE;
```

```
BOOLEAN  fOpenComplete = FALSE;
ULONG  BytesProcessed;
ULONG GenericUlong = 0;

// 輸出一句偵錯資訊
DEBUGP(DL_LOUD, ("CreateBinding: open %p/%x, device [%ws]\n",
          pOpenContext, pOpenContext->Flags, pBindingInfo));
Status = NDIS_STATUS_SUCCESS;

do
{
    // 檢查看看是否已經綁定了這個網路卡。如果已經綁定，就沒有必要再次綁定
    // 了，直接傳回成功即可。請注意，ndisprotLookupDevice會替這個開啟上下
    // 文增加一個參考
     pTmpOpenContext = ndisprotLookupDevice(pBindingInfo,
          BindingInfoLength);
    // 如果沒有找到，就傳回NULL
    if (pTmpOpenContext != NULL)
    {
         DEBUGP(DL_WARN,
            ("CreateBinding: Binding to device %ws already exists on
                          open %p\n",
              pTmpOpenContext->DeviceName.Buffer, pTmpOpenContext));
         // 減少開啟上下文的參考
         NPROT_DEREF_OPEN(pTmpOpenContext);
         Status = NDIS_STATUS_FAILURE;
         break;
    }
    NPROT_ACQUIRE_LOCK(&pOpenContext->Lock);
    // 透過標記來檢查，如果綁定標記不是空閒狀態，或解除綁定信
    // 息收到了解除綁定的要求，那麼就直接傳回失敗
    if (!NPROT_TEST_FLAGS(pOpenContext->Flags,
    NUIOO_BIND_FLAGS, NUIOO_BIND_IDLE) ||
         NPROT_TEST_FLAGS(pOpenContext->Flags,
       NUIOO_UNBIND_FLAGS,
       NUIOO_UNBIND_RECEIVED))
    {
         NPROT_RELEASE_LOCK(&pOpenContext->Lock);
         Status = NDIS_STATUS_NOT_ACCEPTED;
         fDoNotDisturb = TRUE;
         break;
    }
    // 設定標記，表示我們已經開始綁定了，其他人請勿操作
```

```
        NPROT_SET_FLAGS(pOpenContext->Flags,
NUIOO_BIND_FLAGS, NUIOO_BIND_OPENING);
    // 釋放鎖
    NPROT_RELEASE_LOCK(&pOpenContext->Lock);
    // 分配名字。到這裡開始綁定，先分配裝置名稱字串
    NPROT_ALLOC_MEM(pOpenContext->DeviceName.Buffer,
    BindingInfoLength + sizeof(WCHAR));
    if (pOpenContext->DeviceName.Buffer == NULL)
    {
            DEBUGP(DL_WARN,
        ("CreateBinding: failed to alloc device name buf
                    (%d bytes)\n",
            BindingInfoLength + sizeof(WCHAR)));
            Status = NDIS_STATUS_RESOURCES;
            break;
    }
    // 從pBindingInfo中把字串拷貝出來
    NPROT_COPY_MEM(pOpenContext->DeviceName.Buffer,
    pBindingInfo, BindingInfoLength);
#pragma prefast(suppress: 12009,
                    "DeviceName length will not cause overflow")
    *(PWCHAR)((PUCHAR)pOpenContext->DeviceName.Buffer +
    BindingInfoLength) = L'\0';
NdisInitUnicodeString(&pOpenContext->DeviceName,
    pOpenContext->DeviceName.Buffer);
    // 分配封包池，用來做發送緩衝區，容納將要發送出去的封包
    NdisAllocatePacketPoolEx(
            &Status,
            &pOpenContext->SendPacketPool,
            MIN_SEND_PACKET_POOL_SIZE,
            MAX_SEND_PACKET_POOL_SIZE -
    MIN_SEND_PACKET_POOL_SIZE,
            sizeof(NPROT_SEND_PACKET_RSVD));
    if (Status != NDIS_STATUS_SUCCESS)
    {
            DEBUGP(DL_WARN, ("CreateBinding: failed to alloc"
                " send packet pool: %x\n", Status));
            break;
    }
    // 分配封包池，以後接收到封包的時候，就從這個封包池裡分配
    NdisAllocatePacketPoolEx(
            &Status,
            &pOpenContext->RecvPacketPool,
```

```
            MIN_RECV_PACKET_POOL_SIZE,
            MAX_RECV_PACKET_POOL_SIZE -
        MIN_RECV_PACKET_POOL_SIZE,
            sizeof(NPROT_RECV_PACKET_RSVD));
if (Status != NDIS_STATUS_SUCCESS)
{
        DEBUGP(DL_WARN, ("CreateBinding: failed to alloc"
            " recv packet pool: %x\n", Status));
        break;
}
// 分配封包池，用來做接收緩衝區
NdisAllocateBufferPool(
        &Status,
        &pOpenContext->RecvBufferPool,
        MAX_RECV_PACKET_POOL_SIZE);
if (Status != NDIS_STATUS_SUCCESS)
{
        DEBUGP(DL_WARN, ("CreateBinding: failed to alloc"
            " recv buffer pool: %x\n", Status));
        break;
}
// 電源狀態是開啟著的
pOpenContext->PowerState = NetDeviceStateD0;
// 初始化一個開啟事件（開啟就是綁定！）
NPROT_INIT_EVENT(&pOpenContext->BindEvent);
NdisOpenAdapter(
        &Status,
        &OpenErrorCode,
        &pOpenContext->BindingHandle,
        &SelectedMediumIndex,
        &MediumArray[0],
        sizeof(MediumArray) / sizeof(NDIS_MEDIUM),
        Globals.NdisProtocolHandle,
        (NDIS_HANDLE)pOpenContext,
        &pOpenContext->DeviceName,
        0,
        NULL);
// 等待請求完成
if (Status == NDIS_STATUS_PENDING)
{
        NPROT_WAIT_EVENT(&pOpenContext->BindEvent, 0);
        Status = pOpenContext->BindStatus;
}
```

```
// 如果不成功
if (Status != NDIS_STATUS_SUCCESS)
{
        DEBUGP(DL_WARN,
    ("CreateBinding: NdisOpenAdapter (%ws) failed: %x\n",
            pOpenContext->DeviceName.Buffer, Status));
        break;
}
// 記住：我們已經成功地綁定了，但是還沒有更新開啟狀態，
//這是為了避免別的執行緒開始關閉這個綁定
fOpenComplete = TRUE;
// 發送請求，獲得一個可閱讀的名字。不過這並不是非成功不可的，
//所以不檢查傳回值
(VOID)NdisQueryAdapterInstanceName(
        &pOpenContext->DeviceDescr,
        pOpenContext->BindingHandle
        );
// 獲得下面網路卡的MAC位址
Status = ndisprotDoRequest(
            pOpenContext,
            NdisRequestQueryInformation,
            OID_802_3_CURRENT_ADDRESS,
            &pOpenContext->CurrentAddress[0],
            NPROT_MAC_ADDR_LEN,
            &BytesProcessed
            );
if (Status != NDIS_STATUS_SUCCESS)
{
        DEBUGP(DL_WARN, ("CreateBinding: qry current address failed:
            %x\n", Status));
        break;
}
// 獲得網路卡選項
Status = ndisprotDoRequest(
            pOpenContext,
            NdisRequestQueryInformation,
            OID_GEN_MAC_OPTIONS,
            &pOpenContext->MacOptions,
            sizeof(pOpenContext->MacOptions),
            &BytesProcessed
            );
if (Status != NDIS_STATUS_SUCCESS)
{
        DEBUGP(DL_WARN, ("CreateBinding: qry MAC options failed: %x\n",
```

```
                    Status));
        break;
    }
    // 獲得最大頁框長
    Status = ndisprotDoRequest(
                pOpenContext,
                NdisRequestQueryInformation,
                OID_GEN_MAXIMUM_FRAME_SIZE,
                &pOpenContext->MaxFrameSize,
                sizeof(pOpenContext->MaxFrameSize),
                &BytesProcessed
                );
    if (Status != NDIS_STATUS_SUCCESS)
    {
        DEBUGP(DL_WARN, ("CreateBinding: qry max frame failed: %x\n",
                Status));
        break;
    }
    // 獲得下層連接狀態
    Status = ndisprotDoRequest(
                pOpenContext,
                NdisRequestQueryInformation,
                OID_GEN_MEDIA_CONNECT_STATUS,
                &GenericUlong,
                sizeof(GenericUlong),
                &BytesProcessed
                );
    if (Status != NDIS_STATUS_SUCCESS)
    {
        DEBUGP(DL_WARN,
    ("CreateBinding: qry media connect status failed: %x\n",
                    Status));
        break;
    }
    if (GenericUlong == NdisMediaStateConnected)
    {
        NPROT_SET_FLAGS(pOpenContext->Flags, NUIOO_MEDIA_FLAGS,
    NUIOO_MEDIA_CONNECTED);
    }
    else
    {
        NPROT_SET_FLAGS(pOpenContext->Flags, NUIOO_MEDIA_FLAGS,
    NUIOO_MEDIA_DISCONNECTED);
    }
```

```
        // 設定標記
        NPROT_ACQUIRE_LOCK(&pOpenContext->Lock);
        NPROT_SET_FLAGS(pOpenContext->Flags,
        NUIOO_BIND_FLAGS,
        NUIOO_BIND_ACTIVE);
        // 檢測這時是否出現了一個解除綁定請求
        if (NPROT_TEST_FLAGS(pOpenContext->Flags,
        NUIOO_UNBIND_FLAGS, NUIOO_UNBIND_RECEIVED))
        {
            // 若出現則本次綁定失敗
            Status = NDIS_STATUS_FAILURE;
        }
        // 標記測試完之後就可以解鎖了
        NPROT_RELEASE_LOCK(&pOpenContext->Lock);
    }
    while (FALSE);
    // 如果沒有成功，而且fDoNotDisturb為FALSE
    if ((Status != NDIS_STATUS_SUCCESS) && !fDoNotDisturb)
    {
        NPROT_ACQUIRE_LOCK(&pOpenContext->Lock);
        // 如果已經成功地綁定
        if (fOpenComplete)
        {
            // 如果已經綁定結束，則設定已經綁定標記
            NPROT_SET_FLAGS(pOpenContext->Flags,
          NUIOO_BIND_FLAGS, NUIOO_BIND_ACTIVE);
        }
        else if (NPROT_TEST_FLAGS(pOpenContext->Flags,
        NUIOO_BIND_FLAGS, NUIOO_BIND_OPENING))
        {
            // 如果正在綁定的過程中，則設定綁定失敗
            NPROT_SET_FLAGS(pOpenContext->Flags,
          NUIOO_BIND_FLAGS, NUIOO_BIND_FAILED);
        }
        // 釋放鎖
        NPROT_RELEASE_LOCK(&pOpenContext->Lock);
        // 呼叫停止綁定函數，在這裡會釋放所有資源
        ndisprotShutdownBinding(pOpenContext);
    }
    DEBUGP(DL_INFO, ("CreateBinding: OpenContext %p, Status %x\n",
        pOpenContext, Status));
    return (Status);
}
```

16.4 綁定的解除

16.4.1 解除綁定使用的 API

當一個網路卡被拔出時（請注意是網路卡而非網線），Windows 核心將呼叫協定特徵集中的解除綁定回呼函數來解除一個協定驅動和一個網路卡的綁定。這一節介紹如何實現解除綁定回呼函數。

解除綁定呼叫的核心 API 是 NdisCloseAdpater（該函數是綁定時呼叫的核心 API 函數 NdisOpenAdapter 的逆過程）。函數的原型如下：

```
VOID
NdisCloseAdapter(
    OUT PNDIS_STATUS  Status,
    IN NDIS_HANDLE  NdisBindingHandle
    );
```

只需要提供綁定時獲得的綁定控制碼，就可以解除這個綁定。Status 會傳回結果，這個結果可能是未決（NDIS_STATUS_PENDING）。如果傳回了未決，則在關閉完成之後，協定特徵集中的關閉完成函數會被呼叫。在 DriverEntry 中解除綁定回呼函數和關閉完成函數已經被設定如下：

```
protocolChar.UnbindAdapterHandler = NdisProtUnbindAdapter;
protocolChar.CloseAdapterCompleteHandler = NdisProtCloseAdapterComplete;
```

實際上，NdisProtCloseAdapterComplete 的實現也非常簡單，就是設定一個事件。

雖然 NdisCloseAdapter 的呼叫非常簡單，但是要實現完整的解除綁定回呼函數，NdisProtUnbindAdapter 還會有一些問題：

（1）只有已經綁定成功了才需要解除綁定。在其他情況下，可以直接傳回。
（2）如果剛剛開始綁定，在還沒有綁定完成的情況下開始解除綁定，則直接放棄這次解除綁定的操作。
（3）既然開始解除綁定，那麼各種資源包含接收緩衝區和發送緩衝區都必須釋放掉。在這個過程中，如果又接收到封包或發現有新的封包要發送，是一件非常麻煩的事情，但是可以透過 OID 請求，讓網路卡停止向這個協定提交新的資料封包。

實際上，NdisProtUnbindAdapter 是這樣的：

```
VOID
NdisProtUnbindAdapter(
    OUT PNDIS_STATUS pStatus,
    IN NDIS_HANDLE ProtocolBindingContext,
    IN NDIS_HANDLE UnbindContext
)
{
    PNDISPROT_OPEN_CONTEXT pOpenContext;
    UNREFERENCED_PARAMETER(UnbindContext);
    pOpenContext = (PNDISPROT_OPEN_CONTEXT)ProtocolBindingContext;
    NPROT_STRUCT_ASSERT(pOpenContext, oc);
    // 加鎖，用來設定標記
    NPROT_ACQUIRE_LOCK(&pOpenContext->Lock);
    // 無條件地設定接收到解除綁定的標記
    NPROT_SET_FLAGS(pOpenContext->Flags,
    NUIOO_UNBIND_FLAGS,
    NUIOO_UNBIND_RECEIVED);
    // 設定事件，通知所有在等待電源啟動的執行緒，避免一些請求無法完成
    NPROT_SIGNAL_EVENT(&pOpenContext->PoweredUpEvent);
    // 釋放鎖
    NPROT_RELEASE_LOCK(&pOpenContext->Lock);
    // 呼叫工具函數來實現綁定的解除
    ndisprotShutdownBinding(pOpenContext);
    *pStatus = NDIS_STATUS_SUCCESS;
    return;
}
```

這個實現很簡單，主要有以下兩點。

（1）設定標記，讓有可能存在的某個綁定嘗試知道現在已經開始解除綁定。在這種情況下，綁定的嘗試會直接失敗來避免衝突。

（2）設定電源開啟事件，以便一些未決請求可以完成。

其他的操作都被集中在工具函數 ndisprotShutdownBinding 中。

在 ndisprotShutdownBinding 中，需要做下列事情。

（1）處理多執行緒競爭問題。

（2）停止接發資料封包。

（3）處理掉所有未完成請求（或等待完成，或取消掉）。

（4）呼叫 NdisCloseAdapter。

（5）清理掉所有開啟上下文中分配的資源。

處理多執行緒競爭問題的方法和前面產生綁定時的方法完全一樣，但是在產生綁定時沒有要處理未完成請求的問題。在下面的小節中，筆者將分析 ndisprotShutdownBinding 的程式。

16.4.2 ndisprotShutdownBinding 的實現

ndisprotShutdownBinding 所做的第一件事，還是同步處理。防止解除綁定執行緒與其他執行緒的綁定操作同時進行，發生共用衝突。實際是檢查綁定標記中是否有 NUIOO_BIND_OPENING（表示綁定正在進行中），如果有則直接傳回，停止解除綁定的操作；如果沒有，並且綁定標記中有 NUIOO_BIND_ACTIVE 的情況（表示綁定已經完畢，目前網路卡是被綁定的狀態），則把綁定標記設定為 NUIOO_BIND_CLOSING 來表示這個網路卡開始進入解除綁定的過程了。在這種情況下，把 DoCloseBinding 設定為 TRUE，下面開始進行真正的解除綁定工作。

開始的部分程式大致如下：

```
VOID
ndisprotShutdownBinding(
    IN PNDISPROT_OPEN_CONTEXT  pOpenContext
    )
{
    NDIS_STATUS Status;
    BOOLEAN DoCloseBinding = FALSE;

    do
    {
    NPROT_ACQUIRE_LOCK(&pOpenContext->Lock);

    // 檢查標記，如果是正在開啟，則立刻退出並放棄解除綁定操作
    if (NPROT_TEST_FLAGS(pOpenContext->Flags,
    NUIOO_BIND_FLAGS,
    NUIOO_BIND_OPENING))
    {
            NPROT_RELEASE_LOCK(&pOpenContext->Lock);
```

```
        break;
    }

    // 如果是綁定已經完成的情況，則設定為開始解除綁定，其他的情況則根本不
    // 用做下面的操作，因為綁定既然沒有完成，也當然不用解除綁定了
    if (NPROT_TEST_FLAGS(pOpenContext->Flags,
    NUIOO_BIND_FLAGS,
    NUIOO_BIND_ACTIVE))
    {
        NPROT_SET_FLAGS(pOpenContext->Flags,
    NUIOO_BIND_FLAGS,
    NUIOO_BIND_CLOSING);
        DoCloseBinding = TRUE;
    }

    NPROT_RELEASE_LOCK(&pOpenContext->Lock);
```

同步操作完成之後，下面呼叫了發送 OID 請求的函數，進行以下兩個設定。

（1）把這個協定驅動的封包過濾標記設定為全空，使之可以不再接收到封包。

（2）把這個協定的接收廣播封包列表設定為空，使這個協定不再接收任何資料
封包。

實際的程式如下：

```
if (DoCloseBinding)
{
    // 從這裡開始解除綁定
    ULONG    PacketFilter = 0;
    ULONG    BytesRead = 0;
    // 把綁定了的網路卡的封包篩檢程式設定為0，換句話說，就是從現在開始停止收
    // 封包，便於清理資源
    Status = ndisprotDoRequest(
            pOpenContext,
            NdisRequestSetInformation,
            OID_GEN_CURRENT_PACKET_FILTER,
            &PacketFilter,
            sizeof(PacketFilter),
            &BytesRead);

    if (Status != NDIS_STATUS_SUCCESS)
    {
```

```
        DEBUGP(DL_WARN,
        ("ShutDownBinding: set packet filter failed: %x\n", Status));
    }

    // 把這個網路卡的廣播列表設定為NULL
    Status = ndisprotDoRequest(
            pOpenContext,
            NdisRequestSetInformation,
            OID_802_3_MULTICAST_LIST,
            NULL,
            0,
            &BytesRead);

    if (Status != NDIS_STATUS_SUCCESS)
    {
        DEBUGP(DL_WARN,
        ("ShutDownBinding: set multicast list failed: %x\n", Status));
    }
```

從這裡開始就不用擔心接收到新的資料封包了，可以放心地完成所有的接收封包和發送封包請求。不過這個過程並不簡單，請求有關兩種：查詢和設定狀態，以及讀 / 寫（接收封包和發送封包）。下面連續呼叫三個函數來處理所有的未決請求。本節不詳盡分析這三個函數的實現，因為後面有專門的章節來描述讀 / 寫資料封包，以及查詢和設定狀態的全過程，包含未決請求的完成。這一段的程式如下：

```
// 取消所有的提交狀態IRP
ndisServiceIndicateStatusIrp(pOpenContext,
                0,
                NULL,
                0,
                TRUE);

// 等待所有未決IRP完成
ndisprotWaitForPendingIO(pOpenContext, TRUE);

// 清理掉接收佇列中所有的封包
ndisprotFlushReceiveQueue(pOpenContext);
```

接下來進入主題，本函數將呼叫 NdisCloseAdapter 來正式解除綁定（NdisCloseAdapter 是 NdisOpenAdapter 的逆過程）。NdisCloseAdapter 和 NdisOpenAdapter

一樣可能傳回一個未決狀態，所以首先準備一個事件，用來等待這個函數呼叫的完成。

```
    // 正式呼叫解除綁定
    NdisCloseAdapter(&Status, pOpenContext->BindingHandle);
    if (Status == NDIS_STATUS_PENDING)
    {
        NPROT_WAIT_EVENT(&pOpenContext->BindEvent, 0);
        Status = pOpenContext->BindStatus;
    }

    NPROT_ASSERT(Status == NDIS_STATUS_SUCCESS);
    pOpenContext->BindingHandle = NULL;
}
```

最後是一些收尾工作，主要是設定開啟上下文中的標記（請注意開啟上下文是全域共用資源，所以在設定標記之前都要先獲得鎖）。之後這個開啟上下文已經不再有存在的意義了，直接從全域鏈結串列中刪除即可，然後回收其記憶體。收尾部分的程式如下：

```
    if (DoCloseBinding)
    {
        // 設定已經解除綁定的標記
        NPROT_ACQUIRE_LOCK(&pOpenContext->Lock);
        NPROT_SET_FLAGS(pOpenContext->Flags,
    NUIOO_BIND_FLAGS,
    NUIOO_BIND_IDLE);
        NPROT_SET_FLAGS(pOpenContext->Flags,
    NUIOO_UNBIND_FLAGS, 0);
        NPROT_RELEASE_LOCK(&pOpenContext->Lock);
    }

    // 下面的操作的作用主要是釋放資源
    NPROT_ACQUIRE_LOCK(&Globals.GlobalLock);
    NPROT_REMOVE_ENTRY_LIST(&pOpenContext->Link);
    NPROT_RELEASE_LOCK(&Globals.GlobalLock);
    ndisprotFreeBindResources(pOpenContext);
    NPROT_DEREF_OPEN(pOpenContext);  // Shutdown binding
    }
    while (FALSE);
}
```

16.5 在使用者態操作協定驅動

16.5.1 協定的接收封包與發送封包

實際上協定主要用作偵測器和發送封包工具。偵測器的工作是捕捉區域網上經過本網路卡的資料封包（實際上只包含本網路卡接收到的資料封包），而發送封包工具則常常被攻擊者使用，將攻擊者精心構築的攻擊封包發送給被攻擊物件。當然，協定驅動並不一定是用來做壞事的。偵測器和發送封包工具也是分析網路狀態、維護網路安全的非常有用的工具。

一個標準的協定驅動是可以在使用者層用 Socket 開啟進行收發封包的。但是為了使程式簡單起見，ndisprot 拋棄了標準的上層介面，讓應用程式簡單地使用 ReadFile 和 WriteFile 來進行接收封包和發送封包。

ReadFile 是一個使用者態的 API 函數，也就是說，是供應用程式的開發者使用的。它的功能是從應用層發出一個控制請求（IRP 的主功能號為 IRP_MJ_READ）到某個裝置。前面許多章節雖然都說明了驅動中對 IRP 的處理，但是很少有關應用程式和核心之間的通訊。在後面的幾個小節中將對 ReadFile 和 WriteFile 進行詳述。

DeviceIoControl 是另一個重要的使用者態 API 函數。呼叫的結果是，裝置會收到一個控制請求（IRP 的主功能號為 IRP_MJ_DEVICE_CONTROL）。控制請求能比讀 / 寫請求提供更複雜的輸入 / 輸出方法，因此用於所謂的「控制」。「控制」實際上可以用於應用程式和核心裝置之間，除了讀 / 寫、開啟、關閉等其他幾乎所有的互動，如查詢狀態。

因此，本協定驅動的功能是至少提供兩個重要的介面：一個讓使用者可以讀出已經接收到的封包。當然，網路卡通知協定收到資料封包時，這些封包必須被協定驅動暫時儲存起來。當上層應用程式發送控制請求讀取這些資料封包時（或說，收到讀取請求時），這些封包才從緩衝區中被傳到應用層。另一個讓使用者可以發送資料封包。這個比較簡單，當收到寫入請求時，發送資料封包即可。除此之外，還有一些其他的介面，全部包含在控制請求中。

16.5.2 在使用者態程式設計開啟裝置

這一小節主要介紹程式設計者如何撰寫一個應用程式來操作本章中撰寫的協定驅動，如何用它來發送封包和接收封包。請注意，這幾個小節中撰寫的程式都是普通的 Win32 應用程式碼，而非核心程式，這些程式只在已經安裝了協定驅動 ndisprot 的 PC 上才有作用（ndisprot 的安裝方法將在後面詳細介紹）。

整體來說，可以用以下的基本步驟來進行簡單的描述。

（1）使用 CreateFile 來開啟協定的 CDO（控制裝置物件），獲得一個控制碼。

（2）使用 DeviceIoControl 來等待綁定結束。

（3）使用 WriteFile 來發送資料封包，使用 ReadFile 來接收資料封包。

（4）使用 CloseFile 關閉控制碼。

這一節介紹如何利用 CreateFile 開啟裝置。CreateFile 需要知道裝置的符號連結名稱，這是前面介紹的在 DriverEntry 中產生控制裝置時指定的，請讀者翻回去在前面的程式中尋找產生的控制裝置的符號連結。下面是開啟一個符號連結為 pDeviceName（請注意是符號連結而非裝置名稱）的核心裝置的程式。請注意實際需要輸入的裝置符號連結名稱為 "\\.\NdisProt"（注意：在 C 語言中斜線雙寫，寫為 "\\\\.\\NdisProt"）。

```
// 開啟裝置。請注意pDeviceName是裝置的符號連結名稱，而非裝置名稱。這裡的
// 參數說明巨集__in __nullterminated沒有實際意義，作用只是告訴這個函數的使用者
// 這個參數是一個輸入參數(__in)，同時這個字串必須是以空(\0)結束的
// (__nullterminated)如果不符合這個要求，則會出現無法預料的後果
HANDLE
OpenHandle(
    __in __nullterminated CHAR    *pDeviceName
)
{
    DWORD    DesiredAccess;
    DWORD    ShareMode;
    LPSECURITY_ATTRIBUTES    lpSecurityAttributes = NULL;

    DWORD    CreationDistribution;
    DWORD    FlagsAndAttributes;
    HANDLE   TemplateFile;
    HANDLE   Ilandle;
    DWORD    BytesReturned;
```

```
DesiredAccess = GENERIC_READ|GENERIC_WRITE;
ShareMode = 0;
CreationDistribution = OPEN_EXISTING;
FlagsAndAttributes = FILE_ATTRIBUTE_NORMAL;
TemplateFile = (HANDLE)INVALID_HANDLE_VALUE;

// 產生。注意：DesiredAccess一般使用GENERIC_READ|GENERIC_WRITE
// ShareMode一般使用0，這樣可以防止同時有多個應用程式開啟這個裝置，操作時
// 造成共用衝突 pDeviceName 填入符號連結名稱即可
Handle = CreateFile(
        pDeviceName,
        DesiredAccess,
        ShareMode,
        lpSecurityAttributes,
        CreationDistribution,
        FlagsAndAttributes,
        TemplateFile
    );
if (Handle == INVALID_HANDLE_VALUE)
{
    DEBUGP(("Creating file failed, error %x\n", GetLastError()));
    return Handle;
}
...
```

CreateFile 本來是用來開啟檔案的，但是對於一個核心裝置，也可以像開啟檔案一樣操作。CreateFile 的參數非常複雜，但是在開啟核心裝置時，讀者可以直接拷貝上面的參數設定。

16.5.3 用 DeviceIoControl 發送控制請求

上一節介紹的 OpenHandle 函數還沒有完成。開啟控制碼之後，還要等待綁定完成，綁定完成是透過 DeviceIoControl 的呼叫來完成的。程式如下：

```
//......
// 這是一個控制請求（控制碼為IOCTL_NDISPROT_BIND_WAIT）。它的特點是等待協定
// 驅動完成對網路卡的綁定之後才傳回，這樣在請求完成之後就可以確定協定已經
// 成功綁定網路卡了
    if (!DeviceIoControl(
            Handle,
```

```
            IOCTL_NDISPROT_BIND_WAIT,
            NULL,
            0,
            NULL,
            0,
            &BytesReturned,
            NULL))
    {
        // 若失敗，控制碼就設定為INVALID_HANDLE_VALUE，並列印一筆資訊
        DEBUGP(("IOCTL_NDISIO_BIND_WAIT failed, error %x\n",
        GetLastError()));
        CloseHandle(Handle);
        Handle = INVALID_HANDLE_VALUE;
    }
    return (Handle);
}
```

在上面的程式中，不但使用到了 CreateFile，還使用到了 DeviceIoControl。該
函數的原型如下：

```
BOOL DeviceIoControl(
  HANDLE handle,
  DWORD control_code,
  PVOID input_buf,
  DWORD input_length,
  PVOID  output_buf,
  DWORD output_length);
```

handle 是前面用 CreateFile 開啟後獲得的控制碼。

control_code 是控制請求的控制碼。這個控制碼是在驅動中定義的，用標頭檔
公開出來（讀者會在後面一節中看到驅動中相關的程式）。

input_buf 是輸入緩衝區。input_length 指定了輸入緩衝區的長度。在輸入緩衝
區中，程式設計者可以填入任何資料，呼叫 DeviceIoControl 時，核心裝置收
到 IRP 之後，會獲得這個輸入緩衝區。

output_buf 是輸出緩衝區。output_length 指定了輸出緩衝的長度。輸出緩衝區
是用來接收核心驅動傳回的資料的，核心裝置收到 IRP 之後，會從 IRP 中獲得
這個指標，並把要傳回的資料填入緩衝區中。

DeviceIoControl 的傳回值為 TRUE 或 FALSE，在成功的情況下獲得 TRUE，在失敗的情況下獲得 FALSE。

由此可見，DeviceIoControl 是一種萬能型的介面。因為任何介面的本質，都是輸入一堆資料，再傳回一堆結果。有時候不需要輸入緩衝區或輸出緩衝區時，把緩衝區長度指定為 0，緩衝區指標用 NULL 即可。

在上面的實例中，IOCTL_NDISPROT_BIND_WAIT 是控制碼，這個控制碼沒有輸入 / 輸出緩衝區，唯一的作用是等待綁定完成。讀者在後面的說明核心態如何實現的章節中會看到它的實現。

PC 上可能有多個網路卡存在。很顯然，用 CreateFile 開啟一個控制碼之後，程式設計者必須明確對這個控制碼的操作，是對哪個網路卡的操作。但是前面呼叫 CreateFile 時，輸入的只有協定驅動的控制裝置的符號連結，沒有辦法傳入網路卡的裝置名稱。為此，ndisprot 做了簡單的設計，透過 DeviceIoControl 傳入裝置名稱。於是需要增加一個新的控制碼，這個控制碼在程式中實際為 IOCTL_NDISPROT_OPEN_DEVICE。相關程式如下：

```
// 這個字串最後用來做輸入緩衝區
WCHAR    wNdisDeviceName[MAX_NDIS_DEVICE_NAME_LEN];
INT      wNameLength;
INT      NameLength = strlen(pDeviceName);
DWORD    BytesReturned;
INT      i;

// 把裝置名稱拷貝進去
wNameLength = 0;
for (i = 0; i < NameLength && i < MAX_NDIS_DEVICE_NAME_LEN-1; i++)
{
    wNdisDeviceName[i] = (WCHAR)pDeviceName[i];
    wNameLength++;
}
// 使它以空結束
wNdisDeviceName[i] = L'\0';

// 呼叫DeviceIoControl即可
DeviceIoControl(
             Handle,
             IOCTL_NDISPROT_OPEN_DEVICE,
             (LPVOID)&wNdisDeviceName[0],
```

```
wNameLength*sizeof(WCHAR),
NULL,
0,
&BytesReturned,
NULL));
```

16.5.4 用 WriteFile 發送資料封包

用 WriteFile 發送資料封包比較容易。封包的內容寫在 WriteFile 的輸入緩衝區中，就像寫入檔案一樣，將資料封封包「寫入」裝置，裝置就會設法發送這個資料封包。核心裝置發送資料封包的過程，將在下面的一節中詳細闡明。本節先介紹在使用者態撰寫應用程式時，如何操作已經安裝的協定進行發送封包。

這裡利用 WDK 中的實例，發送一段資料，這段資料是按第一位組填寫 0，第二位組填寫 1，第三位組填寫 2……這樣依次填寫的。當然，讀者可以填寫自己需要的任何資料。

注意：除了後面的資料區，前面還要填寫乙太網路封包表頭。這個填寫非常簡單，一個是來源位址，一個是目的位址，還有一個是協定號。可能有讀者會問，來源位址是不是必須填寫本網路卡的 MAC 位址呢？答案是否定的。自己發出的資料封包沒有必要一定要填寫自己的 MAC 位址，在乙太網路的世界裡，冒名頂替是完全可以的。

```
// 分配足夠的長度
pWriteBuf = malloc(PacketLength);
if (pWriteBuf == NULL)
…// 錯誤處理

pEthHeader = (PETH_HEADER)pWriteBuf;
// 填寫協定號
pEthHeader->EthType = EthType;

// 現在填寫來源的MAC位址。這裡有兩種選擇：一種用真實的MAC位址，一種用假的MAC位址
if (bUseFakeAddress)
    memcpy(pEthHeader->SrcAddr, FakeSrcMacAddr, MAC_ADDR_LEN);
else
    memcpy(pEthHeader->SrcAddr, SrcMacAddr, MAC_ADDR_LEN);

// 填寫目標的MAC位址
```

```
memcpy(pEthHeader->DstAddr, DstMacAddr, MAC_ADDR_LEN);

// 填寫資料。這裡填寫資料是很簡單的，填寫0,1,2,3,4,5,6…
pData = (PUCHAR)(pEthHeader + 1);
for (i = 0; i < PacketLength - sizeof(ETH_HEADER); i++)
    *pData++ = (UCHAR)i;

// 用WriteFile發送資料封包
bSuccess = (BOOLEAN)WriteFile(
                        Handle,
                        pWriteBuf,
                        PacketLength,
                        &BytesWritten,
                        NULL);
if (!bSuccess)
…// 錯誤處理

DEBUGP(("DoWriteProc: sent %d bytes\n", BytesWritten));

// 釋放分配過的緩衝區
if (pWriteBuf)
    free(pWriteBuf);
WriteFile函數原型如下：
BOOL WriteFile(
  HANDLE file_handle,
  PVOID packet_buf,
  DWORD packet_length,
  DWORD *written_length,
  PLARGE_INTEGER offset);
```

file_handle 是透過 CreateFile 開啟的裝置控制碼。packet_buf 是要寫入內容的緩衝區。packet_length 指出了這個緩衝區的長度。written_length 是一個傳回參數，傳回實際成功發出的長度。offset 本來用於在寫入檔案時，指定寫入檔案的偏移位置。但是由於這是發送封包，偏移沒有意義，直接填寫 NULL 就可以了。

如果發送成功，函數將傳回 TRUE；如果發送失敗，函數將傳回 FALSE。

16.5.5 用 ReadFile 發送資料封包

ReadFile 的使用和 WriteFile 是類似的。ReadFile 函數原型如下：

```
BOOL ReadFile(
  HANDLE file_handle,
  PVOID packet_buf,
  DWORD packet_length,
  DWORD *written_length,
  PLARGE_INTEGER offset);
```

從這裡看，ReadFile 和 WriteFile 的參數大致相同。但是 ReadFile 和 WriteFile 有一個顯著的不同點：ReadFile 被用來讀取一個封包，但是封包的長度不明確。ReadFile 的呼叫者在使用之前，無法知道需要多長的緩衝區。不過這個問題並不麻煩，一個簡單的處理方法是：如果緩衝區長度不夠，那麼就只拷貝一部分資料，並在 written_length 中傳回所需要的長度，這樣在第二次呼叫時，程式設計者就可以分配足夠長的長度了。當然，在驅動中必須做特殊的處理，如果一個封包沒有被完整地讀完，就應該始終儲存在緩衝區中，直到有足夠長的緩衝區讀取了完整的封包為止。作為實例可以簡單地處理，長度不夠就唯讀一部分，並且驅動中不保留未讀取完的資料封包。

下面的範例程式很簡單，每次讀取一個資料封包。如果有封包存在於緩衝區中，ReadFile 就能讀取到封包。如果沒有封包，則有兩種方法可以處理：一種是阻塞，這個函數不傳回；另一種是傳回一個結果代表現在接收封包緩衝區中沒有封包。這取決於驅動中對讀取請求（**IRP_MJ_READ**）的處理方法，讀者會在下一節驅動的實現中見到詳細的程式。

下面是用 ReadFile 讀取資料封包的實例。

```
PUCHAR      pReadBuf = NULL;
INT         ReadCount = 0;
BOOLEAN     bSuccess;
ULONG       BytesRead;

DEBUGP(("DoReadProc\n"));

do
{
    // 緩衝區長度為PacketLength。該長度不一定足夠，如果一個封包比PacketLength
    // 長將只能讀出一部分
    pReadBuf = malloc(PacketLength);
    if (pReadBuf == NULL)
    {
```

```
            PRINTF(("DoReadProc: failed to alloc %d bytes\n", PacketLength));
            break;
        }
        // 記錄讀出的封包的個數
        ReadCount = 0;
        while (TRUE)
        {
            // 讀取封包，如果失敗則會傳回FALSE
            bSuccess = (BOOLEAN)ReadFile(
                                    Handle,
                                    (LPVOID)pReadBuf,
                                    PacketLength,
                                    &BytesRead,
                                    NULL);

            if (!bSuccess)
            {
                PRINTF(("DoReadProc: ReadFile failed on Handle %p, error %x\n",
                        Handle, GetLastError()));
                break;
            }
            ReadCount++;

            DEBUGP(("DoReadProc: read pkt # %d, %d bytes\n", ReadCount,
                    BytesRead));

            // 直到收滿了NumberOfPackets個封包結束
            if ((NumberOfPackets != -1) && (ReadCount == NumberOfPackets))
            {
                break;
            }
        }
    }
while (FALSE);

if (pReadBuf)
{
    free(pReadBuf);
}

PRINTF(("DoReadProc finished: read %d packets\n", ReadCount));
```

16.6 在核心態完成功能的實現

16.6.1 請求的分發與實現

前一章節介紹的都是應用程式的程式設計，現在回到核心程式設計中。在驅動中，顯然必須提供上面介面的實現，本質上就是請求的分發處理。在前面許多章節中，都介紹了分發函數的撰寫。這裡主要介紹在本章的實例 ndisprot 中，對幾種 IRP（IRP_MJ_CREATE、IRP_MJ_CLOSE、IRP_MJ_WRITE、IRP_MJ_READ、IRP_MJ_DEVICE_CONTROL）的處理。

下面是從 DriverEntry 中節選的分發函數設定的函數程式，從這裡可以看到所有要撰寫的分發函數。

```
pDriverObject->MajorFunction[IRP_MJ_CREATE] = NdisProtOpen;
pDriverObject->MajorFunction[IRP_MJ_CLOSE]  = NdisProtClose;
pDriverObject->MajorFunction[IRP_MJ_READ]   = NdisProtRead;
pDriverObject->MajorFunction[IRP_MJ_WRITE]  = NdisProtWrite;
pDriverObject->MajorFunction[IRP_MJ_CLEANUP] = NdisProtCleanup;
pDriverObject->MajorFunction[IRP_MJ_DEVICE_CONTROL]  = NdisProtIoControl;
```

本節將主要介紹 NdisProtRead、NdisProtWrite 和 NdisProtIoControl 的部分實現。至於其他的幾個分發函數，並非本驅動的關鍵所在，請讀者自己閱讀本書隨書程式上的實例進行了解。

16.6.2 等待裝置綁定完成與指定裝置名稱

請回憶前面應用層對這個裝置操作的介紹。首先呼叫 CreateFile 開啟裝置，然後用 DeviceIoControl 操作。①等待裝置綁定完成；②指定這個控制碼連結某一個網路卡裝置。那麼對驅動而言，①是要處理開啟請求（主功能號為 IRP_MJ_CREATE）；②是要處理控制請求（主功能號為 IRP_MJ_DEVICE_CONTROL）。開啟請求的處理非常簡單：直接傳回成功。在本書前面的章節中有很多對請求直接傳回成功的實例，所以這裡不再列出程式，請讀者自己完成。

下面是分發函數 NdisProtIoControl（這個函數專門處理所有主功能號為 IRP_MJ_DEVICE_CONTROL 的 IRP），處理控制碼為 IOCTL_NDISPROT_BIND_WAIT 的 IRP 的局部程式。

```
...

switch (FunctionCode)
{
    case IOCTL_NDISPROT_BIND_WAIT:
        // 所有的DeviceIoControl請求都應該使用緩衝方式，這裡只是確認一下
        NPROT_ASSERT((FunctionCode & 0x3) == METHOD_BUFFERED);
        // 非常簡單。等待一個全域事件，這個全域變數會在綁定完成時被設定
        // 如果等待到了或逾時了（5秒）則傳回
        if (NPROT_WAIT_EVENT(&Globals.BindsComplete, 5000))
        {
            NtStatus = STATUS_SUCCESS;
        }
        else
        {
            NtStatus = STATUS_TIMEOUT;
        }
        DEBUGP(DL_INFO, ("IoControl: BindWait returning %x\n", NtStatus));
        break;

        ...
```

可見，等待綁定完成非常簡單。在前面綁定完成時，會設定一個全域事件（見本章前面綁定網路卡一節），這裡只是簡單地等待這個事件就可以了。

另一個請求是給開啟的控制碼指派一個網路卡裝置，透過 IOCTL_NDISPROT_ OPEN_DEVICE 來實現。請讀者回憶一下，前面綁定了一個裝置，就產生了一個開啟上下文。也就是說，每個被綁定的網路卡資訊是記錄在開啟上下文裡的。所以這樣一來，這次實現的方法，實際上就是給每個開啟的控制碼指派一個開啟上下文的指標。這項工作是在驅動中撰寫的函數 ndisprotOpenDevice 中完成的。下面是 NdisProtIoControl 中 IOCTL_NDISPROT_OPEN_DEVICE 處理的局部程式。

```
case IOCTL_NDISPROT_OPEN_DEVICE:

    NPROT_ASSERT((FunctionCode & 0x3) == METHOD_BUFFERED);
    ...
    NtStatus = ndisprotOpenDevice(
                    pIrp->AssociatedIrp.SystemBuffer,
                    pIrpSp->Parameters.DeviceIoControl.InputBufferLength,
                    pIrpSp->FileObject,
```

```
                    &pOpenContext
                    );
...
```

16.6.3 指派裝置的完成

接下來就是 ndisprotOpenDevice 的實現了。這個實現的前幾個步驟如下。

（1）從輸入緩衝區中拿到裝置名稱。

（2）透過裝置名稱去尋找對應的開啟上下文。

（3）如果找到了，就儲存到 pIrpSp → FileObject → FsContext 中。

讀者讀到這裡可能會感覺有點突兀。為什麼要儲存在 FileObject → FsContext
中呢？檔案物件下的 FsContext 域曾經在檔案過濾驅動中非常重要，在真實的
檔案系統中，FsContext 中儲存了檔案控制區指標（FCB）。但是實際上，這個
域的使用是取決於驅動本身的，任何驅動都可以提供檔案物件（不一定是檔案
系統）。在這裡協定驅動也使用了自己的檔案物件，因為剛好每開啟一個控制
碼就對應產生一個檔案物件。所以，如果要把開啟上下文和一個控制碼關聯起
來，把開啟上下文放到檔案物件中一個能自由儲存資料的域中就很自然了。

```
// pDeviceName 是裝置物件名稱，DeviceNameLength是裝置物件的長度pFileObject是檔
//案物件指標。請注意這裡又出現一個參數說明巨集__in_bcount(DeviceNameLength)，
//說明pDeviceName的長度被DeviceNameLength所指定
NTSTATUS
ndisprotOpenDevice(
    __in_bcount(DeviceNameLength) IN PUCHAR pDeviceName,
    IN ULONG DeviceNameLength,
    IN PFILE_OBJECT pFileObject,
    OUT PNDISPROT_OPEN_CONTEXT * ppOpenContext
    )
{
    PNDISPROT_OPEN_CONTEXT    pOpenContext;
    NTSTATUS                  NtStatus;
    ULONG                     PacketFilter;
    NDIS_STATUS               NdisStatus;
    ULONG                     BytesProcessed;
    PNDISPROT_OPEN_CONTEXT    pCurrentOpenContext = NULL;
```

```
pOpenContext = NULL;

do
{
    // 根據裝置名稱找到開啟上下文。請注意這個中間會呼叫增加開啟上下文參考
    // 計數所以後面要設定值
    pOpenContext = ndisprotLookupDevice(
                    pDeviceName,
                    DeviceNameLength
                    );

    // 如果找不到開啟上下文,則說明沒綁定過
    if (pOpenContext == NULL)
    {
        NtStatus = STATUS_OBJECT_NAME_NOT_FOUND;
        break;
    }

    NPROT_ACQUIRE_LOCK(&pOpenContext->Lock);

    // 如果找到了,但不是開啟空閒狀態,則傳回裝置忙
    if (!NPROT_TEST_FLAGS(pOpenContext->Flags,
NUIOO_OPEN_FLAGS, NUIOO_OPEN_IDLE))
    {
        NPROT_ASSERT(pOpenContext->pFileObject != NULL);
        NPROT_RELEASE_LOCK(&pOpenContext->Lock);
        // 注意設定值
        NPROT_DEREF_OPEN(pOpenContext); // ndisprotOpenDevice failure
        NtStatus = STATUS_DEVICE_BUSY;
        break;
    }

    // 比較交換。首先比較pFileObject->FsContext和NULL,如果是NULL,則用
    // pFileObject->FsContext設定為pOpenContext,然後傳回NULL;如果不
    // 是NULL,則不交換,並傳回pFileObject->FsContext
    if ((pCurrentOpenContext =
        InterlockedCompareExchangePointer (
            & (pFileObject->FsContext), pOpenContext, NULL)) != NULL)
    {
        // 到了這裡,說明另一個開啟已經使用了這個檔案物件。這個裝置
        // 不支援兩次開啟,直接傳回失敗即可
        NPROT_RELEASE_LOCK(&pOpenContext->Lock);
        NPROT_DEREF_OPEN(pOpenContext); // ndisprotOpenDevice failure
```

```
                    NtStatus = STATUS_INVALID_DEVICE_REQUEST;
                    break;
        }

        // 這個開啟上下文被開啟了，儲存在這個檔案物件的FsContext中
// 裡面也儲存了以下檔案物件的指標
        pOpenContext->pFileObject = pFileObject;
        NPROT_SET_FLAGS(pOpenContext->Flags,
NUIOO_OPEN_FLAGS, NUIOO_OPEN_ACTIVE);
        NPROT_RELEASE_LOCK(&pOpenContext->Lock);

        // 設定PacketFilter，使之能接收到封包
        PacketFilter = NUIOO_PACKET_FILTER;
        NdisStatus = ndisprotValidateOpenAndDoRequest(
                        pOpenContext,
                        NdisRequestSetInformation,
                        OID_GEN_CURRENT_PACKET_FILTER,
                        &PacketFilter,
                        sizeof(PacketFilter),
                        &BytesProcessed,
                        TRUE    // 等待電源開啟
                        );

        // 若不成功，則解鎖、設定值退出
        if (NdisStatus != NDIS_STATUS_SUCCESS)
        {
            NPROT_ACQUIRE_LOCK(&pOpenContext->Lock);
                // 若不成功，則再次比較交換，去掉FileObject->FsContext設定。如果
// pFileObject->FsContext是pOpenContext，則設定為NULL
            pCurrentOpenContext = InterlockedCompareExchangePointer(
                & (pFileObject->FsContext), NULL, pOpenContext);
            NPROT_ASSERT(pCurrentOpenContext == pOpenContext);
            NPROT_SET_FLAGS(pOpenContext->Flags,
NUIOO_OPEN_FLAGS, NUIOO_OPEN_IDLE);
            pOpenContext->pFileObject = NULL;
            NPROT_RELEASE_LOCK(&pOpenContext->Lock);
            NPROT_DEREF_OPEN(pOpenContext); // ndisprotOpenDevice failure
            NDIS_STATUS_TO_NT_STATUS(NdisStatus, &NtStatus);
            break;
        }

        // 傳回開啟上下文
```

```
        *ppOpenContext = pOpenContext;
        NtStatus = STATUS_SUCCESS;
    }
    while (FALSE);
    return (NtStatus);
}
```

在指派了 FileObject → FsContext 為開啟上下文的指標之後，驅動發出 OID 請求，設定本協定對該網路卡的接收隱藏，使本協定能收到網路卡接收到的資料封包。如果失敗，則進行錯誤處理。讀者已經在前面的內容中見到過發送 OID 請求的程式，這裡不再詳述。

16.6.4　處理讀取請求

讀取請求的本質當然是從應用層取得網路卡上已經收到的封包，這些封包已經被本章所完成的協定驅動放入到緩衝佇列裡。處理讀取請求就是要檢測這個佇列中有無資料封包，如果有，則把封包的內容拷貝到讀取請求的輸出緩衝區中。

當然，如果存在多個網路卡，每個網路卡上都可能有資料封包，那麼怎麼知道呼叫者需要的是哪個網路卡呢？在前面的小節中，我們已經把開啟控制碼和一個開啟上下文關聯在一起了（儲存在 FileObject → FsContext 中）。所以在讀取請求發生時，只需要把開啟上下文從這裡取出，就知道呼叫者需要接收封包的是哪個網路卡了。實際上，在開啟上下文中就保留有一個封包佇列，協定在該網路卡上收到的所有資料封包都儲存在該佇列中。

```
// 分發函數之一，處理讀取請求
NTSTATUS
NdisProtRead(
    IN PDEVICE_OBJECT       pDeviceObject,
    IN PIRP                 pIrp
    )
{
    PIO_STACK_LOCATION      pIrpSp;
    NTSTATUS                NtStatus;
    PNDISPROT_OPEN_CONTEXT   pOpenContext;

    pIrpSp = IoGetCurrentIrpStackLocation(pIrp);
    pOpenContext = pIrpSp->FileObject->FsContext;
```

```
do
{
    // 檢測開啟上下文的可用性
    if (pOpenContext == NULL)
    {

        NtStatus = STATUS_INVALID_HANDLE;
            break;
    }
    NPROT_STRUCT_ASSERT(pOpenContext, oc);
    // Read和Write都是使用直接IO操作的，所以應該使用MdlAddress
    // 來傳遞緩衝。如果不是，則傳回非法參數錯誤
    if (pIrp->MdlAddress == NULL)
    {
        NtStatus = STATUS_INVALID_PARAMETER;
        break;
    }

    // 獲得緩衝區的虛擬位址
    if (MmGetSystemAddressForMdlSafe(pIrp->MdlAddress,
        NormalPagePriority) == NULL)
    {
        NtStatus = STATUS_INSUFFICIENT_RESOURCES;
        break;
    }
    NPROT_ACQUIRE_LOCK(&pOpenContext->Lock);
// 此時這個綁定應該處於活動狀態
    if (!NPROT_TEST_FLAGS(pOpenContext->Flags,
    NUIOO_BIND_FLAGS, NUIOO_BIND_ACTIVE))
    {
        NPROT_RELEASE_LOCK(&pOpenContext->Lock);
        NtStatus = STATUS_INVALID_HANDLE;
        break;
    }
    // 將這個請求插入處理佇列裡，並把開啟上下文參考計數增加1，
    // 把未處理讀取請求數目增加1
NPROT_INSERT_TAIL_LIST(&pOpenContext->PendedReads,
&pIrp->Tail.Overlay.ListEntry);
    NPROT_REF_OPEN(pOpenContext);  // pended read IRP
    pOpenContext->PendedReadCount++;

    // 標記IRP未決。給IRP設定一個取消函數，使之變得可取消。未決
```

```
    // 取消的設定並不是非常有必要，在本書中將這部分內容忽略，有興趣
    // 的讀者請參考配書程式中的範例程式
    pIrp->Tail.Overlay.DriverContext[0] = (PVOID)pOpenContext;
    IoMarkIrpPending(pIrp);
    IoSetCancelRoutine(pIrp, NdisProtCancelRead);
    NPROT_RELEASE_LOCK(&pOpenContext->Lock);
    NtStatus = STATUS_PENDING;

    // 呼叫一個處理常式來處理所有未決的讀取請求
    ndisprotServiceReads(pOpenContext);

}
while (FALSE);

// 讀取請求只傳回STATUS_PENDING，如果不是，則說明出錯了按錯誤傳回

if (NtStatus != STATUS_PENDING)
{
    NPROT_ASSERT(NtStatus != STATUS_SUCCESS);
    pIrp->IoStatus.Information = 0;
    pIrp->IoStatus.Status = NtStatus;
    IoCompleteRequest(pIrp, IO_NO_INCREMENT);
}
return (NtStatus);
}
```

ndisprotServiceReads 函數的工作就是從接收封包佇列中讀取資料封包來完成未決讀取請求佇列中的 IRP。但是在這裡筆者不再深入地介紹這個函數，因為這裡有關接收佇列，而接收佇列又有關協定驅動是如何捕捉到網路卡上接收到的資料封包，並放入到佇列裡的。這個問題將在 16.7 節「協定驅動的接收回呼」中解決。

16.6.5 處理寫入請求

寫入請求就是發送封包請求。利用協定驅動可以任意發出乙太網路封包，當然也可以發出模擬任何基於乙太網路協定（如 TCP、UDP、ICMP 等）的資料封包，因此具有強大的網路攻擊能力。ndisprot 的寫入請求的處理程式在函數 NdisProtWrite 中，該函數就是寫入請求（IRP_MJ_WRITE）的分發函數。下面是開始部分的程式。

```
// 分發函數，處理寫入請求（也就是發送封包請求）
NTSTATUS
NdisProtWrite(
    IN PDEVICE_OBJECT       pDeviceObject,
    IN PIRP                 pIrp
    )
{
    PIO_STACK_LOCATION      pIrpSp;
    ULONG                   DataLength;
    NTSTATUS                NtStatus;
    NDIS_STATUS             Status;
    PNDISPROT_OPEN_CONTEXT  pOpenContext;
    PNDIS_PACKET            pNdisPacket;
    PNDIS_BUFFER            pNdisBuffer;
    NDISPROT_ETH_HEADER UNALIGNED *pEthHeader;

    UNREFERENCED_PARAMETER(pDeviceObject);

    // 首先獲得開啟上下文，以確認是用哪個網路卡發送封包的
    pIrpSp = IoGetCurrentIrpStackLocation(pIrp);
    pOpenContext = pIrpSp->FileObject->FsContext;
    pNdisPacket = NULL;

    ......
```

讀者注意要從 pIrpSp → FileObject → FsContext 中獲得開啟上下文。下面開始檢查這個上下文的有效性，然後檢查輸入緩衝區（pIrp → MdlAddress）。對輸入緩衝區的長度是有要求的，一是不能太短（必須要容納乙太網路封包表頭），二是不能太長（不能發出比網路卡最大封包長還長的封包）。最後還做了一個檢查，就是使用者填寫的乙太網路封包表頭中的來源位址必須是自己網路卡的位址，以防使用者仿冒別人的位址發送封包。但是這個檢查是象徵性的，不做這個檢查，封包也完全可以發出。

```
...
do
{
    // 檢查開啟上下文的可用性
    if (pOpenContext == NULL)
    {
        NtStatus = STATUS_INVALID_HANDLE;
        break;
```

```
}
NPROT_STRUCT_ASSERT(pOpenContext, oc);
// 確認輸入緩衝區的可用性
if (pIrp->MdlAddress == NULL)
{
    NtStatus = STATUS_INVALID_PARAMETER;
    break;
}


    // 獲得輸入緩衝區的虛擬位址，之後進行一系列檢查。
    // 第一，輸入緩衝區虛擬位址不能為NULL；
    // 第二，緩衝區的長度至少必須比一個乙太網路封包表頭要長，否則無法填寫
    // 乙太網路封包表頭；
    // 第三，發送封包的長度不能超過這個網路卡的最大頁框長
    pEthHeader =
        MmGetSystemAddressForMdlSafe(pIrp->MdlAddress,
            NormalPagePriority);

if (pEthHeader == NULL)
{
    NtStatus = STATUS_INSUFFICIENT_RESOURCES;
    break;
}
DataLength = MmGetMdlByteCount(pIrp->MdlAddress);
if (DataLength < sizeof(NDISPROT_ETH_HEADER))
{

    NtStatus = STATUS_BUFFER_TOO_SMALL;
    break;
}
if (DataLength > (pOpenContext->MaxFrameSize +
    sizeof(NDISPROT_ETH_HEADER)))
{
    NtStatus = STATUS_INVALID_BUFFER_SIZE;
    break;
}

// 下面開始檢查緩衝區中是否已經填寫了偽造的MAC位址方法很簡單，
// 取得已填寫的位址和網路卡的MAC位址進行比較如果不符合則傳回失敗。
// 在很多情況下，網路攻擊工具是不會拷貝這段程式的
if ((pIrp->RequestorMode == UserMode) &&
    !NPROT_MEM_CMP(pEthHeader->SrcAddr,
    pOpenContext->CurrentAddress, NPROT_MAC_ADDR_LEN))
```

```
    {
        NtStatus = STATUS_INVALID_PARAMETER;
        break;
    }
...
```

前面已經完成了一系列檢查，下面可以分配封包了。但是在分配之前，又做了另一個檢查，就是確保網路卡處於被綁定的活動狀態，以便確定可以發送封包。之後用 NdisAllocatePacket 從封包池中分配封包，而緩衝區描述符號則是直接重複使用 IRP 下的 MdlAddress 指標，這是因為 MDL 本質上就是 NDIS_BUFFER。這樣的結果是從使用者層一直到最下面的網路卡驅動都直接重複使用記憶體空間，避免了拷貝時的效率損失。

```
// 確認封包可以發送了。下面開始真實地準備發送一個封包。
// 首先獲得鎖，並判斷目前網路卡是否處於可以發送封包的狀態
NPROT_ACQUIRE_LOCK(&pOpenContext->Lock);
if (!NPROT_TEST_FLAGS(pOpenContext->Flags,
    NUIOO_BIND_FLAGS, NUIOO_BIND_ACTIVE))
{
    NPROT_RELEASE_LOCK(&pOpenContext->Lock);
    NtStatus = STATUS_INVALID_HANDLE;
    break;
}

// 從前面綁定分時配的發送封包池中分配一個封包描述符號
NPROT_ASSERT(pOpenContext->SendPacketPool != NULL);
NdisAllocatePacket(
    &Status,
    &pNdisPacket,
    pOpenContext->SendPacketPool);
if (Status != NDIS_STATUS_SUCCESS)
{
    NPROT_RELEASE_LOCK(&pOpenContext->Lock);
    NtStatus = STATUS_INSUFFICIENT_RESOURCES;
    break;
}
pNdisBuffer = pIrp->MdlAddress;
...
```

下面都是一些記錄型的工作，例如把開啟上下文中記錄的發送封包數增加一個，把開啟上下文的參考計數加 1（在封包發送完成之後再減 1），等等。如果

發送成功，IRP 的傳回必定是 STATUS_ PENDING。封包發送完成之後會呼叫 NdisProtSendComplete，在這個函數裡再完成請求即可。

```
        // 記錄發送封包又增加了一個
        NdisInterlockedIncrement((PLONG)&pOpenContext->PendedSendCount);
        // 開啟上下文參考計數加1，這是為了防止發送封包過程中綁定被解除
        NPROT_REF_OPEN(pOpenContext);
        IoMarkIrpPending(pIrp);
        // 初始化封包參考計數，這個封包會在計數為0的時候釋放掉
        NPROT_SEND_PKT_RSVD(pNdisPacket)->RefCount = 1;

        NPROT_RELEASE_LOCK(&pOpenContext->Lock);
        // 記下IRP的指標放在封包描述符號裡，以備後用
        NPROT_IRP_FROM_SEND_PKT(pNdisPacket) = pIrp;
        // 把緩衝和封包關聯起來，狀態設定為pending
        NtStatus = STATUS_PENDING;
        pNdisBuffer->Next = NULL;
        NdisChainBufferAtFront(pNdisPacket, pNdisBuffer);

        // 發送封包，非常簡單。封包發送完成之後會自動呼叫協定特徵集中的回呼函
        // 數NdisProtSendComplete，在其中再完成IRP即可
        NdisSendPackets(pOpenContext->BindingHandle, &pNdisPacket, 1);
    }
    while (FALSE);

    // 如果正常，則發送封包是STATUS_PENDING；否則有錯，可以在這裡直接完成
    if (NtStatus != STATUS_PENDING)
    {
        pIrp->IoStatus.Status = NtStatus;
        IoCompleteRequest(pIrp, IO_NO_INCREMENT);
    }
    return (NtStatus);
}
```

下面是 NdisProtSendComplete 的實現，非常簡單。封包發送結束之後，各參考計數減 1，並結束請求。注意：NdisProtSendComplete 的參數中無法直接傳遞 IRP 的指標，所以實際上這個指標是儲存在封包描述符號裡的，用 NPROT_IRP_FROM_SEND_PKT 來取得。

```
// 這是協定特徵集中的回呼函數,如果呼叫了NdisSendPacket
// 那麼在發送結束之後,該函數會被呼叫
VOID
NdisProtSendComplete(
    IN NDIS_HANDLE  ProtocolBindingContext,
    IN PNDIS_PACKET pNdisPacket,
    IN NDIS_STATUS    Status
    )
{

    PIRP pIrp;
    PIO_STACK_LOCATION pIrpSp;
    PNDISPROT_OPEN_CONTEXT    pOpenContext;
    // 取得開啟上下文
    pOpenContext = (PNDISPROT_OPEN_CONTEXT)ProtocolBindingContext;
    NPROT_STRUCT_ASSERT(pOpenContext, oc);
    // 從封包描述符號中取得IRP的指標
    pIrp = NPROT_IRP_FROM_SEND_PKT(pNdisPacket);
    // 資料封包設定值
    NPROT_DEREF_SEND_PKT(pNdisPacket);
    // 完成請求
    pIrpSp = IoGetCurrentIrpStackLocation(pIrp);
    if (Status == NDIS_STATUS_SUCCESS)
    {
        pIrp->IoStatus.Information = pIrpSp->Parameters.Write.Length;
        pIrp->IoStatus.Status = STATUS_SUCCESS;
    }
    else
    {
        pIrp->IoStatus.Information = 0;
        pIrp->IoStatus.Status = STATUS_UNSUCCESSFUL;
    }
    IoCompleteRequest(pIrp, IO_NO_INCREMENT);
    // 未決發送封包減少1個
    NdisInterlockedDecrement((PLONG)&pOpenContext->PendedSendCount);
    NPROT_DEREF_OPEN(pOpenContext);
}
```

▌16.7 協定驅動的接收回呼

16.7.1 和接收封包有關的回呼函數

在協定特徵集裡，有多個回呼函數和接收資料封包有關。下面的程式節選自 DriverEntry 中協定特徵初始化部分，其中只列出了和接收封包有關的回呼函數，一共是 4 個：

```
NDIS_PROTOCOL_CHARACTERISTICS    protocolChar;
...
protocolChar.ReceiveHandler = NdisProtReceive;
protocolChar.ReceiveCompleteHandler = NdisProtReceiveComplete;
protocolChar.ReceivePacketHandler = NdisProtReceivePacket;
protocolChar.TransferDataCompleteHandler = NdisProtTransferDataComplete;
```

ReceiveHandler 和 ReceivePacketHandler 都是接收回呼指標。所謂接收回呼，是指當被綁定的網路卡收到資料封包時，Windows 核心就會呼叫這兩個回呼函數。但是既然有兩個函數，就會存在一個問題：在什麼情況下會呼叫 ReceiveHandler？在什麼情況下會呼叫 ReceivePacketHandler？

答案是不一定，似乎沒有標準明確某種網路卡只會呼叫這兩個回呼函數中的某一個。正確的方法是在任何情況下都考慮這兩個函數，都加以正確的處理；否則就可能漏掉一些資料封包。

ReceiveCompleteHandler 函數指標所指的回呼函數總是在 ReceiveHandler 被呼叫完之後被呼叫。

ReceiveHandler 所指的回呼函數的原型如下：

```
NDIS_STATUS
NdisProtReceive(
    IN NDIS_HANDLE      ProtocolBindingContext,
    IN NDIS_HANDLE      MacReceiveContext,
    IN PVOID            pHeaderBuffer,
    IN UINT             HeaderBufferSize,
    IN PVOID            pLookaheadBuffer,
    IN UINT             LookaheadBufferSize,
    IN UINT             PacketSize
    )
```

讀者馬上就會注意到這個函數的原型並不簡單。

第一個參數 ProtocolBindingContext 就是在綁定時獲得的綁定控制碼。

第二個參數讀者不需要關心其意義，保留給下層驅動使用，唯一需要使用的地方是呼叫 NdisTransferData 時需要這個參數。

第三個參數 pHeaderBuffer 已經開始含有封包資料，就是乙太網路封包表頭。

第四個參數 HeaderBufferSize 是封包表頭的長度，一般就是普通的乙太網路封包表頭，長度為 14 位元組。

第五個參數 pLookaheadBuffer 是所謂的前視區。考慮每個資料封包的接收，如果只需要看到資料內容的前幾個位元組（如 TCP 標頭）就可以決定這個封包是否是本協定需要處理的，那麼顯然下層驅動就沒有必要提交整個封包，只提供一個封包開始的幾個位元組（在這裡稱為前視區）給協定驅動就可以了。這就是前視區的來源。

第六個參數 LookaheadBufferSize 是前視區的長度。

最後一個參數是完整的封包長度。

顯然，協定驅動在這個回呼函數的參數中並沒有獲得完整的資料。如果協定驅動決定要取得完整的資料，則應該呼叫 NdisTransferData。呼叫且資料封包傳輸完成後，協定驅動中的另一個回呼函數指標 TransferDataCompleteHandler 所指的回呼函數會被呼叫，協定的開發者可以在其中獲得完整的資料封包（在下一節中有實例）。

ReceivePacketHandler 是另一種類型的接收回呼函數指標，這個回呼函數的原型如下：

```
INT
NdisProtReceivePacket(
    IN NDIS_HANDLE              ProtocolBindingContext,
    IN PNDIS_PACKET             pNdisPacket
    )
```

該函數是一個進階版本的接收回呼。因為它很簡單，直接傳遞封包描述符號，也就免去了呼叫 NdisTransferData 的麻煩；而且傳遞封包描述符號則說明協定和下層網路卡驅動可以共用封包緩衝區，也就免去了記憶體拷貝的麻煩，自然也不用擔心效率問題。

但是就目前而言，兩種不同的接收回呼函數還是同時使用著的。

16.7.2 ReceiveHandler 的實現

這個協定基本上對所有的封包都接收。在 NdisProtReceiveHandler 中，如果打算接收資料封包，則必須分配一個封包描述符號；然後就像發送封包時使用的方法一樣，構築一個完整的資料封包；最後將這個封包儲存到接收佇列裡，等待使用者層應用程式來取得資料封包。

```
NDIS_STATUS
NdisProtReceive(
    IN NDIS_HANDLE                              ProtocolBindingContext,
    IN NDIS_HANDLE                              MacReceiveContext,
    __in_bcount(HeaderBufferSize) IN PVOID      pHeaderBuffer,
    IN UINT                                     HeaderBufferSize,
    __in_bcount(LookaheadBufferSize) IN PVOID   pLookaheadBuffer,
    IN UINT                                         LookaheadBufferSize,
    IN UINT                                         PacketSize
    )
{
    PNDISPROT_OPEN_CONTEXT    pOpenContext;
    NDIS_STATUS               Status;
    PNDIS_PACKET              pRcvPacket;
    PUCHAR                    pRcvData;
    UINT                      BytesTransferred;
    PNDIS_BUFFER              pOriginalNdisBuffer, pPartialNdisBuffer;

    // 獲得綁定控制碼
    pOpenContext = (PNDISPROT_OPEN_CONTEXT)ProtocolBindingContext;
    NPROT_STRUCT_ASSERT(pOpenContext, oc);
    pRcvPacket = NULL;
    pRcvData = NULL;
    Status = NDIS_STATUS_SUCCESS;

    do
    {
        // 如果表長度不是乙太網路封包表頭的長度，則不接收這個封包
        // 本協定只接收乙太網路封包
        if (HeaderBufferSize != sizeof(NDISPROT_ETH_HEADER))
        {
            Status = NDIS_STATUS_NOT_ACCEPTED;
            break;
```

```
        }
        if ((PacketSize + HeaderBufferSize) < PacketSize)
        {
                Status = NDIS_STATUS_NOT_ACCEPTED;
                break;
        }
    ...
```

讀者應該很熟悉上面的內容，主要就是獲得綁定上下文，然後檢查封包的長度。下面開始分配資料封包，主要就是分配緩衝區和記憶體等。這裡用到了函數 ndisprotAllocate ReceivePacket，不詳細說明這個函數的實現，但是讀者可以參考前面發送封包的小節，來分配這個資料封包。

```
...
// 分配一個封包，包含封包描述符號和緩衝區描述符號，以及記憶體空間，一次性分配好

pRcvPacket = ndisprotAllocateReceivePacket(
            pOpenContext,
            PacketSize + HeaderBufferSize,
            &pRcvData
            );

// 如果分配失敗，則不再接收這個封包了
if ((pRcvPacket == NULL) || (pRcvData == NULL))
{
    Status = NDIS_STATUS_NOT_ACCEPTED;
    break;
}

// 記憶體拷貝，先拷貝乙太網路封包表頭
NdisMoveMappedMemory(pRcvData, pHeaderBuffer, HeaderBufferSize);
...
```

後面的程式是關鍵部分。如果前視區已經包含了整個資料封包，則直接呼叫 NdisCopyLookaheadData 獲得資料封包的完整內容，然後呼叫 ndisprotQueueReceivePacket 將資料封包插入到接收緩衝佇列裡即可。但是如果不是這樣，在這裡有必要自己重新分配一個緩衝區描述符號。

使用 NdisTransferData 來傳輸資料的時候，讀者會發現這個函數有一個奇特的特點，就是不傳輸乙太網路封包表頭。也就是說，如果有人傳入一個封包描述

符號，呼叫 NdisTransferData 進行資料傳送時，這個函數就會寫入完整的封包資料，但是不包含封包表頭。寫入的目標為封包描述所連結的封包緩衝區描述符號所指的緩衝區。

讀者可以看到，本節程式中分配的封包描述符號已經含有可以容納完整封包資料的緩衝空間。而且透過前面 NdisMoveMappedMemory 的呼叫，已經將乙太網路封包表頭拷貝到可緩衝空間中了。但是如果將這個封包描述符號直接傳遞給 NdisTransferData 進行傳送，NdisTransferData 就會寫入不含乙太網路封包表頭的資料，而且從緩衝的開頭開始寫入，這樣就把前面已經拷貝的乙太網路封包表頭覆蓋掉了。

為此，下面的程式產生了一個新的緩衝區描述符號，這個描述符號指向原來的緩衝之後，跳過一個乙太網路封包表頭的地方，解除封包描述符號和原來的緩衝區描述符號的連結關係（使用 NdisUnchainBufferAtFront），並把這個舊的緩衝區描述符號保留下來（後面依然需要使用），而新的緩衝區描述符號被連結到這個封包描述符號上（使用 NdisChainBufferAtBack）。下面是實際的程式實現。

```
// ……
// 檢查前視區裡是否包含了完整封包的資料
if (PacketSize == LookaheadBufferSize)
{
    // 如果前視區已經包含了整個資料封包，那麼呼叫NdisCopyLookaheadData
    // 就可以獲得完整的封包，然後呼叫ndisprotQueueReceivePacket將這個封包
    // 插入佇列
    NdisCopyLookaheadData(pRcvData+HeaderBufferSize,
                     pLookaheadBuffer,
                     LookaheadBufferSize,
                     pOpenContext->MacOptions);
    ndisprotQueueReceivePacket(pOpenContext, pRcvPacket);
}
else
{
    // 不然需要分配一個新的緩衝區描述符號。請注意，這個描述符號對應的是從封包
    // 緩衝區開始HeaderBufferSize個位元組之後的空間
    // (pRcvData + HeaderBufferSize)
    NdisAllocateBuffer(
        &Status,
        &pPartialNdisBuffer,
```

```
            pOpenContext->RecvBufferPool,
            pRcvData + HeaderBufferSize,
            PacketSize);

    if (Status == NDIS_STATUS_SUCCESS)
    {
        // 如果成功了，就把封包上原有的緩衝解鏈，使原來的緩衝區描述符號脫離封
        // 包描述符號
        NdisUnchainBufferAtFront(pRcvPacket, &pOriginalNdisBuffer);
        // 現在把原來的封包描述符號儲存起來
        NPROT_RCV_PKT_TO_ORIGINAL_BUFFER(pRcvPacket) =
        pOriginalNdisBuffer;

        // 然後把新的緩衝區描述符號連結到封包上
        NdisChainBufferAtBack(pRcvPacket, pPartialNdisBuffer);
        ...
```

接下來是對 NdisTransferData 的呼叫。這是一個非常重要的 NDIS 介面，其中
第一個參數傳回狀態，一般都會傳回 STATUS_PENDING。第二個參數是綁定
網路卡時傳回的綁定控制碼。第三個參數是 ReceiveHandler 回呼函數指標所指
的回呼函數的第二個參數 MacReceiveContext，這個參數僅被使用了這一次。
第四個參數是傳輸開始的偏移量，如果為 0 則從頭開始傳輸（但是不包含乙太
網路封包表頭）。第五個參數是要傳輸的資料長度。第六個參數是傳輸資料的
目標封包描述符號，也就是說，資料是往這個封包裡傳輸的。最後一個參數傳
回實際傳輸的長度。

NdisTransferData 一旦完成，協定特徵集中的另一個回呼函數 NdisProtTransfer
DataComplete 就會被呼叫。

```
        ...
        // 然後呼叫NdisTransferData來傳輸資料封包剩餘的部分。這個呼叫
        //完成之後，協定特徵集中的NdisProtTransferDataComplete會被呼叫
        NdisTransferData(
            &Status,
            pOpenContext->BindingHandle,
            MacReceiveContext,
            0,  // ByteOffset
            PacketSize,
            pRcvPacket,
            &BytesTransferred);
    }
```

```
        else
        {
        // 如果失敗，則不會呼叫NdisTransferData。但我們還是
            // 要在NdisProtTransferDataComplete中做最後的處理，所以
            // 要自己填寫BytesTransferred
            BytesTransferred = 0;
        }

        if (Status != NDIS_STATUS_PENDING)
        {
            // 如果前面就失敗了，那麼我們自己呼叫NdisProtTransferDataComplete
            NdisProtTransferDataComplete(
                (NDIS_HANDLE)pOpenContext,
                pRcvPacket,
                Status,
                BytesTransferred);
        }
    }
}
while (FALSE);
return Status;
}
```

16.7.3 TransferDataCompleteHandler 的實現

在本例中，協定特徵集中的回呼函數指標 TransferDataCompleteHandler 所指的函數是 NdisProtTransferDataComplete，這個函數被呼叫表示一個資料封包的傳輸完成。傳輸一旦完成，我們就會獲得一個完整的資料封包。本例將把這個資料封包儲存到接收佇列裡，等待使用者層傳來的讀取請求。一旦有讀取請求過來，就可以從中取得一個資料封包，把內容交給讀取請求，然後銷毀這個資料封包。

NdisProtTransferDateComplete 的實現相比較較簡單，但是要記得我們前面在呼叫 NdisTransferData 之前分配過一個新的緩衝區描述符號，並儲存了舊的緩衝區描述符號。新的緩衝區描述符號只對應不含乙太網路封包表頭的部分，不是完整的乙太網路封包，為此本函數實現的程式要把這個緩衝區描述符號復原。至於不再需要的緩衝區描述符號，呼叫 NdisFreeBuffer 直接釋放即可。請注意 NdisFreeBuffer 僅釋放緩衝區描述符號，並不釋放緩衝區。

```
VOID
NdisProtTransferDataComplete(
    IN NDIS_HANDLE          ProtocolBindingContext,
    IN PNDIS_PACKET         pNdisPacket,
    IN NDIS_STATUS          TransferStatus,
    IN UINT                 BytesTransferred
    )
{

    PNDISPROT_OPEN_CONTEXT   pOpenContext;
    PNDIS_BUFFER            pOriginalBuffer, pPartialBuffer;
    UNREFERENCED_PARAMETER(BytesTransferred);
    pOpenContext = (PNDISPROT_OPEN_CONTEXT)ProtocolBindingContext;
    NPROT_STRUCT_ASSERT(pOpenContext, oc);

    // 獲得儲存過的舊的緩衝區描述符號。要記得在傳輸之前，為了讓傳輸的內容正確
    // 地寫到乙太網路封包表頭，我們分配了一個新的緩衝區描述符號取代了舊的緩衝
    // 區描述符號。現在要恢復它
    pOriginalBuffer = NPROT_RCV_PKT_TO_ORIGINAL_BUFFER(pNdisPacket);
    if (pOriginalBuffer != NULL)
    {
        // 和前面取代時的操作一樣，先解除連結，然後再呼叫連結呼叫之後已經恢復
        // 了舊的封包描述符號
        NdisUnchainBufferAtFront(pNdisPacket, &pPartialBuffer);
        NdisChainBufferAtBack(pNdisPacket, pOriginalBuffer);
    ASSERT(pPartialBuffer != NULL);

        // 新的封包描述符號已經沒用了，現在呼叫函數NdisFreeBuffer來釋放它
        if (pPartialBuffer != NULL)
        {
            NdisFreeBuffer(pPartialBuffer);
        }
    }
    if (TransferStatus == NDIS_STATUS_SUCCESS)
    {
        // 如果傳輸成功，則將封包儲存到接收佇列中
        ndisprotQueueReceivePacket(pOpenContext, pNdisPacket);
    }
    else
    {
        // 如果傳輸失敗，則直接釋放這個封包
        ndisprotFreeReceivePacket(pOpenContext, pNdisPacket);
    }

}
```

16.7.4 ReceivePacketHandler 的實現

在本書的範例程式中，ReceivePacketHandler 所指的函數是 NdisProtReceive
Packet。這個函數的參數很簡單，但是讀者要注意，它的傳回值是一個所謂的
參考計數。

參考計數是指接收到的封包描述符號被本協定驅動使用的次數。因為如果封包
被本驅動使用，那麼就說明下層網路卡不能釋放這個封包；只有參考計數減小
到 0，才能釋放。如果我們要重用這個網路封包，並拷貝其內容，而非自己分
配一個，就必須要傳回一個參考計數，一般傳回 1 就可以了。

但並不是任何時候都可以重用下層傳來的封包。在下層驅動資源不足時，必須
釋放該封包，重新分配封包，並拷貝到新的封包描述符號裡。可以用 NDIS_
GET_PACKET_ STATUS(pNdisPacket) == NDIS_STATUS_RESOURCES 來判斷
是否可以重用封包，如果上述條件成立則不可以。程式如下：

```
INT
NdisProtReceivePacket(
    IN NDIS_HANDLE                  ProtocolBindingContext,
    IN PNDIS_PACKET                 pNdisPacket
    )
{
…// 區域變數定義，這裡省略了

  // 獲得開啟上下文
    pOpenContext = (PNDISPROT_OPEN_CONTEXT)ProtocolBindingContext;
    NPROT_STRUCT_ASSERT(pOpenContext, oc);

    // 從封包描述符號中獲得第一個緩衝區描述符號
    NdisGetFirstBufferFromPacket(
        pNdisPacket,
        &pNdisBuffer,
        &pEthHeader,
        &BufferLength,
        &TotalPacketLength);

    do
    {
        // 如果這個封包的長度比乙太網路封包表頭還要小，則捨棄
        if (BufferLength < sizeof(NDISPROT_ETH_HEADER))
```

```
    {
        Status = NDIS_STATUS_NOT_ACCEPTED;
        break;
    }
    // 如果這個封包處於NDIS_STATUS_RESOURCES狀態，則必須拷貝
    // 而不能重用該封包。當然，這樣就比較消耗時間和資源了
    if ((NDIS_GET_PACKET_STATUS(pNdisPacket) ==
    NDIS_STATUS_RESOURCES))
    {
        // 下面內容表示分配一個封包並拷貝其內容。讀者可以參考前面講過
        // 的內容來了解
        pCopyPacket = ndisprotAllocateReceivePacket(
                    pOpenContext,
                    TotalPacketLength,
                    &pCopyBuf
                    );
        if (pCopyPacket == NULL)
        {
            break;
        }
        // 呼叫NdisCopyFromPacketToPacket來拷貝封包。當然，在拷貝之
        // 前呼叫者必須確保目標封包的緩衝區長度是足夠的
        NdisCopyFromPacketToPacket(
            pCopyPacket,
            0,
            TotalPacketLength,
            pNdisPacket,
            0,
            &BytesCopied);
        NPROT_ASSERT(BytesCopied == TotalPacketLength);
        // 現在開始使用新的封包
        pNdisPacket = pCopyPacket;
    }
    else
    {
    // 傳回值，表示我們已經參考了這個封包一次。當處理完成時，就可以呼叫
    // NdisReturnPackets來要求下層驅動釋放這個封包了。本函數把RefCount當
    // 作傳回值。如果傳回0，那麼下層驅動會認為我們不再需要這個資料封包了
    // RefCount = 1;
    }
    // 將資料封包放入佇列中
    ndisprotQueueReceivePacket(pOpenContext, pNdisPacket);
}
```

```
    while (FALSE);
    return (RefCount);
}
```

16.7.5 接收資料封包的加入佇列

前面介紹了兩個接收封包的回呼函數,這兩個回呼函數最後的正常結果都是收到一個資料封包並把這個資料封包放入佇列中。資料佇列是如何實現的?和前面幾章常用的鏈結串列一樣,都是用 LIST_ENTRY 來實現的。下面的程式使用了 NPROT_INSERT_TAIL_LIST 來插入鏈結串列。實際上,插入和刪除巨集的定義如下:

```
#define NPROT_INSERT_TAIL_LIST(_pList, _pEnt)   InsertTailList(_pList, _pEnt)
#define NPROT_REMOVE_ENTRY_LIST(_pEnt)          RemoveEntryList(_pEnt)
```

此外還有兩個巨集,用來從封包指標獲得鏈結串列節點指標,以及從鏈結串列節點指標獲得封包指標。請注意,封包描述符號裡專門用了一個協定保留區來儲存鏈結串列節點指標。

```
#define NPROT_LIST_ENTRY_TO_RCV_PKT(_pEnt)   \
    CONTAINING_RECORD(CONTAINING_RECORD(_pEnt, \
    NPROT_RECV_PACKET_RSVD, Link), NDIS_PACKET, ProtocolReserved)

#define NPROT_RCV_PKT_TO_LIST_ENTRY(_pPkt)   \
    (&((PNPROT_RECV_PACKET_RSVD)&((_pPkt)->ProtocolReserved[0]))->Link)
```

InsertTailList 和 RemoveEntryList 應該都是讀者熟悉的(前面在說明檔案過濾時,用過 InsertHeadList。本質上都是插入鏈結串列,只是一個是插入到尾部,另一個是插入到表頭)。下面就是前面常用的 ndisprotQueueReceivePacket 的程式。這個函數負責把一個封包插入到佇列中。當然,並不僅是插入這麼簡單,還做了一些檢查,例如檢查網路卡的電源狀態(在節能狀態下是直接捨棄封包的),檢查佇列的大小。當佇列中的封包過多時,必須刪除一些。最後呼叫函數 ndisprotServiceReads,該函數用於檢視是否有未完成的讀取請求(使用者層應用程式要求有讀取封包的請求),如果有,就取出資料封包完成它。

```
VOID
ndisprotQueueReceivePacket(
    IN PNDISPROT_OPEN_CONTEXT    pOpenContext,
    IN PNDIS_PACKET              pRcvPacket
```

```
    )
{
    PLIST_ENTRY        pEnt;
    PLIST_ENTRY        pDiscardEnt;
    PNDIS_PACKET       pDiscardPkt;
    do
    {
        pEnt = NPROT_RCV_PKT_TO_LIST_ENTRY(pRcvPacket);
        NPROT_REF_OPEN(pOpenContext);
        NPROT_ACQUIRE_LOCK(&pOpenContext->Lock);

        // 如果處於活動狀態，並且是正確的電源狀態，那麼就把這個封包
        // 插入到接收緩衝鏈結串列中
        if (NPROT_TEST_FLAGS(pOpenContext->Flags,
NUIOO_BIND_FLAGS, NUIOO_BIND_ACTIVE)
&&
            (pOpenContext->PowerState == NetDeviceStateD0))
        {
            NPROT_INSERT_TAIL_LIST(&pOpenContext->RecvPktQueue, pEnt);
            pOpenContext->RecvPktCount++;
        }
        else
        {
            // 不然就直接釋放這個封包
            NPROT_RELEASE_LOCK(&pOpenContext->Lock);
            ndisprotFreeReceivePacket(pOpenContext, pRcvPacket);
            NPROT_DEREF_OPEN(pOpenContext);
        break;
        }

        // 如果輸入緩衝區裡封包太多了，就要刪除一個
        if (pOpenContext->RecvPktCount > MAX_RECV_QUEUE_SIZE)
        {
            // 要刪除的封包的鏈結串列節點指標
            pDiscardEnt = pOpenContext->RecvPktQueue.Flink;
            NPROT_REMOVE_ENTRY_LIST(pDiscardEnt);
            // 接收封包數量減去1
            pOpenContext->RecvPktCount --;
            // 可以釋放鎖了
            NPROT_RELEASE_LOCK(&pOpenContext->Lock);
            // 從鏈結串列節點指標轉為封包指標
            pDiscardPkt = NPROT_LIST_ENTRY_TO_RCV_PKT(pDiscardEnt);
            // 把封包釋放掉
```

```
                    ndisprotFreeReceivePacket(pOpenContext, pDiscardPkt);
                    // 開啟上下文設定值。這是因為每加入佇列一個封包都要增加一次
                    // 參考計數
                    NPROT_DEREF_OPEN(pOpenContext);
            }
        else
        {

            NPROT_RELEASE_LOCK(&pOpenContext->Lock);

        }
        // 服務函數，用於檢查是否有未決的讀取請求，如果有，就取封包並完成請求
        ndisprotServiceReads(pOpenContext);
    }
    while (FALSE);
}
```

16.7.6 接收資料封包的佇列和讀取請求的完成

上一節中最後呼叫的 ndisprotServiceReads 函數讀者是見過的，即為在處理讀取請求時，最後呼叫的函數。這個函數的功能是，當讀取請求佇列和接收封包佇列都不為空時，從封包中取得資料，拷貝到 IRP 裡，然後完成這個 IRP。

pOpenContext → PendedReads 就是未決讀取請求佇列。pOpenContext → RecvPktQueue 就是接收封包緩衝佇列。這裡雖然說是佇列，但實際上是鏈結串列，所以用以下的方法就可以做出判斷：是否雙方同時為空或不為空。

```
VOID
ndisprotServiceReads(
    IN PNDISPROT_OPEN_CONTEXT        pOpenContext
    )
{
…// 這裡定義區域變數，省略

    // 增加參考計數，並獲得迴旋栓鎖
    NPROT_REF_OPEN(pOpenContext);
    NPROT_ACQUIRE_LOCK(&pOpenContext->Lock);

    // 只要讀取請求佇列和接收封包佇列同時不為空，就可以做出佇列和完成讀取請求了
    while (!NPROT_IS_LIST_EMPTY(&pOpenContext->PendedReads) &&
            !NPROT_IS_LIST_EMPTY(&pOpenContext->RecvPktQueue))
    {

        …
```

接下來的工作很簡單，將一個 IRP 和一個封包描述符號從佇列中取出，用的正是前面介紹過的 NPROT_REMOVE_ENTRY_LIST。

```c
FoundPendingIrp = FALSE;

// 獲得第一個未決讀取請求
pIrpEntry = pOpenContext->PendedReads.Flink;
while (pIrpEntry != &pOpenContext->PendedReads)
{
    // 從鏈結串列節點獲得IRP
    pIrp = CONTAINING_RECORD(pIrpEntry, IRP, Tail.Overlay.ListEntry);

    // 檢查這個請求是否正在被取消
    if (IoSetCancelRoutine(pIrp, NULL))
    {
        // 將這個IRP取出佇列
        NPROT_REMOVE_ENTRY_LIST(pIrpEntry);
        FoundPendingIrp = TRUE;
        break;
    }
    else
    {
        // 如果正在取消，則跳過這個IRP，使用下一個
        pIrpEntry = pIrpEntry->Flink;
    }
}
// 如果沒有IRP，則直接跳出結束
if (FoundPendingIrp == FALSE)
{
    break;
}
// 獲得第一個封包（最舊的），出佇列
pRcvPacketEntry = pOpenContext->RecvPktQueue.Flink;
NPROT_REMOVE_ENTRY_LIST(pRcvPacketEntry);
pOpenContext->RecvPktCount --;
NPROT_RELEASE_LOCK(&pOpenContext->Lock);
NPROT_DEREF_OPEN(pOpenContext);

// 從節點獲得封包
pRcvPacket = NPROT_LIST_ENTRY_TO_RCV_PKT(pRcvPacketEntry);
```

前面説過，一個封包描述符號（NDIS_PACKET）的封包資料實際是放在緩
衝區描述符號（NDIS_BUFFER）所描述的緩衝區裡的。多個 NDIS_BUFFER
是可以串聯成鏈結串列的，也就是説，一個封包可能帶有不止一個 NDIS_
BUFFER，它們串聯成一個鏈結串列。利用 NdisGetNextBuffer 可以從上一個
節點獲得下一個節點，而 IRP 的輸出緩衝區是連續的，因此需要一個循環來進
行拷貝，儘量地將更多的資料拷貝到輸出緩衝區中（以輸出緩衝區和封包長度
中小的為限）。

```
// 獲得IRP的輸出緩衝區位址，然後儘量拷貝更多的資料
pDst = MmGetSystemAddressForMdlSafe(pIrp->MdlAddress,
    NormalPagePriority);
NPROT_ASSERT(pDst != NULL);  // since it was already mapped
BytesRemaining = MmGetMdlByteCount(pIrp->MdlAddress);
pNdisBuffer = NDIS_PACKET_FIRST_NDIS_BUFFER(pRcvPacket);

// 請注意，每個PNDIS_BUFFER都是一個PMDL，同時PNDIS_BUFFER本身都是鏈結串
// 列。用NdisGetNextBuffer可以從一個節點獲得它的下面一個節點
// 封包的資料實際上是儲存在一個緩衝區描述符號鏈結串列裡的
while (BytesRemaining && (pNdisBuffer != NULL))
{
    NdisQueryBufferSafe(pNdisBuffer,
        &pSrc, &BytesAvailable, NormalPagePriority);
    if (pSrc == NULL)
    {
        break;
    }
    // 如果還可以拷貝資料，則繼續
    if (BytesAvailable)
    {
        ULONG BytesToCopy =
            MIN(BytesAvailable, BytesRemaining);
        NPROT_COPY_MEM(pDst, pSrc, BytesToCopy);
        BytesRemaining -= BytesToCopy;
        pDst += BytesToCopy;
    }
    NdisGetNextBuffer(pNdisBuffer, &pNdisBuffer);
}
...
```

下面的內容就是結束 IRP 了。讀者應該很熟悉，在前面的許多章節中都出現過。

```
// 拷貝好資料之後，結束IRP
pIrp->IoStatus.Status = STATUS_SUCCESS;
pIrp->IoStatus.Information = MmGetMdlByteCount(pIrp->MdlAddress) -
    BytesRemaining;
IoCompleteRequest(pIrp, IO_NO_INCREMENT);
...
```

前面在介紹接收封包時曾經說過封包是可以重用的，如果重用了下層驅動傳輸過來的封包，就不用拷貝記憶體了，這樣能提高效率。但是並不總是可以這樣，當下層驅動資源枯竭時，必須重新分配封包。如果自己重新分配，必定是從接收封包池裡分配封包描述符號，那麼這個封包所在的封包池（用 NdisGetPoolFromPacket 能獲得封包描述符號所在的封包池）一定就是接收封包池。所以，在這種情況下，封包是自己分配後拷貝出來的，不需要用 NdisReturnPackets 歸還封包；否則必須歸還。最後部分的程式如下：

```
    // 如果這個封包描述符號不是從接收封包池裡分配的，那麼就是從網路卡驅動
    // 中重用的。如果是重用的，則呼叫NdisReturnPackets歸還給網路卡驅動，
    // 讓它釋放
    if (NdisGetPoolFromPacket(pRcvPacket) != pOpenContext->RecvPacketPool)
    {
        NdisReturnPackets(&pRcvPacket, 1);
    }
    else
    {
        // 否則就自己釋放
        ndisprotFreeReceivePacket(pOpenContext, pRcvPacket);
    }
    NPROT_DEREF_OPEN(pOpenContext);    // took out pended Read
    NPROT_ACQUIRE_LOCK(&pOpenContext->Lock);
    pOpenContext->PendedReadCount--;
}
NPROT_RELEASE_LOCK(&pOpenContext->Lock);
NPROT_DEREF_OPEN(pOpenContext);    // temp ref - service reads
}
```

本章的範例程式

本章只有一個實例,在原始程式目錄的 /ndisprot 下。這個實例是直接從 WDK 的原始程式目錄裡拷貝出來的,有興趣的讀者可以在 WDK 的目錄下檢視原始的版本。編譯的方法請參照「附錄 A 如何使用本書的原始程式」。但是要注意,在 ndisprot 目錄下進行編譯,可以產生一個 sys 檔案。另外,ndisprot 下有一個 test 目錄,在編譯完 sys 檔案之後,必須進入 test 目錄(輸入 cd test)再次進行編譯,才能獲得用於測試的使用者層應用程式 uiotest.exe。

獲得 ndisprot.sys 之後,應該和原始程式目錄下的 ndisprot.inf 放到同一個目錄下。然後開啟「主控台」→「網路」,選擇對應本機網路卡的區域連線,在右鍵選單中選擇「內容」,點擊「安裝」按鈕,選擇「網路協定」(見圖 16-1),再選擇 ndisprot.inf。之後忽略所有的警告一律選擇確定,這樣協定驅動就安裝上了。

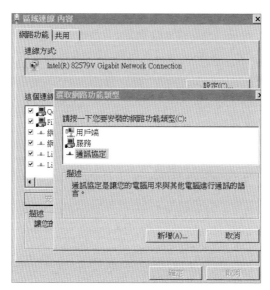

圖 16-1 安裝協定驅動

這裡順便提一下,這個安裝過程是可以用程式自動完成的。請讀者自己在網上搜尋相關的資料,本書不再詳細介紹了。

協定驅動安裝好了之後,必須用命令列載入驅動程式。指令如下:

```
net start ndisprot
```

載入之後，可以直接開啟命令列執行 uiotest.exe。

```
uiotest [可選項] <裝置名稱>
```

可選項如下：

```
-e：列舉；
-r：接收封包；
-w：發送封包（如果不加-r或-e參數，則預設是-w）；
-l <length>：指定每個封包的長度；
-n <count>：指定封包的個數。
```

舉例來說，uiotest -e 表示列舉所有的網路卡裝置，確認後會輸出網路卡裝置名稱和一些其他資訊。範例如下：

```
C:\uio>uiotest -e
```

輸出結果為：

```
0. \DEVICE\{9273DA7D-5275-4B9A-AC56-68A49D121F1F}
   - Intel-Based 10/100 Ethernet Card
```

再舉例來說，下面的指令會發出兩個長度為 100 的封包：

```
C:\uio>uiotest -n 2 \DEVICE\{9273DA7D-5275-4B9A-AC56-68A49D121F1F}
```

輸出結果是：

```
DoWriteProc: finished sending 2 packets of 100 bytes each
   DoReadProc finished: read 2 packets
```

如果要停止本驅動，則必須輸入命令列：

```
net stop ndisprot
```

NDIS 迷你通訊埠驅動

本章說明的是第兩種 NDIS 驅動：**迷你通訊埠驅動**（Miniport Driver）。迷你通訊埠驅動其實就是真正的網路卡驅動，相對於協定驅動而言，它更接近實體層。「迷你通訊埠」這個名字是相對於「大驅動」而言的，在作業系統發展的初期，網路驅動並沒有這麼明確的分層。網路卡生產商很可能要提供一個從底層 IO、中斷操作一直到應用層介面的具有「完整」功能的大型驅動程式，這就導致網路卡的驅動程式開發非常麻煩。現代 Windows 系統建議的是僅隔離出物理可變部分，其他的部分則給予統一的實現與介面。而要求網路卡生產商開發的網路卡驅動，則僅剩下被隔離出的小部分，將這個部分插在通用的「介面」上即可，因此稱為「迷你通訊埠驅動」。「迷你通訊埠驅動」是一個比較通用的稱呼，實際到網路這一大類中的網路卡驅動，則稱為 NDIS 迷你通訊埠驅動。請注意，這裡的「通訊埠」只是一種具體的比喻，和 TCP 或 UDP 協定中的「通訊埠編號」概念沒有任何關係。

本章使用 WDF 方式程式開發，以便讀者可以進一步熟悉 WDF 程式設計。

▌ 17.1 迷你通訊埠驅動的應用與概述

17.1.1 迷你通訊埠驅動的應用

開發一個適用於物理網路卡的迷你通訊埠驅動一般都是網路晶片廠商的工作。在安全軟體領域，迷你通訊埠驅動技術主要應用於虛擬網路卡。虛擬網路卡在安全企業中有許多作用，舉一個實例：某個國家機要部門內部為了安全起見，決定對某個大型的用於網路通訊的軟體（例如內部會議系統或內部的資料庫查詢系統）採用特殊物理隔絕的方式來避免洩密。他們決定不再使用普通網線，而是使用某種特殊通訊裝置互連，而這些通訊裝置則可以很容易地透過 USB

介面插到需要連接的電腦上，於是透過普通的網際網路將不可能竊聽到這些資料。

這樣一來，這些軟體的通訊介面就由網路介面變成了 USB 介面。但是眾所皆知，對於購買來的現成軟體來說，在沒有程式的情況下想修改它的下層通訊方式（例如放棄使用 Socket 發送資料而改用 USB 介面）幾乎是不可能的。即使購買了程式，自行去修改大型軟體的風險也是很極大的，投入大量的人力、物力，也未必能達到商務軟體的穩定性。

在這裡虛擬網路卡就可以造成很大作用。我們可以開發一個虛擬網路卡驅動，實際上它就是一個 NDIS 迷你通訊埠驅動，規模很小。上層提供一個網路卡介面，下層則使用 USB 介面來發送和接收資料封包。這個驅動安裝在 PC 上之後，只需要簡單地指定機密的網路通訊軟體使用這個新的虛擬網路卡通訊即可，其他的完全不需要修改。

在比較輕量級的應用中，並不一定要真正使用特殊的硬體才能達到保密的效果。更簡單的方式是下層不使用物理裝置，而使用一個 NDIS 協定驅動進行接收封包和發送封包。只是在接收封包和發送封包之前進行加密，同樣能達到比較好的保密效果。這樣一來，讀者可能有一些疑問。從前面的介紹來看，NDIS 協定驅動是位於迷你通訊埠驅動之上的，但是這裡卻顛倒過來，網路卡驅動反而位於協定層之上了。實際上，在 Windows 核心程式設計中，沒有絕對的架構，一切靈活應用，方可滿足各種不同的需求。好的開發人員固然要熟悉架構與系統，但也絕不可以為架構所限制。

17.1.2 迷你通訊埠驅動範例

NDIS 迷你通訊埠驅動在 WDK 中有多個範例，本章筆者選擇了一個名為 ndisedge 的驅動，這個驅動在 WDK 中有 WDF 版。出於讓讀者繼續熟悉傳統型驅動和 WDF 型驅動的關聯與區別的目的，本章使用 WDF 版的範例。這個範例是本書中兩個 WDF 範例之一（另一個範例是第 9 章「磁碟的虛擬」中的 RamDisk）。

ndisedge 是一個虛擬網路卡驅動，它的特點是，下層不通過任何物理裝置，而是透過第 16 章「NDIS 協定驅動」中介紹的實例 ndisprot 來進行接收封包和發送封包的。下面的圖 17-1 有助讀者了解兩個驅動及其在 NDIS 驅動系統中的位置。

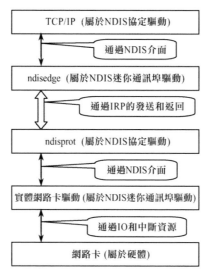

圖 17-1 ndisedge 和 ndisprot 在 NDIS 系統中的位置

圖 17-1 展示的系統比較複雜,但是並不醜陋。它遵循著一定的標準:

(1)最上層的一般是 TCP/IP 協定,這是 Windows 內含的,絕大多數使用者軟體都使用它(它提供 Socket 的實現)。

(2)協定驅動下面鄰接的必定是 NDIS 迷你通訊埠驅動,但上層可以自由實現。

(3)NDIS 迷你通訊埠驅動上面鄰接的必定是 NDIS 協定驅動,但下層可以自由實現。

(4)硬體網路卡的上面是 NDIS 迷你通訊埠驅動,否則無法驅動硬體。

Windows 對層次的數量並沒有限制,只對介面標準有限制,因此讀者也完全可以自己設計所需要的系統來滿足不同的需求。

前面已經介紹過 NDIS 協定驅動,而 NDIS 迷你通訊埠驅動和協定驅動相比有很多類似之處,因此這一章只注重介紹迷你通訊埠驅動和協定驅動不同的部分,不再對程式進行一行行的實際分析。

17.1.3 迷你通訊埠驅動的運作與程式設計概述

讀者可以回憶一下協定驅動的運作。協定驅動在 DriverEntry 中，首先應該填寫一個協定特徵。迷你通訊埠驅動也是一樣的，首先填寫一個迷你通訊埠特徵。迷你通訊埠特徵是一個回呼函數的指標陣列，Windows 核心在某些時候會呼叫這些回呼函數。

比如說網路卡最重要的功能，就是收發資料封包，其中接收資料封包是由中斷服務完成的，而發送資料封包則是上層使用者程式要求的。當一個應用程式開啟一個 Socket 要求發送一個資料封包時，這個請求實際上是透過 IRP（IO 管理員會將 TDI 介面的操作轉為 IRP）發送給協定驅動的控制裝置，協定驅動則會呼叫 NdisSendPackets 進行封包的發送；而 Windows 核心的 NDIS 子系統則會自動找到該協定綁定的迷你通訊埠驅動，呼叫迷你通訊埠特徵中的用於發送資料封包的回呼函數。

這樣一來，作為網路卡驅動的實現者，就可以完全不管從使用者層一直到發出乙太網路封包之前的階段，只需要集中於實現乙太網路封包的發送就可以了。而實現的方式，就是實現符合要求的發送回呼函數。回呼函數的原型都寫在迷你通訊埠特徵中；而實作方式的要求，則寫在文件中。本章會列出實例，讓讀者學會如何撰寫這些回呼函數。

和實現協定驅動一樣，實現迷你通訊埠驅動就是實現迷你通訊埠特徵中的這些回呼函數。因此下面的內容，將對從迷你通訊埠驅動的註冊、初始化，到請求的設定和查詢、已經發送資料封包等回呼函數，逐一地說明。

▌ **17.2** 迷你通訊埠驅動的初始化

17.2.1 迷你通訊埠驅動的 DriverEntry

在 DriverEntry 中，第一件事是確定目前作業系統所使用的 NDIS 版本。這是一步可選的操作。一般來說，在軟體的說明中會告訴使用者，這個版本的驅動程式適用於什麼版本的作業系統。但是在 ndisedge 的 WDF 版本中一開始就做了這個判斷，如果 NDIS 的版本不合適，那麼這個驅動會直接載入失敗。

使用 NdisGetVersion 會獲得一個版本編號，這個版本編號的高 16 位是主版本編號，低 16 位是次版本編號。舉例來說，本驅動要求 NDIS 的版本編號至少為 5.0，則可以定義：

```
#define MP_NDIS_MAJOR_VERSION        5
#define MP_NDIS_MINOR_VERSION        0
```

那麼，對版本的判斷可以這樣進行：

```
// 檢查版本編號。這裡主版本編號為5，次版本編號為0，要求最低版本為5.0
if (NdisGetVersion() < ((MP_NDIS_MAJOR_VERSION << 16) |
        MP_NDIS_MINOR_VERSION)){
    // 如果版本太低，則直接傳回失敗即可
    return NDIS_STATUS_FAILURE;
}
```

接下來是 WDF 相關的程式，產生一個 WDF 驅動物件。這一點讀者在第 9 章「磁碟的虛擬」中已經學習過了。程式如下：

```
WDF_DRIVER_CONFIG_INIT(&config, WDF_NO_EVENT_CALLBACK);
config.DriverInitFlags |= WdfDriverInitNoDispatchOverride;
ntStatus = WdfDriverCreate(DriverObject,
                    RegistryPath,
                    WDF_NO_OBJECT_ATTRIBUTES,
                    &config,
                    WDF_NO_HANDLE);
if (!NT_SUCCESS(ntStatus)){
    return NDIS_STATUS_FAILURE;
}
```

讀者一定記得前面在註冊協定時，首先要填寫一個協定特徵，然後使用一個核心 API 進行註冊。同樣，迷你通訊埠驅動也需要註冊，而且迷你通訊埠驅動也同樣需要首先填寫一個迷你通訊埠特徵。但是在此之前，要註冊迷你通訊埠驅動所需要的包裝控制碼（Wrapper Handler）。在 NDIS 內部，使用這個包裝控制碼來管理迷你通訊埠的設定資訊。但是迷你通訊埠驅動的開發者並不需要從這個控制碼中獲得任何資訊，只需要持有它。因為後面還有許多 NDIS 的核心 API 呼叫時，需要提供這個包裝控制碼。

因此，在註冊迷你通訊埠驅動之前，先初始化一個包裝控制碼。初始化包裝控制碼需要提供驅動物件的指標和這個驅動的登錄檔路徑。這兩個資訊都來自

DriverEntry 輸入的參數，所以很容易獲得。

```
// 初始化包裝控制碼。這個控制碼是註冊迷你通訊埠必需的，但是對迷你通訊埠驅動的
// 開發者而言，除了呼叫一些NDIS函數需要提供這個控制碼，並沒有什麼實質的意義
NdisMInitializeWrapper(
        &NdisWrapperHandle,
        DriverObject,
        RegistryPath,
        NULL
        );
if (!NdisWrapperHandle){
    return NDIS_STATUS_FAILURE;
}
```

下面就開始填寫迷你通訊埠特徵並註冊迷你通訊埠。請注意迷你通訊埠特徵和協定特徵的不同主要在於：協定有兩個接收回呼函數（ReceiveHandler 和 ReceivePacketHandler），而迷你通訊埠則沒有接收回呼函數，對應的有發送回呼函數。此外，迷你通訊埠沒有必要去綁定什麼東西，所以沒有 BindAdapterHandler 和 UnbindAdapterHandler，但是對應的有 InitializeHandler（初始化）和 HaltHandler（關閉）。

```
// 把迷你通訊埠特徵記憶體清0
NdisZeroMemory(&MPChar, sizeof(MPChar));
// 然後開始填寫迷你通訊埠特徵
MPChar.MajorNdisVersion = MP_NDIS_MAJOR_VERSION;
MPChar.MinorNdisVersion = MP_NDIS_MINOR_VERSION;
MPChar.InitializeHandler = MPInitialize;
MPChar.HaltHandler = MPHalt;
MPChar.SetInformationHandler = MPSetInformation;
MPChar.QueryInformationHandler = MPQueryInformation;
MPChar.SendPacketsHandler    = MPSendPackets;
MPChar.ReturnPacketHandler = MPReturnPacket;
MPChar.ResetHandler = NULL;//MPReset;
MPChar.CheckForHangHandler = MPCheckForHang; //optional
// 註冊迷你通訊埠。注意：需要包裝控制碼與迷你通訊埠特徵指標
Status = NdisMRegisterMiniport(
        NdisWrapperHandle,
    &MPChar,
    sizeof(NDIS_MINIPORT_CHARACTERISTICS));
```

```
if (Status != NDIS_STATUS_SUCCESS) {
    NdisTerminateWrapper(NdisWrapperHandle, NULL);
} else {
        ...
```

這個驅動需要全域資源（一個鎖和一個鏈結串列）。在 DriverEntry 中初始化
這些全域資源，同時為了能將其釋放，必須註冊一個 Unload 函數。注意：
在 NDIS 迷你通訊埠驅動中，和在一般的驅動程式中不同，不是直接填寫
DriverObject → DriverUnload，而是用 NdisMRegisterUnloadHandler 來註冊。
筆者不知道二者是否相等，但是無論如何，開發者都應該使用文件推薦的方
法。程式如下：

```
    ...
    // 初始化全域變數。這些全域變數是在整個驅動中使用的
    NdisAllocateSpinLock(&GlobalData.Lock);
    NdisInitializeListHead(&GlobalData.AdapterList);

    // 註冊一個Unload函數。請注意Unload在整個驅動移除時呼叫
    // 而協定特徵中的MPHalt則在每個實例（網路卡）移除時呼叫
    NdisMRegisterUnloadHandler(NdisWrapperHandle, MPUnload);
}
// 到這裡，DriverEntry就結束了
return Status;
```

17.2.2 迷你通訊埠驅動的介面卡結構

介面卡（Adapter）的概念，讀者應該已經見過了。因為在協定綁定網路卡時，
使用的 NDIS 核心 API 就是 NdisOpenAdapter。實際上，這個「開啟」的意思
就是綁定，而介面卡是指一個網路卡。要注意迷你通訊埠驅動和網路卡之間的
關係，一個迷你通訊埠驅動可以驅動同一類型網路卡晶片的多個網路卡，因此
認為一個迷你通訊埠驅動對應一個網路卡的想法是不對的（然而，認為一個協
定驅動就對應著一個或一組封裝在一起的協定卻是對的，因為協定本來就是抽
象概念，不存在物理的插入兩個或更多一樣的「協定」的可能）。

一個實際出現的被某個迷你通訊埠驅動的網路卡（不一定是物理的）被稱為
該驅動的實例（Instance）。一個迷你通訊埠驅動是可以沒有任何實例的。在擁
有實例的情況下，迷你通訊埠對每個實例都要儲存一組資訊。對迷你通訊埠而

言，一個實例自然就是一個網路介面卡（俗稱網路卡）。因此，在迷你通訊埠驅動中，對每個出現的實例的資訊，用了一個自訂的介面卡結構來儲存。這些結構可能有多個，所以在 DriverEntry 中需要全域地準備一個鏈結串列，並需要一個鎖用來同步。

這個結構是由迷你通訊埠驅動的撰寫者自己定義的，這當然取決於程式設計者自己需要儲存什麼資訊。ndisedge 的介面卡結構非常龐大，實際的細節讀者可以開啟原始程式上的實例去詳細閱讀，下面只選擇比較重要的幾項列出。

```
typedef struct _MP_ADAPTER
{
    // 鏈結串列節點，參考計數，還有鎖和事件…
    LIST_ENTRY              List;
    LONG                    RefCount;
    NDIS_SPIN_LOCK          Lock;
    NDIS_EVENT              InitEvent;
    NDIS_EVENT              HaltEvent;

    // 物理裝置和功能裝置
    PDEVICE_OBJECT          Pdo;
    PDEVICE_OBJECT          Fdo;
    PDEVICE_OBJECT          NextDeviceObject;
    WDFDEVICE               WdfDevice;

    // NDIS的介面卡控制碼和介面卡名字
    NDIS_HANDLE             AdapterHandle;
    WCHAR                   AdapterName[NIC_ADAPTER_NAME_SIZE];
    WCHAR                   AdapterDesc[NIC_ADAPTER_NAME_SIZE];
    ...

    // 發送緩衝集區等用來發送封包和接收封包的資源
    NDIS_HANDLE             SendBufferPoolHandle;
    LIST_ENTRY              SendFreeList;
    LIST_ENTRY              SendWaitList;
    LIST_ENTRY              SendBusyList;
     ...
    NDIS_HANDLE             RecvPacketPoolHandle;
    NDIS_HANDLE             RecvBufferPoolHandle;
    ...
    // 用來控制下層ndisprot協定收發封包的相關資訊
```

```
    HANDLE                  FileHandle;
    PFILE_OBJECT            FileObject;
    WDFIOTARGET             IoTarget;
    UCHAR                   PhyNicMacAddress[ETH_LENGTH_OF_ADDRESS];
    ...
    // 各種計數，如發送/接收的資料封包個數等
    ULONG                   nReadsPosted;
    ULONG                   nReadsCompletedWithError;
    ULONG                   nPacketsIndicated;
    ULONG                   nPacketsReturned;
    ...
} MP_ADAPTER, *PMP_ADAPTER;
```

17.2.3 設定資訊的讀取

在初始化過程中需要讀取設定資訊，例如網路卡的 MAC 位址，這些資訊都在 NICReadReg Parameters 中實現。向系統讀取設定資訊時，一個重要的輸入參數是在 DriverEntry 中獲得的包裝控制碼。

首先，定義兩個字串：

```
NDIS_STRING strMiniportName = NDIS_STRING_CONST("MiniportName");
NDIS_STRING strFilterName = NDIS_STRING_CONST("Promiscuous");
...
```

每次從登錄檔中讀取設定資訊時都要先使用 NdisOpenConfiguration 函數開啟一個設定控制碼。輸入參數中的 WrapperConfigurationContext 就是前面說過的包裝控制碼，如果開啟成功，則設定控制碼儲存在 ConfigurationHandle 中。這個操作其實相當於 ZwOpenRey 開啟一個登錄檔鍵。

```
NdisOpenConfiguration(
    &Status,
    &ConfigurationHandle,
    WrapperConfigurationContext);
```

然後就可以呼叫 NdisReadConfiguration 來讀取設定資訊了。輸入的是設定資訊的名字，如果要讀取迷你通訊埠的名字，則可以這樣操作：

```
NdisReadConfiguration(&Status,
                      &pParameterValue,
                      ConfigurationHandle,
```

```
                       &strMiniportName,
                       NdisParameterString);
if (Status != NDIS_STATUS_SUCCESS) {
    … // 錯誤處理
} else {
    Length = min(NIC_ADAPTER_NAME_SIZE-1,
      pParameterValue->ParameterData.StringData.Length
      /sizeof(WCHAR));
    RtlStringCchCopyW(Adapter->AdapterName, Length+1,
          (PWCHAR)pParameterValue->
              ParameterData.StringData.Buffer);
}
```

這和直接讀取登錄檔的操作是類似的，只是讀取的路徑都已經被限制死了。
關於詳情，讀者可以參考隨書原始程式。NICReadRegParameters 函數在
MPInitialize 中被呼叫。

17.2.4 設定迷你通訊埠介面卡上下文

在協定驅動中，讀者一定還記得綁定上下文的重要性。每個綁定上下文都相
當於一個被綁定的網路卡，無論是發送 / 接收資料封包，還是查詢或設定都必
須先獲得綁定上下文。對於迷你通訊埠來說，同樣重要的就是介面卡上下文
（Adapter context）。介面卡上下文是一個指標，這個指標指向的空間就是在前
面介紹過的介面卡結構。這個指標必須在 MPInitialize 中設定好，然後在多個
迷你通訊埠特徵中的回呼函數中作為參數傳入。例如 MPSendPackts，只有傳
入這個參數，迷你通訊埠驅動的開發者才知道 MPSendPackets 中應該用哪個
介面卡（也就是哪個網路卡）來發送資料封包。在 MPInitialize 中，必須使用
NdisMSetAttributesEx 來設定介面卡上下文。這個 NDIS 核心 API 函數的原型
如下：

```
VOID
  NdisMSetAttributesEx(
    IN NDIS_HANDLE MiniportAdapterHandle,
    IN NDIS_HANDLE MiniportAdapterContext,
    IN UINT  CheckForHangTimeInSeconds  OPTIONAL,
    IN ULONG  AttributeFlags,
    IN NDIS_INTERFACE_TYPE AdapterType
    );
```

第一個參數是迷你通訊埠介面卡控制碼，這是 MPInitialize 的傳導入參數之一，是 Windows 核心分配的。第二個參數就是我們要提供的介面卡上下文，在這裡實際上也就是介面卡結構的指標。接下來的 CheckForHangTimeInSeconds 是可選參數，不重要，在本章範例程式中填寫 0。本書中需要用到以下兩個 AttributeFlags 設定屬性。

NDIS_ATTRIBUTE_DESERIALIZE：表示這個迷你通訊埠是一個非序列化的迷你通訊埠驅動，它的接收封包和發送封包是非序列化的。

NDIS_ATTRIBUTE_USES_SAFE_BUFFER_APIS：表示這個迷你通訊埠使用安全的緩衝 API。避免 NDIS 認為每個發送資料封包的緩衝區都不安全，而使用 MDL 去鎖定頁面。這其中的詳情和 NDIS 本身的體制有關，讀者可以不必深究，只記得寫上這個屬性設定即可。

最後一個參數 AdapterType 指定這個迷你通訊埠驅動的物理介面類別型，可以選擇 ISA、PCI、MCA 等多種介面。但是本章的實例和真正的物理介面類別型沒關係，所以填寫一個 NdisInterfaceInternal（內部介面）即可。

這樣一來，在 MPInitialize 中相關的程式如下：

```
#define NIC_INTERFACE_TYPE    NdisInterfaceInternal
...
NdisMSetAttributesEx(
        MiniportAdapterHandle,
        (NDIS_HANDLE) Adapter,
        0,
        NDIS_ATTRIBUTE_DESERIALIZE |
        NDIS_ATTRIBUTE_USES_SAFE_BUFFER_APIS,
        NIC_INTERFACE_TYPE);
```

其中 Adapter 是前面分配過的介面卡結構的指標。

17.2.5 MPInitialize 的實現

MPInitialize 就是迷你通訊埠特徵中的 InitializeHandler 所指的函數，這個函數在發現每個實例時被 Windows 核心呼叫，因此開發者應該在這個函數中實現對介面卡結構的初始化。此外還有一些「例常」交易，例如讀者在協定驅動開發過程中已經見到過的，必須填寫適應的媒質類型。

另一件事是產生一個迷你通訊埠裝置物件。這是撰寫迷你通訊埠驅動架構的一部分，幾乎所有的迷你通訊埠驅動都是這樣做的。讀者可以在本節中稍後的程式範例中看到過程。

首先填寫媒質類型。這和協定驅動沒有太大區別，這裡不再詳述。

```
#define NIC_MEDIA_TYPE NdisMedium802_3

// 檢查可選的媒質類型中有沒有NdisMedium802_3
for(index = 0; index < MediumArraySize; ++index)
{
    if (MediumArray[index] == NIC_MEDIA_TYPE) {
        break;
    }
}

// 如果沒有就直接傳回不支援
if (index == MediumArraySize)
{
    Status = NDIS_STATUS_UNSUPPORTED_MEDIA;
    break;
}
// 填寫選取的媒質
*SelectedMediumIndex = index;
```

下面的工作是產生和初始化介面卡結構的記憶體空間。這個結構雖然複雜，但是過程簡單。首先分配一片記憶體空間，然後清 0。這裡不再詳述，讀者可以自己檢視函數 NICAllocAdapter。程式如下：

```
// 下面是分配初始化介面卡結構。非常簡單，不再詳述
Status = NICAllocAdapter(&Adapter);
if (Status != NDIS_STATUS_SUCCESS)
{
    break;
}

// 增加參考計數。這個參考計數對應的在MPHalt中減少
MP_INC_REF(Adapter);
```

接下來是一系列「例常」交易。首先是獲得系統給這個迷你通訊埠驅動分配的 PDO（物理裝置物件）和 FDO（功能裝置物件）。因為本章開發的並不是真正的硬體迷你通訊埠驅動，所以這兩個概念對讀者而言並不是非

常重要的，只需要了解這是迷你通訊埠驅動開發架構的一部分即可。使用 NdisMGetDeviceProperty 從系統中獲得之後，PDO 和 FDO 的裝置物件指標都被儲存在介面卡結構中。相關的程式如下：

```
NdisMGetDeviceProperty(MiniportAdapterHandle,
        &Adapter->Pdo,
        &Adapter->Fdo,
        &Adapter->NextDeviceObject,
        NULL,
        NULL);
```

就下層使用協定收發資料封包的 ndisedge 而言，這三個裝置物件指標基本上都沒有用處，除了接下來為了產生迷你通訊埠裝置物件而呼叫 WdfDevice MiniportCreate。這是迷你通訊埠驅動必須做的一項工作。輸出結果為一個 WDF 的裝置控制碼，它相當於傳統型驅動裡的控制裝置。但是在傳統型驅動裡，對控制裝置的要求並不那麼嚴格。這個裝置控制碼很重要，在後面的 IO 操作中經常使用，它儲存在 Adpater → WdfDevice 中。

```
WDF_OBJECT_ATTRIBUTES  doa;

...
WDF_OBJECT_ATTRIBUTES_INIT_CONTEXT_TYPE(&doa, WDF_DEVICE_INFO);
ntStatus = WdfDeviceMiniportCreate(WdfGetDriver(),
        &doa,
        Adapter->Fdo,
        Adapter->NextDeviceObject,
        Adapter->Pdo,
        &Adapter->WdfDevice);
if (!NT_SUCCESS (ntStatus))
{
    DEBUGP (MP_ERROR, ("WdfDeviceMiniportCreate failed (0x%x)\n",
        ntStatus));
    Status = NDIS_STATUS_FAILURE;
    break;
}
```

然後從登錄檔中讀出設定資訊。這是一項可選工作，如果開發者不需要在登錄檔中儲存資訊，這一步就不需要了。書中的程式呼叫了 NICReadRegParameters 來讀取網路卡位址之類的資訊，這個函數的程式在上一小節中已經說明過。

```
Status = NICReadRegParameters(Adapter, WrapperConfigurationContext);
    if (Status != NDIS_STATUS_SUCCESS)
    {
        break;
    }
```

讀出來的資訊也儲存在 Adapter 中。接著設定了介面卡上下文：

```
NdisMSetAttributesEx(
            MiniportAdapterHandle,
            (NDIS_HANDLE) Adapter,
            0,
            NDIS_ATTRIBUTE_DESERIALIZE |
            NDIS_ATTRIBUTE_USES_SAFE_BUFFER_APIS,
            NIC_INTERFACE_TYPE);
```

最後是最關鍵的一步，就是啟動整個網路卡，在 NICInitializeAdapter 中實現。
啟動網路卡有關開啟下面的 ndisprot 裝置，在本章後面有關實際內容時，再詳
細地説明。在 MPInitialize 中，最後部分的程式如下：

```
    ...
    Status = NICInitializeAdapter(Adapter, WrapperConfigurationContext);
    if (Status != NDIS_STATUS_SUCCESS) {
        Status = NDIS_STATUS_FAILURE;
        break;
    }
} WHILE (FALSE);

if (Status == NDIS_STATUS_SUCCESS) {
    // 把這個Adapter指標儲存到全域鏈結串列裡，以便維護和檢索
    NICAttachAdapter(Adapter);
}
else {
    // 如果失敗，則必須將已經分配的資源釋放，所以呼叫MPHalt。這個
    // 函數本來也是迷你通訊埠特徵回呼函數之一，在網路卡被拔出時呼叫
    if (Adapter){
        MPHalt(Adapter);
    }
}
 return Status;
```

17.2.6 MPHalt 的實現

MPHalt 是另一個協定特徵回呼函數，也就是協定特徵中 HaltHandler 所指的函數。它總是在網路卡被拔出或停止工作時被呼叫，負責釋放所有資源。讀者檢視上一節的程式，就會發現在 MPInitlialize 失敗時它已經被使用過一次。

除了啟動和運作，正確的釋放也是保證穩定的關鍵。沒有客戶希望在禁用網路卡或關機時出現當機或當機的現象。這裡不介紹 MPHalt 的詳細程式，有一些操作必須在後面介紹過接收和發送資料封包之後才能了解，這裡只大致介紹 MPHalt 需要做的事情。

作為一個硬體驅動，在 MPHalt 中應該撰寫一個 MPShutdown。在 MPShutdown 中，開發者應該關閉網路卡硬體。主要進行以下的操作：

（1）釋放並解除所有對映過的 IO 通訊埠的對映。
（2）取消註冊的所有中斷。

但是在本例中是一個虛擬網路卡驅動，因此不需要進行任何硬體操作。在本例中，MPShutdown 實際上是一個空函數。接下來需要做的事是：

取消已經註冊過的關機回呼函數。關機回呼函數在關機時被呼叫，但是如果網路卡已經停止了，而註冊過的關機回呼函數還沒登出，那麼關機時就會不明真相地去呼叫這個關機回呼函數，導致不可預料的後果。有些沒有經驗的驅動開發人員抱怨自己開發的驅動平時運作正常，但是關機變成了重新啟動，這其實是因為關機時發生了嚴重錯誤，導致系統重新啟動。

然後需要停止用於操作協定的 WDF 的 IO 目標（IO 目標的概念在下一節中介紹，讀者在這裡不需要關心），釋放分配過的介面卡結構及其分配過的資源。

```
MPShutdown(MiniportAdapterContext);
...
if (Adapter->IoTarget) {
    WdfIoTargetStop(Adapter->IoTarget, WdfIoTargetCancelSentIo );
}
...
  // 釋放佇列中所有的發送封包
NICFreeQueuedSendPackets(Adapter);
...
```

```
// 登出關機回呼函數
NdisMDeregisterAdapterShutdownHandler(Adapter->AdapterHandle);
NICDetachAdapter(Adapter);
NICFreeRecvResources(Adapter);
NICFreeSendResources(Adapter);
   // 釋放介面卡結構空間
NICFreeAdapter(Adapter);
```

17.3 開啟 ndisprot 裝置

17.3.1 IO 目標

既然要透過 ndisprot 發送和接收資料封包,那麼首先一定要開啟 ndisprot 裝置物件。在 MPInitialize 中呼叫 NICInitializeAdapter,該函數實現了對 ndisprot 裝置物件的開啟。

根據前面介紹的知識,如果要在使用者態對 ndisprot 操作,首先要使用 CreateFile 開啟 ndisprot 的控制裝置。然後使用 ReadFile 接收封包,使用 WriteFile 發送封包,使用 DeviceIoControl 進行其他的使用者層控制。這是在使用者態程式設計時進行的;在核心態程式設計時,可以對應地使用 ZwCreateFile、ZwReadFile 和 ZwWriteFile。讀者可以嘗試一下,這樣是絕對可行的。但是 ndisedge 是一個 WDF 型的驅動,為了追趕時尚的最前端技術,我們應該採用 WDF 下的新做法。

在 WDF 下,用於描述一個可以接收請求的抽象結構稱為 IO 目標(IO target)(這裡的 IO 是指 IRP 請求的輸入 / 輸出,並非指硬體通訊埠的 In/Out)。本質上,讀者可以視為,在這個結構內維護著某個裝置物件的控制碼,或被開啟過的某個裝置物件的檔案物件。因為一個裝置總是先被開啟,然後接收各種 IRP 請求,最後被關閉。但是 IO 目標僅是一個容器,剛產生一個 IO 目標時,裡面不含有真正可以接收 IRP 請求的任何裝置相關的資訊,還需要一個開啟裝置的過程。

一般的 IO 目標只能開啟本驅動產生的裝置,這種 IO 目標被稱為本機 IO 目標(local IO target)。如果要開啟其他驅動產生的裝置,則必須使用遠端 IO 目標(remote IO target)。

很顯然，要開啟 ndisprot 的控制裝置，需要產生一個遠端 IO 目標。遠端 IO 目標使用 WDF 的核心 API 函數 WdfIoTargetCreate 來產生，這個函數的原型如下：

```
NTSTATUS
  WdfIoTargetCreate(
    IN WDFDEVICE   Device,
    IN OPTIONAL PWDF_OBJECT_ATTRIBUTES   IoTargetAttributes,
    OUT WDFIOTARGET*   IoTarget
    );
```

第一個參數是一個 WDF 裝置控制碼，這個控制碼很容易被想像成要開啟並產生 IO 目標的那個裝置。但是事實上不是這樣，這個裝置控制碼指的是每個 WDF 驅動的每個實例都應該有的控制裝置物件。實際到 ndisedge，這個 WDF 裝置控制碼就是前面在 MPInitialize 中呼叫 WdfDeviceMiniportCreate 時所獲得的那個裝置控制碼。

那麼如何指定遠端裝置物件是哪個呢？正確的答案是在 WdfIoTargetCreate 中不能指定要開啟的裝置，只有在 WdfIoTargetOpen 中才需要指定。一個 IO 目標在產生之後是一個空的容器，遠端 IO 目標必須在呼叫了 WdfIoTargetOpen 之後，才和實際裝置關聯起來。這個函數的原型如下：

```
NTSTATUS
WdfIoTargetOpen(
    IN WDFIOTARGET   IoTarget,
    IN PWDF_IO_TARGET_OPEN_PARAMS   OpenParams
);
```

第一個參數 IoTarget 就是要開啟某個裝置的 IO 目標。下面就是開啟參數了。這個參數可以用一個巨集：

```
WDF_IO_TARGET_OPEN_PARAMS_INIT_CREATE_BY_NAME
```

來填寫要被開啟的裝置的名字。範例程式如下：

```
// 注意核心中符號連結的寫法 (在前面加"\??\")
#define PROTOCOL_INTERFACE_NAME L"\\??\\NdisProt"
UNICODE_STRING   fileName;

...
RtlInitUnicodeString ( &fileName, (PCWSTR) PROTOCOL_INTERFACE_NAME );
```

```
status = WdfIoTargetCreate(Adapter->WdfDevice,
                    WDF_NO_OBJECT_ATTRIBUTES,
                    &Adapter->IoTarget);
if (!NT_SUCCESS(status)) {
        return status;
}
// 填寫要開啟的裝置的名字 (這裡實際上用了一個符號連結)
WDF_IO_TARGET_OPEN_PARAMS_INIT_CREATE_BY_NAME(&openParams,
                              &fileName,
                              STANDARD_RIGHTS_ALL
                              );
status = WdfIoTargetOpen(Adapter->IoTarget,
          &openParams);
if (!NT_SUCCESS(status)) {
    return status;
}
```

開啟之後，這個 IO 目標就相當於在應用層開啟一個裝置控制碼那樣操作了。讀者應該還記得，要開啟 ndisprot 的裝置時，在 CreateFile 成功之後，還要發送一個 DeviceIoControl 來等待 ndisprot 綁定完成。那麼如何發送 DeviceIoControl 呢？將在下一節中說明。

17.3.2 給 IO 目標發送 DeviceIoControl 請求

IO 目標雖然和裝置物件被開啟之後的控制碼的作用類似，但是並不等同。使用 ZwDeviceIo ControlFile 來發送控制請求是不行的，但是可以使用 WDF 核心 API 函數 WdfIoTarget SendIoctlSynchronously 給 IO 目標發送同步的控制請求。這個核心 API 的原型如下：

```
NTSTATUS
  WdfIoTargetSendIoctlSynchronously(
    IN WDFIOTARGET  IoTarget,
    IN OPTIONAL WDFREQUEST  Request,
    IN ULONG  IoctlCode,
    IN OPTIONAL PWDF_MEMORY_DESCRIPTOR  InputBuffer,
    IN OPTIONAL PWDF_MEMORY_DESCRIPTOR  OutputBuffer,
    IN OPTIONAL PWDF_REQUEST_SEND_OPTIONS  RequestOptions,
    OUT OPTIONAL PULONG_PTR  BytesReturned
    );
```

第一個參數就是要發送請求的目標。第二個參數 Request 是一個 WDF 請求控制碼,但是在這裡無用,請直接填寫 WDF_NO_HANDLE。第三個參數就是我們熟悉的在 DeviceIoControl 中也要填寫的控制碼。

第四個參數 InputBuffer 和第五個參數 OutputBuffer 就是要填寫的輸入 / 輸出緩衝。但是要注意不同的是,這裡使用了一個叫作 WDF 記憶體描述符號的類型。實際上,這個類型就是結合了指標和所指空間長度的結構,非常簡單。

第六個參數 RequestOptions 是請求選項,這裡不需要設定任何選項,填寫 0 即可。最後一個參數是傳回長度。

當然,我們首先獲得的一定是輸入 / 輸出緩衝的指標和長度。為了轉為 WDF 記憶體描述符號,必須使用巨集 WDF_MEMORY_DESCRIPTOR_INIT_BUFFER。

下面實現一個函數,這個函數的介面酷似 DeviceIoControl,以便我們可以方便地發送請求,不用每次都去做額外的產生記憶體描述符號之類的工作。這裡要順便提到的一點是,既然微軟費了很大的工夫給我們提供了新版本的 WdfIoTargetSendIoctl Synchronously 介面來發送請求,但是我們卻在撰寫額外的程式去轉為舊的介面,這算不算是在找麻煩呢?

```
NTSTATUS
NICMakeSynchronousIoctl(
    IN  WDFIOTARGET         IoTarget,
    IN  PFILE_OBJECT        FileObject,
    IN  ULONG               IoctlControlCode,
    IN OUT PVOID            InputBuffer,
    IN  ULONG               InputBufferLength,
    IN OUT PVOID            OutputBuffer,
    IN  ULONG               OutputBufferLength,
    OUT PULONG              BytesReadOrWritten
    )
{
    NTSTATUS                status;
    WDF_MEMORY_DESCRIPTOR   inputDesc, outputDesc;
    PWDF_MEMORY_DESCRIPTOR  pInputDesc = NULL, pOutputDesc = NULL;
    ULONG_PTR               bytesReturned;

    // FileObject參數未使用過
```

```
UNREFERENCED_PARAMETER(FileObject);

// 產生輸入緩衝描述符號
if (InputBuffer) {
    WDF_MEMORY_DESCRIPTOR_INIT_BUFFER(&inputDesc,
                                InputBuffer,
                                InputBufferLength);
    pInputDesc = &inputDesc;
}

// 產生輸出緩衝描述符號
if (OutputBuffer) {
    WDF_MEMORY_DESCRIPTOR_INIT_BUFFER(&outputDesc,
                                OutputBuffer,
                                OutputBufferLength);
    pOutputDesc = &outputDesc;
}

// 發送請求
status = WdfIoTargetSendIoctlSynchronously(
                    IoTarget,
                    WDF_NO_HANDLE, // Request
                    IoctlControlCode,
                    pInputDesc,
                    pOutputDesc,
                    NULL, // PWDF_REQUEST_SEND_OPTIONS
                    &bytesReturned);
if (!NT_SUCCESS(status)) {
    DEBUGP(MP_ERROR,
      ("WdfIoTargetSendIoctlSynchronously failed 0x%x\n", status));
}
// 記錄傳回的長度
*BytesReadOrWritten = (ULONG)bytesReturned;
return status;
}
```

17.3.3 開啟 ndisprot 介面並完成設定裝置

讀者可以回憶一下：ndisprot 是一個協定驅動，這個協定驅動綁定了所有的網路卡。本質上，應該說協定驅動綁定了所有的迷你通訊埠驅動的每個實例。當然，讀者也會注意到，我們正在撰寫的 ndisedge 也是一個迷你通訊埠驅動。自然地，如果 ndisedge 有實例的話，也會被綁定。

現在 ndisedge 要操縱 ndisprot 進行收發資料封包，當然要尋找 ndisprot 下綁定的真正的能收發資料封包的迷你通訊埠實例，而且這個實例不能是 ndisedge 自己。那麼應該如何操作呢？正確的方法是這樣的：

（1）開啟 ndisprot 的控制裝置。這裡使用產生 IO 目標、開啟 IO 目標來完成，讀者在前面已經見到過了。

（2）給 ndisprot 的控制裝置發送功能號為 IOCTL_NDISPROT_BIND_WAIT 的控制請求來等待綁定完成。

（3）不斷發送 IOCTL_NDISPROT_QUERY_BINDING 來查詢它的每個綁定，直到找到第一個名字與 ndisedge 產生的實例不同的綁定，或檢查完都沒有找到。

（4）如果找到了一個，就發送 IOCTL_NDISPROT_OPEN_DEVICE 來指定使用這個綁定發送 / 接收資料封包。

這一系列的操作在 NICOpenNdisProtocolInterface 中完成。該函數最後是被 MPInitialize 呼叫的。

```
NTSTATUS
NICOpenNdisProtocolInterface(
    PMP_ADAPTER Adapter
    )
{
    UCHAR           Buf[512];
    ULONG           BufLength = sizeof(Buf);
    PNDISPROT_QUERY_BINDING pQueryBinding = NULL;
    … // 前面是開啟IO目標的部分，在前文中已經出現過了

    // WdfIoTargetWdmGetTargetFileObject可以從IO目標獲得FileObject
    // 不過這個FileObject沒有用上
    Adapter->FileObject =
        WdfIoTargetWdmGetTargetFileObject(Adapter->IoTarget);
    status = NICMakeSynchronousIoctl(
        Adapter->IoTarget,
        Adapter->FileObject,
        IOCTL_NDISPROT_BIND_WAIT,
         NULL,0,NULL,0,&unUsed);
    if (!NT_SUCCESS(status)) {
```

```
        // 失敗則傳回
    return status;
}
pQueryBinding = (PNDISPROT_QUERY_BINDING)Buf;
i = 0;
for (pQueryBinding->BindingIndex = i;
    /* NOTHING */;
    pQueryBinding->BindingIndex = ++i)
{

    status = NICMakeSynchronousIoctl(
            Adapter->IoTarget,
            Adapter->FileObject,
            IOCTL_NDISPROT_QUERY_BINDING,
            pQueryBinding,
            sizeof(NDISPROT_QUERY_BINDING),
            Buf,
            BufLength,
            &unUsed
            );
    if (NT_SUCCESS(status))
    {
        deviceName = (PWCHAR)((PUCHAR)pQueryBinding +
                            pQueryBinding->DeviceNameOffset);
        deviceDesc = (PWCHAR)((PUCHAR )pQueryBinding +
                            pQueryBinding->DeviceDescrOffset);

        // 比較名字和描述必須都不一樣
        if (wcscmp(deviceName, Adapter->AdapterName) &&
                !wcsstr(deviceDesc, Adapter->AdapterDesc))
        {

            Adapter->FileObject->FsContext = NULL;
            // 開啟一個綁定，開啟之後，綁定上下文就儲存在
            // Adapter->FileObject->FsContext 中了
            status = NICMakeSynchronousIoctl(
                    Adapter->IoTarget,
                    Adapter->FileObject,
                    IOCTL_NDISPROT_OPEN_DEVICE,
                    (PVOID)deviceName,
                    pQueryBinding->DeviceNameLength-sizeof(WCHAR),
                    NULL,
```

```
                                   0,
                                   &unUsed
                                   );
                if (!NT_SUCCESS(status)) {
                } else {
                    // 一旦開啟成功就沒必要再檢查了，跳出即可
                    break;
                }
            }
            RtlZeroMemory(Buf, BufLength);
        }
        else
        {
            break;
        }
    }
    return status;
}
```

▌17.4 使用 ndisprot 發送封包

17.4.1 迷你通訊埠驅動的發送封包介面

前面已經開啟了 ndisprot 裝置，這一節專門說明如何使用 ndisprot 發送封包。
迷你通訊埠應該在什麼時候發送封包？顯然是在 Windows 核心呼叫迷你通訊
埠特徵中的 SendPacketsHandler 所指向的回呼函數時。上層應用程式請求發送
封包時，Windows 核心最後會呼叫某個迷你通訊埠的 SendPacketsHandler。

在 ndisedge 中，SendPacketsHandler 指向 MPSendPackets。下面是 MPSendPackets
的原型：

```
VOID
MPSendPackets(
    IN  NDIS_HANDLE      MiniportAdapterContext,
    IN  PPNDIS_PACKET    PacketArray,
    IN  UINT             NumberOfPackets)
```

這裡的 MiniportAdapterContext 就是迷你通訊埠介面卡上下文。它是一個指
標，所指向的就是介面卡結構。第二個參數 PacketArray 是一個封包描述符號

陣列，讀者應該已經在對協定驅動的發送和接收封包的介紹中見過封包描述符號。第三個參數 NumberOfPackets 是封包描述符號陣列的元素個數。也就是說，這是一個能發送一組封包的介面。

實際上，在迷你通訊埠特徵中還有一個簡單的只能發送單封包的介面。如果兩個介面並存，則只有 MPSendPackets 有作用，因此沒有必要兩個都實現。本書中完全忽略單封包介面，只實現多封包介面。

在 MPSendPackets 中，應該做下面幾件事：

（1）一個一個拷貝 PacketArray 中的封包。每個封包的資料（可能是 NDIS_BUFFER 鏈）都要拷貝到一個連續的緩衝區空間中。這是因為 ndisprot 的發送封包介面（Write 介面）根本就不能接收鏈狀資料，只能接收一個連續的資料緩衝區。

（2）向 Adapter → IoTarget 發送寫入請求。最後是透過 WdfRequestSend 來實現的。請注意 ndisprot 的請求都是同步傳回的，一旦傳回，就能知道發送是否已經成功。

（3）每個封包發送完成後無論是否成功都要呼叫 NdisMSendComplete，讓上層的協定驅動能收到 SendCompleteHandler 來判斷封包的完成狀態。

17.4.2 發送控制區塊（TCB）

發送控制區塊（TCB）並不是 Windows 核心定義的概念，而是 ndisedge 的開發者自己定義的。這個區塊存在的目的是，儲存發送一個封包所需要的各種資源，便於發送時呼叫方便。在這個驅動裡該結構的名字為 TCB，結構的定義如下：

```
// TCB (Transmit Control Block)
typedef struct _TCB
{
    LIST_ENTRY          List;
    LONG                Ref;
    PVOID               Adapter;
    WDFREQUEST          Request;
    PMDL                Mdl;
    PNDIS_BUFFER        Buffer;
    PNDIS_PACKET        OrgSendPacket;
```

```
    PUCHAR                   pData;
    ULONG                    ulSize;
    UCHAR                    Data[NIC_BUFFER_SIZE];
} TCB, *PTCB;
```

第一個域是一個鏈結串列節點，可見這個結構是可以作為鏈結串列的元素儲存在鏈結串列中的。實際上，ndisedge 在 MPInitialize 中初始化 Adapter 時，就已經分配了一個空閒的 TCB 鏈結串列，儲存在 Adapter → SendFreeList 中。在之後需要使用 TCB 時，就不需要臨分時配了，從空閒鏈結串列中取得即可。

接下來的 Ref 是這個 TCB 的參考計數。Adapter 是用於發送資料封包的介面卡結構指標。Request 是寫入請求，用來發送給 ndisprot 進行實際的發送封包。讀者會在後面的 17.4.4 節中看到如何準備一個寫入請求。

這裡的 Mdl 和 Buffer 雖然一個是 PMDL，一個是 PNDIS_BUFFER，但是在 NDIS 5.0 及以上版本中，PMDL 和 PNDIS_BUFFER 實際上是同一種結構的指標，都是緩衝描述符號。在後面的程式中讀者可以見到，它們實際上是等同的。

pData 是一個指標，指向真正的緩衝空間 Data[NIC_BUFFER_SIZE]。Mdl 和 Buffer 所指的緩衝描述符號也是指向這個空間的。

在呼叫函數 MPSendPackets 時，一個封包的資料將被拷貝到一個 TCB 中，然後才能被真正地發送。這個拷貝的過程是在 NICCopyPacket 中完成的。該函數的輸入就是一個 TCB 的指標和一個封包描述符號指標。下面我們來看看資料是如何從 MPSendPackets 的參數中拷貝到 TCB 中的。

```
BOOLEAN
NICCopyPacket(
    PMP_ADAPTER Adapter,
    PTCB pTCB,
    PNDIS_PACKET Packet)
{
    // 注意pDest是拷貝的目的
    PUCHAR          pDest = pTCB->pData;
    … // 區域變數定義，略

    // 這個位置儲存了要發送的原始的封包描述符號
    pTCB->OrgSendPacket = Packet;
```

```
// 參考計數改為1
pTCB->Ref = 1;
// 初始化鏈結串列節點，使之變成一個空閒鏈結串列節點
NdisInitializeListHead(&pTCB->List);
...
```

前面是最簡單的初始化工作，然後要拷貝封包資料的記憶體空間。讀者已經在協定驅動中接收資料封包的介紹中見到過這些程式了，這裡不再詳述。但是讀者要注意拷貝的目的，是拷貝到了 pTCB → pData 中。

```
BytesToCopy = PacketLength;

while (CurrentBuffer)
{
    // 查詢緩衝的虛擬位址指標
    NdisQueryBufferSafe(
        CurrentBuffer,
        &VirtualAddress,
        &CurrentLength,
        NormalPagePriority);

    // 如果沒有找到位址，則跳出
    if (!VirtualAddress) {
        bResult = FALSE;
        break;
    }

    CurrentLength = min(CurrentLength, DestBufferSize);
    // 使用NdisMoveMemory來拷貝記憶體
    if (CurrentLength)
    {
        NdisMoveMemory(pDest, VirtualAddress, CurrentLength);
        BytesCopied += CurrentLength;
        DestBufferSize -= CurrentLength;
        pDest += CurrentLength;
    }
    // 移動到緩衝鏈中的下一個
    NdisGetNextBuffer(
        CurrentBuffer,
        &CurrentBuffer);
}
```

拷貝完畢之後，在 pTCB 中做一些記錄，然後把這個 pTCB 插入到 Adapter →
SendBusyList 中。Adapter → SendBusyList 是 TCB 發送鏈結串列，儲存在這個
鏈結串列裡的 TCB 都是待發送的。

```
    if (bResult) {

    // 這是介面卡結構中的域，儲存一共拷貝了多少個位元組
        Adapter->nBytesArrived += BytesCopied;

        // NdisAdjustBufferLength是用來調整NDIS_BUFFER的長度的
        NdisAdjustBufferLength(pTCB->Buffer, BytesCopied);
        pTCB->ulSize = BytesCopied;
    // Mdl就是Buffer，二者相同
        pTCB->Mdl = pTCB->Buffer;
        // 封包的長度不能小於乙太網路封包表頭
        if (PacketLength < sizeof(ETH_HEADER)) {
            bResult = FALSE;
        }
    }
}

    if (bResult){
        // 這個TCB被插入到Adapter->SendBusyList中，這個鏈結串列裡的都是正在
        // 發送的資料封包
        NdisInterlockedInsertTailList(
                        &Adapter->SendBusyList,
                        &pTCB->List,
                        &Adapter->SendLock);

    }

    return bResult;
}
```

17.4.3 檢查封包組並填寫 TCB

MPSendPackets 提供的是一個封包描述符號陣列，而後面真正發送封包時使用
的是一個 TCB 鏈。所以在 MPSendPackets 中，要做的第一件事就是從封包描
述符號陣列中一個個地解析出封包，並從 TCB 空閒鏈結串列中拿出 TCB 來容
納這些封包。

假設函數的輸入參數如下：

```
VOID
MPSendPackets(
    IN  NDIS_HANDLE        MiniportAdapterContext,
    IN  PPNDIS_PACKET      PacketArray,
    IN  UINT               NumberOfPackets)
```

其中，PacketArray 是一個封包描述符號指標的陣列，後面的 NumberOfPackets 是這個陣列的大小。第一個參數 MiniportAdapterContext 是介面卡上下文，也就是介面卡結構的指標。實際上，TCB 鏈結串列就儲存在介面卡結構中，因此必須獲得這個指標，才能獲得 TCB。下面是這個函數的開始部分：獲得介面卡結構指標，然後開始檢查所有的封包。

```
…  // 函數原型，見上面的程式
{
    PMP_ADAPTER          Adapter;
    UINT                 PacketCount;
    PNDIS_PACKET         Packet = NULL;
    NDIS_STATUS          Status = NDIS_STATUS_FAILURE;
    PTCB                 pTCB = NULL;
    NTSTATUS             ntStatus;
    Adapter = (PMP_ADAPTER)MiniportAdapterContext;

    for(PacketCount=0; PacketCount < NumberOfPackets; PacketCount++)
    {
        Packet = PacketArray[PacketCount];
        // 封包描述符號指標如果是NULL，就跳過去。不過應該不會是NULL，除非上層
        // 的協定驅動有BUG
        if (!Packet){
            continue;
        }
        // 接收到的封包又增加了一個
        Adapter->nPacketsArrived++;
```

下面有一步用於檢查介面卡的狀態。如果是處於可以發送封包的狀態（介面卡的狀態顯然取決於前面開啟 ndisprot 是否成功），則從空閒 TCB 鏈結串列中（空閒 TCB 鏈結串列的頭指標儲存在介面卡結構的域 SendFreeList 中。同時介面卡結構中還有一個域是 SendLock，這是一個專門用來操作 TCB 鏈結串列的鎖）分配一個空閒的 TCB，這個 TCB 就從這個鏈結串列中脫出變成一個獨立的 TCB。從鏈結串列中獲得一個節點使用了 NdisInterlockedRemoveHeadList，

該函數極有可能是 ExInterlockedRemoveHeadList 的另一個名字，或簡單封裝。

```
… // 續前
// 判斷介面卡是否處於可以發送的狀態。這是根據開啟ndisprot時
// 所填寫的一些標識位元判斷的。詳情可以參閱本書隨書程式
if (MP_IS_READY(Adapter) &&
    MP_TEST_FLAG(Adapter, fMP_POST_WRITES))
{
    pTCB = (PTCB) NdisInterlockedRemoveHeadList(
                &Adapter->SendFreeList,
                &Adapter->SendLock);
    // 如果分配失敗……
    if (pTCB == NULL)
    {
        // 分配失敗則說明預先準備的TCB數量不足。在這種情況下，將封包暫時存入等待
        // 發送鏈中，然後傳回未決，等待有封包發送後再空出新的TCB來
        Status = NDIS_STATUS_PENDING;
        NdisInterlockedInsertTailList(
            &Adapter->SendWaitList,
            (PLIST_ENTRY)&Packet->MiniportReserved[0],
            &Adapter->SendLock);
    }
    else
    {
        // 如果成功
        …
```

如果成功，就可以拷貝資料封包了，拷貝之後呼叫 NICPostWriteRequest 來建
置和發送寫入請求。這個過程將在下面的小節中進行詳細描述。

```
        …
        NdisInterlockedIncrement(&Adapter->nBusySend);
        ASSERT(Adapter->nBusySend <= NIC_MAX_BUSY_SENDS);
        // 拷貝封包的內容
        if (NICCopyPacket(Adapter, pTCB, Packet))
        {
            Adapter->nWritesPosted++;
            ntStatus = NICPostWriteRequest(Adapter, pTCB);
            NT_STATUS_TO_NDIS_STATUS(ntStatus, &Status);
        }else {
            Status = NDIS_STATUS_FAILURE;
        }
    }
}
```

在 NICPostWriteRequest 之後，發送已經結束了。上層的協定驅動呼叫
NdisSendPackets 時，其下層連結的迷你通訊埠驅動的迷你通訊埠特徵回
呼函數中的 SendPacketsHandler 就會被呼叫。對 ndisedge 而言，也就是
MPSendPackets 會被呼叫。但是 ndisedge 發送完畢之後，應該要讓上層協
定驅動的回呼函數 SendCompleteHandler 被呼叫。這也是透過 ndisedge 呼
叫一個 NDIS 的 API 函數來實現，這就是 NdisMSendComplete。請注意，
NdisMSendComplete 函數是被迷你通訊埠驅動呼叫的，用來通知上層協定驅
動，一次發送已經完畢了；如果不進行這個呼叫，上層協定將無法得知封包是
否已經發送完畢。

```
        if (!NT_SUCCESS(Status))
        {
            NDIS_SET_PACKET_STATUS(Packet, Status);
            NdisMSendComplete(
                Adapter->AdapterHandle,
                Packet,
                Status);

            if (pTCB && (NdisInterlockedDecrement(&pTCB->Ref) == 0))
            {
                NICFreeSendTCB(Adapter, pTCB);
            }
        }
    }
    return;
}
```

17.4.4 寫入請求的建置與發送

如果是傳統型的驅動，發送寫入請求簡單地呼叫 ZwWriteFile 就可以了。但
是我們現在使用的是 WDF 程式設計，使用 WDF 核心 API 函數 WdfIoTarget
FormatRequestForWrite 可以建置寫入請求，這個請求不是 IRP，而是一個
WDF 請求，但是實際上內含一個 IRP。

```
NTSTATUS
  WdfIoTargetFormatRequestForWrite(
    IN WDFIOTARGET   IoTarget,
    IN WDFREQUEST    Request,
    IN OPTIONAL WDFMEMORY  InputBuffer,
```

```
IN OPTIONAL PWDFMEMORY_OFFSET  InputBufferOffset,
IN OPTIONAL PLONGLONG  DeviceOffset
);
```

第一個參數 IoTarget 是要接收請求的 IO 目標。第二個參數 Request 是要建置的 WDF 請求。Request 和 IRP 不同，但是讀者可以視為，WDF 請求是一個 IRP 的容器，我們可以用 WDF 核心 API 函數 WdfRequestCreate 來產生。稍後再介紹 WdfRequestCreate。

第三個參數是 InputBuffer，也就是輸入緩衝，寫入請求的輸入緩衝其實就是要寫入的資料內容。但是這是一個 WDF 記憶體描述符號，其中就帶著緩衝指標和長度，因此不再需要一個輸入緩衝的長度了。

讀者要注意本章的實例（見本節內後面的程式），對輸入緩衝使用了 NULL。這並不說明不需要輸入緩衝，而是為了可以直接設定 IRP 中的 MDLAddress，所以採用了先產生 WDF 請求，然後從請求中獲得 IRP 指標，再去設定 IRP 中的 MDLAddress 的方法。這一點要多加注意，問題源於 WdfIoTargetFormat RequestForWrite 並沒有提供一個參數讓使用者可以直接以一個 MDL 的指標作為輸入緩衝，只好採取了繞路的做法。

第四個參數是一個 WDF 記憶體偏移描述符號，記憶體偏移描述符號中含有一個偏移量和一個長度。如果指定了這個參數，那麼要寫入的資料只是前面 InputBuffer 所指空間的一部分，即從某個偏移開始的一段長度。使用 NULL 時，整個輸入緩衝都要寫入。

第五個參數是要寫入的目標的偏移。如果要建置檔案寫入請求，則可能要指明從檔案的什麼偏移開始寫入；如果是寫入區塊裝置（如硬碟等），也有相同的需求，但是寫入 ndisprot 這樣的驅動的控制裝置時，就沒有意義了，直接填寫 NULL 即可。

這裡的 Request 需要用 WdfCreateRequest 來產生。這個函數的原型如下：

```
NTSTATUS
  WdfRequestCreate(
    IN OPTIONAL PWDF_OBJECT_ATTRIBUTES  RequestAttributes,
    IN OPTIONAL WDFIOTARGET IoTarget,
    OUT WDFREQUEST*  Request
    );
```

第一個參數描述這個請求的物件屬性。一般來說，我們沒有任何屬性需要描述，直接填寫 WDF_NO_OBJECT_ATTRIBUTES 即可。第二個參數是需要接收這個請求的 IO 目標。第三個參數是要初始化的 Request，用完之後，可以用 WdfRequestReuse 來重用這個請求。在 ndisedge 中有一個函數 NICAllocSendResources，專門負責分配發送一個封包所需要的資源。其中有這樣的程式：

```
ntStatus = WdfRequestCreate(
    WDF_NO_OBJECT_ATTRIBUTES,
    Adapter->IoTarget,
    &pTCB->Request);
```

還有一個函數 NICFreeSendTCB，專門負責釋放發送一個封包的資源。但是並不是刪除，而是用 WdfRequestReuse 來重用 Request。相關的程式如下：

```
WDF_REQUEST_REUSE_PARAMS    params;
WDF_REQUEST_REUSE_PARAMS_INIT(&params,
WDF_REQUEST_REUSE_NO_FLAGS, STATUS_SUCCESS);
...
status = WdfRequestReuse(pTCB->Request, &params);
if (!NT_SUCCESS(status)){
        ASSERT(FALSE);
        return;
}
```

這樣一來，就又可以使用 WDF 請求了。最後的請求是要被發送的，發送請求可以使用函數 WdfRequestSend，該函數是 WDF 中專門用來向一個 IO 目標發送請求的。函數的原型如下：

```
BOOLEAN
  WdfRequestSend(
    IN WDFREQUEST  Request,
    IN WDFIOTARGET  Target,
    IN OPTIONAL PWDF_REQUEST_SEND_OPTIONS  RequestOptions
    );
```

第一個參數是要發送的請求，第二個參數是 IO 目標，第三個參數是發送選項。本章的應用中不需要任何選項，因此填寫 WDF_NO_SEND_OPTIONS 即可。

寫入請求的準備過程和發送,是在函數 NICPostWriteRequest 中完成的。相關
的程式如下:

```
NTSTATUS
NICPostWriteRequest(
    PMP_ADAPTER Adapter,
    PTCB    pTCB
    )
{
    PIRP            irp = NULL;
    PIO_STACK_LOCATION  nextStack;
    NTSTATUS     status = STATUS_SUCCESS;

    // 準備一個寫入請求。實際上,這裡後面的參數不是OutputBuffer,而是
    // InputBuffer,但是原始的代碼註釋寫成了OuputBuffer,輸入緩衝全部設定成了
    // NULL,是因為我們打算用pTCB裡的MDL作為輸入緩衝,而不想讓系統再產生一個MDL
    status = WdfIoTargetFormatRequestForWrite(
                Adapter->IoTarget,
                pTCB->Request,
                NULL, //OutputBuffer
                NULL, // OutputBufferOffsets
                NULL); // StartingOffset

    if (!NT_SUCCESS(status)) {
        return status;
    }

    // 從WdfRequest中獲得IRP
    irp = WdfRequestWdmGetIrp(pTCB->Request);

    // 獲得下一個堆疊空間,然後填寫輸入緩衝
    nextStack = IoGetNextIrpStackLocation( irp );
    irp->MdlAddress = pTCB->Mdl;
    nextStack->Parameters.Write.Length = pTCB->ulSize;

    // 設定一個完成回呼函數
    WdfRequestSetCompletionRoutine(pTCB->Request,
                NICWriteRequestCompletion,
                pTCB);

    // 發送請求。我們不關心發送請求的狀態,因為請求發送完畢之後,我們從完成函數
    // 中獲得請求完成狀態
    if (WdfRequestSend(pTCB->Request,
```

```
        Adapter->IoTarget, WDF_NO_SEND_OPTIONS) == FALSE) {
        status = WdfRequestGetStatus(pTCB->Request);
    }
    return status;
}
```

▌ 17.5 使用 ndisprot 接收封包

17.5.1 提交資料封包的核心 API

有些讀者可能會覺得奇怪，為何迷你通訊埠驅動的特徵結構裡沒有接收封包的介面。因為在一般的想法中，接收和發送都是成對出現的。但是在 NDIS 驅動裡的情況卻是，迷你通訊埠只有發送回呼介面，而協定只有接收回呼介面。其實原因很簡單：協定本身無法「探測」目前是否已經收到了資料封包，只能由下層的迷你通訊埠驅動來「通知」它。那麼迷你通訊埠驅動如何通知協定驅動呢？當然是呼叫（實際上，是以 NDIS 為仲介來呼叫的）協定驅動的回呼函數了。所以協定驅動需要提供一個接收回呼函數的介面。而迷你通訊埠驅動接收封包是由硬體中斷通知的，所以沒有 NDIS 回呼介面專門處理接封包。但是真正撰寫物理網路卡驅動的程式設計師會使用到迷你通訊埠的中斷服務回呼介面，這部分內容和軟體驅動開發關係不大，被省略了。

而發送資料封包這件事，卻是剛好相反的，總是協定驅動「通知」迷你通訊埠驅動來發送資料封包。同樣的，協定驅動需要以 NDIS 為仲介呼叫一個迷你通訊埠驅動的回呼函數，來「通知」或說「指令」迷你通訊埠驅動發送一個資料封包。而這個回呼函數就是在上一節裡詳細介紹過的 MPSendPackets。

回到本章正在撰寫的迷你通訊埠驅動 ndisedge。前面讀者已經了解到，迷你通訊埠收到資料封包時，必須「通知」已經綁定它的協定驅動。那麼它是如何通知的呢？實際上，迷你通訊埠收到資料封包，通知協定驅動的過程被稱為接收封包的提交（Indicate Receive Packet），實際的程式設計是呼叫 NDIS 的核心 API 函數 NdisMIndicateReceivePacket。迷你通訊埠本身不需要關心有哪些協定驅動綁定了它，只要呼叫這個函數，Windows 核心中的 NDIS 元件就會找到綁定了這個迷你通訊埠的驅動，並一個一個呼叫其接收回呼函數。NdisMIndicateReceivePacket 的原型如下：

```
VOID
  NdisMIndicateReceivePacket(
    IN NDIS_HANDLE  MiniportAdapterHandle,
    IN PPNDIS_PACKET  ReceivePackets,
    IN UINT  NumberOfPackets
    );
```

第一個參數就是迷你通訊埠介面卡上下文，第二個參數是一個封包描述符號陣列，第三個參數是這個陣列的大小。顯然，這也是一個「批次」型的介面，可以一次提交一批接收到的資料封包。

17.5.2 從接收控制區塊（RCB）提交封包

和上一節中使用過的發送控制區塊（TCB）類似，在接收過程中，為了保留中間資訊，ndisedge 引用了自己定義的資料結構接收控制區塊（RCB）。RCB 的定義如下：

```
typedef struct _RCB
{
    LIST_ENTRY              List;
    LONG                    Ref;
    PVOID                   Adapter;
    WDFREQUEST              Request;
    PNDIS_BUFFER            Buffer;
    PNDIS_PACKET            Packet;
    PUCHAR                  pData;
    ULONG                   ulSize;
    UCHAR                   Data[NIC_BUFFER_SIZE];
} RCB, *PRCB;
```

這個結構和 TCB 極其類似。List 域是用來做鏈結串列節點的，所以這個結構可以在各鏈結串列中挪來挪去；Ref 是參考計數；Adapter 是介面卡結構指標；Request 是用來發送給 ndisprot 的請求；Buffer 是緩衝描述符號指標，用來描述接收到的封包緩衝區；pData 是緩衝區的指標；ulSize 表示封包的大小；後面定義的陣列 Data 用來容納資料封包的內容。

在這裡我們先不考慮資料封包是如何接收到的，只是假設本程式確實獲得了一個資料封包的內容，並填寫到了 RCB 的 Data 中；而且知道了資料的長度，並在初始化 RCB 時，就已經指定了 RCB 中緩衝 Buffer 描述的緩衝區就是 Data。那麼在這種情況下，應該如何呼叫前一小節提供的介面來提交資料封包呢？

首先要指定緩衝描述符號所指區域的長度。雖然確定了 Buffer 指向的緩衝區就是 Data，但是每個資料封包的長度不一，所以要重新指定長度。使用 NdisAdjustBufferLength 可以調整緩衝描述符號所指緩衝的長度。

然後重新初始化封包描述符號。初始化之後，使用 NdisChainBufferAtBack 把前面的緩衝描述符號 Buffer 作為這個封包唯一的緩衝區。

封包描述符號中的 MiniportReserved 域是專門留給迷你通訊埠驅動保留自己的私有資料用的。也就是說，迷你通訊埠驅動的開發者可以在這裡記錄任何東西。本例中，在這裡記錄了 RCB 的指標，這樣從封包描述符號直接就可以獲得 RCB 結構，並隨時可以讀取其他的域。

封包描述符號準備好之後，就可以使用 NdisMIndicateReceivePacket 來提交封包了。程式如下：

```
VOID
NICIndicateReceivedPacket(
    IN PRCB             pRCB,
    IN ULONG            BytesToIndicate
    )
{
    UINT                PacketLength;
    PNDIS_BUFFER        CurrentBuffer = NULL;
    PETH_HEADER         pEthHeader = NULL;
    PMP_ADAPTER         Adapter = pRCB->Adapter;
    PNDIS_PACKET        Packet = pRCB->Packet;
    KIRQL               oldIrql;

    // 調整緩衝長度
    NdisAdjustBufferLength(pRCB->Buffer, BytesToIndicate);
    // 重新初始化封包描述符號
    NdisReinitializePacket(Packet);
    // 在封包的迷你通訊埠區域的保留區內記下RCB的指標
    *((PRCB *)Packet->MiniportReserved) = pRCB;
    // 把緩衝描述符號作為第一個也是唯一一個緩衝區連結到封包描述符號上
    NdisChainBufferAtBack(Packet, pRCB->Buffer);
```

```
// 查詢這個封包的緩衝區和長度
NdisQueryPacket(Packet, NULL, NULL, &CurrentBuffer, &PacketLength);
ASSERT(CurrentBuffer == pRCB->Buffer);

// 獲得乙太網路封包表頭
pEthHeader = (PETH_HEADER)pRCB->pData;

if (PacketLength >= sizeof(ETH_HEADER) &&
    Adapter->PacketFilter &&
    NICIsPacketAcceptable(Adapter, pEthHeader->DstAddr)){
    // 做一些記錄，表示封包確實要被提交了
    NdisInterlockedIncrement(&pRCB->Ref);
    NDIS_SET_PACKET_STATUS(pRCB->Packet, NDIS_STATUS_SUCCESS);
    Adapter->nPacketsIndicated++;
    // 呼叫NdisMIndicateReceviePacket來提交封包
    NdisMIndicateReceivePacket(Adapter->AdapterHandle,
        &pRCB->Packet,1);
    }
  }
}
```

17.5.3 對 ndisprot 讀取請求的完成函數

為了讓讀者的想法具有連續性，本章完全採用「倒推」的方法。最早介紹的是如何向協定提交資料封包（從 RCB），然後這一小節介紹 RCB 從何處來。當然，第一個問題是，應該何時填寫新的 RCB 取決於何時能收到資料封包。

ndisedge 是一個下層使用 ndisprot 來發送和接收資料封包的虛擬迷你通訊埠驅動。在上一章專門介紹 ndisprot 時，讀者應該已經清楚要從 ndisprot 獲得接收封包，必須發送一個讀取請求。那麼 ndisedge 在何時填寫 RCB 呢？當然是在這個讀取請求完成的時候了。也就是説，每完成一個讀取請求，ndisedge 就接收到一個資料封包，就應該填寫一個 RCB。

在前面的內容中，筆者先後介紹了發送控制請求（DeviceIOControl）和寫入請求（Write，用來發送資料封包）。寫入請求也設定過完成函數，但是沒有詳細介紹。使用 WDF 程式設計和使用傳統的 IoCallDriver 是一樣的，都可以設定一個完成函數。這個函數在請求完成之後被呼叫。實際的程式設計將在下一小

節中介紹。在本節中,先介紹在完成函數中如何填寫 RCB。讀取請求的完成
函數原型如下:

```
VOID
NICReadRequestCompletion(
    IN WDFREQUEST                      Request,
    IN WDFIOTARGET                     Target,
    PWDF_REQUEST_COMPLETION_PARAMS     CompletionParams,
    IN WDFCONTEXT                      Context
    )
```

這個完成函數有 4 個參數。第一個參數是剛剛完成的請求。第二個參數是請
求的發送目標:一個 IO 目標。第三個參數是所謂的 WDF 完成參數。在 WDF
中,WDF 完成參數是一個專門用來儲存這個請求的完成結果的結構。第四個
參數是一個 WDF 上下文。使用者可以在發送請求時在這個上下文中填寫任何
指標,然後在完成函數中獲得它,用來傳遞資訊。在本例中,這個指標被設定
為 RCB 的指標。

在讀取請求完成函數中填寫 RCB 主要有以下 3 個步驟。

(1) 從 CompletionParams → IoStatus.Status 中獲得請求的完成狀態。如果狀
態為不成功,則後面可以不用填寫 RCB,直接列出錯誤訊息,然後傳回
即可。

(2) 如果讀取請求成功,則呼叫 NICIndicateReceivedPacket 提交封包。在上一
節中有關於 NICIndicateReceivedPacket 函數的詳細介紹。

(3) 封包提交結束之後,如果發現 RCB 的參考計數已經減少到 0,則應該釋
放這個 RCB 鎖佔用的資源。

```
VOID
NICReadRequestCompletion(
    IN WDFREQUEST                      Request,
    IN WDFIOTARGET                     Target,
    PWDF_REQUEST_COMPLETION_PARAMS     CompletionParams,
    IN WDFCONTEXT                      Context
    )
{
    // 上下文指標就是RCB的指標
```

```
PRCB          pRCB = (PRCB)Context;
    // 介面卡結構指標
PMP_ADAPTER  Adapter = pRCB->Adapter;
ULONG         bytesRead = 0;
BOOLEAN       bIndicateReceive = FALSE;
NTSTATUS      status;

UNREFERENCED_PARAMETER(Target);
UNREFERENCED_PARAMETER(Request);

    // 從完成參數裡獲得完成狀態
status = CompletionParams->IoStatus.Status;

    // 如果不成功，就做錯誤處理
if (!NT_SUCCESS(status)) {
        // 記錄讀取的錯誤封包又多了一個
    Adapter->nReadsCompletedWithError++;
    DEBUGP (MP_LOUD, ("Read request failed %x\n", status));
        // 清除可讀取封包狀態
    MP_CLEAR_FLAG(Adapter, fMP_POST_READS);
} else {
        // 記錄正常接收的封包又多了一個
    Adapter->GoodReceives++;
        // 獲得讀取到的資料長度，也就是封包長
    bytesRead = (ULONG)CompletionParams->IoStatus.Information;
    DEBUGP (MP_VERY_LOUD, ("Read %d bytes\n", bytesRead));
        // 記錄接收到的資料的總量
    Adapter->nBytesRead += bytesRead;
        // 確認需要提交一個封包
    bIndicateReceive = TRUE;
}

// 如果接收成功，就在這裡提交
if (bIndicateReceive) {
    NICIndicateReceivedPacket(pRCB, bytesRead);
}

// 封包提交結束。這時減少參考計數，一旦減少到零，就呼叫NICFreeRCB來釋放封包
if (NdisInterlockedDecrement(&pRCB->Ref) == 0)
```

```
{
    NICFreeRCB(pRCB);
}

return;
}
```

當然,有一些讀者會有疑問。封包的資料應該被拷貝到 pRCB → Data 中;不
然 NICIndicate ReceivedPacket 如何獲得含有封包資料的 pRCB 呢?但是令人疑
惑的是,在上面的程式中,並不見從請求的輸出緩衝區中拷貝資料到 pRCB 的
緩衝區中。這是為什麼呢?答案是為了效率,減少資料之間的拷貝,可以在請
求發送之前,就把 pRCB → Data 緩衝區指定給請求作為輸出緩衝區。這樣請
求一完成,資料就已經在 pRCB → Data 中了。將在下一小節中對這個過程做
詳細介紹。

17.5.4 讀取請求的發送

本節說明如何發送讀取請求,以及如何設定讀取請求的完成函數。在本章前
面的內容中,筆者已經介紹了如何開啟 ndisprot 裝置,並進行了一些操作。
ndisprot 裝置開啟之後,獲得的是一個 IO 目標。使用 WdfIoTargetFormat
RequestForRead 可以準備一個讀取請求。這一段和前一節中介紹的寫入請求的
發送極其類似,請讀者回憶一下。WdfIoTargetFormatRequestForRead 的原型如
下:

```
NTSTATUS
WdfIoTargetFormatRequestForRead(
    IN WDFIOTARGET   IoTarget,
    IN WDFREQUEST   Request,
    IN OPTIONAL WDFMEMORY   OutputBuffer,
    IN OPTIONAL PWDFMEMORY_OFFSET   OutputBufferOffset,
    IN OPTIONAL PLONGLONG   DeviceOffset
    );
```

這裡的參數和前面介紹過的 WdfIoTargetFormatRequestForWrite 幾乎完全相
同。唯一不同的是緩衝的名字:一個是 InputBuffer,一個是 OutputBuffer。對
於讀取操作而言,緩衝是用來容納讀出的內容的,當然是輸出緩衝了。寫入操
作則與之相反,是輸入緩衝。無論是輸入還是輸出,這個函數都只支援提供

一個 WDF 記憶體描述符號,而不支援直接指定 MDL。本章的實例是要直接
用 MDL 作為緩衝(在 RCB 中的 PMDL 域),如果直接指定 RCB 的 Data 作為
緩衝區,則核心還會再多此一舉地分配一個 MDL。因此後面不直接使用這個
參數,而是先填入 NULL,然後再從請求中獲得 IRP 指標,直接修改 IRP 的
MDLAddress 域。

使用 WdfRequestSetCompletionRoutine 可以給一個請求設定完成函數。這個函
數的原型如下:

```
VOID
  WdfRequestSetCompletionRoutine(
    IN WDFREQUEST  Request,
    IN OPTIONAL PFN_WDF_REQUEST_COMPLETION_ROUTINE  CompletionRoutine,
    IN OPTIONAL WDFCONTEXT  CompletionContext
    );
```

第一個參數就是要設定完成函數的請求;第二個參數是回呼函數的指標。在前
面已經介紹過回呼函數的原型,請參考在上一小節中設定過的完成函數。最後
一個參數是一個上下文指標,會直接傳遞到完成函數裡。

請求準備好之後,和寫入請求是一樣的,使用 WdfRequestSend 來發送即可。
下面是相關的範例程式。

```
NTSTATUS
NICPostReadRequest(
    PMP_ADAPTER Adapter,
    PRCB    pRCB
    )
{
    NTSTATUS     status = STATUS_SUCCESS;
    PIRP     irp = NULL;
    PIO_STACK_LOCATION  nextStack;

    // 填寫一個寫入請求。下面的輸出請求被註釋成了輸入緩衝,這應該是一個錯誤,
    // 但是WDK實例中的原文如此。輸出緩衝被填寫成了NULL,是因為我們不想直接使用
    // 這個參數,而打算直接修改 IRP 中的 MDLAddress 域
    status = WdfIoTargetFormatRequestForRead(
                Adapter->IoTarget,
                pRCB->Request,
```

```
                    NULL,  // InputBuffer
                    NULL,  // InputBufferOffsets
                    NULL); // StartingOffset
    if (!NT_SUCCESS(status)) {
        return status;
    }

    // 從WDF請求獲得IRP指標，然後修改MdlAddress指標
    // 再次提示讀者：PMDL相等於PNDIS_BUFFER(在NDIS 5.0及以後的版本中)
    irp = WdfRequestWdmGetIrp(pRCB->Request);
    nextStack = IoGetNextIrpStackLocation( irp );
    irp->MdlAddress = (PMDL) pRCB->Buffer;
    nextStack->Parameters.Read.Length = NIC_BUFFER_SIZE;
    // 設定RCB的參考計數為1
    pRCB->Ref = 1;
    // 設定請求的完成函數為NICReadRequestCompletion
    // pRCB直接作為完成上下文
    WdfRequestSetCompletionRoutine(pRCB->Request,
                    NICReadRequestCompletion,
                    pRCB);
    if (WdfRequestSend(pRCB->Request,
        Adapter->IoTarget, WDF_NO_SEND_OPTIONS) == FALSE) {
        status = WdfRequestGetStatus(pRCB->Request);
    }
    return status;
}
```

17.5.5 用於讀取封包的 WDF 工作

在真正的硬體迷你通訊埠驅動中，資料封包的到來常常是由中斷通知的。某個時刻中斷到來，迷你通訊埠驅動會去讀取某個緩衝區區域獲得資料封包，獲得封包之反向協定提交即可。但是在使用 ndisprot 作為下層模擬物理裝置的 ndisedge 時，應該如何來模擬這個過程呢？比較直接的想法是，ndisedge 可以不斷地去讀取 ndisprot 裝置，一旦讀取請求完成函數被呼叫，就說明一個封包接收到了。也就是說，讀取請求完成函數回呼可以造成和中斷類似的作用。這種想法是可行的，ndisedge 可以產生一個系統執行緒，然後用無窮迴圈的方式去不斷地讀取 ndisprot。本章的範例未使用系統執行緒，而使用了工作項目

（Work Item）。本範例專門產生用於向 ndisprot 讀取封包的工作項目，讓系統自動呼叫它。

Windows 中的工作項目實際上是一個函數指標的包裝，使用者可以在該函數中執行一些程式，視為一個「工作」。工作項目可以插入到系統佇列裡，讓系統來執行它。使用 WDF 的 API 函數 WdfWorkItemCreate 可以產生一個工作項目。

```
NTSTATUS
  WdfWorkItemCreate(
    IN PWDF_WORKITEM_CONFIG  Config,
    IN PWDF_OBJECT_ATTRIBUTES  Attributes,
    OUT WDFWORKITEM*  WorkItem
    );
```

上面有 3 個參數。其中第三個參數 WorkItem 就是輸出的工作項目；前面兩個是輸入參數。其實無論怎麼樣，我們最關心的輸入參數都是那個實際執行工作的回呼函數指標。該函數指標填寫在參數 Config 中，Config 名為工作項目設定，但是實際上最重要的作用就是填寫工作函數指標。這個結構如下：

```
typedef struct _WDF_WORKITEM_CONFIG {
  ULONG  Size;
  PFN_WDF_WORKITEM  EvtWorkItemFunc;
  BOOLEAN  AutomaticSerialization;
} WDF_WORKITEM_CONFIG, *PWDF_WORKITEM_CONFIG;
```

其中的 EvtWorkItemFunc 就是要填寫的工作函數指標。AutomaticSerialization 表示自動的序列化，使工作函數不會平行處理執行。填寫函數指標一般都用 WDF_WORKITEM_CONFIG_INIT 巨集。

WdfWorkItemCreate 的另一個參數是 attributes，這個參數指定了工作項目產生之後的物件屬性，主要用於給工作項目指定一個父物件。一般來說，父物件就是介面卡結構中的 WDF 裝置控制碼。

在 ndisedge 中有一個函數叫作 NICAllocRecvResources，負責分配啟動讀取封包工作項目所需要的資源。相關程式如下：

```
...
WDF_OBJECT_ATTRIBUTES        attributes;
WDF_WORKITEM_CONFIG          workitemConfig;
...
```

```
// 初始化物件屬性
WDF_OBJECT_ATTRIBUTES_INIT(&attributes);
// 指定父物件
attributes.ParentObject = Adapter->WdfDevice;

// 把要放在工作項目中等待被呼叫的函數設定為NICPostReadsWorkItemCallBack
WDF_WORKITEM_CONFIG_INIT(&workitemConfig,
    NICPostReadsWorkItemCallBack);

// 產生讀取封包工作項目，儲存到介面卡結構裡
ntStatus = WdfWorkItemCreate(&workitemConfig,
    &attributes,
    &Adapter->ReadWorkItem);

if (!NT_SUCCESS(ntStatus)) {
    // 失敗處理
    break;
}
...
```

經過這樣的處理，系統只是產生了工作項目，但是還不會執行它。使用 Wdf WorkItemEnqueue 可以將工作項目插入到 Windows 的工作隊列裡，Windows 會 自動執行它。WdfWorkItemEnqueue 的原型如下：

```
VOID
  WdfWorkItemEnqueue(
    IN WDFWORKITEM  WorkItem
    );
```

這個函數極其簡單。本節就介紹到這裡，下一節將介紹讀工作項目是何時產生 的，在工作項目中又是如何呼叫讀取封包請求函數 NICPostReadRequest 的。

17.5.6 ndisedge 讀工作項目的產生與入列

上一小節介紹了工作項目的產生。讀者可能會問，ndisedge 是在什麼時候 呼叫 NICAllocRecv Resources 來分配接收封包資源，並在其中產生工作項 目的呢？實際上，是在驅動初始化介面卡結構時呼叫的，也就是在函數 NICInitializeAdapter 中。雖然前面的章節中曾經介紹過介面卡結構的初始化， 但是並沒有詳細地介紹初始化工作項目這部分。

相關的程式如下：

```
NDIS_STATUS
NICInitializeAdapter(
    IN  PMP_ADAPTER  Adapter,
    IN  NDIS_HANDLE  WrapperConfigurationContext
    )
{
    ...
    ntStatus = NICInitAdapterWorker(Adapter);
    ...
}
```

在 NICInitAdapterWorker 中 呼 叫 了 NICAllocRecvResources，NICInitAdapter
Worker 函數完成了多個工作，包含開啟 ndisprot 的裝置介面、分配接收封包資
源（準備 RCB）、發送封包資源（準備 TCB）、產生讀取封包工作項目等。下
面僅列出和分配接收封包資源有關的程式。

```
NTSTATUS
NICInitAdapterWorker(
    PMP_ADAPTER Adapter
    )
{
    ...
    // 產生讀取封包工作項目，並把這個工作項目儲存在Adapter->ReadWorkItem中
    Status = NICAllocRecvResources(Adapter);
    if (Status != NDIS_STATUS_SUCCESS)
    {
        ntStatus = STATUS_INSUFFICIENT_RESOURCES;
        DEBUGP(MP_ERROR, ("Failed to send side resources\n"));
         break;
    }
    ...
    // 把讀取封包工作項目儲存加入到系統佇列裡，"稍後"系統就會呼叫工作項目中的
    // 工作函數指標，也就是NICPostReadsWorkItemCallBack了
    WdfWorkItemEnqueue(Adapter->ReadWorkItem);
}
```

工作項目中的實際工作函數是 NICPostReadsWorkItemCallBack。這個函數的工
作是，不斷地從空閒 RCB 鏈結串列中取出 RCB，每個 RCB 都發送一次讀取
請求，直到全部發完為止。發完之後這個工作項目就執行結束了，每個讀取請
求讀到封包時都會回呼完成函數。

```
VOID
NICPostReadsWorkItemCallBack(
    WDFWORKITEM   WorkItem
    )
{
    PMP_ADAPTER     Adapter;
    NTSTATUS        ntStatus;
    PRCB            pRCB=NULL;

    // 讀者應該記得：我們把工作項目的父物件設定為本介面卡結構中
    // 儲存的WDF裝置控制碼，現在就可以直接從這個控制碼獲得裝置資訊了
    // 裝置資訊中就有介面卡結構指標
    Adapter =
     GetWdfDeviceInfo(
         WdfWorkItemGetParentObject(WorkItem))->Adapter;
    // 加鎖，以便鏈結串列操作序列化
    NdisAcquireSpinLock(&Adapter->RecvLock);

    // 只要RCB空閒鏈結串列還不為空，就不斷地取RCB發出
    while (MP_IS_READY(Adapter) && !IsListEmpty(&Adapter->RecvFreeList))
    {
      // 取得一個RCB，插入到接收忙鏈結串列中，然後用NICPostReadRequest發出請求
        pRCB = (PRCB) RemoveHeadList(&Adapter->RecvFreeList);
        NdisInterlockedIncrement(&Adapter->nBusyRecv);
        InsertTailList(&Adapter->RecvBusyList, &pRCB->List);
      // 鏈結串列操作結束，解除鎖，降低中斷級以便呼叫NICPostReadRequest發出請求
        NdisReleaseSpinLock(&Adapter->RecvLock);
        Adapter->nReadsPosted++;
        ntStatus = NICPostReadRequest(Adapter, pRCB);

        // 呼叫完請求發送之後再次加鎖，準備循環中的下一輪鏈結串列操作
        NdisAcquireSpinLock(&Adapter->RecvLock);

        if (!NT_SUCCESS ( ntStatus ) ) {
            break;
        }
    }

    // 解鎖
    NdisReleaseSpinLock(&Adapter->RecvLock);
        InterlockedExchange(&Adapter->IsReadWorkItemQueued, FALSE);
}
```

當然，工作項目結束就結束了，但是 ndisedge 並沒有結束，所以必須設法再次呼叫 WdfWorkItemEnqueue。實際上每次封包接收結束之後，呼叫 NICFreeRCB 時，在 NICFreeRCB 中都有檢查，如果工作項目結束，則會再次呼叫 WdfWorkItemEnqueue。

相信到此為止，讀者應該已經了解了 ndisedge 的接收封包過程。主要概述如下：第一，在介面卡結構初始化時，開啟 ndisprot 裝置，分配接收封包所需要的資源，產生一個讀取封包工作項目並插入系統佇列，讓系統自動執行它。第二，在工作項目的工作函數中，準備 WDF 讀取請求，並向 ndisprot 裝置的 IO 目標發送。第三，在讀取請求完成函數中，呼叫 NdisMIndicatePacket 來提交封包，使綁定這個迷你通訊埠的協定驅動的接收封包回呼函數被呼叫。

17.6 其他的特徵回呼函數的實現

本章已經介紹了迷你通訊埠特徵的回呼函數指標中最重要的幾個，包含 InitializeHandler、HaltHandler、SendPacketsHandler。讀者應該深刻了解的是，實現一個迷你通訊埠驅動，本質上就是以合乎 Windows 核心要求的方法，來實現必要的（或更多、全部的）迷你通訊埠特徵回呼函數的過程。因此本節開始介紹剩餘幾個特徵回呼函數的實現方法。

17.6.1 封包的歸還

所謂封包的歸還，讀者有必要參考下列事實來了解，即在前一章介紹的協定驅動中，協定驅動在接收回呼中獲得封包時，可以參考這個封包。被上層協定使用的封包是不能被迷你通訊埠驅動釋放的。上層協定使用封包結束之後，會呼叫 NdisReturnPacket 來通知迷你通訊埠驅動該封包的參考計數減少。當然迷你通訊埠驅動可以判斷，如果參考計數減少到 0，這個封包就已經可以釋放了。這個過程稱為歸還。當上層協定驅動呼叫 NdisReturnPacket 時，最後 NDIS 會呼叫該協定綁定的迷你通訊埠的迷你通訊埠特徵中的 ReturnHandler。在這個函數裡，迷你通訊埠的開發者應該檢查封包的計數，來決定是否釋放這個封包。

```
VOID
MPReturnPacket(
    IN NDIS_HANDLE  MiniportAdapterContext,
    IN PNDIS_PACKET Packet
    )
{
    PRCB          pRCB = NULL;
    PMP_ADAPTER  Adapter;

    // 封包的迷你通訊埠保留資料區裡保留有RCB的指標。這一點讀者在前面應該見到過
    pRCB = *(PRCB *)Packet->MiniportReserved;
    // RCB中保留有介面卡結構上下文的指標
    Adapter = pRCB->Adapter;
    // 封包歸還計數器加1
    Adapter->nPacketsReturned++;
    // 將RCB中的封包參考計數減少1，並判斷是否是0。如果是0，則可以釋放RCB
    if (NdisInterlockedDecrement(&pRCB->Ref) == 0)
    {
        // 釋放RCB
        NICFreeRCB(pRCB);
    }
}
```

17.6.2　OID 查詢處理的直接完成

在協定驅動中，讀者應該看到協定可以向迷你通訊埠發送 OID 查詢請求來查詢一些資訊。而作為迷你通訊埠驅動的開發者，則必須透過撰寫迷你通訊埠特徵中的 QueryInformationHandler 來接收這些請求，傳回上層使用者所需要的結果。OID 請求數量極多，在本章一一詳述是不可能的。一般來說，開發者都可以從 WDK 的實例中拷貝現成的程式，只需要有針對性地修改自己確實需要處理的幾個即可。

查詢請求處理函數的原型如下：

```
NDIS_STATUS
MPQueryInformation(
    IN NDIS_HANDLE        MiniportAdapterContext,
    IN NDIS_OID           Oid,
    IN PVOID              InformationBuffer,
    IN ULONG              InformationBufferLength,
```

```
        OUT PULONG          BytesWritten,
        OUT PULONG          BytesNeeded)
```

第一個參數是迷你通訊埠的介面卡上下文;第二個參數 Oid 實際上是一個請求的 ID;第三個參數是查詢資訊的輸出緩衝;第四個參數是查詢資訊的輸出緩衝的長度。在這個函數的實現中,開發者應該把傳回的資訊填寫到這個緩衝裡。

第五個參數 BytesWritten 是一個輸出緩衝,它是一個無號長整數的指標。完成這個請求後,這個指標所指的整數應該被修改為輸出緩衝實際被填寫的資料長度。第六個參數 BytesNeeded 是類似的,但是填寫的是實際需要的長度。在緩衝區充足又正確傳回的情況下,BytesNeeded 可以填寫 0。但是緩衝區不足時,BytesNeeded 應該填寫實際需要的長度。

到底有多少個 OID 需要支援?作為最簡單的支援乙太網路的迷你通訊埠驅動,ndisedge 支援如下一組 OID。微軟為迷你通訊埠驅動要支援的 OID 規定了一個最小集合,這個集合可以在 WDK 的文件中查到。不滿足最小集合可能會導致迷你通訊埠驅動無法正常運作。同時,功能更強的網路卡則可以提供更多的 OID。

```c
#include "ndiswdm.h"
// 定義一個陣列,列出本驅動支援的OID
NDIS_OID NICSupportedOids[] =
{
        OID_GEN_SUPPORTED_LIST,
        OID_GEN_HARDWARE_STATUS,
        OID_GEN_MEDIA_SUPPORTED,
        OID_GEN_MEDIA_IN_USE,
        OID_GEN_MAXIMUM_LOOKAHEAD,
        OID_GEN_MAXIMUM_FRAME_SIZE,
        OID_GEN_LINK_SPEED,
        OID_GEN_TRANSMIT_BUFFER_SPACE,
        OID_GEN_RECEIVE_BUFFER_SPACE,
        OID_GEN_TRANSMIT_BLOCK_SIZE,
        OID_GEN_RECEIVE_BLOCK_SIZE,
        OID_GEN_VENDOR_ID,
        OID_GEN_VENDOR_DESCRIPTION,
        OID_GEN_VENDOR_DRIVER_VERSION,
```

```
        OID_GEN_CURRENT_PACKET_FILTER,
        OID_GEN_CURRENT_LOOKAHEAD,
        OID_GEN_DRIVER_VERSION,
        OID_GEN_MAXIMUM_TOTAL_SIZE,
        OID_GEN_PROTOCOL_OPTIONS,
        OID_GEN_MAC_OPTIONS,
        OID_GEN_MEDIA_CONNECT_STATUS,
        OID_GEN_MAXIMUM_SEND_PACKETS,
        OID_GEN_XMIT_OK,
        OID_GEN_RCV_OK,
        OID_GEN_XMIT_ERROR,
        OID_GEN_RCV_ERROR,
        OID_GEN_RCV_NO_BUFFER,
        OID_GEN_RCV_CRC_ERROR,
        OID_GEN_TRANSMIT_QUEUE_LENGTH,
        OID_802_3_PERMANENT_ADDRESS,
        OID_802_3_CURRENT_ADDRESS,
        OID_802_3_MULTICAST_LIST,
        OID_802_3_MAC_OPTIONS,
        OID_802_3_MAXIMUM_LIST_SIZE,
        OID_802_3_RCV_ERROR_ALIGNMENT,
        OID_802_3_XMIT_ONE_COLLISION,
        OID_802_3_XMIT_MORE_COLLISIONS,
        OID_802_3_XMIT_DEFERRED,
        OID_802_3_XMIT_MAX_COLLISIONS,
        OID_802_3_RCV_OVERRUN,
        OID_802_3_XMIT_UNDERRUN,
        OID_802_3_XMIT_HEARTBEAT_FAILURE,
        OID_802_3_XMIT_TIMES_CRS_LOST,
        OID_802_3_XMIT_LATE_COLLISIONS
};
```

這裡每一個 OID 請求的實際功能都可以在 WDK 的文件中查到，直接輸入上面的 OID 號（如 "OID_GEN_SUPPORTED_LIST"）即可找到。而 ndisedge 中 MPQueryInformation 函數的實現，大致是下面這個樣子，內含一個很大的 switch-case 區塊。

```
NDIS_STATUS
MPQueryInformation(
    IN NDIS_HANDLE  MiniportAdapterContext,
```

```
    IN NDIS_OID        Oid,
    IN PVOID           InformationBuffer,
    IN ULONG           InformationBufferLength,
    OUT PULONG         BytesWritten,
    OUT PULONG         BytesNeeded)
{
    ...

    // 獲得介面卡結構指標
    Adapter = (PMP_ADAPTER) MiniportAdapterContext;

    // 結果的初始化
    *BytesWritten = 0;
    *BytesNeeded = 0;

    switch (Oid)
    {
        case OID_GEN_SUPPORTED_LIST:
            pInfo = (PVOID) NICSupportedOids;
            ulInfoLen = sizeof(NICSupportedOids);
            bForwardRequest = FALSE;
            break;

    ...
```

請求的完成方式有兩種：一種是自己完成；另一種是下發下層的驅動去完成。物理的迷你通訊埠顯然都是最底層裝置，所有請求都要自己完成。而 ndisedge 是一個虛擬迷你通訊埠驅動，一部分請求自己完成，另一部分可以以 IRP 的形式向 ndisprot 發出，ndisprot 會以同樣的 OID 的形式發給下層真實的網路卡。

舉例來說，讀者在上面的程式中見到的 OID_GEN_SUPPORTED_LIST，這個請求要求迷你通訊埠傳回它所支援的 OID 的陣列。要完成這個請求很容易，把前面的陣列 NICSupportedOids 拷貝到輸出緩衝中，然後填寫實際長度就可以了。因此，後面的程式如下：

```
if (Status == NDIS_STATUS_SUCCESS)
{
    // 如果緩衝區的長度足夠
    if (ulInfoLen <= InformationBufferLength)
    {
        // 填寫傳回的結果，長度正常
        *BytesWritten = ulInfoLen;
```

```
        if (ulInfoLen)
        {
            // 拷貝記憶體
            NdisMoveMemory(InformationBuffer, pInfo, ulInfoLen);
        }
    }
    else
    {
        // 傳回結果，長度太短，將需要的長度寫入到BytesNeeded中
        *BytesNeeded = ulInfoLen;
        Status = NDIS_STATUS_BUFFER_TOO_SHORT;
    }
}
```

另一種情況是發送給 ndisprot 並獲得回覆，ndisprot 裝置提供了裝置控制介面
（IRP_MJ_ DEVICE_CONTROL）。發送裝置控制請求的方法，已經在本章前面
詳細介紹過，所以這裡就不詳細介紹了。

17.6.3 OID 設定處理

本章要提及的最後一個特徵回呼函數是 MPSetInformation，也就是 OID 設定請
求。這個函數和 MPQueryInformation 是完全一樣的，參數也完全一致。原型
如下：

```
NDIS_STATUS
MPSetInformation(
    IN NDIS_HANDLE MiniportAdapterContext,
    IN NDIS_OID Oid,
    IN PVOID InformationBuffer,
    IN ULONG InformationBufferLength,
    OUT PULONG BytesRead,
    OUT PULONG BytesNeeded)
```

設定和查詢是類似的，也有兩種處理：一種是發出 IRP 給 ndisprot，請讀者參
考前面對 ndisprot 發送裝置控制請求的內容；另一種是自己完成請求。下面舉
一個實例。OID_GEN_CURRENT_ LOOKAHEAD 是一個設定請求，是協定用
來設定給迷你通訊埠的，給迷你通訊埠提供一個建議的前視區長度。前視區
的概念，請參考 16.7.1 節「和接收封包有關的回呼函數」。這個設定過程很簡
單，建議前視區長度儲存在介面卡結構的 ulLookAhead 域中。如果這個請求

發過來，只需要從輸入緩衝區裡獲得要求設定的建議前視區長度，直接寫到 Adapter → ulLookAhead 中，然後傳回成功即可。

```
case OID_GEN_CURRENT_LOOKAHEAD:
    // 判斷長度是否足夠
    if (InformationBufferLength != sizeof(ULONG)){
        *BytesNeeded = sizeof(ULONG);
        Status = NDIS_STATUS_INVALID_LENGTH;
        break;
    }

    // 從輸入緩衝中獲得要設定的值並寫入到Adapter->ulLookAhead裡
    Adapter->ulLookAhead = *(PULONG)InformationBuffer;

    // 使用長度，為一個長整數
    *BytesRead = sizeof(ULONG);
    Status = NDIS_STATUS_SUCCESS;
    // 內部處理，不需要轉發
    bForwardRequest = FALSE;

    break;
```

實際要完成的 OID 種類比較多，請讀者參考本書隨書程式中的 ndisedge 實例。

本章的範例程式

本章只有一個實例，在原始程式目錄的 ndispedge 下。這個實例是直接從 WDK 的原始程式目錄裡拷貝出來的，有興趣的讀者可以自己在 WDK 的目錄下檢視原始的版本。編譯的方法請參照「附錄 A 如何使用本書的原始程式」。如果沒有安裝 VS 2003，請直接按照使用 WDK 的 build 工具編譯的方法編譯。

安裝的方法如下（以 Windows XP 為例，Windows 7 等其他系統類似）。

（1）把檔案 wdfcoinstallXxxxx.dll（Xxxxx 是版本編號，這個檔案可以在 WDK 的 \redist\wdf 目錄下找到）以及 ndisedge.sys、ndisedge.inf 放到同一個目錄下。

（2）開啟控制台，雙擊「新增硬體」。

（3）選擇「是，我已經連接了此硬體」，然後點擊「下一步」按鈕。

（4）選擇「增加新的硬體裝置」，然後點擊「下一步」按鈕。

（5）選擇「安裝我手動從清單選擇的硬體」，然後點擊「下一步」按鈕。

（6）選擇「網路介面卡」，然後點擊「下一步」按鈕。

（7）選擇「從磁碟安裝」，選擇 inf 檔案。

（8）不斷點擊「下一步」按鈕，直到完成。

請注意，在 ndisedge 安裝之前，必須確定 ndisprot 已經安裝，並且可以正常運作。安裝了 ndisedge 之後，選擇「網路」，應該可以看到一個新的連接。

NDIS 中間層驅動

18.1 NDIS 中間層驅動概述

18.1.1 Windows 網路架構歸納

本章是本書中有關 Windows 網路驅動的最後一章。這裡筆者按照從上到下的結構為大家簡單地勾畫一下 Windows 中的網路元件。或可以説，當我們寫一個網路相關的程式，進行網路通訊時，它從上到下要經歷哪些過程。為了讓讀者能夠簡單清晰地了解核心網路架構的主要分層，在下面的分層描述中剔除了非必需的網路元件，如前面章節介紹的 WFP。

（1）最上層是網路應用程式。由程式設計師自己在應用層撰寫，撰寫的方式多種多樣，可以用 Socket 程式設計，也可以用 WinInet 程式設計。

一般來説，自第二層開始，都由系統實現。但是這裡説的系統，並非僅指核心，它包含了 Windows 系統的執行在使用者態的許多函數庫（一般都以 dll 檔案形式提供），以及執行在核心態的 Windows 核心元件（包含一些 dll 檔案和 sys 檔案）。

（2）第二層，即系統最頂層，是網路 API 層，它為應用程式提供程式設計介面。這個介面層，一般要做到協定獨立性，也就是説，不管下面使用的是什麼網路通訊協定，介面層都要對它們進行介面支援。這一層可以在使用者態實現，也可以同時在使用者態和核心態實現。但所有的使用者介面，都必須在使用者層定義；而介面內的實現，其內部邏輯則極有可能是在核心層實現的。Windows 通訊端、WinINet 函數庫 API、遠端呼叫（RPC）API 等，都是網路 API 層的一種實現。

（3）第三層是網路 API 的核心實現，也就是第二層的核心層。一般來説，每種網路 API 都有一個對應的核心實現。核心實現層總是以核心模式裝置驅動程式的形式表現，並且它有一個統一的責任：將上層的網路請求格式化成 TDI 格式，並將這個格式化後的 IRP 發送到下層 NDIS 協定驅動。

（4）再下一層是 NDIS 協定驅動，又叫 TDI 傳輸器。Windows 系統中有很多種 NDIS 協定驅動，例如 TCP/IP、支援 IPv6 的 TCP/IP、NWLink 和 AppleTalk 等。

（5）最後一層是 NDIS 迷你通訊埠驅動程式，直接驅動物理網路卡。

Windows 網路元件的結構可以用圖 18-1 來說明。

為了更進一步地支援擴充性，網路驅動模型的每一層都定義了對外公開的公共介面，與它相連接的上層或下層驅動模組不必關心它的內部實現如何，只根據它所提供的公共介面完成對應的工作即可。

上面所說明的網路模組層級，完全處於核心中的有三層：網路 API 的核心實現、NDIS 協定驅動和迷你通訊埠驅動程式。這三者按照預設好的介面上下連接，協作工作，緊密相連。這種結構恰似建築中的榫頭和卯眼，這兩樣東西一凸一凹，必須榫卯相對，否則不能相連；而且它們又好像是堆起來的積木，如果中間抽出一個，整體就會轟然倒塌，一損皆損。

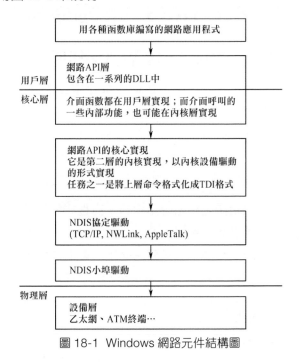

圖 18-1 Windows 網路元件結構圖

18.1.2 NDIS 中間層驅動簡介

NDIS 中間層驅動程式，是一種混合型驅動程式，它把 NDIS 協定驅動和 NDIS 迷你通訊埠驅動的功能結合在一起。

它位於 NDIS 協定驅動和 NDIS 迷你通訊埠驅動之間，上面是 NDIS 協定驅動，下面是 NDIS 迷你通訊埠驅動。實際上它扮演了雙面人的角色：對於上面的 NDIS 協定驅動（TDI 傳輸器）來說，它扮演了 NDIS 迷你通訊埠驅動的角色；而對於下面的 NDIS 迷你通訊埠驅動來說，則扮演了 NDIS 協定驅動的角色。

讀者可以從圖 18-1 中看到，在網路架構的核心層級中並沒有給中間層驅動留下位置，所以它的存在只能「欺上瞞下」：為上層提供榫頭，以對應上層的卯眼；為下層提供卯眼，以對應下層的榫頭；而令自己插在中間。對 NDIS 協定驅動而言，它展示 NDIS 迷你通訊埠驅動的特徵，讓 NDIS 協定驅動以為自己是迷你通訊埠驅動而綁定它；對下層的 NDIS 迷你通訊埠驅動而言，它展示協定驅動的特徵，自己綁定在迷你通訊埠驅動上。

從理論上講，中間層驅動的個數沒有限制，可以不斷疊加。圖 18-2 是圖 18-1 的局部，但是稍有修改：在協定驅動與迷你通訊埠驅動之間，插入了一個 NDIS 中間層驅動。

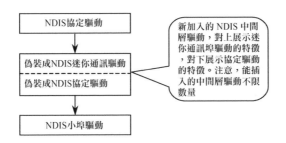

圖 18-2　在協定驅動和小通訊埠驅動之間插入中間層驅動

這樣做的目的是什麼呢？答案依然在本書中，是最為核心的兩個字：過濾。如果在 Windows 本身的協定驅動和迷你通訊埠驅動之間，插入了一個我們自己撰寫的中間層驅動，所有 NDIS 協定驅動和 NDIS 迷你通訊埠驅動之間的互動活動，都不得不經過這個中間層過濾，這樣我們就能捕捉這些事件進行處理，檢查其中是否有病毒、木馬攻擊，或對資料進行加密與解密，記錄下主機對外的通訊情況，寫入系統的安全性記錄檔中，以確保即使意外發生，依然有據可查。市面上的 Windows 防火牆，基本上都含有一個 NDIS 中間層過濾驅動。

有些讀者會覺得奇怪，為何微軟不直接在網路驅動架構層次中增加一個過濾層，而要採用如此奇特的形式來進行過濾？

實際上,這應該是因為當 NDIS 介面剛剛定義時,NDIS 的定義者們根本就沒有想到過需要對網路操作進行過濾。但是需求產生後,早期的軟體開發人員試圖對網路操作進行過濾,某個天才的程式設計師想到了註冊虛擬的協定和迷你通訊埠來欺騙系統取得過濾權(Windows 95 上沒有中間層驅動,可行的程式都是用註冊虛擬協定和迷你通訊埠的方法來實現的)。微軟顯然也注意到了這方面的需求,於是從 Windows 2000 開始出現了兼有協定與迷你通訊埠兩種特徵的中間層驅動。

18.1.3 NDIS 中間層驅動的應用

中間層驅動在資訊安全領域的應用和協定驅動的應用容易混淆。這是因為我們在第 16 章開發的協定驅動 ndisprot 也可以自由地接收到本機能接收到的所有乙太網路封包,同時也能發送出任意格式的乙太網路封包。本章的實例 passthru 似乎也起同樣的作用:截獲所有能接收到的封包。但是是否可截獲所有本機發出去的封包,成為了 NDIS 協定驅動和 NDIS 中間層驅動在資訊安全領域應用方面最基本的差異。

撰寫一個小型的協定驅動,可以截獲本機接收到的所有封包。這並不是透過攔截實現的,而是透過註冊一個協定,並綁定所有下層可以接收封包的迷你通訊埠驅動來實現的。被綁定的迷你通訊埠驅動總是向綁定者也就是協定驅動提交資料封包。

但是一個應用程式用 TCP 協定發送資料時,顯然不會透過我們註冊的新協定,而是呼叫 TCP/IP 協定。也就是說,我們撰寫的協定驅動無法攔截到其他應用程式的發送封包過程。因此,協定驅動在安全領域,只適合用來做發送封包工具、偵測器,而不適合做防火牆。

二者差別的關鍵點是:協定驅動綁定了所有的迷你通訊埠驅動,於是能截獲到所有接收到的封包;而中間層驅動不僅綁定了所有迷你通訊埠驅動,而且還「被所有協定驅動綁定」,於是中間層驅動在理論上可以做到攔截所有透過 NDIS 發送和接收的資料封包,無論應用程式使用什麼協定都無法繞過。這樣一來,它就適合作為封包過濾防火牆的核心元件了。

在 NDIS 中間層驅動中,對接收和發送的封包,可以採用的處理方法幾乎是無限的：可以接受，也可以拒絕，還可以修改。絕大部分安全軟體，都採用規則過濾的方式，用一系列的規則對這個資料封包進行關註：符合規則，是合法的封包，則讓它透過；不符合規則，可能是攻擊封包或無用的封包，則直接捨棄。此外，也有一些安全軟體對乙太網路封包進行加密和解密的工作。

當然，絕對的安全是不存在的。雖然筆者沒有嘗試過，但是相信，如果木馬執行在核心中，一定有辦法操作乙太網路卡發送資料封包，並且不讓中間層驅動捕捉到。雖然這樣的方法不會寫在微軟提供的文件內，但只要是有利益的驅動，就一定會有人去實現。

本章的程式是在 WDK 中的實例 passthru 的基礎上進行修改的，其功能是：攔截所有接收和發送的乙太網路封包，用 DbgPrint 列印出部分內容，並示範如何允許某種資料封包通過，如何禁止某種資料封包通過。

18.1.4 NDIS 封包描述符號結構深究

作為程式說明的起點，這一節介紹 NDIS 封包描述符號的內部結構。封包描述符號在協定驅動和迷你通訊埠驅動中都有出現，但是我們沒有深入過這個資料結構的本質。為了讓讀者感覺簡潔、容易，在前面我們隱藏了許多細節。在這一章裡，開啟 WDK 中定義 NDIS_PACKET 的標頭檔，我們會看到，在 WDK 中對 NDIS_PACKET 的定義是極其簡單的。

```c
typedef struct _NDIS_PACKET {
    NDIS_PACKET_PRIVATE  Private;
    union {
        struct {
            UCHAR        MiniportReserved[2*sizeof(PVOID)];
            UCHAR        WrapperReserved[2*sizeof(PVOID)];
        };
        struct {
            UCHAR        MiniportReservedEx[3*sizeof(PVOID)];
            UCHAR        WrapperReservedEx[sizeof(PVOID)];
        };
        struct {
            UCHAR        MacReserved[4*sizeof(PVOID)];
        };
    };
    ULONG_PTR            Reserved[2];
```

```
    UCHAR                    ProtocolReserved[1];
} NDIS_PACKET, *PNDIS_PACKET, **PPNDIS_PACKET;
```

我們看到的大多是一些保留位，用來給需要使用這個封包的驅動儲存自有資訊。在迷你通訊埠和協定程式設計中，我們使用過 MiniportReserved 和 ProtocolReserved。現在我們應該留意第一個域，這是一個 NDIS_PACKET_PRIVATE 結構變數。

WDK 文件顯示，Private 是留給系統使用的。為了獲得它裡面的實際內容，必須呼叫相關的 NDIS 函數。這是一種封裝，使協力廠商開發者也就是我們，不會去直接使用這個結構下的域，以便減少對程式的依賴性。這樣即使微軟修改這個結構，也不會影響協力廠商開發者撰寫的各種 NDIS 驅動的程式。但是出於研究的目的，我們應該深入這個結構的內容。請開啟 WinDbg，讓系統中斷（點擊 Break 選單），使用 dt 指令可以在偵錯時看到符號表中有定義的資料結構，這些結構不一定是在文件中公開的。

```
lkd> dt ndis!_ndis_packet_private
    +0x000 PhysicalCount        Uint4B
    +0x004 TotalLength          : Uint4B
    +0x008 Head                 : Ptr32 _MDL
    +0x00c Tail                 : Ptr32 _MDL
    +0x010 Pool                 : Ptr32 Void
    +0x014 Count                : Uint4B
    +0x018 Flags                : Uint4B
    +0x01c ValidCounts          : UChar
    +0x01d NdisPacketFlags      : UChar
    +0x01e NdisPacketOobOffset  : Uint2B
```

請大家主要留意三個域：Head、Tail 和 NdisPacketOobOffset。NDIS_PACKET 結構，其實是網路資料封包的「描述符號」。作為封包的描述符號，它與一個或多個鏈式資料緩衝區（MDL）相連結（這些緩衝區中包含了真正的網路資料）。這種連結關係就由 Head 和 Tail 來表現，Head 指向第一個緩衝區位址，Tail 指向最後一個（為 NULL）。可以透過 NdisQueryPacket、NdisGetNextBuffer 和 NdisGetFirstBufferFromPacketSafe 等函數來取得與鏈式資料緩衝區相關的資訊。

第三個域 NdisPacketOobOffset，是從 Packet 的基底位址到達與此 Packet 相關的 OOB 結構的偏移。所以，我們可以用下面的定義來取得 OOB 結構：

```
NDIS_PACKET_OOB_DATA* GetPacketOOB(NDIS_PAKCT* pPacket)
{
  if(pPacket == NULL)
     return NULL;
  return (char*)pPacket +
((NDIS_PACKET_PRIVATE*)pPacket)-> NdisPacketOobOffset;
}
```

其實 NDIS 中有從 NDIS_PACKT 封包取得 OOB 結構的標準函數：

```
PNDIS_PACKET_OOB_DATA
  NDIS_OOB_DATA_FROM_PACKET(
     IN PNDIS_PACKET  _Packet
  );
```

WDK 中有對這個結構的定義，如下所示。

```
typedef struct _NDIS_PACKET_OOB_DATA {
  union {
     ULONGLONG  TimeToSend;
     ULONGLONG  TimeSent;
  };
  ULONGLONG  TimeReceived;
  UINT  HeaderSize;
  UINT  SizeMediaSpecificInfo;
  PVOID  MediaSpecificInformation;
  NDIS_STATUS  Status;
}  NDIS_PACKET_OOB_DATA, *PNDIS_PACKET_OOB_DATA;
```

OOB 是 out-of-band 的縮寫，常常被翻譯為「頻外」。頻外資料和頻內資料是相對而言的。頻內資料是指正常的網路資料；頻外資料是在正常的網路資料（band）外，另外需要傳達的資訊。

記憶體中緊接著 NDIS_PACKET_OOB_DATA 結構的是 NDIS_PACKET_EXTENSION 結構，這個結構中儲存了一系列的指標，是對 OOB 的擴充。我們也可以自己定義一個函數來取得這個結構：

```
NDIS_PACKET_EXTENSION* GetPacketExtension(NDIS_PAKCT* pPacket)
{
  if(pPacket == NULL)
     return NULL;
  return (char*)pPacket +
    ((NDIS_PACKET_PRIVATE*)pPacket)-> NdisPacketOobOffset +
```

```
sizeof(NDIS_PACKET_OOB_DATA);
}
```

NDIS 中也為它提供了標準函數：

```
PNDIS_PACKET_EXTENSION
  NDIS_PACKET_EXTENSION_FROM_PACKET(
      IN PNDIS_PACKET  Packet
  );
```

我們在程式設計的時候自然應以此為準。該結構的定義如下：

```
typedef struct _NDIS_PACKET_EXTENSION
{
  PVOID  NdisPacketInfo[MaxPerPacketInfo];
} NDIS_PACKET_EXTENSION, *PNDIS_PACKET_EXTENSION;
```

本節的最後，用一張從驅動開發網截取的圖片來描述上面說明的 NDIS_
PACKET 中各結構之間的關係，以加深大家對此結構的了解，如圖 18-3 所示。

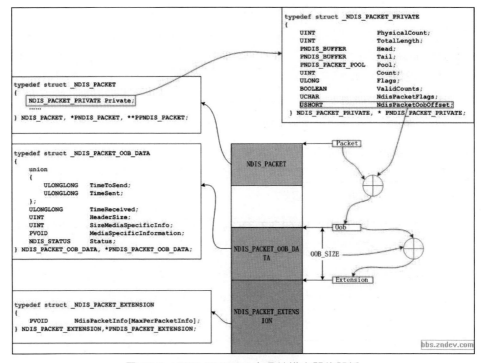

圖 18-3 NDIS_PACKET 中各結構之間的關係

18.2 中間層驅動的入口與綁定

18.2.1 中間層驅動的入口函數

中間層驅動的程式，很多都可以參考協定驅動程式和迷你通訊埠驅動程式的撰寫。也正因為如此，在這一章中，筆者省略了很多程式上的説明，而把重要的分析工作拿來與讀者分享。

相對 WDM 驅動來説，NDIS 驅動的 DriverEntry 函數要簡潔很多，也沒有很多重複煩瑣的工作要做——當然，簡潔也可能帶給人困惑。

類似 WDM 驅動的一些必做的工作，例如初始化分發函數表，建立裝置物件等，在 NDIS 驅動的入口函數中看不到痕跡。但透過呼叫 NDIS 的 API，有些工作被隱藏在其中。

第一步，初始化包裝控制碼。

關於這個控制碼，可以參考迷你通訊埠驅動部分的內容。這個呼叫的作用是通知 NDIS 庫，一個新的 Miniport 正在被初始化，提醒系統為這個 Miniport 建立便於系統管理的內部結構。這個內部結構的位址透過「包裝控制碼」被傳回。研究後得知這個內部結構叫作 NDIS_M_DRIVER_BLOCK，在 WDK 中是沒有定義的，但如果讀者有興趣的話，完全可以透過 WinDbg 工具來檢視它的內容。

第二步，註冊迷你通訊埠特徵。

填寫並註冊迷你通訊埠特徵。註冊時，用到了第一步中獲得的「包裝控制碼」，這一點和迷你通訊埠驅動是一樣的。但註冊時使用的函數是 NdisIMRegisterLayeredMiniport，請讀者注意將它和迷你通訊埠驅動的 NdisMRegisterMiniport 函數區分開。

我們可以一定的是，NdisIMRegisterLayeredMiniport 應該是做了全部 NdisMRegisterMiniport（註冊迷你通訊埠）所做的事情，並且在此基礎上，還傳回了一個 NDIS_HANDLE 類型的變數 "DriverHandle"。這個變數很重要，它代表了某個內部結構，後面我們在呼叫 NdisIMAssociateMiniport，將 Miniport 和 Protocol 兩個系列的介面連接起來時，需要用到它。

關於迷你通訊埠特徵，請參閱前面一章中的內容。讀者在程式設計時應仔細閱讀 WDK 文件，看哪些特徵函數是必選的，哪些是可選的。如果必選的函數被設定為 NULL，那麼傳遞到註冊函數那裡將導致註冊失敗，並獲得一個表明錯誤的 NDIS_STATUS_BAD_CHARACTERISTICS 傳回值。

第三步，註冊協定特徵。

這一點和協定驅動完全一樣，請讀者自行參閱前面內容。

第四步，連結兩個介面。

把上面兩步註冊特徵時所得到的 NDIS 控制碼作為參數傳入函數 NdisIMAssociateMiniport 中，其目的是在 Protocol 和 Miniport 介面間建立內部關聯。這其實是把關於 Protocol 和 Miniport 的介面，在同一個核心結構中儲存起來。因為中間層驅動是一個混合型驅動，並且是在較後的 NDIS 版本中才出現的，所以實際上，筆者猜測這個函數的內部動作，是在儲存迷你通訊埠特徵的 NDIS_M_DRIVER_BLOCK 結構內部，儲存了一個協定特徵結構的指標。

18.2.2 動態繫結 NIC 裝置

要把我們的驅動透過某種形式綁定到其他驅動程式上，實現截取指令和網路資料封包的目的。

從目前來看，在 WDM 驅動上實現綁定的典型方法，是大家都熟悉的裝置堆疊形式。驅動產生裝置物件，並把裝置物件綁定到「下層驅動」的某一個裝置物件上，當有 IRP 指令發送到被綁定的「下層驅動」時，首先要經過裝置堆疊中處於上層的「綁定驅動」。

但在 NDIS 驅動中並不通過裝置堆疊來綁定上下驅動關係，它利用了一種不透明的方式來進行。IRP 封包的傳遞過程在 NDIS 驅動的上邊界—也就是協定驅動那裡—就終止了，在 NDIS 驅動堆疊內部，各級 NDIS 驅動使用直接函數呼叫的方式來表現上下層關係。這些函數介面被儲存在不透明的結構中，NDIS 驅動能互相發現、互相呼叫。

綁定的過程其實也是由 PNP 管理員所發起的，當 PNP 管理員發現系統中有可用的 NIC 裝置時，它最後會找到所有註冊過的中間層驅動，依次呼叫它們的 AddDevice 函數（這一點和普通的 WDM 驅動無異）。所有 NDIS 驅動的

AddDevice 函數都是被 NDIS 庫中的函數所託管的，可以在 WinDbg 中看到該託管函數的符號為 NDIS!ndisPnPAddDevice。該函數內部做了哪些操作我們無從知曉，但有兩點可以確定。在它認為可行的情況下，將做下面兩件事。

（1）從登錄檔中取得裝置名（即傳入到 PtBindAdapter 的 DeviceName 參數）。

（2）呼叫驅動註冊的 PtBindAdapter 函數。在 PtBindAdapter 中實現了協定驅動（在中間層驅動中，就是協定下邊界）對迷你通訊埠的綁定（bind）。

下面就要說到 PtBindAdapter 的實現。

關於 PtBindAdapter 函數的內部實現，在協定驅動中已經講了很多。中間層驅動的實現和協定驅動幾乎一樣，這裡只針對中間層驅動進行簡單的介紹。

PtBindAdapter 函數主要完成以下工作。

（1）分配用於發送和接收資料封包的緩衝集區，應該使用 NdisAllocatePacketPoolEx 函數進行分配。

（2）呼叫函數 NdisOpenAdapter，開啟或綁定下層的 NIC。從本質上來說，這個呼叫的作用是在 NDIS 的核心物件中，建立起中間層驅動和下層被綁定驅動之間註冊函數的呼叫關係。建立這種呼叫關係之後，當中間層驅動有訊息往下傳的時候，系統就可以透過中間層驅動的核心物件中儲存的資訊，知道呼叫下層驅動的哪個註冊函數；當下層驅動有訊息往上通知時，系統也能夠找到合適的中間層驅動的註冊函數進行呼叫。這就是 NDIS 綁定的實質所在。

這裡面有一個避免重入的問題，對 NdisOpenAdapte 函數的呼叫有可能會非同步完成，所以必須確定 NdisOpenAdapter 呼叫成功後，才能繼續後續的操作。為此，在程式中首先建立了一個核心事件物件，呼叫 NdisOpenAdapte 時將它作為參數傳入。如果 NdisOpenAdapter 傳回 NDIS_STATUS_PENDING，則表示綁定工作將在將來的某個時刻以非同步的方式完成，我們的程式就必須在程式中等待剛才那個事件物件；當 NdisOpenAdapter 操作非同步完成時，PtOpenAdapterComplete 函數就會被系統呼叫；在 PtOpenAdapterComplete 函數中，我們獲得呼叫 NdisOpenAdapte 函數時傳入的事件物件的指標，應將這個事件物件的狀態變成有訊號狀態，這樣剛才的等候狀態就會結束了。

（3）呼叫 NdisIMInitializeDeviceInstanceEx 函數，在函數的內部，會呼叫中間
層驅動程式的 MpInitialize 函數來初始化驅動的虛擬 NIC。

實際的程式請參考本章隨書程式範例 passthru。

18.2.3 迷你通訊埠初始化（MpInitialize）

上面剛剛講到綁定迷你通訊埠，這裡馬上就開始初始化自己的迷你通訊埠了。
速度是不是過於快了點呢？這正是呼叫 NdisIMInitializeDeviceInstanceEx 函數
後帶來的效果。我們剛才將自己綁定到一個真實的底層 NIC 裝置上，這時則建
立一個自己的虛擬 NIC 裝置，隨時準備過濾從上層過來的封包和請求。

如上文所述，中間層驅動在動態繫結 NIC 裝置時，呼叫了 NdisIMInitialize
DeviceInstanceEx 函數（見上節），這個函數將在內部呼叫 MpInitialize。讀者
可能會感到奇怪，系統怎麼可以從 Protocol 介面函數一下子跳到 Miniport 介面
函數裡呢？

原來是由於 NdisIMInitializeDeviceInstanceEx 呼叫傳入的第一個參數：NDIS_
HANDLE DriverHandle，這個參數正是從 NdisIMAssociateMiniport 傳回的那個
NIDS 控制碼。如上文所述，它所指向的內部結構，將協定和迷你通訊埠兩個
結構連結起來。透過 DriverHandle 控制碼，驅動可以很方便地找到兩個特徵結
構中的函數介面。

我們在這個函數中首先要做的事情是傳回虛擬 NIC 支援的媒體類型。系統給我
們傳入了一個可供選擇的媒體類型列表，在這個列表中找到支援的那個類型的
序號，並將此序號傳回。

除此之外，我們在這個函數裡面還必須做的事情就只剩一件了，就是設定介面
卡上下文，即前面所講的迷你通訊埠介面卡上下文。關於這些 NDIS 控制碼的
環境變數，本章後面會有專門的一節來講。這裡讀者只需要知道，這個介面卡
上下文的內容全部由我們的程式定義，並且將在以後的每個迷你通訊埠特徵回
呼函數中被作為參數傳回，以便程式設計者使用。

和迷你通訊埠驅動一樣，設定介面卡上下文的函數是 NdisMSetAttributesEx。
程式如下：

```
NdisMSetAttributesEx(MiniportAdapterHandle,    // 系統傳入
         (NDIS_HANDLE)pAdapt,                   // 介面卡上下文
                       0,
                       NDIS_ATTRIBUTE_IGNORE_PACKET_TIMEOUT    |
                       NDIS_ATTRIBUTE_IGNORE_REQUEST_TIMEOUT|
                       NDIS_ATTRIBUTE_INTERMEDIATE_DRIVER |
                       NDIS_ATTRIBUTE_DESERIALIZE |
                       NDIS_ATTRIBUTE_NO_HALT_ON_SUSPEND,
                       0);
```

NdisMSetAttributesEx 函數在前面第 17 章的迷你通訊埠驅動中進行過介紹，但是比較簡略，這裡再詳細介紹一下。

（1）第一個參數，是系統呼叫傳入的，直接用即可。

（2）第二個參數，即此函數的主角——介面卡上下文。可以在這裡申請一個記憶體空間，並在其中定義一些有用的變數。但我們在函數中並沒有這樣做，它使用了一個在別處申請的記憶體空間。

（3）第三個參數，可選，告知 NDIS，讓它多長時間呼叫一次 MpCheckForHang 函數。這個值預設為 2 秒，如果把它設為 0，NDIS 仍然會使用預設值 2。因為我們的驅動不支援 MpCheckForHang 函數，所以設成多少也無所謂。

（4）第四個參數，設定屬性值。

- NDIS_ATTRIBUTE_IGNORE_PACKET_TIMEOUT：這個值似乎只能給中間層驅動用，而且中間層驅動必須用。設定這個值後，在任何情況下，NDIS 都不能對它為驅動程式維持的佇列中的未決封包進行逾時處理。

- NDIS_ATTRIBUTE_IGNORE_REQUEST_TIMEOUT：這個值似乎只能給中間層驅動用，而且中間層驅動必須用。設定這個值後，在任何情況下，NDIS 都不能對它為驅動程式維持的佇列中的查詢（query）和設定指令（set request）進行逾時處理。

上面兩個值是中間層驅動特有的。對於迷你通訊埠驅動而言，當驅動程式佇列中的發送和請求操作逾時時，NDIS 會呼叫 MpCheckForHang（或 MpReset）函數，做逾時處理。但是，中間層驅動並不直接操縱底層 NIC，因此它無法控制到底要花多長時間來完成未決的發送和請求操作。所以中

間層驅動通常既不提供 MpCheckForHang 函數，也不處理虛擬 NIC 逾時。這兩個屬性值正是為此而設的，所以讀者千萬不要忘記它們。

- NDIS_ATTRIBUTE_INTERMEDIATE_DRIVER：中間層驅動程式透過設定此值，來告訴 NDIS 這是一個中間層驅動，必須設定。

- NDIS_ATTRIBUTE_DESERIALIZE：表示這個迷你通訊埠是一個非序列化的迷你通訊埠驅動。它的接收封包和發送封包是非序列化的。

- NDIS_ATTRIBUTE_NO_HALT_ON_SUSPEND：這個值被設定後，在系統進入休眠狀態時，NDIS 不會呼叫驅動的 MpHalt 函數。很顯然，一般底層驅動是不能設定這個值的，因為它們在系統進入休眠前，一定要做一些必要的反初始化工作，但我們現在的中間層驅動則無此必要。

關於屬性設定的更多內容，請讀者參閱 WDK 文件。

（5）第五個參數，介面卡類型。在中間層驅動中，AdapterType 被設定為 0。因為這裡是虛擬 Adapter，而從目前來看，所有的 Adapter 類型都是為真實裝置而定義的。在虛擬 Adapter 類型被定義前，我們總是把它設為 0，並且這樣也總是對的。

此後的工作，主要是對介面卡上下文進行初始化。各程式對介面卡上下文有不同的定義，可以複雜些，也可以簡單些，對此讀者可能會聯想到裝置擴充，其實原理是一樣的。讀者也可以參閱迷你通訊埠驅動一章中的內容，這裡不再詳述。

在程式中，接著又呼叫了一個 PtRegisterDevice 函數。這個函數的工作是產生一個控制裝置物件，並設定其派遣函數。要完成這個工作，讀者可以不必按照它的方法呼叫 NdisMRegisterDevice 函數，而完全可以使用普通的 IoCreateDevice 函數。筆者相信，NdisMRegisterDevice 一定在內部封裝了對 IoCreateDevice 的呼叫。

透過建立這個控制裝置後，我們可以在使用者態寫控製程式，使用 CreateFile 和 DeviceIoControl 這樣的傳統典型方法與核心驅動進行通訊。在本章後面的「產生普通控制裝置」一節中，對此有非常詳細的描述。

▌ 18.3 中間層驅動發送資料封包

18.3.1 發送資料封包原理

中間層驅動之所以能作為過濾驅動使用,自然是因為它處於上下交通的要衝之地,上下往來的資料封包都能被它截獲並加以處理。

從這一節開始,我們將對中間層驅動的資料封包管理說明。

當上層驅動將資料封包發送到中間層驅動時,中間層驅動能夠在它註冊的 MpSend 函數中接收到這些封包描述符號。這時,中間層驅動要麼直接將資料封包描述符號傳遞給底層驅動;要麼將資料重新封包產生新的描述符號後,再發送出去;要麼就乾脆拒絕這個封包,傳回一個錯誤值。防火牆的封包過濾功能,就是在這裡表現的。

我們可以透過程式來了解詳情。

以下的內容,將以程式形式說明 NDIS 中間層驅動是如何轉發或將原始資料重新封包,以完成資料封包的發送的。這裡以 MpSend 為例說明。為篇幅所限,MpSendPackets 函數的內容請讀者自行研讀。

中間層驅動要發送網路資料封包,最後都必須呼叫 NdisSend/NdisSendPackets/NdisCoSendPackets 系列的函數。我們在前面說明中間層驅動綁定 NIC 裝置時,提到為了在 NDIS 驅動之間實現綁定,NDIS 使用了一種隱秘的函數呼叫方式。這裡用到的 NdisSend 系列函數,就是這種綁定方式的實作者之一。

以 NdisSend 為例,我們先來看看 NdisSend 的函數原型:

```
VOID  NdisSend(
    OUT PNDIS_STATUS  Status,
    IN NDIS_HANDLE  NdisBindingHandle,
    IN PNDIS_PACKET  Packet
    );
```

請讀者注意第二個參數 NdisBindingHandle,此參數由 NdisOpenAdapter 呼叫傳回,在 MiniportBindAdapter 函數中應該極佳地儲存這個控制碼,作為全域性變數。從 WDK 的解釋來看,其意指目前驅動所綁定到的真實目標 NIC 或由下層驅動產生的虛擬 NIC Adapter。而從實現原理上來看,這個控制碼指向一個內部結構,在這個結構中,儲存了足夠多的關於上下層驅動關係的資訊,使得 NdisSend 函數能夠找到並呼叫下一層驅動的相關函數。

假如我們有這樣一個 NDIS 網路驅動堆疊:最上面是一個 NDIS 協定驅動,下面是兩個中間層驅動,最下面是一個迷你通訊埠驅動。以此為例,我們來看看一個網路封包是如何在這個驅動堆疊中「流動」到物理裝置的。

我們從最上層的 NDIS 協定驅動說起。協定驅動在初始化時,要綁定到下面的 Adapter 上。因為中間層驅動建立了一個虛擬的 Adapter 裝置,所以協定驅動就綁定在這個虛擬的 Adapter 上。綁定成功後,協定驅動將儲存一個綁定控制碼。

再來看看中間層驅動。上層的中間層驅動初始化時,也要綁定 Adapter。它綁定的是下層的中間層驅動,並儲存一個綁定控制碼;下層的中間層驅動綁定的則是迷你通訊埠驅動,並儲存一個綁定控制碼。

當有網路封包到達時,協定驅動收到這個網路封包,自己做一些處理,接著傳入自己儲存的綁定控制碼,呼叫 NdisSend 往下發送封包。

NdisSend 在內部透過協定驅動的綁定控制碼,找到它所綁定的中間層驅動,並找到和呼叫中間層驅動的 MpSend/MpSendPackets 函數。

上層的中間層驅動在它的 MpSend/MpSendPackets 中,也對封包做了自己的處理,接著和協定驅動一樣,傳入自己儲存的綁定控制碼,呼叫 NdisSend 往下發送封包。

下層的中間層驅動,也進行同樣的操作,直到封包被迷你通訊埠驅動的 MpSend/ MpSendPackets 收到。這時它就透過 IO 或中斷資源,把資料封包內容最後發送到物理裝置上。

我們在圖 18-4 中對此進行描述,以加深印象。

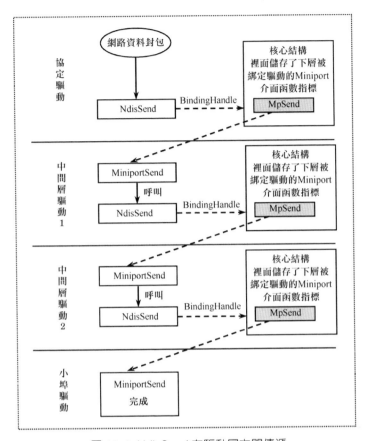

圖 18-4 NdisSend 在驅動層次間傳遞

18.3.2 封包描述符號「重新利用」

我們從這節開始，說明如何在中間層驅動中對封包進行發送。有兩種方式：一種是把收到的封包描述符號原封不動地傳遞下去，此方法叫作「重新利用」；另一種是根據收到的封包描述符號，重建一個新的封包描述符號，將新增的封包描述符號發送下去，此方法叫作「重新申請」。

本節說明中間層捕捉到向下發送的資料封包時，使用「重新利用」的方法，直接將原始封包描述符號傳遞到下層驅動的過程。看過迷你通訊埠驅動實現的讀者應該知道，當上層協定發送資料時，迷你通訊埠的特徵回呼函數 MpSend 會被呼叫。因為中間層的虛擬迷你通訊埠已經取代了真實的迷你通訊埠，所以中間層驅動的 MpSend 會被呼叫。

下面來看看 passthru 中 MpSend 的實現。首先看這個函數的宣告：

```
NDIS_STATUS
MPSend(
    IN NDIS_HANDLE          MiniportAdapterContext,
    IN PNDIS_PACKET         Packet,
    IN UINT                 Flags
    )
```

傳導入參數如下：

- MiniportAdapterContext：在 MpInitialize 中註冊的介面卡上下文。
- Packet：NDIS 封包描述符號指標。
- Flags：未使用。

首先我們要取得介面卡上下文，這個上下文是我們在 MpInitialize 函數中建立的，裡面儲存了豐富的變數和內容。敘述如下：

```
PADAPT  pAdapt = (PADAPT)MiniportAdapterContext;
```

系統總是儲存這個指標，並在合適的時候把它傳回給使用者。對系統來說，這個指標指向的內容是不透明的，它並不知道裡面實際儲存了什麼內容。

要想對原始封包描述符號進行重新利用，只有在 NIDS 5.1 版本以後才能做。可以用下面的預先編譯巨集來判斷目前版本是否是 NDIS 5.1 及以上版本：

```
#ifdef NDIS51
```

然而，即使執行在 5.1 以後的版本上，也不是所有的封包描述符號都可以被重新利用。這裡面用到一個類似 "I/O Stack locations" 概念的結構，叫作 "Packet Stack Locations"一封包堆疊空間，或封包堆疊位置。封包堆疊空間隸屬於一個網路封包，就像 I/O 堆疊空間隸屬於一個 IRP 一樣。一個堆疊位置對應於一個中間層驅動，當網路封包在驅動層中穿梭時，由系統自己維護指向目前堆疊位置的指標。

但封包堆疊的大小不能動態決定，它的預設大小為 2。可以在登錄檔中改變這個預設大小，位置在：

```
HKLM\SYSTEM\CCS\Services\NDIS\Parameters\PacketStackSize DWORD:<size>
```

如果設定了一個新值，則必須重新啟動系統後這個值才能有作用。

NDIS 中對封包堆疊操作的介面函數異乎尋常地簡省，目前筆者只知道有一個 NdisIMGet CurrentPacketStack 函數，用以獲得目前驅動的堆疊位置指標，以及獲知是否還有空餘堆疊空間。獲得了目前驅動的堆疊空間後，可以在裡面存取驅動相關的資訊。如果函數傳回的資訊表明，已經沒有剩餘的堆疊空間可供利用了，那麼驅動是不能夠「重新利用」這個封包描述符號的，而必須「重新申請」。

我們來看看這部分的程式：

```
// 首先呼叫NdisIMGetCurrentPacketStack，以檢視是否還有足夠的堆疊空間可供使用
// 如果有，Remaining傳回TRUE，並且pStack不為NULL。pStack指向一個
// 叫作NDIS_PACKET_STACK的結構。我們的驅動不需要也不可以釋放pStack指標
// 如果Remaining傳回值為FALSE，則說明沒有為目前驅動預留足夠多的堆疊
// 就不能直接利用這個描述符號，必須重新分配一個新的
pStack = NdisIMGetCurrentPacketStack(Packet, &Remaining);
if (Remaining)
{
// 可以重複利用
// 發送到下層驅動
}
```

假設現在已經確定堆疊空間足夠，我們就可以對原始描述符號進行「重新利用」。下面來看看如何寫程式把一個封包描述符號傳送到下層驅動。這部分程式是通用的，後面講「重新申請」描述符號時，其發送程式也和這裡一樣。為了描述的需要，這裡先講完發送部分。

在介面卡上下文中，我們維護了一個發送計數。在每次發送一個封包描述符號之前，將發送計數增 1；而在確定發送已經結束─不管成功或失敗─之後，將這個計數減 1。由於有關同步完成和非同步完成的問題，所以維護這樣一個參考計數在這裡是很有意義的。同時我們必須對這個計數進行同步保護，可以使用迴旋栓鎖。

```
// 使用迴旋栓鎖以確保對使用者註冊的介面卡上下文的同步存取
// 這個計數是用來記錄目前進行著的發送工作數的，為了對它進行維護
// 每次有新工作開始的時候，將它遞增；每次有工作結束的時候，將它遞減
NdisAcquireSpinLock(&pAdapt->Lock);
pAdapt->OutstandingSends++;               // 將發送計數遞增1
```

```
NdisReleaseSpinLock(&pAdapt->Lock);    // 釋放迴旋栓鎖

// 呼叫NdisSend把NDIS封包發送到下一層驅動
NdisSend(&Status, pAdapt->BindingHandle, Packet);

if (Status != NDIS_STATUS_PENDING)
{
    // 如果傳回NDIS_STATUS_PENDING,則說明NdisSend將非同步完成
    // 到達這裡,說明NdisSend已經同步完成——不管正確與否
    // 這時要做的事情是把上面的"發送計數"遞減回去,表明"1"個工作被完成了
    // 記得這裡也要使用迴旋栓鎖以確保同步
    NdisAcquireSpinLock(&pAdapt->Lock);
    pAdapt->OutstandingSends--;
    NdisReleaseSpinLock(&pAdapt->Lock);
}

// 特別注意,如果NdisSend的傳回值是NDIS_STATUS_PENDING,則說明它將被非同步完
// 成換句話說,它到目前為止還處於"懸著"的狀態,尚未完成非同步完成的特點是,
// 工作完成後系統將呼叫函數PtSendComplete。後面會講到這個函數,現在需要知道
// 的是在同步完成中可以立即進行的計數維護工作(就是上面3句),在非同步完成中
// 被放在PtSendComplete中了,函數最後返回從NdisSend獲得的傳回值
return(Status);
}
```

到這裡就算發送完成了。是否使用參考計數,並對之進行維護,因人而異;未必所有的驅動都要這樣實現。而實際的發送函數,即對 NdisSend 的呼叫,則是核心。

18.3.3 封包描述符號「重新申請」

「重新申請」方式就是根據原始封包描述符號建立一個新的封包描述符號。與「重新利用」相比,這種方法可謂萬能,不管在哪個 NDIS 版本中都可以使用。讀者不要以為「重新申請」很麻煩,或覺得這樣不經濟、效率低,重建封包描述符號並不需要對網路封包資料進行重建,其所有關的記憶體操作並不多。這一點我們在下面的實際程式中可以看到。

建立一個新的封包描述符號,需要做下面三步工作。

（1）呼叫 NdisAllocatePacketPool 或 NdisAllocatePacketPoolEx，為固定尺寸的封包描述符號（由呼叫器指定數量）分配並初始化一組非可分頁池。這步工作應該在 MiniportBindAdapter 回呼函數中進行，這裡不再展開。

（2）呼叫 NdisAllocatePacket 函數，從上述已經分配的池中分配封包描述符號。我們看看下面的程式：

```
// 從封包池中申請封包描述符號
PNDIS_PACKET        MyPacket;
NdisAllocatePacket(&Status,
                   &MyPacket,
                   pAdapt->SendPacketPoolHandle);
if (Status == NDIS_STATUS_SUCCESS)
{
  // 設定封包描述符號
}
```

（3）這一步最重要，就是初始化工作，設定封包描述符號。上面我們呼叫的 NdisAllocatePacket 函數會把申請到的封包描述符號結構全部清空為 0。接下來的工作是，必須讓一個或一組鏈式資料緩衝區和這個封包描述符號相連結；還要將原始封包描述符號中的其他一些相關資訊拷貝過來。

```
// 首先我們在新增的封包描述符號中找一個地方，將原始封包描述符號的位址儲存起來。
// 在NDIS_PACKET中有很多保留指標，可以供我們使用。一般來講，建立一個封包是協定
// 驅動的工作，它位於這個驅動堆疊的最頂層。而在這裡因為我們是這個新增封包描述
// 符號的建立者，所以我們看起來就像一個協議驅動一樣，我們利用封包描述符號中為
// 協定驅動保留的指標來儲存有用資訊我們必須在這裡儲存原始封包描述符號的指標，
// 然後在工作結束，控制加權新回到我們手中時，最終處理
PSEND_RSVD         SendRsvd;
SendRsvd = (PSEND_RSVD)(MyPacket->ProtocolReserved);
SendRsvd->OriginalPkt = Packet;

// 設定Flags值。NdisGetPacketFlags實際是一個巨集定義，如下所示
// #define NdisGetPacketFlags(_Packet)  \   (_Packet)->Private.Flags
// 由於Private是不透明的，所以我們也不要對Flags太執著，記得一定呼叫它就行了
NdisGetPacketFlags(MyPacket) = Flags;

// 設定緩衝區指標。緩衝區鏈式排列，所以只要設定頭尾就可以了，中間段自然能靠頭尾
// 指標相連而實際上，按照我們在文章開頭介紹NDIS_PACKET的內容來看，Tail指標永遠
```

```
// 為NULL所以實際上可以直接以NULL賦之。可以這樣了解，最好還是不要那樣做
NDIS_PACKET_FIRST_NDIS_BUFFER(MyPacket) =
  NDIS_PACKET_FIRST_NDIS_BUFFER(Packet);
NDIS_PACKET_LAST_NDIS_BUFFER(MyPacket) =
  NDIS_PACKET_LAST_NDIS_BUFFER(Packet);  // 實際上一定為NULL


// 把原始封包描述符號中的NDIS_PACKET_OOB_DATA結構拷貝到新封包中
// 上面已經講過，此結構描述了封包描述符號的"頻外"資訊
// NDIS_OOB_DATA_FROM_PACKET巨集，相信讀者對此也很熟悉
NdisMoveMemory(NDIS_OOB_DATA_FROM_PACKET(MyPacket),
    NDIS_OOB_DATA_FROM_PACKET(Packet),
    sizeof(NDIS_PACKET_OOB_DATA));


// 下面這個函數拷貝的內容，相信讀者對此並不陌生。拷貝的是NDIS_PACKET_EXTENSION
// 結構中的內容
// 注意：此函數在Windows 9x系統上不能使用，要用巨集判斷來區分
#ifndef WIN9X
NdisIMCopySendPerPacketInfo(MyPacket, Packet);
#endif


// 拷貝原始封包描述符號的媒體相關資訊。該結構指標及其大小儲存在OOB結構中，分別
// 為 MediaSpecificInformation 和 SizeMediaSpecificInfo。
// 下面這個巨集用來取得這兩個值，再下面的巨集，根據這兩個值拷貝實際內容
NDIS_GET_PACKET_MEDIA_SPECIFIC_INFO(Packet,
    &MediaSpecificInfo,
    &MediaSpecificInfoSize);


if (MediaSpecificInfo || MediaSpecificInfoSize)
{
  NDIS_SET_PACKET_MEDIA_SPECIFIC_INFO(MyPacket,
    MediaSpecificInfo,
    MediaSpecificInfoSize);
}
```

上面是申請的過程，在註釋中已經說明得很明白了，相信讀者都能夠了解。成功申請了封包描述符號後，也同樣呼叫 NdisSend 進行發送，請讀者參閱前面小節中的內容。

18.3.4 發送資料封包的非同步完成

上面已經提到過了 NdisSend 的同步和非同步兩種完成方式。同步完成的情況已經講過；非同步完成則留了一伏筆，正好在這裡說明。

判斷是否非同步完成的標示是 NdisSend 呼叫傳回 NDIS_STATUS_PENDING。如果是這個結果，就要注意了，從這裡開始，我們就不應該再對封包描述符號做任何操作了，因為我們已經失去了對它的控制權，對應的操作應該留到完成函數 PtSendComplete 中進行。

在 PtSendComplete 函數中我們要做哪些事情呢？要分情況進行討論。前面我們討論了「重新申請」和「重新利用」兩種情況。在完成函數中，這二者必須區別處理。我們必須首先找到一個方法來判斷，在完成函數中獲得的封包描述符號，是「重新利用」還是「重新申請」而來的。

對重新利用來講，一定是在 NDIS 5.1 及以後版本中才會出現的，所以我們仍然要使用到 "#ifdef NDIS51" 巨集。我們先看看下面的虛擬程式碼，以了解這部分處理的整體邏輯。

```
// 用巨集定義判斷是不是NDIS 5.1及以後版本
#ifdef NDIS51
if(重新利用){

  // 只有符合兩個條件，才能到達這裡
  // 1. 是NDIS 5.1及以後版本
  // 2. 當初因為封包堆疊充足，而對原始封包進行了"重新利用"

  // 以上為重新利用處理程式

}else
#endif // NDIS51
{
  // 存在兩種情況會到達這裡
  // 1. 是NDIS 5.1以前版本
  // 2. 是NDIS 5.5及以後版本，但因為封包堆疊空間不夠，而仍然"重新申請"

  // 以上為重新申請處理程式
}
```

下面我們先來看看如何判斷一個封包描述符號是否是「重新利用」的。聰明的人總是有聰明的辦法。請讀者看下面的程式：

```
// 可以透過下面的API，取得我們所收到的封包描述符號被申請於哪個封包池的情況。
// 有了這個辦法，上面的問題就變得很簡單了，判斷"重新利用"的依據是："如果封包描
// 述符號是'重新申請'而來的，則此封包描述符號一定是從我們的封包池中申請的"
// 有了上面的依據，我們就可以做如下判斷：如果獲得的封包池控制碼和我們自己建立
// 的封包池控制碼相等，則這個封包描述符號一定是我們新增的不然為"重新利用"的
PoolHandle = NdisGetPoolFromPacket(Packet);
if (PoolHandle != pAdapt->SendPacketPoolHandle)
{
    // 程式到達這裡說明這個描述符號是"重新利用"的
    // 我們僅需要呼叫NdisMSendComplete，把封包被完成的訊息傳遞回上層驅動
    // 上層驅動可能正是這個封包的建立者，它在等待著它的完成，我們必須通知它
        NdisMSendComplete(pAdapt->MiniportHandle,
                        Packet,
                        Status);
}
// 如果是"重新申請"的，那麼操作要更多一點
```

下面就來看看對重新申請封包描述符號的處理，也就是上面虛擬程式碼中「重新申請處理程式」部分對應的程式。

```
PSEND_RSVD          SendRsvd;

// 取得原始封包描述符號。相信讀者還記得我們是在哪裡儲存這個值的
SendRsvd = (PSEND_RSVD)(Packet->ProtocolReserved);
Pkt = SendRsvd->OriginalPkt;


// 又是一個NdisIMCopySendCompletePerPacketInfo呼叫。拷貝封包描述符號中的
// NDIS_PACKET_EXTENSION內容，只不過這次的方向反了。
// 這個結構中儲存了很多完成相關的資訊，必須傳回給上層驅動。這些資料封包含：
// 檢驗資訊(cheksum information)、協定安全資訊、802.1p許可權資訊等，請讀者自行
// 參閱WDK中的相關內容
#ifndef WIN9X
// 不支援Windows 9x OS
NdisIMCopySendCompletePerPacketInfo (Pkt, Packet);
#endif


// 釋放封包描述符號，將資源返還到封包池
NdisDprFreePacket(Packet);
```

```
// 用原始封包描述符號，向上通知封包發送工作完成
NdisMSendComplete(pAdapt->MiniportHandle,
                  Pkt,
                  Status);
```

最後，不要忘記維護發送計數。我們在呼叫 NdisSend 之前將它增 1，這裡非同步完成後，應該將它減 1。

```
NdisAcquireSpinLock(&pAdapt->Lock);
pAdapt->OutstandingSends--;    // 將發送計數遞增1
NdisReleaseSpinLock(&pAdapt->Lock);
```

到這裡為止，關於資料封包發送的工作算告一段落了。說起來它有點煩人，主要的困難在於各種函數的呼叫順序複雜，以及有些函數在一種情況下會被呼叫，而在另一種情況下則不會被呼叫（主要是同步、非同步的區別），對此大家不可固執一端，避免搞混。相信讀者研讀原始程式碼時，一定能把握住主脈絡，則旁支的問題都將迎刃而解。

18.4 中間層驅動接收資料封包

18.4.1 接收資料封包概述

上面說明了封包的發送，這一節講封包的接收。底層針對不需連線的迷你通訊埠驅動可透過下面兩種方式指示資料封包接收。

（1）迷你通訊埠驅動呼叫與過濾無關的 NdisMIndicateReceivePacket 函數，向上層驅動傳遞資料封包描述符號指標。當上層驅動處理完後，將向 NIC 驅動程式傳回封包描述符號及其所指向的資源。

（2）迷你通訊埠驅動程式呼叫過濾相關的 NdisMXxxIndicateReceive 函數，傳遞封包表頭及資料緩衝區指標和緩衝區大小。

讀者可以看出接收處理比發送要複雜一些。上層函數的呼叫及處理過程，依賴於底層收到封包資料後的操作方式。

第一種情況：底層驅動呼叫 NdisMIndicateReceivePacket 通知接收資料封包，如果中間層驅動提供了 PtReceivePacket 處理函數，則 PtReceivePacket 函數被

呼叫；否則 PtReceive 函數被呼叫。在中間層驅動中，PtReceivePacket 函數可選，而 PtReceive 則必須實現。

第二種情況：底層呼叫 NdisMXxxIndicateReceive 函數通知接收資料封包，中間層驅動的 PtReceive 函數被呼叫。在這個函數中，我們將扮演迷你通訊埠驅動的角色—首先向底層驅動請求獲得完整的封包描述符號。如果取得描述符號成功，則建置一個新的封包描述符號，呼叫 NdisMIndicateReceivePacket 通知上層驅動；如果取得描述符號失敗，則仍舊呼叫 NdisMXxxIndicateReceive 函數通知上層驅動。不難想像，上層協定驅動將因我們所呼叫的通知函數的不同，而有不同的處理。

下面我們分別說明 PtReceive 和 PtReceivePacket 這兩個函數。

18.4.2 用 PtReceive 接收資料封包

在第 16 章介紹 NDIS 協定驅動時，在接收資料封包部分曾經詳細介紹過回呼函數 PtReceive。現在再來複習一下。

該函數的原型如下：

```
NDIS_STATUS  PtReceive(
    IN NDIS_HANDLE  ProtocolBindingContext,
    IN NDIS_HANDLE  MacReceiveContext,
    IN PVOID  HeaderBuffer,
    IN UINT  HeaderBufferSize,
    IN PVOID  LookAheadBuffer,
    IN UINT  LookaheadBufferSize,
    IN UINT  PacketSize
    );
```

（1）第一個參數，是協定驅動維護的和每次綁定相關的環境變數，它在 NdisOpenAdapter 被呼叫時設定。

（2）第二個參數，指向一個不透明的環境變數，由底層 NIC 驅動傳入，它用此控制碼與從網路上收到的 Packet 連結。當呼叫 NdisGetReceivedPacket 取得底層驅動上面的封包描述符號時，需要傳入此參數。在協定驅動程式的 PtReceive 函數的實現中，可能要呼叫 NdisTransferData 方法，那麼也一定要用到此參數。

（3）第三個參數，是封包表頭位址，這是個虛擬位址，只在目前函數中有效，不能被儲存和作為全域變數使用。

（4）第四個參數，是封包表頭長度。

（5）第五個參數，是前視緩衝區指標，指向封包表頭後面的資料緩衝區。需要注意的是，前視緩衝區未必包含了所有的網路資料，而可能只是部分。如果是這種情況，那麼剩下的封包資料將由上層的協定驅動程式呼叫 NdisTransferData 函數來繼續取得。

（6）第六個參數，是前視緩衝區的長度。注意，它可能小於資料緩衝區的長度。

（7）第七個參數，是資料封包大小（不包含封包表頭）。

如果資料封包小於或等於前視緩衝區的長度，則説明前視緩衝區中包含了全部的網路資料。

在協定驅動程式中，對此程式多有交代。但協定驅動和中間層驅動在實現這個函數的重點上存在很大的不同：前者偏重於接收封包（扮演協定驅動角色）；後者則偏重於向上通知封包（扮演迷你通訊埠驅動的角色）。請讀者在閱讀時對前後進行對照。

對這個函數的典型處理是，先嘗試向底層驅動請求獲得完整的封包描述符號，根據成功與否而採用不同的處理方式。

下面的程式用於嘗試從底層驅動獲得封包描述符號：

```
Packet = NdisGetReceivedPacket(pAdapt->BindingHandle, MacReceiveContext);
```

從上面的程式看到，函數有可能傳回空。如果傳回值為空，則説明底層還暫時不能提供一個完整的封包；如果傳回值為不可為空，則表明底層能夠立即向我們提供完整的資料封包。下面對這兩種情況分別介紹。

1. PtReceive 取得封包描述符號失敗

首先，介紹取得封包描述符號失敗的情況。

發生這種情況，則説明底層還沒有把資料封包完全接收好。如果中間層驅動需要完整的資料封包，則需要呼叫 NdisTransferData。這個操作在第 16 章的與協定驅動的接收資料相關的節中有過詳細介紹，請讀者自己查閱。

在中間層驅動不需要完整的資料封包時，同樣可以呼叫 NdisMXxxIndicate Receive 函數向上通知，這就省略了取得完整資料封包的過程。這一點和協定驅動不同，因為協定驅動本身已經處於 NDIS 驅動堆疊的最頂層，它必須取得完整的資料封包。

NdisMXxxIndicateReceive 是一個系列函數，針對不同的媒體媒體有不同的實現。其中的 "Xxx" 代表了不同的網路媒體。在呼叫 NdisOpenAdapter 時設定中間層驅動程式所能支援的網路媒體類型，程式將所支援的媒體類型包含在一個列表中作為參數傳遞給 NdisOpenAdapter。如果函數呼叫成功，也就是綁定成功，則 NdisOpenAdapter 會傳回被綁定 NIC 的媒體類型在列表中的序號；如果函數呼叫失敗，則可能是因為程式提供的媒體清單中未能包含被綁定 NIC 的媒體類型，也就是驅動程式不支援目前的 NIC 媒體類型。passthru 驅動支援如下幾種媒體類型：

```
NDIS_MEDIUM          MediumArray[4] =
    {
        NdisMedium802_3,    // Ethernet
        NdisMedium802_5,    // Token-ring
        NdisMediumFddi,     // Fddi
        NdisMediumWan       // NDISWAN
    };
```

在綁定成功的情況下，我們在迷你通訊埠上下文的 Medium 變數（也就是程式中的 pAdapt → Medium）中儲存了底層 NIC 的媒體類型在列表中的序號。所以，如果 pAdapt → Medium 為 0，則底層裝置的網路媒體類型就為 MediumArray[0]，即 NdisMedium802_3 乙太網路。

先看下面的程式：

```
// 首先，我們設定一個標示位，這個標示位用來標識是否呼叫了 NdisMXxxIndicateReceive
// 函數在接收操作的完成函數中，要用到這個標示位做對應的後處理
pAdapt->ReceivedIndicationFlags[Proc] = TRUE;

switch (pAdapt->Medium)
{
 // 乙太網路格式的封包
 case NdisMedium802_3:
 case NdisMediumWan:
     NdisMEthIndicateReceive(pAdapt->MiniportHandle,
```

```
            MacReceiveContext,
            HeaderBuffer,
            HeaderBufferSize,
            LookAheadBuffer,
            LookAheadBufferSize,
            PacketSize);
    break;

// 權杖環網封包
case NdisMedium802_5:
    NdisMTrIndicateReceive(pAdapt->MiniportHandle,
            MacReceiveContext,
            HeaderBuffer,
            HeaderBufferSize,
            LookAheadBuffer,
            LookAheadBufferSize,
            PacketSize);
    break;
// FDDI封包
case NdisMediumFddi:
    NdisMFddiIndicateReceive(pAdapt->MiniportHandle,
            MacReceiveContext,
            HeaderBuffer,
            HeaderBufferSize,
            LookAheadBuffer,
            LookAheadBufferSize,
            PacketSize);
    break;
default:
    ASSERT(FALSE);
    break;
}
```

NdisMXxxIndicateReceive 函數的呼叫，將導致上層驅動 PtReceive 函數的呼
叫。下層驅動呼叫 NdisMXxxIndicateReceive 函數通知上層驅動對資料封包
進行接收，它會在收到完整的資料封包後，選擇一個比較空閒的時間呼叫
NdisMXxxIndicateReceive Complete 函數，通知上層驅動完整的資料封包已經
接收完成。這將導致中間層驅動的 PtReceiveComplete 函數被呼叫，我們在這
個函數中必須繼續呼叫 NdisMXxxIndicate ReceiveComplete 函數向上層驅動通
知接收已經完成。

請讀者不要厭煩，我們再來看一下 PtReceiveComplete 的實現。

```
// 上面函數中設定的標示位，在這裡需要被用上了
if (pAdapt->ReceivedIndicationFlags[Proc])
 {
  switch (pAdapt->Medium)
  {
   case NdisMedium802_3:
   case NdisMediumWan:
     NdisMEthIndicateReceiveComplete(pAdapt->MiniportHandle);
     break;
   case NdisMedium802_5:
   NdisMTrIndicateReceiveComplete(pAdapt->MiniportHandle);
   break;
   case NdisMediumFddi:
     NdisMFddiIndicateReceiveComplete(pAdapt->MiniportHandle);
   break;
   default:
   ASSERT(FALSE);
   break;
 }
 }

// 重置標示位
pAdapt->ReceivedIndicationFlags[Proc] = FALSE;
 }
```

說到這裡，不知道讀者是否產生了幾許疑惑。因為，到目前為止，我們的驅動一直都在做通知的工作，而沒有獲得真實的資料封包內容。到底是怎麼回事呢？請讀者耐住性子，其實到這裡我們的工作還沒有完成，後面還有工作需要做。

情況是這樣的：上層驅動收到網路封包接收通知後，會在合適的時候呼叫 NdisTransferData 函數來要求底層驅動將完整的封包資料發送給它。我們會在 MPTransferData 函數中獲得上層的這個請求；但因為我們也沒有完整的封包資料，所以應該在這個函數中繼續把請求往底層傳遞。如果底層驅動立刻傳回封包資料，那麼我們在 MPTransferData 中就能立刻截獲到；否則在 MPTransferData 的非同步完成函數 PtTransferDataComplete 中才能截獲到完整的封包內容。

MPTransferData 的處理很簡單，如下所示。

```
// 首先，應該呼叫NdisTransferData把請求繼續往下層驅動傳遞
NdisTransferData(&Status,
                  pAdapt->BindingHandle,
                  MiniportReceiveContext,
                  ByteOffset,
                  BytesToTransfer,
                  Packet,
                  BytesTransferred);

// 下面判斷TranferData請求是同步完成還是非同步完成的
if(Status != NDIS_STATUS_PENDING){
// 同步完成，那麼我們獲得了完整的資料封包內容（Packet參數），可以對它進行分析
// …
}
```

上面的程式有關了 TransferData 請求的同步完成，如果非同步完成，也就是 NdisTransferData 傳回了 NDIS_STATUS_PENDING 將如何呢？這就要在 PtTransferData Complete 中做處理了。下面看看這部分程式是如何做的。

```
    PADAPT   pAdapt =(PADAPT)ProtocolBindingContext; // 取得綁定上下文

// 到達這裡則說明MPTransferData中的非同步工作已經完成，Packet中是完整的資料
// 封包 NDIS_STATUS Status = ……

if(pAdapt->MiniportHandle)
{
// 必須繼續呼叫NdisMTransferDataComplete向上通知非同步完成
// 上層驅動的PtTransferDataComplete函數將因此而被呼叫
    NdisMTransferDataComplete(pAdapt->MiniportHandle,
                              Packet,
                              Status,
                              BytesTransferred);
}
```

到這裡，這個分支的處理就算結束了。

2. PtReceive 取得封包描述符號成功

這時我們取得一個有效的 NDIS_PACKET 指標。我們可以直接把這個描述符號向上傳遞。但這裡不準備這樣做，我們將新增一個描述符號，把這個新增描述符號傳遞上去。

第一步就是新增描述符號。這個過程相信讀者在前面小節中說明 MpSend 時已經掌握得很好了。這裡不再贅述,只講兩點:

我們分別為發送和接收建立了封包池。雖然這並非必要,但既然已經建立了,那麼在這個函數裡則應從接收的封包池中建立封包描述符號。

可以使用核心 API 函數 NdisDprAllocatePacket 從封包池中申請封包描述符號,也可以使用函數 NdisAllocatePacket 從封包池中申請。不同的是函數 NdisDprAllocatePacket 比 NdisAllocatePacket 略快,但前者必須確定一定執行於 Dispatch 中斷級上;否則只能呼叫函數 NdisAllocatePacket 來申請描述符號。

在成功建立了一個封包描述符號後,事情並沒有結束。一般要把這個新的描述符號的封包狀態設定為 NDIS_STATUS_RESOURCES。

設定這個狀態位元的好處就是新增封包能夠被上層驅動同步處理,當通知函數 NdisMIndicate ReceivePacket 傳回時,我們即可對新增封包繼續做後處理,並且最後要把它釋放;否則處理過程將相對煩瑣,這個封包會被上層驅動非同步處理,就使得我們在呼叫 NdisMIndicateReceivePacket 函數後,失去了對新增封包的控制權,再對它做任何操作都很危險,更不能把它釋放,一切的後處理都必須放到函數 MpReturnPacket 中去做。

在這裡筆者僅以設定了此標示位為例來說明。

```
// 根據獲得的Packet指標,新增一個封包描述符號MyPacket。這裡省略其過程
...
// 下面設定封包描述符號的NDIS_STATUS_RESOURCES狀態位元,這個標示表明
// 下層驅動資源不足。因此上層驅動會儘快處理這個封包描述符號
// 並在函數傳回時釋放它的控制權
NDIS_SET_PACKET_STATUS(MyPacket, NDIS_STATUS_RESOURCES);

// 將MyPacket通知到上層驅動
NdisMIndicateReceivePacket(pAdapt->MiniportHandle, &MyPacket, 1);
```

在使用完新增封包後,我們對它進行後處理,並在最後釋放它。如果設定了 NDIS_STATUS_ RESOURCES 標示位,後處理應立即發生;否則就在函數 MpReturnPacket 中完成。釋放封包描述符號的程式如下:

```
NdisDprFreePacket(MyPacket);
```

18.4.3 用 PtReceivePacket 接收

在 PtReceivePacket 函數中接收到的是完整的封包描述符號，處理起來比 PtReceive 方便很多。從另一個角度可以說明，在底層驅動呼叫 NdisMIndicate ReceivePacket 通知函數，並進一步導致上層驅動的 PtReceivePacket 被呼叫時，底層驅動已經取得了完整的封包資料。這一點可以從上面的 PtReceive 函數對 NdisMIndicateReceivePacket 的呼叫中看出來。

該函數的原型：

```
INT
PtReceivePacket(
    IN NDIS_HANDLE          ProtocolBindingContext,
    IN PNDIS_PACKET         Packet
    )
```

該函數確實比 PtReceive 要簡略得多。既然已經獲得了 NDIS_PACKE 指標，那麼一種處理方法就是建立新的封包描述符號，再呼叫 NdisMIndicate ReceivePacket，並將其通知到上層。這種處理與 PtReceive 完全一樣，在這裡不再細說。

另一種處理方法和在接收封包一節中表現出來的一樣，也可以對封包描述符號做「重新利用」處理，當然它也只能出現在 NDIS 5.1 及以上版本中。我們用同樣的方法檢視封包描述符號中的封包堆疊使用情況，程式如下：

```
#ifdef NDIS51
// 檢視是否有剩餘的可被使用的封包堆疊空間
(VOID)NdisIMGetCurrentPacketStack(Packet, &Remaining);
if (Remaining)
{
    // 說明是有的，直接利用它
    Status = NDIS_GET_PACKET_STATUS(Packet);
    NdisMIndicateReceivePacket(pAdapt->MiniportHandle, &Packet, 1);
    // 根據NDIS_STATUS_RESOURCES狀態位元，傳回1或0
    // 如果底層驅動設定了NDIS_STATUS_RESOURCES狀態位元，則表示它希望上層驅動立
    // 刻處理這個封包描述符號；中間層驅動依舊把這個狀態位元通知到上層驅動
    // 再來看看PtReceivePacket傳回值的意義
    // 如果傳回0，則表示告訴底層驅動，你的封包我已用完，你可以自己處理了
```

```
    // 傳回 n (>=1)，則表示告訴底層驅動，你的封包仍被上層占著；並且傳回一個佔用
    // 計數 n
    // 以後每對這個封包描述符號呼叫一次NdisReturnPacket，封包描述符號的參考計
    // 數就減1
    // 當參考計數減到0時，上層驅動對封包描述符號的處理即已完畢，釋放對它的控制權
        return((Status != NDIS_STATUS_RESOURCES) ? 1 : 0);
}
#endif // NDIS51
```

在註釋中，我們已經詳細地分析了 PtReceivePacket 函數的傳回值。如果封包描述符號中的 NDIS_STATUS_RESOURCES 狀態位元未被設定，則函數傳回值為 1。這表明中間層驅動將一直擁有這個封包描述符號的控制權，直到它呼叫了一次 NdisReturnPackets 函數。我們也可以讓 PtReceivePacket 函數傳回 2，那麼就要對這個封包描述符號呼叫兩次 NdisReturnPackets。

上層協定驅動也會做類似的處理。當它呼叫 NdisReturnPacket 時，MpReturnPacket 會被呼叫。正是在這個函數裡，我們呼叫了 NdisReturnPackets 函數，以告知下層驅動上層對封包的處理已經完成，現在正釋放其控制權。程式如下：

```
#ifdef NDIS51
    // 首先透過封包池指標，確認這個封包描述符號是"重新利用"的
    if (NdisGetPoolFromPacket(Packet) != pAdapt->RecvPacketPoolHandle)
    {
        // 通知下層驅動
        NdisReturnPackets(&Packet, 1);
    }
    else
#endif // NDIS51
// 下面這個程式區塊中是對"重新申請"描述符號的處理
{
  // 這裡要做兩件事
  // 1. 釋放"重新申請"的封包
  // 2. 完成原始的封包

  // 原始的封包儲存在封包描述符號的MiniportReserved域中，需要先取得它
  PNDIS_PACKET    OriginPacket;
  PRECV_RSVD      RecvRsvd;
  RecvRsvd = (PRECV_RSVD)(Packet->MiniportReserved);
  OriginPacket = RecvRsvd->OriginalPkt;
```

```
  NdisFreePacket(Packet);                    // 釋放"重新申請"的封包
  NdisReturnPackets(&OriginPacket, 1);  // 完成"原始封包"
}
```

在中間層驅動的接收封包處理中，不管是上述哪種情況，都應該盡可能縮短函數的執行時間，以給後續封包的處理留下時間。對封包的處理要當機立斷，要麼立刻拒絕它，要麼立刻處理它；否則會對網路效率有影響，甚至可能導致封包遺失。

18.4.4 對封包進行過濾

大家都知道中間層驅動的主要用途是開發網路防火牆和網路偵測器。可是到目前為止，本章內容還沒有有關相關的內容。在這個小節裡我們將詳細說明分析驅動封包的基本原理和方法。

對一個網路封包進行分析，首先要取得它的網路資料。我們一般擁有的是一個 NDIS_PACKET 結構，NDIS_PACKET 只是網路封包的描述符號結構，要取得網路封包的實際內容，還需要進行一些操作。在本書的隨書程式中有一份 passthru 程式，裡面有一個對封包內容進行分析的函數 AnalysisPacket，大家可以參閱分析。

我們首先看看怎麼取得網路封包的內容，程式如下：

```
  // 分配區塊，儲存封包內容。2048足夠了（此處忽略申請記憶體失敗的情況）
 status = NdisAllocateMemoryWithTag( &pPacketContent, 2048, TAG);
  NdisZeroMemory( pPacketContent, 2048 ) ;

  // 在介紹NDIS_PACKET結構時大家已經知道，封包資料是以鏈結串列形式儲存的
  // 首先，我們取得鏈結串列中處於"第一個"的NDIS_BUFFER
  NdisQueryPacket(Packet              // 封包描述符號
  , &PhysicalBufferCount              // 封包資料中實際被對映的物理區塊的數量
  , &BufferCount                      // 鏈結串列中NDIS_BUFFER的數量
  , &NdisBuffer                       // 傳回應是鏈結串列頭指標
  , &TotalPacketLength
  );

  // 接下來，我們從第一個NdisBuffer開始檢查鏈結串列
  while(1)
```

```
{
  // 從取得的NdisBuffer中獲得資料位址，以及這個資料緩衝區的長度
  NdisQueryBufferSafe(
  NdisBuffer,
  &tembuffer,                    // 資料緩衝區位址
  &copysize,                     // 緩衝區長度
  NormalPagePriority);

  // 從資料緩衝區中複製資料，並維持一個拷貝資料的總長度
  NdisMoveMemory(pPacketContent+DataOffset, tembuffer, copysize) ;
  DataOffset += copysize ;

  // 獲得NdisBuffer下面的節點指標（其實傳回的就是NdisBuffer->Next）
  NdisGetNextBuffer(NdisBuffer , &NdisBuffer ) ;

  // 如果指標是NULL，那麼表示到鏈結串列尾了，跳出循環
  if( NdisBuffer == NULL )
   break ;
}
```

利用上面的程式，我們非常完美地取得了封包中的所有資料。下面要對封包做
一些簡單的分析，也就是實現過濾功能。下面我們所做的，僅是區分收到的封
包的類型，然後列印出 log 資訊。

```
// 對封包的類型做一般性分析
if(pPacketContent[12] == 8 &&  pPacketContent[13] == 0 )
{
  // 取得IP表。IP_OFFSET的值等於13
  PIP_HEADER pIPHeader = (PIP_HEADER)(pPacketContent + IP_OFFSET);
  switch(pIPHeader->Protocol)
  {
  case PROT_ICMP: // 1: ICMP
       // …
       break;
  case PROT_UDP:  // 17:UDP
       // …
       break;
  case PROT_TCP:  // 6: TCP
       // …
       break;
  }
}
```

```
// ARP封包
else if(pPacketContent[12] == 8 &&  pPacketContent[13] == 6)
{
  // …
}
// Unknown。忽略
else{
  // …
}
```

最後我們以十六進位形式把所有的封包資料列印出來。

```
// 簡單列出封包資料內容。首先申請一個足夠大的記憶體，把列印內容儲存在其中
status = NdisAllocateMemoryWithTag( &tcsPrintBuf, 2048*3, TAG);
for(j=0;j<=DataOffset;j++){
RtlStringCbPrintfA(
tcsPrintBuf+j*3, 2048*3-j*3, "%2x ",pPacketContent[j]);
}
DbgPrint(tcsPrintBuf);
```

開啟 DbgView 檢視驅動列印出來的 log 資訊，其最後的效果圖如圖 18-5 所示。

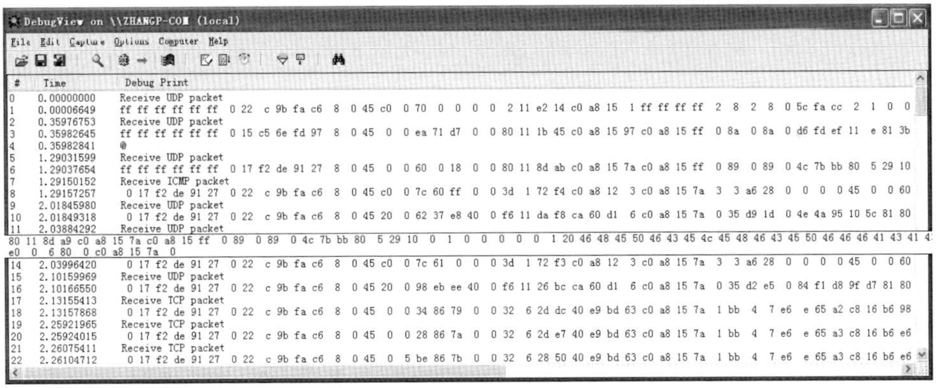

圖 18-5　驅動列印出來的 log 資訊

可以把 AnalysisPacket 函數放在任何有 NDIS PACKET 參數的地方，對網路封包資料進行分析。讀者可以對函數內容進行擴充，以實現更多的過濾功能。過濾的結果不外乎三種：放過、拒絕、修改。

如果想拒絕一個封包，做法其實很簡單，例如在 MpSend 中，透過過濾判斷覺得某個封包必須被拒絕，就可以像下面這樣做：

```
NDIS_STATUS MpSend(…)
{
    // 假設你已經擴充了AnalysisPacket函數的功能，能透過對封包的分析
    // 傳回對它的處理決定。傳回STATUS_DROP，就表明要拒絕這個封包
    NDIS_STATUS Status = AnalysisPacket(Packet, FALSE);
    if(Status == STATUS_DROP)         // 拒絕這個封包
        return NDIS_STATUS_FAILURE;   // 直接傳回錯誤
}
```

擴充 AnalysisPacket 功能的工作，可簡可繁，留給有興趣的讀者自己完成。

修改一個資料封包，包含兩個方面：轉發和加 / 解密。

如果想轉發一個封包，則相對複雜得多。主要是封包的格式太多，不同的封包要有不同的處理。但轉發的原理卻較簡單，就是更改封包表頭中的目標位址。如果是在發送過程中進行轉發，則將目標位址更改後直接呼叫 NdisSend 發送即可；如果是在接收過程中轉發，則一邊要完成原始的封包，一邊要轉發新增的封包。

既然我們已經獲得了網路封包的內容，如果要進行加 / 解密操作，想來也不甚難。問題是，必須確定目的機器上也安裝了我們的驅動；否則把加密過的網路封包發送過去，目的機將因無法解讀取封包內容而將之捨棄。

在上述內容中，筆者僅講了大概與原理，拋磚引玉罷了。防火牆軟體的設計，複雜起來令人眼花繚亂。但不管簡單還是複雜，最基本的原理卻是一致的；不同之處在於策略的設計上。

18.5 中間層驅動程式查詢和設定

查詢和設定，是迷你通訊埠特徵回呼中兩個重要的介面：一個用來處理 OID 查詢請求，一個用來處理 OID 設定請求。在本章的實例 passthru 中，分別對應到 MPQueryInformation 和 MPSetInformation。

18.5.1 查詢請求的處理

關於 MPQueryInformation 函數的更豐富的內容，請讀者在第 16 章和第 17 章中查詢關於 OID 的相關知識，本節僅說明程式實現邏輯。

先來看看它的函數原型：

```
NDIS_STATUS MPQueryInformation(
    IN NDIS_HANDLE            MiniportAdapterContext,
    IN NDIS_OID               Oid,
    IN PVOID                  InformationBuffer,
    IN ULONG                  InformationBufferLength,
    OUT PULONG                BytesWritten,
    OUT PULONG                BytesNeeded
)
```

（1）第一個參數是介面卡上下文。

（2）第二個參數是系統定義的 OID_XXX 碼。

（3）第三個參數是與 OID 資訊相關的資料緩衝區。不同的 OID 碼，對應於不同的資料結構。舉例來說，對於 OID_PNP_CAPABILITIES 來說，欲取得 InformationBuffer 中有意義的資訊，應有類似下面的敘述：

```
NDIS_PNP_CAPABILITIES * pCapability =
                    (NDIS_PNP_CAPABILITIES *) InformationBuffer;
```

請注意，這裡的 NDIS_PNP_CAPABILITIES 是請求 OID_PNP_CAPABILITIES 的固有輸入緩衝結構。不同的 OID 請求有不同的輸入緩衝結構。

（4）第四個參數是資料緩衝區的長度。

（5）第五個參數是輸出參數，最後要由 MPQueryInformation 填寫，表示往 InformationBuffer 中寫入了多少位元組的資料。

（6）第六個參數也是輸出參數。如果發生失敗，且是由緩衝區太小引起的，它能告訴呼叫者，應該至少提供多大的緩衝區。

這個函數的典型實現，是中繼這個 NDIS 請求。中繼的辦法是根據輸入的參數，建立一個 NDIS_REQUEST 結構，並用這個結構指標作為參數呼叫 NdisRequest。這樣，查詢指令就會繼續向下發送了。

如果 NdisRequest 非同步完成，則傳回 NDIS_STATUS_PENDING，系統會在查詢指令完成後呼叫 NDIS 函數 NdisMQueryInformationComplete，它將導致中間層驅動的 PtRequestComplete 函數被呼叫，我們要在這個函數中對設定請求做對應的後處理；如果 NdisRequest 同步完成，則傳回值為非 NDIS_STATUS_

PENDING 值，我們可以立即對設定請求進行後處理（實際上也是呼叫了後處理函數 PtRequestComplete，只不過這裡由我們自己呼叫，而非同步過程由系統呼叫）。

第一步，建置 NDIS_REQUEST 結構。在介面卡上下文中，已經存在一個全域變數，所以不用動態申請。

```
// 現在建置NDIS_REQUEST結構參數
pAdapt->Request.RequestType = NdisRequestQueryInformation; // Query
pAdapt->Request.DATA.QUERY_INFORMATION.Oid = Oid;          // OID
 pAdapt->Request.DATA.QUERY_INFORMATION.InformationBuffer =  // Buffer
    InformationBuffer;
pAdapt->Request.DATA.QUERY_INFORMATION.InformationBufferLength =
    InformationBufferLength;                              // Buffer長度

// 下面這兩行敘述請讀者務必留意，它儲存了MPQueryInformation函數的
// 兩個輸出參數的位址。這兩個值將在MPQueryInformation的後處理函數
// PtRequestComplete中被設定值，請讀者留意後文
pAdapt->BytesNeeded = BytesNeeded;          // 系統要求的緩衝區最小長度
pAdapt->BytesReadOrWritten = BytesWritten; // Buffer緩衝區中寫入位元組長度
```

第二步，傳遞到下層驅動。

```
 // 現在呼叫NdisRequest，將指令直接往下層驅動發送
 NdisRequest(&Status,
            pAdapt->BindingHandle,
            &pAdapt->Request);

// 下面是判斷同步/非同步的方法
if (Status != NDIS_STATUS_PENDING)
{
   // 到這裡說明NdisRequest是同步完成的
   // 自己呼叫PtRequestComplete以完成後處理
   // 如果是非同步完成的，PtRequestComplete函數將由系統在工作完成時呼叫
   PtRequestComplete(pAdapt, &pAdapt->Request, Status);

   // 因為在PtRequestComplete中總是呼叫NdisMQueryInformationComplete
   // 這要求MPQueryInformation函數傳回NDIS_STATUS_PENDING。這是一種技術方法
   // 省去了在PtRequestComplete中判斷請求是被同步還是非同步處理的麻煩
   Status = NDIS_STATUS_PENDING;
}
```

第三步，後處理常式（PtRequestComplete）。後處理要完成兩件事情：首先，將有用的資訊儲存在中間層驅動中；然後，將獲得的查詢資訊傳回給上層驅動，這是透過呼叫 NdisMQuery InformationComplete 完成的。

在做第二步之前，先把 MPQueryInformation 函數的兩個 Output 參數設定好。這兩個輸出參數的作用請讀者看註釋：

```
*pAdapt->BytesReadOrWritten = //緩衝區中實際寫入位元組長度
  NdisRequest->DATA.QUERY_INFORMATION.BytesWritten;
*pAdapt->BytesNeeded =          //最小緩衝區長度（在緩衝區長度不夠的時候有用）
  NdisRequest->DATA.QUERY_INFORMATION.BytesNeeded;
```

接下來呼叫 NdisMQueryInformationComplete 向上傳遞：

```
// 參數Status是PtRequestComplete的輸入參數，它是下層驅動傳遞上來的
// 對這個查詢指令的處理結果。我們要繼續把這個處理結果傳遞回到上層驅動
// 中間層驅動對NdisMQueryInformationComplete的呼叫，也將導致上層驅動中的
// PtRequestComplete函數被呼叫
NdisMQueryInformationComplete(pAdapt->MiniportHandle,
                                  Status);
```

18.5.2 設定請求的處理

處理設定請求的方法和處理查詢請求的方法極其類似。下面是 MPSetInformation 函數宣告：

```
NDIS_STATUS MPSetInformation(
    IN NDIS_HANDLE          MiniportAdapterContext,
    IN NDIS_OID             Oid,
    IN PVOID                InformationBuffer,
    IN ULONG                InformationBufferLength,
    OUT PULONG              BytesRead,
    OUT PULONG              BytesNeeded
)
```

（1）第一個參數是介面卡上下文。

（2）第二個參數是系統定義的 OID_XXX 碼。

（3）第三個參數是與 OID 資訊相關的資料緩衝區。不同的 OID 碼對應不同的資料結構。舉例來說，對於 OID_PNP_CAPABILITIES 來說，欲取得

InformationBuffer 中有意義的資訊，應有類似下面的敘述：

```
NDIS_PNP_CAPABILITIES * pCapability =
        (NDIS_PNP_CAPABILITIES *) InformationBuffer;
```

（4）第四個參數是資料緩衝區的長度。

（5）第五個參數是輸出參數，最後要由 MPSetInformation 填寫，表示從 InformationBuffer 中讀了多少位元組的資料。

（6）第六個參數也是輸出參數。如果發生失敗，且是由緩衝區太小引起的，它能告訴呼叫者，對於這個 OID 請求，它應該提供多大位元組的緩衝區才能滿足。

處理過程也分 3 個步驟，讀者可以與上節進行對照。

第一步，建置 NDIS_REQUEST 結構。在使用者環境中，已經有一個全域變數，所以不用動態申請。

```
// 現在建置NDIS_REQUEST結構參數
// 注意,下面的參數變成了NdisRequestSetInformation
pAdapt->Request.RequestType = NdisRequestSetInformation; // Set
pAdapt->Request.DATA.QUERY_INFORMATION.Oid = Oid;
pAdapt->Request.DATA.QUERY_INFORMATION.InformationBuffer =
    InformationBuffer;
pAdapt->Request.DATA.QUERY_INFORMATION.InformationBufferLength =
    InformationBufferLength;

// 下面這兩行程式與上面相同;如果設定請求非同步完成,那麼這兩個 Output 參數將
// 在設定請求的後處理函數(PtRequestComplete)中被設定值處理
// 如果設定請求同步完成,那麼這兩個參數將被立刻處理(這裡的處理和查詢請求不同
// 設定程式在同步完成時沒有呼叫PtRequestComplete來完成後處理,而是簡單
// 地立刻結束了。需要注意,在這種情況下PtRequestComplete永遠不會被呼叫)
pAdapt->BytesNeeded = BytesNeeded;
pAdapt->BytesReadOrWritten = BytesWritten;
```

第二步，傳遞到下層驅動。

```
NdisRequest(&Status,
            pAdapt->BindingHandle,
            &pAdapt->Request);
```

```
// 下面是判斷同步/非同步的方法
if (Status != NDIS_STATUS_PENDING)
{
    // 到這裡表明NdisRequest同步完成。下面設定兩個輸出參數的值
    // 請大家注意這裡和查詢請求所做的不同處理，這裡不能把傳回值設定為
    // NDIS_STATUS_PENDING。如果要設定為NDIS_STATUS_PENDING
    // 則程式要在合適的地方呼叫NdisMSetInformationComplete
    *BytesRead = pAdapt->Request.DATA.SET_INFORMATION.BytesRead;
    *BytesNeeded = pAdapt->Request.DATA.SET_INFORMATION.BytesNeeded;
}
```

第三步，後處理常式。

在設定請求中，只有在非同步完成時，後處理常式才被系統自動呼叫。在後處理過程中我們要做的事情很簡單：①設定緩衝區的讀寫長度和最小長度；②呼叫函數 NdisMSetInformationComplete 繼續向上通知設定請求已被完成。

```
*pAdapt->BytesReadOrWritten =
    NdisRequest->DATA.SET_INFORMATION.BytesRead;        //系統所讀取的緩衝區長度
*pAdapt->BytesNeeded =
    NdisRequest->DATA.SET_INFORMATION.BytesNeeded;      //系統要求的最小長度

// 繼續向上通知完成狀態
NdisMSetInformationComplete(pAdapt->MiniportHandle,Status);
```

18.6 NDIS 控制碼

18.6.1 不可見的結構指標

誠如我們已看到的，在了解 NDIS 中間層驅動的過程中，有許多不可見的結構。所謂不可見，即從很多途徑我們能感知到某個結構的存在，但難以窺透此結構的內部組成和定義。在 NDIS 中間層驅動中，有一個類型變數專門用來表示這種不可見的結構，叫作 NDIS 控制碼（NDIS_HANDLE）。和普通控制碼（HANDLE）的定義一樣，這種類型其實就是代表了一個指標。在 32 位元系統上為 4 位元組，在 64 位元系統上為 8 位元組。它雖然被稱為一個「控制碼」，但實際上，它就是一個指標，直接指向那個不可見的結構。

不要因為名字而把 NDIS 控制碼和普通控制碼相混淆。這裡所説的普通控制碼，是 Windows 應用程式設計師在程式設計時常常碰到的各種控制碼，如檔案控制代碼、裝置控制碼、尋找控制碼等，類型為 HANDLE。為了説明二者的不同，我們列出程式，來看看將控制碼轉為物件指標時實現程式的不同之處。

首先是從普通控制碼獲得指標的方法。

```
// 從普通控制碼取得指標
extern void* handTableAddress;        // 控制碼表的起始位址
void* getPointer(HANDLE customHandle)
{
  void** ptrptr = NULL;
  void* ptr = NULL;

  // 假設只是一級控制碼表
  // 如果是二級或三級控制碼表，則要複雜些，但原理是一樣的

  // 普通控制碼表示的是它在控制碼表中的偏移
  // 我們要先到達那個偏移處，然後取得偏移處的值
  // 這個值就是我們想要的指標
  ptrptr = (void**) (handTableAddress + customHandle);

  // 獲得指標位址
  ptr = *ptrptr;
  return ptr;
}
```

然後是從 NDIS 控制碼獲得指標的方法。

```
// 從NDIS控制碼取得指標
void* getPointer(NDIS_HANDLE ndisHandle)
{
  return (void*)ndisHandle;   // 簡單多了。因為這裡面沒有控制碼表
}
```

讀者一看就會明白，NDIS 控制碼並沒有使用多級控制碼表結構，而實際上也確實無此必要，那樣 NDIS 會變複雜。如果讀者要了解更多關於控制碼和控制碼表的知識，可以找 Windows 核心程式設計的相關書籍做更深入的研究。

在 NDIS 中間層驅動撰寫過程中，使用過多種 NDIS_HANDLE，它們都只在對應的 API 函數中被應用，其所代表的內部結構是不一樣的。

18.6.2 常見的 NDIS 控制碼

常見的 NDIS 控制碼有包裝控制碼、NDIS 裝置控制碼、綁定上下文、介面卡上下文，這些控制碼在第 16 章、第 17 章和本章都出現過。在這裡，筆者要對它們做一個小結，讓讀者可以將相關的知識連貫起來。

1. 包裝控制碼

在迷你通訊埠驅動和中間層驅動的開始，都要初始化一個包裝控制碼。方法是呼叫函數 NdisMInitializeWrapper，此呼叫的第一個參數即：

```
OUT PNDIS_HANDLE  NdisWrapperHandle;
```

讀者對這個呼叫應該已經有所了解了，它是在 NDIS 中間層驅動、NDIS 迷你通訊埠驅動入口函數的一開始就要呼叫的。它在內部初始化一個稱作 NDIS_M_DRIVER_BLOCK 的結構，用於將來儲存關於這個 NDIS 驅動的有用資訊。NDIS 系統正是依靠這個內部結構來識別 NDIS 驅動的存在的。

這個控制碼要好好地儲存，必須要用到的它的 NDIS 核心 API，包含：NdisMRegisterMiniport、NdisIMRegisterLayeredMiniport、NdisMRegisterUnloadHandler、NdisTerminateWrapper、Ndis MRegisterDevice。

2. NDIS 裝置控制碼

NDIS 核心 API 函數 NdisMRegisterDevice 呼叫後傳回一個 NDIS 裝置控制碼。此呼叫的最後一個參數（NDIS 裝置控制碼在這裡傳回）即為 NDIS_HANDLE：

```
OUT NDIS_HANDLE  *NdisDeviceHandle
```

上面已經講過這個函數，它封裝了對 IoCreateDevice 的呼叫，為 NDIS 驅動建立控制裝置物件，並為驅動設定只能用於這個控制裝置物件的分發函數。

這個呼叫還傳回了控制裝置物件指標，但是在銷毀裝置物件時，並不需要利用這個指標，而是呼叫 NdisMDeregisterDevice 並傳入儲存的 NdisDeviceHandle 即可。由此可見，在 NdisDeviceHandle 指向的內部結構中，起碼儲存了兩個變數：裝置指標和符號連結名。只有這樣，NdisMDeregisterDevice 才能在內部呼叫 IoDeleteDevice 和 IoDeleteSymbolLink。

3. 綁定上下文

這個環境變數是由驅動程式自己申請並維護的，並在 PtBindAdapter 函數中被設定。

我們不由得會聯想到呼叫 IoCreateDevice 建立裝置物件時，用到的裝置擴充。這二者極其類似，但又有不同。前者自己建立記憶體空間；而後者由系統建立並維護記憶體空間。後者總是能讓程式隨時隨地看到，在任何地方想用就用；而前者一般不鼓勵這樣，它總是作為一個參數，由系統傳入到 Protocol 介面函數中。

驅動可以呼叫 NdisAllocateMemoryWithTag 從非分頁式記憶體中申請記憶體，在這個記憶體空間中儲存自己需要的資訊，並把位址作為參數，在呼叫 NdisOpenAdapter 時傳入。系統並不會管這個指標指向何處，有何內容，一切維護的工作都由程式設計者來做。所以，如果程式設計者把一個無效的指標傳遞給 NdisOpenAdapter，它也不會發現錯誤。

4. 介面卡上下文

介面卡上下文和綁定上下文類似，只不過前者在 Protocol 介面中使用，後者在 Miniport 介面中使用。讀者在前面已經了解到它了。

實際上，在 passthru 中，介面卡上下文和綁定上下文指向同一個記憶體空間。在 PtBindAdapter 函數中呼叫 NdisIMInitializeDeviceInstanceEx 初始化迷你通訊埠，這個呼叫可以傳遞一個參數，並且該參數可以在 MpInitialize 函數中透過呼叫 NdisIMGetDeviceContext 取得。因為 NdisIMInitialize DeviceInstanceEx 是把綁定上下文作為參數傳入的，所以實際上 MpInitialize 就獲得了綁定上下文的指標，然後它再把綁定上下文的指標作為介面卡上下文傳入到 NdisMSetAttributesEx 中。看下面的範例程式：

```
// 在PtBindAdapter中，呼叫NdisIMInitializeDeviceInstanceEx
// 初始化迷你通訊埠，這個函數會在內部悄悄地呼叫PtInitialize函數
// 函數的第三個參數是可選參數，我們傳入綁定上下文
NdisIMInitializeDeviceInstanceEx(
  DriverHandle,
  &pAdapt->DeviceName,
  pBindContext);
```

```
// 在PtInitialize中,取得綁定上下文
pBindContext = NdisIMGetDeviceContext(MiniportAdapterHandle);

// 再把綁定上下文設定為介面卡上下文
NdisMSetAttributesEx(MiniportAdapterHandle,
  pBindContext,
  0, ulAttributes,   0);
```

18.6.3 NDIS 控制碼誤用問題

為了更具體地說明 NDIS_HANLDE 是不能混用的,筆者要寫一些程式,模擬出一個簡單的環境,並用一個不可預知的錯誤結果,告知讀者可能存在的危險。程式如下:

```
typedef NDIS_HANDLE void*                // 定義NDIS_HANDLE類型
struct kernelDevice;

// 定義一個"包裝控制碼"所指向的內部結構
typedef struct kernelWrapper{
  PDRIVER_OBJECT driverObject;          // 驅動物件
  void* MiniportHandleTable;            // Miniport系列函數指標
  kernelDevice device;                  // 能夠找到它建立的NDIS裝置
                                        // ...其他
}kernelWrapper, *PkernelWrapper;

// 定義一個"NDIS裝置控制碼"所指向的內部結構
typedef struct kernelDevice{
  PkernelWrapper *driverObject;         // 包含它的驅動內部結構
  PDEVICE_OBJECT deviceObject;          // 裝置物件指標
  PUNICODE_STRING  SymbolicLinkName;    // 符號連結名
}kernelDevice, *PkernelDevice;

// "包裝控制碼"指向的全域kernelWrapper物件
extern kernelWrapper gDriverObject;
// "NDIS裝置控制碼"指向的全域kernelDevice物件
extern kernelDevice  gDeviceObject1;

// 這是一個內建函數,透過"包裝控制碼"取得全域的kernelWrapper物件
kernelWrapper* getMWrapper(NDIS_HANDLE wrapperHandle)
{
  // 在這裡,系統沒有任何辦法判斷傳入的NDIS_HANDLE控制碼
```

```
  // 到底是指向什麼內容，所以千萬不要傳錯
  return (kernelWrapper*)wrapperHandle;
}


// 這是一個內建函數，透過"NDIS裝置控制碼"取得全域的kernelDevice物件
kernelDevice* getMDevice(NDIS_HANDLE deviceHandle)
{
  // 在這裡，系統沒有任何辦法判斷傳入的NDIS_HANDLE控制碼
  // 到底是指向什麼內容，所以千萬不要傳錯
  return (kernelWrapper*)deviceHandle;
}


// 下面是一個模擬的程式片段，假設是某一個NDIS API函數的內部實現，它需要取得
// 全域kernelDevice結構的位址，並要對它進行一些操作。可遺憾的是，呼叫者
// 在呼叫這個NDIS API時，傳入了不恰當的參數。呼叫者傳入的竟然是gDriverObject
// 其呼叫敘述是NDIS_STATUS status = NdisXXXFunction(gDriverObject);
// 因為沒有任何機制來保證NDIS_HANDLE所指向的實際內容的內部結構類型
// 所以系統不會對此誤傳顯示出錯（它僅判斷是否是NDIS_HANDLE類型）
NDIS_STATUS NdisXXXFunction(NDIS_HANDLE deviceHandle)
{
  …

  // 由於呼叫者的失誤，下面的deviceHandle指向的其實是gDriverObject
  // 當然這一句還不會出錯
  kernelDevice* pDevice = getMDevice(deviceHandle);

  // 這裡系統要呼叫IoDeleteDevice刪除裡面的裝置物件
  // 後果無法預料，一定會導致系統當機
  IoDeleteDevice(pDevice->deviceObject);

  …

}
```

如果呼叫者呼叫了下面的敘述：

```
Status = NdisXXXFunction(gDriverObject);
```

在編譯時，系統不會發現這個錯誤；可是在執行時，則會引起系統當機。

因為是沒有類型保證的（只有 NDIS_HANDLE 類型保證，可是在這裡完全沒有意義），所以系統不會在編譯時發現這樣的類型錯誤。而實際上，兩個類型

相同（事實不正是這樣嗎？二者都是 NDIS_HANDLE 類型）的變數，在使用時不小心用顛倒了，算不上非常意外的事情。看來，編譯器幫不了我們，只能靠我們自己細心了。

18.6.4 一種解決方案

有一種簡單的方法可以避免上述問題，即讓編譯器幫助我們增加一層類型檢查。既然已經定義了 NDIS_HANDLE，為什麼不多定義幾個這樣的變數呢？程式如下：

```
typedef NDIS_WRAPPER_HANDLE void*
typedef PNDIS_WRAPPER_HANDLE NDIS_WRAPPER_HANDLE*
typedef NDIS_DEVICE_HANDLE void
typedef PNDIS_DEVICE_HANDLE NDIS_DEVICE_HANDLE*

NDIS_WRAPPER_HANDLE driverObject;
NDIS_DEVICE_HANDLE  deviceObject;

NDIS_STATUS NdisXXXFunction(NDIS_DEVICE_HANDLE deviceHandle);
```

在這種情況下，當呼叫者再次因為失誤而呼叫了這樣的敘述時：

```
NDIS_STATUS status = NdisXXXFunction(gDriverObject);
```

編譯器將因為類型不符合而顯示出錯，我們很快就會發現錯誤在哪裡了。

當然，讀者可能會立刻發覺，這種措施對我們來講似乎是沒有辦法實施的。因為除非我們有權修改 NDIS 核心函數庫中 API 函數的實現；否則一切都是空談。是的，因此我們只好在 NDIS API 函數外面再包上簡單的一層。以 NdisIMRegisterLayeredMiniport 函數為例：

```
NDIS_STATUS
  NdisIMRegisterLayeredMiniport_my(
    IN NDIS_WRAPPER_HANDLE  NdisWrapperHandle,    // 類型變了，受到保護
    IN PNDIS_MINIPORT_CHARACTERISTICS  MiniportCharacteristics,
    IN UINT  CharacteristicsLength,
    OUT PNDIS_DEVICE_HANDLE  DeviceHandle          // 類型變了，受到保護
    )
{
  // 呼叫原始函數
  NdisIMRegisterLayeredMiniport(
```

```
    (NDIS_HANDLE)NdisWrapperHandle,              // 強制轉換
    MiniportCharacteristics,
    CharacteristicsLength,
    (PNDIS_HANDLE)DeviceHandle                   // 強制轉換
  );
}
```

這樣不僅定義更清晰，而且實際上也更簡單有效。簡單地套上一層外衣，可以
杜絕 NDIS 控制碼誤用的危險。讀者需要根據自己的情況權衡是否要這樣做。

18.7 產生普通控制裝置

18.7.1 在中間層驅動中增加普通裝置

讀者可以看到，NDIS 架構對 NDIS 驅動程式設計的影響無處不在。從另外一
個角度來説，我們所撰寫的驅動能夠如此簡潔高效，正是因為 NDIS 架構替我
們做了許多的細節和煩瑣的事情，只不過我們看不到罷了。

一種常見的需求是，希望能夠從使用者層或其他的核心模組中，直接和我們撰
寫的 NDIS 中間層驅動進行通訊。比如説市面上的 Windows 軟體防火牆，一般
都有一個華麗的視窗用來顯示防火牆的設定、記錄檔等。這些視窗實際上是一
個普通的應用程式，可以用 VC、Delphi 來撰寫，只是和核心驅動保持通訊的
關係。對應的方法可以參考本書的第 16 章，ndisprot 協定就是透過一個主控台
應用程式來控制發送封包和接收封包的。

可能我們最容易想到的辦法就是建立命名裝置物件，並在需要與之關聯時，使
用 CreateFile 的方式開啟裝置物件，利用傳回的控制碼，在使用者層中呼叫諸
如 WriteFile、ReadFile 或 DeviceIoControl 的 Win32 API 進行通訊；而在核心
模組中可以更直接地建立 IRP，使用 IoCallDriver 將指令發送到指定裝置物件
上。

這是一個可以了解的需求，而且似乎很多人都有這樣的需求。但是很多人都有
一個疑惑：這似乎是普通的非 NDIS 驅動做的事情，在 NDIS 中間層驅動中能
做嗎？回憶一下 NDIS 協定驅動中的情況，在 ndisprot 的 DriverEntry 中，產生
控制裝置幾乎和非 NDIS 的普通驅動沒有區別，都是呼叫 IoCreateDevice 來產

生裝置物件，用 IoCreateSymbolicLink 直接設定 DriverObject 下的分發函數陣列，填上我們處理使用者層請求 IRP 的分發函數。

但是在中間層驅動的程式設計中，這樣簡單的做法不再可行。因為這些分發函數已經被 NDIS 中間層內部「徵用」了，如果簡單地取代成我們自己寫的分發函數，結果是要麼被 NDIS 覆蓋，要麼系統當機。解決方法有兩種，本節只簡介一種，另一種將在下一小節中介紹。

這種方法是，用 NdisMRegisterDevice 代替 IoCreateDevice 和 IoCreateSymbolicLink 來產生普通裝置物件和符號連結。同時，這個函數有一個參數可以輸入一個分發函數表，在這裡填寫分發函數即可。這些分發函數並不直接取代驅動物件中的分發函數，但是確實會被呼叫，進一步實現我們想要的功能，而且不破壞 NDIS 中間層驅動本身的分發函數。

```
NDIS_STATUS
  NdisMRegisterDevice(
    IN NDIS_HANDLE  NdisWrapperHandle,
    IN PNDIS_STRING  DeviceName,
    IN PNDIS_STRING  SymbolicName,
    IN PDRIVER_DISPATCH  MajorFunctions[],
    OUT PDEVICE_OBJECT  *pDeviceObject,
    OUT NDIS_HANDLE  *NdisDeviceHandle
    );
```

（1）第一個參數是包裝控制碼。

（2）第二個參數是要產生的控制裝置的名字。

（3）第三個參數是符號連結。

相信讀者已經對第二個和第三個參數很熟悉了。

（4）第四個參數是一個普通的分發函數表。讀者還可以繼續用以前的程式設計方式，但是不要填寫驅動物件的分發函數表了，填寫這個即可。

（5）後面的兩個參數是傳回驅動物件和 NDIS 裝置控制碼。

下面是一個使用這種方法來產生控制裝置的實例。

```
NDIS_STATUS
PtRegisterDevice(VOID)
{
    NDIS_STATUS                Status = NDIS_STATUS_SUCCESS;
```

```
UNICODE_STRING          DeviceName;
UNICODE_STRING          DeviceLinkUnicodeString;
// 定義一個分發函數表
PDRIVER_DISPATCH        DispatchTable[IRP_MJ_MAXIMUM_FUNCTION+1];


// 加全域鎖。這個函數執行於多執行緒環境中
NdisAcquireSpinLock(&GlobalLock);
// 增加迷你通訊埠裝置個數計數。可見每個迷你通訊埠裝置對應產生一個控制裝置
++MiniportCount;
if (1 == MiniportCount)
{
    // 另一個執行緒可能在為另一個迷你通訊埠裝置產生控制裝置，在這種情況下
    // 要用睡眠等待對方的過程結束。請注意必須先解鎖睡眠要求的中斷級
    while (ControlDeviceState != PS_DEVICE_STATE_READY)
    {
        NdisReleaseSpinLock(&GlobalLock);
        NdisMSleep(1);
        NdisAcquireSpinLock(&GlobalLock);
    }

    ControlDeviceState = PS_DEVICE_STATE_CREATING;
    NdisReleaseSpinLock(&GlobalLock);

    // 初始化分發函數表，填寫我們撰寫的分發函數
    NdisZeroMemory(DispatchTable, (IRP_MJ_MAXIMUM_FUNCTION+1) * sizeof
        (PDRIVER_DISPATCH));
    // 填寫分發函數
    DispatchTable[IRP_MJ_CREATE] = PtDispatch;
    DispatchTable[IRP_MJ_CLEANUP] = PtDispatch;
    DispatchTable[IRP_MJ_CLOSE] = PtDispatch;
    DispatchTable[IRP_MJ_DEVICE_CONTROL] = PtDispatch;

    // 準備裝置名字和裝置符號連結名
    NdisInitUnicodeString(&DeviceName, NTDEVICE_STRING);
    NdisInitUnicodeString(&DeviceLinkUnicodeString,
        LINKNAME_STRING);

    // 呼叫NdisMRegisterDevice註冊控制裝置
    Status = NdisMRegisterDevice(
            NdisWrapperHandle,
            &DeviceName,
            &DeviceLinkUnicodeString,
            &DispatchTable[0],
```

```
                &ControlDeviceObject,
                &NdisDeviceHandle
                );
    NdisAcquireSpinLock(&GlobalLock);
    ControlDeviceState = PS_DEVICE_STATE_READY;
  }

  NdisReleaseSpinLock(&GlobalLock);
  DBGPRINT(("<==PtRegisterDevice: %x\n", Status));
  return (Status);
}
```

18.7.2 使用傳統方法來產生控制裝置

一些喜歡追根究底的讀者可能會繼續追問，既然 NDIS 中間層驅動這麼特殊，那麼到底有沒有辦法，還是用原來的 IoCreateDevice 之類的函數來產生控制裝置？

答案當然是有辦法。對於已經閱讀到本章的讀者，應該已經深入了解了 Windows 的核心程式設計，會輕鬆地想到雖然分發函數已經被徵用，但是我們依然可以安裝自己的分發函數，只要在自己的分發函數中繼續呼叫舊的分發函數來彌補取代後的損失就可以了。這就是在本書的第 8 章中介紹過的分發函數的 Hook。下面我們來做一系列的 Hook。

誠如大家所見，當在 DriverEntry 入口函數中呼叫了 NDIS API NdisMInitializeWrapper、NdisIMRegisterLayeredMiniport 之後，中間層驅動物件所包含的一系列回呼函數指標，都已經被完整地複製了。這些指標包含 AddDevice 函數指標、DriverUnload 函數指標、分發函數指標。我們現在先以 AddDevice 為例，做一個掛鉤，即寫一個自己的 AddDevice 函數，取代掉 NDIS 中的 AddDevice 函數。在我們自己的函數中建立一個裝置物件，然後直接呼叫 NDIS 的 AddDevice 函數傳回。程式如下：

```
// 定義一個函數指標變數類型
typedef NTSTATUS (*AddDeviceFunc)(
    IN PDRIVER_OBJECT   DriverObject,
    IN PDEVICE_OBJECT   PhysicalDeviceObject
    );
```

```
// 定義一個函數指標變數，儲存NDIS庫中的AddDevice實現
AddDeviceFunc systemAddDevice = NULL;

// 實現我們自己的AddDevice函數
NTSTATUS MyAddDevice(
    IN PDRIVER_OBJECT  DriverObject,
    IN PDEVICE_OBJECT  PhysicalDeviceObject
    )
{
    if(gDeviceObject == NULL)
    {
        // 在這裡建立我們自己的裝置物件，或申請所需要的資源
        // 為了區分不同實例，將裝置物件名稱建置成："MyNdisDevice"+HardwareID

        UNICODE_STRING nameString;
        WCHAR wcsName[256];
        UNICODE_STRING prename =
                        RTL_CONSTANT_STRING(L"\\Device\\MyNdisDevice1");

        // 首先取得裝置的HDID
        WCHAR wcsHardwareID[256];         // 足夠大了
        status = IoGetDeviceProperty (PhysicalDeviceObject,
                            DevicePropertyHardwareID,
                            256,
                            wcsHardwareID,
                            &nameLength);
        if(status != STATUS_SUCCESS){
            kdPrint(("Failed to get hardware ID %x\n", status));
            return status;
        }

        // 下面建置裝置物件的名字，根據上面的規則："MyNdisDevice"+HardwareID
        RtlInitEmptyString( &nameString, wcsName, 256*2);
        RtlCopyUnicodeString( &nameString, &prename);
        RtlAppendUnicodeToString( &nameString, wcsHardwareID);

        status = IoCreateDevice(driver,
            0,
            &nameString,
            FILE_DEVICE_UNKNOWN,
            FILE_DEVICE_SECURE_OPEN,
            FALSE,
            &gDeviceObject);
```

```
        // 如果建立失敗了,我們有權利讓函數以失敗傳回
        // 但這樣我們的驅動載入也就失敗了
    if(status != STATUS_SUCCESS){
            kdPrint(("Failed to create device %ws\n", nameString));
            return status;
        }

        //ExAllocatePoolWithTag();          // 申請資源及其他

        // 還可以加入其他正確的操作

        // 現在呼叫儲存的NDIS庫中的AddDevice實現
        // 千萬不要忘記,否則就會出錯
    return systemAddDevice(DriverObject, PhysicalDeviceObject);
  }
}

// 下面的程式是在DriverEntry裡面加入的,但不能加在一開始的地方
// 如果那樣的話,我們的裝置的函數指標馬上又會被覆蓋掉——反Hook

// 這裡實現Hook
// 儲存原有的AddDevice指標,設定我們自己的AddDevice指標
systemAddDevice = DriverObject->AddDevice;
DriverObject->AddDevice = MyAddDevice;
```

上面的程式非常有效。我們既實現了自己的 AddDevice,又保留了系統的原始功能,應該算是 Hook 技術的成功利用。

完成了上面的工作,其實工作只做到一半,這時候在應用層面已經可以透過裝置名稱獲得一個裝置物件控制碼了。但這樣還遠遠不夠,因為此時使用 WriteFile、ReadFile 或 DeviceIoControl,利用此控制碼與核心物件進行通訊時,這些 API 對應的核心處理函數是做不了什麼事情的。因為 WriteFile 對應到 IRP_MJ_WRITE 的分發函數,ReadFile 對應到 IRP_MJ_READ 的分發函數,DeviceIoControl 對應到 IRP_MJ_DEVICE_ IO_CONTROL 的分發函數,所以我們還要繼續使用上面的 Hook,繼續對這些 IRP 進行自己的實現。

另外,處理 IRP_MJ_CREATE 的分發函數也必須被我們掛鉤,這一點很重要。如若不然,讀者會發現自己在呼叫 CreateFile 時,總是不成功。這是有道理的,因為 NDIS 的 IRP_MJ_CREATE 分發函數拒絕了所有它認為不正確的建立

請求。我們就必須搶在其前面，對自己裝置物件的建立請求傳回成功。

```
// 定義一個函數指標變數類型
typedef NTSTATUS (*DispatchFunc)
(IN PDEVICE_OBJECT DeviceObject, IN PIRP Irp);

// 下面4個函數指標變數，用來儲存系統對這個IRP的處理
DispatchFunc systemCreate = NULL;
DispatchFunc systemWrite = NULL;
DispatchFunc systemRead = NULL;
DispatchFunc systemDeviceControl = NULL;

// 這是我們自己處理IRP_MJ_CREATE的方法
NTSTATUS myCreate(IN PDEVICE_OBJECT DeviceObject, IN PIRP Irp)
{
  // 如果建立我們的裝置，則直接傳回成功
  if(DeviceObject == gDeviceObject)
    return STATUS_SUCCESS;

  // 不要忘了系統過程
  return systemCreate(DeviceObject, Irp);
}


// 這是我們自己處理IRP_MJ_WRITE的方法
NTSTATUS myWrite(IN PDEVICE_OBJECT DeviceObject, IN PIRP Irp)
{
  // 判斷是不是我們的裝置
  if(DeviceObject == gDeviceObject){
    NTSTATUS status = STATUS_SUCCESS;

    // 這裡做處理，要對IRP中的資料進行對應的儲存、解析
    // 直接傳回
    return status;
  }

  // 不要忘了系統過程
  return systemWrite(DeviceObject, Irp);
}


// 這是我們自己處理IRP_MJ_READ的方法
```

```
NTSTATUS myRead(IN PDEVICE_OBJECT DeviceObject, IN PIRP Irp)
{
  // 判斷是不是我們的裝置
  if(DeviceObject == gDeviceObject){
    NTSTATUS status = STATUS_SUCCESS;

    // 這裡做處理，要把一些資料填充到IRP的資料緩衝區中

    // 直接傳回
    return status;
  }

  // 不要忘了系統過程
  return systemRead(DeviceObject, Irp);
}


// 這是我們自己處理IRP_MJ_DEVICE_CONTROL的方法
NTSTATUS myDeviceControl(IN PDEVICE_OBJECT DeviceObject, IN PIRP Irp)
{
  // 判斷是不是我們的裝置
  if(DeviceObject == gDeviceObject){
    NTSTATUS status = STATUS_SUCCESS;

    // 這裡做處理，要取得Device IO Control號，處理它

    // 直接傳回
    return status;
  }

  // 不要忘了系統過程
  return systemDeviceControl(DeviceObject, Irp);
}


// 在這裡實現Hook，把它放在和上面Hook AddDevice相同的地方

  systemCreate = DriverObject->MajorFunction[IRP_MJ_CREATE];
  DriverObject->MajorFunction[IRP_MJ_CREATE] = myCreate;
  systemWrite = DriverObject->MajorFunction[IRP_MJ_WRITE];
  DriverObject->MajorFunction[IRP_MJ_WRITE] = myWrite;
  systemRead = DriverObject->MajorFunction[IRP_MJ_READ];
```

```
DriverObject->MajorFunction[IRP_MJ_READ] = myRead;
systemDeviceControl =
        DriverObject->MajorFunction[IRP_MJ_DEVICE_CONTROL];
DriverObject->MajorFunction[IRP_MJ_DEVICE_CONTROL] =
        myDeviceControl;
```

把上面的程式拷貝到 passthru 驅動中，我們最初的需求就可以實現了。而上面的程式，看上去也更像我們所熟悉的驅動程式的樣子了。大家還可以在上述架構的基礎上，加上自己想要實現的其他功能。

本章的範例程式

本章的實例為 passthru，在隨書程式目錄的 passthru 目錄下，編譯後是一個 sys 檔案。獲得 passthru.sys 之後，應該和原始程式目錄下的 netsf.inf 放到同一個目錄下。然後開啟「控制台」→「網路」，選擇對應本機網路卡的區域連線，在右鍵選單中選擇「內容」，點擊「安裝」按鈕，選擇「服務」，再選擇 "netsf. inf"。最後忽略所有的警告一律點擊「確定」，這樣 passthru 就安裝上了。

這時候開啟 DbgView.exe 並進行網路存取，應該就可以看到輸出資訊了。passthru 安裝之後，在網路連接的資訊中應該能看到 "Passthru Driver"，如圖 18-6 所示。

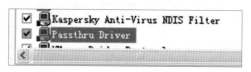

圖 18-6 passthru 安裝成功後

第三篇／應用篇

本篇綜合介紹了 Windows 安全領域所需的其他技術，透過對本篇的學習，讀者將發現安全技術並不侷限於系統提供的現成機制。本篇對目前主流安全軟體所使用到的典型技術進行了介紹，先介紹了 CPU 的基本基礎知識，基於這些基礎知識，第 20 章重點介紹了 Windows 下的掛鉤技術，掛鉤技術常被用於安全軟體的檢測、稽核、攔截等；第 22 章與第 23 章從守護的角度出發介紹了自我保護技術。

IA-32 組合語言基礎

筆者和大多數讀者一樣，在實際工作中很少使用組合語言撰寫程式。但其實除了程式撰寫進行開發，組合語言還有很多重要的用處。只是在高階語言已經越來越強大的今天，這一點常常被忽視。

例如程式有時候會在沒有高階語言對應的函數庫中當機，這時候偵錯器一般會對當機點附近的程式進行反組譯（反組譯是指將二進位的機器指令解碼後，寫出每行指令的組合語言敘述）。雖然反組譯是為了讓機器指令讀取，但因為是組合語言，很多人不願意去看，進一步錯過很多有價值的偵錯資訊。另外，在沒有 Windows 程式的情況下，程式設計師可以透過偵錯器來追蹤 Windows 核心的執行過程，了解其底層知識並使其為自己所用。但前提是能很熟練地閱讀組合語言。

32 位元組合語言指令和 64 位元組合語言指令非常類似，讀者沒有理由把它們作為兩套不同的技術來進行學習。下面首先介紹 32 位元組合語言基礎，然後再介紹 64 位元組合語言基礎。

請讀者務必認真學習本章，本章介紹的組合語言基礎知識為第 20 章 Windows 核心掛鉤的學習奠定了基礎。

▌ 19.1　x86 記憶體、暫存器與堆疊

在組合語言中被操作的最常見的物件是暫存器、記憶體[1]。在很多情況下，記憶體是以堆疊的形式被操作的。因此，本節先介紹暫存器、記憶體與堆疊。有關

1　實際上記憶體就是指記憶體，並不包含外部儲存（外部儲存是指硬碟一類的外部記憶體，其位址是不能直接在 mov 這樣的指令中出現的）。所以本書直接稱之為記憶體。

的 x86 指令 [2] 包含 mov、push、pop。

19.1.1 _asm 關鍵字

下面是用 VC 寫的一小段嵌入式組合語言。讀者根據本文進行實作非常容易，只要使用任何一個版本的 VC，建立一個簡單的用 C 語言撰寫的專案，並在任何地方插入下面的指令即可。

```
int a = 0,b;
_asm {
    mov eax,a
    mov b,eax
}
```

_asm 是 VC 中自訂的關鍵字，使開發者可在 C 語言程式中嵌入組合語言敘述。但這並不是一個 C 語言標準。在 Linux 下，用 gcc 編譯的 C 語言程式嵌入組合語言敘述就不一樣。嵌入組合語言敘述看似很酷，但是在 C 語言程式中到處嵌入組合語言敘述絕對不是一個好習慣。這是因為 C 語言具有可攜性，嵌入組合語言敘述損壞了這種可攜性。同樣的 C 語言敘述可以用不同的編譯器編譯成不同平台上可執行的機器碼，例如 x86 和 ARM。而組合語言敘述則絕對不行。

但是，將其用於組合語言的學習卻是很不錯的。至少環境設定簡單，讀者馬上就可以開始動手實作。

19.1.2 x86 中的 mov 指令

mov 是 x86 組合語言中最常見的指令。mov 是單字 move 的縮寫，代表了資料的移動。相對高階語言而言，它幾乎等於設定值號。在前面的實例中，筆者嵌入的組合語言敘述可以很簡單地了解為（請注意在 Intel 語法的組合語言敘述中，左邊是設定值目標，右邊是設定值來源）：

- 賦 a 的值給 eax。
- 賦 eax 的值給 b。

2　這裡的所謂 x86 指令實際上是指 IA-32 平台的機器指令的快速鍵。嚴格意義上的指令參見第 19.1.4 節。

顯然，這段組合語言敘述的意思是想執行：b = a。難以了解，為什麼這麼簡單的操作，中間需要一個暫存器（eax）來進行中轉？為何不寫為：

```
int a = 0,b;
_asm mov b,a
```

這樣寫的確簡單明瞭，少費了周折。但 MS 的編譯器會列出編譯錯誤：error C2415: improper operand type。這個錯誤表示不正確的運算元類型。很多組合語言的書上都會註明：在使用 mov 時，從記憶體到記憶體的 mov 是不允許的。在 mov 的兩個運算元中，常常必須有一個是暫存器。

就是因為這樣的規矩太多了，所以組合語言才不容易使用。當然，如果把它看作是一種開發語言，的確會有這些麻煩。但是一旦把它看成是 x86 處理器特性的一種表現，那麼這些規則不但不難記，而且可以讓人學到很多與處理器相關的知識。為何 mov 中一般必須有至少一個運算元是暫存器，而不能兩個都是記憶體呢？

19.1.3 x86 中的暫存器與記憶體

暫存器是處理器核心的一部分，其個數非常有限，但是讀寫速度極快。在 x86 中，最常用的是 eax、ebx、ecx、edx、esi、edi、esp、ebp 八個通用暫存器。對應的，在 x64 中，這些暫存器變成了 rax、rbx、rcx、rdx、rsi、rdi、rsp、rbp。此外，在 x64 中還可以使用 r8 ~ r15 十六個新的通用暫存器。

記憶體是使用資料匯流排和處理器核心直接通訊的外部元件，其外部形態就是常見的「記憶體條」。記憶體和外部儲存的不同之處在於，記憶體是使用資料匯流排進行通訊的，它的位址能直接被處理器核心使用。處理器用 mov 指令就能直接透過位址來讀寫。

而外部儲存則需要透過其他的方式來通訊，例如 IO 指令。

如果不加以最佳化，C 語言中定義的變數會預設儲存在記憶體裡。

暫存器是含在處理器內的，因此是處理器的一部分。處理器與外界的溝通形式，無非是輸入 / 輸出、中斷等。而記憶體是不含在處理器內的，因此可以看作是處理器之外的硬體裝置。同理，處理器對記憶體也只有輸入 / 輸出操作，類似這樣的指令：

```
mov eax,a
```

a 是一個變數，變數是定義在記憶體中的。上面的指令可以看作是處理器從記憶體讀取數值，這是一種輸入行為。下面的指令則相反：

```
mov b,eax
```

該指令是處理器對記憶體的輸出。

```
mov b,a
```

那這一行指令又是什麼呢？將其作為輸入或輸出都不合理。因為處理器沒有參與其中，只是「指令」記憶體將 a 位址的值挪到 b 位址，這是不合理的。

不過讀者要注意的是，這只是一種了解並記憶的方法，但是絕對不是 x86 處理器的鐵律。處理器完全可以不通過公開的暫存器來移動記憶體中的資料。例如下面的指令：

```
_asm push a
```

push 這行指令把變數 a 的值存入堆疊。堆疊也在記憶體中。這不是把記憶體中的資料挪到了記憶體中嗎？這和 push 這行指令的實作方式有關。在 x86 中，公開的指令常常是由不公開的更小的指令序列組成的。而開發者程式設計時所需要關心的，只是公開的 x86 指令集。Intel 公司保證這些指令在新的 CPU 上的相容性。因此，在一行指令中實現看似要好幾行指令才能實現的功能是完全可能的。

但整體而言，x86 組合語言並非是為程式設計方便而實現的程式語言。讀者可以記住：組合語言是機器指令適合人類解讀的表達形式，其程式設計規則是由處理器本身直接決定的。

19.1.4 設定陳述式的實現

組合語言可以用來解讀機器碼。換句話說，用來了解程式中沒有高階語言原始程式碼的部分。另一方面，在使用它的過程中，讀者會對處理器有越來越深入的了解。下面是一段簡單的程式。

```
int _tmain(int argc, _TCHAR* argv[])
{
    int a = 0,b;
```

```
    b = a;
    return 0;
}
```

讀者可以看看編譯器到底把它變成了什麼。很明顯，像 mov b,a 這樣的指令是不會出現的。那麼毋庸置疑，編譯器會使用一個暫存器作為中轉，問題只是使用哪個暫存器罷了。讀者可以和筆者一樣進行一番猜測，然後實作，看看實際的結果。請注意這裡一定要選擇偵錯版本（Debug）進行編譯，不要選擇發行版本（Release）。

請在 b = a 這一句上設定一個中斷點（把游標移動到這一句上，然後按 F9 鍵），然後按 F5 鍵讓程式執行。執行到中斷點處偵錯器會停下，此時透過主選單 Debug → Windows → Disassembly 開啟反組譯視窗，可以看到 a = b 附近對應的實際指令如下：

```
int a = 0,b;
00F4138E  mov         dword ptr [a],0
b = a;
00F41395  mov         eax,dword ptr [a]
00F41398  mov         dword ptr [b],eax
```

讀者必須了解如何閱讀上面的組合語言指令。因為這是反組譯視窗，所以 C 語言敘述與對應的組合語言指令交替出現。其中 C 語言敘述在前，對應的組合語言指令在後。由於在實際編譯過程中，編譯器產生的指令在經過最佳化之後，組合語言指令可能有增刪和順序調整，所以這個對應關係有時並不精確。但是因為筆者在這裡使用了偵錯版本的編譯結果，所以對應關係基本上是清晰的。

組合語言指令行含有三個部分：最左邊的是此指令在記憶體中的虛擬位址，中間的是指令快速鍵，最右邊的是指令運算元。指令快速鍵是標記在手冊上，用來便於開發人員識別這些指令的字串。但是要注意的是，在電腦中是沒有快速鍵的。指令儲存在記憶體中即時執行，實際上是二進位機器碼。在 x86 平台上，二進位機器碼是不定長度的位元組序列。如果想要看到這些真正的機器碼，讀者可以在反組譯視窗中點擊右鍵，在右鍵選單中選擇「顯示程式位元組」，結果將顯示如下：

```
int a = 0,b;
00F4138E C745 F800000000   mov   dword ptr [a],0
```

```
b = a;
00F413958B 45 F8         mov    eax,dword ptr [a]
00F4139889 45 EC         mov    dword ptr [b],eax
00F4139C   33 C0         xor    eax,eax
}
```

以最後一行指令為例，從這裡可以清楚地看到，xor eax，eax 這行指令的二進位機器碼是 0x33，0xc0，即為這行指令在記憶體中的真實形態。

從上面的程式讀者可以看到，b = a 的編譯結果果然是用 eax 進行了中轉。dword ptr 是語法上的修飾字首，表明 a 這個變數被當作內含 32 位元資料的位址來使用。這和開發者在嵌入式組合語言裡寫的 mov eax，a 是一個意思。預設 a 就是被當作核心 32 位元資料的位址來使用的。[] 內是一個記憶體的位址（請注意這裡是虛擬位址，而並非物理位址）。而 [] 則表示讀取中括號內的位址對應的資料，它是一個記憶體運算元。

▌ 19.2　x86 中函數的實現

19.2.1　一個函數的實例

現在讀者已經能看懂 b = a 這句簡單的高階語言敘述的編譯結果了。即讓讀者沒有原始程式碼，也可以了解這段組合語言敘述的含義。那麼更進一步，下面是整個 _tmain() 內容的反組譯，讀者可以試試是否可看懂。

```
int _tmain(int argc, _TCHAR* argv[])
{
00411360  push            ebp
00411361  mov             ebp,esp
00411363  sub             esp,0D8h
00411369  push            ebx
0041136A  push            esi
0041136B  push            edi
0041136C  lea             edi,[ebp-0D8h]
00411372  mov             ecx,36h
00411377  mov             eax,0CCCCCCCCh
0041137C  rep stos        dword ptr es:[edi]
    int a = 0,b;
0041137E  mov             dword ptr [a],0
```

```
   b = a;
00411385  mov        eax,dword ptr [a]
00411388  mov        dword ptr [b],eax
  return 0;
0041138B  xor        eax,eax
}
0041138D  pop        edi
0041138E  pop        esi
0041138F  pop        ebx
00411390  mov        esp,ebp
00411392  pop        ebp
00411393  ret
```

用高階語言撰寫的區幾行程式，在變成組合語言之後，篇幅相當大地增加了。但是讀者可以注意到，雖然程式總共有 20 行，但是 mov 和簡單的 push 與 pop 就已佔了 14 行，約佔 75%。如果讀者掌握了這三行最常用的指令，那麼剩餘的也就不多了。下一節將介紹操作堆疊的指令 push 和 pop。

19.2.2 堆疊的介紹

push 和 pop 也是極其常見的指令。相信讀者即使只使用過高階語言，也不會不清楚堆疊的概念。因為在高階語言中，有時也需要自己實現一個堆疊。舉例來說，使用 C++ 或 Java 可以實現一個堆疊容器，進行存入堆疊和移出堆疊操作。堆疊如此常用，以至於 Intel 直接把堆疊的機制實現在了機器指令中。請注意 push 和 pop 所操作的堆疊並非是讀者自己定義的某個堆疊類別，或某種高階語言定義的記憶體空間。在任何時刻，x86 處理器總是認為暫存器 esp 所儲存的資料就是堆疊頂的位址。那麼在 32 位元組合語言的情況下：

```
push eax
```

上面指令表示先把 esp 減少 4，並把 eax 的資料存入到 esp 所指向的記憶體位址空間。這行指令的執行過程可以用圖 19-1 來解釋。那麼反過來下面的指令表示先把 esp 所指記憶體中的資料讀出來，放入 eax 中。

```
pop eax
```

這樣一來，如果先用 push eax 的資料，那麼中間無論使用 eax 做了什麼，最後只需要簡單地執行 pop，則 eax 的值就恢復了。

在組合語言中，讀者會看到非常多的堆疊操作。但是在使用高階語言程式設計的時候，程式設計者使用堆疊卻不是那麼頻繁。這是因為暫存器的個數在處理器中是非常有限的，在很多地方開發者需要使用暫存器來進行資料的中轉。暫存器在同一個執行緒內是獨有的，和執行緒內的全域變數一樣。假設開發者在高階語言程式設計中只使用執行緒內的全域變數，則每個函數要使用變數的時候，都必須先對此變數進行備份，使用完畢後再恢復，以免影響其他函數對它們的使用。

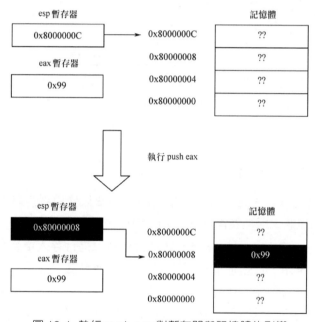

圖 19-1 執行 push eax 對暫存器與記憶體的影響

暫存器在組合語言中的使用正面臨這種情況，而備份最好的方式當然就是用 push 和 pop 指令了。所以在組合語言中，讀者會看到大量的對 push 和 pop 的應用，主要用於備份暫存器和傳遞參數。

19.2.3 暫存器的備份和恢復

結構化的高階語言程式常常是一組函數（或過程）的集合，這些函數可以被其他函數呼叫。當然，呼叫者更希望被呼叫者像一個黑盒。舉例來說，呼叫一個函數，可以獲得想要的結果，而且呼叫前後並不影響目前執行的環境，之前的工作可以繼續執行下去。這樣才是可行的。

所以，一般用 C 語言編譯出來的函數，都會確保「不影響 eax 外的通用暫存器的值」。（請注意，這裡取決於不同的函數呼叫協定，有時還必須把 esp 排除在外。）

為何 eax 不在其中呢？這是因為一般 C 語言編譯出來的函數，是用 eax 來傳遞傳回值的（浮點數傳回值除外），所以，eax 會根據函數的傳回值而改變。

在上面的函數 _tmain 的實現中，讀者會注意到有這樣的程式：

```
00411369   push      ebx
0041136A   push      esi
0041136B   push      edi
......
0041138D   pop       edi
0041138E   pop       esi
0041138F   pop       ebx
```

在上面程式中，編譯器預料到這個函數可能會用到 ebx、esi、ebi，所以先備份這些值，然後在傳回前恢復。

請注意備份和恢復的順序是相反的，必須遵守堆疊「先進後出」的規則。當然，這個備份和恢復成功的前提是，esp 的值在備份後和恢復之前是一樣的。請注意下面的操作：

```
0041136B   push      edi
...
????????   push      eax
...
0041138D   pop       edi
```

如果目標是備份和恢復 edi，顯然程式是錯誤的。edi 無法被正常恢復，這是因為 esp 在中間被修改了。所以在了解組合語言的過程中，必須注意要保持堆疊的平衡。換句話說，壓了多少資料存入堆疊，就遲早要使多少資料移出堆疊；否則一步失衡，整個應用程式可能就當機了。

有趣的是，作為堆疊頂指標的暫存器 esp，常常也是需要備份和恢復的。讀者可以閱讀這個函數開頭和結尾的幾句：

```
00411360   push      ebp
00411361   mov       ebp,esp
...
```

```
00411390    mov     esp,ebp
00411392    pop     ebp
```

開頭把 ebp 存入堆疊，結尾把 ebp 移出堆疊，當然是為了儲存和恢復 ebp。

而 esp 就不用存入堆疊和移出堆疊的方式進行儲存了。這是因為使用存入堆疊和移出堆疊的方式來儲存堆疊指標沒有意義。前面已經說過，使用存入堆疊和移出堆疊的方式來備份暫存器有效的前提是堆疊平衡。堆疊平衡也就是 esp 相同。如果 esp 已經相同了，又何必再恢復呢？但是實際上，函數進入時，一般都會在堆疊上開闢一片用於儲存內部變數的空間，進一步導致 esp 的改變。因此 esp 是需要在開闢內部變數空間之前進行備份的。所以並不是存入堆疊，而是將 ebp 作為暫時的容身之處，即

```
00411361    mov     ebp,esp
...
00411390    mov     esp,ebp
```

當然，這裡同樣有一個假設，即 ebp 在整個函數執行的過程中是不能改變的。如果改變了，esp 的舊值也就被覆蓋掉了，根本無從恢復！

這一點是由編譯器來保證的，編譯器保證不產生修改 ebp 的值。不信讀者可以嘗試寫這樣的程式：

```
int _tmain(int argc, _TCHAR* argv[])
{
    _asm mov ebp,0
    return 0;
}
```

在這種情況下 MS 的編譯器會列出警告：warning C4731: 'wmain' : frame pointer register 'ebp' modified by inline assembly code。當然，這種保證是脆弱的，並不是強制的。如果在函數中改動了 ebp 的值又沒有將其正確恢復，則可能導致整個函數呼叫系統當機。

19.2.4 內部變數與傳回值

使用過高階語言的讀者應該了解全域變數和函數內部變數的區別。內部變數的特點是在函數傳回之後就故障了。因為內部變數所在的真實空間常常在堆

疊裡，所以內部變數所在的空間被稱為堆疊空間[3]。這是有很大好處的。眾所皆知，在多執行緒的情況下，內部變數必須是不被多執行緒共用的；不然函數就無法寫了（無法預料哪個變數會在什麼時候被其他執行緒修改）。同時，Windows 會為每個執行緒準備單獨的堆疊。這一點很容易做到，只需要在執行緒切換的同時也切換 esp 的值就可以了。所以把內部變數放在堆疊裡就是最簡單可行的。

像 C 語言，32 位元的情況，一般都是在進入函數本體後，將 esp 減少一個 4 的倍數 n。這樣等於堆疊上多出了一個長達 4×n 位元組的空間，用以儲存內部變數。

讀者應該記得 ebp 用來備份函數剛進入時（但在 push ebp 敘述之後）esp 的值，要存取內部變數顯然要用 ebp 減去一個正數才能獲得其位址。而如果用 esp 存取的話，顯然應該加一個正數。所以在實際操作的時候，要存取內部變數，一般都可以在組合語言中用 [ebp - x] 或 [esp + y] 的方式來存取，其中 x、y 都是 4 的倍數（倍數大於 0）。

而 ebp 加一個數字則會獲得函數進入前，已經儲存在堆疊中的內容。這常常是函數的傳導入參數。將在下一節函數的呼叫和參數傳遞中對此進行詳述。

讀者可以回憶一下在前面列出的實例中，與內部變數相關的程式。在下面的程式中，灰底的是開關內部變數空間的程式。

```
;首先在這裡備份esp
00411360  push      ebp
00411361  mov       ebp,esp
;開關d8個位元組的內部變數空間
00411363  sub       esp,0D8h
;備份幾個暫存器
00411369  push      ebx
0041136A  push      esi
0041136B  push      edi
;用edi來儲存內部變數空間的開始位址。這一句很巧妙
0041136C  lea       edi,[ebp-0D8h]
;往這個開始位址開始的0x36*4的範圍內全部填入數字0xCCCCCCCC
```

3　堆疊空間說明其實位置在堆疊中（esp 所指的空間）。另一種常見的情況 是堆積空間。

```
00411372  mov       ecx,36h
00411377  mov       eax,0CCCCCCCCh
0041137C  rep stos  dword ptr es:[edi]
...
```

有些讀者可能會想不通,為什麼説 ebp-0D8h 是內部變數空間的開始位址?實際上,開始位址就是最小的位址。因為記憶體的開始和結束都是從低位址到高位址的,而低位址就是指數字上較小的位址,高位址是指數字上較大的位址。如果用 [ebp-x] 來存取內部變數的話,[ebp-0D8h] 顯然是最小的。

這裡有必要介紹一下串寫入指令 stos。rep 是重複字首,有了重複字首之後,這行指令會被重複執行,而且每次執行的時候,ecx 都會減少 1,直到 ecx 減少到 0 為止。stos 本身會往參數所指定的位址內寫入 32 位元(4 位元組)的資料,要寫入的內容在 eax 中取得。此外,stos 執行之後,edi 會自動增加 4。當然,讀者馬上會注意到 36h 和 0D8h 之間的關係,即:

```
0x36 * 0x4 == 0xD8
```

這當然是因為 stos[4] 每次寫入 4 位元組。其實就是在內部變數空間中填滿了 0xcc。0xcc 是一行單字節的機器指令,對應的組合語言指令是 int3,其作用是發生偵錯中斷。

這樣做的目的是確保內部變數空間只用來儲存資料而不會被執行。一旦程式出現了錯誤,執行到這裡就會發生偵錯中斷,以讓程式設計者儘早發覺。但是這僅限於偵錯版本。如果用發行版本來進行編譯,這些過程就被最佳化掉了。

另外一個有作用的指令是 lea。lea 取出第二個參數所指明的記憶體位址並將其放入第一個參數所指明的暫存器中,也就是所謂的取有效位址指令。[ebp-0D8h] 的位址當然就是 ebp-0D8h。有些讀者會奇怪,為什麼這裡非要用 lea?

關於這一點,筆者有必要介紹一下 lea 指令的來歷和使用方法。lea 指令的來源運算元必須是記憶體運算元,在使用者程式層面上的記憶體位址形式都是邏輯位址:

```
邏輯位址= segment:offset
```

4　這裡的 stos 實際上是 stosd,每次操作 4 位元組。此外還有 stosw 每次操作 2 位元組,stosb 每次操作 1 位元組。

而 offset 就是邏輯位址中的有效位址（effective address）值。

lea 指令取的就是其中的 offset 值，也就是有效位址值，這個有效位址形式
包含了 x86 系統的所有記憶體定址模式，例如 [eax]（暫存器間接定址）、
[0x11223344]（直接記憶體定址）、〔eax+ebx*4+0x0c〕（基址加變址定址）。

因此，可以使用：

```
lea eax, [eax+ebx*8+0x0c]
```

這行指令的效果是：eax = eax+ebx*8+0x0c。

讀者可以看一看下面的 C 語言程式：

```
int i = 0;
int *p = &i;
```

如果變數 i 的位址在堆疊中是 [ebp −8]，指標 p 在堆疊中的位址是 [ebp −4]，那
麼上面的 C 語言程式可能被編譯成下面的形式：

```
mov dword ptr [ebp - 8], 0
lea eax, [ebp -8]            ;取 i 的位址
mov dword ptr [ebp -4], eax  ;存入 &i 到 p
```

因此，lea 的常見用法之一是用於取位址值，如指標設定值。

```
mov edi,ebp-0D8h
```

上面的指令是不存在的。如前面所介紹的，mov 只能在暫存器之間或暫存器
與記憶體之間行動資料。如果上面這句非要用 mov 來實現的話，不但需要
mov，還得動用減法指令 sub，程式如下：

```
mov edi,ebp
sub edi,0D8h
```

這樣的指令顯然有些多餘。一行 lea 指令就能實現同樣的功能，而且減法被強
制寫入了，lea 指令可以避免每次都動用運算器件去運算一次 [5]。

最後讀者可以看到用 eax 來傳遞傳回值的程式：

```
0041138B  xor   eax,eax
```

---

[5] 使用 lea 指令和 mov 結合 sub 的另外一個不同點是，lea 指令不會修改標示暫存器 eflags。

同一個數字進行互斥的結果就是 0，所以這行指令就是將 eax 清 0 的意思。這是因為在 C 語言中，我們寫了：

```
return 0;
```

所以在一個函數執行完之後，eax 常常是被改變了的，不能假設 eax 不會改變。

下面是一些小結。

- mov 常常用暫存器作為中轉。
- 函數總是保證「不影響 eax 外的通用暫存器的值」（注意有些呼叫協定是例外，詳見下一節）。
- 堆疊常常用來做預先備份、事後恢復的工作，並用來儲存內部變數和傳遞參數。
- ebp 常常僅用來備份 esp。
- 要注意始終保持堆疊的平衡。
- 一般用 eax 來容納函數的傳回值。

▌ 19.3 x86 中函數的呼叫與傳回

19.3.1 函數的呼叫指令 call

一般編譯器都使用 call 指令來呼叫函數，使用 ret 或 ret n 傳回。如果要學習這些指令的話，最好自己試著寫一個簡單的實例。

```
int myAdd(int a,int b)
{
    return a+b;
}


int _tmain(int argc, _TCHAR* argv[])
{
    int a = 10;
    int b = 20;
    int c = myAdd(a,b);
   return 0;
}
```

上面是一段簡單的程式。讀者可以在 VC 中建立一個主控台專案，輸入這些程式。然後按照前面介紹過的方法進行偵錯，就可以看到對應的組合語言指令了。讀者可以重點看一下 myAdd 被呼叫的過程，下面粗體的一句是對應的 call 指令。

```
   int c = myAdd(a,b);
00411A8C mov        eax,dword ptr [b]
00411A8F push       eax
00411A90 mov        ecx,dword ptr [a]
00411A93 push       ecx
00411A94 call       myAdd (411023h)
00411A99 add        esp,8
00411A9C mov        dword ptr [c],eax
   return 0;
00411A9F xor        eax,eax
```

在這裡讀者可以比較清楚地看到，對函數 myAdd 的呼叫實際上是透過 call 指令來實現的。call 只有一個運算元，指示要跳躍的位址。call 和跳躍指令一樣，會改變處理器執行的流程。實際上，call 和其他跳躍指令在傳輸控制前，是一個分析 eip 值的過程。eip 是一個特殊的、不能直接存取的暫存器，它指示處理器下一行執行的指令的位址。

眾所皆知，函數呼叫結束之後，必須傳回到呼叫該函數的指令的下一行指令繼續執行，這就是所謂的函數傳回。那麼函數如何知道該傳回到那行指令呢？這就是 call 的另一個功能：它在跳躍之前，會把傳回位址（也就是它本身的下一行指令的位址）存入堆疊。關於 call 指令執行前後堆疊的變化，請讀者務必親自偵錯觀察。

19.3.2 透過堆疊傳遞參數

使用過高階語言的讀者都知道，大部分函數是帶有參數的。call 指令只能實現存入傳回位址和跳躍，並沒有明示參數儲存在何處。但是實際上無論用任何方式呼叫函數，只要有參數，程式設計者都必須把參數傳遞給函數。參數傳遞有多種協定，而參數的傳遞媒體可以是：

- 透過記憶體（一般是堆疊）傳遞。
- 整數參數可以透過暫存器傳遞。
- 浮點參數可以透過浮點暫存器傳遞。

所謂透過堆疊傳遞參數就是呼叫函數的一方將參數一個一個存入堆疊中，然後由函數從堆疊中取出使用。使用堆疊的好處是不用污染暫存器，而且可以傳遞的參數個數基本不限[6]。但缺點是需要讀寫記憶體。眾所皆知，讀寫記憶體比讀寫暫存器要慢很多，這就使人想到用暫存器來傳遞參數會大幅提高效率。在 Windows 核心中大多使用快速呼叫協定，第一個參數使用 ecx 傳遞，第二個參數使用 edx 傳遞，其他的參數繼續使用堆疊。

而普通的 C 呼叫方式則是全部使用堆疊來進行傳遞的。回憶一下前面的實例，呼叫函數 myAdd(a,b)，這表示還是需要一個把 a、b 兩個數字存入堆疊中的過程，可以在組合語言程式碼中看出來，即下面粗體的部分。

```
    int c = myAdd(a,b);
 00411A8C  mov        eax,dword ptr [b]
 00411A8F  push       eax
 00411A90  mov        ecx,dword ptr [a]
 00411A93  push       ecx
 00411A94  call       myAdd (411023h)
```

不過上面的程式值得商榷。因為直接使用 push dword ptr[a] 是完全可行的，難以了解為什麼要透過一個暫存器進行中轉。可能是因為這行指令實際的執行效率比上述兩行指令更慢，編譯器的開發者選擇了更高效的方法，或有其他原因。

前面已經了解過，call 會將傳回位址存入堆疊。從上面的組合語言指令中讀者會發現，參數是先於傳回值倒序存入堆疊的。這裡的倒序是指存入的順序和讀者平時用 C 語言寫參數的順序相反。舉例來說，寫出下列函數呼叫：

```
 int r = myFunction(a,b,c,d,e,f);
```

那麼被存入堆疊的先後順序是 f、e、d、c、b、a，最後是傳回位址。此外，進入 myFunction 函數本體的時候，還會被分配一片內部變數空間。所以在 call 呼叫之前、之後，以及分配內部變數之後，堆疊的生長過程大致如圖 19-2 所示。請注意，在本書所有的記憶體圖示中，高位址在上，低位址在下。深色底表示有效堆疊，淺色底表示無效堆疊。

6　所謂的基本不限並不是絕對無限。堆疊空間的大小並不是無限制，傳入過多的參數以及呼叫的層次極多的時候，Windows 核心可能因為核心堆疊耗盡而當機。

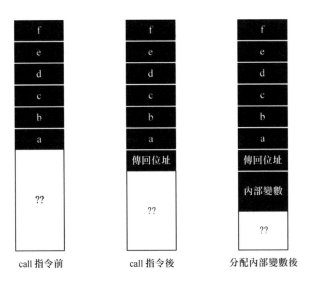

call 指令前　　　　　　call 指令後　　　　　分配內部變數後

圖 19-2　在 C 標準函數呼叫過程中堆疊的變化情況

19.3.3　從函數傳回

一般編譯器都用 ret 或 ret n 指令來傳回。最早和最常見的傳回指令是 ret，這個指令總是從堆疊中出現一個位址，然後讓處理器跳躍到這個位址。這行指令說起來非常的簡單，不過它也帶來了一些缺點。讀者可以看前面提到的實例，呼叫函數 myAdd 的情況：

```
    int c = myAdd(a,b);
0041BCCE  mov      eax,dword ptr [b]
0041BCD1  push     eax
0041BCD2  mov      ecx,dword ptr [a]
0041BCD5  push     ecx
0041BCD6  call     myAdd (411023h)
0041BCDB  add      esp,8
```

讀者可以清晰地看到，在 call 指令結束之後，是一行 add 指令。這是一行加法指令，它的第一個參數表示要修改的暫存器，第二個參數表示要增加的數字。這行指令在這裡的執行結果是使 esp 的值加 8。換句話說，每一個呼叫這個函數的地方，最後都要將 esp 加上 8。也就是說，要使堆疊平衡。

這造成了程式的容錯。要保持堆疊的平衡而多增加了一行指令，而且每個呼叫的地方都必須增加這行指令。這時候有人就會考慮，為何不把平衡堆疊的工作交給函數本身來做呢？如果一個函數被許多地方呼叫，那麼就很划算了。但是要使用 ret 指令傳回，並且讓函數自己保持堆疊的平衡是非常困難的。讀者可以考慮一下，如果一個函數的結尾這樣寫：

```
add esp,8
ret
```

這裡已經出現一個嚴重的錯誤了。因為 ret 依賴堆疊指標指向傳回值。當上面的程式首先平衡了堆疊，然後再傳回的時候，堆疊指標指向的已經不是傳回值了！在函數 myAdd() 傳回之前，堆疊的狀態如圖 19-3（a）所示的樣子。只有變成圖 19-3（b）所示的樣子，才能既平衡了參數，又實現了正確地傳回。而錯誤地直接平衡堆疊，就會形成圖 19-3（c）所示的錯誤形式的堆疊。

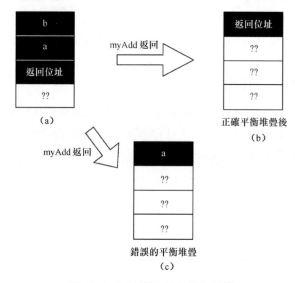

圖 19-3 函數傳回前堆疊的平衡

讀者會發現要用 ret 實現函數自平衡堆疊並不簡單，因為其中還有關傳回值的挪動。這時候必須要使用一個暫存器。針對 myAdd 這種有兩個參數的情況，讀者可以嘗試用 eax 來進行資料的挪動。同時，eax 已經儲存了函數的傳回值，不能破壞，所以必須預先儲存。

```
mov [esp + 0x4 ],eax    // 儲存函數傳回值到堆疊上
mov eax,[esp]           // 取得函數在堆疊頂的傳回值,入eax
mov [esp + 0x8],eax     // 把傳回值放到正確的位置
```

```
mov eax,[esp + 0x4]        // 恢復eax
add esp,8                  // 平衡堆疊
ret
```

顯然，這樣來撰寫函數，實在太麻煩。針對不同個數的參數的函數，還必須有不同的寫法。其中還有在記憶體中挪動資料的損耗，顯然得不償失。於是就出現了一行新的機器指令 ret n。這行指令除了完成跳躍到傳回位址，還能自動地平衡堆疊，完全沒有記憶體移動的操作。上面的指令就可以直接寫成：

```
ret 8
```

ret n 這行指令的功能就是，首先完成 ret 的功能，然後將 esp 的值增加 n。

19.3.4 三種常見的呼叫協定

本節實際上描述的是兩種函數呼叫的參數傳遞協定。用堆疊來傳遞參數，並將參數倒序存入堆疊，最後由呼叫者負責平衡堆疊的方式被稱為 C 呼叫（C call）。參數傳遞方式與之相同，但是最後由函數本身來平衡堆疊的方式被稱為標準呼叫（stdcall）。標準呼叫是 Windows API 的常見方式。

但是在 Windows 核心的 32 位元版本中，最常見的是快速呼叫（fastcall）方式。其特點是 ecx 傳遞第一個參數，edx 傳遞第二個參數，其他的參數依然用堆疊傳遞。堆疊平衡方式和 stdcall 方式相同。在 VC 中，可以加 _fastcall、_stdcall 和 _cdecl 關鍵字來指定函數的呼叫方式。編譯器遇到這些參數的時候，就會產生用於不同呼叫方式的函數的函數本體。

在不加任何呼叫方式關鍵字的時候，使用 VC 撰寫應用程式時預設為 _cdecl 關鍵字。所以在前面的 19.3.1 節中看到的組合語言結果，都是 C 標準方式的呼叫。現在可以在 VC 中撰寫下面的程式，然後檢視對應的組合語言：

```
#include "stdafx.h"
_stdcall int myAdd(int a,int b,int c)
{
    return a+b+c;
}
int _tmain(int argc, _TCHAR* argv[])
{
    int c = 5,a = 0, b = 4;
    c = myAdd(a,b,c);
```

```
        return 0;
}
```

加了 _stdcall 關鍵字之後，讀者就會發現 myAdd 函數的實現發生了變化：

```
_stdcall int myAdd(int a,int b,int c)
{
    …// 省去許多和前面一樣的指令
    return a+b+c;
00411A3E   mov        eax,dword ptr [a]
00411A41   add        eax,dword ptr [b]
00411A44   add        eax,dword ptr [c]
}
    …// 省去許多的重複指令，讀者可以看到，其實只有最後的傳回指令不同
00411A4D   ret        0Ch
```

可以看到，最後函數的傳回用的不是 ret，而是 ret 0Ch。0Ch 就是 12，也就是 4×3。這是因為這個版本的 myAdd 有三個參數，每個參數是 32 位元，也就是 4 個位元組。讀者看一下呼叫過程，就會發現呼叫方不用自己去平衡堆疊了。

接下來嘗試把 _stacall 改成 _fastcall，結果發現呼叫 myAdd 的過程發生了變化：

```
    c = myAdd(a,b,c);
00411A93   mov        eax,dword ptr [c]
00411A96   push       eax
00411A97   mov        edx,dword ptr [b]
00411A9A   mov        ecx,dword ptr [a]
00411A9D   call       myAdd (41150Fh)
```

可見，使用快速呼叫方式的情況是，首先存入最後一個參數 c，然後移動第二個參數 b 到 edx 中，再將第一個參數 a 放到 ecx 中，最後呼叫該函數。這裡描述的快速呼叫方式僅限於使用 VC 編譯 Windows 的 32 位元平台上的可執行程式實現方式，其他編譯器使用的實現方式不一定相同。

19.4 從 32 位元組合語言到 64 位元組合語言

本節介紹 32 位元組合語言和 64 位元組合語言的關係與由來，以及相關的處理器和與作業系統有關的歷史淵源。同時讓讀者能一邊認識 64 位元下新增加的暫存器，一邊迅速上手 64 位元組合語言。

19.4.1 Intel 64 與 IA-32[7] 系統架構簡介

IA-32 是 Intel 用於 PC 的最常見的處理器架構。IA-32 的另一個常見的稱呼是 x86。不同的架構有不同的程式設計環境與指令系統，也就有不同的組合語言寫法。在某個架構上撰寫的組合語言程式是難以移植到其他架構上的，這就是組合語言的平台依賴性。IA-32 是最常見的處理器架構，但是絕不是唯一的。其他有名的架構包含 PowerPC、ARM、MIPS，還包含 Intel 的另一種著名架構 IA-64。

雖然名為 IA-32，但是實際上 IA-32 後來被擴充到支援 64 位元作業系統。筆者常常聽聞處理器從 8 位元發展到 16 位元、32 位元，現在 Intel 的主流 IA-32 處理器都是 64 位元的。這裡的位元數包含位址匯流排的數目、通用暫存器的位元數以及一次操作所處理的運算元的長度等。64 位元 IA-32 架構的 CPU 支援 64 位元位址的定址、64 位元寬度的通用暫存器和 64 位元的指令操作。但是，IA-32 擴充到 64 位元之後並不叫 IA-64。IA-64 是 Intel 的另一種架構，其指令系統與 IA-32 截然不同，僅用於安騰系列的伺服器。

AMD 首先擴充了 IA-32 架構，並稱之為 AMD64。之後 Intel 也進行了極其相似的擴充，稱為 Intel 64，二者之間的差別可以忽略。此外，業內還有一個術語——x64 處理器，主要用於表示提供 64 位元擴充的 IA-32 處理器，而 Intel 官方則稱之為 Intel 64 架構的處理器。

19.4.2 64 位元指令與 32 位元指令

從表面上看，指令的「位元數」是指指令所操作的資料的位數。舉例來說，32 位元指令常常操作 32 位元的暫存器，或是 32 位元長度的記憶體位址。而 64 位元指令則常常操作 64 位元的暫存器，或是 64 位元長度的記憶體位址。

---

7 本書根據 Intel 公司 2008 年 9 月發佈的《Intel® 64 and IA-32 Architectures Software Developer's Manual》確定架構的名稱。在不同歷史時期，這些架構有不同的版本，名稱也有不同的變化。Intel 64 和 IA-32 並非孤立的兩種架構。Intel 64 是 IA-32 架構的擴充，因此也可以看成是 IA-32 架構的一個新的歷史階段。

但是嚴格地説，只能參照 Intel 指令手冊[8]上對每行指令所註明的資訊，即該指令如果被註明可以在 64 位元模式執行，則是 64 位元指令；如果被註明不能在 64 位元模式執行，但是支援相容模式，且不被真實模式所支援，則是 32 位元指令。下面舉一個實例來説明。

問題：pushfd 是 32 位元指令還是 64 位元指令？

如果查閱 Intel 指令手冊，會獲得一張表，這張表實際上描述了三行指令。本書已經將 Intel 指令手冊上的原始表格內容翻譯成中文，如表 19-1 所示，有興趣的讀者可以自行查閱原始文件。

表 19-1 Intel 指令手冊上與 pushf 相關的指令歸屬表

操作碼	指令	64 位元模式	相容模式	描述
9c	pushf	支援	支援	將 EFLAGS 的低 16 位元存入堆疊
9c	pushfd	不可編碼	支援	將 EFLAGS 存入堆疊
9c	pushfq	支援	不可編碼	將 RFLAGS 存入堆疊

從這裡可以看到 pushfd 是 32 位元指令。

從表 19-1 中讀者可以見到三行指令，分別是 pushf、pushfd 和 pushfq。操作碼是直接編碼在二進位機器指令中，用以識別這行指令的數字。操作碼的長度可能為 1 ~ 3 個位元組。初學者常常容易了解為每個操作碼唯一地標識一行指令。但是實際上並非如此，讀者可以看到，以上三行指令的操作碼都是 9c。而且這些指令都沒有運算元，在實際記憶體中對應的機器指令也是 0x9c，二者完全相同，但是功能卻不一樣。

可見，一行指令實際上有多個要素，只有這些要素組合起來才是一行指令。最重要的 4 個要素是：

- 操作碼
- 工作模式
- 運算元寬度
- 位址寬度

---

[8] 本書所稱的「Intel 指令手冊」都是指 Intel 公司在其網站上發佈、可供開發者免費下載的《Intel® 64 and IA-32 Architectures Software Developer's Manual》。

很顯然，操作碼只有在 0x9c 執行在 64 位元模式下時才會成為 pushfq 指令。但是光有運算元結合工作模式是不夠的。在相容模式下，讀者還是無法知道 0x9c 到底是指令 pushf 還是 pushfd。這就要用到運算元寬度。在相容模式下，每段程式即時執行都有所在的段（segment），每個段都可以指定預設的運算元寬度，用以表明這行指令所操作的資料位元數。當這個寬度為 16 位元的時候，0x9c 被解釋為指令 pushf；而當運算元寬度為 32 的時候，0x9c 被解釋為指令 pushfd。位址寬度在這幾行指令中都沒有有關。

19.4.3 通用暫存器

在組合語言中，有許多操作是資料的傳送和運算操作。資料既可以儲存在暫存器中，也可以儲存在記憶體（也就是記憶體）中。記憶體常常透過位址來存取。在後面介紹資料傳送指令的時候，筆者會詳細地介紹記憶體的定址方式。而暫存器則透過名字來存取。不同的處理器架構有不同的暫存器名，而且這些暫存器的用途也不是完全對等的。

本節只介紹最常用的通用暫存器。

IA-32 架構有 8 個 32 位元的通用暫存器，它們是：eax、ebx、ecx、edx、esi、edi、ebp、esp。IA-32 的組合語言程式員，應該按順序熟記這 8 個暫存器的名字及用途。記憶方法為：

（1）首先是 A、B、C、D 四個最常用的通用暫存器。

（2）其次是來源（S 表示來源，source）暫存器 esi 和目標（D 表示目標，destination）暫存器 edi。其名字來自暫存器本身的用途，如在串拷貝以及移動指令的操作中，esi 被用作操作來源，edi 被用作操作目標。

（3）最後是兩個與堆疊相關的暫存器 esp 和 ebp。其中 esp 就是堆疊指標，而 ebp 常常用來備份堆疊指標。

擴充到 64 位元之後，Intel 64 架構的通用暫存器在 IA-32 原有的基礎上，數量和寬度都擴大了 1 倍。有 16 個 64 位元的通用暫存器，它們是：rax、rbx、rcx、rdx、rsi、rdi、rbp、rsp，以及 r8、r9、r10、r11、r12、r13、r14、r15。請注意，r1、r2 之類的暫存器名在 Intel 64 中是不存在的。

記憶方法和記憶前面的 IA-32 架構的 32 位元通用暫存器的方法是一樣的。8 個原有的 32 位元暫存器直接擴充為 64 位元，只是名字開頭的 e 修改為 r。實際上，在 Intel 64 中依然可以使用 eax 等 8 個 32 位元的通用暫存器，這些暫存器就是以 r 開頭的暫存器的低 32 位元部分。

19.5 64 位元下的函數實現

筆者在本章的前面就介紹了 C 函數的編譯結果，只是那些章節用來分析的都是 Windows 的 32 位元應用程式。本節開始分析 Windows 的 64 位元應用程式。請注意，這些 64 位元應用程式必須在 Windows 的 64 位元版本上才能執行和偵錯。筆者安裝的作業系統是 Windows 7 的 64 位元版本。讀者無論是使用 Windows 7 還是 Windows XP，都必須安裝對應的 64 位元版本。而安裝 64 位元系統的硬體要求是處理器必須支援 Intel 64 或 AMD64 指令集。所以，如果本章的程式不能順利偵錯，請檢查電腦的處理器與所安裝的作業系統是否符合要求。

19.5.1 函數概覽

筆者依然建立 Windows 主控台應用程式專案，只是編譯目標平台改為 x64。程式如下：

```
#include "stdafx.h"
// 寫一個函數，求兩個整數之和
int add(int a,int b)
{
    int c = a + b;
    return c;
}
```

按照第 19.2 節一樣的方式進行偵錯，可以看到 add 函數的實現如下：

```
int add(int a,int b)
{
                    // 取兩個參數，填回堆疊
000000013F291030  mov        dword ptr [rsp+10h],edx
000000013F291034  mov        dword ptr [rsp+8],ecx
                    // 因為知道下面的stos會使用rdi，所以先備份
000000013F291038  push       rdi
                    // 開關堆疊空間。這一句比較奇怪，後面再詳述
```

```
000000013F291039    sub         rsp,10h
                    // 在新開闢的堆疊空間內全部填0xcc。偵錯版本慣例
000000013F29103D    mov         rdi,rsp
000000013F291040    mov         rcx,4
000000013F29104A    mov         eax,0CCCCCCCCh
000000013F29104F    rep stos    dword ptr [rdi]
                    // 取參數。
000000013F291051    mov         ecx,dword ptr [rsp+20h]
    int c = a + b
                    // ecx和eax分別放入了b和a
000000013F291055    mov         ecx,dword ptr [rsp+28h]  // 這是參數b
000000013F291059    mov         eax,dword ptr [rsp+20h]  // 這是參數a
000000013F29105D    add         eax,ecx
000000013F29105F    mov         dword ptr [rsp],eax
    return c;
000000013F291062    mov         eax,dword ptr [rsp]
}
                    // 恢復堆疊空間
000000013F291065    add         rsp,10h
                    // 恢復rdi
000000013F291069    pop         rdi
000000013F29106A    ret
```

讀者會立刻發現下面幾個特點：

- 每行指令所在的位址都變得很長，達到 64 位元。
- 32 位元指令依然可以被使用。例如上面的 add eax，ecx。
- 參數的傳遞使用了 ecx 和 edx。
- 傳回值依然可以用 eax。這其實取決於實際需求。
- 有一個含義不太清楚的開關堆疊空間和恢復堆疊空間的操作（sub rsp,10h 和 add rsp,10h）。在第 19.5.4 節會對此進行詳述。
- 不依賴 ret n 來恢復堆疊空間，而是由呼叫方自己恢復堆疊空間。

19.5.2 32 位元參數的傳遞

微軟的 C 編譯器在編譯目標平台為 x64 的時候，一個典型的變化就是不再支援 _stdcall、_fastcall 關鍵字。這樣一來，筆者就無須考慮呼叫協定了。但是筆者不能保證其他的作業系統以及其他的編譯器所產生的函數呼叫和本章的一致。本章內容只有關微軟的編譯器的編譯結果。

從上面的情況來看，編譯器使用了 ecx 和 edx 兩個暫存器來傳遞參數。用暫存器傳遞參數的問題就在於暫存器個數有限。在下面的程式中筆者將參數的個數增加到 5 個，然後請讀者來觀察組合語言程式碼的變化情況。在實際程式開發中，使用如此多的參數不是一個好習慣，尤其是在函數層次多，而且每層傳遞參數都很多的時候，會導致堆疊空間的浪費。修改後的程式如下：

```
int addex(int p1,int p2,int p3,int p4,int p5)
{
    int r = p1 + p2 + p3 + p4 + p5;
    return r;
}
```

這個函數對應的組合語言程式碼如下：

```
int addex(int p1,int p2,int p3,int p4,int p5)
{
000000013F291080  mov      dword ptr [rsp+20h],r9d  // p4
000000013F291085  mov      dword ptr [rsp+18h],r8d  // p3
000000013F29108A  mov      dword ptr [rsp+10h],edx  // p2
000000013F29108E  mov      dword ptr [rsp+8],ecx    // p1
    …// 這裡省略許多行和前面的範例相同的程式
    int r = p1 + p2 + p3 + p4 + p5;
000000013F2910AF  mov      ecx,dword ptr [rsp+28h] // p2
000000013F2910B3  mov      eax,dword ptr [rsp+20h] // p1
000000013F2910B7  add      eax,ecx
000000013F2910B9  add      eax,dword ptr [rsp+30h] // p3
000000013F2910BD  add      eax,dword ptr [rsp+38h] // p4
000000013F2910C1  add      eax,dword ptr [rsp+40h] // p5
000000013F2910C5  mov      dword ptr [rsp],eax
    return r;
000000013F2910C8  mov      eax,dword ptr [rsp]
}
…// 省略傳回前三行程式，和前面的範例相同
```

讀者可以看到，傳遞前 4 個參數的都是暫存器，分別為 ecx、edx、r8d、r9d。第 5 個參數存在於堆疊中，而且在函數剛進入時，該參數的位置為 [rsp+28]。這說明雖然前 4 個參數是透過暫存器傳遞的，但是呼叫者在呼叫這個函數的時候，首先將這些參數本來應該在的堆疊中位置留了出來。也就是說，這個方法並沒有節省堆疊空間。

19.5.3 64 位元參數與傳回值

讀者已經注意到，任何參數在堆疊中佔據的空間都是 8 位元組。但是在透過暫存器傳遞的時候，卻使用了 ecx、edx、r8d 和 r9d，這些暫存器都是 4 位元組的 32 位元暫存器，因為在微軟的編譯器看來，int 類型即使在目標平台為 x64 的程式中，也依然是 32 位元的。同時，筆者的試驗表明，long 類型也都是 32 位元的。C 語言標準類型的寬度並沒有文件加以標準，在同一目標平台上，不同的編譯器有不同的效果。試驗還表明，gcc 在編譯 x64 程式的時候同樣把 int 類型編譯為 32 位元，但是卻把 long 類型編譯成了 64 位元。

在 VC 中如果要使用 64 位元寬度的資料，則可以使用 long long 類型，也可以使用 VC 特有的 __int64 類型。使用 long long 類型的好處是，這是 C 語言標準類型，gcc 和 VC 都可以通用；更換編譯器的時候無須修改程式。但缺點是沒有任何官方標準表明 long long 類型一定是 64 位元的。而使用 __int64 類型則可以確定寬度為 64 位元，但是這種類型不一定被其他的編譯器支援。如果不支援，使用者不得不自己定義這種類型，將導致出現額外的工作。在實際開發中，要根據不同的專案需求來做決定。

下面是筆者寫的新函數。

```
int add(long long a,long long b)
{
    long long c = a + b;
    return (int)c;
}
```

強制轉換是為了去除編譯警告。在實際中不會有如此怪異的程式：輸入兩個 64 位元參數，卻把它們的和儲存在一個 32 位元的傳回值中。如果這兩個數的值足夠大，傳回值顯然會有所遺失。這裡是為了儘量和前面的程式保持一致，以便看出不同點。

```
long add(long long a,long long b)
{
000000013FCF1030  mov          qword ptr [rsp+10h],rdx
000000013FCF1035  mov          qword ptr [rsp+8],rcx
…// 省去和前面實例相同的部分
    long long c = a + b;
000000013FCF1058  mov          rcx,qword ptr [b]
```

```
000000013FCF105D   mov          rax,qword ptr [a]
000000013FCF1062   add          rax,rcx
000000013FCF1065   mov          qword ptr [rsp],rax
     return (long)c;
000000013FCF1069   mov          eax,dword ptr [rsp]
}
…// 省略傳回前數行指令
```

就像預料的一樣，第一個參數使用 rcx 傳遞，第二個參數使用 rdx。如果還有第三個和第四個參數，則使用 r8 和 r9。

因為傳回值定義的是 int 類型，所以確定傳回值的一句依然是 mov eax,dword ptr [rsp]，使用的是暫存器 eax，而非最新的 64 位元暫存器 rax。當然，如果將傳回值改為 long long 類型，則這句立刻就變成了：

```
000000013F0B1069   mov          rax,qword ptr [rsp]
```

19.5.4　堆疊空間的開闢與恢復

讀者可以從前面列出的實例中發現，大部分為 x64 平台產生的函數程式都有極為類似的一種操作，就是進入之後開闢堆疊空間，在傳回前恢復。一般來說，進入後開闢堆疊空間是為了儲存內部變數。同時，一個函數如果要呼叫其他的函數，那麼還需要存導入參數、等待傳回後再平衡堆疊。如果每次呼叫函數都這樣做，那就實在太麻煩了。

實際上微軟的編譯器在產生 x64 程式的時候是一氣呵成地完成這兩個操作的：在進入某個函數之後，就使用 sub rsp,n 來開闢一個堆疊空間。除了給自己作為儲存內部變數之用，也給自己所呼叫的作為函數傳遞參數之用。這樣參數就不用一個一個地 push 了，直接用 mov 指令填寫就可以了。最後一次性地用 add rsp,n 來恢復即可。

從理論上講，函數呼叫完之後必須平衡堆疊。但是如果平衡掉了的話，下次函數呼叫還得繼續存導入參數。考慮筆者在本章前面介紹的 32 位元平台上編譯的結果，如果一個函數內部呼叫三個函數，那麼過程將是每次呼叫函數之後都恢復堆疊平衡，下次呼叫函數之前又必須存導入參數，產生很多重複性的堆疊操作。這其實是沒有必要的，如圖 19-4 所示。

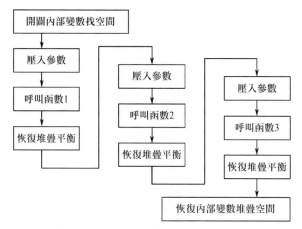

圖 19-4　在一個函數內部呼叫三個其他函數的堆疊操作過程（x86 平台）

一個精簡版的方案是在開闢內部變數堆疊空間的同時開闢更多的空間，這些空間能滿足參數最多的函數傳遞參數所需，這樣就不用來回 push 和 pop 了，每次填寫參數都可以用 mov 指令直接填到堆疊裡。每個函數呼叫完也沒有必要去恢復堆疊平衡，這樣過程就精簡多了，如圖 9-5 所示。

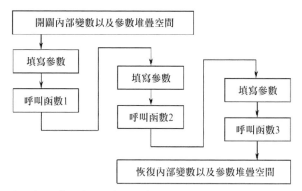

圖 19-5　在一個函數內部呼叫三個其他函數的堆疊操作過程（x64 平台）

下面筆者寫一段簡單的程式，看一下這種操作堆疊的方式。

```
void myFunc()
{
    mySubFunc1();
    mySubFunc2(1,2);
    mySubFunc3(1,2,3);
}
```

上面這段程式按照本章前面所介紹的知識，組合語言的實現大致如下：

```
call mySubFunc1      // 函數1無參數，直接call即可
push 1
push 2
call mySubFunc2      // 呼叫函數2之前先push兩個參數
add esp,8            // 呼叫完之後恢復堆疊。下面呼叫函數3也是一樣的
push 1
push 2
push 3
call mysubFunc3
add esp,0ch
```

上面的方式其實繁複冗長。在 x64 平台上產生的程式較為簡潔，且功能相同，大致如下：

```
...
000000013F5C1092  sub          rsp,20h              // 一次性開闢空間
...
    mySubFunc1();
000000013F5C10AA  call         000000013F5C1014
    mySubFunc2(1,2);
000000013F5C10AF  mov          edx,2
000000013F5C10B4  mov          ecx,1
000000013F5C10B9  call         000000013F5C1019     // 注意call完之後不用恢復堆疊
    mySubFunc3(1,2,3);
000000013F5C10BE  mov          r8d,3
000000013F5C10C4  mov          edx,2
000000013F5C10C9  mov          ecx,1
000000013F5C10CE  call         000000013F5C1005
000000013F5C10D3  add          rsp,20h              // 一次性恢復堆疊
...
```

因為參數較少，所以使用暫存器傳遞參數。但是即使用暫存器傳遞參數，對應的堆疊空間也依然是要傳入的。如果參數超過了 4 個，就會出現用 mov 來填寫堆疊中位址寫導入參數的情況。請注意，在這個過程中，每個函數呼叫的時候都沒有單獨地存入堆疊、恢復堆疊。但是在開頭用 sub rsp,20h 開闢堆疊空間，結尾用 add rsp,20h 恢復堆疊空間。

Windows 核心掛鉤

掛鉤（Hook），在許多資料上稱之為「鉤子」。筆者認為「掛鉤」和「鉤子」意思相同，如果需要細分的話，筆者認為「鉤子」是「掛鉤」技術的統稱，而「掛鉤」則偏向於是「鉤子」的實現過程。

本章出現的「鉤子」和「掛鉤」以及 Hook，如果沒有特別説明，則表示同樣的意思。

實際上「鉤子」描述的是「像鉤子一樣掛接在原有程式上的一種程式」。但是「鉤子」這個中文詞語並不足以表達「掛接」的含義。實際上這些程式必須要「掛」在原有程式上才成為「鉤子」。如果單獨存在，則毫無意義。所以用「掛鉤」這個動詞或動名詞來描述會更容易讓讀者了解。

本書中的掛鉤，是指在原有程式上掛接新加入的程式來完成某種特殊功能的行為，是一種動作。

筆者在剛接觸核心掛鉤時，不太明白為何需要進行核心掛鉤，相信很多初學者也有相同的疑慮。簡單來説，核心掛鉤是為了監控系統的某個行為，雖然 Windows 系統提供了一系列的監控過濾機制，但是這些機制並不全面，舉個實例，假設開發者需要監控某個特定處理程序被結束的行為，由於系統並沒有提供現成的監控機制，所以開發者必須對核心結束處理程序的 API 進行核心掛鉤。

需要注意的是，「掛鉤（Hook）」是一種技術，並不是核心獨有的，開發者也可以在應用層進行掛鉤操作，由於本書主要介紹 Windows 核心程式設計，所以本章中提到的「掛鉤」，均指「核心掛鉤」。

掛鉤的使用主要是在 Windows 的 32 位元版本上。從 Windows Vista 的 64 位元版本開始引用的更核心修補程式保護（PatchGuard）相當大地限制了 Windows 核心掛鉤的使用。

不過即使是 64 位元的 Windows 7 及以上的版本，要做掛鉤也並不是完全不可能的。只不過要配合更特殊的技術，難度變得更大了。

無論如何，掛鉤是一個非常重要的技術，是安全軟體的開發者必須要學習的。

核心掛鉤的種類極多，數得出的估計有以下幾種：系統服務描述符號表掛鉤（SSDT Hook）、函數匯出表掛鉤（Export Table Hook）、中斷掛鉤（包含 IDT Hook 和 IOAPIC Hook）、分發函數掛鉤（Dispatch Function Hook）、系統呼叫入口掛鉤（Syscall Entry Hook）、內聯掛鉤（Inline Hook）、偵錯掛鉤（Debug Hook）。此外，一定有其他更多不知名的掛鉤方式。但總而言之，以上這些掛鉤可以分為以下兩種。

硬體掛鉤：是利用硬體特性進行的掛鉤。例如中斷掛鉤（IDT & IOAPIC）、系統呼叫入口掛鉤、偵錯掛鉤。中斷掛鉤利用修改 IDT 或 IOAPIC 設定來進行中斷服務函數的掛鉤。而這些都是硬體特性，任何作業系統都可以用這樣的方式來進行掛鉤。

軟體掛鉤：是利用作業系統核心或其他軟體的特性進行的掛鉤。例如系統服務描述符號表掛鉤。雖然各種作業系統都有系統服務描述表或其類似物，但是這並不是一個硬體標準，所以在 Windows 核心上做的系統服務描述符號表掛鉤是依賴 Windows 的特性而存在的。此外，內聯掛鉤是直接修改軟體中的可執行程式而「嵌入」的掛鉤，因此也是軟體掛鉤。

無論是核心程式還是使用者態程式都可以進行掛鉤。但是本書偏重核心程式設計，所以不涉及使用者態的掛鉤。

因為掛鉤的種類非常多，如果集中在一章中說明會導致這一章過於冗長。本章重點介紹軟體掛鉤。硬體掛鉤更多與硬體特性相關，本章將以中斷掛鉤為切入點，為讀者簡單介紹硬體掛鉤。下面是本章將要介紹的掛鉤方式：

- 系統服務描述符號表掛鉤
- 函數匯出表掛鉤

- 內聯掛鉤
- 中斷掛鉤

另外，驅動物件的分發函數（MajorFunction）掛鉤也屬於軟體掛鉤，但是本章不做重點介紹。因為分發函數和符合文件的 Windows 核心驅動關係非常密切，可以認為是有文件的規範化程式設計。雖然分發函數掛鉤並不是標準的做法，但是取代分發函數這個部分過於簡單，無須詳細介紹。

20.1 系統服務描述符號表掛鉤

20.1.1 系統服務描述符號表（SSDT）

系統服務描述符號表掛鉤是核心態中很重要的一種鉤子，在早期常為主動防禦軟體和惡意程式碼所使用。現在已經有些過時。因為即使是最基本的主動防禦軟體，也都會首先檢查和保護系統服務描述符號表。而最基本的核心攻擊方式，也一般會試圖繞過安全軟體在系統服務描述符號表上做的掛鉤。所以，在實戰中這個主題的價值已經不大，但依然是讀者不得不了解的基礎；否則連最基本的保護也做不了。

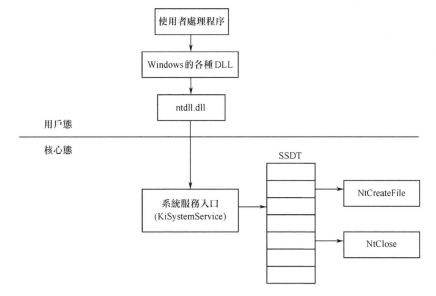

圖 20-1 系統服務描述符號表在系統中的作用

系統服務描述符號表是 Windows 核心中的資料結構，這個結構儲存了核心匯出的一系列供使用者態呼叫的函數位址。系統服務描述符號表在系統中的作用如圖 20-1 所示。在 Windows NT 類別系統中，使用者模式下的所有系統呼叫，如 Kernel32.dll、User32.dll 等模群組提供的使用者態程式設計介面（API），都需先透過特殊指令（早期使用 int 2e 指令，後期 32 位元系統使用 sysenter 指令，64 位元系統使用 syscall 指令）進入到核心模式，再透過服務編號在系統服務描述符號表中找到對應系統函數來提供服務，這種服務可稱為系統服務[1]。系統服務的介面在作業系統中有嚴格的定義，一般對每個服務都用一個號碼來索引，這個號碼就是之前提到過的服務編號。過程如圖 20-1 所示。

系統服務描述符號表的位址可從核心匯出的結構 KeServiceDescriptorTable 中獲得，它主要記錄了系統服務描述符號表的基址和提供的系統服務函數的數量。在 C 語言中，其資料結構定義如下：

```
// 這個結構在標頭檔中未公開，因此在這裡自己定義
typedef struct ServiceDescriptorEntry {
    unsigned int *ServiceTableBase;
    unsigned int *ServiceCounterTableBase;
    unsigned int NumberOfServices;
    unsigned char *ParamTableBase;
} ServiceDescriptorTableEntry_t, *PServiceDescriptorTableEntry_t;
```

在上面這個資料結構中，唯一需要關注的是 ServiceTableBase 域。這個域是一個指標，指向一個指標陣列。這個陣列中的每一個元素都是一個系統服務處理函數的指標，而服務編號就是一個處理系統呼叫的服務函數指標在這個陣列中的索引。當然，當上層呼叫某個系統服務時，Windows 就會在這個表中找到該指標，然後呼叫該函數來處理此呼叫請求。

當然，這個陣列中的函數指標是可以修改的（在 Windows XP 系統的機器上可以修改。在 64 位元的 Windows 中有了更核心修補程式保護之後也並不是不能改，只是改過之後，Windows 事後會進行檢查，發現有改動就會對系統直接當機），於是有些安全系統的開發人員就會想到用這個技術來做一些工作。

---

[1] 這裡的服務（Service）要注意和服務程式相區別，並不是一個處理程序或者一組處理程序，而是作業系統核心給使用者態提供的某個可呼叫的功能。

20.1.2 系統服務描述符號表掛鉤的意圖

例如安全軟體要保護一些特定的檔案，不允許某些處理程序之外的其他處理程序開啟這些檔案。那麼從應用程式呼叫函數 CreateFile 中間要經過 ZwCreateFile，該函數是系統服務描述符號表中的服務函數之一[2]。透過修改系統服務描述符號表中的函數指標，安全軟體就可以用自己提供的另一個版本的 ZwCreateFile 來取代掉系統中原來的那個。這種取代行為就是一種掛鉤。

通常而言，如果有任何處理程序試圖開啟任何檔案，就會被安全系統所提供的這個函數捕捉到[3]，在這個函數中安全軟體可以做一些檢查，例如檢查要開啟的檔案路徑和目前處理程序。如果要開啟的檔案路徑會影響到要保護的檔案，而且又不是被允許的特定處理程序，就會傳回失敗。

當然，如果是允許的情況，就可以呼叫系統中原來的 ZwCreateFile，並傳回這個函數的傳回值讓此操作正常執行完。

當然，木馬也可以用同樣的方法來保護自己。如果考慮到安全軟體可能會開啟某個目錄來檢查目錄下是否有一個帶有特徵碼的木馬，就可以透過掛鉤 ZwCreateFile 來察覺到這個問題（要搜尋某一個目錄的話，勢必要先開啟這個目錄）。之後可以再進行一連串的掛鉤，例如掛鉤 ZwQueryDirectoryFile。每當有人要查詢一個目錄下所有的檔案和子目錄時，這個函數就會被呼叫傳回。木馬可以在掛鉤這個函數之後，在處理中首先呼叫原始版本的 ZwQueryDirectoryFile 獲得傳回的檔案列表，從中小心地刪除要保護的那個檔案的資訊，這樣就造成了一種這個檔案被隱藏起來的效果[4]。也可以用來防止被木馬掃描程式掃描到。當然，這種方法因為太過陳舊，現在已經沒有用了。

2　讀者可以暫時這樣了解。但是這個說法是不準確的，在 SSDT 中儲存的函數指標並不是 ZwCreateFile，而是 NtCreateFile。讀者會在下節中進一步瞭解這個細微差別。

3　這是指通常的情況。事實上，擁有根許可權的攻擊者很容易繞過這個函數。即使沒有根許可權，使用者態程式也有可能利用 Windows 或者其他協力廠商軟體的漏洞繞過 ZwCreateFile。

4　事實上，隱藏一個檔案不是透過這麼簡單的掛鉤就可以完成的。要想增強地隱藏一個檔案還需要做一些別的工作，例如至少要掛鉤 ZwCreateFile，當對方不透過查詢直接開啟這個檔案的時候要傳回檔案不存在。

下面筆者展示一下實際的做法。這種掛鉤的程式設計相對簡單。但是本章的實例只建議在 Windows XP 系統下測試,讀者必須自己準備 Windows XP 系統的測試機。

20.1.3 尋找要掛鉤的函數的位址

本節的實例在 source\Hook\ ssdt_hook 目錄下。這個目錄下的程式非常簡單,但是的確實現了提供一個系統服務描述符號表掛鉤的靜態程式庫。這個靜態程式庫所提供的介面如下:

```
// 提供給使用者使用的函數。輸入一個new_function的指標,將替代原來的函數的指標
// 但是使用者必須自己去找到要Hook的函數的位址
void*shSsdtHook(void *func_to_hook,void* new_func, void **old_func);
```

這個函數看起來並不簡單,第一個參數是要被掛鉤的函數,在這裡是指以 Zw 開頭的函數。

而第二個參數是掛鉤之後,會被呼叫的函數的位址。這個函數的指標將被填入系統服務描述符號表中,而表中原有的函數指標會被傳回到參數 old_func 中。同時,這個原有的函數指標還會作為傳回值傳回,這使第三個參數 old_func 顯得有些多餘。既然舊函數指標會作為函數值傳回,那麼為什麼還需要傳回到一個參數中呢?這點實際上非常重要,筆者會在下面的程式中進行詳細介紹。

在幾乎所有的掛鉤行為中,尋找要掛鉤的函數的位址,常常是第一步,但又不是如想像的那麼簡單的一步。

千萬不要以 C 語言的方式去了解核心!一般 C 語言的觀念就是「函數的名字即可代表函數的位址」,所以,如果要掛鉤的函數是 ZwCreateFile,初學者很可能就會用下列方法來呼叫:

```
shSsdtHook( (void *)ZwCreateFile,
    myNewZwCreateFile, &oldZwCreateFile);
```

但遺憾的是,這種方法是不正確的! ZwCreateFile 函數並非定義在筆者所要撰寫的 .c 檔案內,而是從外部匯入的,所以 ZwCreateFile 對編譯器來說僅是一個匯入表中的位址。它本身所指的內容只有一行指令,就是跳躍到這個模組之外的另一個位址。

那麼如何能獲得系統中的 ZwCreateFile 的位置呢？正確的答案是用 MmGetSystemRoutineAddress。這個函數能夠根據一個核心函數的名字來傳回一個位址。尋找 ZwCreateFile 函數的位址的程式如下：

```
// 首先定義一個字串，寫出函數名稱
UNICODE_STRING zw_create_file =
 RTL_CONSTANT_STRING(L"ZwCreateFile");
// 然後呼叫MmGetSystemRoutineAddress獲得函數的位址
PVOID pt_create = MmGetSystemRoutineAddress(&zw_create_file);
```

20.1.4 函數被掛鉤的過程

筆者強烈建議讀者自己寫出以上程式，並用 WinDbg 來偵錯一次，看看獲得的 pt_create 指標的數值到底是什麼。在筆者的系統上，這個數值為 804dd9a0，該位址裡程式的實際內容如下：

```
nt!ZwCreateFile:
804dd9a0 b825000000      mov     eax,25h
804dd9a58d542404        lea     edx,[esp+4]
804dd9a99c              pushfd
804dd9aa 6a08           push    8
804dd9ac e8801c0000      call    nt!KiSystemService (804df631)
804dd9b1 c22c00         ret     2Ch
```

讀者能看到第一行指令是 mov eax,25h，要注意這個十六進位的 0x25，就是之前提及的服務編號。這裡做的事情就是將服務編號填入 eax 中，然後下面去呼叫 KiSystemService 函數。如果跟進閱讀，請讀者參考圖 20-1 來了解這個過程。實際上，在 KiSystemService 中會去查詢 KeServiceDescriptorTable 資料結構，根據 0x25 索引找到一個真正的服務函數來處理這次系統呼叫請求。那麼讀出的服務函數的指標是什麼呢？讀者可以使用下面的程式自己嘗試一下：

```
PVOID    old_function =
 (PVOID)KeServiceDescriptorTable.ServiceTableBase[0x25];
```

在筆者的系統上，這個結果是 0x80571d48。在偵錯器上看一下這個位址，獲得內容如下：

```
nt!NtCreateFile:
80571d488bff    mov     edi,edi
80571d4a 55     push    ebp
```

```
80571d4b 8bec      mov     ebp,esp
80571d4d 33c0      xor     eax,eax
80571d4f 50        push    eax
80571d5050         push    eax
80571d5150         push    eax
80571d52 ff7530    push    dword ptr [ebp+30h]
```

原來 NtCreateFile[5] 才是一個貨真價實的函數。在很多資料上讀者會看到 ZwCreateFile 和 NtCreateFile 是兩個相等的函數。事實上在沒有做掛鉤的情況下，ZwCreateFile 和 NtCreateFile 的確是功能等同的兩個函數。但是它們之間的呼叫有一個先後關係，首先被呼叫的是 ZwCreateFile，然後 ZwCreateFile 呼叫了 KiSystemService，KiSystemService 呼叫了 NtCreateFile。做了系統服務描述符號表掛鉤之後，ZwCreateFile 依然被呼叫，依然呼叫 KiSystemService，只是 KiSystemService 不會再呼叫 NtCreateFile，而會呼叫掛上的新函數。所以這個時候 ZwCreateFile 和 NtCreateFile 的功能就不再相等了。讀者可以結合圖 20-2 來了解這個過程。

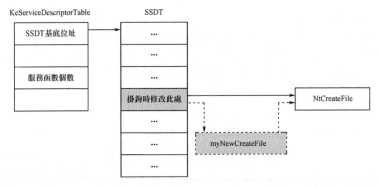

圖 20-2　SSDT Hook 的實例（實線箭頭表示修改前，虛線箭頭表示修改後）

20.1.5　實作方式的程式

一般與掛鉤相關的程式都要實現兩個功能：一個是掛鉤；另一個是解除掛鉤（雖然解除掛鉤並不一定必要）。讀者很快會意識到筆者之前設計的函數 shSsdtHook 並不需要專門提供解除掛鉤的功能（請讀者思考原因）。

5　請注意這裡指的是核心中的 NtCreateFile。在使用者態 DLL 檔案 ntdll.dll 中還有一個使用者態的函數名字也叫 NtCreateFile，應該注意區別。

shSsdtHook 實現的範例程式在本書隨書程式中，路徑為 source\Hook\ssdt_hook。分成以下幾步：

- 根據使用者提供的函數位址（例如 ZwCreateFile）找到服務編號。
- 根據服務編號找到其在系統服務描述符號表中對應的位置。
- 禁止處理器防寫入例外。
- 禁止中斷。
- 改寫對應位置的函數指標。
- 恢復處理器防寫入例外。
- 恢復中斷。

實際的程式實現如下：

```
void* shSsdtHook(
        void *func_to_hook,
        void *new_func,
        void **old_func)
{
  ULONG service_id;
  void *function = NULL;
  ULONG cr0_old;
  void* old_function = NULL;

  ASSERT(func_to_hook != NULL);
  ASSERT(new_func != NULL);
  if(func_to_hook == NULL || new_func == NULL)
      return NULL;

  // 獲得服務編號
  service_id = *(PULONG)(((PUCHAR)func_to_hook)+1);
  // 獲得原有的函數指標
  old_function =
(void *)KeServiceDescriptorTable.ServiceTableBase[service_id];

      // 一定要先設定原有的函數指標，然後再Hook；否則可能出現Hook之後原有的函數
      // 依然是NULL
      // 結果在呼叫原有的函數時例外。這就是需要把舊函數指標作為參數傳回的原因
      if(old_func != NULL)
          *old_func = old_function;

  // 最後將其改寫。在這一句之後，Hook就已經有作用了
```

```
shDisableWriteProtect(&cr0_old);
KeServiceDescriptorTable.ServiceTableBase[service_id] =
    (unsigned int)new_func;
shEnableWriteProtect(cr0_old);

// 傳回原本（舊）的函數位址
return old_function;
}
```

根據使用者提供的函數位址（例如 ZwCreateFile）找到服務編號這一步，程式雖然簡單，但是了解還是要依據之前的反組譯。在第 20.1.4 節中曾經提到 ZwCreateFile 函數在 Windows XP 系統中的實現如下：

```
nt!ZwCreateFile:
804dd9a0 b825000000    mov     eax,25h
804dd9a58d542404       lea     edx,[esp+4]
...
```

從這裡讀者會看到 0x25 這個數字出現在 ZwCreateFile 函數開頭的第二個位元組處。但是要注意，服務編號並不是用 1 個位元組表示，而是用 4 個位元組表示，因此將輸入參數 func_to_hook 的數值加上 1 即可獲得儲存服務編號的位址。請讀者結合前面的程式來了解。

禁止防寫和恢復防寫是為了能夠寫入唯讀記憶體區域不發生例外的設定和恢復。實際的程式實現如下。主要是清除掉控制暫存器 CR0 上的防寫入例外位，並關閉中斷。關閉中斷是為了防止發生執行緒切換。如果在寫函數指標的時候發生執行緒中斷，則可能會導致即時執行的不安全。

```
void shDisableWriteProtect(ULONG *old)
{
  ULONG cr0_old;
  _asm
  {
    cli
    // 取出目前CR0的值放入eax，並備份到變數中
    mov eax,cr0
    mov cr0_old,eax
    // 將eax"邏輯與"0fffeffffh
    and eax,0fffeffffh
    mov cr0,eax;
  };
```

```
  *old = cr0_old;
}

void shEnableWriteProtect(ULONG old)
{
  _asm {
    mov eax,old
    mov cr0,eax
    sti
  };
}
```

做掛鉤時的執行程式安全是一個不簡單的問題。一般認為掛鉤執行的時間很短，剛好做掛鉤時被掛鉤處正在執行而且受到影響的可能性很低，所以一般的處理是禁止中斷即可。這只適合單核心的情況。如果在單核心的情況下禁止了中斷，就可以防止發生執行緒切換。可以認為一定在掛鉤完成之後，才會發生執行緒切換，才可能有執行緒去掛鉤處執行。

在多核心的情況下，一般都是用 lock 字首加最小操作指令（例如比較交換）來確保多執行緒的安全性，但是筆者認為這還不夠。帶有 lock 字首的指令可以鎖定資料，使同一個記憶體位址只有一個處理器核心可以讀取和設定。因為沒有足夠的證據表明 lock 字首會影響其他核心讀取指令和執行指令，所以如果要完整地保證多核心執行環境的安全性，則必須要採取多核心同步措施。要先把所有的其他核心全部暫停，然後在一個核心中完成掛鉤。這個過程有點偏離本書主題，更接近多核心多執行緒程式設計問題，請讀者自己嘗試完成。

▎20.2 函數匯出表掛鉤

20.2.1 核心函數的種類

除了系統服務描述符號表裡的函數指標，Windows 核心中還有大量的函數。這些函數和上一節中介紹的 NtCreateFile 之類的函數之間並沒有本質區別，只不過沒有放到系統服務描述符號表裡。總而言之，核心函數可以分為以下幾種。

第一種是上一節描述過的系統服務。如果一個核心函數作為一個系統服務，那麼就可以被使用者態程式從系統服務介面直接呼叫，當然也可以從核心中直接呼叫。這種函數理論上是最開放的，但是令人驚奇的是，也有一部分微軟未公開。

第兩種是在 WDK 的標頭檔中公開出來可以供呼叫的函數，在說明文件中可以找到詳細的資料，例如 IoCreateFile 和 IoCallDriver。IoCreateFile 是之前 NtCreateFile 會呼叫的更底層的用來開啟檔案的函數。

而 IoCallDriver[6] 是 Windows 的非常重要的函數，在這裡可以過濾到所有的請求（IRP），以及是發送給哪個裝置的。這個呼叫對 Windows 核心而言就像是人體的血管或神經一樣，負責輸送最重要的資訊。當然扼住了這個關鍵點，也就掌握了豐富而且關鍵的資訊量。這種函數是公開可供呼叫的，一般可以用 MmGetSystemRoutineAddress 獲得其位址。使用 WinDbg 將 Windows 虛擬機器中斷下來，在符號表正常的情況下，使用 u 指令可以看見其位址，一般都是 nt 模組下的符號。例如：

```
u IoCallDriver
nt!IoCallDriver
8052e902 8bff              mov     edi,edi
8052e904 55                push    ebp
8052e905 8bec              mov     ebp,esp
8052e907 8b550c            mov     edx,dword ptr [ebp+0Ch]
8052e90a 8b4d08            mov     ecx,dword ptr [ebp+8]
8052e90d ff1500375580      call    dword ptr[nt!pIofCallDriver (80553700)]
8052e913 5d                pop     ebp
8052e914 c20800            ret     8
```

這種函數較多，原則上比較穩定。未知的新版本的 Windows 理論上還會繼續支援它們，不過的確有少量的公開函數在某些新版本的 Windows 上被「終止」了。這種情況一般都會在文件中註明。這種函數可以稱為公開核心函數。

第三種是在核心中的確存在，而且在微軟公開提供下載的核心符號表中也可以看到的函數。也就是說，在使用 WinDbg 正確設定符號表路徑的前提下可以看到這些函數，但是在 WDK 中卻看不到這些函數的宣告，而且在說明文件中也沒有任何說明。這些函數可以說是半公開核心函數。一般這些函數的

6　嚴格地說，能過濾到所有請求的函數並不是 IoCallDriver，而是後面會提到的 IofCallDriver。

名字都在字首之後帶有 p 或 f。例如在 WinDbg 中用 u 指令可以看到一個叫作 IopCreateFile 的函數，如下所示：

```
u IopCreateFile
nt!IopCreateFile:
805719a96a3c          push     3Ch
805719ab 6828144f80   push     offset nt!GUID_DOCK_INTERFACE+0x54 (804f1428)
805719b0 e8861af7ff   call     nt!_SEH_prolog (804e343b)
805719b564a124010000  mov      eax,dword ptr fs:[00000124h]
805719bb 8a8040010000 mov      al,byte ptr [eax+140h]
805719c18845e3        mov      byte ptr [ebp-1Dh],al
805719c4 be00010000   mov      esi,100h
805719c985753c        test     dword ptr [ebp+3Ch],esi
```

這種函數極多。理論上新版本的 Windows 沒有繼續支援它們的義務，所以利用這些函數來程式設計是不可靠的。

這種函數的情況並不一致，有些函數其實只要宣告一下就可以呼叫，用 MmGetSystemRoutineAddress 也能找到位址，但是 WDK 的標頭檔中並沒有，而且說明文件中也沒有說明。而有些函數卻完全沒辦法找到位址，只能使用暴力搜尋。

以上三種函數並沒有嚴格的界線。個別函數的命名方式和普通的公開函數沒有區別，甚至本身是一個系統服務，例如 ZwProtectVirtualMemory。在核心程式設計中有時不得不使用這個函數，筆者嘗試宣告這個函數結果找不到連結，甚至用 MmGetSystemRoutineAddress 也得不到函數的位址。只得同時劃入半公開核心函數和系統服務中，看起來僅是微軟「忘記」了公開它。

此外，讀者可以將其他核心中看起來像是一個函數但是沒有任何符號表的函數稱為非公開核心函數。但是這種實例用到開發中的情況不多。

20.2.2　掛鉤 IoCallDriver

在沒有更核心修補程式保護的情況下，任何能夠找到位址的函數都可以實現掛鉤。問題只在於如何找到函數的位址，以及如何掛鉤比較簡單。上面的系統服務都是用 MmGetSystemRoutineAddress 找到位址，然後透過修改系統服務描述符號表中的函數指標簡單地完成了掛鉤。現在開始使用 IoCallDriver 來介紹其他種類核心函數的掛鉤方法。

前面說過 IoCreateDriver 函數很重要，能夠捕捉到所有請求的發送過程。這就可以搜集到很多資訊，例如誰讀 / 寫了檔案、誰動用了磁碟等，一般這些情況無一不是透過發送請求來表達的（請注意，例外也是存在的）。這樣就有人想到透過掛鉤 IoCallDriver 來開發一個「監控器」，這個監控器能夠記下所有請求的發送過程，有助分析系統的情況。這樣的工具的確存在，例如 IRPTrace 軟體。

在掛鉤一個核心函數之前，一定要先使用 WinDbg 手動偵錯，以確定掛鉤這個函數的確有用。如果掛鉤 IoCallDriver 的確有用，那麼使用 WinDbg 在 IoCallDriver 函數上設定一個中斷點也一樣有用。

請注意，本節筆者只使用 Windows XP。使用 Windows 7 的情況，筆者會在後面的章節中介紹。如果讀者要實作的話，一定要用 32 位元版本的 Windows XP 來測試。

測試的結果是無論 Windows 怎麼跑，IoCallDriver 函數根本不被呼叫！

因此，如果掛鉤這個函數，也就毫無意義了。

實際上 Windows 呼叫的是另一個半公開核心函數 IofCallDriver。這兩個函數的功能應該是一樣的（筆者沒有實際測試過）。猜測 IoCallDriver 最後應該呼叫了 IofCallDriver。而 IofCallDriver 在 WinDbg 中的實現如下：

```
nt!IofCallDriver:
804e47c5 ff2500375580    jmp     dword ptr [nt!pIofCallDriver (80553700)]
804e47cb 90              nop
804e47cc 90              nop
804e47cd 90              nop
804e47ce 90              nop
804e47cf 90              nop
```

嘗試下一個中斷點，結果發現不停地被呼叫。這就說明，Windows 核心中實際有作用的「主動脈」是 IofCallDriver。

筆者未詳細地研究 Windows 每個核心模組的載入過程，不過猜測這是一個匯出表中的位置。這種跳躍指令是為了方便位址重新定位而設計的。

當程式儲存在檔案中的時候，並不知道會被載入到記憶體位址中的何處，所以也不知道當別的模組來呼叫這個模組中的函數時，這些函數的實際位置。有了這樣一個表就方便了。這個表的位置非常容易確定，一旦表在記憶體中的位置確定了，呼叫者只要呼叫表中的函數即可。表中每個函數的實際跳躍位址，都可以在模組載入時根據實際載入到的位址一次性填寫完畢。

這有利於核心模組之間的互相呼叫，更有利於掛鉤。例如筆者打算撰寫一個模組來監視整個 Windows 核心中請求在各種裝置之間的流向（IRP 的發送和接收可以獲得諸如哪個處理程序試圖進行哪種操作，如開啟序列埠、修改檔案、讀 / 寫入磁碟等重要資訊），那麼筆者就會考慮在 IofCallDriver 上插入一個掛鉤。而這裡因為有函數匯出表，所以掛鉤的插入非常簡單。只需要儲存原始的位址，取代掉上面的跳躍指令，就會使 Windows 系統在呼叫 IofCallDriver 時跳躍到自己撰寫的函數上。筆者可以完成自己要做的處理（例如取出資訊儲存起來等），然後再呼叫原來的位址，就能瞞天過海了。

這就是函數匯出表掛鉤，是一種相當容易的掛鉤形式。

20.2.3 對跳躍位址進行修改

下面開始考慮修改 jmp dword ptr [nt!pIofCallDriver (80553700)]。在 32 位元下，jmp 後面直接就是 32 位元跳躍位址。所謂的跳躍是一個記憶體間接跳躍，也就是說，後面儲存的位址並不直接就是跳躍位址，而是一個記憶體位址，這個記憶體位址中儲存了要跳躍的目標位址。所以要修改的並非這個記憶體位址，而是這個記憶體位址中要跳躍的目標位址。

要修改它還有一個前提，就是必須能找到這個指令本身所在的位址。用 MmGetSystemRoutine- Address 可以獲得 IofCallDriver 的位址，而這個 jmp 正是第一行指令，其寫法如下：

```
// 提供給使用者使用的函數。輸入一個new_function的指標
// 該指標將替代原來的函數指標
// 但是使用者必須自己去找到要Hook的函數的位址
void* xtblHook(void *func_to_hook,void* new_func, void **old_func)
{
    PBYTE func_body = (PBYTE)func_to_hook;
    PVOID *target_addr = *(PVOID *)(func_body + 2);
```

```
    PVOID ret = NULL;

    // 這個函數僅支援32位元系統
    ASSERT(sizeof(PVOID) == 4);

    // 能這樣做的函數是有特點的，必須要滿足下面的函數形式
    // nt!IofCallDriver:
    // 804e47c5 ff2500375580    jmp    dword ptr [nt!pIofCallDriver
    //                                (80553700)]
    if(func_body[0] != 0xff || func_body[1] != 0x25)
    {
        KdPrint(("xtbl: Not an export function.\r\n"));
        return NULL;
    }

    if((ULONG)*target_addr < 0x80000000)
    {
        KdPrint(("xtbl: Not an export function.\r\n"));
        return NULL;
    }

    if((ULONG)new_func <= 0x80000000)
    {
        KdPrint(("xtbl: Not an good new function.\r\n"));
        return NULL;
    }

    ret = *target_addr;

    if(old_func != NULL)
        *old_func = ret;

    // 交換之後就Hook上了，所以在這之前一定要設定好舊的函數位址
    InterlockedExchange((PLONG)target_addr,
      (LONG)new_func);
    return ret;
}
```

呼叫 xtblHook 函數後，新的 IofCallDriver 將呼叫所設定的函數，同時就獲得了舊的 IofCallDriver 的實現體指標。新的函數呼叫完後，讀者可以選擇繼續呼叫舊的或不再呼叫並直接結束，進一步形成掛鉤。

20.3 Windows 7 系統下 IofCallDriver 的追蹤

下面是在 Windows 7 作業系統下對 IofCallDriver 的反組譯結果。註釋寫在右邊，便於讀者了解。可以看到，這不是一個簡單的跳躍過程，而是直接對函數的實現。

```
nt!IofCallDriver:
mov     edi,edi          ;無意義指令
push    ebp              ;F指令，備份ebp
mov     ebp,esp          ;F指令，備份esp
push    ecx              ;F指令，備份ecx

;取一個全域變數pIofCallDriver的值放入eax中
mov     eax,dword ptr [nt!pIofCallDriver (81931b7c)]
push    esi              ;F指令，備份esi
;取第一個參數。在fast call呼叫方式中，第一個參數
;儲存在ecx暫存器中。這裡相當於esi = device
mov     esi,ecx

;判斷pIofCallDriver（已存在eax中）是否為0，如果是0，就跳到
;81827e88位址處；不為0，則直接呼叫pIofCallDriver
xor     ecx,ecx          ;ecx = 0
cmp     eax,ecx
je      nt!IofCallDriver+0x1d (81827e88)
push    dword ptr [ebp+4] ;ebp+4是函數的傳回位址
mov     ecx,esi           ;把參數傳回ecx
call    eax               ;呼叫pIofCallDriver
jmp     nt!IofCallDriver+0x63 (81827ecf)    ;跳到函數結束處

81827e88:  ;前面判斷pIofCallDriver為0時來這裡
dec     byte ptr [edx+23h] ;實際上是irp->CurrentLocation--

;if(irp->CurrentLocation < 0) 就呼叫BugCheck顯示出錯；否則跳過
;顯示出錯的程式
cmp     byte ptr [edx+23h],cl
jg      nt!IofCallDriver+0x30 (81827e9c)

;這是進入BugCheck的顯示出錯流程。程式執行到這裡電腦會當機
push    ecx
push    ecx
push    ecx
push    edx
```

```
push    35h
call    nt!KeBugCheckEx (818d85ab)
;BugCheck之後就當機了，不可能執行到這裡
int     3

81827e9c:   ;前面不出錯時，跳到這裡繼續執行

; (PBYTE)irp->Tail.Overlay.CurrentStackLocation -= 24
;這個等於IoSkipCurrentIrpStackLocation的逆操作
mov     eax,dword ptr [edx+60h]
sub     eax,24h
mov     dword ptr [edx+60h],eax

;這裡取得CurrentStackLocation的主功能號
mov     cl,byte ptr [eax]
;判斷主功能號是否是IRP_MJ_POWER
cmp     cl,16h
mov     dword ptr [eax+14h],esi
jne     nt!IofCallDriver+0x57 (81827ec3)
mov     al,byte ptr [eax+1]

;如果是IRP_MN_SET_POWER，就跳到81827eba，並呼叫IopPoHandleIrp
cmp     al,2
je      nt!IofCallDriver+0x4e (81827eba)
;如果不是IRP_MN_QUERY_POWER，就跳到81827ec3
cmp     al,3
jne     nt!IofCallDriver+0x57 (81827ec3) ;
81827eba:
mov     esi,edx
call    nt!IopPoHandleIrp (81804fdc)
jmp     nt!IofCallDriver+0x63 (81827ecf)

81827ec3:   ;從這裡開始是除電源設定和電源查詢之外的處理
mov     eax,dword ptr [esi+8] ;取device->DriverObject.
push    edx
movzxecx,cl
push    esi
call    dword ptr [eax+ecx*4+38h];呼叫對應的分發函數
pop     esi
pop     ecx
pop     ebp
ret
nop
```

```
nop
nop
nop
nop
```

根據上面的解讀，反 C 的結果如下。

```
NTSTATUS FASTCALL IofCallDriver(
  PDEVICE_OBJECT device, PIRP irp)
{
  PIO_STACK_LOCATION irpsp;

  // 首先檢查全域變數pIofCallDriver，如果不為空則呼叫該全域變數；否則繼續
  if(pIofCallDriver != NULL)
      return pIofCallDriver(device,irp);

  // 移動irp的Current Stack Location
  irp->CurrentLocation--;
  if(irp->CurrentLocation < 0)
  {
    KeBugCheckEx(0x35,irp,0,0,0,0);
  }
  irpsp = --irp->Tail.Overlay.CurrentStackLocation;

  // 如果是電源設定與查詢，則呼叫特殊的IopPoHandleIrp
  if(irpsp->MajorFunction == IRP_MJ_POWER)
  {
    if(irp->MiniorFunction ==
        IRP_MN_SET_POWER    ||
        irp->MiniorFunction ==
          IRP_MN_QUERY_POWER)
    {
      return IopPoHandleIrp(device,irp);
    }
  }

  // 否則呼叫對應的Device的Driver的分發函數
  return device->DriverObject->DispatchFunctions
      [irpsp->MajorFunction](device,irp);
}
```

上面的反 C 程式供有興趣的讀者研究。這裡有個有趣的地方，似乎微軟為
了自己使用方便，留了一個全域變數 pIofCallDriver，只要設定這個指標，

IofCallDriver 就會呼叫這個函數，而忽略其他的處理。一般的追蹤表明這個全域變數都為空。我們可以在這裡加上自己的函數位址來進行處理，這樣也可以形成一個 Hook。呼叫結束後，我們可以設法再跳躍回來繼續執行。

但是這樣的方法過於依賴 IofCallDriver 函數的內部實現。pIofCallDriver 變數並沒有匯出，要搜尋這個變數就不太容易了。而且針對的是未來的 Win 8/8.1/10 作業系統，而非已經確定的 Windows 7 系統。微軟隨時可能修改這些程式，所以強烈依賴於實作方式的方法是不可取的。

▌20.4 Windows 7 系統下內聯掛鉤

內聯掛鉤的基本原理是，動態解析 IofCallDriver 開頭的幾行指令，並把它們拷貝到另一個地方，同時用一個呼叫我們的函數的程式加以取代。如果要繼續執行舊的 IofCallDriver，則在我們的函數呼叫完畢後，再執行被移動過的幾行指令，執行完後跳躍回原來的地方繼續執行。實際步驟如下。

（1）把 IofCallDriver 開頭的指令拷貝下來，移動到我們自己的中繼函數中。
（2）在 IofCallDriver 的開頭寫入跳躍指令跳躍到我們的中繼函數中。
（3）在中繼函數中執行對我們自己的鉤子函數 IofCallDriver 的呼叫。
（4）在中繼函數中執行原來的 IofCallDriver 函數中拷貝過來的幾行指令。
（5）跳躍回原來的 IofCallDriver 函數中的掛鉤跳躍點，執行後面的程式。

這裡要更正一個觀點：並不是只有在 Windows 7 系統下才能使用內聯掛鉤。在 Windows XP/Vista/8/8.1 系統下，找到真正的 IofCallDriver 的入口之後進行內聯掛鉤也是完全可行的，而且效果會比修改跳躍位址更好。

20.4.1 寫入跳躍指令並拷貝程式

現在撰寫程式來實現上面的設想。這些都是核心程式，因此讀者必須建立一個核心專案。下面將 Hook 的程式放入 DriverEntry 中，這樣驅動一載入，IofCallDriver 就會被掛鉤。

首要的問題是如何寫入跳躍指令。

跳躍用 jmp 指令就可以實現，但是在計算位址時比較麻煩。在 jmp 後可以指定絕對位址和相對位址，但這段程式得寫在 IofCallDriver 的前部，這樣相對位址就變了。此外，除了 jmp 指令，很多指令都能實現跳躍。有些老手不喜歡用 jmp 指令，因為很容易會因被其他工具檢測到而曝露。

我們必須設法使用 jmp 的絕對位址跳躍，或自己計算相對位址，但這兩種方法都不是很簡單。所以我們有協力廠商反組譯引擎來幫助產生機器碼。

首先必須查一下 jmp 在指令手冊中的詳細描述。讀者會發現當 jmp 的指令碼為 0xea 時，我們可以使用絕對位址，這樣就免除了計算相對位址的麻煩。

使用反組譯引擎 XDE32，反組譯引擎的組合語言功能如下（XDE32 的用法不在本書介紹範圍內，請讀者自行在網上閱讀學習）：

```
size_t length;
byte_t code[12];                // 使用一個比較大的空間來容納未知指令
struct xde_instr myjmp = { 0 };
myjmp.opcode = 0xea;            // 填寫指令碼eah
myjmp.addrsize = 4;            // 位址長度為4個位元組（32位元）
myjmp.datasize = 2;            // 長度為2個位元組
myjmp.addr_l[0] = my_address;  // 填寫要跳躍到的位址
myjmp.data_s[0] = 8;           // 選擇子。核心程式碼片段選擇子為8
length = xde_asm(code,&myjmp);
```

這樣一來，一行絕對跳躍指令就被寫到了 code 變數中。之後可以把 code 中的程式拷貝到 IofCallDriver 的前部。

接下來的工作僅是把這段程式拷貝到 IofCallDriver 的前部，這並不困難，IofCallDriver 的開始位址可以用前面 MmGetSystemRoutineAddress 的方法來獲得。這些將被覆蓋的程式必須事先移動到另一個地方，這個地方將位於唯讀頁。回憶前面章節中對記憶體保護的介紹，唯讀頁在 R0 模式下也是不允許寫入的（486CPU 後引用），否則會引發系統例外。但是用下面的程式可以清除這一設定。

```
dword_t old_cr0;
_asm
{
  mov eax,cr0
```

```
  mov old_cr0,eax
  and eax,0xfffeffff
  mov cr0,eax
}
```

當然最後還要恢復它。

```
_asm
{
  mov eax,old_cr0
  mov cr0,eax
}
```

這就是 R0 等級的好處。本書已經介紹過，在 R0 等級可以做任何事，這樣的限制當然難不住我們。

下面的工作是拷貝程式。前面獲得的 jmp 指令為 7 位元組，也就是説，我們至少要拷貝出 7 位元組的程式。我們不能只拷貝 7 位元組，指令長度不定，這可能把一行指令分成兩段，於是只好逐筆執行，進行反組譯，當獲得的總位元組數達到或超過 7 位元組時即可。下面假設 IofCallDriver 的開始位址為 start_address。

```
size_t length,total_length = 0;
struct xde_instr code_instr={0};
byte_t *start_address = (byte_t *)MmGetSystemRoutineAddress(…);
while(total_length < 7)
{
  // 反組譯一行指令
  length = xde_disasm(start_address ,&code_instr);
  if(length == 0)              // 如果有指令解析失敗，就直接傳回失敗
     return false;
  total_length += length;      // 計算已經反組譯的指令的總長度
  start_address += length;     // 解析位址移動
}
```

獲得長度後拷貝即可。這些程式將拷貝到所謂的中繼函數位址上去。在第 20.4.2 節中將對中繼函數介紹。中繼函數將容納 IofCallDriver 開頭的一些指令，並跳躍到我們設定的 IofCallDriver 函數，完畢後繼續執行舊的 IofCallDriver 程式。這中間最好不要呼叫 C 函數庫函數，同時加強中斷等級，禁止執行緒切換（針對單核心 CPU 情況），以免節外生枝，發生其他的問題。

```
KIRQL irql;
irql = KeRaiseIrqlToDpcLevel();    // 加強中斷等級
_asm {
  mov esi,start_address             // IofCallDriver原來的開始位址
  mov edi,g_new_address             // 這裡寫入要拷貝到哪裡
  mov ecx,total_length              // 總長度
  cld
  rep movsb                         // 拷貝

  …// 這裡是寫入前面的jmp指令的過程，這段程式前面有，故省略
}
KeLowerIrql(irql);
…
```

20.4.2 實現中繼函數

假設中繼函數如下：

```
static __declspec(naked)  MyIofCallDriverRelay();
```

這個函數將容納 IofCallDriver 開頭的一些指令，並跳躍到自己撰寫的 IofCallDriver 函數，完畢後繼續執行舊的 IofCallDriver 程式。naked 表明這個函數將不產生函數架構指令，有利於控制產生的程式。

除了耐心細緻地做好堆疊平衡工作，可能有人會疑惑，如何容納並執行舊的部分程式，實現方法如下：

```
static __declspec(naked)  MyIofCallDriverRelay()
{
  …// 在這裡呼叫新撰寫的IofCallDriver
  _asm {
old_codes:
    // 在這裡寫入足夠多的nop，形成一片空間來容納拷貝過來的舊程式
    nop
    nop
    nop
    …
    };
  …
}
```

不過這樣又引出來一個新的問題，那就是 old_codes 這個標誌對應的實際位址如何傳出，以使外面完成拷貝。既然在這個函數內部很容易就能獲得這個位址，那麼我們可以在這個函數執行的早期，把該位址傳入到一個叫作 g_new_address 的全域變數中。

在 C 語言中標誌代表一個位址，這個位址可以被寫入到全域變數中，進一步傳遞到函數外被使用。

```
static byte_t *g_new_address = NULL;
...
static __declspec(naked)  MyIofCallDriverRelay()
{
  _asm push old_codes
  _asm pop g_new_address
  ...


    _asm {
old_codes:
        // 在這裡寫入足夠多的nop，形成一片空間來容納拷貝過來的舊程式
        nop
        nop
        nop
        ...
        };
    ...
}
```

這樣只要 MyIofCallDriverRelay 執行過一次，就會把 old_codes 這個位址寫入全域變數 g_new_address 中。當然，得在 Hook 之前執行一次這個函數，並在寫 g_new_address 前加一些條件判斷，以防止執行後面的程式出錯。

含有相對跳躍指令的程式區塊不能被簡單地拷貝到其他位置執行，因為拷貝之後跳躍的目標位址就不一致了。

這樣的 Hook 還是有一些侷限的，例如在被拷貝的程式中，不能有各種跳躍；否則相對位址會發生錯誤，將限制拷貝位址的長度，和加入其他的處理。舉例來說，設定我們的函數執行完畢後，是繼續執行後面的程式，還是直接傳回。

網上已經有一些函數庫透過反組譯引擎修改各種跳躍指令的位址，以便拷貝大部分的指令，有需要的讀者可以參考。

20.5 中斷與中斷掛鉤

前面已經介紹了三種軟體掛鉤的方式，下面介紹一種硬體掛鉤：中斷掛鉤。在介紹中斷掛鉤前，首先介紹一下 IA-32 系統 CPU 的中斷機制。

20.5.1 IA-32 系統結構中的中斷

中斷是 CPU 為處理例外情況或特殊請求的過程。不同的中斷源，都有對應的中斷號和中斷處理常式。中斷描述符號表（IDT）是中斷處理機制中的最重要的資料結構。每個中斷向量或例外在系統中都有對應的服務常式，那麼 IDT 就是用來記錄中斷處理常式入口位址的線性串列。在作業系統中，中斷向量表一共有 256 項，其中每個記錄是一個 8 位元組的中斷閘描述符號（interrupt_entry），系統使用 IDTR 暫存器來記錄 IDT 的位置和大小。

系統提供了 lidt 和 sidt 指令來載入和儲存 IDTR 暫存器的內容。透過指令 sidt 即讀取出 IDTR 暫存器中的資訊，進一步找到 IDT 在記憶體中的位置，在程式中經常被用來讀取目前記憶體中的 IDT 中的中斷閘項目。

下面詳細介紹 IDTR 暫存器和 IDT 的組成如圖 20-3 所示。

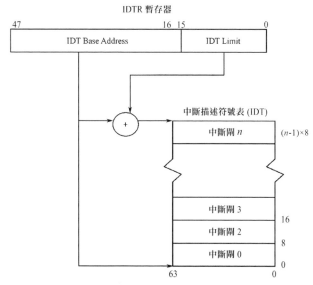

圖 20-3 IDTR 暫存器和 IDT 的組成

在 IA-32 系統中，IDTR 暫存器為 48 位元；在 64 位元系統中，則為 80 位。該暫存器中的 0~15 位元記錄 IDT 的長度，16~47 位元記錄 IDT 的起始位址。以下為 IDTR 暫存器在 C 語言中定義的資料結構：

```
typedef struct
{
  IA32_U16 idt_limit;       // IDT的長度
  IA32_U16 low_idt_base;    // IDT起始位址的低16位元
  IA32_U16 high_idt_base;   // IDT起始位址的高16位元
  IA32_U16 reserved;        // 保留位元
} IA32_IDT_INFO,*PIA32_IDT_INFO;
```

在程式中取得 IDT 的資訊，只需以下簡單的程式：

```
IA32_IDT_INFO  idt_info;         // 定義儲存IDT資訊的結構變數
__asm  sidt  idt_info            // 使用sidt指令將IDTR暫存器中的內容轉存到變數
```

中斷描述符號表（IDT）中最多可容納 256 個門描述符號，每個中斷閘描述符號佔 8 位元組，中斷閘描述符號中含對應中斷向量或例外的服務常式位址。由於中斷閘描述符號長度固定，而每個中斷或例外都有系統分配的向量號，該號與中斷閘描述符號在 IDT 中的位置一致。那麼根據中斷向量號很快就能在 IDT 中找到服務常式位址。

中斷閘描述符號的組成如圖 20-4 所示。

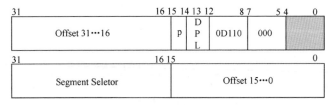

圖 20-4 中斷閘描述符號的組成

- DPL：描述符號的特權等級。
- Offset：中斷服務常式的入口位址。
- P：目前標識。
- Selector：目標程式碼片段的段選擇子。
- D：門的長度，1 表示 32 位元，0 表示 16 位元。

IDT 中每一項都是中斷閘描述符號，在 C 語言中資料結構定義如下：

```
// IDT記錄
typedef struct
{
  IA32_U16 low_offset;
  IA32_U16 selector;
  IA32_U8 unused_lo;
  IA32_U8 segment_type:4;
  IA32_U8 system_segment_flag:1;
  IA32_U8 dpl:2;
  IA32_U8 p:1; /* present */
  IA32_U16 high_offset;
} IA32_IDT_ENTRY,*PIA32_IDT_ENTRY;
```

在該資料結構中最重要的是服務常式位址，該位址以高 16 位元位址和低 16 位址分開的形式儲存。在程式設計中獲得中斷閘描述符號後，還需經過運算才可獲得服務常式位址。

20.5.2 中斷處理過程

處理器處理中斷的過程與使用 call 指令呼叫某函數的過程相似。在回應中斷的時候，處理器以中斷向量號為索引找到 IDT 中的中斷閘描述符號。每個中斷閘都有對應的執行在目前執行工作上下文中的服務常式。在中斷閘描述符號中的段選擇子指向 GDT 或 LDT 中的執行程式碼片段，偏移則為中斷處理常式的入口位址。

中斷處理函數的呼叫過程如圖 20-5 所示。

處理器呼叫中斷處理常式執行以下操作。

（1）當處理常式執行在低特權等級別的情況下時，會引發堆疊切換：

- 從目前執行工作的工作狀態段 TSS 獲得處理常式要使用的段選擇子和堆疊指標。處理器將被中斷處理程序的段選擇子和堆疊指標存入新堆疊。
- 處理器儲存 EFLAGS、CS 和 EIP 暫存器的目前狀態到新堆疊。
- 如果需要儲存例外的錯誤，也跟隨 EIP 暫存器值存入新堆疊。

（2）當處理常式執行在相同特權等級別的情況下時：

- 處理器儲存 EFLAGS、CS 和 EIP 暫存器的目前狀態到目前堆疊。
- 如果需要儲存例外的錯誤，也跟隨 EIP 暫存器值存入目前堆疊。

IDT
目標程式碼區段
偏移
中斷處理常式
中斷向量編號
中斷閘
+
區段選擇子
GDT 或 LDT
基底位址
區段描述符號

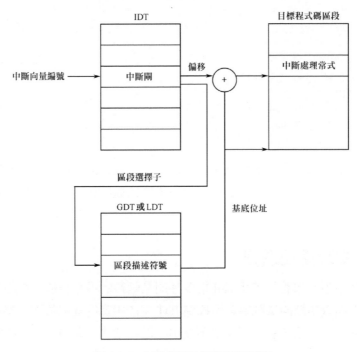

圖 20-5 中斷處理函數的呼叫過程

在以上兩種情況下，堆疊使用變化如圖 20-6 和圖 20-7 所示。

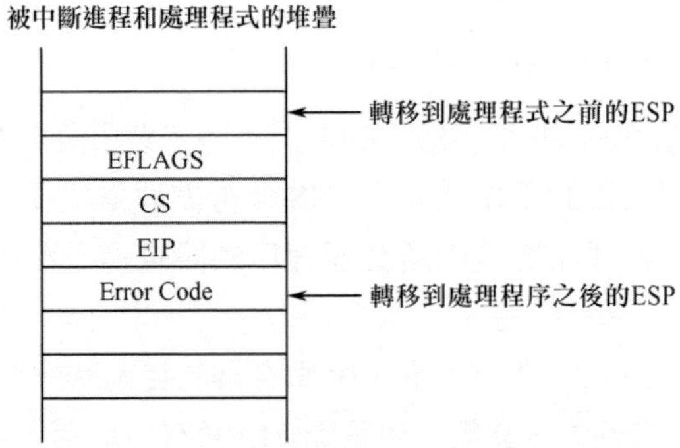

被中斷進程和處理程式的堆疊
轉移到處理程式之前的ESP
EFLAGS
CS
EIP
Error Code
轉移到處理程序之後的ESP

圖 20-6 不切換特權等級的堆疊使用示意圖

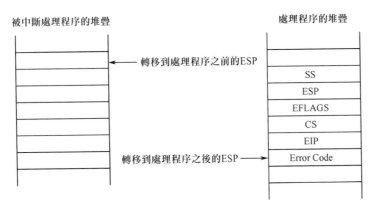

被中斷處理程序的堆疊　　　　　　　　　　　　處理程序的堆疊

轉移到處理程序之前的ESP

SS
ESP
EFLAGS
CS
EIP
轉移到處理程序之後的ESP　　　Error Code

圖 20-7　切換特權等級的堆疊使用示意圖

20.5.3　64 位元模式下的中斷處理機制

在 64 位元模式下，中斷處理機制與非 64 位元模式有以下區別：

- IDT 中指向的所有中斷處理常式都使用 64 位元程式。
- 中斷存入堆疊的長度固定為 64 位元，處理器使用 8 位元組、0 擴充的儲存方式。
- 堆疊指標無條件地被壓存入堆疊，而在傳統模式下，存入堆疊是根據目前特權等級（CPL）有條件地存入堆疊。
- 如果 CPL 有變化，則新的 SS 被置為空。
- iret 指令有所變化。
- 使用新的中斷堆疊切換機制。
- 中斷堆疊幀的對齊方式不同。

在 64 位元模式下，IDT 的中斷閘描述符號為 128 位元組，結構如圖 20-8 所示。

在 64 位元模式下，IDT 索引由中斷向量擴大 16 倍組成。中斷閘描述符號的頭 8 位元組（位元組 7:0）與傳統 32 位元的相似，但不完全相同。IST（中斷堆疊表）域為堆疊切換所使用。第 8~11 位元組提供目標 RIP 的 32 位元。

20.5.4 多核心下的中斷

在多核心系統的處理器中，中斷處理是由一組核心來完成的。在多核心平行的情況下，系統須將中斷分發給能夠提供服務的核心來處理。這樣便需要一個負責仲裁各核心之間中斷分配的全域中斷控制器——進階可程式中斷控制卡。

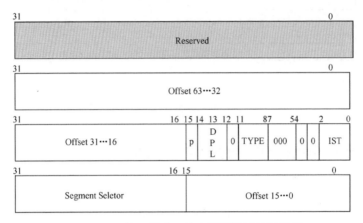

圖 20-8 64 位元模式下的中斷閘描述符號結構

在多核心系統中，每個核心內部都有一個 Local APIC，多個核心的 Local APIC 連接到外部的 IOAPIC，外部 IOAPIC 的接腳連接到各種裝置，IOAPIC 將接收到的中斷要求有選擇地發給某個核心的 Local APIC，再由選取的核心的 Local APIC 來處理相關中斷要求。每個核心有獨立的 IDT，中斷處理過程與單核心的相似。

IOAPIC 由一組中斷要求線、一個 24 入口 64 位元的中斷重定位表、可程式化暫存器和用來發送 / 接收 APIC 訊號的訊息單元組成。I/O 裝置負責選取一條 IOAPIC 的中斷線，將中斷訊號輸入系統。IOAPIC 在重定位表中選擇回應的入口並使用入口中的資訊組成中斷要求訊號。重定位表中的每個入口都可以被獨立程式設計來指明邊緣級中斷訊號、中斷向量和優先順序、目標處理器、處理器選擇機制（靜態或動態）。重定位表中的資訊可用來傳輸一個訊息到其他 APIC 單元。

IOAPIC 的可程式化暫存器中最重要的是 IOREGSEL（I/O 暫存器選擇暫存器）和 IOWIN（I/O 視窗暫存器），它們位於 CPU 的記憶體空間並可以用來直接存取其他的 APIC 暫存器。這兩個暫存器不能像通用暫存器一樣直接存取，而是透過對映成記憶體的物理位址進行存取。IOREGSEL 和 IOWIN 暫存器已經被分別對映到物理位址 0xfec00000 和 0xfec00010 的位置，在 Windows 下這是固定的。詳細介紹如下。

（1）IOREGSEL——I/O 暫存器選擇暫存器。這個暫存器可以透過記憶體物理位址 0xfec00000（僅限於 Windows 下）直接存取，讀取 / 寫，寬度為 32 位元，但是只有低 8 位元有作用，其他的位元被儲存。它的作用是選擇一個要操作的 IOAPIC 暫存器。

（2）IOWIN——I/O 視窗暫存器。這個暫存器可以透過記憶體物理位址 0xfec00010（僅限於 Windows 下）直接存取，讀 / 寫，寬度為 32 位元。它的作用是用來讀 / 寫由 I/O 暫存器選擇暫存器指定的 IOAPIC 暫存器。

存取可程式化暫存器只要將要操作的 IOAPIC 暫存器的偏移（一位元）放入這個暫存器中，就可以透過另一個暫存器（I/O 視窗暫存器）來操作它了。下面舉個實例說明。例如有一個 IOAPIC 暫存器叫作 IOAPIC 版本暫存器，從這個暫存器中可以讀出 IOAPIC 的版本編號。查閱手冊可知版本暫存器的偏移為 0x01，那麼要讀取它，應該按以下步驟操作。

- 把 0x01 寫入記憶體物理位址 0xfec00000 的低 8 位元，選擇該版本暫存器。
- 讀取記憶體物理位址 0xfec00010，讀出版本編號。

除了可程式化暫存器，IOAPIC 的另一個重要角色便是重定位表，它用來標識每個 IRQ 被重定位到哪個中斷處理函數。這個表一共有 24 項，每一項用兩個 IOAPIC 暫存器來存取（64 位元）。這個表的暫存器偏移從 0x10 開始，到 0x3f 為止，一共 48 個。IRQ1 對應的記錄所在的暫存器偏移為 0x12 和 0x13，而中斷號儲存在 0x12 暫存器的低 8 位元（一位元組），修改這個位元組就可以取代成其他的中斷號。

讀者應該還記得本書第 8 章中介紹的鍵盤過濾，在 8.6 節中介紹了透過 IDT hook 的方法來過濾鍵盤請求，在學習 IOAPIC 之後，讀者也可以透過 IOAPIC 來實現鍵盤的過濾。實際想法是透過 IOAPIC，修改鍵盤的硬體中斷要求（IRQ）所對應的中斷號。一般來說，PS/2 鍵盤的中斷要求等級是 IRQ1，對應的中斷號是 0x93（請讀者注意，在 Windows XP 系統下為 0x93，在其他系統下不一定是 0x93），透過 IOAPIC 可以修改這個對應關係。

下面透過一個函數來為讀者展示如何使用 IOAPIC。該函數有一個參數 new_ch，如果為 0，則不做設定，只傳回舊的中斷號；如果不為 0，則會設定為這個新值，同時傳回舊值。再次提醒讀者，下面的實例只能在 Windows XP 下執行，在其他系統下的 0x93 號中斷不一定就是鍵盤中斷，如果需要在其他系統下執行，請讀者自行調整中斷號。另外，請讀者務必在虛擬機器中執行下面的實例。

```
// 搜尋IOAPIC獲得鍵盤中斷，或設定這個值
IA32_U8 SeachOrSetIrq1(IA32_U8 new_ch)
{
    // 選擇暫存器。選擇暫存器雖然是32位元暫存器，但是只使用了低8位元，其他的位元
    // 都被保留
    IA32_U8 *io_reg_sel;

    // 視窗暫存器，用來讀/寫被選擇暫存器選擇的值，是32位元的
    IA32_U32 *io_win = NULL;
    IA32_U32 ch = 0;
    IA32_U32 ch_t = 0;

    // 定義一個物理位址，這個位址為0xfec00000，正是IOAPIC暫存器組在Windows上的
    // 開始位址
    PHYSICAL_ADDRESS   phys = { 0 };
    PVOID paddr = NULL;
    RtlZeroMemory(&phys, sizeof(PHYSICAL_ADDRESS));
    phys.u.LowPart = 0xfec00000;

    // 物理位址是不能直接讀/寫的，MmMapIoSpace把物理位址對映為系統空間的虛擬
    // 位址。0x14是這片空間的長度
    paddr = MmMapIoSpace(phys, 0x14, MmNonCached);

    // 如果對映失敗了就傳回0
    if (!MmIsAddressValid(paddr))
        return 0;

    // 選擇暫存器的偏移為0
    io_reg_sel = (IA32_U8 *)paddr;
    // 視窗暫存器的偏移為0x10
```

```
io_win = (IA32_U32 *)((IA32_U8 *)(paddr)+0x10);

// 選擇第0x12項，剛好是IRQ1項
*io_reg_sel = 0x12;
ch = *io_win;

// 如果new_ch不為0，就設定新值，並傳回舊值
if (new_ch != 0)
{
    ch_t = *io_win;
    ch_t &= 0xffffff00;
    ch_t |= (IA32_U32)new_ch;
    *io_win = ch_t;
}

// 視窗暫存器裡讀出的值是32位元的，但是我們只需要一個位元組就可以了
// 這個位元組就是中斷向量的值一會兒要修改這個值
ch &= 0xff;
MmUnmapIoSpace(paddr, 0x14);
return (IA32_U8)ch;
}
```

既然修改了 IRQ1 的中斷處理重定位，那麼在 IDT 中就應該增加一個新的中斷處理。這件事不難：我們已經知道第 0x93 個 IDT 項就是原有的 IRQ1 處理，那麼在 IDT 中尋找一個空閒的項，然後把第 0x93 項複製一份即可。當然，其中的中斷處理函數的入口位址要修改成新的函數位址。

下面的函數可以尋找一個空閒的項。這個簡單，只要 IDT 項中的 type 為 0，就說明這個項是空閒的。

```
#define MAKELONG(a, b) \
((unsigned long) (((unsigned short) (a)) | ((unsigned long) ((unsigned short)
(b))) << 16))

// 取得IDT的基底位址
void *GetIdtBase()
{
  IA32_IDT_INFO  idt_info;      // 定義儲存IDT資訊的結構變數
  __asm  sidt  idt_info        // 使用sidt指令將IDTR暫存器的內容轉存到變數中
  return (void*)MAKELONG(idt_info.low_idt_base, idt_info.high_idt_base);
}
```

```
// 在IDT表中找到一個空閒的idtentry的位置，然後傳回這個id
// 這是為了能填入新的鍵盤中斷處理入口。如果找不到就傳回0
IA32_U8 GetIdleVecFromIDT()
{
  IA32_U8 i;
  PIA32_IDT_ENTRY idt_addr = (PIA32_IDT_ENTRY)GetIdtBase();

  // 從索引20搜尋到2a即可
  for (i = 0x20; i < 0x2a; i++)
  {
    // 如果類型為0就說明是空閒位置，傳回即可
    if (idt_addr[i].segment_type == 0)
    {
      return i;
    }
  }
  return 0;
}
```

下面的函數完成複製 IDT 項和修改新的中斷處理函數入口。

```
// 把0x93號中斷資訊複製到新的IDT項內
IA32_U8 CopyANewIdt93(IA32_U8 id, void *interrupt_proc)
{
  // 我們寫入一個新的中斷閘。這個門完全拷貝原來的0x93
  // 上的idtentry，只是中斷處理函數的位址不同
  PIA32_IDT_ENTRY idt_addr = (PIA32_IDT_ENTRY)GetIdtBase();
  idt_addr[id] = idt_addr[0x93];
  idt_addr[id].low_offset = LOW16_OF_32(interrupt_proc);
  idt_addr[id].high_offset = HIGH16_OF_32(interrupt_proc);
  return id;
}
```

下面的函數利用了上面的功能，一步合格地實現了 IOAPIC 重定位表的修改，將 IRQ1 重定位到我們自己寫的 IDT 項。這個函數也可以實現 IOAPIC 重定位的恢復。

```
// 透過IOAPIC修改IRQ對應的中斷向量的關係
void SetIOAPIC(BOOLEAN set_or_recovery, void *NewInterruptProc)
{
  static IA32_U8 idle_id = 0;
  PIA32_IDT_ENTRY idt_addr = (PIA32_IDT_ENTRY)GetIdtBase();
  IA32_U8 old_id = 0;
```

```
if (set_or_recovery)
{
    // 如果設定新的IOAPIC定位，則要獲得一個空閒位元，將IRQ1處理中斷閘複製一個
    // 進去並將裡面的跳躍函數填寫為新的處理函數
    idle_id = GetIdleVecFromIDT();
    if (idle_id != 0)
    {
        CopyANewIdt93(idle_id, NewInterruptProc);
        // 再重新定位到這個中斷
        old_id = SeachOrSetIrq1(idle_id);
    }
}
else
{
    // 如果是要恢復
    old_id = SeachOrSetIrq1(0x93);
    // 現在那個中斷閘沒用了，設定type = 0使之空閒
    idt_addr[old_id].segment_type = 0;
}
}
```

上面的程式介紹了 IOAPIC 的使用，但是在多核心或多 CPU 的環境下，需要向每個 CPU 的 IDT 表都插入相同的新中斷的中斷處理。這部分程式的實現留給讀者作為思考題。

20.5.5 Windows 中斷機制

前面介紹了 CPU 中斷機制，下面介紹 Windows 中斷機制。Windows 中斷機制除了遵守 CPU 中斷機制，還引用了「中斷物件」的概念。請讀者先看一個實例。在筆者的電腦上，使用 WinDbg 進行核心偵錯，在 WinDbg 下輸入 !idt 指令檢視 CPU 的中斷向量描述表。

```
0: kd> !idt

Dumping IDT:

37:   806e6864 hal!HalInitializeProcessor+0x104
3d:   806e7e2c hal!HalClearSoftwareInterrupt+0x27C
41:   806e7c88 hal!HalClearSoftwareInterrupt+0xD8
50:   806e693c hal!HalInitializeProcessor+0x1DC
```

```
62:  8252f044 atapi!IdePortInterrupt (KINTERRUPT 8252f008)
63:  8204617c portcls!CKsShellRequestor::`scalar deleting destructor'+0x26
     (KINTERRUPT 82046140)
73:  824df044 USBPORT!USBPORT_InterruptService (KINTERRUPT 824df008)
82:  820b1bec atapi!IdePortInterrupt (KINTERRUPT 820b1bb0)
83:  824fe38c USBPORT!USBPORT_InterruptService (KINTERRUPT 824fe350)
92:  82408a14 serial!SerialCIsrSw (KINTERRUPT 824089d8)
93:  81fcbbec i8042prt!I8042KeyboardInterruptService (KINTERRUPT 81fcbbb0)
a3:  821ec6cc i8042prt!I8042MouseInterruptService (KINTERRUPT 821ec690)
b1:  8253682c ACPI!ACPIInterruptServiceRoutine (KINTERRUPT 825367f0)
b4:  82418a0c NDIS!ndisMIsr (KINTERRUPT 824189d0)
c1:  806e6ac0 hal!HalInitializeProcessor+0x360
d1:  806e5e54 hal+0xE54
e1:  806e7048 hal!HalRequestIpi+0x19C
e3:  806e6dac hal!HalInitializeProcessor+0x64C
fd:  806e75a8 hal!HalSetProfileInterval+0x114
fe:  806e7748 hal!HalSetProfileInterval+0x2B4
```

從上面的結果可以看到，最左邊一列為中斷向量，中間一列為中斷的服務常
式，最右邊一列為中斷服務常式的函數名稱。下面透過 WinDbg 的反組譯指令
來進一步驗證上面的中斷資訊。對於 0x37 號中斷，WinDbg 顯示其中斷服務常
式位址為 806e6864，在 WinDbg 中使用 uf 指令來反組譯 806e6864。

```
1: kd> uf 806e6864
hal!HalInitializeProcessor+0x104:
806e6864 cf              iretd
```

從上面的結果可以看出，806e6864 是相對 hal!HalInitializeProcessor+0x104 的
偏移，可以和 !idt 指令的顯示結果中最右邊一列的資訊對應起來。

但是細心的讀者可能會發現，!idt 指令列印出來的中斷資訊中的某些行卻包含
了 KINTERRUPT 資訊，如 0x93 號中斷的資訊如下：

```
93:  81fcbbec i8042prt!I8042KeyboardInterruptService (KINTERRUPT 81fcbbb0)
```

對於 0x93 號中斷資訊，按照剛才的做法，使用 uf 指令反組譯中斷服務常式
81fcbe54，結果如下：

```
0: kd> u 81fcbbec
81fcbbec 54              push    esp
81fcbbed 55              push    ebp
81fcbbee 53              push    ebx
```

```
81fcbbef 56             push    esi
81fcbbf057              push    edi
81fcbbf183ec54          sub     esp,54h
81fcbbf48bec            mov     ebp,esp
81fcbbf689442444        mov     dword ptr [esp+44h],eax
（後面省略）
```

這個函數的資訊和 0x93 號中斷的最右邊一列資訊並不能對應起來，這是為什麼呢？

原來，在 Windows 系統下，引用了一種被稱為「中斷物件」的機制，中斷物件描述了一個中斷的相關資訊。定義如下：

```
nt!_KINTERRUPT
   +0x000 Type               : Int2B
   +0x002 Size               : Int2B
   +0x004 InterruptListEntry : _LIST_ENTRY
   +0x00c ServiceRoutine     : Ptr32      unsigned char
   +0x010 ServiceContext     : Ptr32 Void
   +0x014 SpinLock           : Uint4B
   +0x018 TickCount          : Uint4B
   +0x01c ActualLock         : Ptr32 Uint4B
   +0x020 DispatchAddress    : Ptr32      void
   +0x024 Vector             : Uint4B
   +0x028 Irql               : UChar
   +0x029 SynchronizeIrql    : UChar
   +0x02a FloatingSave       : UChar
   +0x02b Connected          : UChar
   +0x02c Number             : Char
   +0x02d ShareVector        : UChar
   +0x030 Mode               : _KINTERRUPT_MODE
   +0x034 ServiceCount       : Uint4B
   +0x038 DispatchCount      : Uint4B
   +0x03c DispatchCode       : [106] Uint4B
```

請注意，上面列出的中斷物件資訊是在 Windows XP 系統下的定義，這個結構可能會隨著系統不同而變化。

在這個結構中，讀者需要重點關心的是 InterruptListEntry、ServiceRoutine 和 DispatchCode 成員。

InterruptListEntry：LIST_ENTRY 類型的物件，雙向鏈結串列，在 Windows 系統下允許一個中斷向量對應多個中斷服務常式。中斷物件內部包含了一個中斷服務常式，如果一個中斷向量對應多個中斷服務常式，那麼就需要多個中斷物件來描述中斷服務常式，描述同一個中斷向量的中斷物件透過 InterruptListEntry 成員連接。

ServiceRoutine：中斷服務常式，中斷物件中儲存的這個位址才是真正的中斷服務常式。

DispatchCode：中斷排程程式。前面提到，一個中斷向量可以對應多個中斷服務常式，即存在多個中斷物件，多個中斷物件透過 InterruptListEntry 來連接。當對應的中斷到來時，這些中斷物件內的 ServiceRoutine 是如何呼叫的？答案是 DispatchCode。DispatchCode 是以 nt!KiInterruptDispatch 函數為範本動態產生的函數，它的主要作用是根據 InterruptListEntry 來檢查中斷物件，呼叫中斷物件內的 ServiceRoutine。請讀者注意，ServiceRoutine 指向的中斷服務常式是有傳回值的，其函數原型如下：

```
BOOLEAN InterruptService(
__in struct _KINTERRUPT *Interrupt,
__in PVOID ServiceContext )
```

當中斷服務常式傳回 FALSE 時，表示這個中斷服務常式不處理目前的中斷，DispatchCode 的程式會繼續執行下一個中斷物件的 ServiceRoutine，直到其中一個中斷物件的 ServiceRoutine 傳回 TRUE，或已經檢查完成整個鏈結串列，DispatchCode 才會停止檢查。

上面介紹了中斷物件的概念，現在請讀者回過頭來看中斷號為 0x93 的中斷資訊：

```
93:   81fcbbec i8042prt!I8042KeyboardInterruptService (KINTERRUPT 81fcbbb0)
```

使用 WinDbg 列印中斷物件：

```
nt!_KINTERRUPT
   +0x000 Type              : 0n22
   +0x002 Size              : 0n484
   +0x004 InterruptListEntry : _LIST_ENTRY [ 0x81fcbbb4 - 0x81fcbbb4 ]
   +0x00c ServiceRoutine    : 0xf87ca495     unsigned char
```

```
i8042prt!I8042KeyboardInterruptService+0
  +0x010 ServiceContext      : 0x8217bc88 Void
  +0x014 SpinLock            : 0
  +0x018 TickCount           : 0xffffffff
  +0x01c ActualLock          : 0x8217bd48  -> 0
  +0x020 DispatchAddress     : 0x80546650     void  nt!KiInterruptDispatch+0
  +0x024 Vector              : 0x193
  +0x028 Irql                : 0x8 ''
  +0x029 SynchronizeIrql     : 0x9 ''
  +0x02a FloatingSave        : 0 ''
  +0x02b Connected           : 0x1 ''
  +0x02c Number              : 0 ''
  +0x02d ShareVector         : 0 ''
  +0x030 Mode                : 1 ( Latched )
  +0x034 ServiceCount        : 0
  +0x038 DispatchCount       : 0xffffffff
  +0x03c DispatchCode        : [106] 0x56535554
```

從上面的中斷資訊中可以看到，InterruptListEntry 的值是 0x81fcbbb4，指向的
是本身位址加 4 的位置，表示鏈結串列中只有一個中斷物件；ServiceRoutine
的 值 是 0xf87ca495， 即 i8042prt!I8042 KeyboardInterruptService 函 數，
這個資訊可以和上面 0x93 號中斷資訊的第三列對應起來；最後看一下
DispatchCode，DispatchCode 在中斷物件中的偏移是 0x3c，中斷物件位址是
0x81fcbbb0，0x81fcbbb0 加上 0x3c 的值剛好是 0x81fcbbec，正好對應了 0x93
號中斷資訊的第二列。也就是說，0x93 中斷資訊的第二列其實是 DispatchCode
的起始位址。這就說明，在 Windows 系統下中斷表中的中斷服務常式，有可
能是真正處理中斷的服務常式，也有可能是 DispatchCode，DispatchCode 和中
斷物件配合工作。DispatchCode 和中斷物件的引用，是實現「中斷向量一對
多」(一個中斷向量對應多個中斷服務常式)的關鍵。

上面是在 Windows 系統下中斷的情況，請讀者使用 WinDbg 工具自行檢視
Windows 系統下的中斷資訊，以加深了解。

20.5.6 IDT Hook

IDT Hook，即中斷描述表鉤子，IDT 是一個有 256 個中斷閘描述符號的線性
串列，每個中斷閘描述符號中都含有與中斷向量相對應的中斷處理函數位址。

IDT Hook 即是將 IDT 項取代為包含鉤子函數位址的中斷閘描述符號。圖 20-9 展示了中斷向量 2e 對應的中斷閘描述符號被掛鉤後的執行路徑。

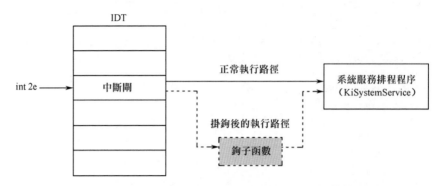

圖 20-9　中斷向量 2e 對應的中斷閘描述符號被掛鉤後的執行路徑

那麼 IDT hook 是如何實現的呢？下面來介紹一下實現的關鍵步驟。

（1）取得 IDT 的基址。首先使用 sidt 指令取得 IDTR 暫存器的內容，然後經過簡單的移位相加運算即可獲得 IDT 的基址。為了方便高低部位址的結合運算，在這裡定義了一個 MAKELONG 巨集。

```
#define MAKELONG(a, b) ((unsigned long) (((unsigned short) (a)) | ((unsigned
long) ((unsigned short) (b))) << 16))
__asm  sidt  idt_info     // 取得IDTR暫存器的內容
idt_entries = (IA32_IDT_ENTRY*) MAKELONG(idt_info.low_idt_base,
           idt_info.high_idt_base);
```

（2）取得並記錄要 Hook 的中斷處理函數的位址。由於 IDT 是一個包含 256 個中斷閘描述符號的線性串列，每項長度固定，那麼根據中斷向量 index，使用 idt_entries[index] 可定位到對應的中斷閘描述符號。而記錄位址執行完自己的程式後能再傳回到原先的中斷處理函數。以下面這行程式碼便可實現 int 2e 中斷處理函數位址的取得。

```
old_ISR_pointer = MAKELONG(idt_entries[0x2e].low_offset,
              idt_entries[0x2e].high_offset);
```

（3）將鉤子函數位址寫入中斷閘描述符號中。這個實現也非常簡單，只需將鉤子函數的高低兩半位址分別寫入對應中斷閘的 low_offse 與 high_offset 中即可。但注意寫入的過程需要隱藏中斷。

```
__asm cli    // 關中斷
idt_entries[index].low_offset = (unsigned short)my_interrupt_hook;
idt_entries[index].high_offset = (unsigned short)((unsigned long)
                                 my_interrupt_hook >> 16);
__asm sti    // 開中斷
```

經過以上三個步驟便可實現對一個中斷處理函數的掛鉤。而這個鉤子函數應該如何寫呢？鉤子函數的關鍵在於執行實現自己某種目的的程式和執行後能再傳回到原先的中斷處理函數。

以下便是一個中斷鉤子函數的實現。

```
__declspec(naked) my_interrupt_hook()
{
__asm
    {
        pushad                  // 將所有的32位元通用暫存器存入堆疊
        pushfd                  // 然後將32位元標示暫存器EFLAGS存入堆疊
        push fs
        mov bx,0x30
        mov fs,bx
        push ds
        push es
        call IsProtectProcess   // 轉向執行自己撰寫的函數
        pop es
        pop ds
        pop fs
        popfd                   // 將32位元標示暫存器EFLAGS出現堆疊
        popad                   // 將所有的32位元通用暫存器出現堆疊
        jmp  old_ISR_pointer    // 跳躍回原先的中斷處理函數
    }
}
```

需要注意的是，在轉向執行自己撰寫的函數之前要儲存現場，在執行之後要恢復現場。pushad 指令使通用暫存器全部存入堆疊，IA-32 的 pushad 指令在堆疊中按順序存入下列暫存器：EAX、ECX、EDX、EBX、ESP、EBP、ESI 和 EDI。pushfd 指令將堆疊指標遞減 4，並將 EFLAGS 暫存器的全部內容存入堆疊。popad、popfd 指令則分別為 pushad 和 pushfd 指令的逆操作。

20.5.7 IDT Hook 實現安全防護

前面已經介紹了 CPU 中斷機制以及 Windows 中斷機制，相信讀者已經對中斷有了比較全面的了解，下面透過一個簡單的實例來介紹中斷掛鉤（IDT Hook）的使用（可以參考 8.6 節的 IDT Hook 實例）。

從前面章節介紹的內容可知，開發者可以使用 int 3 軟體中斷來實現中斷點，而實際上，3 號中斷的確是被用來作為軟體偵錯中斷點的。不知道讀者有沒有遇到過這樣的情形：當想即時偵錯某款收費軟體時，可能會發現 WinDbg 附加進去之後無論如何都斷不下來，沒法繼續往下偵錯。這是因為一些軟體為了防止被偵錯分析，專門增加了一些防偵錯的技術，這樣可以在某種程度上保護軟體的程式邏輯以及資料不被外洩。防偵錯的方法有很多，這些方法並非本節討論的重點，本節只介紹透過 IDT Hook 來實現防偵錯。

從上面的介紹可知，如果對某些需要保護的處理程序隱藏 3 號偵錯中斷，那麼就可以實現處理程序的簡單防偵錯。當然，讀者還可以對 1 號中斷（偵錯例外中斷）進行 IDT Hook。

下面的程式修改了 CPU 中斷表中的 3 號中斷服務常式（IDT Hook），然後在中斷鉤子函數中根據處理程序 ID 判斷目前處理程序是否是特殊處理程序（受保護處理程序），如果是特殊處理程序，則不回應 int 3 中斷。實際程式如下：

```
BOOLEAN HookIdt()
{
  IA32_IDT_INFO IDT_TABLE = {0};
  PIA32_IDT_ENTRY pIDT_ENTRY = NULL;
  _asm sidt IDT_TABLE;
  pIDT_ENTRY = (PIA32_IDT_ENTRY)MAKELONG(IDT_TABLE.low_idt_base,
             IDT_TABLE.high_idt_base);
  if( pIDT_ENTRY == NULL )
  {
    return FALSE;
  }
  g_OldISRPointer = (UCHAR  *)MAKELONG(pIDT_ENTRY[3].low_offset,
               pIDT_ENTRY[3].high_offset);
  if( g_OldISRPointer == NULL )
  {
    return FALSE;
```

```
  }
  // 開始Hook
  _asm cli;
  pIDT_ENTRY[3].low_offset = (unsigned short)my_interrupt_hook;
  pIDT_ENTRY[3].high_offset = (unsigned short)((unsigned long)my_interrupt_
hook >> 16);
  _asm sti;
  return TRUE;
}
```

HookIdt 函數實現了 IDT Hook，把 my_interrupt_hook 函數作為新的中斷服務
常式，設定到中斷表中。此外，HookIdt 還儲存了舊的中斷服務常式，用於在
驅動移除時恢復中斷服務常式。

下面看看 my_interrupt_hook 函數的實現。

```
__declspec(naked) my_interrupt_hook()
{
    _asm
    {
        pushad                       // 將所有的位元通用暫存器存入堆疊
        pushfd                       // 然後將位元標示暫存器EFLAGS存入堆疊
        push fs
        mov bx,0x30
        mov fs,bx
        push ds
        push es
        call IsProtectProcess        // 轉向執行自己撰寫的函數
        cmp ax,0;
        jz NOT_CALL;
        pop es
        pop ds
        pop fs
        popfd                        // 將位元標示暫存器EFLAGS出現堆疊
        popad                        // 將所有的位元通用暫存器出現堆疊
        jmp g_OldISRPointer;
    NOT_CALL:
        pop es
        pop ds
        pop fs
        popfd                        // 將位元標示暫存器EFLAGS出現堆疊
        popad                        // 將所有的位元通用暫存器出現堆疊
```

```
        iretd;
    }
}
```

my_interrupt_hook 函數內部的主要邏輯是呼叫了 IsProtectProcess 函數以及跳躍到真正的中斷服務常式 g_OldISRPointer，其他程式都是按照約定來存入和出現暫存器的。my_interrupt_hook 函數在呼叫完 IsProtectProcess 函數後，判斷其傳回值，如果傳回 0，則跳躍到 NOT_CALL 標籤處，中斷函數直接傳回；如果 IsProtectProcess 函數傳回非 0，my_interrupt_hook 函數則跳躍到原來的中斷服務常式，回應中斷。下面看一下 IsProtectProcess 的實現。

```
BOOLEAN IsProtectProcess()
{
  HANDLE CurrentProcessId = PsGetCurrentProcessId();
  if( CurrentProcessId == g_dwProtectProcessId )
  {
     return FALSE;
  }
  return TRUE;
}
```

IsProtectProcess 函數的實現非常簡單，主要透過 PsGetCurrentProcessId 函數取得目前處理程序 ID，然後和特殊處理程序（受保護處理程序）的 ID 比較，如果目前處理程序是特殊處理程序，則傳回 FALSE；否則傳回 TRUE。IsProtectProcess 一旦傳回 FALSE，my_interrupt_hook 就不再跳躍到原中斷服務常式，實現了對特殊處理程序的簡單防偵錯。

在上面的實例中，修改了一個 IDT 的中斷服務常式，但是對於多 CPU 的情況，上面的程式是有問題的，因為每個 CPU 都有自己的 IDT，所以需要修改每個 CPU 的 IDT。那麼如何修改每個 CPU 的 IDT 呢？這個問題作為一個思考題留給讀者，筆者提供一個想法：首先取得系統的 CPU 個數，針對每個 CPU（排除本身）投遞一個 DPC（延遲方法呼叫），DPC 的常式是執行在特定的 CPU 之上的；然後在 DPC 的常式中進行 IDT Hook。

Windows 通知與回呼

▌ 21.1 Windows 的事件通知與回呼

Windows 系統核心提供了一系列事件通知（Notify）機制以及回呼（Callback）機制。事件通知機制主要被用於監控系統內某一種事件的操作，如系統提供的「建立處理程序」通知，利用這個通知，開發者可以很輕鬆地實現一個監控處理程序啟動的工具；回呼機制更多被用來反映系統內某一個封包的狀態，如「電源狀態變化」回呼，開發者透過這個回呼可以得知系統電源狀態的變化，此外，回呼機制還可以被用來實現多個核心模組之間的通訊。

了解系統提供的事件通知、回呼機制有助讀者深入了解 Windows 作業系統的機制以及原理，更重要的是，事件通知與回呼機制是核心安全程式設計中重要的技術基礎，讀者需要熟練掌握。

本章將詳細介紹核心開發中常用的事件通知以及回呼機制，讀者若想了解更多的通知以及回呼機制，可以參考 WDK 開發文件。另外，本章第 21.3 節介紹的回呼機制，是指基於回呼物件（CALLBACK_OBJECT）的回呼機制，請讀者務必把這個回呼機制和其他回呼機制區分開。

下面首先介紹 Windows 的事件通知機制，因為在核心安全程式設計中，事件通知機制相對回呼機制來說更為常用。

▌ 21.2 常用的事件通知

所謂事件通知，簡單來說，可以了解成開發者準備好一系列函數，透過系統核心提供的 API，把這些函數和實際的事件操作「綁定」起來，當系統發生對應事件時，開發者提供的函數就會被系統呼叫。在本節中，把開發者準備的函數稱為「通知常式」（Notify Routines），把通知常式和實際事件的「綁定」操作稱為「註冊事件通知」，把與「註冊事件通知」相反的操作稱為「移除事件通知」。

常用的事件通知包含建立處理程序通知（CreateProcessNotify）、建立執行緒通知（CreateThreadNotify）、載入模組通知（LoadImageNotify）、登錄檔操作通知等。下面詳細介紹這四種事件通知。

21.2.1 建立處理程序通知

當一個處理程序被建立以及一個處理程序結束時，系統會有一個通知的時機，讀者可以透過下面的函數註冊一個建立處理程序通知。

```
NTSTATUS PsSetCreateProcessNotifyRoutine(
IN PCREATE_PROCESS_NOTIFY_ROUTINE NotifyRoutine,
IN BOOLEAN Remove
);
```

這個函數比較簡單，只有兩個參數：第一個參數 NotifyRoutine 是一個通知常式的指標，表示當處理程序建立或處理程序結束時，NotifyRoutine 指向的函數會被呼叫；第二個參數表明目前是要註冊事件通知還是移除事件通知，Remove 為 FALSE 時，表示目前為註冊操作，Remove 為 TRUE 時，表示目前為移除操作。

成功註冊事件通知後，PsSetCreateProcessNotifyRoutine 函數傳回 STATUS_SUCCESS。請讀者務必記住，一旦事件通知被成功註冊後，在不再需要使用事件通知時（如驅動移除），一定要進行移除操作。

下面是通知常式的函數原型。

```
VOID CREATE_PROCESS_NOTIFY_ROUTINE(
IN HANDLE ParentId,
IN HANDLE ProcessId,
IN BOOLEAN Create );
```

通知常式的函數原型有三個參數，下面分別介紹。

Create：這個參數為 TRUE 表示目前是建立處理程序的通知，為 FALSE 表示目前是處理程序結束的通知。

ProcessId：這個參數表示引發該通知的處理程序 ID，這個 ID 可能是指將要被建立的處理程序 ID，也可能是指將要結束的處理程序 ID，實際是哪類別事件取決於 Create 參數。

ParentId：這個參數表示 ProcessId 處理程序對應的父處理程序 ID。

讀者可以注意到，通知常式沒有傳回值，也就是說，不能透過傳回值來使系統改變處理程序建立或結束的行為。另外，通知的過程是以阻塞方式進行的，如果前面一個通知常式沒有傳回，下一個通知常式也不會被呼叫，所以開發者不應該在通知常式中執行過多的耗時操作。

從 Vista 系統開始，系統提供了一個新的函數 PsSetCreateProcessNotifyRoutineEx 來註冊建立處理程序通知，這個函數的使用方法和 PsSetCreateProcessNotifyRoutine 非常類似，不同的是 PsSetCreateProcessNotifyRoutineEx 函數所註冊的通知常式，可以透過傳回參數來控制處理程序建立的結果（成功或失敗）。

下面介紹 PsSetCreateProcessNotifyRoutineEx 函數原型。

```
NTSTATUS PsSetCreateProcessNotifyRoutineEx(
IN PCREATE_PROCESS_NOTIFY_ROUTINE_EX NotifyRoutine,
IN BOOLEAN Remove
);
```

PsSetCreateProcessNotifyRoutineEx 函數原型和 PsSetCreateProcessNotifyRoutine 函數原型相同，第一個參數 NotifyRoutine 為通知常式的指標，Remove 表示目前是註冊事件通知操作還是移除事件通知操作，與 PsSetCreateProcessNotifyRoutine 函數的 Remove 參數意義相同。下面重點來看 PsSetCreateProcessNotifyRoutineEx 的通知常式。

```
VOID CreateProcessNotifyEx(
__inout PEPROCESS Process,
__in HANDLE ProcessId,
__in_opt PPS_CREATE_NOTIFY_INFO CreateInfo
);
```

比較 PsSetCreateProcessNotifyRoutine 函數的通知常式原型，讀者會發現 CreateProcessNotifyEx 通知常式引用了一個 PPS_CREATE_NOTIFY_INFO 類型的指標作為參數。下面介紹 CreateProcessNotifyEx 通知常式的參數。

Process：表示引發該通知的處理程序物件指標，類型為 EPROCESS。透過 Process 參數，讀者基本上可以取得處理程序的一切資訊。

ProcessId：Process 物件對應的處理程序 ID，其實透過 Process 參數也可以獲得處理程序 ID，但是 WDK 沒有公開 EPROCESS 的定義，不同版本系統的 EPROCESS 定義可能有微小的差別，為了穩定起見，讀者應該避免直接存取 EPROCESS 內的資料。

CreateInfo：這個參數為 PPS_CREATE_NOTIFY_INFO 類型的指標，如果目前是處理程序結束的通知，這個參數為 NULL；相反，如果目前是建立處理程序的通知，這個參數儲存了和處理程序建立相關的資訊。

下面介紹 CreateInfo 參數對應的類型定義。

```
typedef struct _PS_CREATE_NOTIFY_INFO {
  SIZE_T                Size;
  union {
    ULONG  Flags;
    struct {
      ULONG FileOpenNameAvailable  :1;
      ULONG Reserved       :31;
    };
  };
  HANDLE                ParentProcessId;
  CLIENT_ID             CreatingThreadId;
  struct _FILE_OBJECT   *FileObject;
  PCUNICODE_STRING      ImageFileName;
  PCUNICODE_STRING      CommandLine;
  NTSTATUS              CreationStatus;
} PS_CREATE_NOTIFY_INFO, *PPS_CREATE_NOTIFY_INFO;
```

這個結構內部包含了處理程序啟動的相關資訊，資訊比較簡單，讀者需要重點關心下面幾個成員。

CreatingThreadId：父處理程序資訊，CreatingThreadId → UniqueProcess 為父處理程序 ID，CreatingThreadId → UniqueThread 為父處理程序中建立子處理程序的執行緒 ID。

FileObject：處理程序對應的可執行檔的檔案物件指標。

ImageFileName：處理程序的名字，UNICODE_STRING 指標類型。

CommandLine：處理程序的參數，使用前需要做 NULL 判斷。

CreationStatus：一個非常重要的成員，表示處理程序的建立結果，修改 CreationStatus 的值為一個錯誤可以阻止處理程序建立，常用的錯誤是 0xC0000022L（STATUS_ACCESS_DENIED），表示操作拒絕。

上面介紹了如何註冊建立處理程序通知以及通知常式的使用。最後還需要介紹通知常式的上下文：當一個處理程序被建立或一個處理程序將要結束時，通知常式是被哪一個執行緒所呼叫呢？對處理程序建立通知來說，通知常式執行在建立該處理程序的執行緒上下文中，如果執行緒 A 呼叫應用層 CreateProcess 函數建立子處理程序 B，那麼通知常式就執行在 A 執行緒的上下文中。對處理程序結束通知來說，通知常式執行在該處理程序中最後一個退出的執行緒的上下文中（一般是主執行緒）。

下面分析一個實例。這個實例呼叫了 PsSetCreateProcessNotifyRoutineEx 函數註冊通知，在通知常式中列印出了上下文資訊，讀者透過這個實例可以極佳地了解 PsSetCreateProcessNotifyRoutineEx 函數的使用方法，以及通知常式的上下文。

首先分析驅動實例的初始化部分。

```
/*函數原型宣告*/
void  DriverUnload(__in struct _DRIVER_OBJECT  *DriverObject);

VOID CreateProcessNotifyEx(__inout PEPROCESS  Process,
                           __in HANDLE  ProcessId,
                           __in_opt PPS_CREATE_NOTIFY_INFO  CreateInfo);

typedef NTSTATUS (_stdcall *PPsSetCreateProcessNotifyRoutineEx)(
                 IN PCREATE_PROCESS_NOTIFY_ROUTINE_EX  NotifyRoutine,
                 IN BOOLEAN  Remove);

/*全域變數定義*/
PPsSetCreateProcessNotifyRoutineEx g_pPsSetCreateProcessNotifyRoutineEx = NULL;
BOOLEAN g_bSuccRegister = FALSE;

NTSTATUS DriverEntry( __in struct _DRIVER_OBJECT* DriverObject,
                      __in PUNICODE_STRING RegistryPath )
{
  NTSTATUS nStatus = STATUS_UNSUCCESSFUL;
```

```
do
{
    UNICODE_STRING uFuncName = {0};
    DriverObject->DriverUnload = DriverUnload;
    RtlInitUnicodeString(&uFuncName,
                         L"PsSetCreateProcessNotifyRoutineEx");
    g_pPsSetCreateProcessNotifyRoutineEx
                       =(PPsSetCreateProcessNotifyRoutineEx)
                        MmGetSystemRoutineAddress(&uFuncName);
    if( g_pPsSetCreateProcessNotifyRoutineEx == NULL )
    {
        break;
    }
    if( STATUS_SUCCESS != g_pPsSetCreateProcessNotifyRoutineEx
(CreateProcessNotifyEx,FALSE) )
    {
        break;
    }
    g_bSuccRegister = TRUE;
    nStatus = STATUS_SUCCESS;
}
while (FALSE);
return nStatus;
}
```

上面的程式讀者可以分三部分來看,第一部分是對函數的宣告,實例中宣告了 DriverUnload 和 CreateProcessNotifyEx 函數;第二部分是定義的全域變數,在本節前面提到,PsSetCreateProcess NotifyRoutineEx 函數是從 Vitsta 系統開始支援的,如果讀者開發的驅動需要相容 Vista 之前的系統,那麼在程式中就需要動態取得 PsSetCreateProcessNotifyRoutineEx 函數指標,不然在 Vista 之前的系統下載入本驅動時會失敗;第三部分是驅動入口函數的實現,在 DriverEntry 函數中,首先設定驅動移除時執行清理工作的 DriverUnload 函數,然後透過 MmGetSystemRoutineAddress 函數取得 PsSetCreateProcessNotifyRoutineEx 函數指標,接著透過上一步取得的函數指標註冊通知,成功註冊後設定全域變數 g_bSuccRegister 為 TRUE,這個變數在後面移除通知時需要用到。

接下來看 DriverUnload 函數的實現。

```
void DriverUnload(__in struct _DRIVER_OBJECT *DriverObject)
{
```

```
  if( g_bSuccRegister && g_pPsSetCreateProcessNotifyRoutineEx )
  {
     g_pPsSetCreateProcessNotifyRoutineEx(CreateProcessNotifyEx,TRUE);
     g_bSuccRegister = FALSE;
  }
  return;
}
```

DriverUnload 函數的實現很簡單，判斷之前是否成功註冊了通知，一旦成功註冊了通知，就必須對應地移除通知。其實也可以不判斷 g_bSuccRegister 而直接移除通知，因為如果之前沒有註冊成功，移除通知時就會傳回一個錯誤，不影響整體流程，但是從程式的嚴謹角度來說，建議加上這個判斷。

最後是通知常式的實現，這是本例的重點。

```
VOID CreateProcessNotifyEx(
                __inout PEPROCESS  Process,
                __in HANDLE   ProcessId,
                __in_opt PPS_CREATE_NOTIFY_INFO  CreateInfo
                )
{
    /*父處理程序ID*/
  HANDLE hParentProcessID = NULL;
  /*父處理程序的執行緒ID*/
  HANDLE hPareentThreadID = NULL;
  /*通知常式CreateProcessNotifyEx的目前執行緒ID*/
  HANDLE hCurrentThreadID = NULL;

  hCurrentThreadID = PsGetCurrentThreadId();
  if( CreateInfo == NULL )
  {
     /*處理程序結束*/
     DbgPrint("CreateProcessNotifyEx [Destroy][CurrentThreadId:
             0x%x][ProcessId = 0x%x]\n",hCurrentThreadID,ProcessId);
     return;
  }
  /*處理程序建立*/
  hParentProcessID = CreateInfo->CreatingThreadId.UniqueProcess;
  hPareentThreadID = CreateInfo->CreatingThreadId.UniqueThread;

  DbgPrint("CreateProcessNotifyEx [Create][CurrentThreadId:
       0x%x][ParentID 0x%x:0x%x][ProcessId = 0x%x,ProcessName=%wZ]\n",
```

```
          hCurrentThreadID,hParentProcessID,hPareentThreadID,ProcessId,
          CreateInfo->ImageFileName);
  return;
}
```

在 CreateProcessNotifyEx 函數中,透過參數 CreateInfo 的 NULL 和非 NULL 設定值可以區分目前是建立處理程序通知還是處理程序結束通知,當 CreateInfo 為 NULL 時,表示目前是處理程序結束通知,在 if 程式區塊內透過 DbgPrint 函數列印出了通知常式的目前執行緒 ID,以及將要結束的處理程序 ID; 當 CreateInfo 為非 NULL 時,表示目前是建立處理程序通知,程式透過 CreateInfo 參數列印出了目前執行緒 ID、父處理程序 ID、父處理程序的執行緒 ID、被建立處理程序的 ID,以及被建立的處理程序名字。

根據前面介紹的通知常式的上下文可知,在本例中,hCurrentThreadID 和 hPareentThreadID 的值是相等的,讀者可以透過本例程式進行驗證。

最後還需要提醒讀者,在呼叫 PsSetCreateProcessNotifyRoutineEx 函數註冊通知時可能會傳回 STATUS_ACCESS_DENIED 錯誤,WDK 解釋是因為通知常式所在的模組 PE 表頭沒有被設定 IMAGE_DLLCHARACTERISTICS_FORCE_ INTEGRITY 標示。解決這個問題的方法是在 Sources 檔案中加入連結選項 LINKER_FLAGS=/integritycheck。下面貼出本例的 Sources 檔案內容。

```
TARGETTYPE=DRIVER
LINKER_FLAGS=/integritycheck
TARGETNAME=ProcessCallback
SOURCES=ProcessCallback.c
```

21.2.2 建立執行緒通知

類似建立處理程序通知,當一個執行緒被建立以及一個執行緒結束時,系統也會有一個通知。使用 PsSetCreateThreadNotifyRoutine 函數可以註冊一個建立執行緒通知,該函數原型如下:

```
NTSTATUS PsSetCreateThreadNotifyRoutine(
_In_  PCREATE_THREAD_NOTIFY_ROUTINE NotifyRoutine );
```

這個函數只有一個參數 NotifyRoutine,為通知常式的指標,表示當執行緒被建立或執行緒結束時,NotifyRoutine 指向的通知常式被呼叫。

這個函數和 PsSetCreateProcessNotifyRoutine 函數類似，都需要傳遞一個通知常式的指標。不同的是，PsSetCreateProcessNotifyRoutine 可以實現註冊和移除兩個功能，而 PsSetCreateThreadNotifyRoutine 只能用於註冊，不能用於移除，移除建立執行緒通知需要使用 PsRemoveCreateThreadNotifyRoutine 函數。函數原型如下：

```
NTSTATUS PsRemoveCreateThreadNotifyRoutine(
_In_  PCREATE_THREAD_NOTIFY_ROUTINE NotifyRoutine );
```

PsRemoveCreateThreadNotifyRoutine 函數也只有一個參數 NotifyRoutine，表明需要移除的通知常式。在大部分的情況下，註冊和移除的 NotifyRoutine 是相同的。

下面介紹 NotifyRoutine 通知常式的函數原型及參數。

```
VOID CREATE_THREAD_NOTIFY_ROUTINE ( IN HANDLE  ProcessId,
                                    IN HANDLE  ThreadId,
                                    IN BOOLEAN  Create  )
```

通知常式有三個參數，分別介紹如下。

- ThreadId：表示引發該通知的執行緒 ID。
- Create：為 TRUE 時表示目前是建立執行緒的通知，為 FALSE 時表示目前是執行緒結束的通知。
- ProcessId：ThreadId 執行緒所屬處理程序的 ID。

執行緒的通知常式也存在上下文的概念（關於處理程序的通知常式上下文請閱讀第 21.2.1 節）。下面分別對執行緒的建立和執行緒的結束兩種情況介紹。當 Create 為 TRUE 時，表示目前是建立執行緒的通知，這時由執行緒的建立者來負責呼叫通知常式，舉例來說，ID 為 1000 的執行緒建立了 ID 為 2000 的執行緒，那麼對建立執行緒的通知來說，由 ID 為 1000 的執行緒負責呼叫通知常式。當 Create 為 FALSE 時，表示目前是執行緒結束的通知，由即將結束的執行緒負責呼叫通知常式。

21.2.3 載入模組通知

前面章節已經介紹了處理程序和執行緒的通知，本節介紹載入模組通知。當一個核心模組或應用層模組被載入時，會觸發一個載入模組的通知，當通知發生時，模組已經被對映到記憶體中，但是模組內的程式還沒有開始執行。

WDK 提供了 PsSetLoadImageNotifyRoutine 函數來註冊一個載入模組通知。

```
NTSTATUS PsSetLoadImageNotifyRoutine(
        _In_ PLOAD_IMAGE_NOTIFY_ROUTINE NotifyRoutine );
```

NotifyRoutine 參數為通知常式的指標，讀者可以發現 PsSetLoadImageNotify
Routine 函數與 PsSetCreateThreadNotifyRoutine 函數的參數和用法基本一樣。

WDK 提供了 PsRemoveLoadImageNotifyRoutine 函數來移除載入模組通知，移
除也需要提供通知常式的指標。

```
NTSTATUS PsRemoveLoadImageNotifyRoutine(
        _In_ PLOAD_IMAGE_NOTIFY_ROUTINE NotifyRoutine );
```

下面重點介紹通知常式 NotifyRoutine 的函數原型和參數。

```
VOID LOAD_IMAGE_NOTIFY_ROUTINE(
        __in_opt PUNICODE_STRING  FullImageName,
        __in HANDLE  ProcessId,
        __in PIMAGE_INFO  ImageInfo );
```

通知常式有三個參數，下面分別介紹。

- FullImageName：表示被載入模組的全路徑，這是一個 UNICODE_STRING
  類型的指標。需要注意的是，這個參數有可能為 NULL，WDK 明確指
  出，處理程序在建立期間可能無法取得模組的全路徑，在這種情況下
  FullImageName 為 NULL，所以讀者在使用這個參數時務必做 NULL 判斷。
- ProcessId：表示載入該模組的處理程序 ID。
- ImageInfo：這個參數尤為重要，它包含了模組載入的實際資訊。這個參數在
  Vista 系統之後發生一些小變化，請讀者先檢視 Vista 系統之前的 ImageInfo
  的定義。

```
typedef struct _IMAGE_INFO {
  union {
    ULONG Properties;
    struct {
      ULONG ImageAddressingMode : 8; //code addressing mode
      ULONG SystemModeImage : 1; //system mode image
      ULONG ImageMappedToAllPids : 1; //mapped in all processes
      ULONG Reserved : 22;
```

```
      };
   };
   PVOID ImageBase;
   ULONG ImageSelector;
   ULONG ImageSize;
   ULONG ImageSectionNumber;
} IMAGE_INFO, *PIMAGE_INFO;
```

下面介紹這個結構的成員。

- ImageAddressingMode：值為 IMAGE_ADDRESSING_MODE_32BIT。
- SystemModeImage：1 表示載入核心模組，0 表示載入應用層模組。
- ImageMappedToAllPids：為 0。
- Reserved：為 0。
- ImageBase：模組載入的基底位址。
- ImageSelector：為 0。
- ImageSize：模組大小（位元組）。

ImageSectionNumber：為 0。

一般來說，讀者需要關心的是 SystemModeImage、ImageBase 和 ImageSize。
接下來看下從 Vista 系統開始，這個結構的變化。

```
typedef struct _IMAGE_INFO {
   union {
      ULONG Properties;
      struct {
        ULONG ImageAddressingMode : 8;    // Code addressing mode
        ULONG SystemModeImage : 1;        // System mode image
        ULONG ImageMappedToAllPids : 1;   // Image mapped into all processes
        ULONG ExtendedInfoPresent : 1;    // IMAGE_INFO_EX available
        ULONG Reserved : 21;
      };
   };
   PVOID ImageBase;
   ULONG ImageSelector;
   SIZE_T ImageSize;
   ULONG ImageSectionNumber;
} IMAGE_INFO, *PIMAGE_INFO;
```

讀者可以發現，變化後的結構和變化前的結構大小是相同的，不同的是在原
來保留的 Reserved 成員中，劃分出一位元（bit）作為 ExtendedInfoPresent 成

員。當 ExtendedInfoPresent 為 1 時，表示目前的 IMAGE_INFO 結構為擴充結構的一部分。擴充結構定義如下：

```
typedef struct _IMAGE_INFO_EX {
    SIZE_T Size;
    IMAGE_INFO ImageInfo;
    struct _FILE_OBJECT *FileObject;
} IMAGE_INFO_EX, *PIMAGE_INFO_EX;
```

在程式中可以透過 CONTAINING_RECORD 來取得 IMAGE_INFO_EX 的位址。IMAGE_INFO_EX 中 Size 為結構大小，即 sizoef(IMAGE_INFO_EX)，ImageInfo 上面已經介紹過，FileObject 是目前載入的模組所對應的檔案物件指標。

下面透過一個實例讓讀者加深對模組載入通知的了解，本例只針對 Vista 及以後的系統。

```
NTSTATUS DriverEntry( __in struct _DRIVER_OBJECT* DriverObject,
                __in PUNICODE_STRING RegistryPath )
{
  NTSTATUS nStatus = STATUS_UNSUCCESSFUL;
  do
  {
    DriverObject->DriverUnload = DriverUnload;
    if( STATUS_SUCCESS !=
        PsSetLoadImageNotifyRoutine(LOAD_IMAGE_NOTIFY_ROUTINE) )
    {
      break;
    }
    g_bSuccRegister = TRUE;
    nStatus = STATUS_SUCCESS;

  }
  while (FALSE);
  return nStatus;
}
```

在驅動入口函數中註冊了一個載入模組通知，註冊成功設定 g_bSuccRegister 為 TRUE。在驅動移除函數 DriverUnload 中進行移除通知。

```
void DriverUnload(__in struct _DRIVER_OBJECT  *DriverObject)
{
  if( g_bSuccRegister )
```

```
    {
        PsRemoveLoadImageNotifyRoutine(LOAD_IMAGE_NOTIFY_ROUTINE);
        g_bSuccRegister = FALSE;
    }
}
```

下面重點來看通知常式的實現。

```
VOID LOAD_IMAGE_NOTIFY_ROUTINE(IN PUNICODE_STRING  FullImageName,
                      IN HANDLE   ProcessId, // where image is mapped
                      IN PIMAGE_INFO  ImageInfo
                      )
{
    PIMAGE_INFO_EX pInfo = NULL;
    if( !FullImageName || !ImageInfo )
    {
        return;
    }
    if( ImageInfo->ExtendedInfoPresent )
    {
        pInfo = CONTAINING_RECORD(ImageInfo,IMAGE_INFO_EX,ImageInfo);
        DbgPrint("ModLoad Name:%wZ,ProcessID:0x%x,FileObj = 0x%x,ImageBase
            = 0x%x,Size = 0x%x\n",FullImageName,
            ProcessId,pInfo->FileObject,
            pInfo->ImageInfo.ImageBase,
            pInfo->ImageInfo.ImageSize);
    }
    return;
}
```

在通知常式中，首先判斷 ImageInfo → ExtendedInfoPresent 是否為 1，如果為 1，則表明目前的 ImageInfo 為 IMAGE_INFO_EX 的成員，接下來透過 CONTAINING_RECORD 巨集來取得 IMAGE_INFO_EX 的指標，最後用 DbgPrint 函數列印相關資訊。

21.2.4 登錄檔操作通知

前面章節介紹了建立處理程序、建立執行緒以及載入模組的通知，本節介紹登錄檔操作通知。

讀者在閱讀 WDK 說明文件時會發現，WDK 文件中使用了 Callback（回呼）一詞來描述登錄檔操作通知。為了和 WDK 保持一致，本節也使用「回呼」一詞來描述登錄檔操作通知，統一稱為「登錄檔操作回呼」或「登錄檔回呼」，把登錄檔操作的通知常式統一稱為「回呼常式」。請讀者區分清楚本節介紹的登錄檔操作回呼和第 21.3 節介紹的回呼，內部機制是完全不同的，不能混淆。

系統提供的登錄檔回呼機制可以實現監控登錄檔的所有操作，並且透過這套機制還可以修改登錄檔操作的行為和結果。WDK 提供了 CmRegisterCallback 函數來完成登錄檔回呼的註冊，在 Vista 及以後的系統中，還可以使用 CmRegisterCallbackEx 函數來註冊登錄檔回呼。這兩個函數功能類似，但 CmRegisterCallbackEx 提供了更多的資訊和更靈活的控制。

下面以 CmRegisterCallback 函數作為主要介紹物件。CmRegisterCallbackEx 函數的用法和 CmRegisterCallback 函數大致相同，請讀者自行研究。

CmRegisterCallback 函數原型如下：

```
NTSTATUS CmRegisterCallback(
IN PEX_CALLBACK_FUNCTION Function,
IN PVOID Context,
OUT PLARGE_INTEGER Cookie );
```

此函數共有三個參數，分別介紹如下。

第一個參數 Function 是回呼常式的指標，當發生登錄檔操作事件時，Function 會被呼叫。

第二個參數 Context 是一個使用者自訂的資料結構，在回呼常式中可以取得這個 Context，用於資料傳遞，如果使用者不需要，可以把這個參數設定為 NULL。

第三個參數 Cookie 為一個傳回參數，當成功註冊後，Cookie 會儲存註冊的資訊，在移除登錄檔回呼時，需要提供這個 Cookie。

和大多數核心函數類似，CmRegisterCallback 的傳回值為 NTSTATUS 類型，成功註冊傳回 STATUS_SUCCESS。

下面重點介紹回呼常式。回呼常式的原型如下：

```
NTSTATUS  RegistryCallback(
__in PVOID CallbackContext,
__in_opt PVOID Argument1,
```

```
__in_opt PVOID Argument2 )
```

回呼常式有三個參數，第一個參數是 CallbackContext，這個 Context 就是在呼叫 CmRegisterCallback 函數時傳遞的第二個參數。第二個參數 Argument1 表明登錄檔操作的類型，實際為一個列舉定義。

```
typedef enum _REG_NOTIFY_CLASS {
    RegNtDeleteKey,
    RegNtPreDeleteKey = RegNtDeleteKey,
    RegNtSetValueKey,
    RegNtPreSetValueKey = RegNtSetValueKey,
    RegNtDeleteValueKey,
    RegNtPreDeleteValueKey = RegNtDeleteValueKey,
    RegNtSetInformationKey,
    RegNtPreSetInformationKey = RegNtSetInformationKey,
    RegNtRenameKey,
    RegNtPreRenameKey = RegNtRenameKey,
    RegNtEnumerateKey,
    RegNtPreEnumerateKey = RegNtEnumerateKey,
    RegNtEnumerateValueKey,
    RegNtPreEnumerateValueKey = RegNtEnumerateValueKey,
    RegNtQueryKey,
    RegNtPreQueryKey = RegNtQueryKey,
    RegNtQueryValueKey,
    RegNtPreQueryValueKey = RegNtQueryValueKey,
    RegNtQueryMultipleValueKey,
    RegNtPreQueryMultipleValueKey = RegNtQueryMultipleValueKey,
    RegNtPreCreateKey,
    RegNtPostCreateKey,
    RegNtPreOpenKey,
    RegNtPostOpenKey,
    RegNtKeyHandleClose,
    RegNtPreKeyHandleClose = RegNtKeyHandleClose,
    ...
    MaxRegNtNotifyClass //should always be the last enum
} REG_NOTIFY_CLASS;
```

由於列舉資料較多，上面沒有全部列出，但是讀者可以從上面的列舉中看出，每個列舉值對應一個實際的登錄檔操作。

另外，登錄檔實際的每一個操作，被分解成「前操作（pre）」和「後操作（post）」，「前操作」表示將要進行登錄檔操作，實際的登錄檔操作還沒開始；

「後操作」表示已經完成登錄檔操作，並且獲得了操作結果。以登錄檔的建立為例，在上面的列舉中，可以看到 RegNtPreCreateKey 和 RegNtPostCreateKey 兩個列舉值，RegNtPreCreateKey 表示將要建立（或開啟）登錄檔，RegNtPostCreateKey 表示已經建立（或開啟）登錄檔。

上面提到，不同的列舉值代表不同的登錄檔操作，所以不同的操作也對應不同的操作資訊，這個資訊儲存在回呼常式 RegistryCallback 的 Argument2 參數中。例如當 Argument1 為 RegNtPreCreateKey 時，Argument2 作為指標指向一個 REG_PRE_CREATE_KEY_INFORMATION 類型的結構；當 Argument1 為 RegNtPostCreateKey 時，Argument2 作為指標指向一個 REG_POST_CREATE_KEY_INFORMATION 結構，結構內包含對應的操作資訊或結果。

介紹完回呼常式的參數後，下面介紹回呼常式的傳回值。在 Vista 系統以前，回呼常式傳回值有兩種情況。

傳回 STATUS_SUCCESS：表示成功，設定管理員會繼續處理這個操作（例如把該操作傳遞給下一個回呼常式）。

傳回一個錯誤：這個錯誤是指透過 NT_SUCCESS 巨集測試後傳回 FALSE 的錯誤，常見的如 STATUS_ACCESS_DENIED。傳回錯誤後，設定管理員停止處理這個登錄檔請求，並且把這個錯誤作為最後的操作結果傳回給呼叫執行緒。

在 Vista 及以後的系統中，回呼常式增加了一個 STATUS_CALLBACK_BYPASS 傳回值，傳回 STATUS_CALLBACK_BYPASS 可以使設定管理員停止處理這個登錄檔請求，並且傳回 STATUS_SUCCESS 給呼叫執行緒。

上面介紹了登錄檔回呼的註冊和回呼常式的使用，最後再介紹一下登錄檔回呼的移除。移除回呼比較簡單，呼叫 CmUnRegisterCallback 函數即可實現移除。

```
NTSTATUS CmUnRegisterCallback( IN LARGE_INTEGER Cookie );
```

移除回呼的函數只有一個參數，這個參數就是呼叫 CmRegisterCallback 成功後傳回的 Cookie 資訊。

下面透過一個實例讓讀者加深對登錄檔回呼的了解。這個實例實現了對登錄檔 Create 操作的監控，列印出發起 Create 操作的處理程序名稱，以及 Create 操作

的登錄檔路徑。值得指出的是，讀者可以把這個實例的程式作為一個登錄檔過
濾的架構，在該架構上增加更多的監控操作。

下面先看登錄檔回呼的註冊部分。

```
/*函數原型宣告*/
void  DriverUnload(__in struct _DRIVER_OBJECT  *DriverObject);

BOOLEAN IsAbsolute(PREG_CREATE_KEY_INFORMATION pCreateInfo);

NTSTATUS  RegistryCallback(__in PVOID  CallbackContext,
                    __in_opt PVOID  Argument1,
                    __in_opt PVOID  Argument2 );

NTSTATUS _stdcall ObQueryNameString(
    __in PVOID Object,
    __out_bcount_opt(Length) POBJECT_NAME_INFORMATION ObjectNameInfo,
    __in ULONG Length,
    __out PULONG ReturnLength);

UCHAR * _stdcall PsGetProcessImageFileName(__in PEPROCESS Process);

LARGE_INTEGER g_CmCallbackCookies = {0};
BOOLEAN        g_bSuccRegister = FALSE;

NTSTATUS DriverEntry( __in struct _DRIVER_OBJECT* DriverObject,
                    __in PUNICODE_STRING RegistryPath )
{
  NTSTATUS nStatus = STATUS_UNSUCCESSFUL;
  do
  {
    DriverObject->DriverUnload = DriverUnload;
    if( STATUS_SUCCESS !=
        CmRegisterCallback(RegistryCallback,NULL,&g_CmCallbackCookies) )
    {
      break;
    }
    g_bSuccRegister = TRUE;
    nStatus = STATUS_SUCCESS;
  }
  while (FALSE);
  return nStatus;
}
```

在 DriverEntry 函數中，呼叫 CmRegisterCallback 函數註冊登錄檔回呼，本例不需要用到 Context，所以 CmRegisterCallback 的第二個參數傳遞 NULL。

下面是登錄檔操作回呼函數的實現。

```
NTSTATUS  RegistryCallback(
          __in PVOID  CallbackContext,
          __in_opt PVOID  Argument1,
          __in_opt PVOID  Argument2 )
{
  switch((REG_NOTIFY_CLASS)Argument1)
  {
  case RegNtPreCreateKey:
    {
      CHAR * pProcessName = PsGetProcessImageFileName(PsGetCurrentProcess());

      PREG_PRE_CREATE_KEY_INFORMATION  pCreateInfo =
                        (PREG_PRE_CREATE_KEY_INFORMATION)Argument2;

      DbgPrint("RegFilter ProcessName = %s,CreateKey:%wZ\n",
                 pProcessName,pCreateInfo->CompleteName);

      break;
    }
  case RegNtPreCreateKeyEx:
    {
      CHAR * pProcessName = PsGetProcessImageFileName(PsGetCurrentProcess());

      PREG_CREATE_KEY_INFORMATION  pCreateInfo =
                        (PREG_CREATE_KEY_INFORMATION)Argument2;
      /*判斷是否絕對路徑*/
      if( IsAbsolute( pCreateInfo ) )
      {
        /*絕對路徑*/
        DbgPrint("RegFilter ProcessName = %s,CreateKeyEx:%wZ\n",
                 pProcessName,pCreateInfo->CompleteName);
      }
      else
      {
        CHAR strrRootPath[MAX_PATH] = {0};
        ULONG uReturnLen = 0;
        POBJECT_NAME_INFORMATION  pNameInfo =
                        (POBJECT_NAME_INFORMATION)strrRootPath;
        if( pCreateInfo->RootObject != NULL )
```

```
            {
                ObQueryNameString(pCreateInfo->RootObject,
                                pNameInfo,
                                sizeof(strrRootPath),
                                &uReturnLen);
            }
            DbgPrint(
                "RegFilter ProcessName = %s,CreateKeyEx:%wZ\\%wZ\n",
                pProcessName,&(pNameInfo->Name),
                pCreateInfo->CompleteName);
        }
        break;
    }
  }
  return STATUS_SUCCESS;
}
```

回呼常式針對 RegNtPreCreateKey 和 RegNtPreCreateKeyEx 這兩個開啟事件進行了處理，在處理之前，使用 PsGetCurrentProcess 函數取得目前發起操作請求的處理程序，然後透過 PsGet ProcessImageFileName 函數取得處理程序的名字。

一般來說，RegNtPreCreateKey 事件主要針對 Vista 以前的系統，其對應的結構資訊為 REG_PRE_CREATE_KEY_INFORMATION 類型，定義如下：

```
typedef struct _REG_PRE_CREATE_KEY_INFORMATION
{
    PUNICODE_STRING     CompleteName;    // IN
}REG_PRE_CREATE_KEY_INFORMATION, REG_PRE_OPEN_KEY_INFORMATION,
 *PREG_PRE_CREATE_KEY_ INFORMATION, *PREG_PRE_OPEN_KEY_INFORMATION;
```

這個結構裡面只有一個成員 CompleteName，表明登錄檔 Create 操作的路徑。在上面的實例中，對 RegNtPreCreateKey 事件直接使用 DbgPrint 函數來列印路徑。

RegNtPreCreateKeyEx 事 件 比 RegNtPreCreateKey 事 件 要 複 雜 一 些。RegNtPreCreateKeyEx 事 件 對 應 的 操 作 資 訊 結 構 是 REG_CREATE_KEY_INFORMATION，定義如下：

```
typedef struct _REG_CREATE_KEY_INFORMATION {
    PUNICODE_STRING     CompleteName;
```

```
    PVOID               RootObject;
    PVOID               ObjectType;
    ULONG               CreateOptions;
    PUNICODE_STRING     Class;
    PVOID               SecurityDescriptor;
    PVOID               SecurityQualityOfService;
    ACCESS_MASK     DesiredAccess;
    ACCESS_MASK         GrantedAccess;
    PULONG              Disposition;
    PVOID               *ResultObject;
    PVOID               CallContext;
    PVOID               RootObjectContext;
    PVOID               Transaction;
    PVOID               Reserved;
}REG_CREATE_KEY_INFORMATION,REG_OPEN_KEY_INFORMATION,
 *PREG_CREATE_KEY_INFORMATION, *PREG_OPEN_KEY_INFORMATION;
```

這個結構的成員比較多，有些成員只在 Vista 及以後的系統中才有效。在本例中，主要用到了結構中的 CompleteName 成員和 RootObject 成員；CompleteName 表示登錄檔 Create 操作的路徑，可能是相對路徑，也可能是絕對路徑，如果 CompleteName 中的路徑是以 "\" 字元開頭的，則表明是絕對路徑，在這種情況下，RootObject 指向登錄檔的根目錄物件，即 \REGISTRY；如果 CompleteName 中的路徑不是以 "\" 開頭的，則表示是相對路徑，RootObject 指向上級登錄檔物件，完整的路徑需要由 RootObject 所代表的路徑和 CompleteName 路徑組成。在實例中使用了 IsAbsolute 函數來判斷目前是否為絕對路徑，程式如下：

```
BOOLEAN IsAbsolute(PREG_CREATE_KEY_INFORMATION pCreateInfo)
{
  BOOLEAN bAbsolute = FALSE;
  do
  {
    if( pCreateInfo == NULL )
    {
      break;
    }
    if( !pCreateInfo->CompleteName ||
        !pCreateInfo->CompleteName->Buffer ||
        !pCreateInfo->CompleteName->Length )
    {
```

```
      break;
    }
    if( pCreateInfo->CompleteName->Buffer[0] != L'\\' )
    {
      /*相對路徑*/
      break;
    }
    /*絕對路徑*/
    bAbsolute = TRUE;
  }
  while (FALSE);
  return bAbsolute;
}
```

對於絕對路徑的情況，實例中直接用 DbgPrint 列印其路徑；而對於相對路
徑的情況，由上面介紹可知，完整的路徑需要由 RootObject 所代表的路徑和
CompleteName 路徑組成，所以實例中使用了 ObQueryNameString 函數來查詢
RootObject 物件的名字，查詢完成後使用 DbgPrint 列印出完整的路徑。

最後是登錄檔回呼的移除，移除操作在驅動的 DriverUnload 中實現。

```
void  DriverUnload(__in struct _DRIVER_OBJECT *DriverObject)
{
  if( g_bSuccRegister == TRUE )
  {
    CmUnRegisterCallback(g_CmCallbackCookies);
    g_bSuccRegister = FALSE;
  }
  return;
}
```

在筆者電腦上，實例執行後的效果如圖 21-1 所示。

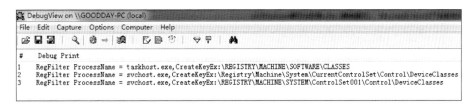

圖 21-1　登錄檔操作通知的實例

讀者可以親自偵錯上述程式，並且可以在回呼常式中增加更多的事件處理。

21.3 Windows 回呼機制

本節介紹以 CALLBACK_OBJECT 物件為基礎的回呼機制，這種回呼機制雖然在表面上和第 21.2.4 節中提到的「登錄檔操作回呼」類似，但是從機制內部運作的角度來看，則完全是兩回事。下文中出現的「回呼機制」，均指以 CALLBACK_OBJECT 為基礎的回呼機制，請讀者注意。

回呼機制為驅動程式提供了一種通用的方法來發送和接收某類別通告，這些通告可以是系統某個封包的狀態發生變化而產生的通告，也可以是開發者自訂的某個條件因為條件成立而產生的通告。

系統內建了一部分回呼，如電源狀態變化回呼（PowerState Callback）、系統時間變化回呼（SetSystemTime Callback）等，開發者除了可以使用系統內建的回呼，還可以自己定義回呼。

下面首先介紹回呼機制中的重要資料結構以及回呼的工作過程，然後介紹回呼的使用。

21.3.1 回呼物件

前面提到，回呼機制為驅動程式提供了一種通用的方法來發送和接收某類別通告，而回呼物件就是實現發送和接收通告的關鍵。

回呼物件（Callback Object）是回呼機制中最重要的資料結構，其資料類型為 CALLBACK_ OBJECT，用來唯一地描述一個回呼，如核心中存在一個回呼物件，用於描述電源狀態變化回呼，讀者也可以簡單地認為回呼物件描述了一個需要通告的內容。回呼物件屬於一種命名的核心物件（匿名的回呼物件是無意義的），開發者可以透過 WDK 提供的函數，建立一個指定名字的回呼物件，也可以開啟一個已存在的回呼物件。

下面介紹回呼的工作過程。當系統或開發者為驅動程式提供（發送）某一種通告時，需要建立一個回呼物件 A，如果驅動程式接收這種通告，則需要開啟回呼物件 A，成功開啟回呼物件 A 之後，驅動程式還需要把一個回呼常式「註冊」到回呼物件 A 上。透過這些操作，回呼物件 A 和驅動程式的回呼常式被連結起來，當系統或開發者發送通告時，就可以透過回呼物件 A 發起通告，最後回呼物件 A 連結的回呼常式就會被呼叫。

上面對回呼工作過程的描述可能過於抽象,下面結合實際的電源狀態變化回呼,説明其工作過程。系統在啟動時建立了一個回呼物件,用於描述電源狀態的變化,這個回呼物件名稱為 \Callback\PowerState,驅動程式需要接收電源狀態變化通告時,首先可以呼叫 ExCreateCallback 函數,開啟 \Callback\PowerState 物件,成功開啟 \Callback\PowerState 回呼物件後,ExCreateCallback 函數會傳回一個 PCALLBACK_OBJECT 類型的指標,這個指標表示成功開啟的回呼物件,然後驅動程式呼叫 ExRegisterCallback 函數,把一個回呼常式註冊到這個回呼物件上。當系統電源狀態發生變化時,系統可以呼叫 ExNotifyCallback 函數來發送通告,驅動程式所註冊的回呼常式會被呼叫。這個過程可以用圖 21-2 來表示。

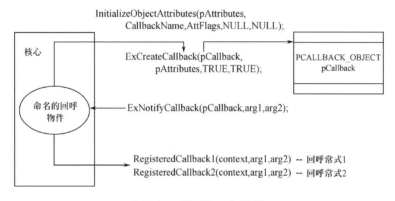

圖 21-2 回呼的工作過程

21.3.2 回呼物件的建立

前面提到,回呼物件是一種命名的核心物件,WDK 提供了 ExCreateCallback 函數用來建立或開啟一個回呼物件。ExCreateCallback 函數原型如下:

```
NTSTATUS ExCreateCallback(
  _Out_  PCALLBACK_OBJECT *CallbackObject,
  _In_   POBJECT_ATTRIBUTES ObjectAttributes,
  _In_   BOOLEAN Create,
  _In_   BOOLEAN AllowMultipleCallbacks);
```

ExCreateCallback 函數共有 4 個參數,下面分別介紹。

CallbackObject：成功建立或成功開啟一個回呼物件後，CallbackObject 儲存了回呼物件的指標。如果需要釋放該回呼物件，則可以使用 ObDereferenceObject 函數。關於回呼物件，讀者可以閱讀第 21.3.1 節。

ObjectAttributes：回呼物件的屬性，相信讀者對這個結構類型已經非常熟悉了，ObjectAttributes 內部指定建立或開啟的回呼物件名稱。如果開發者打算建立一個回呼物件，那麼新的回呼物件名稱不能和系統內建的回呼物件名稱重複。

Create：為 TRUE 時表示開啟回呼物件失敗後會建立這個回呼物件，為 FALSE 時表示只是開啟回呼物件，如果嘗試開啟的回呼物件不存在，則函數傳回失敗。

AllowMultipleCallbacks：如果允許多個回呼常式註冊到該回呼物件上，則把 AllowMultiple Callbacks 設定為 TRUE；否則設定為 FALSE。請注意，只有目前是建立一個新的回呼物件時，AllowMultipleCallbacks 參數才有意義。

ExCreateCallback 函數成功建立或開啟回呼物件後傳回 STATUS_SUCCESS；否則傳回一個錯誤。

21.3.3 回呼物件的註冊

所謂回呼物件的註冊，實際是指把一個回呼常式綁定到回呼物件上，當發送通告時，系統會依次呼叫與該回呼物件綁定的回呼常式。

WDK 提供了 ExRegisterCallback 函數來實現註冊操作，這個函數的使用比較簡單，原型如下：

```
PVOID ExRegisterCallback(
  _Inout_    PCALLBACK_OBJECT CallbackObject,
  _In_       PCALLBACK_FUNCTION CallbackFunction,
  _In_opt_   PVOID CallbackContext
);
```

第一個參數 CallbackObject 表示回呼物件，一般是 ExCreateCallback 函數傳回的回呼物件指標。

第二個參數 CallbackFunction 表示回呼常式，是最重要的參數。

第三個參數 CallbackContext 為使用者自訂的資料，可選。在回呼發生時，CallbackContext 會作為一個參數傳遞給回呼常式 CallbackFunction。

ExRegisterCallback 函數成功註冊後，傳回一個 PVOID 類型的註冊控制碼，失敗時傳回 NULL。移除註冊可以使用 ExUnregisterCallback 函數，ExUnregisterCallback 函數只有一個參數，就是 ExRegisterCallback 函數傳回的註冊控制碼。ExUnregisterCallback 函數的用法很簡單，這裡不再贅述。

下面介紹回呼常式。回呼常式原型如下：

```
VOID CALLBACK_FUNCTION(
    IN PVOID CallbackContext,
    IN PVOID Argument1,
    IN PVOID Argument2
    );
```

回呼常式只有三個參數，第一個參數是開發者呼叫 ExRegisterCallback 函數時傳遞的第三個參數，是開發者自訂的資料，可以為 NULL。第二個和第三個參數的含義由實際的回呼物件或回呼事件決定，對電源狀態變化回呼來說，Argument1 和 Argument2 表示的是電源狀態變化的事件以及動作；對開發者建立的回呼物件來說，Argument1 和 Argument2 的含義由開發者自己約定。

對於回呼常式，需要注意的是回呼常式的 IRQL，WDK 說明文件中指出回呼常式的 IRQL <= APC_LEVEL，所以如果需要在回呼常式中呼叫 API 的話，請務必注意 IRQL 問題。

21.3.4　回呼的通告

開發者可以使用 ExNotifyCallback 函數來發送通告。ExNotifyCallback 函數原型如下：

```
VOID ExNotifyCallback(
 _In_     PVOID CallbackObject,
 _In_opt_ PVOID Argument1,
 _In_opt_ PVOID Argument2
);
```

ExNotifyCallback 的參數非常簡單，第一個參數是需要發送通告的回呼物件，第二個和第三個參數分別對應回呼常式的第二個和第三個參數。

ExNotifyCallback 函數內部會對 CallbackObject 參數進行分析，尋找已經註冊到 CallbackObject 上的回呼常式，按照回呼常式的註冊順序，一個一個呼叫回呼常式。

▌ 21.4 安全的死角，回呼的應用

本節透過一個實例介紹 Windows 通知與回呼的實際應用。不知道讀者有沒有發現，一些中了病毒的電腦（這裡的病毒主要是指 Rootkit、驅動級病毒，Bootkit 病毒不在本節討論範圍內），透過安全軟體把病毒清除之後，重新啟動電腦卻又會發現這個病毒。那麼病毒是如何逃避安全軟體查殺的呢？

一般來說，驅動級病毒也以 .sys 檔案的方式存在，並且也以服務的方式被載入到系統中，登錄檔儲存服務資訊的路徑為 "HKEY_LOCAL_MACHINE\SYSTEM\CurrentControlSet\ services"。安全軟體會尤其關注登錄檔下的服務資訊，一旦有新的服務被註冊進來，安全軟體會捕捉到這個操作並且對被註冊的服務進行檢查（參考第 21.2.4 節中介紹的技術），只有檢查結果被認為是安全後，這個服務才允許被註冊到系統中。

考慮這樣一個場景：一個驅動級病毒已經被載入到系統中，電腦使用者在察覺電腦系統執行不正常後，下載安全軟體對這個病毒進行查殺。一些規模較小的安全軟體在查殺驅動級病毒時，可能只是刪除病毒對應的登錄檔的服務資訊以及病毒對應的 .sys 檔案。如果這個病毒是比較簡單的病毒，經過安全軟體這樣處理之後，重新啟動系統後病毒的確被清除乾淨了。但事情常常沒有這麼簡單（實際上比我們討論的還要複雜得多），很多驅動級病毒註冊了系統關機的事件通知（IoRegisterShutdownNotification，這個事件通知本章沒有介紹，請讀者自行查閱 WDK 說明文件），或註冊了電源狀態變化回呼，在接收到系統將要關機或重新啟動的通知後，在回呼常式中把本身「重新註冊」到系統中（所謂「重新註冊」，是指病毒產生一份全新的 .sys 檔案到磁碟，並且把本身的服務資訊寫入到登錄檔，下次開機可以自啟動），由於處於關機或重新啟動過程，一般的安全軟體會直接放過這個操作，造成一個安全的死角，其後果是重新啟動系統後，病毒依然存在。

上面介紹的只是 Windows 通知與回呼最簡單的應用，實際上通知與回呼的應用非常廣泛，本章無法把這些應用一一列舉，更多的應用還需要讀者在參與實際開發時去思考、採擷。

保護處理程序

本書前面章節已經介紹了豐富的核心驅動架構以及核心程式設計基礎，閱讀到本章的讀者理應掌握了安全開發的技術基礎和要點。在實際的安全開發中，一套安全軟體的組成是非常複雜的，核心模組作為安全軟體的核心模組，其責任除了實現安全軟體的主要功能，還有一個重要責任是保護軟體本身工作的正確性以及完整性。試想一下，如果一套安全軟體連本身都沒有保護好，還沒有開始工作就被惡意程式破壞掉了，如何去保護其他？

本章將結合實際安全開發場景，介紹 Windows 核心物件的保護。其中，處理程序屬於核心物件的一種，考慮到使用處理程序的場景非常多，所以本章在介紹核心物件的保護之後，再介紹如何保護一個處理程序。其他核心物件（如執行緒、互斥量）的保護方法和本章介紹的方法非常類似，讀者可以自行研究。

22.1 核心物件簡介

簡單來說，核心物件是核心態的一塊記憶體，這塊記憶體由系統分配及維護。這塊記憶體描述了物件的相關資訊，舉例來說，處理程序物件屬於核心物件，這個核心物件描述了和處理程序相關的資訊，如處理程序對應的可執行檔（一般是 .exe 副檔名的檔案）的名字、處理程序分頁的指標、處理程序分配的虛擬記憶體資訊等。請注意，下文中提及的「物件」均指核心物件。

核心物件分為命名核心物件和匿名核心物件。命名核心物件其實是指這個物件被指定了一個名字，應用程式或核心模組透過這個名字可以「定位」到這個物件；相反，匿名核心物件是指這個物件沒有被指定名字。一般來說，如果一個物件需要被多個處理程序使用（跨處理程序存取），則可以使用命名核心物件，舉例來說，A 處理程序建立一個命名互斥量物件（Mutant），B 處理程序需要使用這個互斥量物件時可以透過互斥量的名字來開啟這個互斥量,而匿名核心物件則沒法透過這個方法實現。請讀者一定注意,上面這段話並不表示匿名核心物件不能被跨處理程序存取,匿名核心物件和命名核心物件同樣都是核心物件,都是可以被跨處理程序存取的,只是匿名核心物件沒有名字,不能透過名字來開啟。

物件是有類型的,如互斥量物件和事件物件(Event)就是兩種類型的物件,不同類型物件的名字可以相同。如圖 22-1 所示是在筆者電腦上使用 WinObj 檢視到的物件類型。

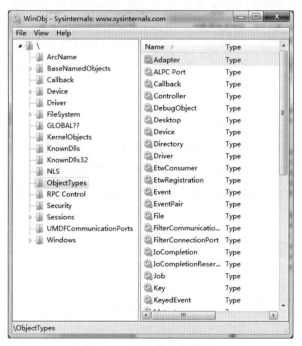

圖 22-1 不同的物件類型

▌ **22.2 核心物件的結構**

由上一節的介紹可知,一個實際的核心物件實際上對應了一塊核心態的記憶體,這塊記憶體描述了這個物件的實際資訊。那麼這塊記憶體的資料結構是怎樣定義的呢?遺憾的是,微軟並沒有公開這塊記憶體的實際資料結構,但是幸運的是，開發者可以使用 WinDbg，結合微軟提供的符號表資訊（.pdb）來檢視物件的資料結構。

雖然透過 WinDbg 和符號表資訊可以檢視核心物件的結構資訊，但是這個結構屬於未公開的結構，不同系統之間對該結構的定義可能存在差異，所以在使用這個結構之前，一定要把不同系統之間的差異分析清楚。簡單起見，本章將 32 位元 Windows 7 系統下的核心物件結構作為主要的介紹物件，其他系統（尤其是 64 位元系統）下的核心物件結構，請使用 WinDbg 配合符號表資訊檢視。

核心物件的結構主要由兩部分組成：一部分是物件表頭；另一部分是物件本體。讀者可以使用 WinDbg 工具來檢視物件表頭的定義，強大的 WinDbg 工具提供了 dt 指令來顯示一個結構的定義。dt 即是 Display Type 的縮寫，可以透過 WinDbg 的說明文件檢視 dt 指令的用法。下面貼出使用 dt 指令檢視 32 位元 Windows 7 物件結構的結果。

```
kd> dt nt!_OBJECT_HEADER
   +0x000 PointerCount          : Int4B
   +0x004 HandleCount           : Int4B
   +0x004 NextToFree            : Ptr32 Void
   +0x008 Lock                  : _EX_PUSH_LOCK
   +0x00c TypeIndex             : UChar
   +0x00d TraceFlags            : UChar
   +0x00e InfoMask              : UChar
   +0x00f Flags                 : UChar
   +0x010 ObjectCreateInfo      : Ptr32 _OBJECT_CREATE_INFORMATION
   +0x010 QuotaBlockCharged     : Ptr32 Void
   +0x014 SecurityDescriptor    : Ptr32 Void
   +0x018 Body                  : _QUAD
```

在這個結構中，讀者首要關心的是 PointerCount、HandleCount 及 TypeIndex 成員。PointerCount 儲存的是這個物件的指標計數，HandleCount 儲存的是這個物件的控制碼計數（也可以稱這個計數為參考計數）。應用程式透過 API 開啟一個物件時，物件的指標計數和控制碼計數都會被加 1：關閉物件（如 CloseHandle）時，物件的指標計數和控制碼計數都會被減 1。另外，核心模組可以透過核心 API 來增加物件的指標計數（如 ObReferenceObject）。一般來說，物件的指標計數大於等於物件的控制碼計數，當指標計數被減少到 0 時，這個核心物件會被銷毀。

TypeIndex 表示這個物件的類型，不同類型物件的 TypeIndex 值不同。實際上 TypeIndex 是一個陣列的索引，使用 WinDbg 偵錯可以發現這個陣列是 ObTypeIndexTable，其中儲存了系統物件類型的資訊。有趣的是，ObTypeIndexTable 陣列內的每個元素也是一個核心物件，這種核心物件的類型為 "Type"，也就是說，系統使用一個類型為 "Type" 的核心物件來表示一個物件類型。下文中把這種核心物件稱為 "Type 物件"。

Body 表示物件本體，不同類型物件的物件本體是不同的，如處理程序物件的物件本體是 _EPROCESS 結構，執行緒物件的物件本體是 _ETHREAD 結構。需要指出的是，前面章節中介紹的驅動和裝置，也是一種核心物件，驅動物件的物件本體結構是 _DRIVER_OBJECT，裝置物件的物件本體結構是 _DEVICE_OBJECT。讀者可以透過 WinDbg 自行檢視不同類型的物件本體。

物件的結構較為複雜，上面只介紹了結構中常用的成員，有興趣的讀者可以研究結構中其他成員的含義。

▎ 22.3 保護核心物件

讀者也許有疑惑，為什麼要保護一個核心物件？請考慮這樣一個場景：開發者需要開發一套安全軟體，安全軟體包含許多個處理程序以及核心模組，處理程序內部使用了一系列的核心物件，如使用命名的事件物件（Event）來表示一個狀態、使用命名的記憶體對映檔案（Section）實現處理程序間資料共用等。試想一下，如果有一個惡意程式，在安全軟體啟動之前建立了相同名字的核心物件，或說惡意程式開啟安全軟體處理程序建立的核心物件，然後修改物件的狀態（或修改記憶體對映檔案的內容）等，這樣的一系列操作都會破壞安全軟體執行的正確性。所以，本身安全也是安全軟體的重要功能。習慣上把上述惡意程式的行為稱為「物件綁架」，把對安全軟體本身安全的強化和保護稱為「自保護」。

保護核心物件有各種各樣的方法，本章介紹幾種常用的保護方法。請記住，絕對的安全是不存在的，任何一套技術方案都會存在或多或少的缺陷，在實際應用時需要結合實際的場景或需求，使用一套和多套技術方案進行互補。

下面的章節將討論如何防止物件被綁架，討論的範圍限定在防止來自使用者態的物件綁架。防止來自核心態的物件綁架是沒有意義的，一旦惡意的核心模組被載入到核心，這個惡意模組就已經擁有了最高許可權，它所能造成的危害遠遠高於物件綁架。

22.3.1 處理物件的開啟

要操作一個核心物件，首先要開啟這個核心物件（或透過控制碼複製，後面討論），所以保護一個物件最簡單的方法就是防止這個物件被惡意處理程序開啟。

如何防止一個核心物件不被其他處理程序開啟？答案是掛鉤開啟核心物件的相關函數，本書第 20 章已經介紹了系統服務描述符號表掛鉤以及內聯掛鉤。在掛鉤的處理函數中，判斷目前需要開啟的核心物件名稱是否是需要保護的核心物件名稱，如果是，再判斷開啟該核心物件的處理程序是否是安全（即受信任）的處理程序，如果是非安全的處理程序開啟受保護的核心物件，則需要在鉤子處理函數中阻止這個操作。

不同核心物件的開啟物件使用的 API 不同，對於事件物件，開啟核心物件使用 NtOpenEvent 函數；而對於記憶體對映檔案，開啟核心物件使用 NtOpenSection 函數；針對保護不同的核心物件，需要掛鉤不同的函數。

無論是使用系統服務描述符號表掛鉤，還是使用內聯掛鉤，鉤子處理函數的邏輯都是一樣的。下面以保護一個事件物件為例，介紹鉤子函數的處理過程。本節不再介紹掛鉤的過程，掛鉤的實際操作請參考本書第 20 章。

開啟一個事件物件，可以使用 NtOpenEvent 函數和 NtCreateEvent 函數。對 NtOpenEvent 這個操作來說，需要取代 SSDT 中的 NtOpenEvent 函數或內聯掛鉤 NT 模組的 NtOpenEvent 函數。請注意，如果選擇使用內聯掛鉤方式，則不能掛鉤 ZwOpenEvent 函數，因為在使用者態開啟事件物件，在流程上不會經過 ZwOpenEvent 函數。同理，對 NtCreateEvent 這個操作來說，需要取代 SSDT 中的 NtCreateEvent 或內聯掛鉤 NT 模組的 NtCreateEvent 函數。

下面貼出 NtOpenEvent 鉤子處理函數的程式。假設開發者定義了一個名為 "Global\ ProtectEvent" 的事件物件，這段程式對該事件物件進行保護。

```
#define PROTECT_NAME L"Global\\ProtectEvent" // 需要保護的名字

typedef NTSTATUS(_stdcall *PHOOK_NtOpenEvent) (PHANDLE EventHandle,
  ACCESS_MASK DesiredAccess,
  POBJECT_ATTRIBUTES ObjectAttributes);

// NtOpenEvent的原函數位址，掛鉤時會設定值
PHOOK_NtOpenEvent g_pOrgin_NtOpenEvent = NULL;

// 保護的物件名稱，UNICODE_STRING類型
UNICODE_STRING g_strProtectEventName =
{
  sizeof(PROTECT_NAME) - 2,
  sizeof(PROTECT_NAME),
  PROTECT_NAME
};

// 鉤子處理函數
NTSTATUS _stdcall HOOK_NtOpenEvent(
  PHANDLE EventHandle,
  ACCESS_MASK DesiredAccess,
  POBJECT_ATTRIBUTES ObjectAttributes)
{
  NTSTATUS nStatus = STATUS_SUCCESS;
  HANDLE hCurrentProcessId = 0;
  do
  {
    if (ExGetPreviousMode() != UserMode)
    {
      break;
    }
    if (ObjectAttributes == NULL ||
        ObjectAttributes->ObjectName == NULL ||
        ObjectAttributes->ObjectName->Buffer == NULL ||
        ObjectAttributes->ObjectName->Length == 0)
    {
      break;
    }
    if ( RtlCompareUnicodeString(ObjectAttributes->ObjectName,
                     &g_strProtectEventName, TRUE) != 0 )
    {
      break;
    }
```

```
    hCurrentProcessId = PsGetCurrentProcessId();

    // 檢查目前處理程序是否是安全處理程序，安全處理程序由讀者自己定義，但是某
    // 些系統處理程序必須作為安全處理程序
    if (IsSafeProcess(hCurrentProcessId) == FALSE)
    {
        // 如果是非安全處理程序開啟受保護的核心物件，則傳回一個錯誤
        nStatus = STATUS_ACCESS_DENIED;
    }
    break;
} while (FALSE);
if (nStatus != STATUS_ACCESS_DENIED)
{
    nStatus = g_pOrgin_NtOpenEvent(EventHandle,
                    DesiredAccess, ObjectAttributes);
}
return nStatus;
}
```

22.3.2 處理控制碼的複製

上一節介紹了如何防止一個受保護的核心物件被非法開啟。這僅是保護核心物件的第一步。

眾所皆知，開啟一個核心物件可以取得核心物件的控制碼，透過這個控制碼可以操作核心物件。而取得核心物件的控制碼只能透過「開啟」操作獲得嗎？答案是否定的。

Windows 系統提供了一種被稱為「控制碼複製」的操作。簡單來說，透過控制碼複製可以把一個處理程序控制碼表中的控制碼複製到另一個處理程序的控制碼表中。例如 A 處理程序建立了一個事件物件，控制碼值為 0x3c，透過控制碼複製可以把 A 處理程序中的這個控制碼複製到 B 處理程序，複製後的控制碼值不一定等於 0x3c（實際上幾乎不會等於 0x3c）。也就是說，利用控制碼複製，惡意處理程序不通過開啟的操作也可以取得受保護的核心物件控制碼。

在介紹如何解決控制碼複製帶來的問題之前，首先介紹控制碼複製操作的 API。系統提供了 DuplicateHandle 函數來完成控制碼複製，這個函數定義如下：

```
BOOL WINAPI DuplicateHandle(
  _In_    HANDLE hSourceProcessHandle,
  _In_    HANDLE hSourceHandle,
  _In_    HANDLE hTargetProcessHandle,
  _Out_   LPHANDLE lpTargetHandle,
  _In_    DWORD dwDesiredAccess,
  _In_    BOOL bInheritHandle,
  _In_    DWORD dwOptions
);
```

- hSourceProcessHandle：表示來源處理程序的控制碼。來源處理程序是指將要被複製的控制碼所屬的處理程序。
- hSourceHandle：表示來源控制碼，被複製的控制碼值，這個控制碼存在於 hSourceProcessHandle 所指的處理程序中。
- hTargetProcessHandle：表示目標處理程序的控制碼。來源控制碼 hSourceHandle 會被複製到 hTargetProcessHandle 所指的目標處理程序中。
- lpTargetHandle：一個傳回參數，儲存複製後的控制碼值，這個控制碼值存在於 hTargetProcessHandle 所指的處理程序中。

其餘參數的意義對本節沒影響，請讀者自行參考 MSDN 的介紹。

從 MSDN 對這個函數的介紹可知，在複製控制碼時，目前處理程序（呼叫該函數的處理程序）必須擁有來源處理程序（hSourceProcessHandle）和目標處理程序（hTargetProcessHandle）的 PROCESS_DUP_ HANDLE 許可權。

下面介紹解決這個問題的想法。解決的想法如下。

想法一：掛鉤核心物件的操作函數，如對於事件物件的操作函數，掛鉤 NtSetEvent 和 NtResetEvent 等函數，在這些鉤子處理函數中，判斷是否是非安全處理程序在操作受保護的核心物件，如果是則攔截操作並傳回錯誤。

想法二：掛鉤控制碼複製的函數，在核心態中，複製控制碼的函數為 NtDuplicateObject，該函數的參數和 DuplicateHandle 函數非常類似。掛鉤方法可以是系統服務描述符號表掛鉤或內聯掛鉤。在鉤子處理函數中，判斷目前操作是否把一個受保護的核心物件控制碼複製到一個非安全的處理程序中，如果是則攔截操作並傳回錯誤。

想法三：從前面的介紹可知，複製控制碼的操作要求目前處理程序必須擁有來源處理程序（hSourceProcess Handle）的 PROCESS_DUP_HANDLE 許可權，可以透過 OpenProcess 函數取得來源處理程序控制碼。以這個分析，也可以考慮掛鉤核心為基礎的 NtOpenProcess 函數，防止非安全的處理程序取得安全處理程序的 PROCESS_DUP_HANDLE 許可權。

從上面三個想法來看，想法一是在實際的行為操作上進行攔截，而想法二和想法三是從「源頭」上進行攔截。三個想法各有優勢，但想法三的適用範圍更大，它在保護核心物件的同時，也在保護處理程序。關於這方面的討論，請閱讀第 22.4 節。

22.3.3 處理控制碼的繼承

從取得控制碼的途徑上看，除了前面介紹的開啟操作以及複製操作，還會有一個途徑，即透過「繼承」取得控制碼。

一般來說，繼承發生在父子處理程序間，從 Vista 系統開始引用了「屬性清單（AttributeList）」，允許在建立子處理程序的過程中指定從某個處理程序繼承控制碼。關於屬性清單的實際操作，讀者可以在 MSDN 中查閱 InitializeProcThreadAttributeList 及 UpdateProcThreadAttribute 等函數。

惡意程式可以透過屬性清單的方式，在建立子處理程序時，指定從安全處理程序中繼承控制碼，然後透過繼承的控制碼來惡意操作核心物件。對於這種問題，讀者可能很自然地想到透過掛鉤函數來解決，但遺憾的是，繼承控制碼的操作發生在建立子處理程序的過程中，沒有公開的函數來操作控制碼的繼承，既然沒有公開的操作函數，也就沒有了掛鉤的目標。

幸運的是，解決方法還是有的，在透過屬性清單途徑繼承控制碼的過程中，也有關了處理程序控制碼的許可權，讀者可以參考第 22.3.2 節介紹的想法三來解決。但本節介紹另外一種解決方法，在介紹該解決方法之前，首先溫習一下物件的結構。第 22.2 節在介紹核心物件結構時，曾經提到核心物件的類型，物件表頭（_OBJECT_HEADER）中的 TypeIndex 成員表示物件類型，TypeIndex 實際上是 ObTypeIndexTable 陣列的索引，陣列中每個元素也是一個核心物件。也就是說，系統使用一個核心物件來表示一個物件類型，這種核心物件的類型為 "Type"，下文中把這種核心物件稱為 "Type 物件"。為了證實上面的說法，下面貼出 WinDbg 的偵錯過程。

首先列印 ObTypeIndexTable 陣列中的元素。

```
kd> dd ObTypeIndexTable
83f4a8c0   00000000 bad0b0b08634381086343748
83f4a8d0   8634368086343438863432f886343230
83f4a8e0   8634bf788634beb08634bde88634b768
83f4a8f0   863d6e38863daab0863cb418863cb350
83f4a900   863cc418863cc350863cd418863cd350
83f4a910   863da548863da480863da3b8863d2040
83f4a920   863d2220863d2158863daf78863daeb0
83f4a930   863dade8863d67e0863d6718863cf9b8
```

在筆者的虛擬機器上，核心事件物件的類型索引（TypeIndex）為 0xc，
83f4a8c0+0xc*4= 83f4a8f0，即對應上面的粗體字位址，83f4a8f0 位址內的值為
863d6e38。使用 WinDbg 的 !object 指令檢視這個物件。

```
kd> !object 863d6e38
Object: 863d6e38  Type: (86343810) Type
    ObjectHeader: 863d6e20 (new version)
    HandleCount: 0  PointerCount: 2
    Directory Object: 89e059c0  Name: Event
```

從 WinDbg 輸出的資訊可以看到，863d6e38 的確是一個核心物件，並且這個核
心物件的類型為 "Type"，物件的名字為 "Event"。對於 ObTypeIndexTable 陣列
的元素，讀者可以透過 WinDbg 自行檢視。

下面介紹「Type 物件」，「Type 物件」的物件本體結構為 _OBJECT_TYPE，定
義如下：

```
kd> dt nt!_OBJECT_TYPE
   +0x000 TypeList                 : _LIST_ENTRY
   +0x008 Name                     : _UNICODE_STRING
   +0x010 DefaultObject            : Ptr32 Void
   +0x014 Index                    : UChar
   +0x018 TotalNumberOfObjects     : Uint4B
   +0x01c TotalNumberOfHandles     : Uint4B
   +0x020 HighWaterNumberOfObjects : Uint4B
   +0x024 HighWaterNumberOfHandles : Uint4B
   +0x028 TypeInfo                 : _OBJECT_TYPE_INITIALIZER
   +0x078 TypeLock                 : _EX_PUSH_LOCK
   +0x07c Key                      : Uint4B
   +0x000 CallbackList             : _LIST_ENTRY
```

在結構中,讀者需要關心的是 TypeInfo 成員,這個成員是一個 _OBJECT_ TYPE_INITIALIZER 結構,裡面包含了和類型相關的資訊。_OBJECT_TYPE_ INITIALIZER 結構定義如下:

```
kd> dt nt!_OBJECT_TYPE_INITIALIZER
   +0x000 Length                      : Uint2B
   +0x002 ObjectTypeFlags             : UChar
   +0x002 CaseInsensitive             : Pos 0, 1 Bit
   +0x002 UnnamedObjectsOnly          : Pos 1, 1 Bit
   +0x002 UseDefaultObject            : Pos 2, 1 Bit
   +0x002 SecurityRequired            : Pos 3, 1 Bit
   +0x002 MaintainHandleCount         : Pos 4, 1 Bit
   +0x002 MaintainTypeList            : Pos 5, 1 Bit
   +0x002 SupportsObjectCallbacks     : Pos 6, 1 Bit
   +0x004 ObjectTypeCode              : Uint4B
   +0x008 InvalidAttributes           : Uint4B
   +0x00c GenericMapping              : _GENERIC_MAPPING
   +0x01c ValidAccessMask             : Uint4B
   +0x020 RetainAccess                : Uint4B
   +0x024 PoolType                    : _POOL_TYPE
   +0x028 DefaultPagedPoolCharge      : Uint4B
   +0x02c DefaultNonPagedPoolCharge   : Uint4B
   +0x030 DumpProcedure               : Ptr32     void
   +0x034 OpenProcedure               : Ptr32     long
   +0x038 CloseProcedure              : Ptr32     void
   +0x03c DeleteProcedure             : Ptr32     void
   +0x040 ParseProcedure              : Ptr32     long
   +0x044 SecurityProcedure           : Ptr32     long
   +0x048 QueryNameProcedure          : Ptr32     long
   +0x04c OkayToCloseProcedure        : Ptr32     unsigned char
```

在這個龐大的結構中,讀者需要重點關心的是 OpenProcedure 成員。 OpenProcedure 成員是一個函數指標,表示當一個核心物件被「取得」控制碼 時,系統會呼叫這個核心物件對應「Type 物件」的 OpenProcedure 函數。也就 是說,只要把 OpenProcedure 的值修改成鉤子處理函數的位址,當這種核心物 件的控制碼被取得時,設定的鉤子函數就會被呼叫!由於 OpenProcedure 存在 於物件的結構中,所以本書把這種掛鉤稱為「物件掛鉤」(Object Hook)。

需要注意的是,上面提到的「取得」,實際包含了三種情況:第一種是透過 create/open 一系列函數取得控制碼;第二種是透過控制碼複製的方式取得控制 碼;第三種是透過控制碼繼承的方式取得控制碼。

下面介紹 32 位元 Windows 7 系統下的 OpenProcedure 函數原型。請讀者注意，OpenProcedure 屬於沒有公開的函數，所以在不同系統下的參數可能不同。

```
NTSTATUS OB_OPEN_METHOD(IN OB_OPEN_REASON OpenReason,
  IN KPROCESSOR_MODE AcesssMode,
  IN PEPROCESS Process OPTIONAL,
  IN PVOID Object,
  IN PACCESS_MASK GrandedAcess,
  IN ULONG HandleCount)
```

OpenReason 是一個列舉類型的值，表示目前取得控制碼的方式。定義如下：

```
typedef enum _OB_OPEN_REASON
{
  ObCreateHandle,        // 透過建立核心物件的方式取得控制碼
  ObOpenHandle,          // 透過開啟核心物件的方式取得控制碼
  ObDuplicateHandle,     // 透過複製控制碼的方式取得控制碼
  ObInheritHandle,       // 透過繼承控制碼的方式取得控制碼
  ObMaxOpenReason
} OB_OPEN_REASON;
```

這個列舉列出了所有取得核心物件控制碼的途徑，透過 OpenReason 參數可以很輕易地得知目前是透過何種途徑來取得核心物件控制碼的。

AcesssMode 參數表示存取模式，設定值是 UserMode 或 KernelMode。Process 參數是處理程序物件指標；Object 參數是核心物件指標，表示目前將要取得這個核心物件的控制碼；GrandedAcess 參數表示取得的許可權，開發者可以透過這個值來修改控制碼的許可權；HandleCount 參數表示控制碼計數。

從上面對 OpenProcedure 的介紹可以看出，雖然本節關注的是透過繼承的方式取得控制碼，但是透過掛鉤 OpenProcedure 卻可以攔截透過任何方式取得控制碼的情況。下面透過一個實例來詳細介紹物件掛鉤的操作以及鉤子處理函數的實現。本例實現的功能與第 22.3.1 節中的實例功能相同。

```
// 需要保護的名字
#define PROTECT_NAME     L"\\Global\\ProtectEvent"

// 需要保護的名字，NT格式
#define PROTECT_NAME_BASE  L"\\BaseNamedObjects\\ProtectEvent"

#define OPENPROCEDURE_OFFSET  (0x5c) // OpenProcedure的偏移
```

```
// 需要保護的物件名稱，UNICODE_STRING類型
UNICODE_STRING g_strProtectEventName =
{
  sizeof(PROTECT_NAME)-2,
  sizeof(PROTECT_NAME),
  PROTECT_NAME
};

// 需要保護的物件名稱，NT格式，UNICODE_STRING類型
UNICODE_STRING g_strProtectEventNameBase =
{
  sizeof(PROTECT_NAME_BASE)-2,
  sizeof(PROTECT_NAME_BASE),
  PROTECT_NAME_BASE
};

// 函數型態宣告
typedef NTSTATUS (_stdcall *PHOOK_OpenProcedure)(
                 IN OB_OPEN_REASON OpenReason,
                 IN KPROCESSOR_MODE AcesssMode,
                 IN PEPROCESS Process OPTIONAL,
                 IN PVOID Object,
                 IN PACCESS_MASK GrandedAcess,
                 IN ULONG HandleCount);

// 全域變數定義
PHOOK_OpenProcedure  g_OldOpenProcedureEvent = NULL;

// Object Hook核心事件物件的OpenProcedure函數
BOOLEAN ObjectHookOpenEvent(PVOID pHookFunc,PVOID *pOldFunc)
{
  BOOLEAN     bSucc = FALSE;
  do
  {
    PVOID pEventTypeObj = NULL;
    PVOID* pHookAddress = NULL;
    if( ExEventObjectType == NULL )
    {
      break;
    }
    pEventTypeObj = (PVOID)*ExEventObjectType;
    // 從_OBJECT_TYPE中透過直接寫程式定位到OpenProcedure位址
    pHookAddress = (PVOID*)
```

```
                       ((UCHAR*)pEventTypeObj + OPENPROCEDURE_OFFSET);
    if( pHookAddress == NULL )
    {
       break;
    }
    // 儲存原來的OpenProcedure指標
    if( pOldFunc != NULL )
    {
       *pOldFunc = *pHookAddress;
    }
    // 開始Object Hook
    InterlockedExchangePointer(pHookAddress,pHookFunc);
    bSucc = TRUE;

  }
  while (FALSE);
  return bSucc;
}

NTSTATUS _stdcall HOOK_OpenProcedure_Event(IN OB_OPEN_REASON OpenReason,
                       IN KPROCESSOR_MODE AcesssMode,
                       IN PEPROCESS Process OPTIONAL,
                       IN PVOID Object,
                       IN PACCESS_MASK GrandedAcess,
                       IN ULONG HandleCount)
{
  NTSTATUS nStatus = STATUS_SUCCESS;
  POBJECT_NAME_INFORMATION pObjNameInfo = NULL;
  do
  {
    ULONG uReturnLen = 0;
    NTSTATUS nRet = STATUS_UNSUCCESSFUL;
    HANDLE hCurrentProcessId = NULL;
    if( OpenReason != ObInheritHandle && AcesssMode != UserMode )
    {
       // 對於繼承操作，不關心AcesssMode是UserMode還是KernelMode
       // 其他操作只過濾UserMode
       break;
    }
    if( GrandedAcess == NULL )
    {
       break;
    }
```

```
if( Object == NULL )
{
    break;
}
ObQueryNameString(Object,NULL,0,&uReturnLen);
if( uReturnLen == 0 )
{
    break;
}
pObjNameInfo = (POBJECT_NAME_INFORMATION)
        ExAllocatePoolWithTag(NonPagedPool,uReturnLen,'he');
if( pObjNameInfo == NULL )
{
    break;
}
memset(pObjNameInfo,0,uReturnLen);
nRet = ObQueryNameString(
                Object,pObjNameInfo,uReturnLen,&uReturnLen);
if( !NT_SUCCESS(nRet) )
{
    break;
}
if( pObjNameInfo->Name.Buffer == NULL ||
    pObjNameInfo->Name.Length == 0 )
{
    break;
}
if(  RtlCompareUnicodeString(&pObjNameInfo->Name,
                &g_strProtectEventName,TRUE) &&
    RtlCompareUnicodeString(&pObjNameInfo->Name,
                &g_strProtectEventNameBase,TRUE) )
{
    break;
}
// 目前開啟的是受保護事件物件
hCurrentProcessId = PsGetCurrentProcessId();
// 檢查目前處理程序是否是安全處理程序，安全處理程序由讀者自己定義，但是某
// 些系統處理程序必須作為安全處理程序
if( IsSafeProcess(hCurrentProcessId) == TRUE )
{
    break;
}
// 表明非安全處理程序在取得受保護的事件物件控制碼
```

```
    nStatus = STATUS_ACCESS_DENIED;

}
while (FALSE);
if( pObjNameInfo != NULL )
{
    ExFreePoolWithTag(pObjNameInfo,'he');
    pObjNameInfo = NULL;
}
if( (g_OldOpenProcedureEvent != NULL) &&
    (nStatus != STATUS_ACCESS_DENIED) )
{
    // 呼叫原來的OpenProcedure函數
    nStatus = g_OldOpenProcedureEvent(OpenReason,AcesssMode,Process,
                        Object,GrandedAcess,HandleCount);
}
return nStatus;
}
```

在上面的程式中，關鍵的是 ObjectHookOpenEvent 函數內部實現了對 "Event" 類型的物件掛鉤，在 ObjectHookOpenEvent 中使用了一個 ExEventObjectType 外部變數，這個變數由 NT 模組匯出。*ExEventObjectType 表示一個 _OBJECT_ TYPE，名字為 "Event"，可以用 WinDbg 檢視 *ExEventObjectType 的資訊。

```
kd> !object poi(ExEventObjectType)
Object: 867e5b50  Type: (867438b0) Type
    ObjectHeader: 867e5b38 (new version)
    HandleCount: 0  PointerCount: 2
    Directory Object: 8a2058c8  Name: Event
```

HOOK_OpenProcedure_Event 是鉤子處理函數，在函數中首先透過物件指標反查對象名字，然後透過名字比對，檢查目前是否開啟受保護的核心物件，對於名字元合的情況，進一步檢查目前處理程序是否是安全處理程序，攔截非安全處理程序開啟受保護核心物件。

關於鉤子處理函數，讀者需要注意兩點：第一，在鉤子處理函數內對 OpenReason 為繼承（ObInheritHandle）的情況做了特殊判斷，因為在 Windows 7 系統下，繼承操作的 AccessMode 一般是 KernelMode，所以對於 ObInheritHandle，鉤子處理函數不過濾 KernelMode 的情況；而對於非繼承操作，鉤子處理函數只處理 UserMode 的情況。第二，鉤子處理函數內部在比對物件名稱時使用了兩種格式，其中一種是 "\Global\ProtectEvent"；另一種是 "\BaseNamedObjects\ ProtectEvent"。筆者認為，這是因為在物件建立初期，該命名核心物件還沒有插入到物件目錄（Object Directory）中，鉤子處理函數取得的是原始的 "\Global\ProtectEvent" 名字；當命名物件已經被建立並且被插入到物件目錄中後，鉤子處理函數取得的是物件的真實名字 "\BaseNamedObjects\ ProtectEvent"。

最後是驅動的入口函數，在 DriverEntry 函數中呼叫 ObjectHookOpenEvent 函數進行掛鉤。

```
ObjectHookOpenEvent((PVOID)HOOK_OpenProcedure_Event,
(PVOID*)&g_OldOpenProcedureEvent);
```

本節介紹了透過物件掛鉤的方法來保護核心物件，在 OpenProcedure 函數原型中，還有一個重要的參數是 GrandedAcess，透過這個參數可以修改控制碼的許可權。筆者把這個練習留給讀者，請讀者自行寫程式驗證。

▌ 22.4 處理程序的保護

前面介紹了如何保護核心物件，本節介紹如何從核心物件的角度保護處理程序。

在一套安全軟體中，處理程序和核心模組是相互配合、默契工作的，任何一方被破壞都會造成安全軟體工作例外。由於攻擊正在工作的核心模組難度較大，攻擊者需要撰寫一個惡意模組載入到系統核心，而惡意模組進入核心的途徑常常會被安全軟體堵死，所以攻擊者第一步更偏向於攻擊安全軟體的處理程序，處理程序被破壞（或被利用）後，安全軟體一般不能再正常執行，這時攻擊者就可以堂而皇之地載入惡意模組到核心，進一步取得系統的最高許可權。

22.4.1 保護原理

處理程序物件也是一種核心物件，對處理程序的各種操作也需要透過控制碼來進行，和保護其他核心物件一樣，保處理程序物件也是透過在取得處理程序控制碼時進行攔截而保護的。

從前面的介紹可知，取得處理程序控制碼也有三大途徑：一是透過開啟的方式取得；二是透過複製控制碼的方式取得；三是透過繼承控制碼的方式取得。開發者只要在這些取得處理程序控制碼的途徑上進行攔截和過濾，就可以在某種程度上保護處理程序物件。

相對其他核心物件（如事件物件），處理程序物件的保護有些特殊，從操作核心物件的角度看，對處理程序的操作比對其他核心物件的操作要多得多，如取得處理程序的命令列、列舉處理程序內的執行緒、等待一個處理程序退出等。如果開發者使用「一刀切」的方法，禁止非安全處理程序（註：這裡指的非安全處理程序並非全部是惡意處理程序，也有可能是未知屬性的處理程序）開啟安全處理程序的控制碼，這樣可能會造成一些軟體間的相容性問題，這些相容性問題的表現比較隱蔽，一時半刻可能還發現不了。所以，對於處理程序來說，開發者應當允許非安全處理程序對安全處理程序的非惡意操作，只攔截非安全處理程序的惡意操作。惡意操作主要是指透過處理程序控制碼惡意修改 / 寫入處理程序資料或惡意終止處理程序。

本章前面提到過，對核心物件不同的操作，需要控制碼的許可權也不同，所以只要控制了控制碼的許可權，也就控制了實際的操作。那麼處理程序保護方案的設計可以基於這樣一個想法：處理程序許可權可以分為兩大類，其中一種是「唯讀」許可權，如用於查詢操作等；另一種是「修改」許可權，如使用者修改處理程序內的資料、設定處理程序屬性、終止處理程序等。開發者可以撰寫一個核心模組控制處理程序控制碼許可權的分配，對於非安全處理程序取得安全處理程序控制碼的情況，只傳回「唯讀」許可權給呼叫者，非安全處理程序拿到這個「唯讀」許可權的控制碼，也能做一些和查詢讀取相關的操作，無法破壞安全處理程序。

如何控制控制碼的許可權？讀者應該可以想到，在取得處理程序控制碼的函數中，都有一個參數表示需要取得的許可權，讀者可以使用第 22.3.1 節中介紹的掛鉤方法，掛鉤 NtOpenProcess 函數，在鉤子處理函數中修改 NtOpenProcess 函數中的 DesiredAccess 參數，使其變成一個「唯讀」的許可權，然後再把請求傳遞給原來的 NtOpenProcess 函數。NtOpenProcess 函數的原型讀者可以參考 WDK 開發文件。另外，讀者還可以使用第 22.3.3 節中介紹的「物件掛鉤」方法，修改 OpenProcedure 函數的 GrandedAcess 參數。實際程式如下：

```
// 全域變數定義
PHOOK_OpenProcedure  g_OldOpenProcedureProcess = NULL;

HANDLE   g_hProtectProcessId = 0;
// 受保護處理程序的ID，透過DeviceIoControl來設定值

NTSTATUS _stdcall HOOK_OpenProcedure_Process(IN OB_OPEN_REASON OpenReason,
                             IN KPROCESSOR_MODE AcesssMode,
                             IN PEPROCESS Process OPTIONAL,
                             IN PVOID Object,
                             IN PACCESS_MASK GrandedAcess,
                             IN ULONG HandleCount)
{
  NTSTATUS nStatus = STATUS_SUCCESS;
  do
  {
    HANDLE hProcessId = NULL;
    HANDLE hCurrentProcessId = NULL;
    if( OpenReason != ObInheritHandle && AcesssMode != UserMode )
    {
        // 對於繼承操作，不關心AcesssMode是UserMode還是KernelMode
        // 其他操作只過濾UserMode
        break;
    }
    if( Object == NULL || GrandedAcess == NULL )
    {
        break;
    }
    hProcessId = PsGetProcessId((PEPROCESS)Object);
    if( hProcessId != g_hProtectProcessId )
    {
        break;
    }
    // 目前需要開啟的是受保護處理程序
    hCurrentProcessId = PsGetCurrentProcessId();
    // 檢查目前處理程序是否是安全處理程序，安全處理程序由讀者自己定義，但是某
    // 些系統處理程序必須作為安全處理程序
    if( IsSafeProcess(hCurrentProcessId) == TRUE )
    {
        break;
    }
    // 表明非安全處理程序在取得受保護的處理程序控制碼
```

```
    // 修改許可權，讀者根據需要來修改
    *GrandedAcess &=
        PROCESS_QUERY_INFORMATION | PROCESS_VM_READ | SYNCHRONIZE;

  }
  while (FALSE);
  if( g_OldOpenProcedureProcess != NULL )
  {
    // 呼叫原來的OpenProcedure函數
    nStatus = g_OldOpenProcedureProcess(OpenReason,AcesssMode,
                Process,Object,GrandedAcess,HandleCount);
  }
  return nStatus;
}
```

從程式中可以看到，在鉤子處理函數中判斷是否是非安全處理程序開啟安全處理程序的控制碼，如果是就進行「降權」，實際做法是透過修改 GrandedAcess 的值來控制控制碼的許可權。值得指出的是，修改 GrandedAcess 的值也可以放到呼叫完 OldOpenProcedureProcess 後進行。

22.4.2 Vista 以後的處理程序物件保護

上節介紹了透過「物件掛鉤」方法來保護處理程序物件，這種方法看起來近乎完美。但是由於需要掛鉤的 OpenProcedure 函數指標處在沒有公開的結構中，對於不同系統，OpenProcedure 相對 _OBJECT_TYPE_INITIALIZER 結構的偏移可能不同，開發者必須針對每個系統來收集偏移並進行全面的測試。這個過程需要耗費極大的時間和人力。

從 Vista 系統開始，系統新增了一個 ObRegisterCallbacks 函數，這個函數可以監控取得處理程序和執行緒的控制碼，並且能夠阻止控制碼取得以及修改控制碼的許可權。也就是說，「物件掛鉤」OpenProcedure 函數的方法能實現的功能，ObRegisterCallbacks 函數也能實現。

下面介紹 ObRegisterCallbacks 函數原型。

```
NTSTATUS ObRegisterCallbacks(
  _In_   POB_CALLBACK_REGISTRATION CallBackRegistration,
  _Out_  PVOID *RegistrationHandle
);
```

該函數只有兩個參數，第一個參數是一個傳導入參數，OB_CALLBACK_REGISTRATION 指標類型，表示註冊的相關資訊；第二個參數 RegistrationHandle 是傳出參數，成功註冊後這個參數傳回一個值來表示註冊控制碼，這個控制碼可以用於 ObRegisterCallbacks 的反操作函數 ObUnRegisterCallbacks。函數的傳回值是標準的 NTSTATUS 類型，成功註冊則傳回 STATUS_SUCCESS。

這個函數的使用方法比較簡單，並且和「物件掛鉤」OpenProcedure 函數比較類似，所以本節不準備對這個函數進行過多的介紹，讀者可以自行參考 WDK 開發文件的說明。

22.4.3 處理程序的其他保護

透過處理程序控制碼對處理程序進行惡意操作，只是破壞處理程序的最簡單途徑，實際上破壞 / 攻擊處理程序的途徑五花八門，防不勝防。本章前面介紹的處理程序保護只是以核心物件角度進行為基礎的保護，在其他方面，攻擊者還可以使用以下（但不限）方法來攻擊一個處理程序。

（1）攻擊處理程序內的執行緒，包含終止執行緒、暫停執行緒、向執行緒中插入 APC（非同步程序呼叫）等。

（2）攻擊處理程序所建立（或開啟）的核心物件。這種方法在前面已經提及。

（3）攻擊處理程序的 Windows 視窗。這種方法的自由度很大，最簡單的方式是向處理程序的 Windows 視窗發送關閉（WM_CLOSE）訊息，或在視窗發送其他 Windows 訊息關閉處理程序的視窗，甚至可以透過發送滑鼠鍵盤事件（SendInput），模擬滑鼠或鍵盤操作退出處理程序。

（4）攻擊處理程序需要載入的檔案和登錄檔。這些檔案可以是 DLL、SYS 或其他形式的檔案，如可以取代處理程序需要載入的 DLL、刪除處理程序需要使用的檔案。

（5）向處理程序發送欺騙訊息（如系統關機訊息），欺騙處理程序退出。

（6）透過系統提供的一些「DLL 植入」機制來對處理程序進行 DLL 植入，這些植入機制可以是公開的，也可以是非公開的。

（7）利用系統提供的 EXE 綁架或重新導向機制來控制或禁止處理程序啟動，如 IFEO（映射檔案綁架）機制。

（8）攻擊或利用處理程序存在的 0day 漏洞。0day 漏洞不在本書討論範圍內，讀者可以自行查閱資料。

攻擊處理程序的途徑實在太多了，本節不可能把這些途徑一一列出來，而事實上還可能存在很多筆者尚不知道的攻擊方法，畢竟在安全領域內，沒有絕對的安全，攻和守總是在不斷演變和進化，而這些都需要讀者不斷地去累積和學習。

透過本章的介紹，希望讀者對核心物件保護以及處理程序保護有一個較為全面的認識。本章的實例程式，距離實際應用還會有一定的差距，這主要是因為在系統層面，某些系統處理程序的操作是不能被攔截的，一旦程式攔截（或降權）了這些操作，就會造成系統執行的不正常。簡單來説，就是在攔截過程中需要一個「白名單」（如實例程式中的 IsSafeProcess 函數，可以認為白名單的處理程序都是安全處理程序），放行一些特殊的操作者或操作場景，這個白名單的資料可能會隨系統的變化而變化，讀者在開發以及維護過程中，需要不斷地增強這個白名單。

程式植入與防植入

▊ 23.1 植入與防植入簡介

本章介紹程式的植入與防植入，程式植入一般以處理程序為目標，簡單來説，開發者首先撰寫好一個模組（DLL）或一套二進位指令集合（SHELLCODE），然後透過系統提供的某種機制或其他方法，把這個模組或指令放置到目標處理程序(一般指協力廠商處理程序或系統處理程序)中，以便讓目標處理程序載入執行這些程式指令。

程式植入非常常見，筆者對程式植入的用途進行了簡單的歸納。

（1）許可權提升。一旦開發者撰寫的程式植入到其他處理程序，這些程式就擁有了與被植入處理程序相同的許可權，這種場景常常透過系統提供的機制實現，實際的機制將在本章後面介紹。

（2）免殺。一些惡意程式或病毒的母體程式會使用程式植入的方式，把需要執行的惡意程式碼植入到系統處理程序中，然後刪除磁碟上的母體檔案。某些系統處理程序的生命週期與系統生命週期一致，在系統重新啟動前，惡意程式碼會綁架到系統將要發生的重新啟動事件，產生病毒母體，系統重新啟動完成後，母體程式會再次把惡意程式碼植入到系統處理程序，並重複上述過程。由於母體程式只有某個時刻才會出現在磁碟上，所以對安全軟體來說，發現這種惡意程式尤其困難。值得一提的是，在系統重新啟動階段，系統一般處於弱保護狀態，所以很多惡意程式利用這個時間空檔來躲避查殺。

（3）行為監控。開發者可以把程式植入到需要監控的目標處理程序中，被植入的程式，可以掛鉤目標處理程序的某個實際函數（API），實現行為監控。

本書前面曾介紹過核心掛鉤，讀者也許會有疑問，既然有了核心掛鉤，為何還需要透過程式植入的方式，掛鉤目標處理程序的函數？原因有以下幾點：1）應用層的 API，並不一定在核心中有對應的核心 API，也許這個應用層的 API 根本不需要進入核心；2）應用層的 API，也許在核心中有許多個步驟操作。對這種 API，如果採用核心掛鉤方案，需要把該應用層 API 對應的核心 API 全部進行掛鉤，工作量極大是一方面，更為麻煩的是，還需要透過核心 API 的執行序列來反推應用層的行為。舉個實例：例如開發者想監控系統 explorer 處理程序的檔案拷貝操作，一般來說，需要掛鉤應用層 CopyFile 函數，而 CopyFile 函數在核心中沒有唯一的對應函數，CopyFile 函數內部大致邏輯是根據需要拷貝檔案的大小，決定採用 ReadFile/WriteFile 方式還是檔案對映方式，這些操作在核心層中對應的最小操作是：NtCreateFile、NtReadFile、NtWriteFile、NtCreateSection 等，假設開發者掛鉤了 explorer 的 CopyFile 函數，則可以很輕鬆地感知被拷貝檔案與目的檔案的檔案名稱，如果在核心掛鉤則相當麻煩，開發者只能掌握到檔案開啟與讀取的行為，還需要將這些行為進行連結。

（4）敏感資訊截取。相信讀者對遊戲外掛並不陌生，遊戲處理程序的記憶體中包含著遊戲資料，遊戲外掛開發者會透過程式植入的方式，竊取遊戲記憶體中的資料，對資料進行加工處理甚至篡改。

任何技術都是一把雙刃劍，程式植入技術也是如此，站在植入方的角度，程式植入可以更進一步地監控與管理處理程序，而站在被植入方的角度，本身處理程序被程式植入，表示處理程序被侵入，安全性降低。所謂有矛就有盾，程式防植入技術正是為了抵禦程式植入而出現的。

與程式植入技術對應，程式防植入的目的在於加強本身處理程序資料與程式的安全性，防止本身處理程序執行與本身邏輯以及系統邏輯無關的程式。

嚴格來說，程式防植入也屬於處理程序保護的範圍，前面介紹了如何透過許可權控制的方式保護特定的處理程序，但是這個保護方法只是其中的環節，如果惡意程式透過系統提供的植入機制，往受保護的處理程序中植入程式，即可繞過許可權控制方式來破壞處理程序。

在下面的章節中，筆者會介紹常用的植入與防植入方式，「知己知彼，百戰百勝」，讀者只有清楚了解各種植入方法後，才可以更進一步地設計出防植入方案。

23.2 常用的植入方式

筆者將植入方式分為兩大類，站在被植入處理程序的角度上看，一種是主動植入，另外一種是被動植入。

主動植入，是指被植入處理程序在呼叫某些系統 API 時，可能會在這些 API 內部載入一些協力廠商的程式或 DLL。常見的有 SHELL 擴充植入、輸入法植入、訊息鉤子植入、SPI 植入（本章後面將介紹）等。

被動植入，被植入處理程序即使不執行任何操作，也會被強制植入程式或 DLL，常見的有遠執行緒植入、APC 植入（本章後面將介紹）等。

下面分別重點介紹主動植入與被動植入。

23.3 主動植入

主動植入主要利用的是系統機制，Windows 是一個龐大而複雜的系統，為了滿足外界的各種需求，系統為一部分功能預留了擴充介面，本意是方便協力廠商程式根據系統的約定，為系統訂製或補充額外的能力。這些能力基本上都封裝在一個 DLL 中，開發者可以撰寫一個 DLL，該 DLL 必須遵守系統的相關約定，當系統發起對應的行為操作時，或當程式呼叫某個系統 API 時，如果這個操作對應的功能被註冊了擴充，那麼這個擴充所對應的 DLL 就會被載入到對應的處理程序中。

在介紹主動植入前，首先介紹一款工具：PCHunter，PC Hunter 是一個 Windows 系統資訊檢視軟體，同時也是一個手動防毒輔助軟體，該工具功能強大，讀者可以借助該工具檢視系統中已註冊的植入資訊。PCHunter 的下載網址為：http://www.xuetr.com/，下載後開啟，主介面如圖 23-1 所示，本章後面會透過該工具為讀者展示植入的實際資訊。

圖 23-1 PCHunter 主介面（編按：本圖為簡體中文介面）

下面將介紹常見的幾種主動植入方式。

23.3.1 AppInit 植入

在 系 統 登 錄 HKEY_LOCAL_MACHINE\SOFTWARE\Microsoft\Windows NT\
Current Version\ Windows 鍵值下，有一個名為 "AppInit_DLLs" 的項，在該項
裡面可以填充需要植入的 DLL 的全路徑名稱。

在同一鍵值下，修改 LoadAppInit_DLLs 項的值為 1，表示需要啟動這個功
能，如圖 23-2 所示。

— WbemPerf	AppInit_DLLs · · · · · · · · · · · · · REG_SZ
— WiFiDirectAPI	DdeSendTimeout · · · · · · · · · · REG_DWORD
∨ — Windows	DesktopHeapLogging · · · · · · · REG_DWORD
> — Win32kWPP	DeviceNotSelectedTimeout · · · REG_SZ
> — Winlogon	DwmInputUsesIoCompletionPort · REG_DWORD
> — WinSAT	EnableDwmInputProcessing · · · REG_DWORD
— WinSATAPI	EnableMitInputProcessing · · · · REG_DWORD
> — WirelessDocking	GDIProcessHandleQuota · · · · · REG_DWORD
> — WUDF	IconServiceLib · · · · · · · · · · · · REG_SZ
— Windows Performance Toolkit	LoadAppInit_DLLs · · · · · · · · · REG_DWORD
— Windows Phone	NaturalInputHandler · · · · · · · · REG_SZ
— Windows Photo Viewer	

圖 23-2 AppInit_DLLs 登錄檔

AppInit 植入針對 User32.dll，當處理程序載入 User32.dll 時，就會載入上面指定的 DLL 到處理程序中。但是值得注意的是，對主控台程式來說，不會載入 User32.dll，自然也不會載入上面指定的 DLL，所以這個植入只能針對 GUI（圖形化使用者介面）程式。

對 64 位元系統來說，由於 SOFTWARE 鍵值是一個「重新導向鍵值」，如果開發者需要考慮植入 32 位元以及 64 位元應用程式，那需要修改登錄檔下兩個 SOFTWARE 對應的位置。

下面為讀者示範 AppInit 的植入步驟，示範環境為 Windows 10 64 位元系統，待植入的 DLL 為 E:\TestInject.dll，操作步驟如下。

（1）開啟系統的登錄編輯程式，首先要按下鍵盤的 "Win+R" 鍵，呼叫出「執行」對話方塊。

（2）在「執行」對話方塊中輸入 "regedit"，啟動登錄編輯程式。

（3）在登錄編輯程式上定位到 HKEY_LOCAL_MACHINE\SOFTWARE\Microsoft\Windows NT\CurrentVersion\Windows 路徑下，找到 AppInit_DLLs 以及 LoadAppInit_DLLs 項。

（4）雙擊 LoadAppInit_DLLs，將其值改為 1。

（5）把需要植入的 DLL 路徑，如 E:\TestInject.dll，寫入到 HKEY_LOCAL_MACHINE\ SOFTWARE\Microsoft\Windows NT\CurrentVersion\Windows 路徑下的 AppInit_DLLs 中，如圖 23-3 所示。

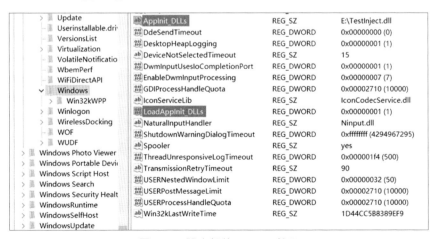

圖 23-3 設定好的 AppInit 植入

由於 AppInit 植入需要依賴 User32.dll，而一般的圖形介面程式均會載入 User32.dll，所以筆者啟動一個記事本程式，記事本程式在載入 User32.dll 的後，會主動載入 E:\TestInject.dll；其結果可以透過微軟的 procexp 工具檢視；procexp 的下載網址為：https://docs.microsoft.com/en-us/ sysinternals/downloads/process-explorer。

啟動 procexp，在處理程序樹中找到 notepad.exe 處理程序，這個處理程序為剛才開啟的記事本處理程序，透過 procexp 工具可以檢視 notepad.exe 處理程序所有載入的 DLL 資訊，如圖 23-4 所示。

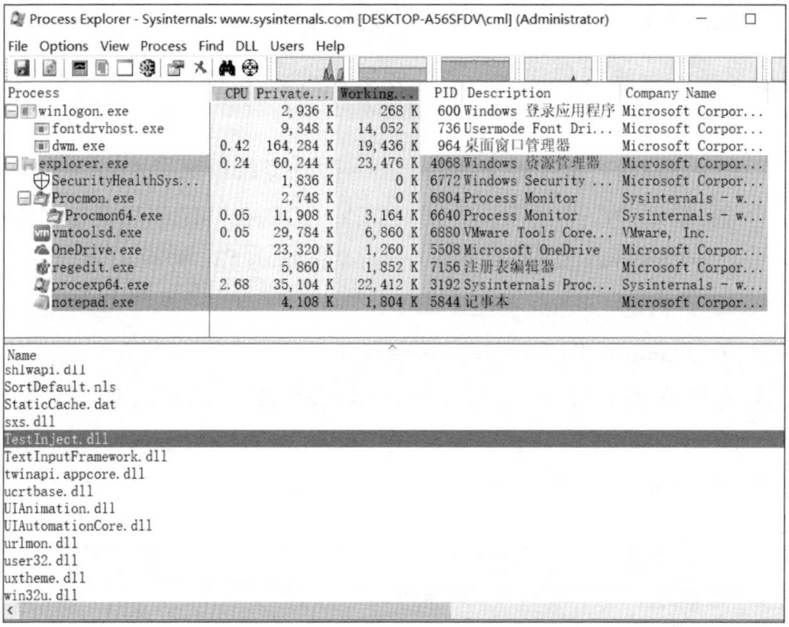

圖 23-4 檢視植入的 TestInject.dll 模組

接下來再介紹一個微軟的小工具：Procmon。Procmon 工具功能強大，可以檢視系統所有檔案、網路、處理程序、執行緒物件的活動情況，Procmon 工具下載網址為：https://docs.microsoft.com/ en-us/sysinternals/downloads/procmon。

在本例中，筆者介紹如何透過 Procmon 工具觀察 AppInit 的植入過程。

（1）啟動 Procmon 工具，在功能表列中選擇 Filter（篩檢程式），在出現的子功能表中選擇 "Filter…"，出現篩檢程式，如圖 23-5 所示。

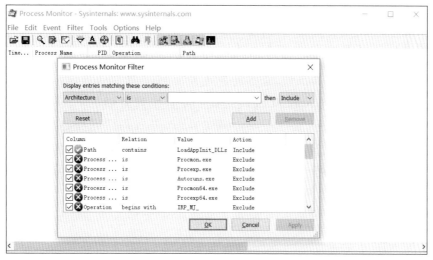

圖 23-5 Procmon 的篩檢程式設定

為什麼需要開啟 Procmon 的篩檢程式？因為 Procmon 監控的是整個系統的活動行為，資料量極大，而開發者一般只關心某一些條件下的活動資訊，設定過濾條件後，Procmon 展現出來的資訊均為開發者關心的資訊。

（2）在本例中，筆者的示範物件是 notepad.exe 處理程序，所以設定的過濾條件為：處理程序名稱包含 notepad.exe 的處理程序，如圖 23-6 所示。

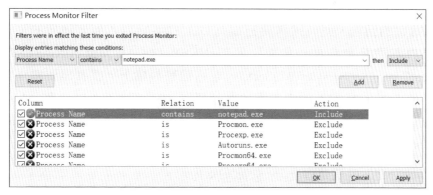

圖 23-6 設定 notepad 處理程序為過濾條件

（3）在 Procmon 顯示的資訊中，可以觀察到 notepad.exe 處理程序首先讀取了 LoadAppInit_DLLs 等一系列登錄檔，然後載入 E:\TestInject.dll 中，如圖 23-7 所示。

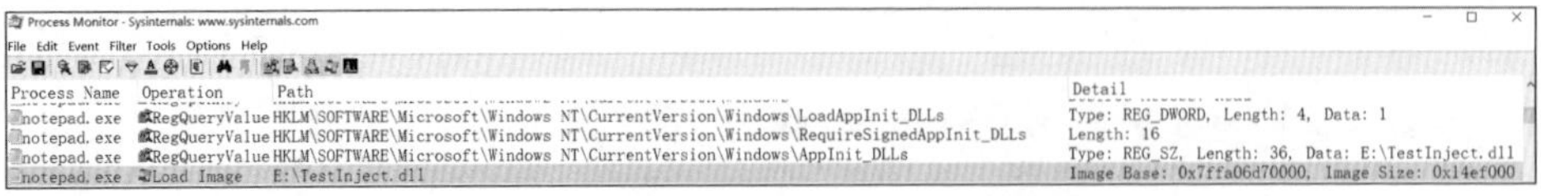

図 23-7　notepad 載入 AppInit DLL 過程

上面是一個最基本的 AppInit 載入過程，讀者也許會疑惑：為何需要關注 AppInit DLL 植入過程？這是因為大量的植入方式均透過登錄檔實現，而 AppInit 植入是登錄檔植入方式中最基本的一種，了解這個最基本的過程，有助了解類似的植入過程，更重要的是，只有了解了植入過程，才可以實現防止植入，本章的後面章節將介紹防止植入。

23.3.2　SPI 植入

SPI 是 Service Provider Interface 的簡稱，中文名稱為「服務提供者介面」，是系統為擴充網路功能而引用的一 Socket 埠。

SPI 又分為 LSP 與 NSP，LSP 是 Layered Service Provider 的縮寫，即「分層服務提供者」；NSP 全稱為 Namespace Provider，即「命名空間提供者」。LSP 主要針對網路通訊協定的擴充、網路資料封包的攔截處理，NSP 主要針對域名解析，擴充解析能力。

無論是 LSP 還是 NSP，開發者都必須按照標準撰寫一個 DLL，匯出一個名字固定的函數，同時還需要把這個 DLL 的資訊寫入到登錄檔的對應位置，SPI 在登錄檔中的位置為：電腦 \HKEY_LOCAL_MACHINE\SYSTEM\CurrentControlSet\Services\WinSock2，在這個登錄檔下，讀者需要關注幾個鍵值，NameSpace_Catalog5 表示 NSP 的資訊，Protocol_Catalog9 表示 LSP 的資訊，其中 NameSpace_Catalog5 和 Protocol_Catalog9 下分別存在 Catalog_Entries 與 Catalog_Entries64 鍵值，表示 32 位元的 SPI 與 64 位元的 SPI。

筆者電腦下的 SPI 登錄檔資訊，如圖 23-8 所示。

図 23-8　SPI 登錄檔資訊

讀者還可以透過前面介紹的 PCHunter 工具來檢視系統的 SPI 資訊，在 PCHunter 的「網路」標籤下，找到 SPI，如圖 23-9 所示。

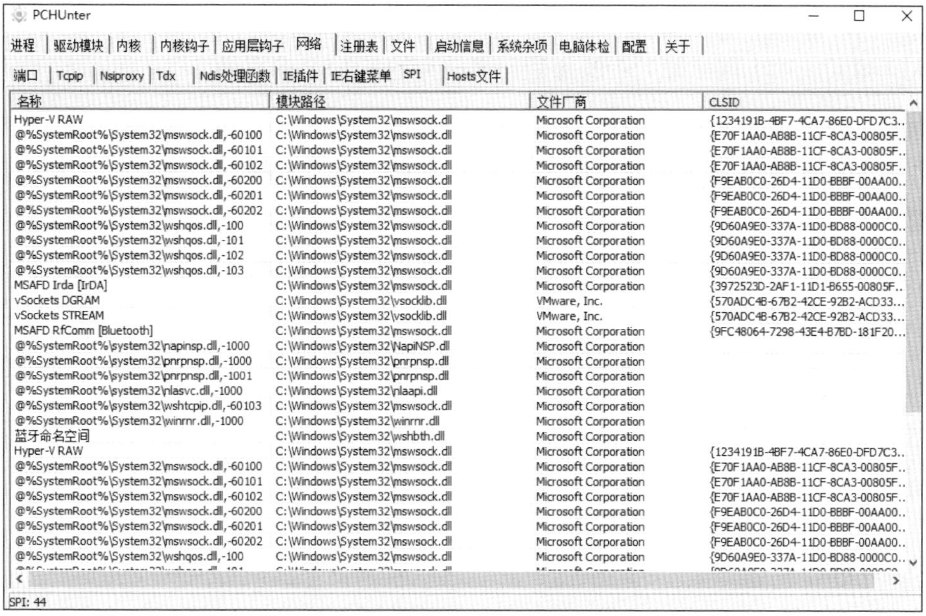

圖 23-9 系統 SPI 資訊（編按：本圖為簡體中文介面）

由於本書的重點不在應用層，所以這裡並不打算深入介紹 SPI 的撰寫與安裝，但對一名核心安全程式設計人員來說，必須清楚了解 SPI 的工作流程。

考慮到市面上以 LSP 為基礎的產品較多，所以下面重點介紹 LSP。

LSP 中的「分層」與本書介紹的「過濾驅動」十分類似，LSP 基於鏈式，鏈中每一個節點表示一個 LSP 實體，最下面的實體為基礎協定提供者（Base Service Provider），基礎協定提供者一般由系統提供，是對應功能的實現部分。例如對 TCP 來說，LSP 鏈中的最後一個基礎協定提供者實現了 TCP Socket 的功能。

系統提供了 API 來列舉系統中已經安裝的 LSP：

```
int WSAEnumProtocols(
  _In_    LPINT              lpiProtocols,
  _Out_   LPWSAPROTOCOL_INFO lpProtocolBuffer,
  _Inout_ LPDWORD            lpdwBufferLength
);
```

這個函數有三個參數，第一個參數表示需要列舉的協定類型，傳若遞 NULL 則表示列舉所有。

第二個參數是一個傳回類型，表示 WSAPROTOCOL_INFO 類型的陣列，如果 API 傳回成功，則該陣列中的每個元素儲存的是 LSP 的實體。

lpdwBufferLength 參數是一個傳進傳出類型，傳進表示 lpProtocolBuffer 的大小，單位為位元組，傳出的資訊表示取得所有 LSP 實體所需要的最小位元組數。

WSAEnumProtocols 函數執行成功傳回列舉到 LSP 的實體個數，失敗傳回 SOCKET_ERROR。

下面討論 LSP 的植入時機，當網路程式在使用 winsock 2 通訊端函數庫 API 時，如使用 socket 函數建立一個 tcp 的通訊端，這個時候系統就會檢查所有安裝好的 LSP，其中有一種 LSP 實體被稱為 LSP Chain，LSP Chain 記錄了所有相同協定（如 TCP）LSP 實體的呼叫順序，系統會一個一個載入這些實體所對應的 DLL。

微軟當年設計 SPI/LSP 主要是為了增強網路介面的能力，但由於 SPI 透過 DLL 植入實現，所以更多的惡意程式會使用 SPI 實現 DLL 植入。

歸納一下，只要應用程式使用了 winsock 2 的通訊端函數庫，系統就會載入對應 LSP 的 DLL 到應用程式的處理程序空間，winsock2 通訊端函數庫的函數存在於 ws2_32.dll 檔案中，讀者也可以簡單了解成：當應用程式使用了 ws2_32.dll 模組中的函數，作業系統會把目前已經註冊、並且類型符合的 LSP 對應的 DLL，載入到應用程式的處理程序空間內。

LSP 的結構比較複雜，由於篇幅限制，實際的介紹可以參考 MSDN，這裡留給讀者一個作業：透過上面介紹的 Procmon 工具，觀察 LSP DLL 的載入過程。

23.3.3 訊息事件植入

系統提供了兩套以訊息事件為基礎的植入方式：一套是「訊息鉤子」；另一套是「事件鉤子」。

首先介紹「訊息鉤子」，眾所皆知，Windows 系統基於訊息機制，圖形介面程式均有一個用於快取訊息的訊息佇列。為了滿足開發者對各種訊息的過濾，系統提供了一套「訊息鉤子」機制，這套機制與上面介紹的 SPI 機制類似，當應用層程式建立訊息佇列、發送訊息或從訊息佇列中取出訊息時，系統會檢查這些操作是否被安裝了對應的訊息或事件鉤子，如果有，系統會把鉤子所對應的 DLL，載入到發生該行為的處理程序中，並呼叫該 DLL 的對應函數。

註冊訊息鉤子的函數如下：

```
HHOOK WINAPI SetWindowsHookEx(
  _In_ int        idHook,
  _In_ HOOKPROC   lpfn,
  _In_ HINSTANCE  hMod,
  _In_ DWORD      dwThreadId
);
```

第一個參數 idHook 表示訊息鉤子類型，常用的有 WH_CALLWNDPROC、WH_GETMESSAGE 等。

第二個參數表示訊息鉤子的回呼函數，訊息鉤子成功安裝後，一旦發現對應類型的訊息，系統會回呼 lpfn 所指向的回呼函數。

第三個參數表示一個 DLL 的模組基底位址，如果開發者只是將其用於監控目前處理程序的訊息，這個參數可以設定為 NULL；如果開發者需要監控目前桌面下所有處理程序的訊息，需要提供一個 DLL，這個參數是 DLL 的啟始位址，並且 lpfn 參數所指向的位址也必須位於 DLL 模組中。

第四個參數表示需要監控的執行緒 ID，如果需要監控所有處理程序，則這個參數必須為 0。

與 SetWindowsHookEx 函數類似，系統還提供了另外一套以事件為基礎的鉤子，實際如下：

```
HWINEVENTHOOK WINAPI SetWinEventHook(
  _In_ UINT          eventMin,
  _In_ UINT          eventMax,
  _In_ HMODULE       hmodWinEventProc,
  _In_ WINEVENTPROC  lpfnWinEventProc,
  _In_ DWORD         idProcess,
```

```
  _In_ DWORD          idThread,
  _In_ UINT           dwflags
);
```

該函數的用法與 SetWindowsHookEx 十分相似，請讀者參考微軟文件，這裡不再贅述。

無論是 SetWindowsHookEx 還是 SetWinEventHook，都有一個相同的限制：只能監控同一桌面（Desktop）下的處理程序，請開發者注意。

讀者也可以透過 PCHunter 觀察系統中已經安裝的訊息鉤子，如圖 23-10 所示。

圖 23-10　系統已安裝的訊息鉤子（編按：本圖為簡體中文介面）

筆者遇到一些開發者，他們為了植入某個特定的處理程序而使用訊息鉤子機制，在植入的 DLL 入口函數 DllMain 中，對需要植入的處理程序傳回 TRUE，使 DLL 載入成功；而對不關心的處理程序，DllMain 函數直接傳回 FALSE，進一步使得 DLL 載入失敗。這個做法雖然可以實現對某一個或某一種處理程序的植入，但對效能影響非常大，因為系統發現載入 DLL 失敗後，在下一次對應訊息操作發生時，會再次嘗試載入 DLL。不斷地在 DllMain 函數傳回失敗會導致系統不斷地嘗試載入 DLL，這對於高性能平台來說是致命的。所以並不是所有植入方案都是合適的，開發者應該根據本身專案需求，選擇合適的 DLL 植入方案。

23.3.4　其他植入

上面章節介紹了常見的主動植入方式，但實際上還有大量的主動植入方式，如輸入法植入、SHELL 擴充、DLL 綁架，IEFO 植入等，這些植入是透過登錄檔實現的，與 AppInit 植入類似，這裡不再贅述。

有興趣的讀者可以自行尋找相關資料，安全開發者應該盡可能多地了解植入方式，這樣才可以更為增強地撰寫出防植入技術方案。

23.4 被動植入

與主動植入相對應，被動植入指被植入處理程序即使不執行任何操作，也會被
強制載入可執行程式或 DLL。與主動植入的區別在於，被動植入的目標性比較
強，一般只針對一個或一種處理程序，而非所有處理程序。下面介紹常用的被
動植入方法。

23.4.1 遠執行緒植入

在應用層開發中，開發者常常需要建立執行緒，這些執行緒一般都執行在本身
處理程序中。系統提供了一套機制，允許開發者建立一個執行在其他處理程序
當中的執行緒，即「遠執行緒」。

使用函數 CreateRemoteThread 建立遠執行緒，函數原型如下：

```
HANDLE WINAPI CreateRemoteThread(
  _In_   HANDLE                  hProcess,
  _In_   LPSECURITY_ATTRIBUTES   lpThreadAttributes,
  _In_   SIZE_T                  dwStackSize,
  _In_   LPTHREAD_START_ROUTINE  lpStartAddress,
  _In_   LPVOID                  lpParameter,
  _In_   DWORD                   dwCreationFlags,
  _Out_  LPDWORD                 lpThreadId
);
```

第一個參數 hProcess 是一個處理程序控制碼，表示需要被建立執行緒的
處理程序，即目標處理程序。請注意，這個控制碼需要擁有 PROCESS_
CREATE_THREAD、PROCESS_QUERY_INFORMATION、PROCESS_VM_
OPERATION、PROCESS_VM_WRITE 及 PROCESS_VM_READ 許可權。而取
得處理程序控制碼的方式，可以參考本書第 22 章保護處理程序。

該函數後面的幾個參數和建立本機執行緒的參數相同，這裡不再贅述，但值得
指出的是，由於遠執行緒執行在非本身處理程序空間中，每個處理程序均有本
身獨立的處理程序空間，所以 lpStartAddress 函數所指向的執行緒函數位址，
也必須指向目標處理程序（被建立遠執行緒的處理程序）的位址空間。

如果令 lpStartAddress 參數指向目標處理程序的 LoadLibraryA/LoadLibraryW 函

數位址，可以變相實現一個 DLL 模組植入。關於遠執行緒的資料，可以在網上或其他書籍上尋找到，這裡不再贅述。

23.4.2 APC 植入

在介紹 APC 植入前，首先介紹 APC 的基本概念。APC（Asynchronous Procedure Calls）的中文名稱是非同步方法呼叫，它是系統為了非同步完成一些請求或事件，而提供的與執行緒上下文強相關的機制。

簡單來說，即開發者準備好一個函數（方法），然後透過系統提供的 APC 個人電腦制，讓指定的執行緒，在合適的時機，執行開發者準備好的這個函數。

系統提供了不同類型的 APC，主要分為核心 APC 與使用者態 APC，不同類型 APC 的界定標準是 APC 函數（方法）位於核心位址空間還是應用層位址空間。若 APC 函數處於應用層位址空間，則該 APC 為使用者態 APC，反之為核心 APC。

核心 APC 又分為特殊核心 APC 與普通核心 APC，不同類型 APC 的使用場景不同，被呼叫的時機也不一樣。對特殊核心 APC 來說，主要被用於 IO 完成的處理，以 ReadFile 為例，檔案系統發出讀取請求，當讀取完成後，系統會把讀取結果以特殊核心 APC 的方式插入到發起 ReadFile 操作的執行緒中；普通核心 APC，常見的場景是執行緒的暫停，開發者使用 SuspendThread 函數暫停一個執行緒，該 API 內部使用的是普通核心 APC 實現。請注意，對於不同版本的作業系統，不同類型 APC 的用途也會有差異。

由於本章介紹的是植入，所以使用者態 APC 是本節重點。

與使用者態 APC 相關的函數只有一個：QueueUserAPC，原型如下：

```
DWORD WINAPI QueueUserAPC(
  _In_ PAPCFUNC  pfnAPC,
  _In_ HANDLE    hThread,
  _In_ ULONG_PTR dwData
);
```

pfnAPC 參數是 APC 的函數，該函數類型如下：

```
VOID CALLBACK APCProc(_In_ ULONG_PTR dwParam);
```

hThread 參數是執行緒的控制碼，這個控制碼必須具有 THREAD_SET_ CONTEXT 許可權。APC 與執行緒相關，hThread 所指向的執行緒，在合適的時機會執行 pfnAPC 函數。

dwData 參數是一個使用者自訂的參數，用於傳遞給 APC 的函數，讀者不難發現，dwData 實際上就是 dwParam，用來儲存使用者自訂的資料。

下面列出一個處理程序內的 APC 植入的想法，讀者可以根據這個想法自己實現不同處理程序的 DLL 植入：

```
DWORD _stdcall InjectedThreadProc( void *pPar )
{
  SleepEx(-1,TRUE);
  return 0;
}

int APIENTRY wWinMain(_In_ HINSTANCE hInstance,
                      _In_opt_ HINSTANCE hPrevInstance,
                      _In_ LPWSTR     lpCmdLine,
                      _In_ int        nCmdShow)
{
    PVOID pFunc  = GetProcAddress(
        GetModuleHandle(_T("kernel32.dll")),
        "LoadLibraryW");
    HANDLE hThread = CreateThread(
NULL,
0,
InjectedThreadProc,
NULL,
0,
NULL );
    QueueUserAPC(
        (PAPCFUNC)pFunc,
        hThread,
        (ULONG_PTR)L"D:\\Inject.dll");
    Sleep(-1);
    return TRUE;
}
```

程式比較簡單，在 WinMain 函數中建立一個執行緒，取得執行緒的控制碼，然後呼叫 QueueUserAPC 向該執行緒投遞 APC。APC 的函數為 LoadLibraryW，參數為 L"D:\\Inject.dll"，執行緒在進行 APC 分發的時候，實際會執行：

```
LoadLibraryW(L"D:\\Inject.dll");
```

其中，D:\\Inject.dll 為筆者撰寫的 DLL 檔案。

此外，筆者在執行緒函數中呼叫了 SleepEx(-1,TRUE) 而非 Sleep(-1)。這是因為呼叫 SleepEx 可以使執行緒為 Alertable 狀態。對使用者態的 APC 來說，只有當執行緒處於 Alertable 狀態時，APC 的方法才會被執行。

請讀者自行對上面的程式進行改造，實現一個跨處理程序的 DLL 植入。

在核心中，開發者也可以透過 APC 個人電腦制向特定的處理程序植入 DLL，原理與應用層一樣。這裡不再贅述。

23.4.3 父子處理程序植入

父子處理程序的植入非常常見，大名鼎鼎的微軟 Detours 所使用的就是父子處理程序植入方式。父子處理程序植入的一般原理如下。

（1）父處理程序呼叫 CreateProcess 函數，傳入 CREATE_SUSPENDED 標記，以暫停的方式建立子處理程序，而這個子處理程序就是需要被植入的處理程序。

（2）子處理程序被建立後，受 CREATE_SUSPENDED 標記的控制，子處理程序中的主執行緒並沒有執行，並且 PE 載入器沒有對該處理程序進行初始化，整個子處理程序處於「暫停」狀態。

（3）父處理程序可以修改子處理程序的記憶體資訊，如：①為子處理程序的匯入表增加一個依賴 DLL（Detours 的植入方式）；②對子處理程序寫入一段 ShellCode，然後修改子處理程序主執行緒的 EIP，指向寫入的 ShellCode；③對子處理程序某個關鍵 API 進行掛鉤，在該 API 被呼叫時，掛鉤程式載入需要植入的 DLL 或程式等。

（4）呼叫 ResumeThread，恢復子處理程序的執行。

雖然父子處理程序植入方式較多，但是其主體想法是相同的：透過 CREATE_SUSPENDED 標記建立子處理程序後，透過修改子處理程序的記憶體取得執行權，載入 DLL。

父子處理程序的使用常見於綁架，考慮一下這個場景：安全軟體一般包含多個 EXE，這些 EXE 被認為是一個整體，這些 EXE 所發起的任何操作，均被安全軟體標記為合理合法的，且擁有最高的操作許可權。攻擊者可以撰寫一個程式，以父子處理程序植入方式，啟動該安全軟體的 EXE 並植入 SHELLCODE 或 DLL，SHELLCODE 或 DLL 的邏輯可以是操作安全軟體的敏感性資料、關閉安全軟體的驅動甚至結束安全軟體的監控處理程序。

▌ 23.5 防植入

安全軟體屬於系統級的監控程序，擁有至高無上的許可權，一切操作都可以凌駕在系統之上。這看起來很炫酷。但請想一下，對這樣一套位高權重的軟體來說，一旦被植入綁架，其後果是否會讓你不寒而慄？因此，安全軟體本身的安全性尤其重要，實際上，安全開發人員常常需要花費大量的時間來編防寫機制，加強軟體本身的安全性。

本書第 22 章保護處理程序已經介紹了如何保護處理程序，但對安全軟體來說，處理程序保護只是其中一環，除了處理程序、執行緒、核心物件的保護，安全軟體的防植入也非常重要。從前面的介紹來看，系統提供了五花八門的植入機制，要逐一有針對性的防止這些植入機制，工作量非常極大。所以最好可以提煉出這些五花八門的植入機制的共通性，針對這些共通性進行防植入工作。

筆者對目前常見的植入機制進行了系統級的提煉，把植入的基本要素羅列出來，聰明的讀者應該可以想到，只要能切斷這些基本要素，自然就可以實現防植入。植入的類型如下所示。

（1）對主動植入來說，系統需要記錄植入的資訊，這些資訊主要儲存在記憶體、登錄檔和磁碟檔案中。

（2）對被動植入來說，更多是透過對被植入處理程序 / 執行緒資訊的更改，而取得執行權。

下面針對上述兩種植入，進行防止植入的介紹。

23.5.1 防止主動植入

對於主動植入，系統一般會儲存所需植入的 DLL 資訊，上面已經羅列了這些 DLL 植入資訊所存的位置。

下面多作説明這幾種問題。

1. 植入資訊處於記憶體中

以 Windows 訊息 / 事件鉤子為例，這些植入資訊被儲存在系統記憶體中。是否可以撰寫一個核心驅動，修改對應的記憶體資訊，把植入資訊刪除掉？答案是可以的，但是這個操作會影響全域植入，試想一下，一款具備全域植入的協力廠商程式，若被安全軟體移除掉全域植入，則相當於全域植入功能被砍，所有依賴於這些全域植入的功能均會例外。

實際上，開發者只需要確保本身程式不被植入即可，系統其他程式可以暫時不管。實現這個功能的方法有很多，開發者可以利用本書第 13 章檔案系統微過濾驅動中介紹的技術，在發現本身處理程序載入這些協力廠商 DLL 時（對應 IRP 為 IRP_MJ_ACQUIRE_FOR_SECTION_SYNCHRONIZATION），傳回一個錯誤。

上述方法雖然可以實現防植入，但會帶來一個弊端：效能損耗。要知道，對訊息鉤子來說，Windows 訊息的產生、投遞、處理都會觸發載入訊息鉤子 DLL。在載入 DLL 前，系統首先會開啟該 DLL 檔案，對該 DLL 進行查詢，然後發起 IRP 為 IRP_MJ_ACQUIRE_FOR_SECTION_ SYNCHRONIZATION 的 請求。若對該 IRP 進行攔截，必然會導致載入 DLL 失敗，在下一次 Windows 訊息產生時，又會觸發相同的流程。眾所皆知，對整個系統來說，Windows 訊息的發送、處理屬於「高頻」行為，在一個高頻的環境下，不斷重複「檔案開啟—檔案查詢—載入失敗」的過程，會為系統帶來一定的效能損失。

所以，開發者在制定防植入方案時，必須綜合考慮效能方面。

既然在核心中攔截訊息鉤子會損故障能，那是否可在應用層攔截？舉例來說，掛鉤程式本身的 DLL 載入函數。這個方案看起來不錯，實際上，業界不少開發者也的確是這麼做的，他們更多地掛鉤了 ntdll 的 LdrLoadDll 函數，檢查每個需要載入的 DLL 是否合法，對於非法 DLL，可以直接在 LdrLoadDll 中傳回

錯誤。與核心攔截的方式相比，應用層的攔截時機是在載入 DLL 前，在這個
時間點，還沒有對檔案進行任何操作，不會有過多的效能損失。

Hook LdrLoadDll 方法，基本上可以監控處理程序所有 DLL 的載入，覆蓋面
較全，但同時帶來了一個問題：無法區分這個 DLL 是透過什麼通道載入進來
的。假設開發者只是想攔截訊息、事件鉤子的 DLL 植入，那這套方案並不是
最簡單的。

請讀者思考一下，Windows 訊息機制是在核心中處理的，核心中也記錄了對
應訊息、事件鉤子的 DLL 資訊，當對應操作發生時，系統會根據核心記錄的
鉤子資訊把 DLL 載入到對應處理程序空間中。這樣一來，核心到應用層就應
該有個「過渡」函數，經過偵錯可以發現，在處理程序環境區塊結構（PEB）
中，儲存著一張函數表，在訊息鉤子、事件鉤子需要載入 DLL 時，實際上呼
叫的是這個表中的函數，這個表被稱為「核心回呼表」。下面是筆者貼出的 32
位元部分 PEB 資訊：

```
ntdll!_PEB
   +0x000 InheritedAddressSpace         : UChar
   +0x001 ReadImageFileExecOptions      : UChar
   +0x002 BeingDebugged                 : UChar
   +0x003 BitField                      : UChar
   +0x003 ImageUsesLargePages           : Pos 0, 1 Bit
   +0x003 IsProtectedProcess            : Pos 1, 1 Bit
   +0x003 IsImageDynamicallyRelocated   : Pos 2, 1 Bit
   +0x003 SkipPatchingUser32Forwarders  : Pos 3, 1 Bit
   ......
   +0x028 CrossProcessFlags             : Uint4B
   +0x028 ProcessInJob                  : Pos 0, 1 Bit
   +0x028 ProcessInitializing           : Pos 1, 1 Bit
   +0x028 ProcessUsingVEH               : Pos 2, 1 Bit
   +0x028 ProcessUsingVCH               : Pos 3, 1 Bit
   +0x028 ProcessUsingFTH               : Pos 4, 1 Bit
   +0x028 ProcessPreviouslyThrottled    : Pos 5, 1 Bit
   +0x028 ProcessCurrentlyThrottled     : Pos 6, 1 Bit
   +0x028 ReservedBits0                 : Pos 7, 25 Bits
   +0x02c KernelCallbackTable           : Ptr32 Void
   +0x02c UserSharedInfoPtr             : Ptr32 Void
```

在 PEB 偏移 0x02c 處（不同系統的偏移不同，請讀者自行驗證），有一個

KernelCallbackTable 指標成員，這個指標指向了一個函數表，函數表的內容
如下：

```
0:005> dds  0x75fc1000  l100
75fc1000  76035820 USER32!__fnCOPYDATA
75fc1004  760358b0 USER32!__fnCOPYGLOBALDATA
......
75fc1128  76035380 USER32!__ClientLoadImage
75fc112c  75fdcd80 USER32!__ClientLoadLibrary
75fc1130  75fdd070 USER32!__ClientLoadMenu
......
```

其中 0x75fc1000 位址是筆者處理程序中 KernelCallbackTable 的值，在表中
0x4B，即 75fc112c 位址處，是 USER32!__ClientLoadLibrary 函數，經過偵錯
發現，系統呼叫了該函數載入訊息、事件鉤子的 DLL。

如果讀者覺得使用 Windbg 觀察這個資料相對麻煩，那可以使用 PCHunter 來觀
察這個表中的內容，開啟 PCHunter，找到「應用層鉤子」分頁，點擊「核心
回呼表」，PCHunter 會顯示各處理程序的核心回呼表，如圖 23-11 所示。

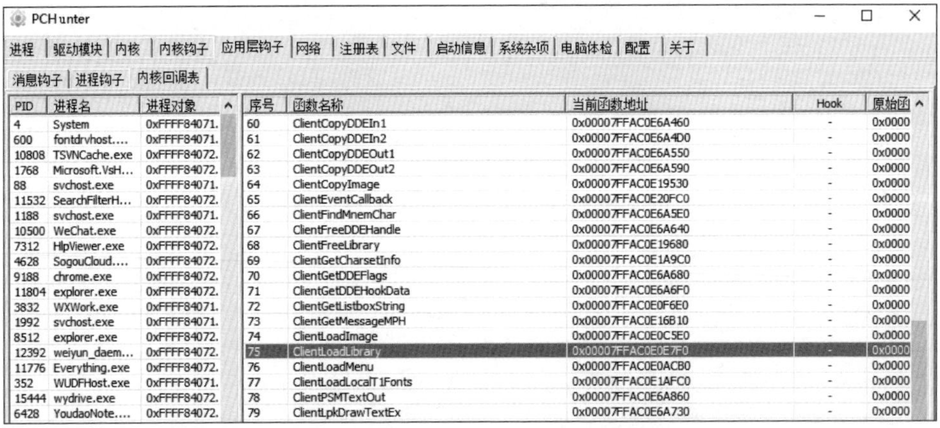

圖 23-11 核心回呼表（編按：本圖為簡體中文介面）

再次強調，上面的偏移，均為筆者系統下的偏移，不同系統可能存在差異，請
讀者根據實際系統進行驗證。

既然已經知道 USER32!__ClientLoadLibrary 是訊息、事件鉤子載入 DLL
的必經之路，那問題就好辦了，開發者可以在本處理程序 PEB 中找到

KernelCallbackTable 表，取代表中的 USER32!__ ClientLoadLibrary，過程類似匯入表掛鉤，在鉤子函數中過濾掉不希望載入的 DLL。

關於 PEB 的取得，開發者可以呼叫系統 ZwQueryInformationProcess 函數，該函數的使用方法比較簡單，請讀者自行閱讀 MSDN。

2. 植入資訊處於登錄檔

很多植入資訊存在於登錄檔中，前面介紹的 AppInit 植入以及典型的 SHELL 擴充植入就屬於這一種。對 SHELL 擴充來說，當處理程序呼叫 SHELL 相關的 API 時，API 內部會主動載入這些 SHELL 擴充 DLL。這個行為是 API 內部行為，開發者無法改變。

以 SHELL 擴充為例，雖然開發者無法改變 API 內部的行為，但可以在核心層，透過登錄檔過濾技術（參考第 21 章 Windows 通知與回呼），或其他 HOOK 方法，過濾該處理程序的登錄檔讀取操作，當讀取到與植入相關的登錄檔資訊時，登錄檔過濾驅動或 HOOK 函數給程式傳回「空」資訊，讓 API 內部「認為」這裡沒有額外的 SHELL 擴充資訊。

基本上所有植入資訊儲存在登錄檔中的植入類型，都可以透過上述方案實現防止植入，在本章的前面章節，筆者介紹了 AppInit 的植入過程，下面透過一個實例，為讀者展示如何防止植入。

```
LARGE_INTEGER  g_CmCookies = {0};

UNICODE_STRING g_AppInitValueName = {0};

NTSTATUS DriverEntry( PDRIVER_OBJECT pDrvObj , PUNICODE_STRING pRegistryPath)
{
  NTSTATUS nStatus = STATUS_UNSUCCESSFUL;
  do
  {
    UNREFERENCED_PARAMETER( pRegistryPath );
    RtlInitUnicodeString( &g_AppInitValueName , L"AppInit_DLLs");
    if( STATUS_SUCCESS  != CmRegisterCallback( RegistryCallback , NULL ,
&g_CmCookies) )
    {
        break;
    }
```

```
      pDrvObj->DriverUnload = DriverUnload;
      nStatus = TRUE;

  }
  while( FALSE );
  return nStatus;
}

VOID DriverUnload(PDRIVER_OBJECT pDrObj )
{
  UNREFERENCED_PARAMETER(pDrObj);
  CmUnRegisterCallback( g_CmCookies );
}

NTSTATUS RegistryCallback( PVOID CallbackContext,PVOID Argument1,PVOID Argument2)
{
  NTSTATUS nStatus = STATUS_SUCCESS;
  do
  {
      UNREFERENCED_PARAMETER( CallbackContext );
      if( ExGetPreviousMode() == KernelMode )
      {
          break;
      }
      switch( (REG_NOTIFY_CLASS)(ULONGLONG)Argument1 )
      {
          case RegNtPreQueryValueKey:
          {
              //TODO，在這裡可以增加對處理程序名字的過濾
              REG_QUERY_VALUE_KEY_INFORMATION *pInfo =
                          (REG_QUERY_VALUE_KEY_ INFORMATION*)Argument2;
              if( pInfo == NULL )
              {
                  break;
              }
              if( pInfo->ValueName == NULL || pInfo->ValueName->Buffer == NULL )
              {
                  break;
              }
              if( 0 != RtlCompareUnicodeString( pInfo->ValueName ,
                                      &g_AppInitValueName , TRUE) )
              {
                  break;
```

```
        }
        //TODO,實際上,開發者還應該透過pInfo->Object,結合ObQueryNameString
        //反查Object的登錄檔全路徑,與\REGISTRY\MACHINE\SOFTWARE\MICROSOFT\
        //WINDOWSNT\CURRENTVERSION\WINDOWS字串比較,這樣邏輯更加嚴謹
        __try
        {
            *pInfo->ResultLength = 0;
        }
        except(EXCEPTION_EXECUTE_HANDLER )
        {

        }
        nStatus = STATUS_CALLBACK_BYPASS;
        break;
    }
    default:
    {
        break;
    }
    }
  }
  while( FALSE );
  return nStatus;
}
```

讀者可以在 AppInit 的植入環境中,載入上述驅動,然後觀察植入情況,可以發現,在驅動沒有載入前,帶介面的處理程序是可以被植入 DLL 的,一旦驅動載入,AppInit 的 DLL 將無法植入。

如果在上面程式中增加處理程序的過濾,那就可以實現一個對特定處理程序的防植入。還有一點需要提醒讀者,上述程式為了簡單,只比較了 AppInit_DLLs 值的名字,而更嚴謹的做法應該是,在比對 AppInit_DLLs 名字後,進一步比較目前設定的登錄檔路徑是否為 AppInit 的登錄檔路徑,避免在一些非 AppInit 登錄檔路徑上存在名稱相同的 AppInit_DLLs 鍵值。

最後討論一個比較有趣的問題,上面提到,嚴謹的做法是先比對 AppInit_DLLs,命中後再比對 \REGISTRY\MACHINE\SOFTWARE\MICROSOFT\WINDOWSNT\CURRENTVERSION\WINDOWS 路徑,那麼問題來了,按照登錄檔的路徑順序,是否應該先比對後者,然後再比對 AppInit_DLLs?其實讀者可以想到,

在比對登錄檔路徑之前，程式需要呼叫 ObQueryNameString 函數來反查路徑，這個反查操作需要消耗一定的時間，考慮到命中 AppInit 路徑是低機率事件，因此大量的反查是無意義的，這是一個投入一產出比的問題，所以合理的做法是先比對 AppInit_DLLs 鍵值，再比對路徑，這樣可以減少路徑反查帶來的效能損失。

3. 植入資訊處於磁碟檔案中

對植入資訊處於檔案中的情況，常見的是利用 DLL 載入順序漏洞、特洛伊木馬等方式。筆者見過很多程式為了防止這種植入，對 ntdll!LdrLoadDll 函數進行掛鉤，對每一個載入的 DLL 都進行合法性檢驗，這個想法對於初級防護來說，成本小，效果明顯，但由於每一次載入都需要檢查合法性，所以對效能有一定影響。

對安全軟體來說，正常做法是透過檔案過濾驅動，禁止協力廠商程式在本身程式所在資料夾中修改或新增檔案，這就是所謂的檔案自保護功能。這種方式的重點，更多地是「防」而非「檢」。與上面的方案相比，兩種方案有各自的優缺點，對「防」的方案來說，沒有效能損失，但這個防線也許會被突破，一旦突破，就會載入植入 DLL。所以最好的方式是使兩者相互結合，既需要「防」，也需要「檢」。

上面介紹了防止主動植入的一些想法和技巧，請讀者注意，防止植入的方法不僅限於上面所介紹的方法。

值得指出的是，有一些主動植入機制，本身帶有防植入功能，如上面提到的 LSP 植入，開發者使用 winsock api 程式設計，在建立通訊端時，可以使用 WSASocket 函數，這個函數的第三個參數可以指定一個系統的 LSP 實體指標，這種做法可以避免載入協力廠商 LSP DLL。

開發者在設計一套防植入機制前，首先需要弄清楚每種植入的機制與原理，然後取出這些植入機制的共通性，綜合安全性、通用性以及效能等各方面綜合考慮。

23.5.2 防止被動植入

對被動植入來説，方法較為集中，不管透過何種方法，首先都需要取得處理程序或執行緒的控制碼，然後透過控制碼間接操作被植入處理程序的資訊，以達到植入的目的。

對於這種植入方式，開發者可以參考本書第 22 章保護處理程序，在核心中使用合適的技術方法，對被保護的處理程序以及執行緒的控制碼進行許可權控制，請記住，應用層程式只能透過控制碼來操作處理程序或執行緒，一旦這些控制碼的許可權被控制，就相當於直接禁止了所有危險行為。

所以，從另外一個角度來看，防止處理程序被動植入，實際就是需要控制這個處理程序的控制碼許可權。值得注意的是，開發者在防止被動植入時，需要放行系統處理程序的一些特殊控制碼操作，舉例來説，處理程序 A 是需要防止被動植入的處理程序，也就是受保護處理程序，當 Win32 子系統 csrss.exe 處理程序以「寫入」許可權開啟 A 處理程序控制碼時，若開發者對該操作進行攔截，會導致系統出現一些不正常的表現。

▌ **23.6 歸納**

所謂「知己知彼，百戰百勝」，植入與防止植入的對抗一直存在於安全軟體與惡意軟體之間，開發者只有非常清楚各種植入想法，才可以更進一步地實現防止植入。

嚴格來説，本章是第 22 章保護處理程序的延續，本章介紹了常用的植入方法以及防止植入的想法，重點是讓讀者意識到安全軟體本身安全的重要性，並能在實際專案中對該類別問題有更多的思考。

本章為讀者展示了如何透過登錄檔回呼的方式實現防止 AppInit 植入，請讀者仿照這個想法，撰寫一個防止 SHELL 擴充植入的驅動程式。

如何使用本書的原始程式

1. 原始程式目錄的內容說明

本書隨書程式請關注微信訂閱號：終端安全程式設計，取得程式下載連結。本書回饋或技術交流 QQ 群為 4088102。

程式目錄中的 source 目錄就是原始程式目錄。其中的程式有些來自 WDK 的實例，有些來自網上的開放原始碼專案，還有些是作者自己撰寫的。請注意，所有開放原始碼專案的版權都屬於開放原始碼專案的原作者。這個目錄下有一個檔案叫作 fir.sln，作為 VS 2017 及以上版本解決方案檔案，如果沒有安裝 VS，則不需要關心這個檔案。對子目錄的簡介如下。

- lib：這個目錄下沒有專案，用來容納編譯出的靜態程式庫。
- inc：這個目錄下沒有專案，用來容納使用靜態程式庫所需要的標頭檔。
- first：第一個驅動實例。見本書第 1 章，是作者自己撰寫的。
- coworker：應用與核心通訊的實例。見本書第 4 章，是作者自己撰寫的。
- coworker2：應用與核心通訊的實例。見本書第 4 章，是作者自己撰寫的。
- comcap：序列埠過濾實例。見本書第 7 章，是作者自己撰寫的。
- ctrl2cap：普通型鍵盤過濾實例。見本書第 8 章，以開放原始碼專案為基礎修改而成。
- ps2intcap：掛鉤中斷和 IOAPIC 型的鍵盤過濾實例。見本書第 8 章，是作者自己撰寫的。
- ramdisk_wdf：記憶體虛擬碟程式。見本書第 9 章，直接參考了 WDK 中的實例。
- DP：硬碟還原範例程式。見本書第 10 章，是作者自己撰寫的。

- sfilter：檔案過濾靜態程式庫。見本書第 11 章，是以 WDK 的實例為基礎修改的。

- sflt_smpl：檔案過濾靜態程式庫 sfilter 應用的簡單實例。見本書第 11 章，是作者自己撰寫的。

- crypt_file：簡單的檔案系統透明加密範例程式，也是檔案過濾靜態程式庫 sfilter 的另一個應用實例。見本書第 12 章，是作者自己撰寫的。

- tdi_fw：TDI 過濾靜態程式庫。見本書第 14 章，以開放原始碼專案 tdi_fw 為基礎修改而成。

- tdifw_smpl：TDI 過濾靜態程式庫 tdi_fw 的應用實例。見本書第 14 章，是作者自己撰寫的。

- WfpSample：WFP 的實例。見本書第 15 章，是作者自己撰寫的。

- ndisprot：NDIS 協定驅動的簡單實例。見本書第 16 章，直接參考了 WDK 中的實例。

- ndisedge：NDIS 迷你通訊埠驅動的簡單實例。見本書第 17 章，直接參考了 WDK 中的實例。

- passthru：NDIS 中間層驅動的簡單實例。見本書第 18 章，以 WDK 的實例為基礎修改而成。

- Hook：核心掛鉤的程式。見本書第 20 章，是作者自己撰寫的。

- Callback：核心事件通知的程式。見本書第 21 章，是作者自己撰寫的。

- AppInitReInjectDrv：本書第 23 章程式，用於簡單的防止 InitApp 植入。

2. 設定環境變數

要編譯 source 目錄下的程式，必須首先設定環境變數來指明 WDK 的安裝路徑；不然原始程式中包含的編譯指令稿可能無法找到 WDK 的所在，也就無法正常地編譯了。要設定的環境變數為 BASEDIR，這個環境變數的值必須設定為 WDK 的根目錄。舉例來說，筆者所使用的 WDK 的根目錄為 C:\WinDDK\6001.18001。設定方法如下。

（1）用滑鼠按右鍵「我的電腦」，依次選擇「內容」→「進階系統設定」→「環境變數」→「新增」，環境變數設定效果如圖 A-1 所示。

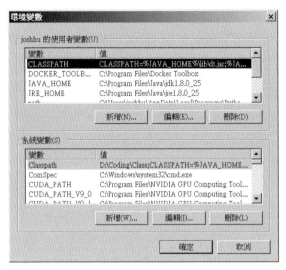

圖 A-1　設定環境變數 BASEDIR

（2）設定環境變數之後，請一定點擊「確定」按鈕關閉視窗。設定之後，編譯環境一定要重新開啟（如果使用 VS 編譯，請關閉 VS，再重新開啟；如果使用主控台視窗編譯，請關閉目前主控台視窗，再重新開啟）。

3. 原始程式編譯的方法

請遵循以下步驟來編譯這些原始程式。

（1）根據本書第 1 章的介紹，下載和安裝 WDK。請把 WDK 安裝到簡單的目錄下，不要用過長的、含有空格或中文字的路徑，以避免各種指令稿中出現路徑錯誤。

（2）根據本附錄的內容來設定環境變數 BASEDIR。

（3）下載程式，必須把 source 整個目錄拷貝到本機具有寫入許可權的硬碟上才可以編譯。同樣請拷貝到比較簡單的目錄下，不要用過長的、含有空格或中文字的路徑，以避免各種指令稿中出現路徑錯誤。

（4）如果安裝了 VS 2017，則雙擊 source 目錄下的 fir.sln，開啟後就可以對每個專案進行編譯了。

（5）如果沒有安裝 VS 2017 版本，則可以用命令列分別編譯每個目錄。請注意，要使用命令列，則不可以使用 WDK 的選單，而必須採用依次點擊「開始」選單→「所有程式」→「附件」→「命令提示字元」的方式來開啟。然後按以下方法編譯偵錯版本：

```
cd 子目錄名稱
my_build chk WNET
```

按以下方法編譯發行版本：

```
my_build fre WNET
```

請注意，這裡使用的 "WNET" 表示編譯出目標作業系統為 Windows 2003 版本的程式。一般而言，本書中的實例，使用 "WNET" 作為參數編譯出的驅動程式（.sys 檔案），在 Windows XP 系統下也可以正常執行。但是一些應用程式（.exe 檔案）編譯出來之後，會在 Windows XP 系統下出現「不是可執行的 Windows 應用程式」的錯誤。

在這種情況下，讀者可以將上面的 "WNET" 改為 "WXP" 再編譯一次，即可獲得在 Windows XP 系統下可以正常執行的程式。一個典型的實例是第 16 章中的 NDIS 協定驅動的實例 ndisprot。筆者的測試表明，該實例的應用程式部分（uiotest.exe）必須用 "WXP" 作為編譯參數，方可在 Windows XP 系統下正常執行。

如果使用這種方式編譯，因為沒有專案依賴設定，所以要注意 tdi_fw 和 sfilter 這兩個目錄必須先編譯，因為有一些專案是依賴它們的。

注意：對於一些沒有 my_build.bat 檔案的專案，可以使用 WDK 的 build 指令來進行編譯。

（6）編譯完畢之後，.sys 檔案一般會出現在 objchk_wnet_x86\i386 和 objfre_wnet_x86\i386 目錄下。

4. DbgPrint 列印的設定

在 Windows Vista 及以後的作業系統中，需要設定登錄檔的值才可以檢視到 DbgPrint 函數的輸出。需要修改的登錄檔路徑為 HKEY_LOCAL_MACHINE\

SYSTEM\CurrentControlSet\ Control\Session Manager\Debug Print Filter，在這下面新增一個類型為 DWORD、名字為 Default 的 Value，修改該 Value 的值為 0x8，然後重新啟動電腦。

微軟的 DbgView 工具，提供了直接修改核心的 Debug Print Filter 功能，不過這個功能修改後只對本次系統生效，系統一旦重新啟動後便會故障，需要重新設定。透過 DbgView 工具設定 Debug Print Filter 的方法如下：選單 → Capture → Enable Verbose Kernel Output，如圖 A-2 所示。

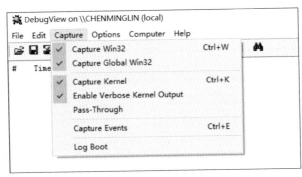

圖 A-2 設定 DbgView

練習題

⚫ 第 1 章 練習題

1. 紙上練習

（1） Windows 核心模組使用什麼開發套件進行開發？

（2） 有哪些偵錯工具可以偵錯 Windows 核心？

（3） 開發 Windows 核心模組，Visual Studio 是必要的嗎？

（4） WinDbg 應該安裝在被偵錯機上，還是安裝在偵錯機上？

（5） 有時在核心模組程式中插入 int 3 指令，這有什麼作用？

2. 上機練習

（1） 下載 WDK、WinDbg 及 VMWare，並設定成可以偵錯核心程式的狀態。

（2） 從頭手動建立第一個簡單的核心模組（可動態移除，並列印一筆資訊）。

（3） 嘗試偵錯這個程式（完成設定中斷點、觀察和設定變數的值的操作）。

⚫ 第 2 章練習題

1. 紙上練習

（1） 核心程式設計環境和使用者應用程式設計環境有哪些不同？

（2） 普通的應用層服務與核心服務有什麼區別？

（3） 除了使用 Windbg，還可以用什麼工具偵錯核心程式？

2. 上機練習

（1） 撰寫一個安裝服務、啟動服務以及停止服務的程式。

（2） 用（1）中撰寫的程式，安裝、啟動、停止一個驅動。

（3） 設定核心偵錯環境，嘗試偵錯驅動。

⌛ 第 7 章練習題

1. 紙上練習

（1）在這一章中，過濾是什麼意思？有什麼意義？

（2）何謂核心物件？我們已經接觸到了哪幾種核心物件？

（3）何謂裝置物件？你能在 Windows 系統中至少指出已經存在的 5 個裝置物件嗎？

（4）DO 是什麼的簡稱？

（5）何謂綁定？哪些核心 API 可以實現裝置的綁定？

2. 上機練習

（1）編譯 comcap.c 並執行，用 DbgView 看輸出結果。

（2）對 comcap.c 進行修改，使之禁止所有的序列埠輸出，然後測試。

（3）用 WinObj 找到平行埠裝置的名字，並把 comcap.c 的程式改為對平行埠的過濾。

（4）有條件的讀者請找一台平行埠印表機，嘗試列印一個文字檔，然後用 DbgView 觀察從平行埠過濾攔截到的資料。

⌛ 第 8 章練習題

1. 紙上練習

（1）請簡述何謂 IDT ？有什麼作用？

（2）請問在 Windows 中，鍵盤主要有關哪幾個驅動程式？

（3）本章說明了哪幾種方法可以過濾鍵盤？

2. 上機練習

（1）請編譯本章提供的兩個實例，並編譯出三個版本的核心模組，在機器上載入並檢視偵錯資訊。

（2）把程式中取得的鍵盤掃描碼解析成文字資訊並儲存到緩衝區內，以供應用程式讀取。

⚮ 第 9 章練習題

1. 紙上練習

（1）什麼是 WDF 驅動開發架構？它和 WDM 驅動架構有什麼區別？

（2）什麼是符號連結？

2. 上機練習

（1）能夠使用 WinDbg 偵錯 Ramdisk 驅動。

（2）將 Ramdisk 驅動在儲存時加密，讀出時解密。

（3）用 DeviceTree 工具檢視 Ramdisk 驅動的裝置物件層次。

（4）將 Ramdisk 驅動改為使用一個檔案來儲存資料，而非用記憶體來儲存。

⚮ 第 10 章練習題

（1）bitmap 為什麼不容易實現清除位元的操作？

（2）這個驅動是否可改為對系統磁碟進行保護？還需要多做什麼工作？

（3）這個驅動還有沒有可以提高性能的地方？

（4）如果改成對磁碟裝置進行過濾而非對卷冊裝置進行過濾，還是否可使用本
驅動的方法來進行保護工作？

⚮ 第 11 章練習題

1. 紙上練習

（1）請簡述檔案系統驅動和儲存驅動的區別與關聯。

（2）檔案系統驅動主要產生哪幾種裝置？

（3）檔案系統的卷冊裝置主要接收哪幾種請求？

（4）如何把一個核心程式改造成可供開發其他核心模組使用的靜態程式庫？

（5）在核心模組中使用靜態程式庫要注意哪些問題？

2. 上機練習

請編譯本章提供的兩個實例：sfilter 和 sflt_smp，並加入更多的功能，例如阻
止所有的文字檔（*.txt）被存取。

⌛ 第 12 章練習題

1. 紙上練習

（1）請簡述檔案緩衝、硬碟上的檔案資料和應用層實際看到的檔案資料之間的區別和關聯。

（2）什麼是記憶體對映檔案？它有什麼特點？

（3）什麼是加密檔案的加密標識？

（4）什麼是檔案控制區（FCB），它和檔案物件（FILE_OBJECT）有什麼關係？

（5）為什麼加密寫入請求時，不能直接加密寫入緩衝中的資料，然後再寫回寫緩衝？

（6）請簡述本章的實例只支援 Windows XP 以及 FAT32 的原因。

2. 上機練習

請編譯和執行實例 crypt_file，並把簡單的互斥加密修改為一種標準的分組加密演算法（如 3DES 加密）。

⌛ 第 13 章練習題

1. 紙上練習

（1）請簡述傳統型的檔案系統過濾驅動和檔案系統微篩檢程式之間的區別及聯繫。

（2）過濾管理員的本質是什麼？

（3）傳統型的檔案系統過濾驅動和檔案系統微篩檢程式是否能在同一個作業系統上共存？

（4）在檔案系統微篩檢程式中，從哪裡可以獲得寫入長度之類的資訊？

（5）假設我要使用 Minifilter 來進行檔案中病毒碼的掃描，在程式的什麼位置做比較合適？應該如何做？

2. 上機練習

（1）本章的程式沒有處理讀 / 寫入請求，請處理這些讀 / 寫入請求，並列印出某個檔案被寫入的資料。

（2）請嘗試練習應用程式和驅動程式直接使用通訊連接埠通訊的實例。我們假設序列 { 0x98,0x98,0x98,0x98,0x99,0x99 } 為一個病毒碼，當任何檔案被寫入的內容中含有此序列時，我們通知應用程式出現一個警告框，並提示使用者選擇對應的操作（禁止、允許）。

第 14 章練習題

1. 紙上練習
（1）請簡述網路傳輸層的特點。
（2）TDI 在不同版本的 Windows 上的相容性如何？
（3）TDI 過濾驅動可以有哪些應用？
（4）請嘗試寫一段程式，從 TDI 過濾到的資訊中獲得本機的 IP 位址。

2. 上機練習
請注意，函數庫 tdi_fw 雖然能捕捉到連接的建立，但是並沒有提供一個回呼函數來讓使用者可以捕捉某個 TCP 連接發送和接收了哪些資料。實際上，tdi_fw 中的 tdi_send 和 tdi_receive 已經實現了這樣的功能，只是沒有作為回呼函數匯出。

請讀者修改函數庫 tdi_fw，增加處理發送和接收資料的回呼函數。

第 15 章練習題

1. 紙上練習
（1）WFP 的優點是什麼？相對於上一章介紹的 TDI 驅動，它有什麼優勢？
（2）除了實例中介紹的 ALE 分層，WFP 還包含其他哪些分層？這些分層都能過濾什麼網路資料？

2. 上機練習
（1）在 WDK 為 Windows 7 的環境下編譯本章的隨書程式。
（2）在本章範例程式的基礎上，增加其他篩檢程式，處於不同的分層，攔截不同層次的網路資料。

⏳ 第 16 章練習題

1. 紙上練習

（1）Windows 的網路驅動有哪幾種？各起什麼作用？

（2）下面的說法是正確的嗎？為什麼？

　　a. 協定驅動可以阻止應用程式本應能收到的資料封包。

　　b. 協定驅動可以發出自訂內容的 IP 封包。

（3）協定特徵是什麼？協定特徵集裡有哪幾個回呼函數？

（4）協定與網路卡的綁定是什麼含義？用哪個核心 API 函數可以實現協定與網路卡的綁定？

2. 上機練習

請編譯和執行實例 ndisprot，並修改 ndisprot 下的 test 應用程式，使之發出一個 arp 封包。

⏳ 第 17 章練習題

1. 紙上練習

（1）迷你通訊埠驅動的迷你通訊埠特徵中為什麼沒有接封包回呼函數？

（2）什麼是工作項目？如何讓一個工作項目被執行？

（3）有哪幾種方法向 IO 目標發請求？

（4）什麼叫作迷你通訊埠驅動的實例？實例和介面卡結構有什麼關係？

2. 上機練習

請編譯和執行實例 ndisedge。

⏳ 第 18 章練習題

1. 紙上練習

（1）請簡述 NDIS 迷你通訊埠驅動、NDIS 協定驅動和 NDIS 中間層驅動之間的協作關係。

（2）NDIS 控制碼是用來做什麼的？有哪幾種重要的 NDIS 控制碼？

（3）NDIS 中間層驅動的主要功能是什麼？有哪些應用？

（4）為什麼在 NDIS 中間層驅動中，一般不能用 IoCreateDevice 來產生控制裝置？

（5）NDIS 中間層驅動在捕捉本機接收到的資料時，可以有哪幾種處理方式？

2. 上機練習

（1）請修改本章的實例 passthru，使之拒絕所有的 ICMP 封包。安裝 passthru 之後，測試一下，從別的電腦 ping 這台電腦是否總是失敗？

（2）請在實例 passthru 的基礎上進行修改，使安裝該驅動後本機能識別非法的 ARP 攻擊封包，並能抵禦一些網路攻擊工具如「網路剪刀手」的攻擊。

⧗ 第 19 章練習題

（1）撰寫函數，分別編譯成 Debug 版和 Release 版，檢視函數的組合語言程式碼，比較兩個版本組合語言程式碼的差別。

（2）撰寫函數，以浮點數態作為函數的參數，觀察函數的參數傳遞過程。

⧗ 第 20 章練習題

本章說明了三種做核心 Hook 的方法，並列出了關鍵程式，但是這些程式並不是馬上就可以實際執行的程式。另外，筆者強烈建議讀者自己動手撰寫程式來熟悉這些過程；不然閱讀本書的意義將失去大半。

留給讀者的練習是：請在網上搜尋著名的系統分析工具 IrpMon。這是一個非常有用的工具，它能顯示出系統中 IRP 的種種資訊。該工具是研究 Windows 核心各驅動之間關係的有力武器。

留給讀者的作業是：開發一個同時支援 Windos XP 和 Windows 7 版本的 IrpMon，這是一個有趣的挑戰。

⧗ 第 21 章練習題

（1）修改第 21.2.4 節的程式，對註冊服務的操作進行監控和攔截。

（2）按照第 21.3 節介紹的回呼機制，動手撰寫一個回呼，實現建立回呼、註冊回呼以及發送回呼通告。

⧖ 第 22 章練習題

（1）程式撰寫，練習第 22.4.2 節介紹的 ObRegisterCallbacks 函數。

（2）增強範例程式中的 IsSafeProcess 函數。